中等职业技术学校农林牧渔类
种植专业教材

GUOJIA
ZHIYE JIAOYU
GUIHUA JIAOCAI

果树栽培技术

U0272874

人力资源和社会保障部教材办公室　　组织编写

李晓玲　主编

中国劳动社会保障出版社

图书在版编目（CIP）数据

果树栽培技术/李晓玲主编. —北京：中国劳动社会保障出版社，2011
中等职业技术学校农林牧渔类——种植专业教材
ISBN 978-7-5045-9271-2

Ⅰ.①果…　Ⅱ.①李…　Ⅲ.①果树园艺-中等专业学校-教材　Ⅳ.①S66

中国版本图书馆 CIP 数据核字(2011)第 176386 号

中国劳动社会保障出版社出版发行
（北京市惠新东街1号　邮政编码：100029）

出版人：张梦欣

*

北京市艺辉印刷有限公司印刷装订　新华书店经销
787毫米×1092毫米　16开本　14印张　295千字
2011年9月第1版　2024年5月第17次印刷
定价：24.00元

营销中心电话：400-606-6496
出版社网址：http://www.class.com.cn
http://jg.class.com.cn

前　　言

为深入贯彻落实《国家中长期人才发展和规划纲要（2010—2020 年)》和《国家中长期教育改革和发展规划纲要（2010—2020 年)》精神，适应建设社会主义新农村、加快发展现代农业的需要，加大培养适应农业和农村发展需要的专业人才力度，人力资源和社会保障部教材办公室组织了一批教学经验丰富、实践能力强的教师与行业专家，在充分调研、讨论专业设置和课程教学方案的基础上，编写了农林牧渔类相关专业系列教材，共涉及种植、养殖、农机使用与维修、农村经济管理、农村能源开发与利用等专业，将于 2011—2012 年陆续出版。

本套教材具有以下特点：

第一，以满足农业生产为主导方向，以培养学生实践能力为基本原则，在合理确定学生应具备的能力结构与知识结构基础上，对教材内容的深度、广度进行了科学设计，并突出了实践性教学内容。

第二，根据农村经济和农业技术发展的趋势，尽可能多地在教材中充实新理念、新知识、新方法和新设备等方面的内容，力求使教材具有鲜明的时代特征，满足新农村建设的需要。

第三，在教材的表现形式上，尽可能多地采用图片、实物照片或表格等将知识点、技能点生动地展示出来，力求给学生创造一个更加直观的认知环境。

本套教材的编写得到了黑龙江省人力资源和社会保障厅以及黑龙江技师学院、黑龙江第二技师学院、哈尔滨技师学院、佳木斯职教集团、哈尔滨劳动技师学院、中国一重技师学院、黑龙江机械制造高级技工学校哈尔滨分校、五大连池技工学校、黑龙江农业职业技术学院、黑龙江农业工程职业学院等一批技工院校和职业院校的大力支持，教材编审人员做了大量的工作，在此，我们表示衷心的感谢！同时，恳切希望广大读者对教材提出宝贵的意见和建议。

人力资源和社会保障部教材办公室

2011 年 7 月

农林牧渔专业教材编委会

简　介

　　本书编写本着实用、够用的原则，主要针对适合果农规模栽植及农民自家庭院果树栽植常见果树品种进行介绍，并对果树栽培基础知识及管理技术进行系统讲解。主要内容包括果树基础，果树育苗，苹果栽培技术，梨的栽培技术，葡萄栽培技术，李、杏栽培技术，桃的栽培技术，樱桃栽培技术，草莓栽培技术，小浆果栽培技术以及果树的设施栽培技术等。

　　由于我国幅员辽阔，南北方气候差异很大，在教学时可以根据各地不同特点对教材内容加以取舍，也可以结合当地的具体情况进行补充。

　　本书由黑龙江技师学院李晓玲担任主编，吕良君、于新秋担任副主编，吕良臣、邻作真、周欣参与编写。本书由王臣主审。

目 录

第一章 果树基础

第一节 果树栽培概述

一、果树的类别

果树是能生产可食用果实或种子等的多年生植物的总称。果树种类繁多，分布非常广泛。据统计，全世界大约有 2 792 种果树，但常见的只占 5%。果树的生物学特性、环境条件、栽培条件各不相同，果树可根据以下几个不同的依据进行分类。

按通用的分类方法，根据果实形态结构、利用特征和生长习性，可将果树分为六大类：①核果类果树，如桃、李、杏树等；②仁果类果树，如梨、苹果、山楂树等；③浆果类果树，如葡萄、草莓、猕猴桃树等；④柑橘类果树，如柑、橘、橙树等；⑤坚果类果树，如核桃、板栗、榛子、腰果树等；⑥柿枣类果树，如柿、枣、君迁子树等。

按果树适宜的栽培气候条件分类，可分为三大类：①热带果树，如杧果、香蕉、菠萝、椰子、番木瓜树等；②亚热带果树，如荔枝、龙眼、杨桃、柠檬、杨梅、橄榄、无花果、石榴树等；③温带果树，如桃、李、沙梨、柿、葡萄、秋子梨、苹果、山楂树等。

按果树的生长习性分类，可分为四大类：①乔木果树，如苹果、梨、核桃树等；②灌木果树，如树莓、醋栗、越橘树等；③藤本果树，如葡萄、猕猴桃、西番莲树等；④多年生草本果树，如香蕉、菠萝树、草莓等。

按叶的生长期分类，可分为落叶果树和常绿果树两类。前者主产于温带地区，如葡萄、桃、李、杏、苹果树等；后者主产于热带和亚热带地区，如柑橘类、荔枝、枇杷树等。

二、果树的价值

1. 果品的营养价值

大多数果品含水分、果糖、多种维生素、矿物质及氨基酸和微量元素，能维持受体细胞组织的正常状态，既帮助器官排毒、净化，还能软化血管，有的具有生津、益智、促气养颜作用，常吃补脾益肝悦颜，生血、养心神；有的含有非常丰富的蛋白质、有机酸、维生素以及钙、磷、镁、钠等人体必需的元素，具有理气化痰、健胃、清肠、润肺、补血、利便、健脾等功效；有的能抑制体内自由基的产生，防止细胞病变，能清热解毒、保肝利尿，预防癌症等多种疾病。

 知识链接

几类水果的营养

（1）猕猴桃。被认为是最接近完美的水果，它含有丰富的维生素 C、维生素 A、维生素 E、叶酸和微量元素钾、镁及食物纤维等营养成分，而热量却很低。另外，猕猴桃中所含的氨基酸，能帮助人体制造激素，减缓衰老。

（2）桃子。性温，味甘甜，能消暑止渴、清热润肺，有"肺之果"之称，适宜肺病患者食用。桃子营养丰富，尤其铁的含量较丰富，是缺铁性贫血患者的理想食疗佳果。此外，桃子含钾多，含钠少，适宜水肿患者食用。炎夏食桃，可养阴生津，润肠。

（3）苹果。每天吃少量的苹果就能预防多种疾病，常吃苹果能预防癌症，因为苹果中含有丰富的天然抗氧化物质，能够有效消除自由基，降低癌症发生率。苹果富含纤维物质，可降低心脏病发病率，还可以减肥。另外，还有补心润肺、生津解毒、益气和胃、醒酒平肝的功效。

2. 果树的生态保护效益

果园的建立对于生态保护效益方面几乎等同于植树造林，革除其次生的危害人类生存的弊端，不仅使水土得到保持、抑制水土流失、防风固沙、抵御风沙的袭击，还能能减少噪声、美化环境、保持生态平衡、充当天然的调温器、吸收大气中的二氧化碳，从而降低气候变化的风险，为人类提供适宜的学习、工作、娱乐和生活的场所。

3. 果树栽培的经济价值

果树栽培是农业生产中的重要组成部分，随着农村产业机构调整和农产品市场的开放，特别是在丘陵、山地、荒漠等地，因地制宜地发展果树经济，能给农民带来可观的经济效益。"一亩园十亩田，果树园里生金钱"，这句话通俗地表现了果树生产具备的巨大的经济价值。

三、果树栽培的特点

第一，从产出特点角度看，果树一般生产周期较长，大多数为多年生，对土壤肥水条件要求较高，栽培3～5年后产果，7～8年进入丰产期，是一项高投入（大量的人力物力）、高产出（效益大）的农业项目，也是一项要求精耕细作的产业。

第二，从技术要求角度看，果树生产需要较高技术知识，既要了解每个品种的特性、当地自然条件、生活习惯，注重品种选择，又要根据当地劳动力素质，采用适合的品种、适当的栽培技术，从而生产出高产、优质、适于人们消费及加工要求的果品。

第三，从经济效益角度看，果树生产存在一定的风险，果树的创造经济价值与市场方向有密切关系，且每年价格波动较大，需要有一定的市场判断力。

四、果树栽培的现状及发展方向

我国果树栽培的现状是：果品生产总量增长迅速，但单位面积产量不高；果品品种结构不尽合理，优质果品所占比例较低；果品生产成本趋于稳定，价格总体水平呈下降趋势；果品销售主要立足国内市场，出口所占比重很小；发展具有盲目性，果品后续处理环节薄弱；我国以户为单位的小生产和大市场的矛盾突出。

要想更进一步提高果树生产的经济效益，应在"四个特别"上求发展。

第一，特别早。即开发成熟期特别早的果树品种。前几年苹果树中、晚熟品种发展过多，而早熟品种往往被人忽视。现在许多果农认识到这一点，争相引进成熟期早的苹果树品种，并在反季节栽培技术上大做文章，获得了良好收益。

第二，特别晚。即开发成熟期很晚的品种。一般来说，成熟期晚。果实营养积累充足，品质好，冷藏的果品必定不如刚从树上摘下来的果品新鲜。所以，发展晚熟果品也大有可为。

第三，特别少。即种植数量少的果树品种。杏树在20世纪60年代是山东省主栽庭院果树之一。近十几年来，苹果、桃等发展迅速，而杏的生产却越来越少，出现了供不应求的情况。当然，引栽当地少的果树品种，一定要注意树种的生态要求，千万不要盲目引种。

第四，特别优。即指引栽果品优质的果树。只注重果品的产量而忽视果品质量，已经使许多生产者尝到了苦头。生产美观质优、货架期长、包装高档的无公害品牌果品，是生产者独占鳌头的法宝。所以，"人无我有，人有我优"的果树发展对策，对果农来说非常重要。

第二节　果树树体的基本结构

　　果树种类繁多，不仅形态差异较大，树体结构差别也比较大。但果树都是种子植物，其树体都是由树干、枝、芽、叶、花和果实组成。果树树体分地上部和地下部。地上部包括树干和树冠；地下部为根系；地上部和地下部的交界处为根颈。图 1—1 所示为乔木果树树体结构示意图。

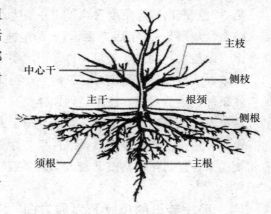

图 1—1　乔木果树树体结构示意图

一、地上部

　　树形地上部分的树干、树冠可以分为以下几种。

1. 疏散分层形

　　又名主干疏层形，一般第一层主枝 3 个，第二层主枝 2 个，第三层以每层 1 个疏散排列。此形为我国苹果、梨等果树过去最常用的树形。

2. 小冠疏层形

　　又名小冠半圆形，树高约 2.5 m，冠幅 2.5 m。一般第一层主枝 3 个，第二层主枝 2 个，第三层可有可无，疏散排列。此形为我国苹果、梨等果树现在常用的树形，如图 1—2 所示。

3. 自然开心形

　　主干顶端分生 3 个主枝，斜生，直线延长，在主枝侧面分生侧枝。核果类果树常用此形，梨、苹果也有应用，如图 1—3 所示。

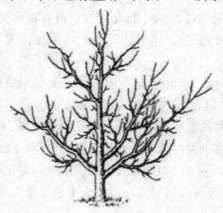

图 1—2　小冠疏层形树体结构

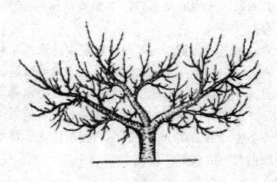

图 1—3　自然开心形树体结构

4. 自由纺锤形

树高 2.5～3.0 m，干高 50～70 cm，中心干上按 15～20 cm 间距螺旋上升，其上着生 10～15 个主枝。主枝长 1.5～2 m，分枝角度 70°～90°。随树冠由下而上，主枝体积变小，长度变短，分枝角度变大，着生的枝组变小变少。适于矮化、半矮化砧普通型品种，如图 1—4 所示。

5. 细纺锤形

树高 2～3 m，干高 50～70 cm，冠径 1.5～2.0 m。在中干上不分层次均匀分布势力相近的水平细长侧生分枝 15～20 个。随树冠由下而上，侧生分枝长度变短，角度变大。常用于矮砧普通型、矮化中间砧短枝型品种组合，如图 1—5 所示。

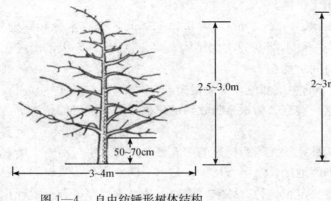
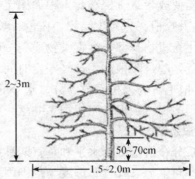

图 1—4　自由纺锤形树体结构　　　图 1—5　细纺锤形树体结构

二、根系

1. 根系的类型

根据根系的发生和来源不同，可以分为以下几种。

（1）实生根系。用播种进行繁殖，由胚根形成根系。特点是有主根并且发达，根系在土层中分布较深，生理年龄较轻，生活力和适应性强；各体间有差异（主要是因为种子为杂合体），特别是栽培品种，都不能用种子去进行繁殖。只有用做砧木的可以用种子进行繁殖，一般野生品种较多（如山定子、山梨、山杏）。

（2）茎源根系。由扦插或压条形成的根系，为不定根（如葡萄、石榴、无花果树）。特点是根不发达，基本无主根，根系分布较浅，生理年龄较老，生存力和适应性较弱。个体间差异较小，能够保持母体的性状。

（3）根蘖根系。有些果树在根上可以发生不定芽形成根蘖，与母体脱离后可以形成新植株个体，新独立个体形成的根系称为根蘖根系。其特点同茎源根系。

2. 根系的结构

果树根系包括骨干根和须根两大类，及与其共生的菌根。

(1) 骨干根。种子繁殖未加移植的果树根系，其骨干根包括主根和侧根。主根由种子的胚根发育形成，在主根上分生的各级粗大的根为侧根。一般为无性繁殖和种子繁殖，但经移植过的果树根系无主根，生长粗大的为骨干根，其分生的各级较大根为半骨干根。骨干根粗而长，色泽深寿命长，主要起固定、疏导、储藏作用。

(2) 须根。是果树根系最活跃部分，按形态结构及功能可分为以下几部分。

1) 生长根。为初生结构，白色，有分生和吸收能力，能扩大须根分布范围，形成吸收根。

2) 过渡根。生长根经过一定时间生长，白色变棕黄，已无生长能力，变为过渡根。

3) 输导根。过渡根进一步发育，具有次生结构，褐色，起输导作用，也能吸收，逐年增粗，能变成半骨干根和骨干根而固定树体。

4) 吸收根。为初生结构，白色，长 0.1～4 mm，粗 0.3～1 mm，吸收水分和矿物质，并能转化有机物及部分激素类物质。一般不能变为次生结构，寿命仅 15～25 天，由白色变成浅灰色，起过渡根作用，经一定时间后死亡。

5) 根毛。为果树吸收养分、水分的主要部位，寿命很短。

(3) 菌根。菌根与果树根系共生，有利果树根系吸收，活化根系的生理机能。

3. 根系的分布

根系分布情况分为水平和垂直两种，长大约为树冠的 1.5 倍。果树水平根沿着土壤表层向平行方向生长。其分布深度与范围因地区、土壤、树种、砧木不同而变化。果树垂直根与土壤呈垂直方向生长。伸入土壤深度决定于树种、砧木、繁殖方式、土层厚度和土壤理化特性。

三、果树的芽

果树的芽是枝、叶、花或花序的雏体，相当于种子，能够产生新的植株；也是果树度过不良环境、形成枝、花过程的临时性器官。芽具有遗传性，对果树繁殖、更新复壮具有重大意义。

1. 芽的种类

从不同角度、采用不同方法可将果树的芽分成许多类型，同一个芽可以有多个名称。

根据芽的性质不同分为叶芽和花芽；根据芽着生的位置不同分为顶芽和腋芽（亦称侧芽）；根据同一节上（叶腋内）着生芽的数量多少分为单芽（每节只生 1 芽）和复芽（着生 2 芽以上）；当年形成萌发的芽又称为早熟性芽；头一年形成、第二年萌发的芽又称为晚熟性芽；根据芽能否按时萌发分为活动芽和潜伏芽（亦称隐芽）。潜伏芽是指上一生长季（年）形成，在第二生长季（年）甚至连续数年或更长时间都不萌发的芽。

花芽将在下一节花果的生长发育中进行讲解，本节着重对叶芽进行讲解。

2. 有关叶芽的几个名词解释

(1) 芽的异质性。同一枝条上处于不同节位的叶芽，因环境条件和枝内营养状况的差异，在饱满程度、生长势、萌芽力均存在着明显的差别，这种类别称为芽的异质性。

（2）芽的早熟性和晚熟性。一般果树当年新梢上形成的叶芽，当年不萌发，待到第二年春季才萌芽。

（3）萌芽率。发育枝上的叶芽能够萌发的能力，通常以萌发芽占总芽数的百分率表示，所以称为萌芽率。

（4）成枝力。发育枝上的叶芽萌发形成长枝的能力叫做成枝力。

（5）芽的潜伏力。果树各类枝条的潜伏芽（隐芽）发生新梢的能力，称为芽的潜伏力。

（6）顶端优势。指处于枝条顶端的芽总是首先萌发，而且长势最强，向下根据次减弱的现象。

四、枝条

1. 枝条的类型

同芽一样，从不同角度可将枝条划分成不同类型，栽培中常用的分类方法如下。

（1）根据枝龄分新梢、一年生枝和多年生枝。新梢：凡是当年抽生，带有叶片，并能明显地区分节和节间的枝条称为新梢；不易区分节间的称为缩短枝或叶丛枝，新梢秋季落叶后叫一年生枝条；着生在一年生枝条上的枝条为两年生枝条；两年以上的枝条为多年生枝。

（2）根据枝的性质分营养枝、结果枝和结果母枝。

（3）根据着生姿势分直立枝、斜生枝、水平枝和下垂枝。

（4）根据所起的作用分骨干枝、辅养枝、延长枝（亦称领头枝或带头枝）、竞争枝等。

2. 枝条的基本特性与年周期规律

（1）生长势、生长量、干性、分枝角度等几个方面决定枝条的基本特性。

1）顶端优势。果树枝条顶端生长点常抑制其下侧芽或侧枝的发育，上部芽能萌发抽生强枝，其下生长势逐渐减弱，最下部芽不萌发处于潜伏状态。因此果树树冠内的中心干的生长势强于同龄的主枝，树冠上部的枝条要强于下部的枝条。

2）层性。果树枝条的生长由于具有顶端优势，其上的芽有异质性，所以枝条上部的芽萌发形成长枝，中部的芽形成短枝，下部和基部的芽不萌发，每年如此生长，枝条的分布有成层排列的特性。生产上部分果树根据这一特性培养分层的树形。

3）垂直优势（生长势与分支角度）。枝条着生的方位不同，而影响了枝条生长势强弱的不同，直立生长的强，下垂枝条弱。分支角度越大，生长势越弱，越有利于结果。

（2）果树的年生长规律。年生长规律体现在加长生长和加粗生长两个方面。

1）加长生长。果树枝条的加长生长是由枝条的顶端分生组织（生长点）的细胞分裂和伸长而实现的。

2）加粗生长。果树枝干由于形成层不断进行细胞分裂、分化、增大而不断增加粗度。一般加粗生长稍晚于加长生长，停止生长也较迟。芽开始萌动时，接近芽的部位形成层先开始活动，然后逐渐向枝的基部发展。落叶果树形成层开始活动稍迟于萌芽，春季形成层细胞分裂较弱，加粗生长也较弱，主要靠上年储藏的营养。以后随新梢加强加长生长，形成层细胞分裂加强，此时叶片光合作用也加强，积累养分较多，所以枝干加粗生长增强，粗度增加明显。以后随着气温下降，加长生长停止后，加粗生长也开始逐渐缓慢而最后停止。

第三节　果树的生长发育周期

一、根系的生长发育周期

果树根的生长在一年中是有周期性的，根的生长周期与地上部不同，其生长又与地上部密切相关，而且往往交错进行，情况比较复杂。在一年中，树根生长出现高峰的次数和强度，与树种、年龄等有关。并且果树在年周期中的生长动态，取决于树木种类，砧穗组合，当年地上部生长、结实状况，同时还与土壤的温度、水分、通气及无机营养状况等密切相关。大多数常见果树根的生长一年有 3 次高峰。

一般春季根开始生长。根系生长要求温度比萌芽低，因此春季根开始生长比地上部早，即出现第一个生长高峰，这与果树的生长程度、发根数量与树体储藏营养水平有关。然后地上部开始迅速生长，而根系生长趋于缓慢，当地上部生长趋于停止时，根系生长出现一个大高峰。强度大、发根多。落叶前根系生长还可能有小高峰。也有些树种，根系的生长一年内可能有好几个生长高峰。在生长季节，根系在一昼夜内的生长也有动态变化，夜间的生长量和发根数多于白天。

二、叶芽的生长发育周期

叶芽的生长周期即为每年叶芽形成与分化，大致有以下三个时期：

1. 叶芽原基出现期

果树的叶芽春季萌发前，芽内已经形成新梢的雏形，称为雏梢。随着叶芽的萌发，形成新梢，由基部往上各叶腋间发生新一代芽的原基。随着新梢生长，新的叶腋出现，可以不断分化直至新梢停长时。

2. 鳞片分化期

芽原基出现后，生长点由外往内分化鳞片原基，以后逐渐发育增大，形成固定形态的鳞片。鳞片分化的时期大致和节上着生的叶片增大时期相一致。

3. 雏梢分化期

叶芽鳞片分化以后，如果条件适合，苹果在 5 月下旬就可开始花芽分化，形成花芽。如果条件不具备，叶芽进入雏梢发育期。多数落叶果树雏梢分化又可分为三个阶段：冬前雏梢分化、冬季休眠和冬后雏梢分化。

三、花果的生长发育

花芽包括纯花芽和混合花芽。纯花芽内只有花的原始体，萌发后只开花结果而不长枝叶，如桃、李、杏、樱桃等的花芽；混合花芽内既有枝叶原始体，又有花的原始体，萌发后先长一段新梢，并在新梢上开花结果。多数落叶果树的花芽都是混合花芽，如苹果、梨、山楂、柿、枣、板栗、核桃、葡萄等。

1. 花芽分化

花芽分化是指植物茎生长点由分生出叶片、腋芽转变为分化出花序或花朵的过程。花芽分化是由营养生长向生殖生长转变的生理和形态标志。

（1）花芽分化过程。从花原基最初形成至各花器官形成完成叫形态分化。在此之前，生长点内进行着由营养生长向生殖状态的一系列的生理、生化转变叫生理分化。引起生理分化的因素叫做诱导。

1）生理分化。生长点内由叶芽的生理状态转向形成花芽的生理状态的过程为花芽的生理分化。

2）形态分化。落叶果树的叶芽从生理、组织、形态方面向着花芽的生理、组织、形态转化为花芽分化，芽内部花器官出现的过程为花芽的形态分化。

（2）花芽分化的特点。花芽分化具有不可逆性，花芽形态分化一旦开始，将按部就班地继续分化下去，此过程通常是不可逆转的。

（3）促进花芽分化的方法

1）培养健壮的结果母枝，防治病虫害。主要是培养健壮的一二年生春梢，少数为一二年生夏秋梢。防治病虫害可使作物免受病虫的危害，实现正常生长。

2）适时水肥供应。秋冬季适当控制水分的供应，降低土壤含水量，以土壤含水率20%～25%为宜。秋梢转绿老熟后不施或少施速效氮肥，防止抽吐冬梢，抑制有机营养物质的消耗，从而促进花芽分化。

3）露根、晒根或断根。在秋冬季，对幼年树或成年空怀树的根系进行露根、晒根或断根处理，可起到抑制水分吸收，促进花芽分化的作用。但受天气和根系生长状态的影响较大，如遇秋冬季降雨较多，或主根过于强大而深扎，垂直根过多，水平根不发达等情况，就不能达到促进花芽分化的目的。

4）环剥促花。在果树花芽分化机理研究中，从激素学说观点来看，环割处理后，可以降低促进柑橘生长、抑制花芽分化的内源激素包括赤霉酸（GA3）、细胞激动素（CTK）、吲哚乙酸（IAA）的含量，提高抑制营养生长；促进花芽分化的内源激素脱落酸（ABA）的含量，从而起到促进花芽分化的作用。从营养学说观点来看，环割处理后，切断了韧皮部筛管的通路，造成碳水化合物向地下根系转移受阻，抑制了根系的生长和活动，影响了根系正常的水分吸收，起到了控制水分供应的作用。增加了环割（环扎、环剥）口上部树冠或枝组碳水化合物的含量，提高了树体内树液的浓度和碳氮（C/N）比，从而促进了花芽分化。

5）环剥促花。环剥的对象是特别壮旺的成年空怀树，长期不开花结果，过于徒长的果树，可进行环剥促花。但由于环剥处理后，伤口过大，不容易愈合，翌年又开花结果过多，严重损伤树势，不易恢复。

6）环扎促花。环扎促花与环割促花的原理、对象、部位和处理后的管理均一样，而与环割的时间和操作方法不同。柚树的环扎时间必须比环剥的时间提前，在9月中旬左右进行为宜。因为环扎时用人力收紧铁线，不能立即切断韧皮部的通道，必须经过一段时间，随着树干粗度的生长增大，铁线才能扎紧树干，抑制有机营养向扎线以下运输，起到环扎促花的作用。

（4）花芽分化要求的条件（包括内部和外部条件）

1）内部条件。花芽分化需要产生四种代谢物质：结构物质、能量物质（淀粉、糖）、ATP调节物质、遗传物质。

2）外部条件。

①光照。落叶果树的花芽分化对日照强度要求较高，光照不足，降低光合速率和树体的营养水平，导致花芽分化不良。

②温度。不同果树的花芽分化要求有各自适宜的温度范围。

③水分。花芽分化期短时间适度控制水分。

④营养（土壤养分）。进行花芽分化需要消耗大量的氮、碳、磷、钾、锌等营养物质，充足的营养能保证果树正常进行花芽分化。

⑤重力作用。水平枝比直立枝易成花。

2. 果实发育

从开花、授粉、花谢后至果实达到生理成熟时止，需经过细胞分裂、组织分化、种胚发育、细胞膨大和细胞内营养物质的积累和转化等过程，这些过程称为果实的生长发育。

（1）开花授粉。传粉或授粉是指花药中花粉散出，借助外力传到雌蕊柱头上的过程。植物的传粉有自花传粉和异花传粉两种方式。

1）自花传粉。自花传粉是一朵花中成熟的花粉粒传到同一朵花的雌蕊柱头上的过程，如大豆等植物是自花传粉植物。异花传粉，在严格意义上讲，是指不同花之间的传粉过程。

2）异花传粉。异花传粉是指借助于生物的和非生物的媒介，将一朵花中的花粉粒传播到另一朵花的柱头上的过程。异花传粉是植物界最普遍的传粉方式，是植物多样化的重要基础。异花传粉可以发生在同一株植物的各朵花之间，也可发生在作物的品种内、品种间，或植物的不同种群、不同物种的植株之间，玉米、油菜、向日葵、梨、苹果、瓜类植物等，都是异花传粉植物。果树生产上的异花传粉一般指不同品种之间的传粉。

3）影响花粉管生长的因素。粉粒在柱头上的萌发，花粉管在花柱中的生长，以及花粉管最后进入胚囊所需要的时间，随植物种类和外界条件而异，在正常情况下，多数植物需要12~18 h。木本植物一般较慢，如桃授粉后，10~12 h花粉管到达胚珠，柑橘需3 h，核桃需72 h，白桦和槭桦约需2个月，而栓皮栎、麻栎等则需14个月才受精。花粉粒的萌发和花粉管的生长对温度非常敏感，大多数温带地区的植物，花粉粒萌发和花粉管生长的最适温度为25~30℃。不正常的低温和高温，都不利于花粉粒的萌发和花粉管的生长，甚至会使受精作用不能进行。用多量的花粉粒传粉，其花粉管的生长速度常比用少量花粉粒传粉的要快得多，结实率也高。此外，水分、盐类、糖类、激素和维生素等，都对花粉粒的萌发和花粉管的生长有影响。

（2）受粉受精。果树的花粉粒落到雌蕊柱头上，条件适宜时萌发形成花粉管进入柱头，并继续伸长进入花柱，到子房和心室，释放精细胞和雌配子卵细胞、助细胞结合，即为果树的受精过程。

（3）落花落果。果树开花后有落花落果的现象，是生物为了适应不良环境和营养条件的一种形式，致使开花多、坐果少，此现象一般集中出现在三次。

第一次在花后，未见子房膨大而脱落，原因是花芽分化不良，花器官生活力弱，无受粉受精能力；花芽发育虽然正常，但气候不良和花器官特性的限制，开放的花没有授粉或授粉不良而落花。

第二次在花后2周时，子房开始膨大而后脱落，原因是没有受精或受精不良。

第三次在花后4周时，有大量幼果脱落，常称"六月落果"或"生理落果"，主要原因是营养不良，果实和其他器官间对营养产生竞争，使生长上消耗多，特别是氮素供应不足，影响胚发育中止。缺硼、锌等微量元素也会导致落花落果。

此外，早春低温、多湿、光照不足，常抑制花粉发芽和胚囊的发育、影响昆虫活动。水分过多影响根系生长、吸收；水分不足容易使花柄产生离层。花期多雨使花粉破裂、冲失、柱头分泌物流失，不利于授粉受精；大气干燥也会影响柱头干缩，不能授粉受精；低温会使胚囊中止发育而发生落花落果。

有的品种在成熟前（采收前3~4周）有落果现象，常称"采前落果"，也影响果树的产量，主要是营养条件、激素作用的结果，也和果树品种的遗传特性有关，需要防止。

（4）果实生长与成熟

1）果实生长时期。果树从开花以后，受精的果实在生长期间，体积、果径、重量的增加动态。凡是有利于果实细胞加速分裂和膨大的因子都有利于果实的生长发育。在实践中，影响因素则复杂得多。

2）果实的成熟。果实体积增长不是直线上升的，而是呈一定的慢→快→慢"S"形曲线形式。另一类呈双"S"形（即有2个速长期），曲线图形与果实构造无关。

（5）果实生长发育所需的时间。各类果实成熟时在外表上表现出成熟颜色的特征为"形态成熟期"。果熟期与种熟期有的相一致，有的不一致；有些种子要经后熟，个别也有较果熟期为早者。其长短因树种和品种不同。

一般早熟品种发育期短，晚熟品种发育期长。果实外表受外伤或被虫蛀食后成熟得早些。另外还受自然条件的影响，高温干燥，果熟期缩短，反之则长。山地条件、排水好的地方果熟得早些。

四、果树的年生长周期

果树每年都有与外界生态条件相适应的形态和生理机能的变化，呈现一定的生长发育的规律性，即果树的年生长周期。这种与季节性气候变化相适的果树器官的动态时期称为生物气候学时期，简称物候期。落叶果树可明显地分为生长期和休眠期。

1. 果树的生长期

落叶果树的生长期从叶芽、花芽、根系三方面考虑，大致可以分为以下六个生育阶段。

（1）根系活动。当土温达到果树发根所需的温度范围时，经过一段时间即开始生长新根。

（2）萌芽。果树休眠以后，气温达到果树萌芽所需的温度范围时，经过一段时间即开始萌芽。

（3）开花。各种果树开花要求一定温度。一般为3～4天，北坡较南坡要迟3～5天。果树开花期可分为以下五段：5％的花开放为始花期；25％以上的花开放为盛花期；95％的花开放为盛花末期；花全部开放并有部分开始脱落为终花期；出现大量落花到落尽为落花期。

（4）枝叶生长。不同果树新梢开始生长期有很大差别，一般浆果类的醋栗、穗醋栗开始生长较早，核果类的杏、桃、李次之，仁果类的苹果、梨、山楂较晚，浆果类的葡萄、柿枣类的枣最晚。果树生长初期受气温和营养物质的限制，枝叶生长缓慢，叶面积较小，叶脉较稀，易黄化，寿命也较短，光合能力较差，叶腋内形成的芽大都发育较差而潜伏。以后随气温升高，果树当年合成营养物质能力提高，新梢旺盛生长，对水分需求量较大，如水分不足则促使过早停止生长，所以这一时期称为新梢需水临界期。在这期间形成的叶片具有品种的代表性，面积大，光合能力强，寿命长，叶腋内形成的芽发育饱满。随着高温、干旱或气温降低，新梢生长减缓，这时形成的叶面积减小，含水量下降，衰老过程加速，寿命较短。

（5）果实发育。果实生长发育所需的时间，自受精到果实成熟，因树种、品种而不同。一般早熟果树如樱桃，其果实发育时间为40～50天，杏80～130天，桃70～190天，苹果60～200天。早熟品种发育时间较短，晚熟品种较长。

（6）花芽分化。大多数果树花芽的发生和分化延续时间较长，部分果树如葡萄、枣当年形成花芽当年开花。花芽分化开始时期因树种、品种、年龄、营养状况、生态条件有明显差别，但大多在新梢旺盛生长之后，生长开始缓慢。不同枝类分化开始时间不同，停止生长较早的短枝顶芽开始较早，长枝和腋芽较迟。花芽分化延续时间，若水分、养分供应充足，则持续较长；若营养不良、干旱，则花芽就会过早停止分化，缩短花芽分化期，常使花芽分化不良并产生不完全花。

2. 果树的休眠期及其调控

果树休眠是指果树的芽或其他器官生长暂时停顿，仅维持微弱的生命活动的时期，是果树为适应不良的生态环境，如低温、高温、干旱时所表现的一种特性。落叶果树主要对冬季低温的适应。

（1）休眠期的特点。落叶果树叶片脱落，新梢成熟，冬芽发育完善，根系暂时处于生长停顿状态是果树休眠的反映，落叶是果树进入休眠的标志。

冬季休眠期中树体内仍进行着一系列的生理活动，如呼吸、蒸腾，根的吸收合成，芽的进一步分化，营养物质运转和转化等，但比生长期微弱得多。根据休眠期果树的生态表现和生理活动的特点，可分为自然休眠和被迫休眠两种。

1）自然休眠。在自然界树种形成了适应外界生态环境的特性，要求一定的低温条件才能顺利通过休眠，为自然休眠。此时即使给予适合树体生长活动的条件，也不能萌芽生长。一般落叶果树自然休眠期多在12月到翌年1～2月，但果树种类不同进入自然休眠的时间有差别，且休眠深度、通过休眠所需时间也各异。枣、柿、板栗、葡萄树从9月下旬至10月下旬开始休眠并立即进入深度自然休眠。梨、桃、醋栗树进入休眠期较晚，梨和醋栗树在10月，桃树在10月上旬至11月上旬。苹果树在10月中旬至11月上旬。苹果、梨、醋栗树自然休眠的深度较浅。

2）被迫休眠。果树通过自然休眠，开始或完成了生长所需的准备；但外界生态条件不适宜萌芽生长，被迫呈休眠状态，为被迫休眠（根系休眠）。

一般幼年果树进入休眠期迟于成年树，而通过休眠也晚于成年树。小枝、细弱枝比大枝、主干休眠早。早形成的芽较晚形成的休眠早。花芽较叶芽、顶花芽较腋花芽休眠早，萌芽也早。根颈部进入休眠最晚，通过休眠最早，所以根颈容易遭受冻害。枝条内皮层和木质部进入休眠较早，形成层、髓部较迟，所以初冬遇到低温严寒，后两者容易受冻，而一旦进入休眠后，形成层比皮层、木质部抗寒，深冬冻害多发生在木质部。

（2）果树休眠的生态条件，包括低温、日照和水分。

1）低温。落叶果树进入休眠需要一定的低温，才能通过自然休眠，一般在12月到翌年2月间，平均气温为 $0.6～4.4℃$，可以顺利完成自然休眠，翌年可正常萌芽。

2）日照。短日照也是影响果树休眠的一个重要生态因子，气温下降到 $15℃$ 以下，日照缩短，果树即开始落叶，所以果树休眠需要一定暗期。

3）水分。果树生长后期树体组织缺水，发生生理干旱，会提早减弱树体内的生理活动，提早进入休眠。如果生长后期雨水过多，会使新梢旺长，延迟结束生长，会延迟进入休眠期。

（3）休眠期的调控。果树休眠期开始和结束的早晚，在果树生产上有着非常重要的意义。因此，生产上常采取多种措施对果树的休眠期进行调控。

1）促进休眠。对幼年树或生长旺盛树，需促其正常进入休眠。可在生长后期限制灌水，少施氮肥，也可使用生长抑制剂或其他药剂，以抑制其营养生长。如葡萄树使用抑芽丹，核桃树使用硫酸锌均可促进休眠，以减少初冬的冻害。

2）推迟进入休眠。对花期早的树种、品种，适当推迟进入休眠期，不仅可以延长营养生长期，而且还可以延迟次年萌芽和开花的物候期，避免早春的冻害。主要的方法是采取适当的夏季重修剪，后期加施氮肥或加强灌水。

3）延长休眠期。果树在通过自然休眠期以后如遇回暖天气，有利开始萌芽活动，这时若遇春寒，将会出现冻花冻芽现象。为避免上述灾害，可采用树干涂白，早春灌水等办法防止春天树体增温过速，推迟花期，减少早春冻害。秋季使用青鲜素或多效唑，早春使用赤霉素、萘乙酸等也可起到延长休眠、推迟开花的作用。此外，葡萄树于休眠期喷布硫酸铁也可延迟萌芽。

4）打破休眠。自然休眠后，若没有一定的低温处理，就不能打破休眠，也就不能正常萌芽开花。一些国家在温室或大棚内栽培葡萄树，因未经低温处理，而不能直接打破休眠。为此，可采用石灰氮打破休眠，使 80% 植株于 30 天后萌芽。南非栽培苹果树，因低温累积量不足，必须采取人工措施弥补自然低温的不足，如采用二硝基邻甲酚（D NOC）打破休眠。这种方法已成为许多国家果园管理的常规技术。除此，还有用细胞分裂素打破葡萄和苹果芽的休眠，用亚麻仁油、矿物油、鲸油等促进萌芽的报道。

思 考 题

1. 简述提高果树生产效益应遵循的发展趋势。
2. 简述果树根系类型及其特点。
3. 简述枝条的基本特性与年周期规律。
4. 花芽分化要求的条件是什么？
5. 简述防止早期生理落果的措施。

第二章 果 树 育 苗

学习目标：

◆掌握果树苗木的类型及育苗方式

◆掌握嫁接苗的培养及自根苗的培养要点

◆了解果树的生长发育周期

第一节 育 苗 基 础

果树育苗是与其他农作物不同的一项特殊的繁殖技术。品种纯正、砧木适宜的优质苗木是果树早果、丰产、优质、高效的先决条件。

一、苗木的类型

苗木的培养基本分为嫁接苗、自根苗、实根苗三种。在育苗方法上应以嫁接为主，同时也应根据不同树种的特点及不同的目的，采取自根苗的繁殖方法，很少用到实根苗。

二、育苗方式

根据育苗方设施的不同，可分为以下几种方式：

1. 露地育苗

是指育苗全过程在露地条件下进行和完成的育苗方式。这种方式只适用苗木生长和有利培养优质苗木的环境条件下进行。露地育苗是我国当前广泛采用的主要育苗方式，包括圃地育苗和坐地育苗两种。

2. 保护地育苗

是指利用保护设施，在人为控制条件下，完成培育果树苗木的育苗方式。它可以在不良的外界环境下，给予适宜的温度、湿度和光照，满足果树苗木生长发育的必要条件，达到育苗目的。通常多在育苗前期应用，后期则利用自然条件，移栽露地后继续培育。

保护设施类型较多，如地热装置、地膜覆盖、塑料拱棚、温室、地下式棚窖、荫棚等。各种设施可单独应用，也可多种类型结合设置。

3. 容器育苗

是指在装有培养基质的容器内，按照常规的育苗方法进行的育苗方式。常用于集约化育苗、组培苗的过度培养、葡萄的快速育苗及稀有珍贵苗木的扦插繁殖等。

4. 弥雾育苗

是指利用弥雾装置在喷雾条件下进行的育苗方式。常用于嫩枝扦插或硬枝扦插的生根阶段，一般间歇性供给液体。

5. 组织培养

是指在人工培养基中，放入果树植物或经过脱毒的茎尖、茎段、叶片、叶鞘或胚，作为外植体进行培养，使其成为完整植株的繁殖方法。培养出品种纯正、繁殖速度快、繁殖系数高的苗木。主要用于快速大量培育自根苗木、大量繁殖和保存无籽果实的珍贵果树良种、多胚性品种未成熟胚的早期离体培养、胚乳多倍体和单倍体育种等。目前，草莓、葡萄、苹果、柑橘、菠萝、猕猴桃等树种的组培成苗已获成功，并建立了组培苗木果园。

三、苗圃的选择和规划

为了培育、生产规格化优质苗木，应根据不同地区设立各种类型的专业性苗圃。

1. 苗圃的选择

苗圃的选择应从当地具体情况出发，因地制宜，改良土壤，建立苗圃。在确定苗圃地点时，应注意以下事项：

（1）地点。应设在需用苗木区域的中心，以减少苗木运输费用和运输途中的损失。应选择对当地环境条件适应性强、栽植成活率高、生长发育良好的果树品种。在肥沃的土壤条件下培育苗木，应控制后期的氮肥施用和灌水，以抑制新梢继续生长，从而避免组织不充实和易受冻；否则，栽到土壤瘠薄的山地时，多表现为成活率不高，故在苗木生长后期应注意促进枝梢生长充实，提高栽植成活率。

（2）地势。应选择背风向阳、日照良好、稍有坡度的倾斜地。坡度大的地块，应先修筑梯田。平地苗圃地下水位宜在 $1 \sim 1.5$ m 以下，并且一年中水位升降变化不大。地下水位过高的低地，要做好排水工作，否则不宜作苗圃地。低洼盆地不但易汇集冷空气形成霜冻，而且排水困难，易受涝害，不宜选作苗圃地。

（3）土壤。以砂质壤土和轻黏壤土为宜。因其理化性质好，适于土壤微生物的活动，对种子发芽、幼苗生长都有利，而且起苗省工，伤根少。黏重土、沙土、盐碱土都必须先行土壤改良，分别掺沙、掺土和修台田，并大量施用有机肥料后方能利用。

（4）灌溉条件。种子萌芽和苗木生长都需要充足的水分供应，以保持土壤湿润。幼苗生长期间根系浅，耐旱力弱，对水分要求更为重要。如果不能保证水分及时供应，会造成幼苗停止生长，甚至枯死。尤其在我国北部地区容易发生春旱，必须根据土地面积准备水源，如挖井或筑塘坝等，以供灌溉之用。此外，还应注意水质，勿用有害苗木生长的污水灌溉。

（5）病虫害。在病虫害较严重的地区，尤其是对苗木危害较重的立枯病、根头癌肿病和地下害虫（如金龟甲的幼虫蛴螬、金针虫、线虫、根瘤蚜）等，必须采取措施加以防治。

2. 苗圃的规划

大型专业苗圃应根据苗圃的性质和任务，结合当地的气象、地形、土壤等资料进行全面规划。

（1）母本园。主要任务是提供良种繁殖材料。如砧木和实生果苗种子、自根砧木繁殖材料、自根果苗繁殖材料和优良品种接穗。母本树应和砧木、品种区域化的要求相一致。当前我国设有母本园的苗圃不多，一般均从品种园采集接穗或插条，砧木种子则采自野生植株。为了保证种苗的纯度和长势，防止检疫性病虫害的传播，应建立各级专业苗圃的母本园（包括采种和采穗母本园）。

（2）繁殖区。根据所培育的苗木种类分为实生苗培育区、自根苗培育区和嫁接苗培育区。为了耕作和管理方便，最好结合地形采用长方形划区，长度不小于 100 m，宽度可为长度的 1/3～1/2；也可以亩为单位进行区划。

（3）道路。可结合划区要求设置。干路为苗圃与外部联系的主要道路，大型苗圃干路宽度约 6 m。支路可结合大区划分进行设置，一般路宽 3 m。大区内可根据需要分成若干小区，小区间可设若干小路。

（4）排灌系统和防护林。可结合地形及道路统一规划设置，以节约用地。沟渠比降不宜过大，以减少冲刷，通常不超过 0.1‰。防护林设置原则和方法可参照果园防护林的设置。

（5）房舍。包括办公室、宿舍、农具室、种子储藏室、化肥农药室、包装工棚、苗木储藏窖、车库、厕舍等。应选位置适中、交通方便的地点建筑。

第二节　嫁接苗的培育

嫁接是把植物的一部分器官移接到另一植株的适当部位，使两者愈合生长成新植株的繁殖方法。接在上部的枝或芽，称为接穗；承受插穗的植物体称为砧木；用嫁接方法培育的苗木称为嫁接苗，其过程如图 2—1 所示。

一、嫁接苗的特点及利用

1. 嫁接苗的特点

（1）嫁接苗的地下部分是砧木发育成的根系，具有砧木根系生长发育的特点，可以通过

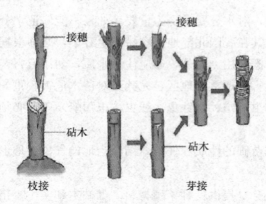

图 2—1　嫁接的过程

选择砧木的方法，来影响接穗的生长，增强嫁接苗对环境的适应性；也可通过选择乔化或矮化等不同类型的砧木，来控制树体大小。

（2）嫁接苗的地上部分是由接穗发育起来的，也就是由接穗母体的一部分营养器官发育而成的，新植株是由接穗所在母体上已经通过的发育阶段向前的延续。所以嫁接苗可以提前结实，还能保持母树的遗传性，可保留树种的某些优良特性。

2. 嫁接苗的利用

（1）嫁接苗变异小，可以保持母株的优良性状，操作简单，成活率高。

（2）嫁接苗可以使果农提前受益。

（3）提高树木的抗逆性及适应性。

（4）用嫁接改换良种。

（5）用嫁接改变树木性别。雌雄异株的树木，可将其嫁接换头，增加结果树。

（6）用嫁接改变树木的高度。

（7）嫁接可以修复受伤或复壮衰弱树木。

（8）嫁接育种可选育新品种。

（9）嫁接可以加快良种苗木繁殖。

二、嫁接苗的培育

将优良品种植株上的枝或芽通过嫁接技术接到另一植株的枝、干上，成活后长成新的植株即为嫁接苗。用做嫁接的枝或芽称为接穗，承受接穗的植株为砧木。

1. 嫁接成活的原理

果树嫁接成活主要取决于砧木和接穗能否相互密接产生愈伤组织。在嫁接后不久，接穗和砧木的伤口，由于表面细胞死亡，各自形成一层保护性的褐色薄膜，从而遮断了水分的蒸发，为双方形成层及其他薄壁组织的活动创造了条件。紧接着，双方薄膜下的受伤细胞，由于受创伤刺激，产生了一种刺激细胞分裂的创伤激素。在其影响下，双方形成层细胞、髓射线、未成熟的木质部细胞和韧皮部细胞，都恢复了分裂能力，从而形成了愈伤组织。进而将接合的伤口共同修建好，使接穗和砧木彼此长在一起（称为愈合作用）而形成一个整体，开始了新的生命活动，成为一个新的植株。所以愈伤组织增生越快，砧穗连接愈合越早，嫁接成活可能性就越大。

2. 砧木与接穗间的相互影响

（1）砧木对接穗的影响包括以下三个方面：

1）对生长的影响。嫁接后，某些砧木可促进树体生长高大，这种砧木称为乔化砧。如海棠砧木是苹果接穗的乔化砧，杜梨砧木是梨接穗的乔化砧等。另一些砧木嫁接后使树体矮小，这种砧木叫矮化砧。一般乔化砧寿命长，矮化砧寿命短。

此外，砧木对嫁接果树的物候期，如萌芽期、落叶期等均有明显影响。

2）对结果的影响。砧木对嫁接果树达到结果期、果实成熟期及品质都有一定的影响。例如，嫁接在矮化砧或半矮化砧上的苹果进入结果期早，嫁接在保德海棠砧木上的红星苹果色泽鲜红而且耐储藏。

3）对抗逆性、适应性的影响。果树所用砧木一般是野生或半野生的。它们都具有较强的适应性。

砧木对嫁接果树虽有多方面的影响，但这些影响是接穗遗传性已经稳定的基础上产生的，属生理作用，并不涉及遗传基础的变化，因此不会改变品种的固有特性。

（2）接穗对砧木的影响。嫁接果树，其根系的生长是靠地上部制造的有机营养。因此，接穗对砧木也会产生一定影响。

（3）中间砧的影响。中间砧对接穗具有和矮化砧木相同的影响，矮化效果与中间砧的长度呈正相关，中间砧越长矮化效果越明显，一般使用长度为 20～30 cm。

3. 接穗的选择与采集

接穗采自优良品种的植株上。采取接穗的母株必须具有丰产、稳产、优质的特性，而且要生长发育健壮，无检疫病虫害。

芽接用的接穗应采自当年生的发育枝。在生长季芽接时，最好随采随接。采后立即剪掉叶片（需保留叶柄）以减少水分蒸发。如当日或次日嫁接，可将接穗的下端浸入水中；如隔几日嫁接，则应在阴凉处挖沟铺沙，将接穗下端埋入沙中，并喷水保持湿度。

枝接用的接穗来自一年生发育枝，可结合冬季修剪采集，采集的接穗按品种打捆，并加品种标签，埋于窖内或沟内的湿沙中。在储藏期间，注意保温防冻；春季回暖后，要控制接穗萌发，以便延长嫁接时期。

接穗需要远运时，应用塑料薄膜包好，再装入布袋或木箱中，以防止水分流失。

枝接的接穗在嫁接前用石蜡密封，可大大提高嫁接成活率，并可免去接后埋土保湿，而且保存期长，可延长嫁接时期。蜡封的方法是把石蜡熔化加温至 110～120℃，将接穗在石蜡液中迅速浸蘸约 1/10 s，使接穗表面形成一层极薄的蜡膜，起到保湿作用。

三、嫁接方法

生产上常用的嫁接方法主要有芽接和枝接两种。

1. 芽接法

芽接法又称丁字形芽接法、盾形芽接法，是应用最广泛的一种嫁接方法，其优点是可经济利用接穗。当年播种的砧木苗即可进行芽接。而且操作简便、容易掌握、工作效率高、嫁接时期长、结合牢固、成苗快，未嫁接成活的便于补接，能大量繁殖苗木，利于嫁接苗生长。这种方法已在生产上广泛应用。

芽接的具体方法有 T 字形芽接、方块形芽接及嵌芽接等，如图 2—2 所示。但是，生产上常用的是以 T 字形芽接为主。另外，新梢接穗、接芽插入接口、绑扎嵌芽接是芽接方法中重要环节，如图 2—3 所示。

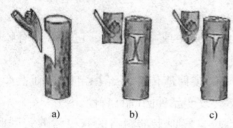
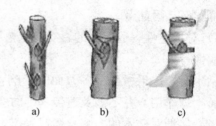

图 2—2　芽接方法

a）嵌芽接　b）方块形芽接　c）T 字形芽接

图 2—3　芽接环节

a）新梢接穗　b）接芽插入接口　c）绑扎嵌芽接

芽接时期选择在春、夏、秋三季，不受树木离皮与否的季节限制，凡皮层容易剥离、砧木达到芽接所需粗度、接芽发育充实的均可进行芽接。在接穗上切取盾状芽片，嵌接进砧木的"T"字形切口皮层内使之愈合成活。嫁接时，先在砧木的合适部位切成"T"字形，选饱满的接芽在芽尖上方切一刀，再从芽基下方向上切取盾行芽片，嵌进被撬开"T"切口的皮层。芽片上边嵌至砧木切后上线齐平，用结缚物扎缚，使芽尖露出。

由于北方冬季寒冷，芽接时期主要选择在 7 月初至 9 月初。过早芽接，接芽当年萌发，冬季易受冻害；芽接过晚，皮层不易剥离，嫁接成活率低。近年来，为加快育苗速度，利用塑料棚可提早播种，提早嫁接，当年育成果苗。

2. 枝接法

果树枝接是利用果树的枝条作接穗的嫁接方法，枝接一般在春季树液开始流动、皮层尚未剥离时，或在砧木皮层剥离但接穗尚未萌动时进行。常用的嫁接技术有切接、插皮接、舌接等。因树种不同，枝接的适期亦有区别。不同果树枝接适期和方法见表 2—1。

（1）切接

1）适用对象。切接适用于根颈 1～2 cm 粗的砧木作地面嫁接。

2）接穗削取。将接穗截成长 5～8 cm，带有 3～4 个芽为宜，把接穗削成两个削面，一长一短，长斜面长 2～3 cm，在其背面削成长不足 1 cm 的小斜面，使接穗下面成扁楔形。

表 2—1　　　　　　　　　不同果树枝接时期及方法

树种	枝接时期	适用方法	采用接穗
苹果梨、桃、杏	萌芽前后（3 月下旬～4 月上旬）	切接、腹接、较粗砧木用皮下接或劈接	1 年生充分成熟的发育枝，每接穗应有饱满芽 2～3 个
枣	萌芽前后或生长季期（4 月下旬）	嫩梢接（拉栓接）	1～2 年生枣头 1 次枝或 2 次枝，生长季利用当年生枣头
柿	展叶后（4 月下旬）	皮下接或切接	发育健壮的 1 年生枝每接穗有两个以上饱满芽
	树液开始流动至近萌芽期	劈接、方块形芽接	生长季节利用未萌发的芽
板栗	芽膨大期（4 月上中旬）	切接、腹接、皮下接	有 2 个腋芽的 1 年生发育枝
核桃	砧木顶芽已萌动（4 月下旬～5 月上旬）	劈接、切接、皮下接	粗壮 1 年生发育枝的中上部，每接穗应有 2 个芽

3）砧木处理。在离地 4～6 cm 处剪断砧木。选砧木皮厚光滑纹理顺的一侧，用刀在断面皮层内略带木质部的地方垂直切下，深度略短于接穗的长斜面，宽度与接穗直径相等。

4）接合。把接穗大削面向里，插入砧木切口，务必使接穗与砧木形成层对准靠齐。

5）绑缚。用麻皮或塑料条等扎紧，外涂封蜡，并由下而上覆上湿润松土，高出接穗3～4 cm，勿重压，如图 2—4 所示。

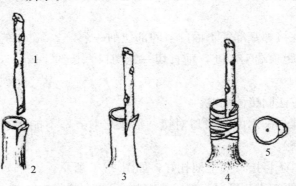

图 2—4　切接

1—切穗　2—砧木　3—插接穗　4—绑缚　5—接穗和砧木对接

（2）插皮接

1）适用对象。插皮接是枝接中常用的一种方法，多用于高接换头，该法操作简便、迅速，此法必须在砧木芽萌动、离皮的情况下才能用。

2）接穗削取。把接穗削成 3～5 cm 的长削面，如果接穗粗，削面应长些，在长削面的背面削成 1 cm 左右的小削面，使下端削尖，形成一个楔形。接穗留 2～3 个芽，顶芽要留在大削面对面，接穗削剩的厚度一般在 0.3～0.5 cm，具体应根据接穗的粗细及树种而定。

3）砧木处理。凡砧木直径在 10 cm 以上者都可以进行插皮接，在砧木上选择适宜高度，选择较平滑的部位锯断或剪断，断面要与枝干垂直，截口要用刀削平，以利愈合。

4）接合。在削平的砧木口上选一光滑而弧度大的部位，通过皮层划一个比接穗削面稍短一点的纵切口，深达木质部，将树皮用刀向切口两边轻轻挑起，把接穗对准皮层接口中间，长削面对着木质部，在砧木的木质部与皮层之间插入并留白 0.5 cm，然后绑缚，如图 2—5 所示。

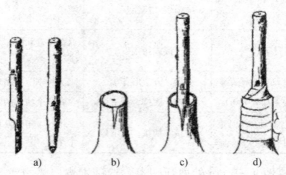

图 2—5　插皮接

a）接穗处理　b）砧木处理　c）插接穗　d）绑缚

（3）舌接

1）适用对象。这种嫁接适合接穗和砧木的直径都很小（直径在 6～12 mm），且粗度相当的情况下采用。

2）接穗削取。在接穗基部芽下面的节间部位削一个长 2.5 cm 左右的长削面。削面要求光滑平整，再在削面距顶端 1/3 处，垂直切一纵切口，长约 1 cm，这样形成一个舌形口向下的接穗。

3）砧木处理。方法同接穗削取。

4）接合。将接穗与砧木的舌形口对接，形成层对齐，不能两边对齐时也要对齐一边，最大限度使形成层接触。

5）绑缚。用塑料条将接口安全地扎好，如图 2—6 所示。

嫁接后，要及时检查成活情况，解除绑缚物。一般枝接需在 20～30 天才能看出成活与否。成活后应选方向位置较好、生长健壮的上部一枝延长生长，其余去掉。

3. 影响嫁接成活的因素

（1）砧木和接穗的亲和力。砧木和接穗的亲和力是指两者在内部组织结构、生理和遗传性方面差异程度的大小。其差异越大，亲和力越弱，嫁接成活的可能越小。

嫁接亲和力，主要取决于砧木和接穗的亲缘关系，一般亲缘关系越近，亲和力越强。同属同品种间的嫁接亲和力最强，为共砧嫁接。同属异种间的嫁接亲和力因树种而异。

（2）嫁接时期。嫁接成败与气温、土温、砧木与接穗的活跃状态有关。春季嫁接过早，温度较低，愈合组织增生慢，嫁接不易愈合。据试验，苹果树的愈合组织的形成在 5～32℃

的范围内，随气温的升高而加快。核桃树嫁接后形成愈合组织最适温度为 26～29℃。在生产实践中，各种果树最适宜的嫁接时期有所不同。

（3）砧木和接穗的质量。砧木和接穗组织充实，储存的营养丰富，嫁接后容易成活。因此，应选择组织充实、芽体饱满的枝条做接穗。

（4）接口湿度。愈合组织是由薄壁柔嫩的细胞组成，在愈合组织表面保持一层水膜，对愈合组织的大量形成有促进作用。因此，结合部位用塑料薄膜条绑缚可起到保湿作用。

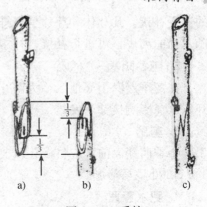

图 2—6　舌接
a）接穗削取　b）砧木处理　c）砧穗对接

（5）伤流、树胶、单宁物质的影响。根系开始活动后，地上部有伤口部位易出现伤流。树种伤口部位流胶；切面细胞内单宁氧化形成不溶于水的单宁复合物，都影响愈合组织的形成而降低成活率。

 知识链接

嫁接成活的技术关键

嫁接能否成活，其嫁接技术十分重要。果树嫁接时应掌握的技术关键主要有以下几点：

（1）砧木和接穗的形成层必须对准对齐。接穗、砧木的削面越大，则结合面越大，嫁接成活率越高。

（2）无论采用哪种嫁接方法，削面暴露在空气中的时间越长，越容易被氧化变色，影响愈合组织的形成，而降低嫁接成活率。尤其是核桃、板栗、柿树的枝芽中含单宁较多，在空气中易氧化变黑，影响成活。因此，嫁接时，操作要快。

（3）砧穗的结合部位要绑紧绑严，使砧穗形成层密接，促进成活。

（4）嫁接后要保持适当湿度，是能否成活的关键。因此，枝接时应对接穗蜡封、接口用塑料薄膜条绑缚，即可保湿而且可增加结合部位的温度，有利于愈合组织的形成而促进成活。

四、嫁接苗的管理

1. 检查成活

解除绑缚物及补接。多数果树，芽接后 15 天即可检查成活情况，解除绑缚物，未成活的进行补接。凡芽体和芽片呈新鲜状态，叶柄一触即落时说明已经成活。芽接未成活的，如砧木尚能离皮，可进行补接，补接时要防止品种混杂。

2. 越冬防寒

在冬季严寒干旱地区，为防止接芽受冻，在结冻前应培土保护，春季解冻后要及时扒开，以免影响接芽萌发。

3. 剪砧

春季萌芽以前，应将接芽以上的砧木剪除，以集中营养供接芽生长，剪口应在接芽以上0.5 cm处呈马蹄形。

4. 肥水管理

嫁接苗生长的前期，应注意加强肥水管理，中耕除草，防治病虫害，秋季适当控氮肥、控水，促进枝条成熟。

枝接成活后，如成活接穗较多（劈接、切接、皮下接），应选生长健壮，愈合良好，位置适当的保留一枝，其余剪除，以集中营养。当地如春季风大，为防嫩梢折断，应立支柱绑缚。注意及时除掉萌蘖，以节约营养供接穗生长。

五、砧木的培育

1. 种子的采集

种子的质量关系到砧苗的长势和合格率，是培养优良砧苗的重要环节。一定要选取内部营养物质呈易溶解状态，含水量高，种胚已经发育成熟并具备发芽能力的生理成熟的种子。这类种子采后播种即可发芽，而且出苗整齐。但因其种皮容易失水和渗透出内部有机物而遭受微生物侵染导致霉烂，不宜长期储存。

形态成熟是指种胚已完成了生长发育阶段；内部营养物质大多转化为不溶解的淀粉、脂肪、蛋白质状态；生理活动明显减弱或进入休眠状态；种皮老化致密，不易霉烂，适于较长期的储藏。生产苗木所用的种子多采用形态成熟的种子。

采集种子必须适时，鉴别种子形态成熟时，多根据果实颜色转变为成熟色泽，果肉变软，种皮颜色变深而具光泽，种子含水量减少，干物质增加而充实等确定。多数果树种子是在生理成熟以后进入形态成熟，只有银杏等少数果树，则是在形态成熟以后再经过较长时间，种胚才逐渐发育完全。

收取果实内的种子：堆沤腐烂果肉──→选取种子──→晾晒和阴干──→精选和分级──→储藏。储藏期间的空气相对湿度宜保持在50％～80％，气温0～8℃为宜。大量储藏种子时，应注意种子堆内的通气状况，通气不良时加剧种子的无氧呼吸，积累大量的二氧化碳，使种子中毒。特别是在温度、湿度较高的情况下更要注意通气和防止虫害、鼠害。

储藏方法因树种不同而异。落叶果树的大多数树种种子在充分阴干后储藏。但板栗、樱桃、银杏和绝大多数常绿果树的种子，采种后必须立即播种或湿藏，才能保持种子的生活力；否则，干燥以后将丧失生活力而降低发芽力。人工低温、低湿、氧气稀少的环境条件，亦可使不适于干藏的种子延长其生活力。

2. 种子的休眠与层积处理

（1）种子的休眠。是指果树在长期系统发育过程中形成的一种特性和抵御外界不良条件的适应能力。北方落叶果树的种子大都有自然休眠的特性。果树种子在休眠期间经过外部条件的作用，使种子内部发生一系列生理、生化变化，从而进入萌发状态，这一过程称为种子后熟阶段。解除种子休眠需要综合条件和一定的时间。通过后熟的种子吸水后，如遇不良环境条件可再次进入休眠状态，称为二次休眠或被迫休眠。

（2）种子的层积处理。是指落叶果树种子在适宜的外界条件下，完成种胚的后熟过程和解除休眠促进萌发的一项措施。因处理时常以河沙为基质3份与种子1份分层放置，故又称沙藏处理。层积处理多在秋、冬季节进行。多数落叶果树需要在2～7℃的低温、基质湿润和氧气充足的条件下，经过一定时间完成其后熟阶段。

层积期间，有效最低温度为-5℃，有效最高温度为17℃，超过上限或下限，种子不能发芽而转入二次休眠。种子层积需要良好的通气条件，降低氧气浓度也会导致二次休眠。基质湿度对层积效果有重要作用，通常砂的湿度以手握成团而不滴水（约为最大持水量的50%）为宜。层积后熟时间长短主要是由不同树种的遗传特性所决定（见表2—2），但也与层积前储藏条件有关。

表2—2　　　　　　　　　　　主要果树种子的层积天数

树种	层积天数（天）	每千克种子粒数	播种量（kg/hm²）	成苗数（株）	播种方式	嫁接树种
海棠果	45～50	56 000	15～22.5	12 000～15 000	条播	苹果
山定子	30～50	160 000～200 000	7.5～15	15 000～18 000	条播	苹果
西府海棠	40～60	56 000	15～22.5	12 000～15 000	条播	苹果
山梨	40～60					
杜梨（大）	80	28 000	22.5～30	7 000～10 000	条播	梨
杜梨（小）	60	60 000～70 000	15～22.5	7 000～8 000	条播	梨
山楂	240	13 000～18 000	112.5～225			山楂
核桃	60～80	70～100	1 500～2 250	3 000～4 000	点播	核桃
君迁子	90	3 400～8 000	75～150			
毛桃、山桃	80	200～400	450～750			桃、李
山葡萄	90～120					葡萄
酸枣	80	5 000	75～90	6 000～7 000	条播	
山杏	80	大 900	450～900	6 000～7 000	条播	李
		小 1 800	375～450	7 000～8 000	条播	李

种子的胚在一定时期内和在不同环境条件下所含促进生长激素及抑制生长激素对胚的休

眠有控制的作用。各树种的内源激素的变化和作用可能有所不同，但都表现出有一定的控制和促进作用。

3. 浸种催芽

浸种可使种子在短期内吸收大量水分，加速其内部的生理变化，缩短后熟过程。未经沙藏的种子，播种前需经浸种，以促使其萌芽。已经沙藏但尚未萌芽的种子，再经浸种可加速萌发。浸种方法因树种不同而异，核桃、山桃、山杏等带有硬壳的大粒种子，可用冷水浸种。把种子放在冷水中浸泡 5～6 天，每天换水一次；或把种子装在草袋内，放在流水中，待种子吸足水后，即可播种。如播种期紧迫，还可用开水浸种：将种子倒进开水内速浸 2～3 s，捞出后放在冷水中浸泡 2～3 天，待种壳裂口时即可播种。小粒种子，如山定子、海棠、杜梨等，如冬季未经沙藏可在播种前 3～5 天用两开兑一凉的温水浸泡 5 min，经充分搅拌自然降温后，再放在冷水中浸泡 2～3 天，每天换水一次，再经短期沙藏或将种子摊放在暖炕上，上盖湿麻袋，温度保持在 20℃ 左右，每天翻动，待少量种子萌动后即可播种。

4. 播种

播种是培育果树砧木苗的基本环节，有关播种各项技术质量对育苗成败和苗木质量都有重要影响。

（1）播种地准备。应选壤土或砂壤土作为播种地，苗圃地应进行深翻熟化，一般应深翻 20～30 cm，深翻时结合施入底肥，每公顷施厩肥 60～75 t，然后整平除去杂物，作畦或作垄。

（2）播种时期。分为春播、秋播和采后立即播种。适宜的播种时期，应根据当地气候和土壤条件以及不同树种的种子特性决定。

（3）播种方法。包括两大类：一是条播，是在地面或畦床内按计划行距开沟播种；二是点播，是按一定行株距点播。

（4）播种量。是指单位面积内计划生产一定数量的高质量苗木所需要种子数量。

（5）播种深度。播种深度与出苗率有密切的关系。播种过深，土温低，氧气不足，种子发芽困难，出土过程中消耗养分过多，出苗晚，甚至不能出土。播种过浅，种子得不到足够和稳定的水分，影响出苗率。

播种深度因种子大小气候条件和土壤性质而异，覆土深度以种子最大直径的 1～5 倍为宜。干燥地区比湿润地区播种应深些。秋冬播比春夏播应深些。砂土、砂壤土比黏土应深些。

为有利种子发芽出苗，尤其干旱地区或风大而水源较少时，应注意采取播后覆膜或覆草保墒。

第三节　自根苗的培育

自根苗指高等植物用扦插、分株、压条等无性繁殖法利用一部分器官的再生能力而发根或生枝，逐步形成完整植株的方法。此方法经济、实用，易于掌握，但一些品种相对在植株抗性、提高果品的品质、产量上不具备嫁接苗的优势。果农可根据实际情况酌情而定。具体包括扦插繁殖法、压条繁殖法和分株繁殖法。

一、扦插繁殖法

扦插繁殖是指取具备品种优良、生长健壮，无病虫危害等条件的植株作为采条母体，取其营养器官的一部分，插入疏松润湿的土壤或细沙中，利用其再生能力，使之生根抽枝，成为新植株，按取用器官的不同，又有以下几种。

1. 枝插法

枝插法包括硬枝插、绿枝扦插等。

（1）硬枝插。硬枝插是利用充分成熟的一年生枝，在休眠期进行。如葡萄树的硬枝扦插是在春季萌芽前进行。在深秋葡萄落叶后结合冬季修剪采集插条，长 50 cm，在湿沙中储藏，温度保持在 1～5℃。扦插时将插条剪成 2～3 节为一段，上端剪平，下端截面剪成马蹄形，插条上端距离最上芽 2 cm。用茶乙酸或吲哚丁酸处理后，将插条斜插（斜度约 45°）在苗床上。在春季风大地区，扦插后应使顶芽露出地面并覆土保护；在温暖而湿润地区，扦插后灌水后可不覆土。

（2）绿枝扦插。绿枝扦插是利用半木质化的新梢在夏末进行。选健壮的半木质化枝蔓，每段 3 节，将下部叶片去掉，只留上部两叶片，插条最好在早晨枝条含水量多、空气凉爽、湿度大时采集。扦插后应遮阴并勤灌水，待成活后再逐渐除去遮阴设备。

绿枝比硬枝容易发根，但绿枝对空气和土壤湿度的要求严格，因此，多在室内弥雾扦插繁殖，使插条周围保持 100％湿度。叶片背面有一层水膜，叶温比对照低 5.5～8.5℃，室内平均气温 21℃左右，达到降低蒸腾作用，增强光合作用，减少呼吸作用，从而使难发根的插条保持生活力的时间长些，以利发根生长。

露地绿枝扦插多在生长季进行。葡萄在 6 月中下旬选具有 2～4 节的新梢，去掉插条下部叶片，保留上部 1～2 片叶作为插条；南方柠檬、枳、紫色西番莲等果树可选取当年生绿枝，留顶部 2～3 片叶作为插条。插后遮阴并勤灌水，待生根后逐渐除去遮阴设备。大面积露地绿枝扦插以雨季进行效果最好。

2. 根插法

主要用于繁殖砧木苗。在枝插不易成活或生根缓慢的树种中，如枣、柿、核桃、长山核桃、山核桃树等根插较易成活。李、山楂、樱桃、醋栗等树根插较枝插成活率高。杜梨、秋子梨、山定子、海棠果、苹果营养系矮化砧木树种，可利用苗木出圃剪下的根段或留在地下的残根进行根插繁殖。根段粗 0.3～1.5 cm 为宜，剪成 10 cm 左右长，上口平剪，下口斜剪成马蹄形。根段可直插或平插，以直插容易发芽，但切勿倒插。

例如苹果苗木出圃后，可利用留在土壤中的砧木根段，选择粗 3 mm 以上的剪成 10 cm

长的根段，上端剪平，下端剪成马蹄形，沙藏到春季扦插。插后管理同硬枝扦插。

3. 茎插法

主要用于香蕉和菠萝树，可在短期内培育大量芽苗。香蕉树用地下茎切块于 11 月至翌年 1 月扦插繁殖，菠萝树用吸芽、冠芽和裔芽于 3 月至 6 月扦插繁殖，也可用纵切老茎选带休眠芽的切片扦插。

4. 带芽叶插法

主要是广东一带的菠萝树繁殖，利用吸芽、冠芽、蘖芽和裔芽带叶进行扦插，每一个冠芽可以分成 40～60 个带叶芽片，繁殖系数较高。主要方法是将叶尖、老叶去掉，用刀连同带芽的叶片和部分茎一起切下，稍微晾晒后进行斜插。

二、压条繁殖法

压条是在枝条不与母株分离的状态下把枝条压入土中，促使生根，之后再与母株分离，成为一个独立的新的植株。对于扦插繁殖不易生根的树种，常采用压条繁殖。

1. 垂直压条

繁殖苹果营养系矮化砧木、石榴、无花果树等均采用垂直压条的方法。例如繁殖苹果的营养系矮化砧木，砧木的定植株行距为 30 cm×50 cm，于春季萌芽前，母株距地面 2 cm 剪断，促发萌蘖。当萌蘖新梢长到 15～20 cm 时，第一次培土，高度约为新梢的 1/2。当新梢长到 40 cm 时行第二次培土，两次培土高度为 30 cm，宽 40 cm。培土前先行灌水，培土后，注意保持一定湿度。一般 20 天后开始生根。入冬前或翌春扒开土堆，在每根萌蘖的基部，靠近母株处留 2 cm 的短桩剪断，未生根的萌蘖也应同时剪断。如此每年反复进行。

2. 水平压条

繁殖苹果营养系矮化砧木采用水平压条时，每株按株行距（30～50）cm×150 cm 定植。把母株枝条弯曲到地面呈水平状态，用枝杈将其固定。为促使枝条上芽的萌发，在芽前方 0.5～1 cm 处环割。待新梢长到 15～20 cm 时第一次培土，新梢长到 25～30 cm 时，进行第二次培土。入冬前或翌春扒开培土，对靠近母株基部的萌蘖留 1～2 株，供再次水平压条用，其他为育成的砧木苗。

3. 先端压条法

黑莓、露莓、黑树莓、紫树莓等发生吸芽很少，主要采用先端压条繁殖，其枝条顶芽既能长梢又能在梢基部生根。通常在夏季新梢尖端已不延长，叶片小而卷曲如鼠尾状时即可将其压入土中。如压入太早新梢不形成顶芽而继续生长，太晚则根系生长差。压条生根后即可剪离母体成一独立新株。

4. 高枝压条法

又称高压法。我国很早即已采用此法繁殖荔枝、龙眼、柑橘类、石榴、枇杷、人心果、油梨、树菠萝等果树。该法具有成活率高，技术易掌握等优点；缺点是繁殖系数低，对母株损伤大。

高压法在果树整个生长期都可进行，但以春季和雨季进行较好。广东省多用椰糠、锯木屑作高压基质；亦可用稻草与泥混合作填充材料，成本低，生根效果良好。

高压法应选用充实的 2～3 年生枝条，在枝近基部进行环剥，宽度 2～4 cm，注意刮净皮层和形成层，并于剥皮处包以保湿生根材料，用塑料薄膜或棕皮、油纸等包裹保湿。高压柑橘枝条约 2 个月后即可生根，8～9 月间即可剪离母树，连同生根材料假植一年，待根系发育强大后定植。

三、分株繁殖法

分株繁殖是指将萌蘖枝、丛生枝、吸芽、匍匐枝等从母株上分割下来，另行栽植为独立新植株的方法，分株繁殖一般用于能够产生根蘖、匍匐茎或吸芽的物种繁殖。根据不同物种的不同分株方式，又可以分为以下几类。

1. 根蘖分株法

适用于根系容易大量发生不定芽而长成根蘖苗的树种，如枣、山楂、树莓、榛子、樱桃、李、石榴、杜梨、山定子、海棠果树等，生产上多利用自然根蘖进行分株繁殖。为促使多发根蘖，可于休眠期或发芽前将母株树冠外围部分骨干根切断或造伤，并施以肥水，促使发生根蘖和旺盛生长，秋季或翌春挖出，再分离栽植。

2. 吸芽分株法

香蕉、菠萝树等用此法繁殖。香蕉树在生长期能从母株地下茎抽生吸芽，并发根生长到一定高度后与母株分离栽植。菠萝树的地上茎叶腋间能抽生吸芽，选其健壮和一定大小的吸芽切离定植。

3. 匍匐茎分株法

草莓地下茎的腋芽生长当年可发生匍匐茎，在匍匐茎的节上发生叶簇和芽，下部生根长成一幼株，夏末秋初将幼株挖出，即可栽植。

4. 根状茎分株法

草莓根状茎分枝能力和发新根的能力比较强，可用根状茎进行分株繁殖。

近年来，为使育苗工厂化和培育果树的无菌苗木，人们开始在苹果及苹果的营养系矮化砧、大枣、葡萄、草莓、山楂等树种上，利用组织培养的方法培育果树苗木获得成功，并开始用于生产。

思 考 题

1. 简述苗圃的选择和规划的要点。

2. 简述浸种催芽方法。

3. 简述嫁接苗的特点。

4. 简述适宜自家应用的育苗方式。

5. 简答扦插繁殖法。

第三章　苹果栽培技术

第一节　苹果的主要品种

全世界曾有过记载的苹果品种约 8 000 多个，具有经济栽培价值的品种仅 100 多个。但近年来，苹果栽培品种呈现出越来越集中、越来越少的趋势。

一、国内著名的苹果品种

1. 国光

国光曾是我国苹果产区栽植最多的品种。果实扁圆或近圆形，单果重约 150 g，最大果重240 g。果面光滑，果粉多。果实底色黄绿，有暗红色粗细不等的条纹，也有全红。果皮厚，果肉黄白或白色，肉质脆而致密。果汁多，酸味稍浓，可溶性固形物含量在 15％左右，品质上等。果实极耐储藏，可存放到翌年的 4～5 月。如图3—1 所示。

2. 金冠　（黄元帅、金帅、黄香蕉）

金冠是世界栽培最多的品种之一，我国各苹果产区均有栽培。其果实呈圆锥形，单果重约200 g，最大果重300 多 g。果面稍粗糙，无光泽。

图 3—1　国光

果实底色黄绿，成熟后变为金黄色，有的果实阳面有淡红色晕。果皮薄，果肉淡黄色，肉质致密、细而脆。果汁多，酸甜适口，有浓郁芳香，可溶性固形物含量为 14.5% 左右，品质上等。果实耐储藏，可存放至翌年 3～4 月，但储藏期间果皮易皱缩。如图 3—2 所示。

3. 红玉

红玉是世界上栽培最广泛的三大苹果品种之一，我国各个苹果产区均有栽培。果实呈扁圆或圆形，单果重约 150 g，最大果重 200 g。果面光滑，有光泽。果实底色黄绿，表色浓红，很美观。果肉黄白色，储藏后变为淡黄色，肉质细脆、致密、甜酸适口，香气浓郁，可溶性固形物含量 14.5% 左右，品质上等。果实耐储藏，可存放到翌年 3～4 月。如图 3—3 所示。

图 3—2　金冠

图 3—3　红玉

4. 白龙　（青香蕉、香蕉苹果）

白龙在我国各苹果产区都有栽培，是"烟台苹果"的代表品种。果实圆锥形，单果重约 220 g。果面稍粗糙。浅绿色，有的果实阳面有浅红色晕，稍有红白色锈，果粉薄。果皮厚，果肉黄白色，肉质中粗、致密。果汁中多，酸甜适口，有香味，存放后香味更浓，可溶性固形物含量 14.5% 左右，品质上等。果实耐储藏，可存放到翌年 3 月。如图 3—4 所示。

图 3—4　白龙

5. 祝光

果实呈长圆形或近圆形、单果重约 140 g。果实底色黄绿，稍有暗红色条纹。果皮薄，果肉黄白色。肉质松脆。果汁多，风味甘甜，成熟果有香味，可溶性固形物 13.3％。品质上等。果实不耐存放，一般只能存放 10～20 天。如图 3—5 所示。

图 3—5　祝光

二、我国选育的主要品种

1. 秦冠

果实呈圆锥形，平均单果重 230 g 以上，最大果重可达 850 g。果面较粗糙，白锈。果实底色黄绿，阳面暗红色，有断续条纹，充分着色时，全面暗红色；在海拔 900 m 冷凉地区果实全面鲜红。果点大而明显。果皮厚，果肉黄白色，肉质较粗、松脆。果汁中多。甜酸可口。初采时，果实韧硬，风味淡，较酸，淀粉味浓；经几个月的储藏，果肉细脆，汁多，味甜，风味芳香，可溶性固形物含量为 16.5％，品质中上等。果实耐储藏，在普通储藏条件下，可存放到翌年 3～4 月，仍不皱皮。如图 3—6 所示。

2. 华帅

果实呈短圆锥形或近圆形，平均单果重约 210 g，最大果重约 420 g。果面光滑，果实底色黄绿，成熟时全面着暗红色，间具较深的红色条纹。果肉为淡黄白色，肉质中粗、松脆。果汁多，风味酸甜，有芳香，可溶性形物含量 13％，品质极上。果实在普通室温下可存放至翌年 2 月。如图 3—7 所示。

图 3—6　秦冠

图 3—7　华帅

3. 华冠

果实短圆锥形或近圆形，平均单果重约 168 g，最大果重约 350 g。果面光滑，无锈。果实底色黄绿，大多 1/2 果面着鲜红条纹。在条件好的地区可全面着色，果肉淡黄色，肉质致密而脆。果汁多，酸甜适宜，有香味，可溶性形物含量 14％，品质上等。果实在普通室温下可存放至翌年 4 月，肉质仍细脆，风味如初。如图 3—8 所示。

4. 葵花

该品种果实扁圆或近圆形，平均单果重约 165 g，最大果重 190 g。果面平滑，少光泽，无锈。果实底色黄，阳面被有浅紫红色晕。果点小，少而不明显。果皮薄，果肉乳黄色，肉质细、脆果汁多、甜、微酸，香气较浓。果实耐储藏，可存放至翌年 3～4 月，储藏期间果皮不皱缩。

另外，胜利、燕山红、特早红、辽伏、锦红、金红、龙冠、龙秋、K9 也是比较好的品种，果农可根据自家情况而定。

图 3—8　华冠

三、国外引进的优良苹果品种

1. 富士及红富士

果实呈圆形或扁圆形，平均单果重约 200 g，最大果重 350 g。果面平滑，有光泽，果粉少，蜡质中多，无锈。果实底色黄绿，充分着色时，全面被有鲜红条纹，果点中大、明显。果皮薄，果肉黄白色，肉质细、致密。果汁多，酸甜适度，具有元帅苹果的芳香，可溶性固形物含量为 15%，品质极佳。果实极耐储藏，在半地下窖可存放至翌年 5～6 月。如图 3—9 所示。

2. 乔纳金及新乔纳金

乔纳金又名红金帅、红金。果实呈圆形或圆锥形，平均单果重约 210 g，最大果重 280 g。果面光滑无锈，蜡质多。果实底色绿黄至淡黄色，彩色鲜红，有不太明显断续条纹，树冠外围果充分着色时可达全红，但内膛往往着色不良。果点较小，较多。果皮较厚，果肉黄白或淡黄色，肉质中粗，松脆而多汁，酸甜风味浓，有香气，可溶性固形物含量在 12%～15% 左右品质上等。果实储藏力中等。如图 3—10 所示。

图 3—9　富士

图 3—10　乔纳金

新乔纳金是日本秋田县果树试验场在青森县齐藤昌美果园发现的乔纳金的红色枝变，1980年定名，我国1981年开始引入。

新乔纳金果实呈圆形或圆锥形，平均果重180～200 g。果面光滑，果实底色淡黄，彩色鲜红或浓红，有明显浓红条纹，漂亮，着色比乔纳金早且更浓些，树冠内膛也易着色。果点较小，果肉黄白或淡黄色，肉质中粗、较细密、硬脆。汁液多，酸甜适度，香气浓，可溶性固形物含量13.3，品质上等。果实储藏性好，在冷藏条件下可存放至翌年3～4月。

3. 新红星

果实呈圆锥形，微有棱起，果顶5棱明显，平均单果重约150 g，最大可达450 g。果面光滑，有光泽，无果锈，蜡质厚，果粉少。果实底色黄绿或绿黄，彩色浓红，艳丽，树冠内外着色一致。果点较稀，但不甚明显。果皮厚，果肉初采时为淡绿白色，储藏后渐为淡黄白色，肉质细，松脆多汁，风味浓郁，甜香，可溶性固形物含量10%～12%，品质上等。果实储藏性优于红星，在半地下改良通风库里，可存放至翌年3～5月。如图3—11所示。

4. 首红

果实呈圆锥形，单果重150～160 g，最大果重235 g。果面光洁无锈，有光泽，蜡质多，果粉少。果实底色绿黄，全面浓红，多断续条纹，色泽美观。果点较小。果皮厚，果肉乳白色，肉质细、松脆。果汁多，味酸或酸甜，香气浓，可溶性固形物含量11.5%，品质上等，果实储藏性同新红星。如图3—12所示。

图3—11　新红星

图3—12　首红

5. 澳洲青苹

果实呈圆锥形或短圆锥形，单果重170～180 g，最大果重225 g。果面光洁，色光泽，蜡质较多，无锈。果实全面为绿色或浅绿色，阳面偶有少量褐红或橙红晕。果点多且较大，明显。果皮厚，果肉在初采时为绿白色，充分成熟后为白色，肉质中粗、致密、硬脆。果汁较多，味酸或很酸，无香气。可溶性固形物含量11.8%，生食品质中等，适于做果汁。如图3—13所示。

图3—13　澳洲青苹

另外，超红、魁红、王林、津轻及红津轻、金晕、金矮生、嘎拉及新嘎拉、早捷、北斗、新世界、珊夏也是相当不错的品种，果农可根据自家情况而定。

第二节　苹果园的建立

苹果树是一种多年生植物，从栽植到开花结果，直至衰老死亡，生长期较长，并且始终在固定的地点生长。因此建立苹果园要以科学为根据，全面系统进行论证，做到适地适栽。

一、园地的选择与规划

1. 园地的选择

（1）小区气候条件。局部小区气候差异很大，并且直接影响着苹果树体的生长发育。因此果园要尽可能选在窝风向阳或山地的暖层带等小气候条件比较好的地方。

（2）地势的选择。平地果园要建在地势较高的地段或漫岗缓坡地，这样的地段地下水位低，排水性强，不易积水受涝。不要选择低洼地建园，此地段果树易受冻害，同时因地下水位较高，果树根系生长发育受到抑制，也容易积水内涝，导致苹果树贪青徒长，不利于其安全越冬。

（3）坡度和坡向的选择。苹果树适宜在山地缓坡和丘陵地生长。坡度在15°以内为最佳，15～30°需修梯田改土方可栽植。四面环山地易受霜冻，不能建园。坡向最好选择南、东南或西南等向阳坡，充分利用光照和温度条件。

（4）土壤的选择。应选择土层深厚、土质疏松肥沃的沙壤土，这样的土壤环境最适宜苹果树生长发育。盐碱地、白浆土等均需全园土壤改良或局部改土方可建园。因为盐碱地易使果树发生盐害，同时土壤中的铁元素不易被吸收，使苹果树因缺铁而引起黄叶病。苹果树适于在中性或微酸性土壤中生长，pH值为5.3～8.2，最适为5.4～6.8，pH值超过8.2时则不能正常生长结果。白浆土大多土质黏重，土层薄，通气性差，不利于苹果根系的生长发育。沙包地的土壤贫瘠，保水性又差，此地的苹果树易出现营养不良，发育差的症状。

（5）排灌条件。干旱与洪涝多发地区建园，要首先考虑水利设施，做到旱能浇，涝能排。

2. 苹果园的规划

针对苹果园而言，土地规划、小区规划、道路规划、水利规划是非常重要的因素。

（1）苹果园的土地规划。百亩以上规模的苹果园，设计前要测量园地地形。最好绘出1/1 000或1/2 000的地形图，并对园地的土壤、小气候等自然条件进行详尽调查了解，综合分析，然后着手具体设计。百亩以下规模的果园也要进行详细的地形考察，以便合理设计。苹果园的土地规划应采取优先保证生产用地的原则，一般用地比例为苹果园占 80%～85%，防护林占 5%～10%，道路占 4%，绿肥基地占 3%，苗圃、蓄水池占 3%。

（2）苹果园的小区规划。根据地形、地势将苹果园划分为若干小区，以利于果园的生产管理。大面积果园一般先划为若干大区，每个大区再划为若干小区；小面积果园只划分小区。小区是果园的基本生产单位。每小区面积一般为 33 350 m² 左右，过小，会增加非生产用地，造成土地浪费；过大，则不便于管理，防风效果差。

小区以道路、分水岭或沟谷和折风线分开。小区的形状对田间作业效率影响很大，塬地果园尽可能采用长方形，山坡地果园尽可能采用反坡梯形。平地小区形状，多以南北向的长方形为主，不但能提高光能利用率，还可减少风害。山地小区的长边应与等高线平行，这样既有利于保持水土，又方便管理。塬地小区最好是南北向，这样能够使果园获得较好的光照。

（3）苹果园的道路规划。苹果园道路主要有干路、支路、小路三级组成。道路根据地形而定，尽量与排灌系统防护林设计配合起来，减少占地。干路担负着园内、外和大区之间的交通，贯穿果区，能够保证汽车通行，常为大区的分界。支路为主要生产路，服务于一个或几个小区，能通行小型农用车，常为小区分界。小路多为小区内的作业道，能够通行小型拖拉机、架子车。

（4）苹果园的水利规划。水利建设是果园丰产稳产的必要保证。苹果树在生长旺盛期需水量大，一般要灌水；而在后期新梢停止生长，水分过多，又需排水。因此，在果园规划时，结合道路、防护林的建设，建设好排灌系统。山地的灌渠应按等高线横走，并有0.1%～0.3%的比降。灌溉系统同时又是排涝系统，应做到旱能灌，涝能排。

二、授粉树的选择与配置

配置授粉树是苹果园丰产稳产的一项重要条件。因为大多数苹果品种自花不孕或自花结实率很低，因此建矮化密植苹果园时配置授粉树是必不可少的。

1. 授粉树应具备的条件

与主栽品种授粉树时亲和力强，并能互相授粉，与主栽品种的结果年龄、花期基本相同，并能产生大量的、发芽率高的花粉；丰产、稳产，果实商品价值高。

2. 配置方式

授粉树与主栽品种的距离，一般不超过 30 m，否则会影响授粉效果。配置方式包括等量配置和差量配置。

（1）等量配置。如果授粉品种与主栽品种的经济价值都很高时，可采用等量配置。如2∶2或3∶3，即2行主栽品种配置2行授粉树品种，或3行主栽品种配置3行授粉品种。

（2）差量配置。由于授粉品种的经济价值低于主栽品种，可采用差量式配置，如1∶2，

1：3，1：4等，但不能超过1：8，即8株主栽品种最少要配置1株授粉树。在丘陵山地建园时，授粉树要设在主栽品种上方。为了便于管理，建园时主栽品种与授粉树品种不宜设置过多，全园设1～3个主栽品种为宜。

三、定植技术

苗木定植技术直接关系到植株成活率、长势以及结果状况，所以果树的苗木定植是果园建立的基础。

1. 定植前的准备工作

（1）土壤的准备。定植前要对全园进行土壤改良工作，深翻并施入大量有机肥，或对定植点进行局部改土，这样既能起到土壤熟化，改良土壤结构，提高肥力的作用，又有利于苹果树的生长发育。

先测定定植点后挖坑，在栽植前有全部挖好，做到坑等苗。春季栽植，要在头一年秋季把坑挖好，不可现栽现挖。春季挖坑，土层要融化一层挖一层，及早挖完，以免误时。

树坑要宜大不宜小，做到深挖浅栽，有利于苹果根系的生长发育。矮化栽培时，深、直径各100 cm的定植沟。不过坑的大小受土层厚度及坡度等影响，要因地制宜，坑口与底大小要一致，不能口大底小。挖出的表土与底土要分别放在坑的两边。

（2）苗木的准备。定植前要对苗木进行严格检查与核对，避免混杂。苗木的质量对定植成活率、长势、寿命以及产量都有很大影响。优质苗木根系完好，主、侧根不少于4条，侧根长5 cm以上并均匀分布，须根多；健壮充实、芽子饱满，苹果树苗至少在整形部位有7～9个充实饱满的芽子；苗木充实：皮色深而光亮，叶痕大，春梢长，无秋梢或很短，不徒长；无病虫害，苗高在1 m以上。不合格的，尤其是有检疫病虫的苗木应予以淘汰。

2. 栽植方式及密度

（1）栽植方式。苹果树的栽植方式，要根据地形、树形和光照等条件确定。一般采用南北方向，因为南北行比东西行的直射光照时间多13％。栽植方式一般有长方形栽植（行距大于株距）、带状栽植（双行或多行带状栽植）、正方形栽植（株、行距相等）、三角形和等高栽植（适于梯田）。生产上常采用宽行密株，即株距小、行距大的长方形单行栽植方式。此方式便于管理，适于机械作业，又利于通风透光。丘陵山地的梯田面较宽时可采用双行带状栽植，即相邻梯田内、外两行成为一带。

（2）栽植密度。果树高产的基本原因是最大限度地利用光能。合理密植就是增加有效叶面积，提高光能利用率，所以群体增产效果显著，尤其能增加前期产量。但也绝非越密越好，密度过大会造成通风透光差、增加无效叶面积、内膛无果、病虫害加重、产量低、质量差的后果。

首先，应根据品种的特性以及在盛果期树冠的大小来确定栽植密度。生长势强，树冠大的品种，定植时株行距应大一些；反之要小一些。

其次，根据地势和土壤情况确定。平地、山地、丘陵地对树体的生长发育都有影响，一般平地长势较山地、丘陵地的长势要旺一些。因此，山地、丘陵地的栽植密度要大于平地的栽培密度。土壤肥沃，树体长势强，定植时株行距要大；反之要小。

再次，要根据当地气候条件来确定密度。积温低以及气候干旱地区，果树生长受到抑制，株行距要密一些；反之，气候温暖、阳光充足、雨量充沛的地区，株行距要稀一些。

苹果矮干、小冠，密植栽培，要因地制宜，合理密植，最大限度地提高光能利用率，株距尽量缩小，行距不能过小，否则不利于机械作业与正常的果园管理。俗话说，"不怕行里密，就怕密了行"是有科学道理的。

由于栽培品种、砧木种类、土壤类型、气候条件以及坡度、坡向的不同，各地的栽植密度也不一样，多数情况下株行距为乔化密植（3~4）m×（5~6）m；中间砧矮化密植、半矮化砧密植、短枝型密植（2~3）m×4 m。一般生产上常采用2 m×4 m和3 m×5 m的株行距。

（3）计划密植。是加大果园前期栽植密度、提高前期的单位面积产量的措施之一。即在永久性植株间，再有计划地加密临时性植株。但要保证永久性植株的正常生长发育，促进临时性植株尽快结果（采取环剥、拉枝等措施）。后期要逐渐控制、收缩、移栽或间伐临时性植株，以充分利用果园的空间和土地。

（4）栽植方法。首先把已准备好的定植穴（定植沟），按每株施有机肥50 kg（与表土混匀），回填坑内，并踏实，以防止灌水后下沉而造成苗木"下窖"。

（5）栽植时间及栽植深度。北方一般以春栽较好，时间为4月上中旬。栽植的深度以接口与地表相平。

3. 栽植后辅助管理

（1）保墒。栽完灌透水，水渗后培土，保持良好的墒情。

（2）定干。苗木栽植后，在一定能够高度剪截叫定干。一般乔化苹果苗为70~80 cm，矮化苹果苗为50~60 cm。定干剪口要及时用铅油涂抹，以防苗木失水。

（3）栽假植苗。定植时要多栽10%~20%的预备苗，以备补缺株。定干当年不抹芽有利于根系发育和地上部生长。

（4）越冬防寒。冬季寒冷地区要采取适当的越冬保护措施，防止受冻抽干。

4. 砧木建园

这里指矮化密植苹果园，先定植矮化砧木，后嫁接品种成园。利用矮化中间砧致矮技术，可先按株行距定植矮化砧苗木，定干高度为15~20 cm。培育出中心干、主枝，在其上距地面25~30 cm处，采用芽接、劈接、皮下接、腹接等嫁接技术嫁接品种。在精细管理、肥水充足条件下，矮化砧苗定植当年的6月份，可进行绿枝劈接或腹接措施，嫁接上品种，当年即可成园，并且有一定数量的枝条形成花芽。这种方法不但成本低，又能快速建园。

第三节　苹果树的整形与修剪

　　整形修剪是调节树体生长与结果关系的一项重要技术措施，其原则是"有形不死，无形不乱，因树修剪，随枝做形"。做到幼树快成形，早结果。通过整形使果树具有良好的树体结构，骨架牢固，枝条分布合理，为树体的健壮生长、高产稳产奠定良好的基础。修剪是在整形的前提下，以轻剪为主，轻重结合，因树而宜，控强促弱，合理配置各级枝条，使树体通风透光良好，延长经济栽培年限。

一、整形修剪的时期和方法

　　果树修剪时期为冬季（休眠期）修剪和夏季（生长期）修剪。修剪方法有疏枝修剪和短截修剪两种。

　　疏枝修剪是把过密的主枝或侧枝从枝条的基部剪去，多用于盛果期的大树。在枝条密集、重叠、交叉、衰弱，并生时可采用疏枝法。疏枝修剪能改善果树的通风透光条件，提高果实品质，有利于花芽分化，减少有机养分的消耗，调节树体负载量。

　　短截修剪是在主枝和侧枝上，仅剪去枝条的先端部分。修剪程度有轻、中、重之分。轻剪是剪掉枝条顶端的一小部分，俗称"打尖"，多形成中枝和短柱。中截是在枝条中部剪截，上部饱满芽发育成旺盛长枝，下部发育成少量短枝。重剪指在枝条下部剪截，能发出较少的长枝和短枝。

二、修剪的技术措施和原则

　　广义的果树修剪，除了一般最常见的剪枝，其他如摘心、扭梢、环剥等措施，也都包括在修剪范围内。

1. 夏剪应用的各种技术措施

　　生长期的修剪也叫夏剪，一般在早春萌芽以后至新梢停止生长以前进行。修剪技术主要有以下几种：

　　（1）摘心。在新梢尚未木质化时摘去先端，可在夏（6月下旬）、秋（8月下旬）进行。其作用是加速成形，促进花芽分化，提高枝条成熟度，使果实肥大，提高果实的品质，如图3—14所示。

　　（2）扭梢。对过旺的枝条弯曲其先端，在6～7月新梢半木质化时，将其扭成90°，呈下垂状态。对于竞争枝、徒长枝、背上枝的新梢可采取扭梢的方法，扭梢有利于枝条的成熟和花芽形成，如图3—15所示。

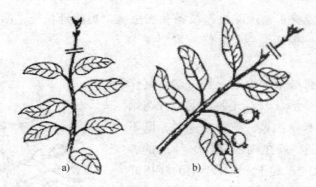

图 3—14　摘心的类型

a）苹果树新梢摘心　　b）苹果树树台副梢摘心

图 3—15　扭梢的方法

a）无果枝　b）带果枝

（3）环剥。在距骨干枝基部 4～5 cm 处，刻伤两道达木质部，将刻伤间的树皮剥去。环剥宽度为环剥处枝条直径的 1/10 左右，宽不超过 1 cm，窄不小于 1 mm。环剥可以阻碍养分的输送，调节环剥以上枝叶的生长，从而缓和生长势，促进花芽分化，有利于结果或刺激芽的萌发，促进新梢。苹果树的环剥时期一般是 5 月下旬至 6 月下旬进行，即在果树花芽生理分化期开始。环剥过早，影响新梢正常生长；环剥过晚（7 月以后），当年伤口难以愈合，枝容易死亡。环剥过早或过晚，促花效果均不佳。环剥时不能用力过重，要求只切断韧皮部，不伤及形成层和木质部，以利于伤口愈合，避免伤及木质部后造成枝条内形成黑色伤环，而影响树体骨架结构的牢固性。环剥后的树干如图 3—16 所示。

2. 冬剪应用的各种技术措施

果树休眠期的修剪又叫冬剪，是在果树落叶后到萌芽

图 3—16　环剥后的树干

期进行的。冬剪的主要要求：疏除过密枝条和病虫枝；短截延长枝；回缩衰弱的大枝或枝组；调整骨干枝方位、控制辅养枝。修剪主要技术如下：

（1）拉枝。是开张枝条角度的一种方法，其作用是降低树势，利于整形，改善光照，促进成花结果。拉枝可分春拉枝和秋拉枝。拉枝要适时，既不能过早，也不能过晚。一般在栽后的第 3～4 年的春季拉枝，调整枝条角度；对于 2～3 年生的旺树旺枝，可在秋季果树生长末期进行拉枝。如图 3—17 所示。

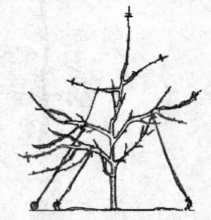

图 3—17 3～4 年生树一次拉开主枝角度

（2）刻芽。萌芽前，在芽上方用刀刻一个小切口，能够定向定位发枝，有利于整形，防止枝条光秃。壮偏旺的条，背上芽，芽后刻；背下背侧芽，芽前刻。中干上需发枝的地方进行刻芽，芽难出者可刻深点或者双道刻芽。此法适用于旺树、旺枝，如图 3—18 所示。

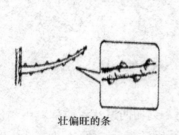
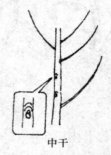

壮偏旺的条 　　　　　　　　中干

图 3—18 不同类型条干的刻芽

（3）回缩。回缩是对两年生以上枝条的剪截。多用于盛果期和衰老期果树上的冗长、衰弱、密挤的枝或枝组上。其作用是更新复壮，改善光照条件，形成中、小枝组。苹果树进入盛果期，由于拉枝缓放后形成的短枝、叶丛枝数量剧增，往往形成成串花枝。这些串花枝上的花芽在形成过程中，由于受内部营养和外部条件的影响，在形成时间上、质量上、饱满程度上均有一定差别。串花枝的后中部为饱满花芽，前部多为秕瘦花芽，并且一个串花枝上花芽总数量是实用量的几倍到几十倍。如不进行回缩，势必加重疏花疏果工作量，若任其开花结果，则会因坐果数量过多而使果实变小、降低品质；同时过多开花和坐果，易引起树势衰弱，出现大小年现象。因此，串花枝必须在冬剪时进行回缩。如冬剪时花芽不好辨认，春季花芽膨大后再进行复剪。

串花枝回缩后，生长势稳定，坐果率提高，抽枝短壮是回缩成功的标志。实践证明，对坐果率不高的品种，缓放后形成成串的短果枝，回缩修剪也有助于剪口附近果枝坐果，而且果实个头大、品质好，这叫"一放一串花，一堵一穗果"，且叶芽枝不会出现徒长。一般花量大、长势稳定的树，对其串花枝回缩越重，坐果越好。

三、整形技术

小冠疏层形和纺锤形是苹果树的基本树形结构，如图 3—19 所示。

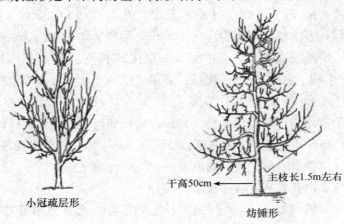

干高50cm ←   主枝长1.5m左右

小冠疏层形   纺锤形

图 3—19　树形结构

1. 主干三大主枝纺锤形

这种树形是适于北方寒冷地区高产栽培的树形，其特点是矮干，小冠，骨架牢固，通风透光好，光能利用率高。

树体结构特点为干高 25 cm 左右，树高 2.8 m 左右，全树 3 个主枝，其平面夹角各为 120°，主枝间距为 5 cm，主枝与中干夹角均为 80°左右，每个主枝上着生三个大侧枝。主枝以上的中干上均匀分布着中小结果枝组，其与中干夹角为 70°～90°。

整形修剪过程为定植当年，在距地面 25 cm 左右处，选一饱满芽（最好是东南方向）进行刻芽，然后向上每隔 5 cm 左右刻芽，共计 3 个，使其水平夹角为 120°，在第三个芽的上方选合适位置进行定干。

对一年生树，采用拉枝的方法将三大主枝拉至相应位置，在每个主枝上距中干 30 cm 处刻一侧生芽（发育成第一侧枝），距中干 60 cm 处短截，使剪口下第二个芽与前一刻芽反向，并对其刻伤。

两年以后，对于骨干枝的修剪以及对副侧枝的培养同以前的修剪方法一样，但对于背上枝要及时扭梢或疏除密枝，同时加强对各类枝组的培养。当树体长至 3 m 左右时要落头。

2. 自由纺锤形

树体结果特点为干高 40～50 cm，树高 3 m 左右，中心干直立；中心干上按 20 cm 左右的间距均匀分布着 10～15 个骨干枝组，枝组基角为 70°～90°，不分层，外观呈纺锤形。适宜的株行距为 2 m×4 m。

整形修剪过程为苗木定植后，于地面上 60～70 cm 处定干。以后每年对中心干及骨干枝剪留 2/3，并按要求选出 2～3 个骨干枝，并拉成 70°～90°，定植当年也可利用副梢整形，对于其他辅养枝、徒长枝、竞争枝等要多留，并对其进行扭梢，同时加强对枝组的培养。当树体达到 3 m 高时，对中心干实行落头，对其他骨干枝长放后回缩。

3. 基部三主枝小冠疏层形

树形结果特点：干高 40～50 cm，中心干直立，树高 3～4 m，全树主枝 5～6 个，分两层。第一层 3 个主枝，各主枝间距离为 10～20 cm，主枝基角为 80°，水平夹角为 120°；第二层 2～3 个主枝，主枝基角为 70°，并与第一层主枝插空排列，第二层间中距为 60～80 cm。第一层每个主枝上着生 2～3 个侧枝，而第二层的主枝上直接着生枝组。此树形适宜的株行距为 3 m×4 m。

整形修剪过程为苗木定干高度为 60～70 cm，当年即可培育出 3～4 个骨干枝。冬剪时中心干剪留 70～80 cm，其他枝作为主枝延长枝剪留 40～50 cm，并将其基角拉至 80°。

随着树龄增加，选完第一层主枝后向上 60～80 cm 选第二层主枝，同时在第一层主枝上培养侧枝，两层主枝之间要有辅养枝和枝组。

以后每年主枝延长枝剪留 2/3，并加强对枝组的培养，充分利用辅养枝结果，到 4～5 年生时整形基本结束，树高达 3～4 m。

四、苹果树各时期的修剪特点

在营养生长期，修剪特点是整好形，使之形成牢固的树冠骨架，快长树，早结果。对中心干、骨干枝的延长枝适度短截；调整好骨干枝基角、方位，以及它们之间的距离；对辅养枝、徒长枝、竞争枝少剪多留，并进行扭梢等夏剪工作。

（1）在扩冠期，是定植后 1～3 年，以长树冠为主的时期。这一时期的修剪，主要是扩大树冠，增加枝量，开张角度，为早期丰产打好基础。前 3 年重剪，促发长枝；骨干延长枝一年短截 2 次，加速扩大树冠。

（2）在生长结果期，要继续培养骨干枝，加强对枝组的培养；疏除或回缩过密枝及枝组；适时落头。当覆盖率达 55％ 以上时，轻剪缓放，促生短枝，促进成花；结果后逐步处理临时性枝，注意通风透光，培养结果枝组，把结果部位逐渐由临时性枝过渡到永久性枝上。

（3）在盛果期，保持树势的平衡，适当回缩；更新复壮，调整枝组，保持足够的新梢生长量供给大量结果的需要；保持结果枝的结果能力，保证高产稳产，延长结果年限，延迟进入衰老期。

1）保持树势均衡。此期不能强调树型，但要保持树势的均衡。不能去大枝，要维持各主枝生长的先端优势。较弱的主枝，控制其结果量；过强的主枝，增加结果量，控制其生长势。中心主枝上，要控制其结果量，要短截弱枝，保持新梢旺盛生长。

2）保持新梢的生长势。此期果树的新梢生长量大小与生长势强弱，是果树能否高产稳产的标志。凡新梢生长量大且生长势强的树其结果量既高又稳；否则，连续几年结果之后，树势迅速衰弱进入衰老期。保持新梢生长势的修剪要求：一是树冠外围新梢，在充实芽部位短截；二是抬高各类枝条的延长枝角度，增强生长势。

3）培育结果枝。培育结果枝具体做法是：①生长见弱的结果枝，进行多年生短截，刺激旺盛生长，恢复结果能力；②树冠外围两年生枝上的新梢，超过三个以上的，应疏去多余新梢，创造通风透光条件，利用内腔枝上形成新花芽；③利用内膛徒长枝培养结果枝；④根据花芽形成情况修剪结果枝。花芽饱满且多的时候，应对结果枝群逐芽修剪，对发育枝的腋花芽也应剪除一部分；花芽少的时候，应多留花芽，以保证正常结果达到高产稳产之目的。

4）局部更新。①更新切口之下必须具有生长强的新梢；②修剪量要大，否则起不到更新作用；③更新复壮的枝，不宜早结果。

（4）在衰老期，苹果树表现树势衰弱，枝组老化，抽枝较短，病、虫害加重，产量下降，树冠残缺不全。为了维持较长的经济年限和一定的产量水平，应主要从加强土、肥、水综合管理入手，合理修剪，更新复壮，延缓衰老。修剪特点是充分利用徒长枝、萌条进行更新，以培养新的树冠。

对于骨干枝，可有计划地进行回缩更新，促发壮枝，抬高角度，增强生长势；对于结果枝组，要选择适当的一年生枝进行短截，促生分枝，通过2～3年培养出新的接班枝组，逐渐更新复壮老枝组；对于缓放多年已结果的冗长枝组，可回缩到健壮花芽处，也可回缩到壮枝、壮芽处，增强其生长势；对于一些树冠不完整，缺枝少权的衰老树，要充分利用徒长枝，培养新树冠；而对一些树势衰弱、发枝少而短、花芽多的树，应缩剪弱枝，促进萌发新枝；对新生分枝要在饱满芽处短截，同时要疏去过多花芽，以减轻树体负担。

第四节　苹果园的土肥水及越冬管理

土壤管理是苹果园管理工作中的重要环节，包括施肥、灌水、排水及土壤耕作。土壤管理的主要目的是采用各种技术措施，使土壤中的水分和养分能够及时满足果树生长、结果的需要。同时改善土壤结构，增加土壤肥力，保证树体健壮生长，增加产量，提高果实品质。

一、土壤管理

1. 幼龄果园的土壤管理

幼龄果园果树根系分布不大，果树行间距有很多空地可以利用，所以这个时期在果树行间间作一些农作物，可增加果园的经济收入，达到以短养长、合理利用土地的目的。

间作物的种类最好是选择生育期短、矮棵、肥水消耗较少的植株，而且能抗果树病虫害的发生，如马铃薯、一年生豆科作物等。

间作方式为1～3年生树应留1.5 m，3～5年生树苗留2 m宽的竖行。注意间作物也应实行轮作制。

2. 成龄果园的土壤管理

一般苹果树经过5～6年生长后进入结果初期。在3～4年内，树冠体积不太大，行间还可以适当间作。但进入盛果期后，树冠扩大，必须停止一切间作物，在营养前期（春季、夏季前期）是果树生长的旺盛期，应适时浅耕，使土壤保持疏松，适时施肥、灌水。在夏季后期，应停止耕作，也可播种绿肥。秋末时期应进行深耕，秋耕是土壤管理的一个重要环节，不但使根系旺盛，而且可以保持冬季的雨雪，杀灭病虫。

3. 常用的土壤管理方法

（1）果园生草法。在雨量充沛或有灌溉条件的果园，可采用此法。对土壤肥沃、土层深厚的果园可采用全园生草方式；相反，宜采用行间生草或株间生草方法。种有草苜蓿、三叶草等。如选用豆科与禾本科混种时，播种量为7.5～15 kg/hm²（10 000 m²）。播种时间可在整个生长季。

生草后应加强管理，消灭其他杂草，及时收割，每年割5次草，留8～10 cm高，割下的草可用于覆盖树盘或沤肥。一般5年左右更新一次，休闲1～2年。也可以人工收割果园内自然长出的草。

果园生草法有很多优点：第一，能增加土壤有机质含量，改善土壤结构，促进果树根系生长发育。第二，有利于水土保持。第三可以节省劳力，降低果园成本，提高后期产量。

（2）作物覆盖法。在全园或树盘内覆盖杂草。一般覆草厚度20 cm。长期覆盖可以增加土壤中氮的含量。其优点是减少地表水分蒸发；改善土壤结构，增加土壤肥力；减轻盐碱危害。

（3）地膜覆盖法。包括树盘覆盖和行间距覆盖两种方式。能够保持土壤墒情，提高地温；还可提高苗木栽植的成活率，阻止越冬害虫出土上树。

（4）清耕法。果园经常进行中耕除草，可保持土壤疏松无杂草。其优点是土壤通气性良好，肥水消耗少，地温升高快。山地果园的树盘可清耕，但行间距要用生草法或间作法压绿肥，防止水土流失。

（5）免耕法。应用化学药剂除去杂草。常用的化学除草剂有阿特拉律、扑草净、农达等。有排灌条件的果园适合用免耕法。

二、果园施肥

肥料是果树生长发育必需的要素之一。合理施肥，不仅使果树生长旺盛，产量增加，果实肥大、品质好，而且能够增强抵抗力，丰产延寿。尤其是密植果园，果树根系浅，株数多，产量高，因此更应该多施肥，以满足树体对各种营养的需求。

1. 肥料种类

根据施肥时期可分为基肥和追肥。基肥指一次性大量施入、能够较长时间供给树体无机养分的基础肥料，主要是有机肥，其次是迟效性化肥，如过磷酸钙，可以改良土壤结构，调整土壤 pH 值。

追肥指根据果树不同的生长期及树体生长发育的需要而采取的补肥方法，包括地下追肥和叶面喷肥，所施肥料主要是速效性氮肥、磷肥、钾肥或一些微量元素复合肥。

此外，种植绿肥，也能够增加土壤肥力，有利于果树生长发育。在土壤较贫瘠的果园，一般在苗木定植后，间作大都等进行压绿肥。

2. 施肥时期

基肥最好在秋季果实采收后施入，此时正值苹果根系的生长高峰，根系生长快，养分能够在当年被吸收利用。而春季施肥，易造成秋梢旺长，不利于果树越冬和花芽分化。秋施肥宜早，一般在 9 月下旬至 10 月上旬，其效果很好。

追肥施入时期和次数因品种、土壤、地势、树龄等的不同而不同。一般幼龄树追肥前期（新梢旺长期）以氮肥为主，后期（果实开始膨大期）以磷、钾肥为主，成龄树要根据树体发育情况适量追肥，早春萌芽期、开花后、落果后可追施速效性肥料。

3. 施肥方法

（1）环状沟施法。在树冠外围挖深 50～80 cm，宽 40～50 cm 的环形沟，沟底先填入厚 10～20 cm 的秸秆，再将有机肥施入，最后覆土。环形沟的位置，每年要随树冠的扩大而向外扩展。

（2）行间深沟宽施法。在行间（每行或隔行）挖深 60～70 cm，宽 50～60 cm 的施肥沟，将基肥施入，此法适于密植园。

（3）穴施法。在树冠外 30 cm 以内的树盘里，围绕主干挖 4～6 个深约 50 cm，直径 40 cm 左右的深坑，施入肥料。此法伤根少，利于吸收，适于追施液体肥料。

（4）根外追施。根外喷肥前，先把肥料用水溶解，稀释成一定浓度，然后用喷雾器喷到叶片和枝干上。根外追肥一般应在傍晚进行。

此外，还可结合秋翻地，全园撒肥，耕翻 25 cm 左右深，使肥料与土混合，灌上封冻水。

4. 施肥量

根据土壤肥力、树龄和树势决定施肥量。一般栽后 3～4 年开始施基肥，用量为 4.5～7.5 万 kg/hm²。

三、灌水与排水

水是果树各器官和产量形成的重要物质，因此加强土壤灌水工作是促进苹果新梢生长和高产、稳产、优质的重要措施。

灌水可在花前、花后和秋后几个时期进行，即催芽水、保果水和封冻水。灌水量应为田间最大持水量的 60%～80% 为宜。灌水方法有沟灌、漫灌、喷灌等。

排水主要有平地排水和暗沟排水两种。

四、苹果的土水肥管理要点

苹果园土肥水周年管理历见表 3—1。

表 3—1   苹果园土肥水周年管理历

物候期	土肥水管理	注意事项
 萌芽期	①用氨基酸原液涂干，隔 10 天再进行一次。对于黄叶病、小叶病、水心病、缩果病等生理性病害严重的果园，每 5 kg 氨基酸中加入斯德考普 5 g ②追肥：花芽过多的树或树势较弱的树，追施生物菌肥（每亩 150～200 kg），硫酸钾复合肥（每亩 50～100 kg），加特种微肥（每亩 25～30 kg） ③土壤干旱时可于萌芽前浅浇一次 ④覆草、覆膜、冲施或穴储氨丽果冲施肥	①氨基酸涂干时间在树液开始流动时进行。壮树年涂干叶喷 6～8 次，高度 20～40 cm；虚旺树涂干叶喷 8～10 次，涂干高度 20～40 cm；弱树涂干叶喷 9～12 次，涂干高度 50～60 cm；衰弱树涂干叶喷 12 次，涂干高度 50～60 cm ②秋季未施基肥的果园，应及时施入
 花前	①继续用氨基酸＋斯德考普涂干 ②结合清园，叶喷或枝喷氨基酸 300～500 倍＋斯德考普 6 000 倍混合液 ③冲施或穴储氨丽果冲施肥 ④灌花前水，蓄水保墒 ⑤行间种草或覆草，控制树盘杂草	①施肥应按需供给。肥料过多过少都不好 ②做好果树营养诊断工作。弱树适当增加氮肥施用量，旺树、虚旺树适度减少氮肥施用量，并增加磷钾肥和中微量元素肥、稀土肥，并配合适量生物菌肥
 花期	①继续用果友氨基酸＋斯德考普涂干 ②初花期和盛花期分别喷施果丽素 800～1 000 倍＋白糖 400 倍混合液，促进果树授粉，提高坐果率 ③冲施或穴储氨丽果冲施肥 ④保墒，覆膜覆草，稳定水分状况 ⑤干旱时灌坐果水，减少土壤耕翻	①对于黄叶病、小叶病、水心病、缩果病严重的果园，每 5 kg 氨基酸中加入斯德考普 5 g ②花期喷肥对于肥料和使用浓度应格外慎重，避免伤害花 ③花期不宜灌水，应于花前一周完成肥水补充工作

物候期	土肥水管理	注意事项
 幼果期（春梢迅长期）	①继续用氨基酸＋斯德考普涂干 ②叶喷氨基酸或果壮丽素 300～500 倍＋斯德考普 6 000 倍混合液 ③冲施或穴储冲施肥 ④花后 5 周开始补钙，叶面喷施盖利斯 400 倍或重钙 1 500～2 000 倍。连续喷 3～4 次 ⑤干旱时适当浇水，促进春梢生长，幼旺树要控制肥水 ⑥生草果园当草长到 20～30 cm 时，及时刈割并覆盖树盘	①幼果期是果实细胞迅速分裂期，充足的营养是生产大果的保证。而此时果树经过开花、展叶、抽梢及果实生长，消耗了大量的储藏养分，应及时按需补充各种养分 ②花前未追肥的，应花后补追肥 ③对于停长的新梢可喷施促花素
 花芽分化临界期	①用氨基酸 300～400 倍＋斯德考普 6 000 倍叶喷 ②追肥：挂果过多的树或树势较弱的树，追施生物菌肥（每亩 150～200 kg）、复合肥（每亩 50～100 kg）、加特种肥（每亩 25～30 kg） ③冲施或穴储冲施肥 ④结合树上喷药、叶喷氨基酸或叶面肥 300～500 倍＋钙产品 ⑤过于干旱的可浇花芽分化水 ⑥喷促花素	①控制水分，注意排水，促使春梢及时停长 ②小年树可不追肥，以免花芽形成过多 ③当果园生草长到 20～30 cm 时，及时刈割，覆盖树盘。覆草果园，利用夏季草源丰富，可及时补充覆草量
 果实膨大期	①冲施或穴储冲施肥 ②结合树上喷药、叶喷氨基酸或叶面肥 300～500 倍＋钙产品 ③排水防涝 ④控制杂草，减少耕作，保护表层根系 ⑤覆草、绿肥刈割覆盖树盘 ⑥采摘晚熟品种，前两个月给果树增加钾肥、稀土、硅肥等，能有效地增加红度和糖度	①视前期施肥情况及土壤、树体营养状况，进行叶面喷肥和涂干，注意多种营养相互配合 ②雨水较多的年份，可适当促发秋草，吸收多余的水分，防止裂果和秋梢过度生长 ③继续割草，自然生草园要在恶性草草籽成熟前清除，以免来年生出更多恶性草

续表

物候期	土肥水管理	注意事项
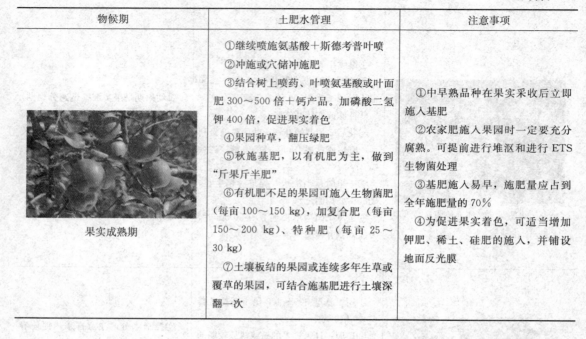 果实成熟期	①继续喷施氨基酸＋斯德考普叶喷 ②冲施或穴储冲施肥 ③结合树上喷药、叶喷氨基酸或叶面肥 300～500 倍＋钙产品。加磷酸二氢钾 400 倍，促进果实着色 ④果园种草，翻压绿肥 ⑤秋施基肥，以有机肥为主，做到"斤果斤半肥" ⑥有机肥不足的果园可施入生物菌肥（每亩 100～150 kg），加复合肥（每亩 150～200 kg）、特种肥（每亩 25～30 kg） ⑦土壤板结的果园或连续多年生草或覆草的果园，可结合施基肥进行土壤深翻一次	①中早熟品种在果实采收后立即施入基肥 ②农家肥施入果园时一定要充分腐熟。可提前进行堆沤和进行 ETS 生物菌处理 ③基肥施入易早，施肥量应占到全年施肥量的 70% ④为促进果实着色，可适当增加钾肥、稀土、硅肥的施入，并铺设地面反光膜

五、树体越冬保护

1. 越冬防寒

冻害是指 0℃以下的低温对果树的伤害。冻害在北方苹果栽培中常常发生。首先要了解冻害发生的原因，以便做好预防工作。

（1）冻害的原因。主要包括环境、内在以及营养等三方面原因：

1）环境因素。冬季气温异常骤变是导致果树冻害发生的主要原因。初冬时节由于果树休眠深度不够，养分积累不足，一旦出现寒流袭击，果树易发生冻害。进入冬季以后，绝对低温超过树体忍耐限度，持续时间很长，也会冻伤果树。尤其是早春、冷暖变替，气温变化大，是导致果树冻害的主要原因，在近地面附近部分，昼夜温差较大，是果树易冻部位。

2）树体内在因素。不同的苹果品种，其抗寒力有所不同，一般随着果实的增大，其抗寒力降低。

苹果树体的不同部位、不同组织，进入休眠和解除休眠有早有晚，而休眠深度也不同。树体进入休眠的顺序是枝条—主枝—主干—根茎，而解除休眠的顺序正好相反，所以初冬和早春，根茎易受冻。

3）营养因素。营养是树体抵抗冻害的物质基础。养分积累充足，及时停止生长，并接受低温锻炼，可提高其抗寒力。反之，病虫害严重，肥水不足，都将导致树体抗寒能力降低。

（2）树体防冻措施。具体措施包括以下几个方面：

1）适地适栽。选用抗寒品种。建园时要选温暖、通风良好的地方，不在低洼地、深沟、风口处建园。

2）加强栽培管理。根据苹果树生长发育的需要合理施肥、灌水，做好病虫害防治工作，合理修剪，合理果实负载量。

3）做好树体保护工作。根茎培土，要在土壤结冻前进行，使其经过抗寒锻炼。对根茎受冻的果树可进行根接式桥接。树干包草要在入冬前进行，在树干上捆包一些稻草，春季解掉。

4）灌封冻水是防止果树受冻，减少幼树抽条的一项有效措施。

2. 预防抽条

抽条是冬春树体水分蒸腾快，而根系又不能及时供水而出现的生理性干旱。早春应及时铲耙树盘或扣地膜，以提高地温；加强管理，合理施肥、灌水，合理修剪；营造防风林，减低风速，减少树体水分蒸腾；防止大青叶蝉危害。

第五节　苹果树的主要病虫害防治

一、主要病害防治

1. 苹果树腐烂病

（1）症状。根据发病时期及部位不同，一般分为溃疡型和枝枯型两种。

1）溃疡型。多发生在树干和大枝上。发病初期，病部出现红褐色水浸状，表面微隆起，以后颜色逐渐变深，病斑扩大、松软；用手指按压，有红褐色汁液流出，并有酒糟味。经过一段时期，病部失水，干缩、凹陷，病健分界处裂开，病皮表面变成黑褐色，并有黑色小颗粒出现，即病菌子座，内含子囊壳和分生孢子器。当病部扩展至树干 7 天后，其上枝干枯死。

2）枝枯型。是发生在小枝上的腐烂病。病部边缘不明显，性状不规则，不隆起，不呈水浸状，无酒糟味。病斑迅速蔓延，发展到染病枝 7 天后，其枝条失水枯死。

（2）防治方法

1）加强管理，增强树势，提高抗病力，包括合理施肥灌水，正确修剪，疏花疏果，减少大小年，合理负载量，树干涂白。

2）消灭初侵染源，清扫果园，烧毁病枝、病树皮。

3）药剂防治，主要有刮治和划道。用杀菌剂 5％菌毒清 100 倍液、腐敌生或 5％灭腐一号原液 20～25 倍中的一种涂刷病斑，园春清 600～800 倍喷雾，萌芽前喷布 5°石硫合剂。保护剂有铅油、黄泥。

2. 苹果树黑星病

苹果树黑星病主要危害叶片和果实，严重时叶柄、果梗和新梢也可发病。

（1）症状。叶片发病初期，在其表面有黄绿色圆形或放射状病斑，以后逐渐变褐色，最后变为黑色。表面产生黑色绒毛状霉层，即病菌分生孢子及分生孢子梗。发病严重时，多个病斑连在一起，叶片干枯，病叶脱落。果实染病初期，果皮上出现淡黄色圆形病斑，以后逐渐变为黑色，上有一层黑色霉状物。病部逐渐凹陷、硬化并发生星状龟裂，致使果实发育不均衡而成畸形。

（2）防治方法

1）选栽抗病品种。

2）采收后彻底清扫果园，消灭初侵染源。

3）药剂防治。5月下旬开始喷 1：2～3：160 倍波尔多液，每隔半月喷一次，共喷 3 次。也可喷 77%可杀得可湿性粉剂 500 倍，25%腈菌唑乳油 4 000～4500 倍液。最特效药 40%福星 8 000～10 000 倍液效果最好，喷 12.5%烯唑醇可湿性粉剂 2 000～2 500 倍液效果也不错。

4）加强苗木检疫工作。防止带病的果实、接穗、苗木从病区带入无病区。

3. 苹果树花腐病

苹果树花腐病主要危害花、叶、幼果和嫩梢。

（1）症状。苹果花腐病表现为叶腐、花腐、果腐和枝腐。

1）叶腐。叶片染病初期是在叶片的尖端、边缘或叶脉两旁出现红褐色、星状不规则的小病斑，以后逐渐扩大，沿叶脉自上而下，蔓延到叶片基部，使病叶凋萎下垂或腐烂。

2）花腐。多数染病叶柄基部的菌丝伸入花丛基部，引起花梗、花丛染病腐烂下垂。

3）果腐。病原菌由花柱头侵入后，当果实长至豆粒大时，病果表面有水浸状红褐色病斑，并出现酒糟气味的褐色黏液。病部迅速扩大，使幼果腐烂。

4）枝腐。花腐、叶腐、果腐蔓延扩展到新梢，使新梢皮层变为褐色腐烂状，新梢枯死。

（2）防治方法

1）清扫果园。消灭病叶、病果、病枝，翻地灭菌，消灭初侵染源。

2）合理整形修剪，合理搭配品种。

3）药剂防治。萌芽前喷 45%晶体石硫合剂 30 倍液，初花期喷 45%晶体石硫合剂 300 倍液，发病期喷 70%代森锰锌可湿性粉剂 500 倍液或 64%杀毒矾可湿性粉剂 400～500 倍液。

4. 苹果树早期落叶病

（1）症状。早期落叶病包括褐斑病、灰斑病、轮斑病，病害发生后引起叶子早期脱落，削弱树势，影响果实的含糖量和风味，降低果树的抗寒能力，导致秋季开花。这三种病害中以褐斑病危害性较大。

1）褐斑病。该病斑边缘不整齐，与健全部分分界不明显，因病斑周缘常为绿色，故亦有"绿缘褐斑病"之称。病斑上散生黑色小点，即病菌的子实体。此病容易引起早期落叶。

2）灰斑病。该病斑呈正圆形，边缘清晰，病斑与健全部交界处有一圈微隆起的紫褐色线纹。病斑初为褐色，后期银灰色，表面有光泽，散生稀疏的黑色小点，即病菌的分生孢子器。此病一般不致引起叶子变黄，叶子不落，严重时叶子焦枯。

3）轮斑病。该病斑多发生在叶片边缘，呈半圆形。发生在叶子中部的病斑略呈圆形，病斑较大，常数斑融合成不整形，病斑褐色，无光泽，有明显的同心环纹，病斑背面发生黑色霉状物。病重时病斑占叶片大半，叶片焦枯卷缩，不脱落。

（2）防治方法

1）清扫果园落叶，消灭越冬病源。

2）增强树势。凡是树势壮的发病少，反之发病多。增强树势主要应多施肥，消灭杂草。

3）药剂防治。在 6 月上旬、7 月下旬，各喷一次 100～120 倍波尔多液，50％扑海因可湿性粉剂 1 000～1 500 倍液和 1.5％的多抗霉素可湿性粉剂 150～300 倍液，用混配剂乙铝锰锌 64％可湿性粉剂 400～500 倍液喷雾。

5. 苹果树锈病

此病在公园、旅游景点附近果园及邻近有桧柏树栽植的果园发生。一般年份较轻，春雨多的年份可暴发成灾。

（1）症状。叶片受害为主，开始产生橙黄色小点，渐发展为圆形病斑，病斑渐变厚，背面隆起，7 月份病斑处长出毛刺状物。严重年份，新梢和幼果也会受害。

（2）防治方法

1）果园周围 5～10 km 内不栽植桧柏树是最好的防病措施。

2）附近有桧柏树的果园，一般年份在 5 月上旬喷一次 20％粉锈宁乳油 2 000 倍液，春季多雨的强发病年份在 4 月下旬和 5 月上旬各喷粉锈宁 1 次。粉锈宁对锈病具特效，并兼治白粉病。

二、主要虫害防治

1. 桃小食心虫

（1）形态特征。卵似球形，开始为橙色后变为桃红色；头黄褐色，前胸、背板为深褐色；顶端四周环生 2～3 圈"丫"形刺毛。幼虫体长 12 mm，由白色逐渐变为桃红色；头黄褐色，前胸、背板为深褐色。成虫体色为淡灰褐色，复眼红色；前翅近前缘中央有一个三角形的蓝黑色斑纹。

（2）发生规律。7 月下旬至 8 月上旬为产卵盛期，多数在果实萼洼处产卵。经过 7 天左右孵化出现幼虫。幼虫多数在果实下部蛀入果内，排粪于果内；果实变为畸形，因此称之为猴头、豆沙馅。幼虫在 8 月上旬开始大量危害果实，在果实内经 30～40 天老熟后，咬一圆孔脱离苹果，入土后结一冬茧越冬；或随果实带至堆果场，于10月上旬脱果入土做冬茧越冬。

（3）防治方法

1）适时防治。当卵果率达2%～3%时，给树上开始喷药；当出现高峰后一周左右，正是产卵高峰，应立即进行树上喷药。

2）幼虫防治。在幼虫出土盛期，树冠下覆地膜或在地面喷药，用50%甲氰菊酯乳油0.8～1 kg，加水50～90倍后均匀喷于树冠下，然后及时耙土以防光解。

3）树上防治。用30%桃小灵乳油2 000～2 500倍液、20%甲氰菊酯乳油2 000～3 000倍液树上喷撒。1.8%阿维菌素加高氯2 500倍液。

2. 山楂粉蝶

（1）形态特征。卵为黄色柱形，高1.5 mm，排列成卵块。老熟幼虫体长40 mm左右，体背有3条黑色纵线，其间夹有2条黄褐色纵带；体侧和腹面均为灰色，全身有许多黑点，并生有许多黄白色细毛。成虫体长22～25 mm，翅展64～76 mm；体黑色，有灰白色细毛，触角黑色。翅白色，翅脉黑色，前翅外缘除臀脉外末端各有一个三角形黑斑。

（2）发生规律。当苹果树芽萌动时（4月下旬至5月上旬），幼虫开始活动，午间出来，群集危害芽和嫩叶，以后逐渐变为昼食夜伏，并扩大危害范围。待幼虫长至5龄时，开始离巢分散危害，并且夜间和阴雨天也不归巢。7月上旬成虫出现，成虫白天活动，卵多数成块（30～90粒）产于嫩叶背面，经10～17天卵化出幼虫，在叶背面群居啃食叶子的表皮和叶肉，并吐丝缀连被害叶片做成虫巢。

（3）防治方法

1）结合修剪摘除虫巢，消灭越冬幼虫。

2）适时喷药。萌芽后展叶前喷20%甲氰菊酯乳油2 000倍液，2.5%功夫3 000～3 500倍液等杀虫剂。

3. 大青叶蝉

（1）形态特征。卵是一端尖的长卵形，稍弯曲，长1.5 mm左右，由乳白色逐渐变为黄色。幼虫与成虫相似，初孵化及刚蜕皮时均为乳黄色，各龄幼虫后期均为深灰色，翅发育不完全。成虫体长7～10 mm，体色黄绿色，头橙黄色；复眼黑褐色，有光泽；触角位于复眼基部；前翅革质绿色，尖端是灰白色、半透明。

（2）发生规律。5月上旬卵孵化后，成虫迅速转移到杂草及其他作物上，不危害果树。降霜后，被迫迁移到白菜、萝卜等绿色植物上进行危害。9月末至10月上旬，又陆续转移到果树上开始产卵越冬；10月中旬为产卵高峰，其卵多数产生于幼树枝干的皮层内，对果树危害较大。

（3）防治方法

1）人工防治。在成虫产卵之前进行树干涂白、包草；已产卵的树可用木棍擀，压死虫卵。

2）药剂防治。在春季幼虫集中期和秋季成虫集中期进行药剂防治，用 40％氧化乐果乳剂 1 000 倍液或 50％杀螟松乳油 1 000～1 500 倍液喷洒。

4. 卷叶象甲类

（1）形态特征。卷叶象甲有两种，一是苹果卷叶象甲，苹果卷叶象甲成虫为豆绿色。二是梨卷叶象甲，梨卷叶象为甲蓝色或豆绿色。它们主要危害苹果、梨、山楂等果树。成虫食害果树新芽、嫩叶。当果树展叶后，成虫即卷叶产卵危害，树上挂满虫卷，削弱树势。

（2）发生规律。4 月下旬至 5 月上旬，成虫出茧活动，危害新芽和嫩枝。在果树展叶时，成虫进行卷叶产卵危害。孵化幼虫在叶内取食，使叶片干枯。

（3）防治方法

1）地面施药。虫害发生严重的果园，在越冬成虫大量出土之前，尤其在雨后，可喷 50％久效磷乳油 1 000 倍液，或 50％辛硫磷乳油 300 倍液，用药量 7.5 kg/hm²，每隔 15 天喷一次。

2）树上喷药。常用药有 90％敌百虫 800～1 000 倍液，或 80％敌敌畏乳油 1 000 倍，或 1.8％阿维菌素 2500 倍液，每隔 15 天喷一次，连喷 2 次，效果很好。

5. 红蜘蛛 （螨）

（1）形态特征。苹果红蜘蛛又称全爪螨，在叶片正反面危害，无吐丝拉网习性，在全树均匀分布，危害较山楂叶螨轻，一般不造成落叶，在大多数苹果树果园里，2 种叶螨多混合发生。

（2）发生规律。苹果叶螨主要危害苹果树，一年发生 5～7 代。以卵在短果枝、果台和 2～3 年生枝条上越冬。越冬卵在金冠品种花序分离期较集中孵化，6、7 月危害最重。山楂叶螨在叶背吐丝结网，组成小群落。叶片受害最初呈现绿黄色斑点，渐扩大为红褐色斑块，严重时叶片枯焦脱落。虫害严重时，降低当年果品产量和质量，影响花芽分化和次年产量，甚至造成二次开花，树势严重削弱，诱发腐烂病。

（3）防治方法。近年出现很多高效、选择性强、不伤害天敌的优良杀螨剂，使害螨防治得到彻底改观。通常在每年 5 月中下旬，当平均每叶上有 4 头活动螨时，全树细致喷布 1 次 50％阿波罗悬浮剂 5 000～6 000 倍液，或 5％尼索朗 2 000 倍液，或 20％螨死净 2 000～3 000 倍液，或 20％哒螨酮 3 000 倍液，或 5％霸螨灵悬浮剂 2 000～3 000 倍液，三氯杀螨醇 20％乳油 500～800 倍，或噻螨酮 5％乳油 1 500～2 000 倍液，或唑螨酯 5％悬乳剂 1 500～2 000 倍液，可控制全年危害。上述杀螨剂各年间最好轮换使用，如使用 20％螨克乳油 1 000～1 500 倍液或 73％克螨特乳油 2 000 倍液，宜在 5 月中旬和 6 月中旬各喷 1 次。另外，冬剪时刮除老翘皮，清除核果类枝干上的胶点，可消灭一部分越冬的山楂叶螨。

6. 蚜虫

（1）形态特征。危害苹果的蚜虫主要有苹蚜和苹果瘤蚜，俗称腻虫。以成虫和若虫群集加害新梢、嫩芽和叶片。苹果蚜虫严重危害叶片，向背面横卷。苹果瘤蚜危害的叶片，向叶片背面纵卷。

（2）发生规律。蚜虫每年发生 10 余代，皆以卵越冬。第 2 年 4 月下旬，越冬卵开始孵化，幼虫群集在芽和叶上危害。6～7 月间蚜虫繁殖最快，危害严重。10 月份开始产生有性蚜，进行交尾产卵越冬。

（3）防治方法

1）喷药防治。越冬卵孵化盛期，喷布 10％吡虫啉可湿性粉剂 3 000～5 000 倍液，或 3％啶虫咪 1 500～2 000 倍液，或 40％乐果乳油 800 倍液，或 50％氧化乐果乳油 1 000 倍液，或 50％抗蚜威可湿性粉 1 000 倍液，或 40.7％乐斯本乳油 1 000 倍液，或 2.5％敌杀死 4 000 倍液。因蚜虫繁殖力特强，喷药一定要细致周到。

2）药剂涂干。用乐果涂茎防蚜效果好。方法是将 40％乐果乳剂，以 2 份水稀释，在蚜虫发生期（5 月上、中旬），用毛刷将药液直接涂在主干周围（第 1 主枝以下），约 6 cm 宽，如树皮粗糙，可先将翘皮刮去，但不要伤及嫩皮。用纸包好，3～5 天产生药效。幼树切忌药剂浓度过大，易产生药害。

思 考 题

1. 简述黄太平的栽培要点。
2. 简述国光苹果树的经济性状。
3. 简述夏剪应用的各种技术措施。
4. 简述苹果树树体防冻措施。
5. 简述苹果腐烂病的防治方法。

第四章　梨的栽培技术

学习目标：
◆掌握适合北方栽培的主要梨树品种
◆掌握梨园的建园技术与管理技术
◆掌握梨树的整形与修剪
◆掌握梨的主要病虫害的防治方法

　　梨树是我国果树的主要栽培树种之一，栽培历史悠久，种类和品种资源极为丰富，分布遍及全国。目前我国是世界第一产梨大国，梨也是我国第三大水果。据统计，2007 年全国各地区梨园总面积已达到 107.13 万公顷，产量 1 289.5 万吨，占世界梨树总产量的 63%。梨的适应性极强，我国从南到北，从东到西都有梨树分布，主要产区集中在河北、山东、湖北、安徽、辽宁和陕西等省份。

梨的营养价值

　　梨果实因其脆嫩多汁、酸甜可口、风味浓郁且营养丰富而深受广大消费者的喜爱。梨果还可以加工成梨汁、梨干、梨酒、梨醋、梨脯、梨膏、梨饴糖等加工品。不仅如此，梨果实还有很强的药用功效。梨性凉，味甘微酸，入肺、胃，能生津润燥、清热化痰，主治热病伤津、热咳、惊狂、噎膈、便秘等症；还有止咳化痰、滋阴润肺、解疮毒、酒毒等作用。

第一节　梨的主要品种

一、传统优良品种

1. 秋子梨系统

（1）南果梨。果实较小，近圆形或扁圆形，黄绿色，阳面有红晕，平均重45 g。采收即可食用，脆甜多汁。储藏15～20天后，果肉变软，易溶于口，汁多味甜，香气浓，石细胞少，品质上乘。果树抗寒能力强，高接树在－37℃时无冻害，适于冷凉及较寒冷地区栽培。对土壤及栽培条件要求不严，抗风、抗黑星病能力强。丰产，栽后4～5年结果，20年生树株产300 350 kg，果实一般可储存1～3个月。如图4—1所示。

（2）京白梨。京白梨又名"北京白梨"。果实中小，扁圆形，果梗基部的果肉常微有凸起。黄绿色，成熟后呈黄色。果皮薄而光滑，果点小，褐色，较稀，单果重93 g。果梗细长，多弯向一方。果肉黄白色，采时嫩脆，后熟后变软，汁多味甜，有香气，果心中大，石细胞少，品质上乘。抗寒能力强，抗旱、抗风力均较强，后熟期7～10天，能储存20天左右。如图4—2所示。

图4—1　南果梨　　　　　　　　　　　图4—2　京白梨

2. 白梨系统

（1）鸭梨。果实中大，重150～200 g。倒卵形，果梗基部肉质，果肉呈鸭头状凸起。果实呈绿黄色，储藏后呈黄色。皮薄，近梗部有锈斑，微有蜡质，果梗先端常弯向一边。果肉白色，肉质细而脆，汁多味甜，有香气。9月中下旬成熟，可储存至翌年2～3月。如图4—3所示。

（2）酥梨。果实大，平均270 g。近圆柱形。果实呈黄绿色，储藏后呈黄色。果皮光滑，果点小而密。果肉白色，肉稍粗，但酥脆爽口，汁多味甜，有香气。果心小，品质上。9月上旬成熟，稍耐存放。如图4—4所示。

图4—3　鸭梨

图4—4　酥梨

（3）苹果梨。果实大，平均重250 g，最大可达600 g。不规则扁圆形。黄绿色，阳面有红晕。果心小，肉质细脆、汁多，甜酸适度，微带香气，品质中上。9月下旬至10月上旬成熟，耐储运，可储存至翌年5～6月。如图4—5所示。

3. 沙梨系统

（1）苍西梨。果实大，重300～500 g。长卵圆形或葫芦形。黄褐色，有灰褐色斑点，果点大，较稀。梗细长，果肉白色，质脆、汁多味甜，果心小，品质中上。8月下旬至9月上旬成熟，可储存至翌年1～2月。如图4—6所示。

图4—5　苹果梨

图4—6　苍西梨

（2）晚三吉。卵圆形或略扁形，果皮褐色。平均重196 g，果肉白色，质脆、汁多味甜，品质中上，10月上旬成熟，耐储藏。生长势中等或偏弱，枝条稀疏半直立，树冠小，适于密植。一般3～4年开始结果，早期丰产，坐果率高。如图4—7所示。

4. 西洋梨系统

（1）巴梨。巴梨又名香蕉梨、秋洋梨。果实较大，平均重250 g。粗颈葫芦形，果面凹凸不平，黄色，阳面有红晕。果肉乳黄白色，肉质柔软，易溶，汁多，味浓甜，有芳香味，品质极上。8月末9月上旬成熟，不耐储藏，一般能储藏20天左右。如图4—8所示。

图4—7　晚三吉

图4—8　巴梨

（2）伏茄梨。伏茄梨又名白来发、伏洋梨。果实较小，平均重60～80 g。细葫芦形。黄绿色，阳面有红晕。果皮光滑，果点小而不明显。皮薄，果肉乳白色，成熟时脆甜，经3～5 h成熟后肉质柔软、易溶，汁多味甜，品质上。6月下旬至7月上旬成熟。结果较早，产量稳定，以短果枝结果为主。如图4—9所示。

图4—9　伏茄梨

热门话题

品种决定质量，质量决定效益

目前，我国梨业生产主要存在品种结构不尽合理和品种老化等缺陷。从品种结构上看，早熟和晚熟品种面积比例偏小，中熟品种面积比例过大；从品种上看，目前我国梨业主栽的品种大多老化，质量不高，国内外市场占有率下降很快。由于近十几年水果栽培面积的不断扩大，水果产量急剧增加，加之交通运输业的快速发展，使市场供应日趋丰富，果品市场竞争激烈。而竞争的焦点就是果品的质量，市场对高档优质果品的需求从来没有像现在这么迫切过，谁拥有了质量，谁就占据了市场竞争的主动权，而质量提高的基础是优良的品种。

二、优良新品种

1. 大南梨果

果实扁圆形。中等大，平均单果重125 g，最大达214 g，果皮呈绿黄色，储存后转为黄色，阳面有红晕，果面光滑，具有蜡质光泽，果点小而多。果皮薄，果心小。果肉黄白色，肉质细脆，采收即可食，经 7～10 天后熟，果肉变软呈油脂状，柔软易溶于口，味酸甜并有香味，品质上。9 月上中旬成熟，不耐储运，常温条件下可储存 25 天左右，在冷藏条件下可储存到翌年 3 月底。果实既可供鲜食，也可制成罐头。

2. 寒香梨

果实近圆形。单果重 150～170 g，果实大小整齐。果皮黄绿色，向阳面有红晕，果点小，萼片宿存。果皮薄，果肉白色，果心小，石细胞少。采收时果肉坚硬，经 10 天后熟果肉变软，肉质细腻多汁，味酸甜，品质上。耐储存。如图 4—10 所示。

3. 黄花梨

果实大，平均单果重 216 g。最大可达 400 g，果实近圆形，果皮黄褐色，果面平滑。果肉白色，肉质细嫩，汁液多，味甜。较耐储运。品质上。最佳食用期在 8 月中旬。

另外，金花 4 号、蔗梨、早酥、锦丰、晋酥梨、黄冠、中梨 1 号、硕丰、红香酥、翠冠、西子绿、雪青也都是很不错的品种，果农可根据实际情况而定。如图 4—11 所示。

图 4—10　寒香梨

图 4—11　黄花梨

三、近年来引进的优良新品种

1. 红安久

果实葫芦形。平均单果重 230 g，最大重达 500 g。果皮全面紫红色，果面光亮平滑，果点中多，小而明显，萼片宿存，外观美。果肉乳白色，肉质细，石细胞少。采后 1 周后熟变软，汁液多，味酸甜，有芳香，品质极上。果实耐储性较好，室温下可存放 40 天，可冷藏 6～7 个月，气调存放 9 个月。如图 4—12 所示。

2. 黄金梨

该品种果实近圆形，果形端正，果个整齐。平均单果重约 430 g，最大可达 500 g 以上。果皮乳黄色、细薄而光洁，具半透明感。果肉白色，肉质细嫩，石细胞极少，甜而清爽，果汁多，果心小，果实 9 月中旬成熟，常温储藏期为 30～40 天。如图 4—13 所示。

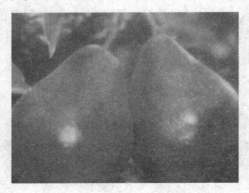

图4—12　红安久

图4—13　黄金梨

3. 金二十世纪

果实圆形。单果重300～500 g，果皮黄绿色，果点大，分布密，果面有果锈，果梗粗长，果心短小，纺锤形。果肉黄白色，肉质细软，有酸味、香味，果汁多。如图4—14所示。

图4—14　金二十世纪

另外，大果水晶、丰水、新高、南水、晚秀、红巴梨、粉酪也是不错的品种，果农可根据自家情况而定。

第二节　梨园的建园

合理选择园地是科学栽培梨树的前提条件。梨树是多年生果树，一经栽植占地时间较长，少则数十年，多则上百年，选地得当与否直接影响到梨树的丰产性和寿命。梨树比较喜光，对温度的适应范围比较广，抗逆性比较强，对土壤要求不太严格。

一、建园

1. 园地选择

梨树的抗逆性强，适应性较广，沙地、山地和丘陵地均可栽培。对土质要求不严，较耐旱、耐涝和耐碱（含盐量不能超过 0.3%）。土质以土层深厚、排水良好、较肥沃的沙壤土为宜。

梨树开花期较早，有些地区易遭晚霜冻害，选择园地时应注意避开容易遭受霜害的地方建园。

2. 土壤改良

梨树对土壤的适应性较强，但为了优质高产和提高投入产出率，建立梨园必须选择适宜的土壤，尤其苗圃土壤大部分由于多年育苗、土壤肥力减弱，故应在不影响育苗生产的情况下，充分掌握现有苗圃土壤肥力状况，进行充分改良，以提高苗木生长的必要因素。

（1）沙土和黏土地改良。土层厚度、土壤质地对梨树长势和产量有重要影响。土质疏松、排水良好的沙壤土是梨树生长最适宜土质。沙地压黏土、黏土掺沙土都可起到疏松土壤、增厚土层、改良土壤、增强蓄水保肥能力的作用，是沙地、黏土地土壤改良的一项有效地措施。增施有机肥也是沙地、黏土地改良的有效措施，有利于幼树的生长发育。

（2）盐碱地土壤改良。梨树在土壤 pH 值为 5.4～8.5 的范围内均可生长，但以 pH 值 5.6～7.2 的微酸性至中性土壤为适宜。梨树可在土壤含盐量 0.2% 以内生长正常，但含盐量达 0.3% 时生长就会受到严重影响。盐碱地可通过引淡水洗盐、修筑台田、种植绿肥作物、地面覆盖、中耕、增施有机肥等措施，有效地改善土壤的理化特性，减轻盐碱对幼龄梨树的危害。

3. 栽植

定植的株行距植株为大、中冠品种的，大部分为秋子梨、秋白梨、鸭梨等梨树，以（3～4）m×（5～6）m 为宜，矮化密植和小冠品种可采用（1～2）m×（4～5）m。山地和瘠薄地还可以适当密植。

栽植用苗木质量应符合标准要求，最好用大苗。北方栽植时间一般在早春顶凌栽植。栽植前一定要做好土壤改良工作（如种绿肥、深翻改土、水土保持）和灌排工程、防护林营造等工作。定植穴或定植沟应提前挖好，深 60～80 cm，宽 80 cm。定植方法可因地制宜。干旱少水地区可采用早栽、深坑浅栽、灌足底水后覆盖膜等方法。盐碱地应用开沟、修建台田、筑墩栽植方法提高栽植成活率。

二、梨山砧建园

梨山砧建园就是直接栽植山梨苗木，待山梨成活后，进行主干高接或主枝高接栽培品种的建园方法。山砧建园能提高树体抗寒能力,延长梨树寿命,提早结果,扩大优良品种的栽培区域。

1. 山砧建园的株行距

采用山梨砧木建园的株行距,要比低接苗木的株行距大,生产中平地多采用 3 m×5 m,山地梨园可采用 3.5 m×5 m 的株行距。

2. 山梨砧木的定植

将准备定植的山梨砧木用清水浸泡 1～2 昼夜,栽植在挖好的定植穴内,踩实并浇透水。用于主干高接的山梨苗木在距地表 50 cm 处定干,用于主枝高接的山梨苗木在距地表 70 cm 处定干,也可直接栽植嫁接好的半成苗或成苗。

3. 栽培品种的嫁接

因为栽植的是山梨砧木,需要嫁接栽培品种。

(1)嫁接方式。嫁接方式有主干高接和主枝高接两种。

1)主干高接。在砧木主干距地面 50～60 cm 处嫁接栽培品种。可以在砧木定植的当年秋季进行芽接,也可以在第二年春季进行枝接。当砧接芽萌发到 25～30 cm 时摘心,促生分枝,培养成主枝。

为了加快梨树成形速度,主干上可采取 2 芽以上的多芽嫁接,嫁接点按培养主枝选取,可提早结果。

2)主枝高接。当砧木主枝形成后,距主干 20 cm 处高接,可采用枝接、芽接、皮下接等方法。也可采用一次嫁接法,全部换完;也可保留中心干,在砧木形成两层枝后第二次换头。嫁接时应注意接芽的方向,砧木主枝角度小的,应接在外侧。主枝角度大的应接在内侧,角度适中的接在左右两侧均可。

(2)嫁接管理。对于嫁接的高接苗的管理,包括以下内容:

1)剪砧补接。对秋季芽接的高接树,在第二年 4 月上旬将成活接芽上部留足 1 cm 后剪除,发现没有成活的可采用硬枝接的方法进行补接。

2)除萌和解除绑缚物。高接后的梨树,砧木枝干上的潜伏芽萌发成枝迅速,应及时掐掉砧木上的萌芽和嫩枝,使养分集中供给接芽生长。对砧木上的小辅养枝要逐年去掉。及时解除绑缚物,以免勒伤害树体,影响生长。

3)绑新梢。当高接的新梢长到 10 cm 以上时,为防止被风吹折,要及时绑在砧木桩上。

4)修剪。高接后的新梢长到 30 cm 左右时应进行摘心,以促进新梢加粗生长,同时保留部分中庸枝继续长放,促进花芽形成;也可采用拉枝、拿枝等夏季修剪措施促进提早结果。

第三节　梨树的整形与修剪

一、整形特点

第一，梨的大、中、小型枝组均易单轴延伸，所以应尽量使其多发枝，形成扇形展开式枝组，幼树期要多留、早培养。梨树修剪要多采用疏、放方法，少短截、回缩，增加枝量靠刻芽实现，开张角度以拉枝为主。幼树尽量增大枝叶量，修剪宜轻；盛果期重点调节平衡关系、主丛关系，精细修剪结果枝组。

第二，修剪时要控制中心干上升过快，以缓和长势，控制上强。对主枝要使基角开张，一般可在 50°以上。对日本梨树等发枝特少的品种，主枝开张角至少为 60°，以增加发枝，以免在主枝上形成脱节现象；如果只发生较多的短果枝及短果枝群，侧生枝条既少又弱，这样的树产量低，易衰老。

第三，梨树树体顶端优势明显，极性强，对修剪敏感。整形期间尽量轻剪，勿修剪过重造成旺长。早期整形修剪一开始，就要注意开张枝条的角度，不使骨干枝单轴延伸过快，可通过刻芽增加枝量。

第四，梨树成枝力弱，对发生的长枝要尽量利用，以扩大早期枝叶量，使多发枝，少疏枝，多利用，争取早期丰产。注意主枝中后部枝组的培养，多培养背斜侧大中枝组，控制主侧枝先端延伸速度，防止结果后下部空虚无枝。保留下来的长枝实行长放，使之转化结果。

第五，梨树定植后第一年为缓苗期，往往发枝很少，亦很弱。这种情况不要急于确定主枝，冬季可不修剪，或者对所发的弱枝去顶芽留放，并在主干上方位好的部位选壮短枝，在短枝上方目伤，使明年发枝。这种短枝所发的枝基角好，生长发育好。对留下的弱枝，仅去掉顶芽，可使主枝间平衡，然后按强枝重截、弱枝轻截的办法平衡留用主枝之间的生长势。当一年选不出三个主枝时，则对留下的主枝要略偏重短截。对于辅养枝应多留长放，撑拉开角，增加枝叶，使早成形、早结果。过于强旺枝条先拉平利用，当影响到骨干枝生长时，用缩、截、疏的方法为骨干枝让路。

二、梨树的整形和修剪方法

1. 幼年树修剪

包括幼树整形期和初果期树。该时期树的修剪原则是：以整形为主，兼顾结果；冬季修剪与夏季修剪相结合，使较多形成枝叶，促进树冠扩大，提早成型和结果。

除骨干主的延长枝、大型枝组领头枝进行适度短截，冠内应多留枝，多长放，使留用的枝条尽快转化结果。当冠内枝条变密零乱后，根据骨干枝的安排，逐步选留大、中枝组。小枝组随大、中枝组的配置，见缝插针留用，逐步疏减不必要的枝。对于留用的枝条可分四类区别对待：第一类枝对骨干枝延长枝生长有影响，要进行重剪，发枝后再行长放，不能在骨干枝头附近直接长放。第二类枝处于骨干枝的侧面，呈斜生状态，发展空间较大，可进行中截或轻截，促发分枝，培养成大型或中型枝组。第三类枝处于骨干枝背上优势部位，直立强壮，有空间时压倒、压平长放，结果后视情况再行改造，徒长性枝要疏除。第四类枝为中庸枝、弱枝，一般均长放，促成花，早结果，处于大空间部位，需填补空间时，可以在该枝条上部深度刻伤，促进转化成长枝。

在骨干枝的背上，在幼年期只留小型枝组，枝轴长控制在 25 cm 以下。不留大型和中型枝组，如果势力转移，背上枝组转旺时，要及时进行夏剪或冬剪时疏间强枝，留平斜弱枝。

梨树成花容易，一般枝条长放后都能成花，所以在幼树期还需要适当控制结果量，增加枝叶量，保证树冠扩展，使树冠内部形成丰满的枝组。进入结果后，对树冠内长枝要区别对待，有长放，有短截，使每年在冠区内形成一定量的长枝，且长枝应占全树总量的 1/15 左右。如发生的长枝少，说明修剪量轻，需增加短截数量；如发生的长枝量少，说明修剪过重，需减少短截量，多留枝长放。目的是保证树体健壮，为盛果期丰产打下良好基础。

2. 盛果期树修剪

梨树一般在 12～13 年生以后进入盛果期。盛果期树骨架已基本形成，树势趋于稳定，枝量增多，树冠丰满；大量形成花芽，高产稳产。盛果期树修剪的原则是：调整树势，维持良好的平衡关系和主从关系，及时更新枝组，保持适宜枝量和枝果比例，使结果部位年轻，结果能力强，改善冠内光照条件确保梨果高质量。细致修剪结果枝组，利用中长枝培养新的结果枝组，对个别树形紊乱的树整形，　疏花疏果。此外，也要防止大小年。修剪应注意以下几点：

（1）巩固和调整树冠骨架。维持骨干枝单轴延伸的生长方向和生长势，调整延长枝角度，对逐渐减弱的骨干枝延长枝适度短截。利用交替控制法解决株间枝头搭接问题。

1）重叠、交叉枝的处理骨干枝上着生的中长枝和 3～4 年生的侧枝，多分布在树冠外围，又连年分枝，常表现出重叠、交叉，使树冠密挤。对其中方向不宜的枝条应重剪，改变其生长方向，使其错开生长；对过度下垂枝应回缩，并抬高角度，打开光路。

2）骨干枝延长枝的处理。各级骨干枝的延长枝要适度轻剪，短截程度视枝条的强弱而定。一般长 30～50 cm 的枝条，可剪去 1/4；长 50 cm 以上者，剪留 30 cm 左右。这样可以抽出良好的新梢和一定数量的短枝。如果短截过重，只能抽出新梢，形成短枝少。盛果初期的树尤其如此。这也是与幼树期的不同之点。

3）主枝角度的维持。盛果期后冬季修剪时要经常检查维持主枝角度的开张。由于结果数量的增多，果实质量大，常把主枝或其他骨干枝反压得角度过于开张；或不够开张，或由于分枝的增多，以致出现三大主枝方位错开等不正常情况。

（2）维持结果枝和结果枝组的健壮。梨树盛果期是经济效益最高的时期，而各类结果枝又是丰产的基础。整形修剪要把着眼点放在选留、培养健壮的短枝上。适量健壮的短枝是形成花芽的前提。有了健壮的结果枝和结果枝组，丰产才有保证。盛果期树的修剪任务之一，就是维持结果枝和结果枝组的生产能力。

1）结果枝组内结果枝数和挂果量是适当并保留足预备枝，中、大型结果枝组应壮枝壮芽当头，每年发出新枝。枝组间应有缩有放，错落有致。内膛枝组多截，外围枝组多疏枝少截，以确保内膛枝组能得到充足光照，维持较强的生长和结果能力。内膛发生的强壮新梢可先放后截或截再放，培养成新结果枝组代替老枝组。利用回缩法及时更新细弱枝组。

2）短果枝群的修剪。以短果枝群结果为主的品种，盛果期应进行精细修剪。短果枝群本身没有营养枝，所以修剪时必须细致疏剪、回缩，防止分枝太多过密，保留健壮的短枝。修剪的原则是去弱留强，去上留斜，去远留近，以维持短果枝群的健壮。每一个短果枝群中以不超过 5 个短果枝为宜，其中留 2 个结果，2～3 个作预备枝，破顶芽。修剪方法掌握去弱留强，去平留斜，去远留近。

3）徒长枝修剪。骨干枝背上发出的徒长枝，有空间时利用夏剪摘心或长放、压平等方法培养成枝组，无空间则疏除。

4）梨树多年生缓放枝组的回缩复壮。有些结果枝组又细又长而且下垂，就是过长的单轴结果枝组。它是由于多年连续缓放而造成的。这样的枝组结的果实小而质劣。应在有健壮分枝处回缩，一般剪去 1/3～1/2。

3. 树体改造

生产优质梨必须控制产量。要控制过高的产量，首先要减少枝量，在此基础上确定合理留果量。此外，果实套袋、人工授粉、病虫害防治、果实采收等都需低冠条件，以便于操作。因此，有必要调整树体结构以适应新的栽培方式。树体改造研究结果表明，二十多年生大冠稀植树，可通过降低树高、减少中上部大枝量，改造成单层以心形或双层半圆形，树高控制在 3.5 m 左右；十多年生树，栽植方式为（3×5）m 或（4×6）m 的梨园，可通过疏除或变换中央领导干改造成多主枝开心形。

知识链接

树形选择

我国梨区成年大树多采用主干疏层形。近年来为适应密植栽培和优质生产，树形发生了较大变化，目前生产上常用的树形如下：

（1）多主枝开心形。适于 3 m×5 m～4 m×6 m 密度的梨园。该树形光照好，骨架牢固，丰产，易管理。

（2）单层一心形。适用于 4 m×6 m 和 5 m×7 m 密度的梨园。该树形是原疏散分层的改良树形，主从分明，适用于作大树改造的树形。

（3）丫字形。适于（1～2）m×（4～5）m 密度的梨园。该树形成形快，结果早，有利于管理和提高果品质量。

（4）棚网架树形。适于（4～5）m×（6～7）m 密度的梨园。棚网架栽培，树冠扩展快，成形早，早期叶面积总量大，枝条利用率高，树势稳定，树冠内光照条件良好，生产出的果实个大均匀，果实品质好，但架材成本较高。

第四节　梨园的土肥水管理

一、土壤管理

1. 深翻与耕翻

瘠薄地的梨树生长势弱，花儿不实或结果很小。山地梨园的中上部地段，大都土层瘠薄，长势差，产量低，经济效益甚微。据对不同厚度土层梨园调查，土层厚度与梨园产量呈正相关关系。亩产 5 000 kg 的丰产梨园，土层厚度大都在 1 m 左右；而土层厚度只有 20～30 cm 的地片，亩产一般只有 500～1 000 kg。深翻可加深根系分布，使根系向土壤深处发展，减少"上浮根"，提高抗旱能力和吸收能力，对复壮树势、提高产量和质量有显著效果。生产上常采取隔行深翻法，2～3 年翻遍全园。深翻时间以秋季落叶前完成为好，有利于根系愈合和新根发生。深翻方法为沟宽 50～60 cm、深 60～80 cm，深翻结合施基肥效果更好。

土壤耕翻以落叶前后进行为宜，耕翻深度为 10～20 cm。耕翻后不耙，以利于土壤风化和冬季积雪。盐碱地耕翻有防止返盐的作用，并有利于防止越冬害虫。

2. 果园覆盖

梨树果园覆盖能显著改善梨园小气候，减少水分蒸发，起到增温、平衡土壤水分、提高土壤热量水平的作用；同时，能够抑制杂草生长，增加土壤有机质含量，保持土壤疏松，土壤透气性好，树体的根系生长期长，吸收根量增多，提高叶片光合能力，从而光合效能得到改善，增强树势，改善果实品质，增产效果明显。

覆盖物可选用玉米秸秆、麦秸或杂草等。覆盖在 5 月上旬灌足水后进行，通常采用树盘内覆盖的方式，厚度 15～20 cm，覆盖到第三年秋末将覆盖物翻于地下，翌年重新覆盖。旱地梨园缺乏覆盖物时也可以采用薄膜覆盖法。

3. 中耕除草

根据梨树根系生长规律，在 4 月上中旬进行中耕除草一次，以利第一次新根生长。树盘内应保持疏松无草，在园内杂草长势旺、年降雨量较少的梨区应多采用"清耕法"。劳力不足时或人工除草不及时，可实行化学除草剂除草。可选用草甘膦、百草枯、西玛津等，但使用时应严格按照规程操作。

每次灌水或降雨后均应进行中耕，以防地面板结，影响保墒和土壤通透性。雨季过后至采收前可不再进行中耕，以使地面生草，有利于吸收多余水分和养分，提高果实质量。

4. 客土和改土

过沙和过黏的土壤都不利于梨树生长，均应进行土壤改良。沙土地可以土压沙或起沙换土，提高土壤肥力；黏土地可掺沙或炉灰，提高土壤通气性。改良土壤对提高产量和果品质量均有明显效果。

5. 果园生草

在树盘以外行间播种豆科或禾本科等草种，生草后土壤不耕锄，能减轻土壤冲刷，增加土壤有机质，改善土壤理化性状，提高土壤肥力，提高果实品质。梨园适宜种植黄豆，适宜种植的草种有三叶草、黑麦草、瓦利斯、紫云英、苕子等。生草梨园要加强水肥管理，于豆科草开花期和禾本科草长到30 cm时进行采割，割下的草覆盖在树盘上。

在梨园土壤管理方面，最好的形式是行内覆盖行间生草法。

二、果园施肥

1. 梨树的需肥特点

梨树对肥料的需求根据树体的生长阶段和季节的变化等因素而定。

（1）根据梨树的生长阶段。幼树阶段主要是树冠和根系发育，氮肥需求量最多，结合适当补充钾肥和磷肥，以促进枝条成熟和安全越冬。

结果期的梨树从营养生长为主转入以生殖生长为主，氮肥不仅是不可缺少的营养元素，且随着结果量的增加而增加；钾肥对果实发育具有明显作用，因此，钾肥的使用量也是随结果的增加而增加；磷与果实品质关系密切，为提高果实品质，应注意增加磷肥的使用。

（2）根据季节的变化。春季为梨树器官的生长与建造时期，要求有充足的氮供应，5月为树体吸收氮、钾的第一个高峰期。6月对氮的需求量显著下降，但应维持平稳的氮素供应。氮肥施用过多易使新梢旺长，生长期延长，花芽分化减少；过少易使成叶早衰，树势下降，果实生长缓慢。但此期间是磷最大吸收期，7月以后降低，养分吸收与新生器官生长相联系，新梢生长、幼果发育和根系生长的高峰期正是磷的吸收高峰期。

7月中旬正处于梨果迅速膨大期，是钾的第二个吸收高峰期，此时到后期对钾需要仍高，所以如果此时钾后期供应不足，果实不能充分发育，味道寡淡。

8月中旬以后停止用氮，对果实大小无明显影响，如再供氮，果实风味即下降。

2. 树体需肥量

树体当年新生组织所需营养和组织质量的增加即为当年树体所需的营养总量。梨树每生产100 kg新根需氮0.63 kg、磷（五氧化二磷，下同）0.1 kg、钾（氧化钾，下同）

0.17 kg；每生产 100 kg 新梢需氮 0.98 kg、磷 0.2 kg、钾 0.31 kg；每生产 100 kg 鲜叶需氮 1.63 kg、磷 0.18 kg、钾 0.69 kg；每生产 100 kg 果实需氮 0.2～30.45 kg、磷 0.2～0.32 kg、钾 0.28～0.4 kg。

理论施肥量的计算公式：

$$理论施肥量＝（树体吸收量－土壤供给量）/肥量利用率$$

一般情况下，施肥比例按氮：磷：钾为 2：1：2 计；土壤天然供肥量一般氮按树体吸收量的 1/3 计，磷、钾按树体吸收量的 1/2 计；肥料利用率氮按 50％ 计，磷按 30％ 计，钾按 40％ 计。最后除以肥料的元素有效含量百分比，即得出每公顷实际施入化肥的数量。

3. 测土配方施肥

以土壤测试和肥料田间试验为基础，根据梨树的需肥规律、土壤供肥性能和肥料效应，在合理使用有机肥基础上，提出氮磷钾及中微量元素等肥料的适用数量、施肥时期和施用方法。通俗地讲，就是在农技人员指导下科学施用配方肥。测土配方施肥技术的核心是调节和解决作物需肥与土壤供肥之间的矛盾。同时有针对地补充作物所需的营养元素，作物缺什么元素就补充什么元素，需要多少就补充多少，实现各种养分平衡，满足梨树生长的需要，从而达到提高肥料利用率和减少用量、提高梨树产量、改善果品品质、节省劳力、节支增收的目的。

4. 施肥时期

（1）基肥。秋施基肥使梨树发根多，肥效较好，而从多年改土、壮树的效果来看，仍以采后施肥为好。土壤封冻前和早春土壤解冻后及早施基肥亦可。早施基肥能保证春季树体有足够的营养供梨树生长结果之需。基肥可用条沟深施、放射沟施或全园撒施。磷肥最好结合基肥施入，施肥后应及时灌水。

（2）追肥。一般梨树每年追肥三次。第一次在萌芽至开花前，以氮肥为主，占全年用量的 30％ 左右；第二次在幼果膨大期（蔬果结束至套袋完成），氮、磷、钾肥配合，氮占全年用量的 40％ 左右，钾 50％～60％，磷占全年用量（如果基肥未施用磷肥）45％～50％；第三次于 7 月末施用，氮、钾肥配合。每次追肥后一定结合灌水，以利于根系吸收。追肥的次数和数量要结合基肥用量、树势、花量、果实负载等情况综合考虑，如基肥充足、树势强壮，追肥次数和用量均可相应减少。

（3）叶面喷肥。在叶片生长 25 天以后至采收前，结合防治病虫，可掺入尿素、硼砂、磷酸二氢钾等叶面肥进行喷施，能提高叶片的光合作用。

三、灌水与排水

梨是需水量较多的树种，对水的多少亦比较敏感。我国北方梨区，干旱是主要矛盾之一。春夏干旱，对梨树生长结实影响极大；秋季干旱易引起早落叶；冬季少雪严寒，树易受冻害。据研究测定，梨树每生产 1 kg 干物质，需水 300～500 kg；生产果实 30 t/hm²，全年需水 360～600 t，相当于 360～600 mm 降水量。凡降水不足的地区和出现干旱时均应及时灌水，并加强保墒工作。

传统的灌水方法是沟灌、盘灌、穴灌等。近年来，许多先进的灌溉技术在梨树栽培上被推广应用，如喷灌、滴灌、微喷灌和渗灌等。漫灌耗水量大，易使肥料流失，盐碱地易引起返碱。早春漫灌可降低地温，对萌芽开花不利。有条件的地区应改用喷灌、滴灌，或者采用开沟渗灌。盐碱地宜浅灌不宜深灌和大水漫灌。

梨树的主要灌水时期有萌芽至开花前、花后、果实膨大期、采后和封冻灌水。特别是果实发育期，如土壤含水量不足，应及时补充灌溉。

位于低洼地、碱地、河谷地及湖、海滩地上的梨园，地下水位较高，雨季易涝，应建立环排水工程体系，做到能灌能排，保证雨季排涝顺畅。

四、花果管理

1. 花期和幼果期霜冻的预防

华北一些地区梨树的开花期多在终霜期以前，生产上常因花期霜冻而造成减产。预防霜冻的方法如下：

（1）提高综合管理水平。加强综合栽培管理，增强树势，提高树体的营养水平，以增强梨树自身抵御霜冻的能力。

（2）采用措施使梨树延迟发芽，避开霜冻。早春灌水、发芽前灌水或发芽前树冠喷水、树冠喷白（10％石灰液），均可延迟梨树开花 3～5 天。

知识链接

梨树人工授粉注意事项

（1）花粉烘干时应注意的问题。①温度。温度是影响花粉烘干质量的最重要因素，温度过高则花粉发芽率低，出粉量少；过低则烘干所用时间长。适宜的烘干温度为 20～25℃，且要求温度相对稳定。②时间。在保持 20～25℃ 的温度下，烘干时间一般为 36 h 左右。③切忌在阳光下暴晒花粉。

（2）授粉最好在天气晴朗的上午进行。

（3）花期喷保花保果剂不能代替授粉，可以在人工授粉的同时，结合喷高桩素、保花保果剂和氨基酸钙等。

（4）授粉时间和次数。在花开 25％ 时开授，花开整齐时授 1 遍即可，花开不一致可授 2 遍，以花开当天授粉坐果率最高。

（3）改善梨园小气候。采用熏烟法改善梨园小气候，熏烟材料以柴草锯末为好。当凌晨气温下降到－2℃时，点燃烟堆。吹风法是利用大型吹风机增强烟雾空气流通，吹散冷空气和阻止冷空气下沉。

2. 疏花疏果

疏花应从冬季修剪留花芽量时开始。花芽量过多时，应疏弱留壮，少留腋花芽。花芽萌动至盛花期均可继续疏花，主要疏除发育不良、开花晚及过密的花序，疏去花序后的果台副梢可在当年形成花芽。凡是留用的花序，应留基部1～2朵花。留花要力求分布均匀，内膛、外围可少留，树冠中部应多留；叶多而大的壮枝多留，弱枝少留；光照良好的区域多留，阴暗部位少留。

在花期过后7～10天，未授粉的花落掉，即可开始疏果。一般在5月上旬开始，最好在25天内疏完，要一次疏果到位。疏果的标准应因地而异，疏果的原则：树势壮、土壤肥力水平较高者可多留，反之要少留。具体操作可参考以下疏果方法：

（1）果实负载量法。据单果重算出单株留果数量，然后再加10％～15％保险系数。如鸭梨计划生产果实45 000 t，可留果270 000个左右。然后平均到每株多需要果数，再根据树体大小和树势进行调整。

（2）叶果比法。盛果期梨树，中、大果型品种30～35个叶片留一果，小果型品种25个叶片留一果。

（3）枝果比法。即枝条与果实数量之比。枝果比是从叶果比衍生出来的，应用起来较叶果比简化实用。一般枝果比是1∶3.5～4.0。

（4）果实间距法。果实间距法更为直观实用。中型和大型果每序均留单果，果实间距为25～30 cm。

疏果和留果均应严格按操作规程进行。具体要求：中、大型果每花序留基部第一和第二位果；留果形长、萼端突出的果，疏去球形果、歪形果和小果；留枝条下方位和侧方位的果，疏枝条背上的果；留有果台枝的果，去除无果台枝的果。

3. 果实套袋

果实套袋是生产优质无公害果品的关键措施。自20世纪90年代以来，国内外市场对果品的要求趋向高档化、优质化，因此，果实套袋在梨树栽培中得到了广泛应用。果实套袋可明显改善果实外观品质，成熟果实的果点和锈斑颜色变浅，面积变小，果面蜡质增厚，叶绿素减少，果皮细嫩、光洁、淡雅；套袋能改善果实肉质，从而肉质口感细腻；套袋果实果面蜡质厚，因而储藏期间失水少，果实黑心病发病率也低，果实表面病菌浸染也少，虫害也极少，且机械伤害少，从而显著增强果实耐储性；套袋后，农药、烟尘和杂菌不易进入袋内，显著降低了果实的有害污染，很受国内外市场欢迎。通过选择不同质地和透光度的果袋，还可以改变果品的皮色。

（1）果袋选择。河北农业大学鸭梨课题研究组对10种果实袋经连续多年的对比研究表明，从纸袋对果实品质的影响、成本造价等方面综合考虑，生产上以采用全木浆黄色单层袋和内层为黑色、外层为黄色的双层纸袋为宜。目前，对新品种适宜的果袋仍在进一步研究中。

（2）套袋时间。果实套装宜在疏果后至果点锈斑出现前进行。套袋早晚对果品外观品质影响较大，过晚果点变大、锈斑面积增大；过早则影响幼果膨大。套袋开始时间为盛花 25 天左右为宜，在 25～30 天套完。

（3）套袋方法。选定梨果后，先撑开袋口，托起袋底，用手或吹气令袋体膨胀，使袋底两角的通气放水口张开，然后，手执袋口下 2～3 cm 处，套上果实，从中间向两侧根据次按折扇的方式折叠袋口，然后与袋口下方 2 cm 处将袋口绑紧。果袋应捆绑在果柄上部，使果实在袋内悬空防止袋纸贴近果皮而造成磨伤或日灼。绑口时切勿把袋口绑成喇叭口状，以免害虫入袋和过多的药液流入袋内污染果面。

（4）套袋树的管理。套袋栽培不同于一般栽培模式。在整形修剪、施肥、花果期管理、病虫防治等方面均需加强管理，如控制树高在 3.0～3.5 m，控制枝量，配方施肥，精细疏花疏果，严格进行病虫防治。套袋前喷布杀虫剂，一次喷药可套袋 3～5 天。要分期用药，分期套袋，以免将害虫套入果袋内。套袋结束后要立即喷施杀虫剂，主治黄粉虫、康氏粉蚧和梨木虱，果实生长期内要间隔 15 天左右用药。

第五节 梨树的高接换优

高接换优这种技术方法就是利用老树的枝杈改接品种。强的树势，可以短期结果，且改良了原来的老化现象。由于鸭梨等多年形成的主导产品生产过剩，一些杂梨品质又较差，加之果农管理技术跟不上，导致近年来梨的经济效益不好，所以大多果农采用老梨树去冠留身的方法进行高接换优的新技术，对梨树进行品种改良。近几年，针对市场需求，各地积极引导农民采用高接换优新技术推广新品种梨。实施高接换优是个科学性很强的系统工程，只会嫁接不会科学管理也不行。

一、高接时期

梨树高接一般采用硬枝嫁接。嫁接时间在树体萌芽前后，嫁接用的接穗一定要在休眠期采集，并于低温处保湿储藏，务使接穗上的芽部萌发。夏季采用普通芽接法，于 7 月中旬至 8 月中旬进行。

二、高接树的处理

根据树体大小，对骨干枝进行接前修剪，尽量保持原树体骨干的分布，保持改接后的树冠圆满和各级的从属关系，一般中心领导干截留在 2 cm 以内。骨干枝枝头接口的直径以 2～4 cm 为宜，侧枝或大枝组的接口直径以 1～3 cm 为宜。同侧枝组间距为 50～60 cm。如果原树体结构或骨干枝分布不合理，在高接前进行树体改造，使之形成合理的结构。

中心领导枝上的辅养枝，高接时可保留 1～2 个。侧枝或枝组接口应距枝轴 5～15 cm。目前，高接时将树体改造成开心形的为多。

三、嫁接

1. 接穗处理
春季嫁接用的接穗一般保留 1～2 芽，接穗剪截后应用蜡封，以保持湿度。早接穗珍贵时，每穗可仅用 2 芽，嫁接时随接随剪取，但在接前需将整个接穗的基部浸于水中充分吸水。

2. 嫁接方法
硬枝高接的方法有插皮接、皮下腹接、切接、腹接、劈接、带木质部芽接。接口绑缚质量是高接成活的关键。在河北省高接梨树时，接穗留 2 芽，接口用地膜绑缚，接穗的顶端以一层薄膜套严，将接口处绑紧，使接口不漏风，接穗成活后新芽能顶破薄膜，不影响生长。

现介绍梨树高接换优的两种较为常用方法——皮下接和劈接。皮下接（插皮接）多在春季芽萌发至开花期进行，劈接法多在春季芽萌动尚未发芽前进行。

（1）皮下接。此法操作简便，应用广泛，效率高，多用于高接换种和老树多头更新。选光滑无伤处把要嫁接的树枝锯或剪去并用刀削平伤面，然后选一段带有 2～4 个芽的接穗。一手执接穗，另一手拿刀于顶芽对方下部削长 3～4 cm 的削面，再在长削面背后尖端削长约 0.6 cm 的短削面，然后在树枝断面上要插入的地方将树皮切约 2 cm 的垂直切口，紧接着将削好的接穗，使长削面向里插入，并注意留约 0.5 cm 削面外露（留白）。如果砧木较粗，为使伤口及早包合，亦可根据情况插 2～4 个接穗。然后用塑料薄膜剪成一定宽度（一般为 3.3～6.6 cm）的条子，对接口进行包扎，尤其是砧木断面伤口，一定要包好，以防水分蒸发。

（2）劈接法。嫁接时先在嫁接的部位将树枝锯或剪断并削光伤面后，在中间切一垂直的劈口。削取接穗时选带 2～4 个芽的一段，在下部的两侧各削长 3～5 cm 的削面。削时应外面稍厚，里面稍薄，并应距下部芽 1 cm 处下刀，以免过近而伤害下芽。削好后，厚面向外，薄面向里，将接穗插入砧木劈口，务必使接穗的形成层和砧木的形成层对准，同样注意要"留白"，以有利于愈合伤口。根据砧木粗细，可插 2～4 个接穗。包扎方法与皮下接相同。

3. 高接换头数量
每株树上接头的数量与树体大小、树体结构有关，一般 5～10 年生树接头数有 15～45 个，盛果期大树接头数有 45～120 个。

四、接后管理

1. 适时剪砧、除萌蘖

开春后检查是否成活，如接芽新鲜饱满表示已成活；接芽未成活，应立即补接。成活的接芽，3月初在其上方20 cm处，进行第一次剪（锯）桩，用锋利小刀刺破接芽薄膜露出接芽，让其萌发抽新梢。用细绳将新梢与预留的砧木相连，以防风折新枝。在当年秋冬季时再齐接芽处进行第二次下砧木。

2. 施肥除草、绑立支柱

全年施肥4~5次，分别在2月、4月、5月、8月、10月，分别施一次以速效性追肥为主的促梢肥和壮梢肥。每次施肥在距梨树主干60 cm处，挖一个长约60 cm，深、宽各20 cm的环状施肥窝施肥。每株施腐熟人畜禽水肥15~20 kg，并加入尿素或磷铵0.2 kg拌施，及时回土盖窝。结合叶面追肥4~5次，促进枝梢生长。3~9月每月除草1次，秋冬季节深翻土1次。夏秋干旱时，适时灌水抗旱。当接芽新梢长到40~50 cm时，应绑定支柱，以防风折或机械、人为碰折。

3. 抹芽摘心

梨树剪（锯）桩后，将刺激主干（枝）上萌发大量的"野芽"而消耗树体养分，不利嫁接成活的新芽（枝）生长，因此，除骨干枝延长新梢外，其他新梢应在长到30 cm左右时摘心，促使快成型、早结果。在当年的3~6月，坚持每7~10天抹除砧桩上的"野芽"。同时，在开春后对接芽成活后抽发的新枝，当其长到40~50 cm时，摘断嫩尖，再促发分枝。分枝长到50 cm时，第二次摘心，以后多次摘心处理，一个成活的接芽，当年能抽发2~3次新梢，并形成4~6个枝头，整个树冠当年就能基本恢复。对梨树进行拉枝或环割，第二年就能开花结果。

第六节　梨树的主要病虫害防治

一、主要病害防治

1. 梨树黑星病

梨树黑星病又叫疮痂病，是梨树的一种主要病害。梨黑星病发生后，常引起梨树早期大量落叶，果实畸形，不能正常膨大，同时病树第2年结果明显减少，对产量影响很大。

（1）症状。黑星病危害果实、果柄、叶片、叶柄和新梢等。果实受害后，先产生淡黄色圆形斑点，扩大后病部凹陷，其上密生黑色霉层，最后病斑木栓化，变硬，凹陷龟裂。幼果受害后，变成畸形。果实成长期受害，果面产生大小不等的圆形黑疤，表面粗糙，但果实一般不变形。果柄受害时部凹陷并长满黑色霉层。叶片受害时，在叶背主脉和支脉间产生椭圆形淡黄色病斑，不久病斑沿主脉边缘长出黑色霉层，严重时病斑连片。叶柄受害症状同果柄，影响水分和养分运输，引起早期落叶。

（2）防治方法

1）消灭越冬菌源，减少初次侵染。结合修剪消除病芽、病梢、病叶和病果。要晚秋或早春清扫梨园，病残枝、叶要集中烧毁，不要堆放在园内。在早春梨芽膨大前，喷洒一次波美5度石硫合剂，消灭越冬病菌。

2）加强管理，增强树势。增施粪肥，特别是增施有机肥，并在生长前期喷施0.3％～0.5％尿素及0.3％～0.5％磷酸二氢钾，可增加树势，提高树体抗病能力。合理修剪，疏除徒长枝和过密枝，使树冠通风透光，减轻病害。

3）药剂防治。在梨树开花前和谢花后，发现病害立即喷药，每隔15天1次，喷2～3次即可。常用药剂有70％可湿性甲基托布津粉剂1 000倍液、50％多菌灵可湿性粉剂1 000倍液、65％代森锌可湿性粉剂800倍液。8 000～10 000倍福星效果最好。

2. 梨树轮纹斑病

梨轮纹斑病又称粗皮病、瘤皮病，是梨树的主要病害之一，主要危害枝干、果实。

（1）症状。枝干受害是以皮孔为中心，先产生似圆形病斑，病斑呈褐色，水浸状。以后逐渐产生质地坚硬的瘤状物，病斑四周开始凹陷，病部出现小黑粒点，以后扩大呈黑褐色，并形成同心轮纹。果实受害时，多在近成熟期及储藏期，果面上散生小粒点，病果迅速腐烂。

（2）防治方法

1）加强苗木检疫，防止带病苗木栽到新园。

2）注意剪除病枝梢和刮治粗皮。

3）药剂防治。发芽前喷3～5度石硫合剂或40％福美砷200倍液；果树生长期，应喷药保护果实，喷200～240倍的波尔多液、50％退菌特800倍、50％甲基托布津500～800倍液、50％苯来特1 000倍液均有防效。一般每隔15～20天喷1次，共喷3～5次。

3. 梨树斑枯病

梨斑枯病又名褐斑病、白星病。该病主要危害叶片，造成早期落叶，树体衰弱。

（1）症状。该病最初在叶上产生圆形或似圆形褐斑，以后逐渐扩大。发病严重的叶片常有病斑数十个之多，并连接成不规则的褐色大病斑，后期病斑中央变成灰白色，病斑上密生小黑点，这是病菌的分生孢子器。

（2）防治方法

1）清理果园，减少侵染来源。

2）加强管理，增施有机肥料，提高树体抗病能力。

3）结合防治梨黑星病、黑斑病等，喷布1～2∶200倍波尔多液2～3次，发芽期和落花后各喷 1 次，重点是落花后的那一次，如果在天气多雨，病害盛发的年份，还可补喷 2 次。

4）注意园内排水，降低土壤湿度，控制病害的发展。

4. 梨树腐烂病

梨树腐烂病又称臭皮病，在我国北方梨区普遍发生，发病后常引起梨树整株死亡，受冻害后更甚，对生产影响很大。

（1）症状。梨树腐烂病的发生部位主要是主干、主枝和侧枝，小枝上也可发生。在主干和主枝的向阳面及丫杈处最易发病。症状表现有溃疡型和枝枯型两种。

1）溃疡型。是在发病初期病部为呈红褐色，水渍状，稍有肿起的病斑，形状为椭圆形或不规则形，用手按病部可下陷，并溢出红褐色汁液。病组织松软糟烂，组织解体，易撕裂，在腐烂过程中散发出一股酒糟味。病部发展到一定时期后可干缩下陷，病健交界处发生裂缝。病斑后期可产生很多黑色小粒点，即病菌的分生孢子器。天气潮湿时，从分生孢子器中可涌出鲜黄色卷须状的孢子角。愈伤力强的健壮梨树，愈伤组织形成迅速，病皮可逐渐翘起以致脱落，病皮以下形成新皮层而自然愈合。

2）枝枯型。症状多发生于衰弱植株及小枝上病部，呈水渍状。病斑形状不规则，无明显边缘，蔓延迅速，可包围整个枝条，使之干枯死亡。病部后期也可密生黑色分生孢子器，天气潮湿时也能形成孢子角。

（2）防治方法

1）提高树体营养水平。

2）改良土壤，增加保肥保水能力，增施有机肥料，特别是磷钾肥，使树势生长健壮，提高抗病能力。

3）加强树上管理。合理修剪，控制结果数量，防止大小年现象。

4）加强病虫防治，减少伤口，及时刮治和喷药杀菌。

5. 梨树干枯病

干枯病发生后可造成枝干开裂、皮层腐烂或枯死，损失很大。

（1）症状。梨苗木发生干枯病时，在树干表面产生圆形、暗污色水渍状病斑，以后逐渐扩大成椭圆形、梭开或不规则形赤褐色病斑。病部可逐渐下陷，在病健交界处产生裂缝，后期病部生出黑色小粒点状的分生孢子器。病部以上的枝干即逐渐枯死，遇大风时，易在病部折断。成年梨树的主干及分枝均可受害，病部也发生类似幼枝上病斑，严重时病部下陷，树皮折裂、翘起，木质部外露，以致整枝枯死。病死树皮上也有黑色小粒点状的分生孢子器。

（2）防治方法

1）加强检疫。病区的苗木要通过严格的检疫，有病苗木禁止运出。已发现的病苗木在当地栽培时，可于发病初期刮除病部，用 2‰的 401 抗菌剂消毒伤口，再涂上波尔多浆保护。在苗木生长期可喷布 1～2：200 波尔多液或 50％退菌特 800 倍液加以保护。

2）成树防治。成年树的枝干发病时，除可结合防治腐烂病及轮纹病进行刮治，还可在梨树发芽前喷一次 0.3％五氯酚钠加波美 5 度石硫合剂，并注意剪去有病枝梢。在梨树生长期间，可喷布 1～2：200 波尔多液、50％甲基托布津可湿性粉剂 600～800 倍液、40％杀菌丹 240～300 倍液、50％多菌灵 1 000 倍液，喷药次数可根据病情确定。

3）加强栽培管理，增强树势，对树势衰弱的梨树，应注意增施有机肥料，促使树势健壮，提高抗病力。对地势低洼的果园，应特别注意排水，以降低地下水位。剪除的病枝、枯枝要及时清除烧毁，以减少侵染来源。

6. 梨树黑斑病

梨黑斑病在我国分布很广，发病后造成大量裂果和落果，对产量有很大影响。

（1）症状。果实、叶片和新梢均可受害。幼果发病初期，果面出现黑色小斑点，逐渐扩大呈圆形，凹陷并发生龟裂，有时可出现同心环纹。成果受害时，初期症状与幼果相似，但发展快，常由数个不规则形黑褐色病斑组成，病果易脱落。叶片染病后，病斑扩展情况和果实上的病斑近似，湿度高时产生黑色霉层，即病菌的分生孢子层，病叶易早落，嫩叶尤易受害。新梢染病时，开始为黑色小斑点，逐渐发展为暗褐色椭圆形病斑，表面生有霉状物。

（2）防治方法

1）秋末冬初，清扫落叶和病果，修剪时除病梢，以减少越冬菌源。

2）休眠期至发芽前喷布 1 次 0.3％五氯酚钠和 5 度石硫混合液，杀死枝干上的越冬病菌。发芽后至开花前和谢花后各喷 1 次 1：1～1：100 波尔多液，另从 5 月中下旬开始，每隔 15～20 天再喷布 2～3 次。也可喷布 50％代森铵 1 000 倍或 50％多菌灵可湿性粉剂 600～800 倍液。

二、梨树害虫

1. 天幕毛虫

天幕毛虫又名天幕枯叶蛾、梅毛虫，俗称顶针虫。该虫主要以幼虫危害梨、苹果、李、杏、樱桃等果树。幼虫喜食嫩芽、叶片，幼龄时群集枝梢上，叶丝成天幕状网巢，栖息其中危害，影响树木发芽，严重时全树叶片被食殆尽。

（1）形态特征。成虫黄褐色，雄虫体长 16 mm 左右，前翅中部从前缘至后缘有两条平行的赤褐色带状斑纹，是该虫的主要特征。雌虫体长 17～18 mm，卵产在枝条上，排列成环状，银灰色，呈顶针状，一个卵块有 150～200 粒卵。幼虫初孵化时近黑色。成熟幼虫体长 50～55 mm，头部黑蓝色，腹部暗灰色，各节生有很多细软毛。蛹黑褐色，纺锤形，长 17～20 mm。茧为菱形，白色。

（2）发生规律。天幕毛虫一年发生一代，以幼龄幼虫在卵壳内越冬。4 月底 5 月初果树发芽后，越冬幼虫群集在枝杈处结网，白天隐藏在网中或在主干背光处，下午 4～5 点钟以后开始出来嚼食树叶，被害叶仅剩下几条叶脉。5 月底 6 月初，老熟幼虫在叶间或树缝隙处结茧化蛹，危害期 25～30 天。成虫 6 月中旬出现，交配后，在 1～2 年生枝条上产卵，成顶针状。每个雌虫产一卵块，卵发育成幼虫后，即在卵壳内越冬。

（3）防治方法

1）修剪时采集卵块烧毁。在幼虫集中危害，但尚未分散前人工捕杀效果较好。

2）药剂防治。在毛虫危害初期，可用50％辛硫磷乳油1 000～2 000倍液、90％敌百虫1 000倍液、50％敌敌畏乳油1 000倍液、2.5％溴氰菊酯乳油2 500倍液等。

2. 刺蛾类

刺蛾类有两种，一种为黄刺蛾，另一种为青刺蛾。青刺蛾又名褐边绿刺蛾、曲纹绿刺蛾，两种幼虫俗称洋辣子、八角等，全国各地均有分布。刺蛾主要危害梨、苹果、李、山楂树等。幼虫孵化后，初期先群集危害叶片，稍后逐渐分散危害，严重时可将叶肉食净，仅剩叶柄，造成树势衰弱，影响产量。

（1）形态特征。黄刺蛾，成虫体长13～16 mm，前翅黄色，从前缘至后缘有一条向内倾的褐色条纹。幼虫绿色，体背面有8个淡紫褐色大斑，各体节有4个枝刺。茧长12 mm，呈椭圆形、似雀蛋，有褐色条纹。青刺蛾体长16 mm，前翅绿色基部褐色，外缘黄色，黄色部边缘有褐色呈曲线的条纹。幼虫绿色，无枝刺，有刺毛丛。体末端有4丛蓝黑色刺毛。茧长13 mm，呈椭圆形，似雀蛋，暗褐色。

（2）发生规律。一年一代，以老熟幼虫结茧越冬，翌年6月上中旬化蛹，6月中旬到8月下旬，幼虫危害期30天左右。黄刺蛾老、熟幼虫分别在树上或枝杈间陆续结茧越冬。青刺蛾老熟幼虫陆续下树寻找适当场所结茧越冬。

（3）防治方法

1）人工防治。清洁果园，消灭越冬茧。利用幼虫结茧超产习性，于冬春季节组织人力清除落叶、树干、主侧枝的树皮上、树干周围表土内及防风林上的越冬茧；或结合翻树盘，挖出越冬茧。

2）药剂防治。在幼虫发生期进行喷药防治。喷施90％敌百虫1 500～2 000倍液、50％敌敌畏乳油800～1 000倍液、青虫菌800倍液，防治效果都很好。

3. 梨星毛虫

梨星毛虫俗称饺子虫、梨苞虫。在全国各地梨产区均有发生。主要危害梨树，苹果树次之，海棠、花红、山定子树亦常受其害。星毛虫以幼虫危害。当芽膨大时，越冬幼虫钻入芽内危害，继而在花蕾及嫩叶上危害。花谢后，幼虫吐丝将新叶缀成"饺子"状，潜居叶苞中潜食叶肉，被害叶多变黑枯干。当年孵化的幼虫不再缀成"饺子"状，只危害叶片，将叶片吃出很多小圆斑点。受害果树常出现早期落叶、树体营养不良、花芽分化不好、不能结果等现象。

（1）形态特征。成虫黑色，体长9～13 mm，翅黑色半透明，翅展22～34 mm。初产时黄白色，后变淡紫色，聚集成块。初龄幼虫灰色，长大后呈白色，体长19 mm；背上有一条黑纵线，在纵线两侧各有10个黑斑点，排成两列。幼虫短而肥胖，体表生有稀毛，故称为星毛虫。蛹长11～14 mm，刚化蛹时体呈黄白，近羽化时为黑褐色；腹部背面第3～9节前缘有一列短刺突。蛹外被有两层丝茧。

（2）发生规律。一年一代，以幼龄幼虫潜伏于树干及主枝的粗皮裂缝下结茧越冬。当梨树萌动时，幼虫出蛰。6月上旬化蛹，6月下旬至7月上旬为成虫期，第1代幼虫在7月中、下旬孵化。当年孵化幼虫危害不大，十余天后，在7月下旬至8月上旬，转到树下结茧越冬。

（3）防治方法

1）早春刮树皮，消灭越冬幼虫。

2）花芽膨大期喷洒3％～4％矿物油乳剂或敌敌畏、敌百虫等。

3）成虫发生期，人工震落，杀死成虫。

4）越冬代幼虫孵化期用触杀防治。

4. 蚜虫

危害梨树的蚜虫主要有三种：梨二叉蚜、梨圆尾蚜、梨粉蚜。以梨二叉蚜危害最重。梨二叉蚜又名梨蚜、梨卷叶蚜，俗称腻虫。其分布很广，几乎国内各梨区均有发生。蚜虫危害梨树时，群集芽叶嫩茎上吸食汁液，受害叶由两侧向正面卷成筒状，使其早期脱落，影响产量及花芽分化，削弱树势。

（1）形态特征。无翅胎生，雌蚜体长约2 mm，绿色。有翅胎生雌蚜，体略小，呈长卵形，灰绿色。前翅中脉分二叉，故取名梨二叉蚜。卵蓝黑色，椭圆形。

（2）发生规律。每年约发生20代，以卵在梨树的芽附近和果苔、枝杈等缝隙内越冬。梨花萌动时开始孵化，群集于露绿的芽上危害，花芽现蕾后便钻入花序中危害花蕾和嫩叶，展叶时即到叶面上危害，致使叶片向上纵卷成筒状。以梢顶和嫩叶受害最重。落花后出现有翅蚜，迁移到夏寄主——狗尾草上繁殖。秋季9～10月间又产生有翅蚜，由狗尾草上迁回梨树上繁殖危害，产生有性蚜，交尾产卵，越冬。

（3）防治方法。春季梨树花萌动后，幼蚜群集芽上危害时，可喷25％乐果600～800倍液，10％吡虫啉1 500～2 000倍，或其他杀灭蚜虫的药剂。喷药时要着重树梢，使芽全部着药。

5. 梨大食心虫

大食心虫又名梨斑螟蛾，俗称吊死鬼、黑钻眼，以幼虫危害。当芽开始萌动时，越冬幼虫开始危害花芽。从芽的基部蛀入，直达花轴髓部，虫孔外有细小虫粪，有丝缀连，被害芽干瘪。当越冬幼虫转芽危害时，先于芽鳞内吐丝缠缀鳞片，逐渐向髓部危害，外部有虫粪，花丛被害严重时，常全部凋萎。幼果被害时，蛀孔处有虫粪堆积，果柄基部有大量缠丝，使被害幼果不易脱落，尤其是接近化蛹时，被害果实的果柄基部有白丝缠绕在枝上，被害果甚至变黑、枯干，悬挂在枝上，直到冬天也不易脱落。梨大食心虫在我国各梨区普遍发生。

（1）形态特征。成虫体长10～12 mm，翅展24～26 mm，全体暗灰色，前翅具有紫色光泽，有两条明显的横带将翅分为3段，横带由两条暗点夹一灰白线组成，两横带中央有一黑色斑纹，后翅灰褐色，外缘毛暗灰色。幼虫老熟时体长17～18 mm，头、前胸背板及臀板黑褐色，胴部淡紫黑色，腹面颜色稍浅，卵为椭圆形，扁平。蛹体短而粗，黄褐色，第

10 节末端有小钩刺 6 根，外有白色茧，表面附有虫粪。

（2）发生规律。每年发生 2 代，以幼年幼虫在芽中结白茧越冬。第 2 年开始危害花、果直到 6～7 月间化蛹，越冬代成虫出现为 6 月中旬至 7 月下旬。成虫产卵于萼洼、芽旁及枝条粗皮处，孵化的幼虫先吃芽，而后转入果中危害，幼虫老熟后仍在果中化蛹，第 1 代成虫约在 8 月出现，多产卵在枝上。幼虫孵化后连续危害 2～3 个芽即开始做茧越冬。

（3）防治方法

1）在害虫密度低的梨园，冬季结合梨树修剪，剪除越冬虫芽。梨花开放期，掰除鳞片不落的花芽和凋萎花序中的幼虫。在幼虫危害期，摘除虫果并将其天敌放入梨园。

2）药剂防治。在越冬幼虫转芽初期喷洒 50% 杀螟硫磷 1 000 倍液、50% 敌敌畏乳油 1 000 倍液、2.5% 溴氰菊酯乳油 2 500 倍液、20% 杀灭菊酯乳油 2 000～3 000 倍液、1.8% 阿维菌素 2 000～3 000 倍液等其中一种。据吉林省的经验，在梨大食心虫越冬幼虫于茧内活动期，选择温暖无风晴天，细致喷布 80% 敌敌畏乳油 1 000 倍液，防治效果优于转芽初期。

6. 梨小食心虫

梨小食心虫简称梨小，又名东方果蛀蛾、桃折心虫，俗称蛀虫、黑膏药。主要危害桃、梨、李、杏等果树，有时也危害苹果树。梨小在果树生长前期，多危害桃、李等果树的嫩梢，生长后期才转害梨和苹果果实。虫果常腐烂，不能食用。

（1）形态特征。成虫体长 4.6～6.0 mm，翅展 10.6～15 mm。全体灰色或灰黑色，无光泽。前翅灰褐色，前缘有 10 组白色短斜纹，中室外方有一明显的小白点。卵长 0.1～0.15 mm。扁椭圆形，中央隆起，周缘扁平，淡黄白色，半透明。幼虫老熟时体长达 10～13 mm，全体淡红色或粉红色。蛹体长 6～7 mm，仿锤形，黄褐色。茧长约 10 mm，白色，丝质，扁平长椭圆形。

（2）发生规律。每年发生 3 代，以幼虫在树皮裂缝中越冬，次年 4、5 月间化蛹。越冬代成虫羽化期正值桃、李树抽出新梢，成虫即在其上产卵，幼虫孵化后即蛀食新梢，致被害梢枯死。幼虫老熟后，直接在枝梢内化蛹。第 1 代成虫自 7 月初陆续羽化，仍产卵于桃、李等果树的新梢和果实上，被害果极易脱落。幼虫老熟后亦在新梢内化蛹。第 2 代成虫从 7 下旬到 9 月上旬出现。绝大部分成虫集中于梨、苹果等果实上产卵。幼虫从萼洼或梗洼蛀入，受害部逐渐腐烂，并在果皮外排泄粪屑。老熟幼虫自果实脱出，在树缝内越冬。亦有些幼虫在果筐或填充物中越冬。成虫有趋光性和趋化性。

（3）防治方法

1）人工防治。剪除被害枝梢。冬春季节，刮去梨树老粗皮、翘皮下的越冬幼虫。

2）药剂防治。掌握成虫高峰后 3～5 天内和幼虫发生初期，喷洒 50% 杀螟松乳油 1 500～2 000 倍液、40% 乐果乳剂 1 200～1 500 倍液、90 敌百虫 1 000 倍液、25% 西维因可湿性粉剂 200 倍液中的一种。

7. 梨木虱

（1）形态特征。成虫越冬型为深、褐色，夏型为绿色或黄色；早春时小幼虫为黄色，夏季为乳白色半透明；早春时卵为黄色，夏季为半透明乳白色。幼虫有两个红色眼点，体扁平，为绿色或黄绿色。

（2）发生规律。梨木虱以成虫在树皮缝内过冬，早春树体萌动时的4～5月即出蛰危害。出蛰后先集中到新梢上取食，补充营养，排泄白色蜡质物，而后交尾并产卵。发芽前即开始产卵，此期将卵产在枝叶痕处。梨树发芽展叶期，成虫将卵产在幼嫩组织的茸毛内，叶缘锯齿间和叶面主脉沟内或叶背主脉两侧，每年发生3代。幼虫多群集危害，有分泌黏液的习性。其黏液还可借风力吹动将相邻叶片黏合在一块，致幼虫居内取食。成虫能飞、会跳，多在隐蔽处栖息。干旱年份发生较多，危害期以6～8月最严重，因各代重叠交错，全年均可危害。

（3）防治方法

1）刮树皮，消灭越冬成虫。

2）在越冬成虫出蛰盛期至产卵前喷功夫菊酯、氯氰菊酯、速灭杀丁，溴氰菊酯等中的一种2 000倍液，出蛰末期再喷1次。如果大面积彻底防治可以控制全年危害。

3）在落花后第一代幼虫集中期喷氯氰菊酯2 000倍液。近年用阿维菌素类药物防治效果较好。

思 考 题

1. 怎样掌握梨园的建园技术与管理技术？
2. 通过理论与实践掌握梨树的整形与修剪。
3. 掌握梨树的主要病虫害的防治方法。
4. 简述高接换优接后管理注意事项。
5. 简述皮下接的技术方法。
6. 简述梨树臭皮病的防治方法。
7. 简述表述梨木虱的症状特点。

第五章　葡萄栽培技术

学习目标：
◆掌握适合北方栽培的主要葡萄树品种
◆掌握葡萄园的建园技术与管理技术
◆掌握葡萄的架式、整形与修剪
◆掌握葡萄主要病虫害的防治方法

第一节　葡萄的主要品种

葡萄，是葡萄属落叶藤本植物，浆果多为圆形或椭圆，色泽随品种而异。人类在很早以前就开始栽培这种果树，几乎占全世界水果产量的1/4；其营养价值很高。葡萄的种类很多，就我国的生产品种而言，主要包括鲜食品种和酿造品种两大类。

一、鲜食品种

1. 巨峰

其果粒大、外观美丽，有很强的市场竞争力。该品种树势强旺、抗病、抗寒能力中等，属晚熟品种。浆果紫黑色，平均穗重400～600 g；果粒椭圆形，平均粒重10～12 g。品质上等，果肉柔软，汁多味甜，有草莓香味。该品种丰产，但若管理不当容易落花落果，其栽培关键是保持树势中庸健壮。如图5—1所示。

2. 早熟高墨

该品种是从巨峰中选择出的优系，其特性、特征与巨峰基本相似，但成熟期比巨峰早10～15天。浆果着色早，呈深紫黑色，肉质较硬，坐果率高，综合性状优于巨峰。果穗平均重500 g，平均粒重12 g，果粒不裂，抗病能力强，是极有发展前途的优质大粒品种。如图5—2所示。

图 5—1　巨峰

图 5—2　早熟高墨

3. 乍娜

该品种近年来在我国北方各省有较大的发展。果穗平均重 800 g，呈长圆锥形。果粒近圆形，平均粒重 9.6 g。果皮紫红色，果穗长，不易脱粒，耐运输。肉质甜脆，味甜，有香味，品质上等，熟期早。该品种树势中庸，抗病能力一般，需注意防治。抗寒能力较巨峰差，适合庭院和保护地发展，是极有前途的早熟优良品种之一。如图 5—3 所示。

4. 蜜汁

是近期选育成功的抗寒、丰产、质佳、早熟，适于生食及酿造的新品种。在无霜期 115 天以上的地区均可进行露地栽培。该品种树势强健，萌芽力强，成枝率高，十分丰产。果穗呈圆锥形或长圆锥形，平均穗重 460 g。果粒着生紧密，果粒大，圆形，浆果紫红色，皮厚多汁，有肉囊，平均单粒重 6.78 g，品质上等。比红香水早熟 10～15 天，具有很强的市场竞争能力，是目前寒冷地区露地栽培葡萄中更新换代的主要品种。如图 5—4 所示。

图 5—3　乍娜

图 5—4　蜜汁

5. 京玉

该品种由北京植物园育成，果穗呈圆锥形，平均穗重 600 g。最大穗重可达 1 600 g；果粒呈椭圆形，平均粒重 6.5 g，最大粒重可达 9 g。浆果黄绿色，皮薄肉脆，品质上等。十分丰产，且可连续性丰产，抗病性强，抗寒力也较强。由于该品种抗寒、丰产、穗大、粒大、色泽鲜艳，可以说是北方最有发展前途的早熟优质品种。如图 5—5 所示。

6. 无核白鸡心

果穗呈圆锥形，平均穗重 500 g 左右，最大粒重达 2 750 g。果粒为长卵形，略呈鸡心形，平均粒重约 7.5 g。浆果黄绿色，肉质甜脆，皮薄而韧，刀切成片，略有玫瑰香味，无籽，品质极佳，外观极为美丽。该品种树势强旺，丰产性好。较抗霜霉病，耐运输。如图 5—6 所示。

图5—5　京玉　　　　　　　　　　　图5—6　无核白鸡心

7. 凤凰

该品种是由大连农科所选育成功的，果穗呈圆锥形，穗重 347 g，最大粒重达 1 000 g 以上；果粒近圆形或扁圆形，粒重 7.1 g，最大达 10 余克，部分果粒在成熟前有 3～4 个浅瓣沟，形似小南瓜。果皮紫玫瑰红色至蓝紫色，果肉略脆，易与种子分离，甜度高，有玫瑰香味，品质上等。该品种树势中庸，抗病性中等，丰产性好，熟期早，抗寒力一般。如在保护地栽培，效益十分可观。如图 5—7 所示。

图5—7　凤凰

8. 藤稔

俗称"乒乓葡萄"。其植株外部形态与巨峰相似，二者的明显区别是：巨峰叶片 3～5 裂，裂刻较浅；藤稔叶片 5 裂，极少 3 裂，且上裂刻深，叶片大，较粗糙，较厚，网状皱纹较明显。巨峰果粒平均重 11～12 g，个别粒重可达 17～18 g；藤稔果粒平均重 15～18 g，每穗中通常可见 20 g 以上的大粒，经严格的疏穗（1～2 枝留 1 穗）和疏粒（每穗留 25～30 粒）后，最大粒纵径 4.33 cm，横径 2.99 cm，重 36 g，树势强旺，成枝率为 80%，极丰产，抗病力强。如图 5—8 所示。

9. 晚红

晚红也叫红地球，果穗呈长圆锥形，平均纵径 26 cm，横径 17 cm，穗重 800 g，大的可达 2 500 g。果粒呈圆形或卵圆形，平均粒重 12 g，大的可达 22 g，果粒松紧适度，果皮中厚，暗紫红色，果肉硬脆，刀切可成片，品质上等。果穗粗而长，果穗生长极牢固，耐拉力强，不脱粒，既耐储又耐运输。树势强壮，幼树新梢易贪青，成熟稍晚。是有发展前途的大粒，大穗，耐储运的优良晚熟葡萄品种，适合保护地栽培。如图5—9所示。

图5—8　藤稔

图5—9　晚红

10. 火星无核

该品种果穗呈圆柱形或圆锥形，平均穗重200 g，最大穗重可达400 g。果粒着生紧密，浆果蓝紫色，平均粒重3.5 g，最大粒重5 g，果肉柔软多汁，无籽，品质上等，抗病性强，极丰产，是无核品种中抗寒力最好的品种。是北方地区较有发展前途的早熟、优质无核葡萄品种。如图5—10所示。

另外，紫珍香、布朗无核、红脸无核、金星无核、里查马特、京亚、京秀、黑奥林、先峰、京优也是相当不错的优良品种，各农户可根据实际情况酌情而定。

图5—10　火星无核

知识链接

葡萄与提子

　　葡萄与提子实质上都是葡萄的果实，只是在商品流通过程中，港、沪等地的市场通常将粒大、皮厚、汁少、优质、皮肉难分离、耐储运的欧亚种葡萄称为提子；又根据色泽不同，称鲜红色的为红提，紫黑色的为黑提，黄绿色的为青提。而将粒大、质软、汁多、易剥皮的果实称为葡萄，因而形成了两种名称。一般进口的葡萄均为提子类。葡萄的皮要吐出来，很不好吃，而提子的皮就不用吐了，因为是与肉相连的，葡萄比提子软一些。

二、酿造品种

1. 双红

该品种是杂交选育出的抗病、丰产两性花品种。果穗中等大，最大穗重 285 g，平均重 127 g，穗长 16.1 cm，宽 9.3 cm，双歧肩，呈圆锥形。浆果含可溶性固形物 15.58%，总酸 1.96%，单宁 0.062%，出汁率 55.7%。树势中等，萌芽率 93.2%，结果枝率 92.27%。自然授粉坐果率 31.28%，结果系数 2.19，丰产性好，成龄树亩产 850～1 000 kg。

2. 双丰

两性花，每花序平均有花蕾 350 朵，最多 662 朵。第一花序多着生在结果枝的 3～4 节上，结果系数 1.85。果穗中等大，平均重 117.9 g，穗长 14.80 cm，宽 9.1 cm，双歧肩，呈圆锥形，果粒着生密度中等。果粒平均重 0.81 g，黑色，圆形，果粒直径 10.76 mm，果皮易与果肉分离，果肉绿色，每个果粒含种子 3～4 粒。浆果含可溶性固形物 14.25%，总酸 2.03%，单宁 0.046%，出汁率 57%。树势较强，萌芽率 86.7%，结果枝率 88.51%，自然授粉坐果率 25.88%，结果系数 1.85。丰产性好，成龄园亩产 800～1 000 kg。

3. 左红一

两性花，每花序平均有花蕾 658 朵，最多 819 朵。第一花序多着生在结果枝第 3～4 节上。果穗中等大，平均重 156.7 g，穗长 16.8 cm，宽 10.3 cm，呈圆锥形，果粒着生密度中等。果粒直径 11.7 mm，果粒平均重 1.01 g，蓝黑色，呈圆形，果皮易与果肉分离。每果粒含种子 3～4 粒。浆果含可溶性固形物 16.95，总酸含量 1.528%，单宁 0.031 7%，出汁率 61.9%。生长势中等，萌芽率 95.3%，结果枝率 81.90%，自然授粉坐果率 24.30%，结果系数 1.87。丰产性强，成龄园亩产 1 208 kg。

4. 左优红

两性花，花序最长 32.6 cm，平均长 15.2～18.9 cm，每个花序平均着生花蕾 529 朵，最多 1 017 朵。第一花序多数着生在结果枝第 3～4 节上。果穗为长圆锥形，部分果穗有歧肩，果穗长、宽平均 18.5 cm、10.4 cm，果穗紧密度中等。略有小青粒，最大单穗重 892.2 g，平均穗重 144.8 g。对照品种"左红一"为 126.4 g，比"左红一"增重 18.4 g，增重 12.7%。果粒呈圆形、蓝黑色、果粉重。果粒平均重 1.36 g，"左优红"1.01 g，比"左红一"增重 0.35 g，增重 25.7%。果肉绿色，无肉囊，果皮与果肉易分离。每果粒含种子 2～4 粒，种子小，平均长 5.2 mm，暗褐色，可见种脐。

第二节　葡萄树的建园与栽植

一、园地的选择与规划

葡萄树是多年生植物，栽植后要在同一地点生长和结果多年，因此园地选择一定要适宜葡萄树的生长发育。

1. 园地的选择

（1）气候条件。葡萄树是喜光植物，光照充足时，葡萄树生长发育正常，产量高，品质好，树体健壮；光照不足时，葡萄树生长发育受到抑制，新梢纤细，节间长，叶片薄，花芽分化不良，落花落果严重，浆果色泽差且熟期延迟，时还会降低树体养分的积累，影响抗寒能力。因此选地时光照充足很重要。

温度对葡萄树的生长发育起着决定性作用，葡萄树的不同品种从萌芽到浆果完全成熟所需要的有效积温不同，而且同一品种各器官对温度的要求有明确的"三基点"（最低温度、最适宜温度、最高温度），不同物候期对温度的要求和反应各异。

温度对浆果的成熟和含糖量有很大的影响，有效积温不足，葡萄不能充分成熟，浆果含糖量低，酸多，皮厚，无香气或香气不浓，品质低劣，因此可以说温度是葡萄树最重要的生存因素之一。

葡萄树既是喜水植物，又是抗旱植物，葡萄树生长发育离不开水，但是水分过多或不足，对葡萄树生长发育都不利。由于生长和结果的需要，植株在一年里各个时期对水分有不同的需求，如生长期需水量多，开花期需水量少；浆果迅速生长时需水量增多，成熟期需水量少，因此葡萄园的建立应选择有排灌条件的地方，以减轻自然降水不足或过多时对葡萄生长造成的不利影响。

通常，山地建园要选择光照充足、气温较高的南坡和东南坡和冷空气能顺利排出的中下部地段，避免在冷空气停滞的洼地、吃风岗、风道和流水沟处建园。平地建园要选择地势较高、通风排水良好、地下水位在 1 m 以下且水源充足的地方。此外，还可利用宅旁、路旁、树旁、水旁等处的空闲地栽植葡萄。

（2）土壤条件。葡萄植株喜肥，园地最好建立在较肥沃的土地上。如土质瘠薄时，应在栽植沟里大量施肥。葡萄树喜酸性土壤，最适宜pH值为5.8～7.5；如土壤偏碱，应采取降盐措施和选择耐碱品种。土质以沙壤土或黏质土壤为好，低洼地、土壤黏重的地方要经过适当的土壤改良。

（3）交通及其他条件。葡萄鲜果不耐长期储藏和长途运输，因此发展葡萄商品生产，园地一定要建立在交通便利、距市场较近（且有销售能力）的地方。

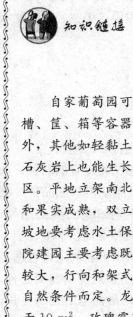

知识链接

建立自家葡萄园

自家葡萄园可利用房前屋后、自留地、自留山或荒山建园，也可在平屋顶用盆、槽、筐、箱等容器栽培建园。除了过于黏重的黏土、低洼沼泽和重盐碱地不易生长外，其他如轻黏土、壤土、沙壤土都适于葡萄生长，在含大量沙砾的河滩和半风化的石灰岩上也能生长结果。栽培品种较多可按品种的成熟期或抗病、抗寒力不同分成小区。平地立架南北向好，架两面受光均匀。东西立架，北面受光少，不利于枝条生长和果实成熟，双立架更明显。尽量使架面枝蔓顺主风向生长，以免新梢被风吹断。山坡地要考虑水土保持，采用等高梯田栽培，行向根据等高线而定，不能强求一致。庭院建园主要考虑既使架面受光良好又充分利用地形地物。平屋顶光照条件较好，但风较大，行向和架式以减少风害为好。株行距根据品种长势、土质、地势、栽培技术、自然条件而定。龙眼葡萄树生长旺盛，树体大，单株营养面积在较肥沃的地方不应少于 $10 \, m^2$，玫瑰露等树体小的品种有 $3 \sim 4 \, m^2$ 即可。

2. 果园的规划

搞好规划，配套设施，搭配品种，合理密植，是保证葡萄丰产、稳产、优质、高效的前提。

（1）小区的划分。根据园地规模大小和地势条件，将园地划分为若干个大区和小区，以便于耕作和管理。小区的形状，平地可采用 2∶1～5∶1 的长方形；丘陵山地则因地势、冲刷沟的情况而变化，总的原则是小区上下两边必须沿等高线横行，以便提高水土保持的效果，并为葡萄园行间等高栏水耕作创造便利条件。

（2）道路系统。葡萄园的主道，一般贯穿葡萄园的中心或在葡萄园的一侧，与园外公路相连；小区间设支道，通行大型农机具和运输车辆；小区间和小区内设作业道，便于机械作业和物品运输。

（3）营造防风林。防风林可避免或减轻大风、霜冻的危害，也可改善葡萄园的小气候。

防风林设主林带和副林带。主林带与当地主风方向相垂直，副林带与主林带垂直。主林带中间栽乔木 4～6 行，两侧栽灌木 1～2 行，防风的有效距离为树高的 20 倍左右，因此带间距离约为 400 m。副林带栽乔木 2 行，两侧栽灌木各 1 行，带距 200～300 m。乔木株行距为 1.5 m×2 m，灌木株行距为 0.5 m×1 m。林带与葡萄栽植区的距离为 5～10 m，为减少占地，林带两侧可设道路和水渠。

（4）水利设施。较大面积的葡萄园，灌水、排水都由主渠、支渠和毛渠等三级自成系统。主渠设在主道或支道的旁侧，支渠设在支道或作业道的旁侧，毛渠直接伸入田间，可利用葡萄行的定植沟。灌水系统由水源到主渠、支渠和毛渠的高程应逐级降低，各级高程差为3％～5％，渠宽、深逐级减小；排水系统由葡萄行到支渠，再汇集到主渠，渠宽、深则逐级增大。有条件的地方，可采用滴灌、喷灌等。

二、授粉

1. 品种的选择与搭配

不同地区的自然气候、经济基础、交通状况差异较大，因此选择品种要因地制宜。

品种的选择通常以气候条件为主要根据，要选择生长期与当地无霜期相适宜的品种；如果无霜期少于 110 天，露地则不宜栽培葡萄；无霜期 110～140 天，只能栽培早熟品种，枝芽容易成熟的部分中熟品种；无霜期 140～160 天，可栽培早、中熟品种和部分晚熟品种；多雨、多雾、空气湿度大的地区，葡萄易发生真菌病害，不宜栽培欧亚种葡萄；干旱、半干旱地区及具有灌水条件、小气候好的地区可栽培优质欧亚种葡萄。消费水平高的地区可选择综合性状优良的无核品种，或通过设施化葡萄栽培，栽植早、中、晚配套的优质葡萄品种，延长鲜果供应期，提高栽培效益；交通不便，距市场较远的地区宜栽培耐储运的葡萄品种，同时还应积极推广保护地栽培。

2. 授粉树的配置

大多数葡萄品种的花都具有雄蕊和雌蕊，称为二性花；少数品种的花只有雌蕊而雄蕊退化，或只有雄蕊而雌蕊退化，前者称作雌性花，后者称作雄性花，这两种又统称为单性花。

两性花品种单独栽植某一个品种即可开花、结实、丰产；单性花品种在栽植时则需要配置授粉品种，才能正常结实、丰产、稳产。配置授粉品种的原则是：授粉品种与主栽品种的花期要一致或基本一致；授粉品种与主栽品种的最高比例不能超过 1∶8，授粉品种也可以是性状优良的主栽品种；授粉品种以选择两性花品种为最好。

3. 株行距的确定

株行距主要决定于气候、品种和架式。冬季寒冷、葡萄需下架埋土防寒的地区，行间要求能够有充足的取土量，同时根据品种生长势的强弱，进行适当的调整；株距常由主蔓的数量确定，蔓距以每株一蔓的株距 0.5 m 为根据，一株二蔓的株距为 1 m。

株行距的最后确定还要根据葡萄的栽培架式。一般北方栽培葡萄，立架株行距以 1 m×(2～3.5) m 为宜，棚架株行距以 1 m×（4～5）m 为宜，这样既可安全越冬，又能合理地通风透光，同时控制单株负载量，保证树体健壮、丰产、稳产。

三、栽植技术

1. 栽植沟的准备

葡萄生长根是肉质的，在地下延伸需要疏松的环境，所以要挖沟栽植。挖沟以大为好，一般定植沟的宽度和深度各 80～100 cm，挖沟前按照设计的行距，一行一行地标出定植沟的中心线，水平梯田和台田，则按行距在田面上标出定植沟的中心线。挖沟时将上部耕作层的熟土放一边，下部心土放另一边，沟底填一层有机物（如杂草、树叶、草皮、秸秆等）和少量粪肥，然后一层土一层粪肥或粪与土混合，填至比地面高出 15～20 cm 为止。经冬春雨水淋洗使土层沉实，栽植沟基本与地面平齐或略低于地面 5 cm 左右，以利灌水之用。

2. 苗木准备和栽植时间

新建葡萄园一般以栽带叶的营养袋苗为好。其优点是可以按计划栽植同一质量标准的苗木，栽后成活率达 100％，且生长势均衡，架面整齐，利于管理，同时营养袋苗可在温室、塑料大棚等保护地提前育苗，延长了生育期，一般定植当年即可形成花芽，第二年即可见果，并实现早期丰产。

在北方，营养袋育苗时间为 4 月初至 4 月末。一般在简易的塑料拱棚中即可进行。营养袋可采用直径约 15 cm、高约 25 cm 的塑料袋，塑料袋底部剪 2 个孔，用来排水。栽植前把休眠苗从窖中取出，然后修剪根系，把过长的根及部分机械损伤根剪去，再把嫁接口的塑料条解去，嫁接口以上从基部向上选留 2～3 个饱满芽，上部其余的芽眼全部剪掉，最后放入清水中浸泡 1～2 天，即可栽入事先准备好的营养袋中，20 天左右，苗木开始发新根，展幼叶，要注意随时通风并适当遮光。浇水要适量，土表面见湿见干即可；过度浇水会既降低根系的温度，又影响根系的正常呼吸，不利于苗木的正常生长。生长至 5 月末，苗木一般可长高 30 cm 左右，叶片达 5～6 片，这时晚霜基本过去，可以把营养袋苗栽到露地。

3. 栽植方法

栽植前按株距在栽植沟中心线上标出栽植点，挖出直径 40 cm、深 50 cm 的栽植穴，穴底施放优质粪肥和二胺化肥，再覆约 10 cm 厚的细表土，然后将营养袋苗放入栽植穴内，用刀片将营养袋划破，再从一边抽出，保持土团完整，苗木根系与土团不散开，最后埋土、踏实、浇水，水渗后再将穴填满表土即可。

此种栽植方法，避免了栽植后的缓苗过程，可使苗木不停地生长，栽植后成活率可达 100％，实现一次成园、早期丰产的目的。栽植中值得注意的一点是培土时一定要使嫁接口露出地面以上 5 cm 左右，否则易使接口部长出自根，降低苗木抗寒力而受冻害。

4. 栽植后的管理

选留健壮的新梢作主蔓（1～2 个），多余的新梢及砧木上的萌蘖应及时抹除。当土壤出现稍旱时即需灌水，水渗后及时用土封穴，防止水分蒸发，减少浇水次数，保证根系正常生长。新梢长达 20 cm 以上要施速效氮肥，每 667 m² （1 亩）需施用尿素 5 kg 左右，同时应及时进行松土、除草。选留的新梢要反复进行副梢处理（留 1 片叶摘心），并及时绑梢上架。立秋之前，即新梢停止生长的一个半月以前，要对新梢顶部进行摘心，以促进新梢加粗生长和枝蔓木质化，保证树体安全越冬。

第三节　葡萄的架式、整形和修剪

葡萄架材包括支柱、铁丝和锚石。支柱可以就地取材，木柱以硬木质为好，木柱的规格，按篱架来说，边柱长 2.5～3 m，直径 12～15 cm，中柱长 2～2.5 m，直径 8～10 cm。木柱要做防腐处理，以延长使用寿命。处理的方法有三种：①将木柱浸入 5‰硫酸铜溶液的池子内，4～5 天后取出，风干。②将木柱放入煤焦油中浸泡约 24 h，或在煮沸的煤焦油中浸 0.5 h 即可。③将木柱浸入含 5‰五氯苯酚溶液中约 24 h。

一、架式

葡萄是藤本果树，其枝蔓细长而柔软，在经济栽培中，必须设立支架才能使植株保持一定的树形，枝叶才能在空间合理地分布，并充分利用光能，维持良好的通风条件，同时便于一系列的管理和操作。

北方葡萄生产中应用较多的架式为：立架、小棚架及棚立架三种架式。

1. 立架

架面与地面垂直，沿着行方向每隔一定距离设立支柱，在支柱上接铁丝线，形状似篱笆，也称篱架。立架又可分为单篱架和双篱架。

（1）单篱架。就是在栽植行一侧顺行埋入立柱，柱间距离一般为 5～8 m，地面柱高约 2 m，立柱上每隔 40 cm 拉一道铁丝线，一般为 4 道线，行距一般为 2～3.5 m，同行葡萄的主蔓及结果枝按层次分布在同一架面上。

（2）双篱架。是指在葡萄植株两侧各立一个垂直架面，两排立柱间距为 40～60 cm，架高 2 m 左右，上设四道铁丝线，主蔓一分为二地分别绑缚在左右两个架面。此种架式主要在保护地中使用，行距一般为 2 m。

立架的主要优点：适于密植，成形速度快，易于早结果、早丰产；通风透光条件好，利于果实品质的提高；易保持较旺盛的树势，枝蔓成熟良好，上下结果均匀，比较丰产，稳产；主蔓多，更新容易。如图 5—11 所示。

2. 小棚架

在立柱上设横梁或拉铁丝线，形似荫棚，地面以上架高约 2.2 m，行距 4～5 m，这样的架式称为小棚架。

小棚架的优点是植株主蔓爬满架面后，单株负载量较大，在精细管理的条件下，能获得较高产量；行间可以间作较耐阴的作物。

小棚架的缺点是容易产生行与行的遮光现象，不利于果实品质的提高；单位面积株数少，前期产量低；盛果期易造成下部光秃，前部过旺；防寒时取土面积大。如图 5—12

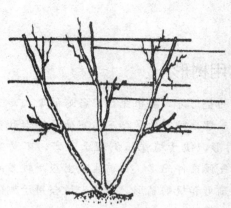
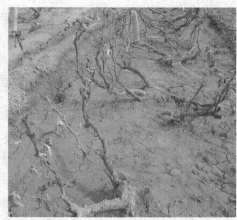

图 5—11　立架

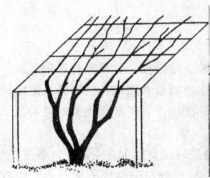

图 5—12　小棚架

所示。

3. 棚立架

为获得早期丰产，栽植后的头几年，多在棚架的立面上拉上铁丝线，有的葡萄园直到盛果期仍保持立面结果，这种同一架上兼有棚架、立架两种架面的情况，常称为棚立架。

棚立架的优点是比棚架和立架的结果面积扩大了近一倍，充分利用了空间，形成立体结果；同时具有棚架和立架的优点，是生产中、特别是庭院栽培中广泛采用的架式。

棚立架的缺点是因有棚、立架双层结果，易产生行与行的遮光现象，不利于密植；由于结果面积大，产量要合理控制，否则影响果实品质及枝蔓成熟度；盛果期易造成后部光秃、前部旺盛的不均衡结果现象，需注意更新修剪。

知识链接

葡萄的常用树形

葡萄的树形要与架式相适应，所以葡萄的整形方式要根据已准备好的架式，选用与其相适应的树形。另外，还必须考虑到冬季埋土防寒地区和不防寒地区树形和整形方式的区别。在寒冷地区，多采用无主干树形，便于植株压倒埋土防寒。不防寒地区，主干的有无不做严格要求，要视环境、气候条件而定。目前生产上应用较多的是扇形和龙干形，扇形又分无主干多主蔓自然扇形和规则扇形。龙干形适合用于棚架的有独龙干、双龙干、多龙干和双臂水平龙干形等。

二、整形技术

葡萄的树体结构由主干、主蔓、侧蔓、结果母枝、结果枝、发育枝和副梢组成。葡萄整形是为了使葡萄尽早而合理地分布于架面，充分利用空间营养面积，使植株长期保持旺盛的生长和高度的结实能力，实现早结果、早丰产，以达到稳产、高产和优质的目的。

1. 立架扇形整枝

一般有主蔓 3～4 个，可随株距大小而增减，结果枝组直接生在主蔓上，各主蔓呈扇形，均匀分布在架面上，双篱架的主蔓一般为 4～6 个，平均分布于两侧的架面上。优点是主侧蔓较多，容易成形，修剪灵活，可以得到较高的产量。缺点是整形修剪灵活性较大，如掌握不好，从属关系不明，架面紊乱。

整枝方法一般在定植当年选择留 1～2 个新梢作主蔓，8 月初对主蔓进行摘心，秋季修剪时选留成熟枝蔓 8～10 节；第二年上架时把去年选择留的主蔓倾斜引缚在架面上，当年新发的枝条再选留 2 条靠近地面的枝条作主蔓引绑在架面上，其余新梢留壮疏弱，培养侧蔓和枝组，一般 2 年即可完成整形。如图 5—13 所示。

2. 立架水平整枝

一般单臂水平形，其中一条主蔓在第一道铁线上向一侧水平延伸；双臂水平形，其中两条主蔓在第一道铁丝线上左右水平延伸；双壁篱架水平整枝即每株有 0.5～0.6 m 长两条主干，每条主干顶端直

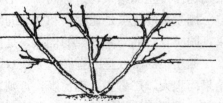

图 5—13　立架扇形

接生长一个结果母枝，分别水平引缚在左右两个篱壁第一道铁丝线上。优点是整形规则，枝蔓分布均匀，成形快，早期丰产。缺点是修剪量大，营养损失多。

整枝方法为定植当年按整形要求选留主蔓，生长到主蔓相互衔接的长度或于 8 月中下旬

时摘心。冬剪时,根据主蔓成熟长度及株距大小进行短截。主蔓长度不足,则第二年顶端继续延伸到与邻株主蔓相接处摘心。以后可在主蔓上培养枝组结果,也可在主蔓基部或拐弯处培养预备蔓,间隔1~2年更新主蔓。

3. 棚架龙干形整枝

目前棚架葡萄多以龙干形整枝,在北方寒冷地区普遍采用两条龙式整枝,即每株葡萄留有两个主蔓,每个主蔓即为一条龙干。

整枝方法为定植当年选留2个生长势相近的新梢作主蔓,向棚架上诱引,8月中旬对主蔓顶部摘心,促进新梢成熟,冬剪时根据成熟长度剪截,一般主蔓第一年剪留长度不超过7~9节,以防剪留过长后中下部出现"瞎眼"。若主蔓粗度在0.5 cm以下,可留3~4芽平茬,来年重新培养主蔓。

第二年在主蔓顶端选留粗壮新梢作延长梢,接近地面0.4 m以下的芽及早抹除,主蔓中后部的新梢可适当留果,主蔓前部0.5 m内的新梢要全部疏除花穗不留果,以促进延长蔓,加长生长,尽快占领棚架面空间。冬剪时延长蔓可根据成熟度进行剪截。

第三年在主蔓顶端继续选留延长梢,其后部新梢可按留枝密度的计划进行抹芽定枝。延长枝长度爬满架面时,随时摘心以控制延伸,至此整形完成。

这种整枝方式主蔓生长整齐,易成形,上下架和夏季修剪较易掌握,主蔓便于轮流更新。如图5—14所示。

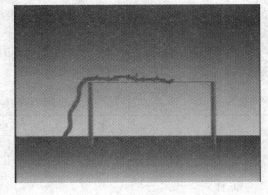

图5—14　龙干形

4. 快速成型技术

生产中为了加速整形并提早结果,常利用副梢整形,即在栽植壮苗并加强肥水管理的基础上,在新梢生长到5~6节时摘心,很快各节即萌发出副梢,通过引绑限制和利用生长极性的方法,对不需要的副梢摘心控制,对需要的副梢促其生长,如此多次反复,可加速整形速度,提早结果。

知识链接

如何采用留芽数确定修剪量?

采用留芽数确定适宜的修剪量,可参考下列两个公式计算:

(1) 亩留芽数=计划产量(kg)/萌芽率×每果枝平均果穗数×每果穗平均质量(kg)

仍以玫瑰香为例，每亩计划产量为 1 500 kg，萌芽率为 70%，结果枝比率为 60%，每个果枝平均有果穗 1.5 个，每果穗平均重 0.25 kg，代入公式：

亩留芽数＝1 500/0.7×0.6×1.5×0.25＝9 524（个）

加 20% 的保险系数，每亩留芽数为 11 428 个，每株平均 309 个（每亩 37 株）。

（2）单株留芽数＝单株所需结果枝数/萌芽率×果枝率

单株所需结果枝数，是根据计划产量、每亩株数、该品种结果枝平均果穗数和果穗平均重量计算出来的。例如玫瑰香葡萄，一般每个结果枝平均留果穗 1.5 个，每穗平均重为 0.25 kg，每亩（37 株）计划产量 1 500 kg（平均株产 40.5 kg），计算单株需要结果母枝为：

单株需要结果枝数＝40.5/1.5×0.25＝108（个）

再按萌芽率 70%、结果枝数占新梢总数的 60% 代入公式：

单株留芽数＝108/0.7×0.6＝256（个）

加 20% 保险系数，每株留芽数为 309 个。

现将主要品种的萌芽率、果枝率、每果枝平均果穗数、果穗平均质量等列入表 5—1，仅供修剪时参考。

表 5—1　　　　　　　　　　七个葡萄品种的生产能力参数

品种	萌芽率（%）	果枝率（%）	果枝平均果穗（个）	平均果穗重（g）
莎巴珍珠	88	50	1.6	244～330
葡萄园皇后	94～98	65	1.2	320～680
巨峰	96	50	1.6	300 以上
玫瑰香	70	60	1.5	300～430
龙眼		25 *	1.2	320～610
牛奶		25 *	1.2	300 以上
无核玫瑰		80 *	2.0	300

三、修剪技术

葡萄修剪分冬季修剪和夏季修剪两种。夏季修剪在萌芽后至落叶前，主要在夏季旺盛生长时期；冬季修剪在落叶后至冬季防寒以前进行。

1. 夏季修剪

一般来讲，幼树枝蔓少，架面空间大，要适当多留枝，既要考虑整形需要，又要照顾适量结果。距地面 40 cm 以下的主干或主蔓部位的芽，应在萌芽初期及早一次全部抹除，其余母枝上的芽，出现一个芽眼中有 2 个以上萌芽的和过密的芽，于展叶 10 天左右抹去。然后逐渐把细弱枝、反向枝、霸王枝中的多余营养枝分期抹除,抹芽与疏枝要从小进行,以抹芽为主,疏枝为辅,尽最大可能减少养分的损失。

(1)结果枝摘心。即在开花期前将结果枝的顶端摘去 2～3 片幼叶(5～10 cm 长的嫩梢),其目的是暂时中止结果枝的生长,使树体内用于新梢加长生长的营养物质转而流向花序,这对提高坐果率有明显效果。结果枝摘心的时期与程度随品种及栽培管理方式有所不同。正确地掌握时间很重要,过早,授粉坐果时各节副梢已恢复生长,争夺养分;过晚,落花落果严重。一般容易落花落果的品种大多在开花前 4～5 天至始花期之间进行摘心,过早过晚均不利于花穗的生长发育。摘心程度一般以在花序上留 4～7 片叶为宜,大叶品种每穗留 4 片即可,小叶品种要留 7 片叶。弱结果新梢可不摘心,因弱梢通常长到 9～10 叶封顶,不与花穗争夺养分。如图 5—15 所示。

图 5—15　结果枝的摘心

(2)营养枝摘心。没有花序的营养枝摘心比结果枝摘心要晚,一般在 6 月下旬以后进行。摘心时保留 10 片左右叶,摘去生长点。同时根据具体情况,在架面空缺处的新梢多留几片叶;密集处少留;粗壮的多留叶;瘦弱的少留叶;主蔓基部萌蘗作更新枝时要多留几片叶。

(3)延长枝摘心。主蔓的延长枝摘心更晚,在北方一般为 7 月末 8 月初,再晚则效果差。一般保留 15～20 片叶,如已超过架面时可少留叶。如延长枝是结果枝时,可按结果枝摘心,然后利用最上一个副梢继续延长生长,至 8 月初再摘心。摘心后有利于枝蔓的成熟和花芽分化,为次年丰产打下基础。

(4)副梢处理。新梢上的夏芽萌发为副梢,在新梢摘心后副梢生长加快,如不及时加以控制,又会形成新的大量新梢,消耗养分,造成架面郁闭,影响通风透光,对果实的产量、品质及新梢的成熟都有不良影响,所以必须经常及时地对副梢进行处理。副梢处理有以下三种方法:

1)结果枝果穗以下副梢全部摘掉,果穗以上副梢留 1～2 片叶摘心。

2)结果枝果穗以下副梢全部摘掉,果穗以上副梢只留先端一个,这个副梢留 4～5 片叶摘心。

3)发育枝及延长枝,最后 1～2 个副梢 2～3 片叶摘心,其余副梢全部摘掉。以上方法,在具体应用时,可根据品种的生育状况、劳力等条件,因地制宜,灵活运用。一般在结果枝摘心以后,每隔 10～15 天要进行一次副梢处理,全年需进行 3～5 次。如图 5—16 所示。

(5)疏花序。疏花序就是在花序完全出现至开花前,适当疏去过多和发育较小的花序,同时修剪花序减少花蕾数,使果穗紧凑,果粒大小整齐,穗形美观。疏花程度主要取决于品种特性、树势强弱及肥水条件,对花序数量多或花序上着生花蕾多的品种,应加重疏花程度；对花序小而少的品种，也可不疏花序；对树势强而肥水条件好的少疏、轻疏花序；而在结果枝细弱或肥水不足时要多疏，重疏花序。如图5—17所示。

图5—16 副梢处理
1—结果蔓 2—卷须 3—夏芽副梢
4—花序 5—混合芽 6—结果母蔓

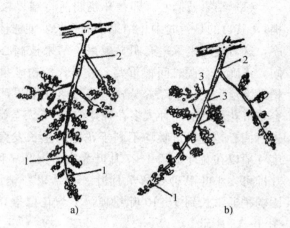

图5—17 疏花序
a）玫瑰香葡萄 b）巨峰葡萄（日本做法）
1—掐花序尖 2—除副穗 3—疏除小穗

（6）绑蔓和去卷须。当新梢生长到约40 cm时，开始进行绑蔓，以利通风透光并避免大风刮断新梢。绑蔓时注意使新梢在架面上均匀摆开，以充分利用空间；同时引缚不要过紧，留一定余地以利枝蔓加粗生长。在整个生长期内还要多次摘除卷须，以减少养分的浪费，同时避免因其自由缠绕而给新梢绑缚、采收、冬剪、下架等带来不必要的麻烦。

（7）断接穗根。生产中采用的嫁接苗多为抗寒砧木苗，个别接口位置较低的植株，容易被土埋上接口，至使接口以上的品种生出自根而降低植株的抗寒能力，造成越冬期间植株发生冻害，影响植株的生长势，降低产量，甚至全株死亡。所以每年生长季要注意及时断接穗根，并清除接口周围的土壤。

（8）秋剪梢和去叶。果实着色后，如新梢叶片过多，生长过长，会影响果实品质的提高，为了改善植株内部和下部的光照和通风条件，促进果穗和枝条更好更快地成熟，并减轻病害，可将新梢顶端过长的部分剪去20～30 cm。

2. 冬季修剪

（1）短梢修剪。短梢修剪是葡萄冬季修剪中最常用的方法之一，把着生在主蔓上的成熟一年枝剪留成基部的1～3个芽（节）作结果枝，其余上部芽眼都剪掉。尤其在北方寒冷地区，积温不足，生育期短，架面上主蔓分布距离只有50 cm左右，除了特殊需要新梢弥补因"瞎眼"而空缺部分采取中长梢修剪外，一般都实行短梢修剪。基芽结实率较高的品种如康拜尔，也可采取超短梢修剪。

（2）中梢修剪。就是把一年生枝剪留成4～7节的修剪方法。在小棚架和棚立架葡萄园中，主蔓上的一年生枝以中梢和短梢修剪的混合剪法为主；在架面较长、株距较远的情况下，为培养足够数量，前后部均衡生长的强壮主蔓，主要采用中梢修剪，为充分利用结果空间，常视一年生枝成熟度不同而并用中短梢修剪法；特别是在主蔓更新或"瞎眼"严重等原因造成架面上出现较大空缺时，要对空缺部位内强枝用中梢修剪法来提高产量。

（3）长梢修剪。把主蔓上一年生枝剪留成 8～11 节的修剪方法叫长梢修剪。多用于篱架或成龄植株的延长蔓修剪，多年生主蔓衰老更新时，选留的新主蔓一般也用长梢修剪。在一般情况下，长梢修剪的枝蔓留芽比较多，萌芽抽枝率比较低，但在单位架面上抽生新蔓的实际数量却比较多；同时由于受气候和管理水平的限制，一般很少有成熟这么多节的一年生枝，且架面也生长不开，所以通常只有主蔓更新时和修剪主蔓延长枝才用长梢修剪。

（4）"换头"修剪。即是改换主蔓上的延长枝。当主蔓上留的延长枝不如下部附近的一年生枝强壮时，或主蔓前部生长变弱出现秃裸带而显得脱节时，应把以上多年生部分缩剪掉，用下部生长较旺盛的一年生枝来代替。选留的延长枝仍用长梢修剪（棚架、棚立架）或中梢修剪（立架）。

（5）大更新修剪。是对主蔓更新而言的。多年生枝蔓由于冬季修剪造成的伤口过多，致使枝蔓韧皮部坏死，木质部露出、腐朽，大量芽眼不能萌发，以致全树长势衰退。在这种情况下，就要及时对主蔓进行大更新修剪。在进行大更新以前，须事先培养好基部的萌蘖或徒长枝，用以代替原有的老蔓。当新蔓足以代替老蔓时，可将老蔓锯除，并将新蔓引缚上架。如果新蔓所发出的新梢不能迅速占满架面时，就要本着"占满一段、去除一段"的原则，对老蔓上的结果母枝或侧蔓进行逐年更新，直到新蔓全部布满架面为止，以免影响产量。

（6）疏枝修剪。从枝条基部剪除，包括剪除一年生枝、多年生枝组和多年生主侧蔓。如病虫危害枝、生长细弱枝、不成熟枝、方向不正枝、基部萌蘖枝及过密枝都可以从基部疏剪掉。通过疏枝可以调节枝条密度与分布，加大空间，改善通风透光条件，并使营养集中在留下的枝蔓中，有助于花芽分化，提高坐果率，改善浆果品质。疏枝要求紧贴枝蔓基部，伤口平滑，以利于伤口愈合。

3. 冬季修剪下的几种特殊情况

（1）植株发生冻害后的修剪。在冬季湿度过低的年份，特别是结果过多的植株或高产园，常常发生"周期性"冻害。对于发生冻害的葡萄植株，要根据其冻害的发生部位和程度，分别进行处理。对于根系发生冻害的植株，要沿着主蔓的方向，开宽约 30 cm 的沟，将主蔓放入沟内，埋半沟土后沿沟灌水，水渗下后将沟培平，土面上覆盖席子或草苫，避免阳光直射，以降低土温，根系开始生长后再萌芽，当新根恢复生长后，即可将主蔓出土上架。上架时要将受冻的枝蔓剪除。萌发的新梢和副梢要及时摘心，以免地上、下部生长失调，造成枝蔓长势衰退。

（2）主蔓产生"瞎眼"后的修剪方法。在多年生的主蔓上存在着程度不同的无新梢的光秃现象，叫做"瞎眼"。造成"瞎眼"的主要原因有：修剪中主蔓及延长枝留的过长；结果过多，造成枝蔓成熟不良；植株生长的顶端优势的影响；夏剪不及时，造成架面郁闭，营养浪费，芽眼不饱满，越冬防寒期主蔓受冻及病虫损伤等。处理方法为：对"瞎眼"光秃带邻近的枝组,冬剪时多余的长梢在春季上架时引缚到光秃的空间,以弥补缺枝;在光秃带后部培养新蔓的,当新蔓可以取代老蔓时,利用顶端优势,使弓起部位的潜伏芽萌发,当潜伏芽抽梢长度在 10 cm 以上时,把弓形部位放平绑好,并及时摘心,当年即能形成结果母枝。

(3)幼树出现"退条"的补救措施。幼树"退条"是指冬季正常修剪保留下的主蔓或延长梢,第二年春季上部芽眼不萌发或只有顶端数芽萌发,其下很长蔓段出现芽眼不萌发的现象。应根据"退条"的原因,采取相应的补救措施。由于枝蔓成熟度不好,主蔓上部芽眼不萌发,应及时缩剪到下部壮枝芽处,并对留下的枝蔓加强全面管理,以促进新梢和延长梢健壮生长;对结果过多或早期落叶引起树体储藏营养不足的,出现中间很长蔓段的芽眼不萌发时,要立即将主蔓下架平放,或进行部分缩剪,减少总芽量后平放,让每个芽眼都能得到仅存的树体营养,促使各芽眼萌发,然后采取恢复根系、加强土肥水管理和架面新梢营养"节流"措施,使得已萌发的新梢得到正常的生长发育。

第四节　葡萄园的土肥水及防寒管理

一、土壤管理

1. 深翻定植沟畦面

葡萄的根系基本上分布在定植沟内,畦面经过一年来人们活动的践踏,表层土壤已很板结,通气透水性差。为了及早提高土温,促进根部储藏营养的起用,加速向地上部输送,并促发新根,在葡萄出土上架后,结合清理畦面存土,及时深翻畦面。畦面深翻的深度,一般约为 25 cm。深翻后不要立即将碎土耙平,以利土壤气体交换,提高地温。如果土壤干旱,可适量灌水。

2. 园地深翻扩畦熟化土壤

新建葡萄园,虽然在建园时对定植沟内的土层进行了深翻改良,但在定植沟以外的大部分深层土壤尚未熟化,使葡萄根系生长幅度局限在定植沟的范围内。农谚说:"根深叶茂果盛",说明根系深入土层的深浅与葡萄生长、结果密切。深翻可促使深层生土熟化,改善土壤结构和理化性状,为葡萄根系生长创造一个适宜的土壤环境。因此,在葡萄定植的最初几年,应尽早对定植沟以外的生土层进行深翻扩畦,熟化土壤。深翻扩畦的时间一般在夏秋季节进行。

3. 葡萄园中耕除草

为保持园地土壤疏松通气,防止杂草滋长,葡萄园在生长季要进行多次中耕。中耕在畦面和行间进行,深度约 10 cm。除中耕达到除草目的外,在整个夏季,特别是在雨季高温高湿气候条件下,杂草生长迅速,一定要经常进行除草,做到"除早、除小"。

通过中耕除草，可以增加土壤孔隙度，改善土壤的水、热、气等状况，促进根系生长；同时能促进土壤微生物的活动，加速土壤有机质的分解，还可减少病虫害的发生。

二、行间间作

为了提高土地利用率，常在幼树期的葡萄行间进行间作。利用地面覆盖作物可减少杂草生长，同时可增加早期收益，发挥葡萄"占天多，占地少"的优势，形成立体栽培，提高葡萄园单位面积的效益。

1. 间作物选择的原则

低秆矮棵不影响葡萄通风透光；生长期较短，茎、叶能很快铺满地面，可抑制杂草生长，减少土壤蒸发和保持水土；与葡萄没有相同的病虫害，也不能成为葡萄的中间寄主；根系较浅，与葡萄植株不发生争夺水肥的矛盾；具有较高的经济价值，以增加葡萄园的经济收入，做到"以短养长"。

2. 间作物的种类

豆类，薯类，甜菜，花生，药材，瓜果类，蔬菜类，矮小的草本花卉，草坪，矮小的果苗，花灌木苗，菜秧苗等。

3. 间作应注意的问题

间作物应与葡萄植株定植点相距 0.5 m；葡萄开花期和浆果着色期的间作物尽量不要灌水，以免影响葡萄坐果和着色，间作物不能使用含有 2、4-D 丁酯成分的农药和除草剂，以免伤害葡萄叶片。

三、果园施肥

正确的施肥是保证葡萄高产、稳产、优质壮树的重要措施之一。施肥不仅供给葡萄生长发育所需要的营养元素，而且可改善土壤的理化性状和促进土壤团粒结构的形成，给葡萄生长发育创造良好的条件。

1. 矿物质营养元素对葡萄的作用

葡萄在整个生命活动中，每年生长发育需要从根部吸取大量的气体和矿物质元素，如氧、氢、碳、氮、磷、钾、钙等，称为多量元素；同样需要硼、铁、锰、锌、镁、硫等，称为少量元素。除氧、氢、碳可以从空气和水中得到补充外，其他元素主要由根系通过土壤吸收到植株内部。

（1）氮（N）。氮是组成各种氨基酸和蛋白质所必需的元素，又是构成叶绿素、磷脂、生物碱、维生素等物质的基础。氮能促使枝叶正常生长和扩大树体。氮素不足，叶片则呈黄绿色，薄而小，新梢花序纤细，节间短，落花、落果严重，花芽分化不良。因此，应适时适量追施氮肥。

（2）磷（P）。磷肥充足，有助于细胞分裂，花芽生长，增加坐果率，促进浆果成熟，提高品质，还可增强抗寒、抗旱能力；磷肥不足，延迟物候期，降低萌芽率，新梢和细根生长减弱，造成花芽分化不良，果实含糖量降低，着色度差，抗寒、抗旱能力降低。

（3）钾（K）。钾对葡萄含糖量、色泽、成熟度均有积极影响，还可增强果实耐储运性，促进根系生长、细根增粗和枝条组织充实等。葡萄特别喜欢钾肥，整个生长期都需要大量的钾肥，特别是在果实成熟期需要量更大。葡萄缺钾，碳水化合物合成减少，养分消耗增加，果梗变褐，果粒萎缩，新梢及叶面积减少。

（4）硼（B）。硼能促进花粉粒的萌发，改进糖类和蛋白质的代谢作用，有利于根的生长及愈伤组织的形成。硼不足时，葡萄花芽分化不良，授粉作用受限，并抑制新梢的生长，甚至造成输导组织的破坏，使先端枯死。

（5）钙（Ca）。钙在树体内部可平衡生理活动，促进根系的发育。缺钙影响氮的代谢和营养物质的运输。新根短粗、弯曲，尖端不久变褐枯死，叶片较小，严重时枝条枯死和花朵萎缩。钙主要积累在葡萄老熟器官中，尤其是在老叶片中。每年施肥时要在有机肥料中拌入适量过磷酸钙，以防缺钙。

（6）镁（Mg）。镁能促进植株对磷的吸收和运输。镁不足时，葡萄植株停止生长，叶脉保持绿色，叶片变成白绿色，出现花叶现象，坐果率降低。可及时喷布 0.1％硫酸镁进行补救。

（7）铁（Fe）。铁与叶绿素的形成有密切的关系，缺铁时叶绿素不能形成，幼叶叶脉呈绿色或黄色，仅叶脉呈绿色，产生失绿病。严重时叶片由上而下逐渐干枯脱落，应及时喷布 0.2％硫酸亚铁。

（8）锌（Zn）。锌对叶绿素的形成有一定的影响，同时可增加对某些真菌病害的抵抗能力。缺锌时叶变为黄褐色，节间短，果实小、畸形，果穗松散并形成大量无籽小果，可于花前喷布 0.1％的硫酸锌溶液。

2. 葡萄园常用的肥料种类

园地常用的肥料按来源及理化性质的不同，可分为有机肥和无机肥。

常用的有机肥有：圈肥、堆肥、人粪尿、土杂肥及绿肥。有机肥的营养物质比较全，故称为"完全肥料"，多数需要通过微生物分解才能被植株的根系所吸收，故又称为"迟效性肥料"。有机肥不仅能供给植物所需的营养元素和某些生长激素，而且对提高土壤保肥、保水能力，改良土壤结构等都有良好的作用，也常用作基肥。

有机肥种类较多，各自的组成也不同。一般含氮量较高，含磷、钾次之，多为微碱性。常用的无机肥料（即化学肥料）有硫酸铵、硝酸铵、磷酸铵、尿素、过磷酸钙、硫酸钾、氯化钾等，这些肥料中的某一元素的含量通常较高，而且易于被植物体所吸收，所以常用作追肥，以保证葡萄植株在不同的生长发育期对某些元素的需要，但葡萄一般不用氯化钾。

3. 施肥量

施肥量是一个比较复杂的问题，因为它受到多方面因素的影响。据资料介绍，葡萄每增加 100 kg 产量，植株需从土壤中吸收氮 0.3～0.5 kg，三氧化二磷 0.13～0.28 kg，氧化钾 0.28～0.64 kg。施入土壤中的肥料，葡萄利用率为 20%～30%，钾肥利用率稍高些。幼树每结果 1 kg，需施有机肥 3～4 kg，布满架面后，每千克果施肥 2～3 kg，每千克有机肥混入 1～2 kg 过磷酸钙。按上述比例视有机肥质量酌情增减。农家圈肥，一般含土量较多。根据各地果农的施肥经验，葡萄产量和圈肥量的比为 1:2～4，即生产 1 000 kg 葡萄，应施圈肥 2 000～4 000 kg。

4. 施肥时期

一般于前一年秋季落叶后施足基肥，施肥以有机肥为主，并适量配以速效性无机肥。此时正值葡萄根系第二次生长高峰后期，伤根容易愈合，切断一些细小根，起到修剪根系的作用，可促进新根生长，提高树体储藏营养水平，为第二年开花、坐果和丰产奠定基础，同时还可以改善土壤的理化性。

以后根据生长发育情况，还需补施追肥，一般在开花前进行第一次追肥，以氮肥为主，适当配合磷、钾肥，以促使新梢生长、开花和坐果；在幼果膨大期，应进行第二次追肥，以满足枝叶生长和幼果发育的需要；浆果着色开始，进行第三次追肥，此期以施磷、钾肥为主，适当配合施氮肥，以利果实发育和提高品质；果实采收后，第四次追肥，配合施用氮、磷、钾速效肥，以补充植株在开花结果期间树体营养的消耗，但此次施用氮肥不宜过多，以免延迟生长不利于越冬。

5. 施肥方法

施肥方法大致可分为沟状施、池内撒施、盘状施和穴施等，还有根外追肥。

（1）基肥。基肥常采用沟状施肥，一般在葡萄定植沟的两侧开沟深施，沟深 60 cm、宽 40～50 cm，将粪肥与园土混合施入沟内，然后在回填堆上开浅沟灌水，以利沉实和根系愈合。新植幼树，施肥沟的内沿距植株定植点约 50 cm；以后逐年向外推移 15～20 cm，而且施肥沟每年只在定植沟的一侧挖，两侧隔年交替挖沟施肥。

（2）追肥。追肥常采用撒施、盘状施和穴施等。盘状施肥可节约肥料，适宜于山地棚架栽培施肥或追施质量高、量少的化肥。穴施动土面积小，可减少土壤水分蒸发，适于山地和旱地葡萄园，一般平原地区施肥，主要采用池内撒施或沟施。棚架栽培的葡萄，为了灌水，通常在植株周围垒有池埂，施肥时将池内的表土取出 15～30 cm，靠近植株处浅，向外逐渐加深，以少伤根为原则，再将肥料均匀撒施于池内，然后将表土填回至地面高度。篱架栽培多采用沟施，在距根干 50～100 cm 处挖条沟、轮状沟或放射状沟，沟宽深各 20～40 cm，放入肥料后即行覆土，施肥后以不引起大量伤根为原则。

（3）根外追肥。又称叶面喷肥，也是一种常用的追肥方式。此种方法追肥，简单易行，用肥量少，发挥肥效快，可以满足葡萄树的急需，并可避免某些元素在土壤中发生化学的或是生物的固定作用，或被淋溶损失。试验证明，在花前、幼果期和浆果成熟期喷 0.3%～0.5% 的磷酸二氢钾水溶液，有增加产量、提高品质的效果；在花初期和盛花期喷 0.05%～0.1% 的硼酸溶液，能增加坐果率；坐果期与果实生长期喷布 0.02% 的锰溶液，能增加浆果的含糖量和产量；叶面喷 0.3％尿素补肥，使叶色浓绿，叶绿素增加，利于开花坐果，提高坐果率；浆果成熟期和植株生长后期在叶面喷磷、钾肥（0.3％过磷酸钙的浸出液，1％草木灰的浸出液或 0.5％磷酸二氢钾溶液），可加速浆果着色，提高糖度，促进成熟，有利于新梢木质化。根外追肥时必须注意肥料的使用浓度，在干旱条件下宜适当降低使用浓度，最好在下午三点以后施用，否则易发生烧叶。

 知识链接

农家肥的类型及作用

常见的农家肥料有堆肥、圈肥、厩肥、绿肥、饼肥、河泥、家禽粪、人粪尿、土杂肥等。多数有机肥料需要微生物分解后，才能为植株的根系所吸收，又称为"迟效性肥料"，可作基肥施用。有机肥能有效地改善土壤的理化性状，提高土壤保水、保肥能力。改善土壤通气状况。

（1）堆肥。以农作物秸秆、杂草、葡萄茎叶、树叶、禽畜粪便等为材料，层层堆积，经过微生物的分解腐熟而成。在微生物繁殖过程中，要保持适宜温度、水分、通气、酸碱度等，以利微生物的繁殖活动。

（2）圈肥、厩肥。包括猪、牛、羊、鸡、鸭等各种牲畜、禽兽粪，含有丰富的氮、磷、钾等养分。经过发酵腐熟后作基肥施用。

（3）人粪尿。腐熟的人粪尿属于速效氮素肥料，含氮多，含磷、钾和有机质少，可与速效性磷、钾配合施用。人粪尿中的氨易挥发损失，一般应封闭保存，如果加入 2％～3％的过磷酸钙，不仅可固氮，还能补充人粪尿中的磷肥。人粪尿可沟施或穴施，施后应立即浇水并覆土以防挥发。注意，未经腐熟的人粪尿易烧根，不要直接施用。

（4）泥肥。沟、池、沼、河、塘及城镇下水道的淤泥，都属于泥肥。含有机质较多，是迟效性肥料，可用作葡萄园的基肥。

（5）绿肥。葡萄行间间作绿肥植物，可就地造肥，就地使用。不需堆制、沤制，不需田间运输，可节约劳力。葡萄行间的绿肥作物以矮秆、分蘖多、根系发达、茎叶繁茂的豆科作物为宜，避免对葡萄遮光，如种绿豆、蚕豆。

（6）城市垃圾。是由瓜果皮壳鸡鱼的下脚料及菜叶、树叶、蛋壳、炉灰等组成。主要来自家庭、菜市场及清理道路的垃圾，是复合的有机肥料。其中所含氮、磷、钾三要素与堆肥、厩肥相似。施用后，可改良黏土物理结构和疏松土壤。

四、灌水及排水

葡萄生长发育需大量水分供应，不能满足水分所需就会影响发芽、新梢生长、开花坐果、果实膨大和浆果的品质；相反，降雨过多，空气湿度大，土壤水分饱和，又易发生病害和烂根，也不利于开花坐果。所以栽培葡萄需要旱能灌、涝能排的条件。

1. 灌水时间

葡萄在整个生长季中有几个关键的灌水时间，应满足葡萄树体的需要。

（1）催芽水。在葡萄萌动时或出土后应灌"催芽水"。此时灌水量不易过大，润湿50 cm以上土层即可，以免水量过大影响地温上升。

（2）花前水。花序出现至开花前灌"催花坐果水"。这次水要灌透，使土壤水分能保持到坐果稳定后不缺水。开花期切忌灌水，以免引起落花和造成枝叶徒长，过多消耗树体营养，影响开花坐果，出现大小粒现象和严重减产。

（3）催果水。从生理落花结束到果实着色前，此时果实迅速膨大，枝叶旺长，外界气温高，叶片蒸腾量大，葡萄植株需要消耗大量水分，一般可根据土壤水分情况多灌几次水。在浆果开始着色至采收前的3周内不宜灌水，以提高浆果含糖量、着色和香味。若遇干旱，可灌少许水以解除旱情。

（4）采收后经过着色期较长时间的控水，葡萄植株已感到缺水，在果实采收后应立即灌水，以恢复生长。此次灌水可结合施基肥进行，以利于根系的第二次生长高峰。

（5）封冻水。葡萄防寒前要灌一次透水，此时灌水在栽植沟内，埋土防寒后，在封冻时再灌一次，这时的水灌在取土防寒形成的沟内，封冻水灌得好与坏，直接影响着葡萄的越冬能力和第二年的萌发情况。

2. 灌水方法

灌水主要采取沟灌的方式，即在定植沟内进行灌水。沟灌速度快，但易破坏土壤结构，易板结土壤，且水分浪费严重。有条件的地方可采用滴灌和渗灌，即水通过管道经滴头往外滴水或渗水，这种方式不仅不会破坏土壤结构，而且还能保持土壤的良好通透性，节约水，是理想的灌溉方式。

3. 排水方法

葡萄既需水又怕水，当土壤中的水分饱和，下层重力水如不能及时排出园外时，就易出现水害。其症状是：下部根系因缺氧窒息死亡，根皮首先腐烂，手撸即脱落，接着木质部变褐、变黑；地上部枝蔓最初徒长，很快因根系吸收能力减弱，新梢生长停止，基部叶片变黄，随之梢尖干枯，叶片脱落。因此为保证葡萄的正常生长发育，在雨季和地下水位高的园地应设置排水系统。

如夏秋季土壤水分过多，会引起枝蔓徒长，延迟果实成熟，降低果实品质。树盘内若积水，会造成根系缺氧，使根部窒息，植株死亡。因此，建造葡萄园时，应安排好排水渠系。

一般排水沟与道路、防风林相结合，即利用主干道的一侧，使其和园外排水干渠相连接，田间小区作业道的一侧设排水支渠，使过多的雨水从葡萄树盘排到小区的排水支渠，再排到园外。要求各级排水渠均有落差，使排水畅通。排水沟以暗埋管道为好。这样，可以方便田间作业，雨季又能顺利打开排水口，及时排水，防除涝害。

 知识链接

葡萄园控水的重要性

（1）开花期控水。葡萄从初花期至末花期，一般为 10～15 天，若花期遇雨会影响授粉受精，容易出现大小粒现象，也易引起枝蔓徒长，严重影响花粉萌发，造成落花落蕾而减产。

（2）浆果着色期要适当控水。葡萄着色期时间不长，从着色初至采收，为 20～30 天，中间灌一次水即可。浆果成熟期水分过多，会影响着色、出现裂果、降低品质，还易发生炭疽病、白腐病等，因此要注意控水、排水。

五、葡萄防寒

北方栽植的葡萄大多是用山葡萄或贝达作砧木的嫁接苗，虽能安全越冬，但枝蔓抗低温的能力仍较弱，而且北方地区一般冬季气候较干燥、风大，枝蔓易抽干，因此要进行覆盖、埋土防寒工作；否则葡萄植株会遭受不同程度的冻害，轻则会给树势、产量带来一定损失，严重时地上部分会全部死亡。因此，防寒工作是不容忽视的。

1. 防寒时间

一般葡萄防寒最迟在表层土壤结冻前一周结束。但应早下架，以促进枝蔓成熟和养分回流。这样可避免特殊年份提前封冻或降大雪给防寒取土带来不便。防寒过早，由于葡萄植株未得到充分抗寒锻炼，会降低越冬抗寒力。同时，土层温度高，防寒堆内易滋生霉菌，使葡萄枝蔓受害；埋土过迟，土壤一旦结冻，冻土块之间有空隙，冷空气易透进，造成植株受冻。一般在土壤结冻前一周进行埋土防寒。

2. 防寒方法

葡萄枝蔓于 9 月下旬下架，10 月上中旬修剪后，将枝蔓向一个方向顺直，捆好，捆绑时把弯曲大的枝蔓尽可能顺直压缩在捆内，而且每株葡萄根桩弯曲处要填枕（用土或秫秸），以防埋土后压断主蔓。捆好后，在枝蔓及主蔓基部上布放驱鼠药，而后在枝蔓上加覆盖物。有两种方法：一种方法是用双层草袋片或编织袋（即没剪开的整个草袋）覆盖，盖时草袋互相搭边叠放，以保证枝蔓全部盖严，上面加土即可。另一种方法是用落叶作覆盖物在枝蔓上部盖一层树叶，再覆土。此外，还可用塑料薄膜覆盖，此法防寒效果较好。条件不具备时，也可不放覆盖物，直接埋土，但用土量大，撤防寒土时易伤枝蔓。一般要求埋土宽度 1.2 m，厚约 30 cm。加覆盖物的埋土厚度可适当减少。防寒时取土部位至少距植株 0.5 m，土要打碎并培实不能透气。冬季需要进行检查，发现裂缝要及时堵上，并注意防止牲畜的破坏。

3. 防寒物的撤除和葡萄上架

第二年 4 月中下旬（杨树发芽时），分两次把防寒物撤除，使根部地温及早提高，以促进根系活动。一般在伤流后至芽眼膨大以前撤除防寒土，群众的经验是"杏树开花，葡萄上架"。芽眼开始膨大时上架，上架过早易抽干或受晚霜危害；过晚易把叶芽碰掉造成损失。同时做好防寒物的清理工作，整理编织袋和草袋片，并保管好，留下次防寒时再用。

用编织袋防寒，由于防止覆土漏入枝蔓以下，因此减少了用土量，方法简单，可节省大量劳动力，防寒效果显著，这种方法易于广泛采用。

4. 霜冻和日烧的处理

（1）霜冻的处理。在秋季葡萄下架过晚或早春上架过早的情况下，如遇霜冻，可采取以下措施补救。

1）熏烟法。芽眼萌动后，若有较重的晚霜，可在园内顺风方向堆放干草、干树枝，上盖一些潮湿的树叶、牲畜粪，当气温降到 0℃时点火，使之大量冒烟。园内多放几堆，以保证全园内到处有烟雾。也可用 70% 锯末、30% 硝酸铵，按比例混合，装入筒内，根据风向携带铁筒来回走动防霜。

2）灌水法。在有霜冻到来的黄昏或夜晚即开始对果园灌水，以增加空气湿度而形成雾，可防霜冻。

（2）日烧病的处理。葡萄日烧病是果实在缺少叶片荫蔽的高温条件下，果面局部失水而发生灼伤，或是渗透压高的叶片向渗透压低的果实争夺水分所造成的。果实受害，果面出现浅褐色的斑块，而后扩大，稍凹陷，成为褐色、圆形、边缘不明显的干疤。对葡萄日烧病应注意以下几个方面：

1）对易发生日烧病的品种，夏季修剪时，在果穗附近多留些叶片或副梢，使果穗荫蔽。

2）合理施肥，控制氮肥施用过量，避免植株徒长加重日烧。

3）雨后注意排水，及时松土，保持土壤的通透性，有利树体对水分的吸收。

第五节　葡萄的主要病虫害防治

一、主要病害防治

1. 白腐病

又称水烂或穗烂，是葡萄生长过程中的主要病害之一。

（1）症状。本病主要危害果粒和穗轴，以果实受害最重，尤以近地面的果穗最先发病。发病后，穗轴出现浅褐色长条病斑，像水烫样，用手轻擦，随即破裂，闻之有酒糟味。接着病斑扩展到穗粒，染病果粒呈水浸状，浅褐色，很快由局部扩大至全果粒，并出现密生灰色小点。若遇风雨或田间作业时碰撞，病果粒很容易脱落，严重时地面落满一层，这是白腐病最大的特征。

叶片多在植株生长的中后期，果穗发病后才在叶缘或破伤部位呈现大型稍圆的浅褐色病斑，有同心轮纹。枝蔓一般发生在破伤部位。初期病斑呈水浸状，上下发展呈长条状。色泽渐变黑褐色，后期病斑处表皮组织和木质部分离，呈乱麻丝状。

（2）防治方法

1）生长期及时剪除发病组织，冬季修剪时彻底清除病残体并带离果园或深埋。加强果园管理，提高抗性，适当提高果穗与地面的距离。

2）果园发病前，尤其是多雨季节，要适当增加喷药次数。大多采用 70％代森锰锌可湿性粉剂 800 倍液，或 50％托布津 500 倍液，或二者混合施用。注意，发病后喷波尔多液药效不大。果实套袋，效果很好。

2. 霜霉病

（1）症状。本病主要危害叶片，也能侵染新梢和幼果，发病叶片在正面产生黄色至褐色的多角形病斑，并能愈合成大斑。潮湿时在叶背病斑相应部分产生白色霜霉状物，病斑最后变褐干枯，叶片早落。新梢、卷须、穗轴、叶病发病后发展为很凹陷、黄色至褐色病斑。潮湿时，病斑上同样产生白色霜状霉。果粒受害呈褐色软腐状，不久干缩脱落，果实着色后不再侵染。

（2）防治方法。发病严重的地方，于 7 月中旬开始喷药，可用杀毒矾 1 000 倍液、65％代森锰锌 500 倍液或 40％克霉灵 400 倍液，均有较好的效果。还要加强果园清理，减少菌源。

3. 黑痘病

又称鸟眼病、疮疤病。一般在多雨、潮湿的地方发病较重。

（1）症状。侵染葡萄植株地上的所有绿色、细嫩部位。幼叶受害呈多角形，叶脉受害停止生长，使叶片皱缩以致畸形。叶片受害生黄色圆形斑，边缘暗褐色或紫色、中央灰白色似鸟眼状，后期病斑开裂，病果小而味酸。新梢、蔓、叶柄、卷须及果柄受害时，呈褐色不规则凹陷斑，病斑可连成片形成溃疡、环节而使上部枯死。

（2）防治方法。彻底清扫果园，清除病果、病枝等以减少初期侵染源；发芽前喷 0.5％五氯酚钠和波美 3 度石硫合剂，展叶后到果实着色前每半个月（视天气变化而定）喷 10％硫酸亚铁加 1％粗硫酸一次，苗木也可用此法喷洒或浸渍、消毒。以开花前和开花后两次用药最为重要。此时可用波尔多液、代森锌、百菌清、多菌灵等药剂喷布。

二、主要虫害防治

1. 透翅蛾

又名葡萄透羽蛾。以幼虫蛀入嫩梢或 1~2 年生枝蔓内危害。一般向嫩蔓方向蛀食，造成嫩梢枯死。枝蔓被害部位肿大呈瘤状，蛀孔外有褐色粒状虫粪，附近叶片发黄，果实脱落，枝蔓易被风吹断枯死。

（1）形态特征。成虫全身黑色，带蓝色光泽，腹部背面有 3 条黄色横带，第 4 腹节中央最宽，第 5 节最细。老熟幼虫头红褐色，胴部黄白色，带紫红色圆筒形，前胸有一个倒"八"形纹。

（2）发生规律。一年发生一代，以幼虫在葡萄蔓内越冬。第二年 5 月上中旬，越冬幼虫在被害枝条内化蛹，6~7 月羽化成虫，成虫产卵在嫩梢或腋芽基部，10 天后卵孵化出幼虫，先取食嫩叶、嫩蔓，而后从叶柄基部或蛀入枝蔓内危害。

（3）防治方法。剪除被害枝蔓，消灭越冬幼虫；羽化盛期，喷 20％杀灭菊酯乳剂 4 000 倍液、50％敌敌畏 1 500 倍液、50％杀螟松乳油 1 000 倍液。

2. 粉蚧

成虫和幼虫在叶背、果实阴面、果穗梗、枝蔓等处刺吸汁液，果实或穗梗被害，表面呈棕黑色油腻状，不易被雨水冲洗掉，严重时整个果穗被白色棉絮物所填塞，失去了经济价值。

（1）形态特征。雌成虫无翅，体扁平，椭圆形体表覆白色蜡质物，体缘具有 17 对白色蜡丝，体前端蜡丝较短，后端稍长，且末端 1 对特别长。雄成虫紫黑色，仅有 1 对透明前翅，后翅退化成平稳棒，尾毛较长，仅雄虫有蛹，淡紫色，触角、翅及足等均外露。幼虫体扁平，呈椭圆形，淡黄色，触角和足较发达。

（2）发生规律。以卵在被害枝蔓裂缝和老皮下越冬，尤以老蔓节上和主蔓近根部的老皮下居多。葡萄发芽时越冬卵孵化幼虫，分散于嫩梢的叶腋、节间及幼叶背面吸取汁液危害。一般枝条过密的果园，果粒着生较紧的品种受害较重。

（3）防治方法。合理修剪，防止枝叶过密，秋季修剪时，清除枯枝，剥除老皮，刷除越冬卵，集中烧毁；喷 50％三硫磷乳油 2 000 倍液或 40％的杀扑磷乳油 1 000 倍液。果穗被害可用 25％亚胺硫磷乳油 300~400 倍液浸穗，杀死穗内幼虫。

3. 螨类

主要以若虫和成虫在葡萄幼嫩的新梢基部、叶片、果梗、果穗和副梢上危害。叶片受害时，叶面产生黑褐色斑状，造成叶片早落，危害果梗、穗轴，使其变黑，组织变脆，很容易断折，果实因此而出现铁锈色并龟裂。危害新梢、副梢，使其卷顶，最后呈黑色坏死，形成"铁丝蔓"。

（1）形态特征。雌螨体长 0.3 mm，宽 0.15 mm，长卵圆形，扁平，赤褐色，腹背中央红色并纵向隆起，背面体壁有网状纹，背秘短，足 4 对。雄螨体较小，长 0.27 mm，宽 0.14 mm，卵圆形，红色。幼螨体红色，足 3 对白色，体两侧中后足间各有 2 根叶片状刚毛，腹部末端周围有 4 对刚毛，其中第三对为长刚毛，余为叶片状。

（2）发生规律。1 年发生 6～7 代。以雌成螨在老蔓皮缝、叶腋及松散的芽鳞绒毛内群集越冬。4 月中下旬，萌芽后出蛰，多在叶背主脉和侧脉两侧附近吸汁危害，随着新梢的生长向幼嫩新梢部位延伸扩散，6 月为危害叶片盛期，7 月转向果梗、果穗等部位危害。10 月又转移到叶柄及叶腋间，11 月转入越冬。

（3）防治方法。清扫园地，集中烧毁落叶，并刮老皮，消灭越冬雌成螨。春季芽眼萌发时，喷布 3～5 度石硫合剂；生长期喷 0.2％～0.3％石硫合剂或 40％乐果乳油 1 000 倍液，吡虫啉 2 000 倍液，唑螨酯 2 000 倍液，速螨酮 3 000 倍液。

思 考 题

1. 简述葡萄架式的类型及其优缺点。
2. 简述葡萄园间作物选择的原则。
3. 简述不同矿物质对葡萄生长的作用。
4. 简述葡萄透羽蛾病害的发生规律。

第六章 李、杏栽培技术

学习目标：
◆掌握适合各地栽培的主要李、杏品种
◆掌握李、杏园的建园技术与管理技术
◆掌握李、杏的整形与修剪
◆掌握李、杏的主要病虫害的防治方法

第一节　李、杏的主要品种

一、李子的主要品种

1. 早熟品种

(1) 绥棱红李。树姿较直立，生长势强。1 年生枝红褐色，皮孔圆形较大，多年生枝为灰褐色。叶片大，呈椭圆形，浓绿色，表面光滑，叶背无毛，叶基宽，呈楔形，先端渐尖，花芽肥大，近圆形，每个花芽开 2～3 朵花。萌芽力、成枝力均强，以花束状果枝结果为主。8 月上旬果实成熟，较丰产，6 年生树平均株产 24.3 kg。抗红点病能力强，抗寒力较强。果实圆形，较大而整齐，平均单果重 34.5 g，最大果重 50 g，果实底色黄绿，彩色鲜红，外观极美。梗洼浅广，缝合线不明显。果肉黄色，肉质细，多汁，味甜，有香气，黏核，核小，品质上等。如图 6—1 所示。

(2) 大石早生。树势强，果实发育期为 65～70 天，果实呈卵圆形，平均单果重 49.5 g，最大单果重 106 g。果皮底色黄绿，着鲜红色；果肉黄绿色，肉质细，松软，果汁多，纤维细、多，味酸甜，微香。果实常温下可储藏 7 天左右。黏核，核较小，可食率 98％以上，是优良的鲜食品种。如图 6—2 所示。

(3) 长李 15 号。果实发育期 70 天左右。果实呈扁圆形，平均单果重 35 g，最大单果重 65 g。果皮底色绿黄，成熟前由浅红渐深为红色，成熟果果色鲜红。果肉浅黄色，肉质致密，纤维少，汁多味香，酸甜适口，离核。品质上等，较耐储运。如图6—3所示。

图6—1　绥棱红李

图6—2　大石早生

2. 中熟品种

（1）龙园蜜李。该品种树势中庸，树姿半开张，树冠紧凑，抗寒力强，萌芽力、成枝力也强。8月中旬果实成熟，栽后2年见果，3年有产量，5年生树株产35～40 kg，最高株产约50 kg，极丰产，以短果枝、花束状果枝结果为主，稳产。果实近圆形，大而整齐，果实纵径4.5 cm，横径4.52 cm，平均单果重56 g，最大果重75 g。果面底色黄绿，彩色洋红，缝合线浅，果粉厚，果肉黄色，肉质细，纤维少，甜酸多汁有香味。核小，离核，不裂果，品质上乘。耐红点病，适应性强。如图6—4所示。

图6—3　长李15号

图6—4　龙园蜜李

（2）美国大李。树势较强，果实生长发育期约90天。果实呈圆形，平均单果重70.8 g，最大单果重110 g。果皮底色黄绿，着紫黑色，皮薄；果肉橙黄色，质致密，纤维多，汁多，味甜酸。离核，可食率98.1%。品质上等，常温下果实可储放8天左右。如图6—5所示。

3. 晚熟品种

（1）安哥诺。树势强壮，果实生长发育期160天左右。果实扁圆形，平均单果重102 g，最大单果重178 g。果皮底色绿，后变为黑红色，完全成熟后为紫黑色；果肉淡黄色，不溶质，清脆爽口，质地致密、细腻，经后熟后，汁液丰富，味甜，香味较浓，品质极上。果核极小，半黏核。果实耐储存，常温下可储存至元旦，冷库可储存至翌年 4 月底。丰产，抗寒力强于绥李 3 号和绥棱红李，适于东北大部分地区栽培，但抗红点病能力较弱。如图 6—6 所示。

图 6—5　美国大李

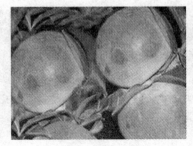

图 6—6　安哥诺

（2）龙园秋李。树势强壮，果实生长发育期 120 天。果实呈扁圆形，平均单果重 76.2 g，最大单果重 110 g。果皮底色黄绿，着鲜红色；果肉橙黄色，质致密，纤维少，多汁，味酸甜，微香。半离核，核小。可食率 98.2%，品质上。如图 6—7 所示。

（3）黑宝石。树势强，果实生长发育期 135 天。果实呈扁圆形，平均单果重 72.2 g，最大单果重 127 g。果皮紫黑色，无果点，果粉少；果肉黄色，质硬而脆，汁多，味甜。离核，核小。可食率 98.9%，品质上。在常温下果实可存放 20～30 天，在 0～5℃条件下能储藏 3～4 个月。如图 6—8 所示。

图 6—7　龙园秋李

图 6—8　黑宝石

知识链接

李子的营养分析

（1）促进消化。李子能促进胃酸和胃消化酶的分泌，有增加肠胃蠕动的作用，因而食李能促进消化，增加食欲，为胃酸缺乏、食后饱胀、大便秘结者的食疗良品。

（2）清肝利水。新鲜李肉中含多种氨基酸，如谷酰胺、丝氨酸、脯氨酸等，生食之于治疗肝硬化腹水有帮助。

（3）降压、导泻、镇咳。李子核仁中含苦杏仁甙和大量的脂肪油，药理证实，它有显著的利水降压作用，并可加快肠道蠕动，促进干燥的大便排出，同时也具有止咳祛痰的作用。

（4）美容养颜。《本草纲目》记载，李花和于面脂中，有很好的美容作用，可以"去粉滓黑黯""令人面泽"，对汗斑、脸生黑斑等有良效。

二、杏主要品种

1. 鲜食品种

（1）龙园桃杏。果实桃形，果大而整齐，平均单果重 65 g，最大果重 82 g。果实底色黄白，外观极美。果实缝合线浅，片肉对称。果肉橙黄色，肉质细软，纤维少，汁液多，酸甜适口，离核，仁苦，品质上等。如图 6—9 所示。

龙园桃杏生长势强、萌芽力、成枝力均强，萌芽率为 92.7％，成枝率为 38％。4 月上旬花芽萌动，5 月 8 日始花，花期晚，花期 7～8 天，7 月中旬果实成熟，10 月下旬落叶。栽后 3 年见果，以短果枝和花束状果枝结果为主，坐果率高，极丰产。采前不落果，不裂果。植株抗寒、抗旱、耐病力强，对土壤要求不严，适应力强。

图 6—9　龙园桃杏

（2）龙垦 2 号杏。3 年生树开始结果，10 年生树单株产量可达 78～100 kg，管理好时可连年丰产，管理粗放时 2～3 年有一次小年现象。果实 7 月 10 日左右成熟，树体营养生长期为 175 天左右，果实发育期为 70 天。果实为桃形，纵径 5.2 cm，横径为 4.6 cm，平均单果重 42 g，最大果重 80 g。果面黄色，向阳面鲜红，果形颇美观，果肉橘黄色，肉质细，纤维少，汁多，肉厚，芳香，可食率 92％，片肉对称，果皮厚度中等，离核，可溶性固形物 9％～15％，酸甜适口，品质极上。如图 6—10 所示。

（3）兰州金妈妈杏。树势强健，花芽萌芽期在 3 月下旬，开花期在 4 月上旬，果实发育期为 76～85 天，6 月下旬至 7 月上旬成熟。果实近圆形，平均单果重 46.3 g，最大果重 85 g，果实底色橙黄色，阳面鲜红，艳丽。果肉橙黄色，味甜多汁，质优。核半离，仁甜。该品种丰产，抗寒、耐旱，适生性强，为品质优良的早熟品种。既宜生食又可制成罐头，为全国著名的优良品种之一。

（4）崂山红杏。树姿半开张，树势强健，树冠呈自然圆头形。4月中旬开花，果实6月下旬至7月上旬成熟。果实近圆形，平均单果重48 g，最大果重69 g。果皮橘黄，果肉金黄，汁中多，果肉质细，柔软，具香味，品质上，离核。该品种抗旱、抗寒、耐瘠薄，结实力强，产量高。如图6—11所示。

图6—10　龙垦2号杏

图6—11　崂山红杏

另外，华夏大接杏、曹杏、大红杏、山黄杏、张公圆杏、兰州大接杏、香白杏、沙金红杏、锦西大红杏、软核杏、天鹅蛋杏、骆驼黄、金太阳、凯特杏、红丰、新世纪、龙垦一号杏品种不错，果农可根据实际情况而定。

2. 仁用及制干兼用杏品种

（1）双仁杏。树形半圆形，树势直立。3月上旬花芽萌动，4月中旬开花，果实发育期100天左右，7月上旬至7月底果实成熟。果实呈扁圆形，平均单果重92 g，最大果重235 g。果实底色黄，有红晕。果肉色黄、汁多、细、脆、味甜，有香味。种仁两个居多数，干仁重0.75 g，味甜。双仁杏树势强健，适生性强，果形大，品质上，既可鲜食又可加工制罐头、制脯，可作推广品种发展。如图6—12所示。

图6—12　双仁杏

（2）龙王帽。又称大龙王帽，是仁用杏中栽培最多的品种。树势强壮，树姿开张，树冠圆头形。4月中下旬开花，果实发育期60天左右，7月下旬果实成熟。果实呈椭圆形，较扁，平均单果重20～25 g，出核率17.5%，出仁率37.6%，单仁重0.84 g，含蛋白质

23.6%，脂肪 57.8%，仁甜。该品种适应性强，丰产，仁较大。该品种嫁接后 2～3 年开始结果，丰产。对土壤要求不严，抗旱、耐寒，适应性强，是当前国内发展仁用杏推广的优良品种。如图 6—13 所示。

（3）白玉扁。又叫大白扁。树势较强，树冠高大，树姿开张。4 月中下旬开花，果实发育期为 90 天，7 月下旬果实成熟。果实扁圆形，平均单果重 18.4 g，出核率为 22%，出仁率为 30%，单仁重 0.77～0.80 g。该品种适应性强，可利用二次枝结果，大小年现象不明显，丰产，是当前国内推广的优良品种之一。如图 6—14 所示。

图 6—13　龙王帽

图 6—14　白玉扁

知识链接

二十一世纪水果新骄子——杏李

杏李杂新品种是用杏和李经过复杂的杂交过程，历经数十年选育出的果中珍品。这些品种在美国一推出，就受到广大消费者的普遍赞同，是最有开发价值和发展潜力的新兴水果。杏李种间杂交新品种的引进可谓适逢其时。近年，通过国家"948"项目，中国林科院经济林研究开发中心从美国引进味帝等 7 个杏李种间杂交新品种。该引进项目在国家林业"948"项目中期评估和终期验收中，均获得第一名。杏李气味独特芳香，果大早实、高产稳产、收获期长，耐储藏，果树适应性强，经济价值高，被誉为"二十一世纪水果新骄子"。

第二节　李、杏果园的建立

李树和杏树都是多年生果树，栽后十几年甚至几十年都不会变动。因此，建园要有一个长远规划，各地应根据当地的气候条件，因地制宜，采用良种和良法，结合多种经营，实现早产、高产、稳产、高效。

一、果园的选择与规划

1. 果园的选择

李树和杏树花期早，易受晚霜危害，因此，切忌在盆地、洼地或冷空气易滞留的地方建园。一般平地、丘陵、山地均可建园。山地建园要选背风向的缓坡，坡度 5°～10°，坡向以东南坡、东坡或南坡为好。杏树栽植在斜坡的中部或上部，李树可栽在中下部。平地建园要选地势平坦，地下水位低，排水良好，交通便利的地方。

李、杏树对土壤要求不严，但还是选土层深厚，保水力强的肥沃土壤为好，但种植过核果类果树的地块不宜再建园。

2. 果园的规划

根据杏、李园的特点，在小区设计上小区面积，平地果园 4～5 hm²，山地果园以 2～3 hm² 为宜。小区形状以长方形为好，因为单程距离长，可减少转变次数，提高工效。一般长与宽之比为 2：1。大型果园的小区长宽比也可以 5：1，以利于作业。小区方向，平地果园小区的长边最好与主风的方向垂直；山地果园小区长边，必须与等高线平行，便于水土保持和耕作。根据果园面积大小和当地果品产销情况，确定李、杏树各品种的栽植比例。

对于道路设计、设置防护林及园地规划的原则均可参照苹果园的建园原则施行。

 知识链接

　　林带与果树至少保持 15 m 的距离，中间挖深沟断根，避免根系窜入果园。坡地下端及平地低洼处，要留一个约 10 m 宽的风口，以及时排除园内冷空气。

二、定植技术

1. 定植前的准备工作

（1）土壤的准备。定植前首先对园内土壤进行耕翻，深度约为 30 cm，然后按南北方向，根据株行距测点挖坑。挖坑方法：以定植点为中心，挖深 60 cm，直径 60～80 cm 的直筒坑，底土与表土分别堆放，每坑施入农家肥（鸡粪、羊粪等）15～30 kg，与表土拌匀，做成馒头型，上覆一层薄土。

（2）苗木的准备。按定植计划准备好数量充足的优质苗木，主栽品种可以选早、中、晚熟相配套的品种，使果实成熟期错开。因李、杏树自花结实率低，所以还要配置一定数量的授粉树。授粉树的选择除了要考虑其与主栽品种的花期一致外，也要考虑其抗寒性、丰产性和果实品质。一般主栽品种与授粉树的搭配比例为 4∶1 或 8∶1。东北最新推广的龙园蜜李用绥李 3 号、吉林 6 号作授粉树。

2. 栽植方式及密度

（1）栽植方式。栽树之前剪除伤根，特长的根也要剪截，须根适当轻剪，以促发新根，然后用水浸泡一昼夜。如果苗木太干，浸泡时间可以延长，一般为 24～48 h，使苗木充分吸水，根系恢复到新鲜状态。李、杏树栽植方式一般采用长方形、三角形。将苗木接口向着迎风面，竖直放入坑中央，目测调整苗的位置，使其前后左右对齐。将表土填入坑中央，边填土边将苗木轻轻向上提一提，尽可能使根系舒展开，并使接口稍稍高于地面约 5 cm，最后填土踩实，随即做一个圆形水盘。授粉树要栽在大风口，有利于授粉。全园树栽完后，灌一次透水，待水渗下后，将水盘覆土，防止水分蒸发。有条件的地方，随栽树随浇水。灌水后应及时检查，发现苗木歪斜应扶正，萌芽时检查成活情况，便于及时补苗。

（2）栽植密度。李树株行距为 3 m×（4～4.5）m，庭院栽种株行距可小些。杏树株行距为 4 m×（4.5～5）m。

第三节　李、杏树的整形与修剪

李、杏树从定植开始，就要合理地整形修剪，使树体形成牢固的骨架，合理的树体结构和叶面积，通过修剪调节营养生长和生殖生长的关系，使幼树早结果、早生产，成龄树高产、稳产、延寿。修剪时期分为冬季修剪（2～3 月）和夏季修剪（7 月上旬）。

一、李、杏树的夏冬两季修剪

1. 夏季修剪

夏剪能节省树体营养，促进新梢成熟，提早结果，提高植株抗寒力，弥补冬剪的不足。尤其是杏树，因其具有早熟性芽，萌发副梢的能力很强，采用夏剪如摘心，可以培养副梢结果枝，而副梢上的花芽分化晚，开花迟，可避免晚霜的侵袭，提高坐果率，又能培养健壮的二次枝，迅速扩大树冠，早成形，早结果。

夏季修剪是在生长季节中进行的修剪，一般在 6 月下旬至 7 月上旬进行。夏剪每一项措施的应用都要掌握正确的时间及实施对象（幼树或不结果的旺树）。夏剪时要去除徒长枝、萌条、枯枝，减少树体养分消耗，促使有用枝条健壮成长。

2. 冬季修剪

杏树冬季修剪是个大事，相同的自然环境，相同的水肥条件，冬剪手法不同，来年的经济效益差异很大。以下是杏、李树的独有特点。

（1）它与苹果树的管理手法有着根本的区别，苹果结果枝的培养途径是：一年条子，二年花（指花芽分化），三年结果，而且结果枝有连续结果能力，利用年限较长。而杏树结果枝条当年都能形成花芽，其利用率只是一年。也就是说，苹果树是靠老枝条结果，杏树是靠新枝条结果。所以，在此要特别注意。

（2）杏树冬季本身能抗−35℃的低温，只要冬季最低温度在−20℃以内，剪口是不会出现冻害的。杏树冬季修剪的黄金时期是从落叶 20 天开始至"五九"结束。修剪过早，枝条有机质营养回流未结束，造成营养物质浪费。修剪过晚，该去掉的花芽未剪去，消耗过大，削弱树势，造成果个变小，成熟期晚。修剪偏晚比偏早损失更大。

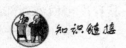 知识链接

杏树枝条"十三剪"

　　山西省运城特早熟杏树专家张振民老师的杏树枝条"十三剪"。杏树母枝发出的一年生枝条上有春梢和秋梢。春秋梢交接处人们把它叫"帽"。一剪：打顶（把秋梢顶芽剪掉）。二剪：秋上莨（在秋梢上部莨芽处下剪）。三剪：秋饱（在秋梢饱满芽处下剪）。四剪：秋下莨（在秋梢下部莨芽处下剪）。五剪：戴活帽。六剪：戴死帽。七剪：春上莨。八剪：春饱。九剪：春下莨。十剪：五短截（留枝大约 5 cm，来年可萌生大型结果枝组）。十一剪：三大剪（留枝大约 3 cm，来年可萌生中型结果枝组）。十二剪：台剪（被剪枝剪后留下一个"台"减小剪口创面，不太影响养分疏导）。十三剪：搜剪（有意加大剪口创面，起到抑前促后的作用）。

二、李、杏树的整形与修剪

李、杏树在整形修剪上有较大的差别，下面对此分别进行介绍。

1. 李树的整形与修剪

（1）幼树修剪。以轻剪缓放、开张主枝角度为主，多留大型辅养枝，尽快填补空间，缓和树势，提高早期产量。主枝角度的开张宜采取撑、拉、别的方法，调整为 65°～80°，并利用外芽轻剪，使其开张生长，弯曲延伸。辅养枝以骨干枝两侧的平斜中庸枝为主，也可以通过拿枝下垂的方法，选择利用部分骨干枝两侧的上斜枝为辅养枝。结合夏季修剪，注意利用主枝延长枝上方位和角度适宜的 2 次副梢，达到开张角度、加速整形的目的。

（2）成龄树修剪。根据李树的生长结果特点，李树生长中庸的枝条易发生短果和花束状果枝，中国李树的成枝力很强，因此成龄李树冬剪应以短截和疏枝相结合的方法进行。利用骨干枝换头的方法，调整骨干枝先端的角度和长势，达到抑前促后，控制树体大小和维持树势稳定的目的。继续保持延长枝的优势，进入盛果期，新梢生长势减弱，短截各级延长枝，

利用主侧枝经常换头的方法，调整枝条先端角度，控制树势。更新结果枝组。李树的结果枝以短果枝和花束状果枝居多，结果后应注意及时交替剪截，轮流更新、结果。通过短截和缓放，培养各种健壮的结果基枝，使其先端抽生长枝，扩大树冠，中心部生长结果短枝，结果部位不会上移。对于下垂枝、重叠枝、交叉枝、无更新价值的徒长枝可从基部疏除。上层枝和外围枝应疏密留疏，去旺留壮；结果枝组去弱留强，去老留新，以改善树体的通风透光条件。盛果期大树在内膛和主枝背上易萌发徒长枝，要结合夏季修剪及时剪除。其他过密枝、病虫枝和细弱枝也要一律剪除。

（3）衰老树修剪。盛果期过后，李树树体开始出现局部衰老，抽枝力很弱，结果部位外移，因此，这个时期应采取重剪回缩的方法：即主、侧枝同时缩剪，其程度可回缩到部分两、三年生枝条，回缩部分最好在有较大分枝处，并保持大枝间的从属关系。病虫枝、干枯枝、瘦弱枝要疏掉。同时加强肥水管理，从新发出的枝条上重新选留主、侧枝以构成新树冠。

2. 杏树的整形与修剪

（1）幼树修剪。杏树幼树整形采用自然圆头形，定植当年定干。根据品种生长势不同，干高应有所不同，树姿直立的品种，定干应低一些，约 40 cm，树姿较开张，长势弱的品种，干高 50～70 cm。

第 2 年春季在主干上选留 4～5 个分布均匀，角度开张的枝条作为主枝，并对主枝短截 1/3 左右。

第 3 年春，在每个主枝顶端留 1 个向外生长的枝条作为主枝延长枝，剪留 40～60 cm，并在主枝上每隔 40～50 cm 选留 1 个侧枝，过密枝要疏除，多留小枝，可加速成形。

整形要因树整形，因枝作形。杏树整形应注意各级枝条的从属关系，合理利用空间，既要防止枝条密集，又要防止内膛空虚，通过修剪调节枝条角度。这个时期的修剪原则是："长枝多截，短枝少截"。中庸枝和 20 cm 以下枝可缓放，延长枝下面较直立的枝条剪留1/3。这样经过 3～4 年整形基本完成，此树形结果枝较多，早期丰产性好。

（2）成龄树修剪。对盛果期的杏树采取短截和疏枝相结合的修剪方法。对初结果树，延长枝短截可稍重；为防止内膛光秃，注意在主、侧枝两侧培养永久性枝组；短截生长枝，在饱满芽处可留 15 cm 左右短截；回缩缓放枝；疏除过密的花束状果枝。盛果期树花量大，枝条生长势渐弱，修剪时注意枝组的更新复壮，保持树势。对树冠外围的各级延长枝，根据长势的强弱，一般剪去枝条的1/3～1/2，采取"强枝少截，弱枝多截"。促使剪口下萌发强壮新枝。疏除内膛枯枝，因杏树的结果枝寿命较短，所以每年都要计划地进行缩剪，促发壮枝以利于结果。内膛的徒长枝要短截，使其发育成结果枝。

（3）衰老树修剪。由于杏树的潜伏芽寿命较长，所以盛果期过后，要重剪回缩更新大枝，刺激潜伏芽萌发，选留合适的枝条作为主枝和侧枝，以重新组成树冠。膛内的徒长枝也应尽量保留，通过修剪，使其抽生结果枝。此外，衰老树在更新复壮的同时，必须供给充足的肥水，才能延长栽培年限。

第四节　李、杏果园土肥水管理

一、土壤管理

果园应根据季节进行春耕和秋耕，秋耕效果较好。秋耕的作用在于不仅能增加树木的抗逆性，消灭地下害虫，还能积蓄雨雪，一般在采收之后，结合施基肥进行耕翻，深度为30 cm以上，范围要比树冠大一些。春耕宜在土壤解冻之后到树体萌芽之前进行，此时根系生长缓慢，伤根较宜愈合。

整个生长季节要及时中耕除草，疏松土壤，改善土壤结构，以免杂草与果树争水肥。中耕的时间和次数应根据果园的情况而定，除秋耕外，还要在开花前后，雨季来临前及雨后加强除草，深锄松土。

1. 幼龄期果园的土壤管理

李、杏树幼龄期，树冠较小，虽然根系在土壤表层分布较多，但范围很小。因此，这个时期既要注意加强土壤管理，还要充分合理地利用行间空地，合理间作，以增加果园的经济收入。

2. 成龄果园的土壤管理

成龄果园，树冠扩展，根系遍布全园，行间不再适于间作，这个时期的土壤管理主要是秋耕、中耕。秋后结合施肥进行深翻；春季刨树盘松土，行间翻耕、耙平；夏季根据情况多次除草。

3. 合理间作

（1）要选择好间种作物。根据树种的特性及株行距，在不影响果树正常生长发育，又能提高土壤肥力的前提下，利用行间种植一些矮棵作物，如豆类、菜类、药材等。

（2）间种作物要合理轮作，随树龄的增长，间作面积也要相应缩小。

 知识链接

树盘覆膜方法

对于新栽的小树，可将塑料薄膜剪成1 m²，中心剪一个圆孔，从小树顶端套下去，铺在树盘四周，用土压好。对于大树，先整好树盘，用两块地膜对铺，接缝处重叠，距树干10 cm以外的周围，用小刀割10个"十"字形小口，便于雨水渗入根系。

（3）树盘覆膜。因地膜覆盖树盘有增温、保水、防虫、抑制杂草的作用，此法对于干旱地区和山地效果更好。

二、果园施肥

李、杏树是多年生植物，喜肥水，每年都要从土壤中吸取大量的无机养分，从秋冬到春夏，既储存又有利用，如果没有计划地施肥，尽管原来的土壤营养水平很好，但迟早会因为缺乏某些营养元素，而影响树体的生长发育。

1. 李树施肥特点

（1）基肥。基肥是能较长时期供给李树多种养分的基本肥料，一般以迟效性农家肥为主，如堆肥、厩肥、作物秸秆、绿肥、落叶等。基肥施入土壤后，在分解的同时释放养分，根系能慢慢吸收放出的养分，不断供给树体生长发育的需要。

（2）追肥。在施基肥的基础上，根据李树各物候期需肥的特点，生长季节再分期施一定量的速效性肥。这样，既可保证当年树体生长健壮和丰产，又能使花芽分化良好，为来年生长结果打下基础。成年李树追肥时间，可掌握以下几个时期：①花前追肥；②花后追肥；③果实膨大和花芽分化期追肥；④果实生长后期追肥。

（3）施肥量。施肥量要根据树龄、树势、结果量、土壤肥力等条件综合考虑。一般幼龄旺树结果少，土壤肥力高的要少施肥；大树弱树，结果量多，肥力差的山地、荒滩要多施肥。沙地保水保肥力差，要掌握多次少施的原则，以免肥水流失过多。成年李树，基肥每株施农家肥 50 kg 左右；追肥（可参考用）每次每株施尿素、钾肥各 250 g，过磷酸钙 1.5～2.5 kg。尿素叶面喷肥浓度 0.3%～0.5%。

2. 杏树施肥特点

杏树的根系非常发达，无论水平方向，还是垂直方向分布都很广。据河北农业大学调查，50 年生嫁接在本砧上的银白杏，根系水平伸展到 18.65 m，超过冠径（8.35 m）的 2.2 倍。在土层深厚、土壤水分条件好的情况下，22 年生青皮杏的垂直根系最大可达 5.8 m。所以杏树的施肥要考虑其自身特点。

（1）基肥。杏树基肥最好秋施，即 9～10 月结合翻耕尽早施入。早施由于气温、土温都比较高，切断的根系能迅速愈合，并发出新根，肥料施入后经过微生物的分解作用，根系即可吸收利用，这对于增加树体储藏的碳水化合物和蛋白质，对于花芽分化减少败育及第二年的开花、坐果、新梢生长等一系列生命活动都十分有利。早春施基肥对于生长健壮、储藏营养水平高的杏树没有太大的影响。

（2）追肥。又叫补肥。基肥发挥肥效平稳而缓慢，当杏树需肥急近时期必须及时补充肥料，才能满足杏树生长发育的需要。追肥既是当年壮树、高产、优质的肥料，又能给来年生长结果打下基础，是杏树生产中不可缺少的施肥环节。追肥的次数和时期与气候、土质、树龄等有关。一般高温多雨或沙质土、肥料易流失，追肥宜少量多次；反之，追肥次数可适当减少。幼树追肥次数宜少，随树龄增长，结果量增多，长势减缓，追肥次数也要增多，以调节生长和结果的矛盾。

（3）施肥量。每年 9～10 月新梢停止生长后施足基肥，以有机肥如厩肥、鸡粪等为主，配合一定的速效肥。施肥量应根据树体大小及生长情况而定，通常每株施有机肥 30～50 kg，加果树专用复合肥 0.5 kg 左右。萌芽前、果实硬核期和膨大期应进行追肥。萌芽前以速效氮肥为主，每株施尿素 0.25～0.5 kg。果实硬核期以速效氮肥为主，配合磷钾肥，每株可施磷酸二铵 0.5～1.0 kg。果实膨大期以钾肥为主，每株可施硫酸钾 0.5 kg 左右。肥料应开沟施入，施后及时覆土。另外，整个生长季，可根据主要生长物候期进行叶面追肥，喷布尿素、磷酸二氢钾、氨基酸复合微肥、稀土微肥等。

三、灌水与排水

果园排灌系统的好坏，直接影响树体的寿命。因此，及时灌水和排水，既能保证树体健壮生长，又能保证丰产、丰收。

1. 灌水

（1）李树的灌水。李树是浅根性果树，抗旱性中等，喜潮湿，但不耐涝。一年中李树对水分的要求是不相同的。新梢旺盛生长和果实迅速膨大时需水最多，对缺水最敏感，是李树的需水临界期。花期干旱或水分过多，常会引起落花落果。冬季干旱时，如果土壤含水量偏低，能引起抽梢，枝条干枯，似冻害。夏季降雨量大，果园积水，一方面由于缺氧而影响根系的生长与吸收水分等造成生理缺水，另一方面又容易使一些接近成熟的果实发生裂果。据此，一年中要抓好几次关键性灌水：

1）越冬水。也叫封冻水，在 11 月份，俗话说"小雪不封地、不过三五日"。越冬水应在小雪前 15 天灌水为宜，结合施肥。灌大水，湿土层达 80 cm 最好。越冬水能使土壤上层保持湿润，以供给整个冬季里树体的需水。灌水方法可用漫灌法。

2）花前灌水。在清明前 20 天左右，也可结合施肥。休眠后的李树，随着春天地温升高，阳气上升，慢慢恢复其旺盛的生命活动，养分与水分向每个枝芽运送。这个时期的李树需要灌水。灌水时应沟灌或单株盘灌，这样灌水，容易均匀。湿润土层 50 cm 即可。花前灌水使花芽充实饱满，保持花芽有一定的养分和水分，为授粉和提高坐果率奠定较好基础。

3）幼果灌水。幼果灌水是在花落后的幼果定果之时，约在 3 月下旬至 4 月上旬，幼果定果后 20 天内，是幼果迅速发育期，需要很多的养分与水分，为了减少落果，灌水是关键。灌水方法以沟灌较好，湿润土层 40 cm 即可。

（2）杏树的灌水。杏树除每次施肥后都要灌水外，上冻前灌一次封冻水，扣棚前灌一次小水，然后覆盖地膜，以便提高地温，促进根系活动。谢花后再灌一次水，促进幼果和新梢加速生长，并揭除地膜。果实硬核期和膨大期，根据土壤水分状况，适量浇水，可减少落果，增大果个。果实采收前适当控水，以提高果实品质，避免采前裂果。揭棚后，一般不需浇水，以免枝条旺长，树体过大。天气干旱时可酌情灌水。

2. 排水

雨季水量过多时，如果长时间不排除，便会产生有毒物质。因此必须及时排水。

（1）山地果园在雨量大时，将竹节沟的埂扒开，以利于水分及时排出。

（2）平原黏土地果园应挖排水沟。排水沟的深度与沟间距依雨季积水程度而定。排水沟的深度应使最高水位低于根系集中层 40 cm 以下。雨季积水较轻或土质较黏，以及沙滩地果园雨季地下水位高于 80～100 cm 的地片，可 4～6 行树挖 1 条沟，积水严重或土质黏重的可 2～3 行树挖 1 条沟，沟口应与园外的排水渠相通。

第五节　李、杏的主要病虫害防治

一、主要病害防治

1. 李子红点病

此病在北方各李树园区均有发生，危害日益严重，成为目前李园最为严重的病害，可引发李树早期落叶，造成树势衰弱，影响果实品质。

（1）症状。李子红点病属真菌病害，仅危害李树及李属植物的叶片和果实。发病初期，侵染叶片，在叶面上产生橙黄色、稍稍隆起的圆形小斑点，边缘较清晰，随着病斑的扩大，颜色变深，病部叶肉也随之加厚，其上密生深红色小粒点是病菌子囊壳，内含有大量子囊孢子。受害严重时，每个叶片布满病斑，叶片变红黄色，呈卷曲状态，引起早期落叶。

果实受害时，在果面上产生橙黄色圆形病斑，病处先水肿，边缘不清晰，后期皱缩，其上散生黑褐色小点，果实呈畸形，易脱落，不能食用。李子红点病在雨季及通风透光不良的李园发病较重。

（2）防治方法

1）加强果园栽培管理。彻底清扫果园，把病果、病叶集中一起深埋或烧毁。秋翻地，春刨树盘，减少侵染来源。合理修剪，使树体通风透光良好。

2）药剂预防及治疗。萌芽前喷 5 度石硫合剂，展叶后喷 0.3～0.5 度石硫合剂。开花后（5 月中下旬）和发病前喷 1∶2∶200 的波尔多液，效果很好。6 月中旬至 7 月中下旬，隔 10 天喷一次 65％代森锌 400～500 倍液，也可喷天 T 杀菌剂 100～200 倍液等。

2. 穿孔病

穿孔病分为细菌性和真菌性两种，侵害李、杏、桃等核果类果树的叶片、枝梢和果实。

（1）细菌性穿孔病。该病病原是一种细菌，由叶片的气孔、枝梢皮孔侵入。

1）症状。发病初期，在叶片背面产生水渍状小斑点，扩大后呈圆形或不规则形状，颜色呈紫褐色至黑褐色，病斑周围有黄绿色晕圈，以后病斑干枯脱落，形成穿孔，病斑大多发生在叶脉两侧及叶子边缘。

被害枝梢有两种不同形式的病斑：春季溃疡和夏季溃疡。春季溃疡，其病菌已于上一年夏季侵入枝条，待春季展叶时，枝条上出现暗褐色小疱疹，扩展后其宽度一般不超过枝条直径的 1/2。开花前后，病斑破裂病菌溢出；夏季溃疡一般在夏末侵染 1 年生的嫩枝，以皮孔为中心，产生水渍状暗紫色斑点，以后变成褐色至深褐色，稍凹陷。侵染果实时，在果面上产生褐色圆斑处裂开。

2）防治方法

①细菌性穿孔病的发生与气候、树势、果园管理等有关，因此，在防治上首先要加强果园的栽培管理，合理修剪，增施有机肥，增强树势，清除病枝落叶并烧毁，以彻底消灭越冬菌源。

②进行喷药保护和防治。萌芽前喷 5 度石硫合剂或 45％晶体石硫合剂 30 倍液；萌芽后喷 72％农用链霉素 300 倍液或代森锌 500～600 倍液等杀菌剂。

（2）真菌性穿孔病。属真菌病害，寄主有桃、李、杏等，危害叶片和枝梢。

1）症状。叶面上的病斑为近似圆形或不规则形，后期病斑中部干枯脱落，形成穿孔，边缘整齐。

2）防治方法

①加强果园栽培管理，增施有机肥，提高树体抗病力，合理修剪及时清扫果园以减少病原。

②喷药保护和防治。萌芽前喷 80％五氯酚钠 300 倍液；萌芽后喷 70％代森锌 500 倍液，50％苯菌灵可湿性粉剂 1 500 倍液等。

3. 流胶病

流胶病是一种生理病害，主要危害李、杏、桃等核果类果树的枝干。大量流胶会削弱树势，加速衰老，重者整株死亡。

（1）症状。早春树叶流动，从枝干的裂缝或伤口处流出透明胶状物，有时呈条状，有时呈瘤状，干燥时呈红褐色透明坚硬的块状物。果实染病时，果面上溢出黄色胶质，病部硬化不能生长。

（2）防治方法

1）加强果园综合管理，合理修剪，合理负载，增强树体抗病能力。

2）加强树体保护，冬春对枝干涂白，防冻、防日烧。也可在早春将病部组织刮除干净，伤口四周露出健康组织 0.5 cm 左右，涂上 45％晶体石硫合剂 30 倍液，再涂铅油做保护。下雨天向流胶处撒白灰效果也很好。

二、主要害虫防治

1. 李小食心虫

李小食心虫危害核果类果树，尤以李树受害最为严重，防治不好，将造成丰产不丰收，甚至拔树毁园，是李树发展的一大障碍。

该虫以幼虫蛀果危害。幼虫蛀果前常于果面吐丝结网，并开始咬破果皮钻入果内，几天后，在入果孔处流出泪珠状果胶。幼虫入果后常窜到果柄附近，咬伤疏导组织，使果实不能正常发育，逐渐变成紫红色，提早脱落，被害果实内积满红棕色虫粪，失去食用价值。

（1）形态特征。成虫体长 4.5～7 mm，翅展 11～14 mm，体背灰褐色，腹面铅灰色或白色。卵，为圆形，初产卵乳白色、半透明，孵化前转为黄白色。幼虫，老熟幼虫体长 12 mm 左右，头部黄褐色，身体桃红色。蛹，长 6～7 mm，褐色。茧，灰色，纺锤形，坚韧。

（2）发生规律。北方 1 年发生 2～3 代，均以老熟幼虫在土中结茧越冬，或在树干老翘皮缝隙内结茧越冬。6 月末至 7 月初出现第 1 代成虫，盛期为 7 月中旬，8 月上旬出现第 2 代成虫。

（3）防治方法

1）地面防治。树盘盖土，在越冬代成虫羽化前，在树干周围培土 8～10 cm 厚，踏实，可把羽化的成虫闷死，6 月上旬成虫完成羽化后结合除草，将土撤去。树覆地膜，可以防止越冬幼虫出土作茧、化蛹。地面喷药，用 50％辛硫磷喷树盘或灌树盘，均匀周到，然后用耙子搂平，使药与土混合均匀。并及时清扫果园，将落果收集起来深埋或烧掉。春季结合修剪，刮除老翘皮，将树皮烧掉，并涂上 45％晶体石硫合剂 30 倍液。

2）树上喷药。在成虫盛期，喷施 75％甲氰菊酯 2 000～3 000 倍液或敌杀死 1 500～2 000 倍液。一般 1 年连续喷药 3～4 次，北方地区大约在 6 月末至 7 月间喷药。

3）诱杀。北方利用李小食心虫的趋光性、趋化性，在园内挂黑光灯或糖醋液盆捕杀成虫。此法省时、省药而且准确。具体做法：将普通罐头瓶洗干净，用细铁丝把李小性诱芯穿在瓶口中央，瓶内加入少许洗衣粉，注满清水，诱芯距离水面 1.5～2 cm，将瓶悬挂于距地面 1.5 m 高的枝杈上，每隔约 50 m 挂一个瓶，每天定时检查瓶中成虫数量。如果成虫数量增多，达到高峰，就在高峰期过后 5 天之内选晴天喷药，其防治效果很好。

2. 蚜虫类

危害李、杏新梢和叶片的蚜虫主要是桃蚜和桃粉蚜。

（1）发生规律。成虫、若虫群集在芽、叶及新梢上吸汁液，叶片呈卷曲皱缩状态。桃粉蚜危害最重，在嫩枝上聚集较多，因分泌蜜汁，严重时使枝叶变黑。

1 年可发生十几代，以卵在枝干缝、芽旁内越冬，5 月上旬若蚜出现，6 月上旬危害最盛，天旱时，危害程度更重。桃蚜越冬，早春以桃、李、杏为寄主，夏、秋则以烟草、瓜类、大豆、白菜等为寄主，桃粉蚜的夏秋寄主为禾本科杂草。

（2）防治方法

1）加强果园管理。行间不宜种烟草、白菜等作物，减少蚜虫的夏季繁殖场所，及时中耕除草。

2）树体喷药。春季在叶片尚未卷曲之前喷 40％乐果乳剂 2 000 倍液，生长季节危害严重时，还可喷灭蚜松乳油 1 500 倍液，最好用吡虫啉加阿维菌素 2 500 倍喷雾，也可在防治李小食心虫时与乐果等药混合喷洒，兼治蚜虫。

3）注意保护天敌，如七星瓢虫、大草蛉、食蚜蝇，因此应避免天敌多时喷药。

3. 螨类

危害李、杏树螨类主要有山楂红蜘蛛和苹果红蜘蛛，寄主植物很多，防治较难，受害严重的果树，当年叶片枯黄，早期脱落，第 2 年产量受影响。

（1）发生规律。以成虫、若虫刺吸叶片和芽的汁液，严重时也危害幼果。叶片受害初期，呈现许多绿的小斑点，以后斑点逐渐增多连成片，严重时叶片变褐、脱落。芽受害严重时不能萌发。

山楂红蜘蛛 1 年发生 5～9 代，以受精雌成虫在树枝、干的粗皮裂缝内及树干基部附近的土块缝里越冬。第 2 年春，芽膨大时开始活动，先在芽上危害，后转到叶片吸食；苹果红蜘蛛以卵在短果枝及 2 年以上生的枝条上越冬，发芽时开始孵化，花期时出现第 1 代雌成虫，产卵。1 年发生 6～7 代，6 月以后世代重叠，7、8 月份繁殖最快，危害也最重；山楂红蜘蛛在叶背面危害，拉丝产卵，苹果红蜘蛛喜在叶正面危害，成虫在叶背面产卵。

（2）防治方法

1）休眠期防治，尽力降低虫的基数。秋季清扫果园，将落叶深埋，早春萌芽前刮除老翘皮，烧毁，并喷施 5 度石硫合剂，翻耕树盘。这样可消灭大量的越冬螨类虫卵。

2）萌芽后，在越冬雌虫出现时，第 1 代孵化结束，喷 0.3 度石硫合剂或 25％螨净 500 倍液，20％速螨酮可湿性粉剂 2 000 倍液等。

防治螨类必须及时，否则各虫态重叠发生，防治较难。

思 考 题

1. 怎样掌握李、杏园的建园技术与管理技术？
2. 简述李、杏树的整形与修剪方法与特点。
3. 简述李、杏树的主要病虫害及防治方法。

第七章　桃的栽培技术

学习目标:

◆掌握适合北方栽培的主要桃树品种

◆掌握桃园的建园技术与管理技术

◆掌握桃树的整形与修剪

◆掌握桃树主要病虫害的防治方法

我国桃树的栽培面积居世界首位,是我国的第五大果树,在落叶果树中居第三位,在我国的经济林果发展中占有重要地位。桃果实不仅味美,而且还有一定的食疗作用,桃仁、桃叶、桃根、桃花、桃胶有一定的药用意义。桃主要集中分布在生长季光照充足、少雨、休眠期温度适中的温冬区。桃育种总体目标是优质、耐储运、多样化和抗性。未来桃的生产应向品种区域化、多样化、特色化、国际化迈进。

第一节　桃的主要品种

一、普通桃

1. 春艳

早熟普通桃品种。果实大,丰产,平均单果重 150 g,最大单果重 250 g。果皮底色乳白至黄色,彩色鲜红,果肉白色,树势强健,树姿开张。如图 7—1 所示。

2. 北农大早艳

果实近圆形,丰产性好,平均单果重 134 g,最大单果重 250 g。果皮底色浅绿色,果面 70%~80%覆鲜红霞,着色深处为暗红色。果肉绿白色,

图 7—1　春艳

肉质致密，成熟后软而多汁，有香气，半离核，品质上等。树势强健，树姿半开张，复花芽多，长、中、短果枝均能结果。

3. 百岁红

早熟普通桃品种，果实近圆形，平均单果重 242 g，最大单果重 522 g。果皮底色黄白色，成熟时着色达 89%，果实浓红。果肉红色，果实硬度大，甜脆可口，品质上等，可溶性固形物含量 14.2%，黏核。树势强健，树姿半开张。复花芽多，长、中、短果枝结果良好，丰产性好。花粉败育，需搭配授粉树。

4. 京玉

果实为椭圆形，平均单果重 162 g，最大单果重 375 g。果顶圆、微凹，果皮底色淡黄绿色，上覆鲜红色条纹或晕，光照好时果面全鲜红色。果肉白色，缝合线附近及核周围红色肉质松脆，硬溶质，完熟后为粉质，汁液少，离核，树势强健，树姿半开张。成花容易，花量大，结果早，丰产。果实硬度大，耐储运，为鲜食、加工兼用品种。

5. 熊岳巨桃

果实为扁圆形，平均单果重 400 g，最大单果重 900 g。果皮黄白微带绿色，成熟后为全红色。果肉白色，微带红，肉质细密，汁液中等，甜酸适口，可溶性固形物含量 11%～12%，离核。树势强健，树姿开张。复花芽多，花粉量较少。各类结果枝均能结果，以中、短果枝结果为主，丰产性好。

另外，燕红、重阳红、秋红蜜、冬雪蜜桃也是相当不错的品种，果农可根据自身实际情况选择。

二、油桃

1. 曙光

为极早成熟的甜油桃品种。果实近圆形，平均单果重 100 g，最大单果重 200 g。果皮底色浅黄，果面鲜红色至紫红色。果肉黄色，硬溶质，汁液中多，风味甜香，品质优良，可溶性固形物含量 10%～14%，黏核。树势中等偏强，树姿较开张。复花芽多，丰产。如图 7—2 所示。

2. 瑞光 5 号

果实近圆形，平均单果重 145 g，最大单果重 158 g，果皮黄白色。果肉白色，硬溶质，完熟后多汁，味甜，可溶性固形物含量 7.4%～10.5%，黏核。树势强，树姿半开张。复花芽多，各类结果枝均能结果，丰产。如图 7—3 所示。

3. 双喜红

果实大，平均单果重 180 g，最大单果重 220 g。果实呈圆形，两半部对称，果顶圆平，果实纵、横、侧径为 6.38 cm×7.28 cm×7.6 cm。果皮为橙黄色，果面 80%～100% 着红色至紫红色。果肉橙黄色，硬溶质，风味浓甜，可溶性固形物含量 13%，离核。如图 7—4 所示。

图 7—2　曙光

图 7—3　瑞光 5 号

4. 瑞光 7 号

北京市农林科学院林业果树研究所培育而成。果实近圆形，平均单果重 145 g，最大单果重 183 g。果皮底色黄白色，果面全面着紫红色红晕。果肉黄白色，硬溶质，半离核或离核。树势中等，树姿半开张。复花芽多，各类结果枝均能结果，丰产性好。

5. 中油桃 7 号

果实近圆形，平均单果重 175 g，最大单果重可达 250 g。果皮底色黄，果面全面着鲜红色。果肉橙黄色，硬溶质，风味浓甜，品质优，含可溶性固形物 15％～17％，离核。树势强健，树姿开张。各类结果枝均能结果，丰产性好。如图 7—5 所示。

图 7—4　双喜红

图 7—5　中油桃 7 号

另外，中油桃 4 号、中油桃 6 号、千年红、红珊瑚、瑞光 11 号、晴朗也是不错的品种，果农可根据自身实际情况进行选择。

三、蟠桃

1. 早露蟠桃

特早熟蟠桃品种。果实呈扁圆形，平均单果重 120 g，最大单果重 190 g。果皮底色黄白色，果实阳面 1/2 以上着玫瑰红色晕。果肉乳白色，近核处红色，硬溶质，肉质细，风味甜，可溶性固形物含量 9%～11%，黏核。树势中庸，树姿半开张。复花芽多，各类结果枝均能结果，丰产性好。果实发育期 60 天。如图 7—6 所示。

2. 中油蟠 1 号

单果重约 110 g，果形扁平，两半部较对称，果顶圆平，微凹，纵、横、侧径为 3.12 cm×6.60 cm×6.03 cm。果皮绿白色，75% 着红晕。果肉乳白色，硬溶质，风味浓甜，可溶性固形物含量 17%，有香气，品质上等，黏核。丰产。多雨和湿度较大的地区种植有裂果现象。如图 7—7 所示。

图 7—6　早露蟠桃

图 7—7　中油蟠 1 号

3. 瑞蟠 3 号

北京市农林科学院林业果树研究所 1985 年用大久保与陈圃蟠桃杂交，1994 年育成的中熟蟠桃品种。果个特大，呈扁圆形，平均单果重 200 g，最大单果重 276 g。果皮底色黄白，硬溶质，风味甜，可溶性固形物含量 10%～12%，黏核。树势中庸，半开张。蔷薇花，粉红色。丰产。如图 7—8 所示。

4. 瑞蟠 4 号

晚熟蟠桃品种。果实呈扁平，圆整，平均单果重 221 g，最大单果重 350 g。果皮底色淡绿，完熟时黄白色。果肉淡绿至黄白色，硬溶质，汁液多，风味甜，品质上等，可溶性固形物含量 13.5%，黏核。树势中庸，树姿半开张。以长、中果枝结果为主，复花芽多，丰产。如图 7—9 所示。

图 7—8　瑞蟠 3 号

图 7—9　瑞蟠 4 号

5. 瑞蟠8号

早熟蟠桃品种。果实呈扁圆形，玫瑰红色，果皮底色黄白。果个大，平均单果重125 g，最大单果重 180 g。果肉黄白色，黏核，硬溶质，风味甜，可溶性固形物含量 10％～11.5％。树势中庸，树姿半开张。蔷薇花，粉红色，花粉多，丰产。

另外，瑞蟠1号、瑞蟠5号、中油蟠2号也是相当不错的品种，果农可根据自身实际情况进行选择。

第二节　桃树的整形与修剪

一、树形选择

我国桃树曾采用丛状形、杯状形和改良杯状形，而目前生产上主要采用三主枝或多主枝自然开心形，国外近 30 年来新开发并推广的树形主要有塔图拉形和主干形。下面介绍几种比较常见的树形选择。

1. 自然开心形

通常为三主枝树形，主干高 30～50 cm，主干上分生三主枝，主枝开张角度 30°～45°，每个主枝上培养 2～3 个侧枝，开张角度 60°～80°。此形主枝少，侧枝强，骨干枝间距大，光照好，枝组寿命长，修剪轻，结果体积大，丰产。多主枝开心形在主干上分生三个一级主枝，每个一级主枝再按二叉式分枝形成六个二级主枝，每主枝培养两个外侧枝。完成基本树形时骨干枝间保持90～110 cm间距。此形侧枝寿命长，枝组强，成形快，早丰产，进一步提高了空间利用率。

2. 竹竿形

中央干强而直立，无主、侧枝，中央干上直接分生大型结果枝组。这一树形适用于密植栽培，一般每公顷1 500～2 000 株，具体密度取决于品种与砧木组合的生长势、土壤肥力高低、气候条件及栽培的机械化程度。此形一般都架设立架，将中心干和部分大型枝组绑缚在架上。

3. 塔图拉形

塔图拉形源于澳大利亚塔图拉镇，其主要特点是沿行向架设 V 形双臂篱架，两臂间夹角为 60°。两臂上各架设 4～5 条铅丝，树冠整成 Y 形，每株两个主枝，方向与行向垂直，分别绑在两侧的铅丝上。株距 1.5～1.8 m，行距 4.5～6 m。主枝上无侧枝，直接着生各类结果组。

4. Y 形

Y 形是我国 20 世纪 80 年代开始研究开发的二主枝开心形。与塔图拉形不同的是 Y 形不需设立支架，在栽植后的第1～2年采用拉枝的方法调整主枝的角度与方位。此外枝的开张角度为45°～50°，从而使主枝前后部势力更均衡，产量更高，果实的整齐度也更好。Y形整枝树体结构简单，主枝的排布比其他树形更合理，能更充分地利用空间和光照，使整个果园的通透性更好，树体的生产能力也更高。Y形一般采用宽行密植，树冠可大可小，适用于不同栽植密度。行距从2～6 m，株距从0.8～3 m均可采用此法整形。一般株距小于2 m时，不需配备侧枝，主枝上直接着生结果枝组；株距大于2 m时，每个主枝上可配置2～3个侧枝。

二、桃树整形修剪注意事项

1. 主干高度

主干高度直接影响果园的空间利用、通透状况、产量高低、品质优劣以及果园作业效率。传统理论一直以为桃树干宜矮，一般为30～50 cm。栽植密度越大，主干越矮。然而，现代生产实践证明，主干过低既不利于果园管理作业，又降低了果园的通风透光性，主枝中下部距地面过低，湿度大，通风不好，光照不足，新梢生长弱，花芽分化不良，坐果率低，果实品质差。因此，综合各种因素认为，一般密植园的主干高度以60 cm为宜，高度密植园60～80 cm，超高密植园应提高到80～100 cm。

2. 树体结构

长期以来，国内外桃树生产上大都采用开心形，树体结构复杂，特别是改良杯状型和六主枝自然开心形，技术要求高，不易实行标准化作业。此外，这种由主干向四周发散的结构对果园空间利用不合理，距主干1～1.5 m范围内骨干枝密度过大，枝梢密度也大，而树冠外围则枝量少，空间及光能利用均不充分。Y形结构简单，技术要求不高，容易实行标准化与规范化作业，初学者经简单培训即可操作。二主枝开心形树冠内外枝量分布均匀，可充分利用果园的空间和光能，最大限度地提高生产效率。

3. 防止主枝中下部秃裸

骨干枝中下部的枝条或枝组生长衰弱，2～3年后死亡，结果部位迅速外移，导致桃树的有效结果体积和生产能力大幅下降。骨干枝中下部秃裸、结果部位快速外移是长期困扰国内外桃树工作者的一大难题。经多年观察研究发现，造成这种现象的首要原因是主枝延长枝修剪过重，其次是光照不良。传统的整形方法是每年将主枝延长截去其长度的1/2左右，这种剪法使主枝延长枝生长旺盛，消耗了大量树体营养，而中下部小枝的矿质营养供应严重匮乏。长期的营养不良，导致了主枝中下部枝条的迅速衰弱和死亡。另外主枝中下部光照相对不足，使该部位枝梢的碳素营养也不足，从而进一步加快了其衰亡的速度。通过调整主枝的开张角度、对主枝延长枝轻修剪并保留副梢结果等方法来削弱先端生长，既实现了早期优质丰产，又有效地保持了树体各种部位实力的均衡，既大幅提高了产量，改善了果实品质，又很好地解决了桃树结果部位外移的问题。

4. 树体控制

近年来，我国桃园栽植密度越来越大，每公顷 1 000～1 500 株的并不少见。因此，有效控制树体的大小成了一个十分突出的问题。在桃树矮化砧的选育方面，到目前为止仍未能推出一个较为理想的矮化砧。其实，桃树的树体控制并不难，只要修剪方法得当，再配以适当的花果管理技术，就能有效地控制乔化桃树树体的大小，而且还可以显著提高产量，改善果实品质。长期以来，无论树体大小是否达到或超出了建园时设计者为它预留的空间，每年冬剪时均将骨干枝的延长枝中短截。这种增势剪法使骨干枝始终保持较强的生长优势，促使其不断向外生长，树冠不断增大，直到有一天衰老得无力再抽新枝为止。由此不难看出，只要在树体要达到事先设定的大小时，改变对树冠外围枝包括主、侧枝延长枝和大型枝组带头枝的修剪方法，及时将其转化成结果枝并令其结果，结果后将超出树冠设计大小范围的枝条疏除或缩剪掉。每年照此进行，就可以将树体大小始终控制在原有范围之内。

5. 枝芽寿命

桃树枝芽寿命相对较短，因此，如何延长枝芽寿命就成了桃树修剪中一个十分重要的问题。枝芽寿命除了受遗传因素影响外，主要取决于枝芽的营养状况。营养状况好，寿命长，反之，寿命短。在全树肥水供应正常的情况下，不同部位与类型的枝条的营养状况取决于各自从树体中获取水分、养分的能力以及自身制造碳素营养的能力。生长势强的枝条和新梢从树体中获取水分养分的能力强，自身合成碳素营养的能力也强，而生长势弱的新梢从树体中获取水分和养分的能力弱，自身合成碳素营养的能力也弱。因此，要解决枝芽寿命短的问题，就必须首先调整好主枝角度，改变修改方法，削弱骨干枝头、枝组带头枝的生长势，清除骨干枝背上的徒长枝，使树冠中各部位与各类型的枝条的生长势趋于平衡，从而消除强弱梢之间激烈的营养竞争，使各类枝条都能得到良好的水分和矿物质营养供应。其次是合理控制树冠各部位的枝叶密度，保持良好的通风透光状况，使各类枝条上的叶片都能保持较高的光合速率，从而使各类枝梢的碳素营养状况良好。

6. 结果枝组的配置

结果枝组着生在主、侧枝上的结果单位，按其占有空间大小、着生结果枝数量多少，分为大、中、小三类。大型枝组所占空间大，一般由 10 个以上的结果枝构成，结果量多，寿命长。小型枝组所占空间小，一般由 5 个以下结果枝构成，结果量少，寿命短，一般在 3～5 年内衰亡。中型枝组介于二者之间。各类枝组在培养、发展、衰亡过程中可以相互转化。

合理配置枝组是延长丰产年限的关键措施之一，一般应大、中、小型枝组相间配置。在高度密植栽培中，以中、小型枝组为主，而超高密栽培中，每株树就相当于 1～2 个大型枝组。

枝组之间需保持一定间距。同方向的大型枝组之间相距 50～60 cm，中型枝组之间相距 30～40 cm。主枝背上以中、小型枝组为主，背后及两侧以中、大型为主。总之，要做到疏密有序，生长均衡，排列紧凑，不挤不空。

7. 结果枝的培养与选留

不同类型的枝条在成花能力、花芽质量、坐果率高低以及所结果实的风味及商品品质方面均有明显的差异。因此，培养和选留什么样的结果枝就成了桃树栽培与修剪中的重要问题之一。长期以来，人们一直认为北方群品种应以短果枝结果为主，而南方群品种则应以中、长果枝结果为主。典型的北方群品种长枝分化花芽少，质量差，着生节位高，坐果率低；而短枝则花芽分化好，花量大，坐果率高，果实个大品质好。因此，要培养出足够数量的短果枝，以满足生产要求。南方群品种则长、中、短枝均易成花结果，长期以来生产中所表现出来的中、长果枝结果好是目前多采用的修剪方式造成的。国内绝大多数产区均采用短截修剪，除了疏除多余的枝条以外，留下来的不论长短、强弱一律短截，特别是骨干枝头和大型结果枝组带头枝的中、短截，造成剪口附近的枝梢生长旺盛，消耗了大量水分和养分。而在水分养分竞争中处于绝对劣势的短果枝则营养不良，结果能力差，寿命短。事实上经常看到，树势中庸或偏弱的单株或桃园内，短果枝结果很好。另外，从国内及亚洲市场来看，消费者一般多喜欢大果，果个越大，越受欢迎。与 10 年前相比，近年市场上出售桃果的果个几乎增加了一倍。桃果的果柄很短，要生产大型果或特大型果，就要能利用短果枝结果，特别是那些梗洼深的特大型果更是如此。为了适应消费者的要求，获得较高的经济效益，生产者必须调整生产技术。

三、修剪时期

桃树的修剪分为生长季修剪和冬季修剪。从修剪的作用来看，生长季修剪更为重要，它可以及时地调整树体的生长发育状况、树体及果园的通风透光状况、树体的枝类构成以及新梢生长和果实发育的关系。总之，桃树的营养生长、开花结果、果实发育和花芽分化都是在生长季进行的，因此，生长季修剪才是最及时和最有效的。冬季修剪作为一个生产环节，应该是对生长季管理及修剪的调整和补充。

按现代桃树生产的特点和要求，一般在盛果期末，甚至更早些时候就要进行更新。因此生产园桃树的生长发育时期就只是幼树期、初果期和盛果期三个时期。随着果园栽植密度的不断增加，人们从过去稀植栽培只关注单株树个体的生长结果与管理，转而更注重桃园群体的生长结果与管理。

1. 幼树及初果期树的修剪

此期从定植开始，到果园树冠占有面积率达 70% 止。这一时期树体生长发育的特点是营养生长迅速，树冠不断扩大，生长结果并举。此期结束时，树冠体积达到设计大小，产量基本达到盛果期水平。幼树及初果期的长度因栽植密度而异，一般超高密植园为 1～2 年，高度密植园为 2～3 年，一般密植园为 3～4 年。这一阶段修剪的主要任务是：按所设定的树形和树体结构的要求进行并完成整形工作；基本完成结果枝组的培养，调整枝梢密度和枝类构成。生长期修剪的主要任务是：培养树形和结果枝组，提高质量，改变新梢构成，提高优质结果枝比例，为迅速投产和早期丰产创造条件；而冬季修剪的主要任务是：调整树形、枝组、枝条密度和枝类构成，为下一年的树形培养和生长结果奠定基础。

（1）定植当年生长季的修剪

1）树形培养。主要是按树形和树体结果设计的要求，选出生长势强，着生方位适宜的新梢作为主枝培养。具体做法是通过抹芽、新梢短截和疏梢的方法来控制其他强梢的长势，并在秋季来临之际通过拉枝的方法调整作为主枝培养的强梢的角度与方位。

2）枝组培养、改变新梢构成与提高质量。在正常管理条件下，除作为主枝培养的新梢以外，其他保留下来的新梢以及作为主枝培养的强梢中下部的副梢往往生长势较强，如任其自然生长，到秋季停长时，其长度可达 60～80 cm 或者更长。在夏季这类新梢长度达 30～40 cm 时进行剪梢，每个被剪新梢或副梢抽生 3～5 个长度适宜的副梢或二次副梢。通过适当的促进花芽分化的措施，这些副梢及二次副梢均可分化出足量的花芽，第二年开花结果。在生长季长、光热充足的地区，还可以进行第二次剪梢，以进一步增加枝量。这样既可以有效地防止这类新梢的旺长，又可以改变新梢构成，既迅速增加了枝量，又培养了枝组。

（2）定植当年的冬季修剪

1）主枝头修剪。主枝头的处理方法因栽植密度及行距大小而异。行距约为 2.5 m 的，经过一年的生长，树冠占有面积率已达 70% 左右，并已形成足量的结果枝，以后树冠基本上维持现有大小，主枝头作为一般结果处理。行距为 4～6 m 的，主枝剪取其总长度的 1/4，剪口下第一芽留在主枝外侧，以保证下年主枝继续按现有方向向外延伸生长。

2）枝组与其他枝条的修剪。株距未超过 2 m 的不需配备侧枝，也不必刻意培养枝组，修剪时只需疏除过强枝和过密枝，留下来的枝条均按结果枝处理。当株距超过 2 m 时，则要注意在适当的位置选留健壮枝条作为侧枝培养，方法是剪去先端 1/4～1/3。

（3）二年生树生长季的修剪。生长季修剪的主要任务是控制新梢旺长，调整新梢密度，改善树体的通风透光状况。具体做法是：疏除主枝背上的直立旺梢和树冠中其他部位的旺梢和过密梢。行距小于 3 m 的桃园，要特别注意控制树冠大小，相邻两行之间的距离要始终控制在 50 cm 左右，方法是将超出设计空间范围的外围新梢彻底疏除。行距为 4～6 m 的，应在 6 月 20 日之前对主枝延长梢上的副梢进行剪梢处理，剪留长度 15～20 cm。7 月中下旬连喷 2 次 15% 多效唑 200 倍液促进花芽分化。

（4）两年生树的冬季修剪。经过 2 年的生长，行距 4 m 的桃园的树冠占有面积率也已达到 70% 左右，树体大小已达到设计要求，整形任务完成。行距为 2～4 m 的桃园冬季修剪的主要任务是：调整枝条密度，控制树冠大小。要疏除强旺枝和过密枝，回缩株间过度交叉枝和行间超出设定空间的枝条，其余枝条一律按结果枝处理。行距为 5～6 m 的桃园，树体大小尚未达到设计要求，主枝延长枝仍留总长度的 3/4 短截。行距为 5～6 m、株距大于 2 m 的桃园，除主枝延长枝以外，应注意选留第二侧枝。

（5）三、四年生树的修剪。行距 2～4 m 的桃园，三、四年生树修剪的主要任务是：控制树体大小，调整与控制枝梢密度，改善果园群体、个体的通风透气状况。修剪方法与二年生超高密栽培园相同。行距为 5～6 m 的桃园，树体大小尚未达到设计要求时，冬季主侧枝延长枝继续剪留 3/4，其他修剪方法与超高密植园相同。

2. 盛果期树的修剪

此期树体大小已经达到设计要求，整形工作已经完成。修剪的任务主要是调整枝梢密度和生长势，适时更新结果枝组和结果枝，具体修剪方法与三、四年超高密栽培园相同。

四、花果管理

1. 疏花与疏果

桃树一般结实率都很高，即使是无花粉或少花粉的品种，在合理配置授粉树的条件下，坐果率都会远远超出生产的需要。要生产优质商品果就必须进行疏花疏果。疏花疏果的方法有人工疏花疏果、化学疏花疏果和机械疏花疏果三种，化学和机械疏花疏果在技术上还有待完善。目前及今后一定时期内，我国桃树生产上将仍以人工疏花疏果为主。

人工疏花疏果的最大优点是，可以根据生产的要求，较好地控制留果数量和果实在树冠中的分布，疏除效果安全可靠。目前，我国桃树生产上一般只疏果不疏花，这主要是因为绝大多数桃园都采用短截修剪的方法，通过冬季修剪已去掉了多余的花芽，调整了花量。若冬季对果枝采用长放修剪，则应疏花疏果并重，但在春季气候不稳定的地区或年份仍应以疏果为主。

疏花在花蕾期至盛花期进行，疏果则应在生理落果开始后至硬核期进行。不同品种按成熟早晚，先疏早熟品种，再疏中熟品种，最后疏晚熟和极晚熟品种。先疏早熟品种有利于果实生长发育，最后疏极晚熟品种可以有效地防止新梢旺长。疏果工作量大、劳动力紧张时，疏花疏果可分为三次进行，即疏花、疏果、定果。

疏果时应根据桃树生长发育情况及当地的气候、土壤及果园管理水平确定单位面积产量，然后将单位面积产量折合成单株产量，最后，根据所栽品种的平均单果重计算出每株树应留的果实数量。在此基础上，再加 5% 就是定果时应留的果实数量。

疏果时首先要疏除萎黄果、小果、病虫果、畸形果、并生果、枝杈处无生长空间的果，其次是朝天果、附近无叶片的果和形状短圆的果。疏果顺序应从树体上部向下，由膛内而外逐枝进行以免漏疏。

2. 果实套袋

套袋在定果之后开始，到主要蛀果害虫发生之前完成。套袋前应周到细致地喷洒一遍杀虫剂和杀菌剂。纸袋可到市场上采购桃树专用袋或直接到厂家定做。

鲜食果应在采收前 3～5 天将袋摘掉以促进上色，日照差的地方或不易上色的品种要适当提早摘袋时间。罐藏桃采前不必撕袋。

第三节　桃园的土肥水管理

一、土壤管理

桃在各种质地结构的土壤上均能生长，主要是土壤的通透性要好。土质疏松、排水通畅的沙质壤土最为理想，对黏重土壤要进行改良，通过增施有机肥或压绿肥等措施改良土壤结构，提高土壤的通气性。在南方地下水位高、降雨量大的地区，要设计开挖渗水渠道，降低地下水位，及时排除土壤中多余的水分，防止涝害和土壤长期过湿，同时采用高垄栽培，尽量使根际土壤保持较好的通透性。桃在微酸性和微碱性土壤上都可栽培，但盐碱性过大的土壤应先改良。桃喜光，建园应选择阳光充足的地块。桃树抗风力弱，应选择少有大风侵袭的地段。此外，应避免在雹灾发生频率较高地区建园。桃树在重茬地上生长发育不良，应尽量避免连作。

桃园土壤管理的主要任务是有效地控制杂草的高度，防止草害的发生。具体到生草法管理的桃园，一种是人工种草，另一种是自然生草，无论哪种方法，都要在一个生长季内割草数次，始终将草的高度控制在 30 cm 以下。割下来的草可以直接覆盖在树盘内，也可用来饲养家畜，再将家畜粪便施入果园。

二、果园施肥

1. 桃树的营养特点

桃树对氮素反应较敏感，氮素过盛则新梢旺长，氮素不足则叶片黄化。钾对桃产量及果实大小、色泽、风味等都有显著影响。钾素营养充足，果个大，果面丰满，着色面积大，色泽鲜艳，风味浓郁；钾素营养不足则果个小，色差，味淡。桃对磷肥需要量较小，不足需钾量的 30%，单缺磷会使桃果面晦暗，肉质松软，味酸，果皮上时有斑点或裂纹出现。

桃树吸收氮、磷、钾的比例大致为 10：4.5：15，每生产 50 kg 果实树体吸收氮、磷、钾的数量分别为 125 g、50 g 和 150～175 g。桃树的营养状况常用叶片所含矿物质营养元素的水平来衡量，常用生长发育正常的桃树的叶分析结果。

2. 施肥方法

施肥的时间、种类与数量因树龄、树势、品种、结果多少、产量、气候、土壤肥力状况以及肥料性质、有效成分含量而异。按有机农业和绿色食品生产的要求，桃树施肥要以有机肥为主。在秋施基肥的基础上，根据桃树的年龄阶段和各物候期成长发育对养分需求的状况与特点，决定追肥的时间、种类与数量。1～3 年生幼树少施或不施氮素化肥，花芽分化前追施一定数量的钾肥，以促进花芽分化和枝条成熟。施肥量以不刺激幼树徒长为原则，一般在树体大小未达到设计标准以前、主枝延长枝的基部粗度以不超过 2 cm 为好。成年树则以生长势为主要施肥根据，要保持树势中庸健壮，主要结果枝比例在 70％以上。除注重秋天施基肥以外，追肥以钾肥为主，重点在硬核后的果实速长期进行。

（1）基肥。基肥主要是各种有机肥料，可加入少量速效氮肥，酸性土壤可同时混施一定数量的石灰。基肥应秋施，早、中熟品种在落叶前 30～50 天施入，晚熟、极晚熟品种在果实采收后应尽早施入。与春施相比，秋施基肥的桃园花芽分化好、发育充实，花量大，开花早，开花多大，坐果率高。施肥方法以条状沟施为主，株行距较大的幼龄园应采用环状沟施。施肥沟深度 30～40 cm，以达到主要根系分布层为宜。高度密植园可采用全园施肥法，将肥料均匀地撒于地面，然后进行耕翻、浇水。

（2）追肥。追肥以速效钾肥为主，沙质土壤肥力较差，保肥保水性也差，应适当增加追肥数量与次数，少量多次。一方面可以减少肥料流失，提高肥效；另一方面能较好地满足新梢生长和果实发育的需要。一般可于萌芽前硬核期和果实迅速生长期分三次施入。壤土或黏壤土肥力较高，保肥保水性好，在基肥充足的情况下，追肥在果实迅速生长期施一次即可。树势弱的宜早施，并适当增加施肥量和施肥次数，特别是前期氮肥的施用量要增加。结果多、产量高的施肥量要大，结果少的应少施或不施。

三、灌溉与排水

桃自萌芽开花到果实成熟都需要充足的水分供应。实验证明，当土壤持水量在 20％～40％时桃能正常生长，当持水量降到 10％～15％时出现萎蔫现象。桃园灌溉制度因气候不同而异。北方产区一般在萌芽前、开花后、硬核始期、果实速长期和土壤上冻前要灌水 4～5 次。萌芽前要浇足，使灌溉水下渗度达 80 cm 左右。硬核期对水分敏感，灌水量要小，浇到即可。果实速长期是否灌水要根据降水量情况而定，天旱缺水时可在采前 2～3 周轻灌一次，以保证果实增大。雨季到来之前，必须疏通排水渠道，检修好排水设备，遇连降大雨时要顶雨排涝，严防积水时间超过 24 h。

南方雨量充沛，桃园水分管理的主要任务是降低地下水位，防止土壤过湿和积水，重点是保持排水系统完整有效。灌水只在旱季进行。实践证明，连降大雨后灌溉可有效地减轻涝害，但要速灌速排。一般在夜间灌水高达地面，浸水 2～4 h 后立即排出。

第四节　桃的主要病虫害防治

一、主要病害防治

1. 桃缩叶病

真菌性病害。本病能危害桃嫩梢、新叶及幼果，严重时梢、叶畸形扭曲，幼果脱落。

（1）症状。病叶卷曲畸形，病部肥厚，质脆，红褐色，上有一层白色粉状物（病菌子囊层），最后变褐色，干枯脱落；新梢发病后病部肥肿，黄绿色，病梢扭曲，生长停滞，节间缩短，最后枯死；小幼果发病后变畸形，果面开裂，很快脱落。

（2）防治方法

1）萌芽期及时仔细喷洒波美 5 度石硫合剂，或 1∶1∶100 倍波尔多液，有良好的效果。

2）发病期间应及时剪除病梢病叶，集中烧毁，清除病源。

3）发病严重的桃园，注意增施肥料，促进树势恢复，增强抗病能力。

2. 桃细菌性穿孔病

细菌性病害主要危害桃树叶片和果实，发生盛期在 6 月下旬至 8 月下旬，造成叶片穿孔脱落及果实龟裂。

（1）症状。叶上病斑近圆形，直径约 2～5 mm，为红褐色，或数个病斑相连成大的病斑，病斑边缘有黄绿色晕环，以后病斑枯死，脱落，并造成严重落叶。果实受害初为淡褐色水渍状小圆斑，后扩大成褐色，稍凹陷。病斑易呈星状开裂，裂口深而广，病果易腐烂。

（2）防治方法

1）冬季修剪时注意清除病枯枝，消灭病原。

2）早春桃芽萌动期喷洒 1∶1∶100 倍波尔多液（展叶后禁用），或喷洒波美 5 度石硫合剂；发病期间适时喷洒硫酸锌石灰液（硫酸锌 500 g、生石灰 1 000 g、水 100 kg），或 65% 代森锌可湿性粉剂 500 倍液。

3）加强开沟排水，降低田间湿度。合理修剪（包括夏季修剪），改善通风透光，避免树冠郁闭。增施磷、钾肥，增强树势。

3. 桃干枯病

桃干枯病又名腐烂病。主要危害桃树枝干，造成枝干枯死，严重时会全株死亡。

（1）症状。发病初期病部皮层稍肿起，略带紫红色并出现流胶，最后皮层变褐色枯死，有酒糟味，表面产生黑色凸起小粒点。树势强健时，病斑有时会自愈，树势衰弱时，则病斑很快向两端及两侧扩展，终致枝干枯死。患病枝初期新梢生长不良，叶色变黄，老叶卷缩枯焦，后随病部发展而枯死。

（2）防治方法

1）加强果园肥水管理，合理修剪，合理留果，防止树势衰退。

2）发病后用利刀刮除病斑后，用20％抗菌剂402的100倍液或硫酸铜100倍液涂刷伤口。

3）桃树生长期在喷多菌灵、代森锌及锌铜石灰液等防治其他病害时，同时注意对枝干部的喷药保护。

4. 桃根癌病

细菌性病害。主要危害根部及根颈部，形成肿瘤，造成桃树生长不良或死亡。本病能侵害许多种果树和作物。

（1）症状。主要发生在根颈部，也发生于侧根或支根，瘤体初生时为乳白色或微红，光滑，柔软，后渐变褐色，木质化而坚硬，表面粗糙，凹凸不平。瘤体发生于支根的较小，根颈处的较大，以根颈部位的瘤体影响最大。受害桃树生长严重不良，植株矮小，果少质劣，严重时全株死亡。

（2）防治方法

1）苗圃及桃园尽量避免重茬连作。

2）苗木出圃时严格剔除病苗；新建桃园时加强检疫，防止带入病苗。

3）加强果园检查，对可疑病株挖开表土，发现病后用刀刮除或彻底刮除并用1％五氯酸钠或0.1％升汞液消毒；也可用根癌灵20倍液浸根（对病苗）或泼浇根部（大树）。

4）苗圃应用无病土育苗，培育健壮无病苗木。

5）加强土壤管理，合理施肥，改良土壤，增强树势。

5. 桃流胶病

（1）症状。生理性病害。枝干、新梢、叶片、果实上都可发生流胶现象，以枝干最严重。发病枝干树皮粗糙、龟裂、不易愈合，流出黄褐色透明胶状物。流胶严重时，树势衰弱，并易成为桃红颈天牛的产卵场所而加速桃树死亡。

（2）防治方法

1）加强综合管理，促进树体正常生长发育，增强树势。

2）秋冬时对流胶严重的枝干进行刮治，伤口用波美5～6度石硫合剂或100倍硫酸铜液消毒；或用1∶4的碱水涂刷，也有一定的疗效。

6. 桃炭疽病

此病是江南地区桃树的主要病害，北方也有发生，主要危害桃果和枝梢，严重时果枝大量枯死，果实大量腐烂。

（1）症状。小幼果染病后很快干枯成僵果悬挂枝上；较大的果实发病后病斑凹陷、褐色，潮湿时产生粉红色黏质物（病菌孢子），病果很快脱落，或全果腐烂并失水成为僵果悬挂枝上。枝条发病主要发生在早春的结果枝上，病斑褐色，长圆形，稍凹陷，伴有流胶，天气潮湿时病斑上也密布粉红色孢子，当病斑围绕枝条1周后，枝条上部即枯死；病枝末枯死部分，叶片萎缩下垂，并向正面卷成管状。

（2）防治方法

1）冬季修剪时仔细除去树上的枯枝、僵果和残桩，消灭越冬病源。多年生的衰老枝组和细弱枝容易积累和潜藏病原，也宜剪除。同时对过高过大的主侧枝应予回缩，以利树冠和枝组的更新复壮和清园、喷药工作的进行。

2）在芽萌动至开花前后及时剪除初次发病的病枝，防止引起再次侵染；对发现卷叶症状的果枝也要剪除，并集中深埋。

3）选栽抗病品种。

4）加强排水，增施磷、钾肥，增强树势，并避免留枝过密及过长。

5）萌芽期喷洒 1～2 次 1∶1∶100 倍波尔多液（展叶后禁用）。幼果期从花后开始，用锌铜石灰液（硫酸锌 350 g、硫酸铜 150 g、生石灰 1 kg、水 100 kg）喷洒，7～10 天一次，连续防治 3～4 次。

二、主要虫害的防治

1. 桃蛀螟

桃蛀螟是桃树的重要蛀果害虫。除了会危害桃树外，还会危害多种果树及玉米、高粱等作物。

（1）形态特征。成虫体长约 12 mm，全体鲜黄色，前后翅上散布许多小黑斑，雄蛾尾端有一丛黑毛。卵扁椭圆形，长约 0.6 mm，初产时乳白色，后渐变成红褐色。幼虫老熟时体长 15～20 mm，体背淡红色，各体节都有粗大的灰褐色斑。蛹长为 12～15 mm，褐色，尾端有臀刺 6 个。

（2）发生规律。南方地区一年发生 4 代，第 1 代、第 2 代幼虫以蛀害桃果为主，第 3、4 代转害玉米、高粱、向日葵等作物。越冬代成虫发生期为 5 月中下旬，5 月下旬至 6 月上旬是第 1 代产卵高峰，以后各代多世代重叠。

（3）防治方法

1）冬季及时烧毁玉米、高粱、向日葵等作物残株，消灭越冬幼虫。

2）桃树合理修剪，合理留果，避免枝叶和果实密接。

3）各代卵期喷洒 50% 杀螟松乳剂 1 000 倍液，或 90% 晶体敌百虫 1 000 倍液，或 20% 杀灭菊酯乳剂 3 000 倍液等。

4）掌握越冬代成虫产卵盛期前（5 月下旬前）及时套袋保护。可兼防桃小食心虫、梨小食心虫和卷叶蛾等多种害虫。

5）桃园内不可间作玉米、高粱、向日葵等作物，以减少虫源。

2. 桃粉蚜

又名桃大尾蚜。会危害桃树梢、叶及幼果，严重影响桃树生长结果，并诱发烟煤病。

（1）形态特征。成虫无翅雌蚜体长约 2 mm，绿色，复眼红色，体表有蜡状白粉；有翅雌蚜体形较小，头、胸部淡黑色，腹部黄绿色有白粉。卵椭圆形，初产时黄绿色，后变黑绿色。若虫体似无翅雌蚜而较小，淡黄绿色，体表白粉较少。

（2）发生规律。以卵在桃树小枝芽腋处越冬，3 月中下旬发生无翅雌蚜，并不断胎生繁殖和扩散危害。5～6 月间产生有翅雌蚜，迁飞至芦苇等禾本科植物上寄生繁殖，至秋末冬初飞回桃树继续危害并产卵越冬。

（3）防治方法。以药剂防治为主，掌握在谢花后桃蚜已发生但还未造成卷叶前及时喷药。药剂可用 40％乐果 2 000 倍液，或 50％杀螟松乳剂 1 000 倍液，或 20％杀灭菊酯乳剂 3 000 倍液。由于虫体表面多蜡粉，因此药液中可加入适量中性洗衣粉或洗洁精，以提高药液黏着力。桃树萌芽前可喷洒波美 5 度石硫合剂，消灭越冬卵。

3. 桑白介壳虫

又名桑盾介壳虫和桃白介壳虫，是桃树的重要害虫。以雌成虫和若虫危害桃树新梢、枝干和果实，使树势严重衰弱，果实产量和品质大减，甚至全树枯死。

（1）形态特征。雌成虫橘红色，扁平，瓜仁状，头、胸、腹连成一体，触角、足、翅均消失。介壳灰白色，近圆形，宽约 1.5 mm，背面隆起，有螺旋纹。雄成虫橘红色，体长约 0.8 mm，触角和足正常，有翅一对能飞翔。茧白色，絮状，长筒形。卵为椭圆形，极细小，初产时淡，后渐变暗红色。初孵若虫淡黄褐色，扁卵圆形，眼、触角和足俱全，腹部末端有尾毛两条。

（2）发生规律。南方地区一年发生 3 代。越冬雌虫于 4 月中旬开始产卵，第 1 代若虫发生盛期在 5 月上中旬，第 2 代若虫发生期为 7 月上中旬，第 3 代若虫为 9 月上中旬，10 月上中旬发生第 3 代成虫，交配后雄虫死亡，雌虫越冬。

（3）防治方法

1）萌芽前喷洒 1～2 次波美 5 度石硫合剂，或 100 倍机油乳剂，消灭越冬雌成虫。要求充分喷湿喷透。

2）生长期间掌握各代若虫发生期介壳未形成前，及时喷洒 50％马拉松乳剂 1 000 倍液，20％杀灭菊酯 3 000 倍液，20％菊乐合酯 2 000 倍液，80％敌敌畏乳剂 1 500 倍液等。由于若虫孵化期前后延续时间较长，要 7 天左右喷洒 1 次，连续喷洒 3 次。药液中加入洗洁精等可提高药效。

3）虫体密集成片时，喷药前可用硬毛刷刷除再行喷药，以利药液渗透。

4）加强苗木和接穗的检疫，防止扩散蔓延。

4. 桃红颈天牛

桃红颈天牛是桃树的重要害虫。幼虫蛀食桃树枝干皮层和木质部，使树势衰弱，寿命缩短，严重时桃树成片死亡。

（1）形态特征。成虫除前胸（俗称头颈）背面酱红色外，其余均为黑色，故称为红颈天牛。体长 28～37 mm，雄虫较雌虫为小。卵淡绿色，状如芝麻粒，长约 3 mm。幼虫乳白色，老熟时长约 50 mm，前胸背板前缘中间有一棕褐色长方形凸起，胸部有不发达的胸足 3 对。蛹黄白色，长约 36 mm。

（2）发生规律。一般 3 年完成 1 代。老熟幼虫 5 月间化蛹，成虫 6 月中下旬发生，6 月下旬至 7 月上旬产卵，10 月下旬幼虫开始越冬。

（3）防治方法

1）6 月中下旬成虫发生期开展人工捕杀。幼虫危害阶段根据枝上及地面蛀屑和虫粪，找出被害部位后，用铁丝将幼虫刺杀。

2）6 月上旬成虫产卵前，用白涂剂涂刷桃树枝干，防止成虫产卵。白涂剂配方为：生石灰 10 份、硫黄（或石硫合剂渣）1 份、食盐 0.2 份、动物油 0.2 份、水 40 份混合而成。

3）于 4、5 月间晴天中午在桃园内释放肿腿蜂（红颈天牛天敌），杀死天牛小幼虫，开展生物防治。

思 考 题

1. 桃树栽植时品种选择应注意哪些问题？
2. 简述桃树施肥方法。
3. 简述桃树整形修剪应注意的问题。
4. 简述桃树的土肥水管理要点。
5. 简述桃蛀螟的防治方法。

第八章 樱桃栽培技术

学习目标：

◆掌握适合北方栽培的主要樱桃品种

◆掌握樱桃园的建园技术与管理技术

◆掌握樱桃树的整形与修剪

◆掌握樱桃主要病虫害的防治方法

第一节 樱桃的主要品种

世界上的樱桃品种很多，欧洲樱桃品种有 1 500 个以上，我国引进栽培的品种及新选育的品种亦在 100 个以上。樱桃在果树学上常以果肉硬软、果汁果肉的颜色及成熟期作为品种分类的主要根据。甜樱桃品种分为硬肉品种群和软肉品种群两种。硬肉品种的果实特点为果皮厚，肉质脆，耐储能力强。软肉品种群的果实特点是果皮薄，果肉柔软多汁。根据果皮及果汁的颜色又可分为浓红色和淡红色两类，根据果实的成熟期可分为早、中、晚熟品种。酸樱桃及杂种樱桃的品种分类也可按甜樱桃品种分类方法进行。

一、甜樱桃

1. 大紫

又名大红袍、大红樱桃。果实平均单果重约 6 g，最大单果可达 10 g。果实呈心脏形或宽心脏形，果梗中长而较细，与果实易脱离，不易落果。果皮初熟时浅红色，成熟后为紫红色或深紫红色，有光泽，皮薄易剥离。果肉浅红色至红色，质地软，汁多味甜，可溶性固形物含量因成熟度和产地而异，一般在 12%～16%，品质中上，果核大，可食率 90%。开花期晚，一般比那翁、雷尼晚 5 天，但果实发育期短，约为 40 天，成熟期不太一致，需分批采收。是目前我国的主栽品种之一。如图 8—1 所示。

2. 红灯

该品种果实大型，个大，色泽艳丽，果肉肥厚，多汁味甜，成熟期较早，较耐储运，市场竞争力强，颇受果农及消费者欢迎。平均单果重 9.6 g，最大果重达 12 g。果实呈肾脏形，果梗粗短。果皮红至紫红色，富光泽，色泽艳丽，外形美观。果肉淡黄、半软、汁多、味甜酸适口，干物重 20.09%。核小，半离核，可食部分达 92.9%。成熟期较早。如图 8—2 所示。

图 8—1　大紫　　　　　　　　　　　　　　　图 8—2　红灯

3. 烟台红樱桃

该品种果实个大、早熟，平均单果重 8 g，最大果重 9 g。果实呈圆球形，梗洼处缝合线有短深沟。果梗长而粗，长 5.6~6 cm，不易与果实分离，采前落果较轻。果皮鲜红色，具光泽，外形极美观。果肉浅红色，质地较硬，汁多，浅红色，酸甜适口，可溶性固形物含量较高，一般为 15%，风味佳，品质上。果皮不易剥离。离核，核较小，可食部分 91.4%。成熟期比大紫晚 3~5 天，几乎与红灯同熟，成熟期较一致，一般 2~3 次便可采完。如图 8—3 所示。

图 8—3　烟台红樱桃

4. 莫勒乌

又名意大利早红，原产于法国，1989 年从意大利引入山东临朐果树试验站。果实短鸡心形，平均单果重 8~10 g，最大单果重 12 g。果皮紫红色，果肉红色，肉厚细嫩，硬脆，汁多，风味酸甜，可溶性固形物 11.5%，含酸 0.68%，品质优。果实不裂果，耐储运，采收后在常温下储藏 7～10 天。如图 8—4 所示。

5. 龙冠

果实呈宽心脏形，平均单果重 6.8 g，最大单果重 12 g。果皮呈宝石红色，肉质较硬，果肉及汁液呈紫红色，汁液中多，pH 值 3.5，酸甜适口，风味浓郁，品质优良，可溶性固形物达 13％～16％，总糖为 11.75％，总酸为 0.78％，每 100 g 鲜果含维生素 C45.70 mg。果核为椭圆形，黏核，果实较耐储运。如图 8—5 所示。

图 8—4 莫勒乌 　　　　　　　　　　　图 8—5 龙冠

6. 乌梅极早

果实大，整齐，平均单果重 6～7 g，呈心脏形，果皮为红色，皮细、紧密，易剥皮。果肉鲜红色，多汁细嫩爽口，具有葡萄型甜味，果汁玫瑰红色。果核中大，圆形，离核，花后 28～32 天果实成熟，成熟期一致。鲜食品质优，为极早熟樱桃品种。如图 8—6 所示。

植株生长健壮，抗寒、抗旱，以花束状果枝和一年生果枝结果。嫁接苗栽后第 3～4 年始果，成龄树每 667 m² 产 900 kg 左右。

7. 极佳

果实大，平均单果重 6～8 g，果皮为紫红色。果肉紫红色带有白色纹理，半硬肉，多汁，汁浓，紫红色，葡萄甜味，鲜食品质佳。果核圆，光滑。花后 32～35 天果实成熟。如图 8—7 所示。

图 8—6 乌梅极早 　　　　　　　　　　图 8—7 极佳

另外，美早、庄园、胜利、抉择、时代、宇宙、顽童、相约、美味也是较适宜的种植品种，可根据自家的实际情况选定。

二、杂种樱桃品种

1. 盼迪

盼迪是甜樱桃和酸樱桃的天然杂交品种。果实大，平均单果重7～8 g。味美，果肉红色，酸度明显低于蒙特莫伦斯，一般作为鲜果食用。树势强健，叶片中等大小，2～4年生树开始结果。自花不育，酸樱桃和甜樱桃是其授粉树。花期不抗寒，是匈牙利栽培最多的一个品种。

2. 尔迪

果实中等大小，扁球形。果皮鲜红，果肉橘黄色，较硬，风味酸甜，非常鲜美。果汁色较浅，糖度中等，酸度一般，较早熟，高产，可作鲜食和加工用。适于机械采收。

3. 玛瑙

玛瑙味甜酸，是大樱桃杂种中最优良的品种之一。果实大，呈长圆形或长卵圆形。果顶圆而顶点有小凹陷，果柄细，长约4 cm，果皮暗红色，柔软，易剥离。果肉为灰黄色，肉质柔软，酸味较少，果汁无色，核稍大，长圆形，扁平。树冠中大，树姿开张，不够丰产。

 知识链接

樱桃的营养价值

（1）樱桃的含铁量特别高，常食樱桃可补充体内对铁元素的需求，促进血红蛋白再生，既可防治缺铁性贫血，又可增强体质，健脑益智。

（2）樱桃营养丰富，具有调中益气，健脾和胃，祛风湿的作用。

（3）对食欲不振、消化不良、风湿身痛等均有益处。

（4）经常食用樱桃能养颜驻容，使皮肤红润嫩白，去皱消斑。

第二节　樱桃的整形与修剪

我国樱桃的树形主要有两种，即多主干丛状形和自然圆头形。调查认为，丛状形更适合我国樱桃的生长习性，成形快、结果早，比较丰产，到衰老期容易利用根蘖更新，延长寿命。甜樱桃的树形主要有丛状形、自然开心形、自然圆头形、主干疏层形、改良主干形和自

由纺锤形。

一、冬季修剪

1. 幼龄树的修剪

在参考其他树种幼树修剪原则的基础上，要根据樱桃树自身的特点，对主枝延长枝进行中短截，促发长枝，扩大树冠。幼龄树为了迅速扩大树冠，多发枝，多长叶，在休眠期修剪时，要多采用中短截的方法，剪口芽留在饱满芽上，以利在适当部位抽生分枝。但甜樱桃又有极性强、萌芽力和成枝力高的特点，中短截后，一般在剪口下连续抽生 3～5 条长枝，形成所谓"三杈枝""四杈枝""五杈枝"，其他多为短枝或叶丛枝，这样就显得外围拥挤，中下部空虚。因此，对剪口下抽生的这些长枝要根据情况加以处理。直立向下抽生的直立枝，可采取夏季强摘心或第二年休眠期修剪时极重短截法培养成紧凑型小结果枝组，待大量结果枝表现衰弱时再疏除。这样既解决了外围枝过密的问题，又培养了结果枝组，使幼树提早结果。其他平斜生长的枝条可分别采取放、轻短截和中短截相结合的方法适当处理，便可达到轻剪、少疏、多留枝的修剪目的。

背上直立枝生长势很强，若不加处理易变成竞争枝扰乱树形，在其他果树上一般采用疏除的方法。而在樱桃上可采用极重短截法培养成紧靠骨干枝的紧凑型结果枝组，也可将其基部扭伤拉平后甩放培养成单轴型结果枝组。

中庸偏弱枝一般长势趋缓，分枝少，易单轴延伸，既妨碍其他枝条生长，也容易衰弱、枯死，应通过修剪培养成小型结果枝组，以延长其寿命，发挥其生产潜力。第一年轻短截，剪口下发一中长枝，其余为叶丛枝；第二年对顶端中长枝实行中短截，一般发一个长枝或中枝，其余为短枝；第三年对长枝实行中短截，其余枝缓放，促其早结果。

2. 盛果期树的修剪

在正常管理和修剪措施下，幼龄期后经过 2～3 年的初果期，到 6～8 年生时便进入盛果期。进入盛果期后，随着树冠的扩大、枝叶量和产量的增加，树势趋于缓和，营养生长和生殖生长基本平衡。此期修剪的主要任务是保持树势健壮，维持结果枝组的结果能力，延长其经济寿命。

甜樱桃大量结果之后，随着树龄的增长，树势和结果枝组逐渐衰弱，结果部位容易外移。此时除应加强土肥水管理外，在修剪上应采取疏枝回缩和更新的修剪方法，维持树体长势中庸。骨干枝和结果枝组是继续缓放还是回缩，主要看后部结果枝组和结果枝的长势及结果能力。如果后部的结果枝组和结果枝长势好，结果能力强，则外围可继续选留壮枝延伸；反之，若后部的结果枝组和结果枝长势弱，结果能力开始下降时，则应回缩。在放与缩的运用上一定要适度，做到回缩不旺，甩放不弱。

进入盛果期后，树体高度、树冠大小基本上已达到整形要求，此时应及时落头开心，对骨干延长枝不要继续短截促枝，防止果园群体过大，影响通风透光。对可能出现的扰乱树形、影响通风透光条件的上部枝条和外围枝要加以疏除或回缩。

樱桃结果枝组在大量结果后极易衰弱，特别是单轴延伸的枝组、主枝背下枝组、下垂枝组衰老更快。已完全衰老失去结果能力的或过密的枝组可进行疏间，对后部有旺枝、饱满芽的可回缩复壮。盛果期大树对结果枝组的修剪一定要细致，做到结果枝、营养枝、预备枝三枝配套，这样才能维持健壮的长势，丰产稳定。

3. 衰老树的修剪

樱桃树进入衰老期后，生长势明显下降，产量显著减少，果实品质亦差。这时应有计划地分年度进行更新复壮。利用樱桃树潜伏芽寿命长、易萌发的特点，分批在采收后回缩大枝。大枝回缩后，一般在伤口下部萌发几根萌条，选留方向和角度适宜的 1～2 个萌条来代替原来衰弱的骨干枝，对其余萌条进行处理，过密处及早抹掉部分萌条，促进更新新萌生长。对保留的萌条长至 20 cm 时进行摘心，促其分枝，及早恢复树势和产量。如果有的骨干枝仅上部衰弱，中、下部有较强的分枝时，也可回缩到较强分枝上进行更新。更新后的第二年，可根据树势强弱，以缓放为主，适当短截选留的骨干枝，使树势很快恢复。

二、夏季修剪

俗话说："樱桃好吃树难栽。"夏季修剪可缓和树的长势，促发中短枝，有利于花芽的形成，这些作用是冬季修剪所不能代替的。特别是采取改良主干形时，如果夏剪不及时，则达不到预期的目的，因此要重视夏季修剪。夏季修剪主要是新梢摘心和采果后疏枝。

1. 新梢摘心

主要是为了控制枝条旺长，增加枝条总量和分枝级次，促进枝类转化，加速扩大树冠，提早成花结果。所以，这项措施主要应用在幼树和旺树上。据山东省烟台果树研究所试验，对 3 年生的大紫和那翁幼树摘心后，由于枝条停止生长较早，长枝基部易形成腋花芽，第 2 年的开花株率可达 10% 以上，因此，适时摘心，是促进甜樱桃幼树提早结果和早期丰产的有效技术措施。新梢摘心的时间，以新梢迅速生长期为好。当新梢长达 20 cm 左右时，摘去先端的嫩梢即可。如果树势很旺，摘心后萌发的副梢仍然长势较旺时，可连续进行多次摘心。

2. 樱桃采果后的疏枝

一般在 7 月上中旬进行。主要是为了调节树体结构，改善树冠内部的通风透光条件，促进后期花芽分化、生长发育和均衡树势。修剪的主要方法是疏枝和缩剪。对影响树冠内部通风透光严重、又无保留价值的强旺大枝，可从基部疏除。对只影响树冠局部光照条件，但仍有结果能力的大枝，可在分枝角度较大，又有生长能力的较大分枝处进行回缩。具体处理时，对低级次的大枝，多用缩剪；对高级次的大枝，则多用疏剪。

三、花果管理

1. 促进花芽分化

樱桃花芽分化的特点是分化时间早，分化时间集中，分化速度快。一般在果实采收后10天左右，花芽便大量分化，整个分化期需40～45天。分化时间的早晚与果枝类型、树龄、品种等有关。花束状结果枝和短果枝比长果枝和混合枝早，成龄树比生长旺盛的幼树早，早熟品种比晚熟品种早。

根据樱桃花芽分化的特点，要求在采收之后及时施肥浇水，加强根系的吸收。补充果实的消耗，促进根系的生长，增强枝叶的功能，为花芽分化提供物质保证。否则，若放松土肥水的管理，则减少花芽的数量，降低花芽的质量，加重柱头低于萼筒的雌蕊败育花的比例。

2. 提高坐果率

中国樱桃和酸樱桃自花授粉结实率很高，在生产中，无须特别配置授粉品种和人工授粉。而甜樱桃的大部分品种都存在明显的自花不实现象，在建园时要特别注意搭配有亲和力的授粉品种，并进行花期放蜂或人工授粉。

利用昆虫授粉是主要形式。注意要保护野蜂、花期果园放蜜蜂及放养壁蜂等方法，均有利于提高坐果率。据调查，凡进行放蜂的樱桃园，一般提高花朵坐果率10%～20%，增产效果明显，也较省工。但需注意花期应禁止喷药，以免危害访花昆虫，影响授粉。

当前樱桃生产上采用的授粉器是在不需采粉的情况下进行人工授粉的一种比较简单的方法。可用柔软的家禽羽毛做成毛掸，也可用市售的鸡毛掸进行，用这种掸子在授粉树及主栽品种树的花朵上轻扫，便可达到传播花粉的目的。由于甜樱桃柱头接受花粉的能力只有4～5天，因此人工授粉在盛花后越早越好，必须在3～4天内完成，为保证不同时间的花都能及时授粉，人工授粉应反复进行3～4次。采取这种方法授粉，花朵坐果率可提高10%～20%。

3. 疏花疏果

樱桃的花量大，果小，不能像苹果、梨那样进行疏花疏果。根据樱桃的特点，结合花前和花期复剪，疏去树冠内膛细弱枝上及多年生花束状结果枝上的弱质花、畸形花，以改善保留花的营养条件，有利坐果和果实发育。疏果一般是在樱桃生理落果后进行，疏果的程度根据树体长势和坐果情况确定。一般每个花束状果留3～4个果，最多4～5个。疏果时要把小果、畸形果和着色不良的下垂果疏除。实验表明：疏果后株产提高12.0%～22.7%，单果重增加3.8%～15.0%，花芽数量多，发育质量较好。疏果配合新梢摘心等措施，效果更明显，株产提高44.9%，单果重增加48.3%，花芽数量多，发育质量好。

4. 预防和减轻裂果

裂果是果实接近成熟时，久旱遇雨或突然浇水，由于果皮吸收水分增加膨压，或果肉和果皮生长速度不一致而造成果皮破裂的一种伤害。裂果严重降低其商品价值，因此在生产上要采取措施减轻和防止裂果。

裂果多发生在果实成熟以前，因此，成熟越晚的品种越易遭遇雨天发生裂果。在栽培上，一是要选择成熟期较早的品种，如早红宝石、抉择、维卡、红灯、大紫等，或选择抗裂果的品种如雷尼、拉宾斯、萨米脱等。二是加强果实发育后期水分的管理，防止土壤忽干忽湿，保持土壤含水量为田间最大持水量的60％～80％，要浇小水、勤浇水。三是采用防雨篷防止裂果。据日本资料，在防裂果措施中效果最好的防雨篷大体有四种形式，即顶篷式、帷帘式、雨伞式和包皮式。防雨篷用塑料薄膜做成，采用防雨篷保护性栽培，因见光不良，果实要晚熟2～3天。采用这种装置，可以减轻裂果和灰星病的发生，能适时采收，提高品质。

 知识链接

樱桃生产中的鸟害预防

鸟害也是樱桃栽培上的一大危害。樱桃成熟时，色泽艳丽，口味甘甜，特别是山区靠近成片树林的樱桃园，很易遭受鸟害。采用人工驱鸟的方法，既费工效果又差。国外常采用各种方法防止鸟害。如美国采取的措施有：一是在采收前7天树上喷灭梭威杀虫剂，忌避害鸟；二是采用害鸟惨叫的录音磁带，扩音播放吓跑害鸟；三是用高频警报装置干扰鸟类听觉系统。日本用塑料制作猛禽像挂在树上，并在旁边放一模仿猛禽叫的太阳能电池录音磁带，日出后开始警叫，日落时停止，来吓跑害鸟。我国果农则采用在树上挂稻草人、气球、放爆竹和防鸟网等办法来惊吓害鸟。但这些办法最初防鸟很有效，时间长了效果甚微。日本目前采用架设防鸟网的方法把树保护起来，效果好且持久。

第三节　樱桃的土肥水管理

樱桃是浅根性果树，大部分根系分布在土壤表层，既不抗旱，也不耐涝，还不抗风。同时，要求土质肥沃，水分适宜，透气性良好。这些特点说明了樱桃对土、肥、水管理要求较高。因此，土、肥、水管理的重要任务就是培肥地力，提高土壤的肥沃度，给壮树、高产、优质奠定基础。

一、园地的选择

园地的选择应根据樱桃对生态条件的需求，尽量选择适于樱桃生长发育的地方建园，做到适地适树。

樱桃生长强健，树体高大，又具有不耐涝、不抗盐碱、喜光性强、对土壤通气性要求高的特性，因此在选择园地时，应考虑选择地下水位低、排水良好、不易积涝之处。中性至微酸性丘陵坡地的沙壤最适建园。

樱桃根系呼吸强度大，对土壤中氧气浓度要求高，对土壤缺氧很敏感。建园时应选择土质疏松、透气性好、孔隙度大而保肥能力又强的沙质土壤为最适宜。黏土或底土为黏板层的土壤，不利于樱桃根系的生长。在这种土壤上栽培樱桃，不仅生长不良，而且容易诱发流胶病、干腐病、烂根病等，应尽量避免在这种土壤上建园。如果要在这种土壤上建园，必须提前掺沙进行土壤改良，待透气性适宜后才能栽树。

樱桃根系分布相对较浅，对土壤缺水十分敏感。为了保证樱桃正常生长发育和高产优质，必须选择水源充足、有水浇条件的地方建园。

二、土壤管理

樱桃适宜在土层深厚、土质疏松、透气性好、保水较强的沙壤土栽培。在土质黏重、透气性差的黏土上栽培时，根系分布浅，不抗旱、涝，也不抗风。樱桃对盐渍化的程度反应较为敏感，因此盐碱地不宜栽植樱桃。适宜的土壤 pH 值为 5.6～7.0。与其他果树相比，樱桃对重茬较为敏感，老樱桃园间伐后，至少应种植三年其他作物后才能栽植樱桃。樱桃园土壤管理主要包括：土壤深翻扩穴、中耕除草、树盘覆盖、树干培土等内容。

深翻扩穴的时间最好在 9 月下旬至 10 月上旬，结合秋天施基肥进行。山丘地果园可采用半点圆形开沟两年完成法；平原或沙滩地果园可采用隔行深翻法，沟深、宽 50 cm 左右，第二年翻另一侧，以防伤根太多影响树势。

樱桃生长季灌水后或雨后应及时中耕，中耕深度 5～10 cm，以改善土壤通气条件，同时也起到保蓄水分和消灭杂草的作用。

树盘覆盖可以改善表层土壤结构，保持土壤水分，并能增加土壤肥力。一般采用覆膜和覆草两种形式。覆膜应在早春根系开始活动时进行，幼树定植后最好能立即覆膜，以提高土温，保持水分，提高栽植成活率。树盘覆草能使表层土壤温度相对稳定，提高土壤有机质含量，改善土壤理化性状，促进土壤团粒结构形成，抑制杂草生长，进而提高樱桃产量，改进品质。覆草种类有麦秸、玉米秸、豆秸、稻草等多种秸秆，覆草厚度为 15～20 cm，以后视秸秆腐烂情况每年补充新草。

树干培土是樱桃园的一项重要管理措施。樱桃产区素有培土的习惯，在定植以后即在樱桃树基部培起 30 cm 左右的土堆。培土除有加固树体的作用外，还能使树干基部发生不定根，增加吸收面积，并有抗旱保墒的作用。在甜樱桃进入成果期前，一定要注意培土。培土最好在早春进行，秋季将土堆扒开，这样可以随时检查根颈是否有病害，发现病害及时治疗。土堆的顶部要与树干密接，防止雨水顺树干下流进入根部，引起烂根。

三、果园施肥

樱桃施肥应以树龄、树势、土壤肥力和品种的需肥特性为根据，掌握好肥料种类、施肥数量、时间和方法，及时适量地供应甜樱桃生长发育所需要的各种营养元素，达到壮树、优质、高产的目的。

樱桃结果树过多施氮，单纯施钾，都没有好作用；最好是施有机肥，或者按营养分析结果，配方施用复合肥。秋季、花前及采收后是樱桃施肥的三个重要时期。

第一，秋施基肥宜在 9～10 月间进行，以早施为好，可尽早发挥肥效，有利于树体储藏养分。实验证明，春施基肥对樱桃生长结果及花芽形成都不利。

第二，花前追肥。樱桃开花坐果期间对营养条件有较多的要求。萌芽、开花需要的是储藏的营养，坐果则主要靠当年的营养，因此初花期追施氮肥对促进开花、坐果和枝叶生长都有显著的作用。樱桃盛花期土壤追肥肥效较慢，为尽快地补充养分，在盛花期喷施 0.3% 的尿素加 0.1%～0.2% 硼砂，再加 600 倍磷酸二氢钾液，可有效地提高坐果率，增加产量。

第三，采果后追肥。樱桃采果后 10 天左右，即开始大量分化花芽，此时正是新梢接近停止生长时期。整个花芽分化期为 40～45 天，采收后应即施速效肥料，最好是复合肥，以促进甜樱桃花芽分化。

四、水分管理

樱桃正常生长发育需要一定的大气湿度，但高温多湿又容易导致徒长，不利结果。坐果后过于干旱则影响果实的发育，导致果实发育不良而产生没有商品价值的所谓"柳黄"果，造成减产减收。中国樱桃的栽培区，除南方雨量充沛的地区外，在北方多选择山地谷沟空气较湿润的地方栽植。甜樱桃对水分状况较敏感，世界上甜樱桃的各大产区，大都分布在靠近大水系的地区或沿海地区，这些地区一般雨量充沛，空气湿润，气温变化较小。樱桃和其他核果类果树一样，根部要求较高浓度的氧气，对根部缺氧十分敏感，若根部氧气不足，便会影响树体的生长发育，甚至还会引起流胶等因缺氧诱发的病害。土壤黏质、土壤水分过多和排水不良，都会造成土壤氧气不足，影响根系的正常呼吸，轻则树体生长不良，重则造成根腐、流胶等涝害症状，甚至导致整株死亡。若土壤水分不足，会影响树体发育，形成"小老树"，产量低，品质差。因此，在土壤管理和水分管理上要为根系创造一个既保水又透气的良好的土壤环境，雨季注意排水，经常中耕松土，秋季注意深翻，促进根系生长。

年周期内各个生长发育期，甜樱桃对水分的需求状况也有差异。据调查，在果实发育的第二期（硬核期）的末期，是旱落果最严重的时期，严重时高达50％以上，是果实发育需水的临界期。此时若干旱少雨应适时灌水，才能保证果实发育正常，减少落果，提高产量，增进品质。在果实发育期，若前期干旱少雨又未浇水，在接近成熟时偶尔降雨或浇水，往往会造成裂果而降低品质。因此，甜樱桃是既不耐涝又不抗旱的树种，对水分状况极为敏感。我国北方往往春旱夏涝，所以春灌夏排是樱桃水分管理的关键。

1. 适时浇水

樱桃的浇水可根据其生长发育中需水的特点和降雨情况进行，一般每年要浇水五次。

（1）花前水。在发芽后开花前（3月中下旬）进行，主要是为了满足发芽、展叶、开花对水分的需求。此时灌水还有降低地温、延迟开花期、有利于防止晚霜危害的作用。

（2）硬核水。硬核期（5月上中旬）是果实生长发育最旺盛的时期，此期若水分供应不足，影响幼果发育，易早衰脱落。所以此期10～30 cm的土层内土壤相对含水量不能低于60％，否则就要及时灌水。此次灌水量要大，浸透土壤50 cm为宜。

（3）采前水。采收前10～15天是樱桃果实膨大最快的时期，灌水对产量和品质影响极大。此时若土壤干旱缺水，则果实发育不良，不仅产量低，而且品质亦差。但此期灌水必须是在前几次连续灌水的基础上进行，否则若长期干旱突然在采前浇大水，反而容易引起裂果。因此，这次浇水采取少量多次的原则。

（4）采后水。果实采收以后，是树体恢复和花芽分化的关键时期，要结合施肥进行充分灌水。

（5）封冻水。落叶后至封冻前要浇一遍封冻水，这对樱桃安全越冬、减少花芽冻害及促进树体健壮生长均十分有利。

2. 雨季排水

樱桃树是最不抗涝的树种之一。在建园时要选择不易积水的地块，并搞好排水工程。在雨季来临之前，要及时疏通排水沟渠，并在果园内修好排水系统，这对平原和沙滩地果园十分必要。具体做法是，在行间开挖深20～25 cm、宽40 cm的浅沟，与果园排水沟相通，挖出的土培在树干周围，使树干周围高于地面。再在距树干50 cm处挖四条辐射沟，与行间浅沟相通，辐射沟内填埋长玉米秸秆。这样如遇大雨便可使果园内雨水迅速排出，避免积涝。同时在每次降雨以后要及时松土，改善土壤的通气状况，防止雨季沤根。

五、栽植技术

甜樱桃多数品种自花结实率很低，需要配置授粉品种；即使是自花结实率较高的品种，配置授粉品种也可提高结实率，增加产量，改善品质。据国外专家研究，异花授粉品种对授粉树有一定的选择性，有些品种还具有单向异花不捻的特性。因此配置授粉品种时，授粉品种与主栽品种的授粉亲和力要强，花期要与主栽品种一致，同时还要注意授粉品种的丰产性、适应性和商品性等。授粉树的比例最低不应少于 20％～30％。授粉树的配置方式，平地果园可每隔 2～3 行主栽品种栽一行授粉品种；山地丘陵梯田果园可在主栽品种行内混栽，每隔三株主栽品种栽一株授粉品种。

樱桃的栽植密度因种类、品种、砧木、土壤、肥水条件、整形方式而异。原则上生长势强、乔砧、肥水充足、管理水平高、采用大冠形整枝方式的栽植密度小些，反之宜大些，目前生产上常用的栽植密度为 3 m×2 m。

在冬季低温、干旱和多风的北方和沿海地区、秋栽的树若越冬保护不当或土壤沉实不好，容易抽干影响成活，最好春栽。春栽一般在土壤解冻以后、萌芽以前进行，华北在 3 月上中旬。在温暖湿润的南方，秋栽比春栽好。秋栽宜于落叶后、封冻前进行，时间以 10 月底至 11 月上旬为宜。

第四节　樱桃的主要病虫害防治

一、主要病害防治

1. 樱桃褐斑穿孔病

（1）症状。叶片初发病时，有针头大的紫色小斑点，以后扩大并相互联合成为圆形褐色病斑，直径 1～5 mm，病斑上产生黑色小点粒，最后病斑干缩，脱落后形成穿孔。一般 5～6 月发病，8～9 月为发病高峰，引起早期落叶，影响来年产量。

（2）防治方法

1）加强肥水管理，增强树势，提高树体的抗病能力。消除病枝，清扫病落叶，集中烧毁，减少越冬病原。

2）在发芽前喷波美 4～5 度石硫合剂。6～8 月，每月喷 1 次等量式波尔多液（硫酸铜：生石灰：水＝1：1：200）。发病严重的果园要以防为主，可在展叶后喷 1～2 次 70％代森锰锌 600 倍或 70％百菌清 500～800 倍液。

2. 根癌病

（1）症状。根癌病又叫根头癌肿病，主要发生在根颈处和大根上，有时也发生在侧根上。主要症状是在根上形成大小不一，形状不规则的肿瘤，开始是白色，表面光滑，进一步变成深褐色，表面凹凸不平，呈菜花状。樱桃感染此病后，轻者生长缓慢，树势衰弱，结果能力下降，重者全株死亡。

（2）防治方法

1）建园时应选疏松、排水良好的微酸性沙质壤土，避免种在重茬的老果园中，特别是在樱桃园及桃园上不要再种樱桃。

2) 育苗也要选用种大田作物的地。引种和从外地调入苗木时，选择根部无瘤的树苗，并尽量减少机械损伤。对可能有根癌病的树苗，在栽前用根癌灵（K84）30 倍液或中国农业大学植物病理系研制的抗根癌菌剂 2～4 倍液蘸根。

3) 对已发病的植株，在春季扒开根颈部位晾晒，并用上述菌剂灌根，或切除根癌后，将杀菌剂涂浇患病处杀菌。

3. 流胶病

(1) 症状。在枝干伤口处，以及枝杈表皮组织处分泌出树胶。一般春季发生，流胶处稍肿，皮层及木质部变褐、腐朽，易感染其他病害，导致树势衰弱，严重时枝干枯死。

(2) 防治方法

1) 避免在黏性土壤建园。

2) 注意排涝，大雨后及灌水后要及时中耕、松土，改善土壤通气状况。

3) 尽量减少伤口，修剪时不能大锯大砍，避免拉枝形成裂口，不能用脚蹬树枝等。

4) 搞好病虫害防治，减少虫伤。

5) 冬春季向枝干涂涂白剂，以防止冻害和日灼。

6) 对于已经流胶的树不能用刀子刮，以防造成更多的伤口，使流胶更加严重。

4. 枝干干腐病

(1) 症状。多发生在主干及主枝上。发病初期，病斑暗褐色，不规则形，病皮坚硬，常渗出茶褐色黏液。以后病部干缩凹陷，周缘开裂，表面密生小黑点。

(2) 防治方法

1) 加强树势，提高抗病能力，加强树体保护，减少和避免机械伤口、冻伤和虫伤。

2) 发现病斑及时刮除，而后涂腐必清、托福油膏或 843 康复剂等。春季芽眼萌发前喷 5 度石硫合剂或 40％福美砷 100 倍液。生长期喷各种防病药时注意树干上多喷洒，减少和防止病菌侵染。

5. 病毒病

(1) 种类及病症。由病毒引起的一类病害称病毒病，是影响樱桃产量、品质和寿命的一类重要病害。例如樱桃衰退病、樱桃黑色溃疡病、樱桃粗皮病、樱桃小果病、樱桃卷叶病、樱桃斑叶病、樱桃锉叶病、樱桃坏死环斑病、樱桃花叶病、樱桃白花病等。

(2) 防治方法。果树一旦感染病毒则不能治愈，因此只能用防病的方法。

1) 先隔离病源和中间寄主。发现病株要铲除，以免传染。

2) 防治和控制传毒媒介

①避免用带病毒的砧木和接穗来嫁接繁殖苗木，防止嫁接传毒。

②不要用染毒树上的花粉来进行授粉。

③不要用种子来培育实生砧，因为种子也可能带毒。

④要防治传毒的昆虫、线虫等，如苹果粉蚧、某些叶螨、各类线虫等。

3) 要栽植无病毒苗木，通过组织培养，利用茎尖繁殖，微体嫁接可以得到脱毒苗，要建立隔离区发展无病毒苗木，建成原原种、原种和良种圃繁殖体系，发展优质的无病毒苗木。

二、主要虫害防治

1. 红颈天牛

（1）形态特征。成虫体长 28～37 mm，黑色有光泽，前胸背部棕红色。触角鞭状，共 11 节。卵长椭圆形，长 3～4 mm，老熟幼虫体长 50 mm，黄白色，头小，腹部大，足退化。蛹体长 36 mm，荧白色，为裸蛹。

（2）防治方法。成虫发生期（6 月下旬至 7 月中旬）中午多静伏在树干上，可进行人工捕杀。6 月上中旬成虫孵化前，在枝上喷抹涂白剂（硫黄 1 份＋生石灰 10 份＋水 40 份）以防成虫产卵。在幼虫危害期，当发现有鲜粪排出蛀孔时，用小棉球浸泡在 80％敌敌畏乳剂 200 倍液或 50％辛硫磷 100 倍液中，然后用尖头镊子夹出堵塞在蛀孔中，再用调好的黄泥封口。由于药剂有熏蒸作用，可以把孔内的幼虫杀死。

2. 金缘吉丁虫

（1）形态特征。成虫体长 20 mm，全体绿色有金属光泽，边缘为金红色故称金缘吉丁虫。卵为乳白色椭圆形。幼虫为乳白色，扁平无足，体节明显。

（2）防治方法。加强管理，避免产生伤口，树体健壮可减轻受害。成虫羽化期喷布 80％的敌敌畏乳剂 1 000 倍液，或 90％晶体敌百虫 200 倍液，刮除老树皮，消灭卵和幼虫。发现枝干表面坏死或流胶时，查出虫口，用 80％敌敌畏乳剂 500 倍液向虫道注射，杀死幼虫。也可以利用成虫趋光性，设置黑光灯诱杀成虫。

3. 苹果透翅蛾

（1）形态特征。成虫体长 9～13 mm，全体蓝色，有光泽，翅透明，静止时很像胡蜂。幼虫体长 22～25 mm，头部乳白色，常沾有红褐色的汁液。

（2）防治方法。在主干见到有虫粪排出和赤褐色汁液外流时，人工挖除幼虫，或者在发芽前用 50％敌敌畏乳剂 10 倍液涂虫疤，可杀死当年蛀入树皮下幼虫。在成虫羽化期喷 80％敌敌畏乳剂 800～1 000 倍液，喷 2 次，间隔 15 天，可消灭成虫和初孵化出的幼虫。

4. 金龟子类

金龟子种类很多，主要有苹毛丽金龟子、铜绿金龟子和黑绒金龟子。

（1）形态特征。苹毛丽金龟子体形较小，翅鞘为淡茶褐色，半透明。铜绿金龟子体形较大，背部深绿色有光泽。黑绒金龟子体形最小，全身被黑色密绒毛。

（2）防治方法。在成虫发生期，利用其假死性，早晨振动树梢，用振落法捕杀成虫。在发生危害期，用 50％锌硫磷乳剂 1 500～2 000 倍液或西维因可湿性粉剂 600 倍液，或 50％杀螟松乳油 1 000 倍液均有较好的防治效果。另外，傍晚可用黑光灯诱杀。

5. 桑白介壳虫

（1）形态特征。雌成虫介壳近圆形，直径约 2 mm，略隆起，有轮纹，灰白色，壳点黄褐色。雄虫介壳鸭嘴状，长 1.3 mm，灰白色，壳点黄褐色位于首端。

（2）防治方法。在冬季抹、刷、刮除树皮上越冬的虫体，并用黏土、柴油乳剂涂抹树干（柴油 1 份＋细黏土 1 份＋水 2 份，混合而成），可黏杀虫体。在发芽前喷施波美 5 度石硫合剂。在各代初孵化若虫尚未形成介壳以前（5 月中旬、7 月中旬、9 月中旬），喷施波美 0.3 度石硫合剂，或喷 20％杀灭菊酯乳油 3 000 倍液或灭扫利 2 000 倍液。

6. 舟形毛虫

（1）形态特征。成虫体长 25 mm，黄白色。卵球形，几十粒或几百粒排列成块产于叶背面。老熟幼虫体长 45～55 mm，头黑色，背面紫褐色，腹面紫红色，各体节有黄白色的长毛丛，幼龄幼虫静止时，头尾两端翘起，外观如舟，故称舟形毛虫。

（2）防治方法。结合秋翻，春刨树盘，让越冬蛹暴露地面，经风吹日晒失水而死，或为鸟类所食。利用 3 龄前群集并振动吐丝下垂的习性，进行人工摘除群集的枝叶。幼虫危害期可喷 50％敌敌畏乳剂或 50％杀螟松乳油或辛硫磷乳油均为 1 000 倍液，也可喷 20％速灭杀丁 2 000 倍液。幼虫危害期也可喷杀螟杆菌（每克含孢子 100 亿个）800～1 000 倍液，进行生物防治。

7. 大青叶蝉

（1）形态特征。成虫体长 7～10 mm，体背青绿色略带粉白，后翅膜质灰黑色。若虫由灰白色变为黄绿色。

（2）防治方法。消灭果园和苗圃内以及四周杂草。喷 80％敌敌畏乳剂 1 000 倍液或 20％氰戊菊酯 1 500～2 000 倍液，杀死若虫和成虫。利用成虫趋光性，设置黑光灯诱杀成虫。

思 考 题

1. 常见的樱桃虫害有哪些？应怎样防治？

2. 樱桃衰老树的修剪原则是什么？

3. 简述樱桃的水分要求。

4. 如何对樱桃进行疏花疏果？

第九章　草莓栽培技术

学习目标:
◆掌握适合栽培的主要草莓品种
◆掌握草莓露地栽培技术
◆掌握草莓的病虫草害及其防治方法

第一节　草莓的主要品种

草莓又叫红莓、洋莓、地莓等,是一种红色的水果。草莓是对蔷薇科草莓属植物的通称,属多年生草本植物。草莓的外观呈心形,鲜美红嫩,果肉多汁,含有特殊的浓郁水果芳香。草莓营养价值高,含丰富维生素 C,有帮助消化的功效,与此同时,草莓还可以巩固齿龈,清新口气,润泽喉部。

全世界草莓品种超过 2 000 个,品种更新很快。我国栽培的草莓品种大多是从国外引入的。现将生产上的主要栽培品种和具有推广前途或特异性状的优良品种介绍如下。

一、单季品种

1. 宝交早生

宝交早生的植株直立,生长势强,分枝力较强,抽生匍匐茎多。叶椭圆形,托叶淡绿稍带粉红色。花序平于或稍低于叶面。第一级花序单果重一般约为 15 g,最大果重 33 g。果实呈圆锥形,果顶截形,多数有颈。果面鲜红色有光泽。种子红色或黄绿色,大多数凹入果面。果肉橙红色,髓心较实,质地细,香甜味浓,鲜食有麝香味。品质优,丰产,为早熟品种。因果汁色泽浅,不适于加工,是鲜食品种。适于保护地栽培。抗白粉病,但不抗褐斑病,国内栽培较为普遍。如图 9—1 所示。

2. 戈雷拉

植株直立,株型小,分枝力中等。第一级花序果平均单果重 15 g,最大果重 34 g。果实呈短圆锥形，果面有棱沟，红色不匀。种子大多为黄绿色，凸出果面或与果面平。果肉致密、红色，髓心稍空，味浓香，甜酸。抗逆性强，抗病性强，对根腐病和高温病害轮斑病均有抗性。适于密植，丰产，为中晚熟品种。较耐储运，鲜食和加工均宜。我国种植面很广。如图 9—2 所示。

图 9—1　宝交早生

图 9—2　戈雷拉

3. 春香

植株生长势强，株型大，叶大，叶数多，叶柄长，色淡绿色。匍匐茎抽生能力强，花序高于叶面。果实大，圆锥形，畸形果少，色橙红。果肉细，髓心小，果汁红色，果香味甜。一级花序果平均单果重 13 g，最大果重 28.5 g，是优良的鲜食品种。露地和保护地栽培均宜。花芽形成早，休眠浅，对低温要求不严格，适于冬季较温暖地区栽培。成熟期较早，较抗旱，耐高温，对灰霉病、轮斑病、根腐病不敏感，但不抗白粉病和凋萎病。如图 9—3 所示。

4. 绿色种子

为中晚熟品种，株径大，为 46.5 cm。叶片较大、椭圆形，叶绿、锯齿较粗且深，叶片平滑、有光泽、茸毛少。花序梗较粗，茸毛较多。花冠大，果实呈圆锥形，较整齐，红色，果面平整。第一级序果平均单果重 13.2 g，最大果重 25.2 g。果肉橙红色，肉质细，香甜，汁液红色，鲜食、加工和速冻均宜。抗逆性和抗寒力强，抗叶斑病、叶灼病和叶枯病。果实硬度较大，较耐储运，匍匐茎抽生较晚，较丰产，稳产。如图 9—4 所示。

图 9—3　春香

图 9—4　绿色种子

5. 红岗特兰德

生长势适中，叶片为长椭圆形，大小中等。果实呈短圆锥形，果个大小中等，第一级序果平均单果重 11 g。果实鲜红、具光泽，髓心小、稍空，肉质细软，味酸甜，略具香味，品质中等。该品种属小株型，适于密植。单株开花多，结果多，对凋萎病和根腐病都有抗性。耐储运，为中熟品种，宜鲜食，不宜大棚栽培。

6. 明宝

休眠期短，打破休眠要求 5 度以下的时间仅 70 h。匍匐茎发生数比宝交早生稍少，但节间长。叶色较淡，叶数少但叶片大。根系发达。每个花序着生的花数少，一般为 914 朵，结实率高，大果率高，畸形果少。果形为圆锥形，色鲜红，果实含糖量比宝交早生高，具有独特的芳香味，品质上等。早熟性及抗病性优于宝交早生，抗白粉病及灰霉病，耐储性差。产量高而平稳，适于促成栽培。

7. 硕丰

植株生长势强，矮而粗壮，直立。叶片厚、圆形、平展，叶面光滑。花序高于叶面或与叶面平，每株平均有花序 3 个，每序平均着生 6.8 朵花。果实大，平均单果重 15～20 g，最大果重 50 g，果实短圆锥形，橙红色，硬度大。种子黄绿色，平嵌果面，果肉红色，甜酸适度，可溶性固形物含量 10%～11%，糖/酸比较低，耐储性好，在常温下存放 2～3 天不变质。该品种较耐旱，对灰霉病和炭疽病有较强抗性。在南京地区夏季气温高达 35～39℃持续 20 余天仍能健壮生长，病叶率低于 5%。休眠期深，为晚熟品种，当地 5 月中旬开始成熟，丰产，单株产量 250～300 g，鲜食和加工均宜。

8. 新明星

经济性状和丰产性能都优于全明星，属中晚熟品种。植株生长势强，株冠 37.2 cm×38.4 cm。叶片呈椭圆形、浓绿、较厚，叶面光滑、多茸毛，叶柄绿色，向阳面红色，托叶大。每株有花序 4～8 个，花序分枝为二歧，低于叶面。果实大，平均单果重 24 g，最大果重 56 g。果实整齐，呈楔形。果面鲜红色，有光泽。种子黄色，个小，陷入果面较浅。果实坚韧、硬度大。果肉为橘黄色，髓部空，果汁较多，酸甜芳香，含可溶性固形物 9.8%。耐储性好，常温下可储存 3～4 天。丰产性能较好，抗逆性好，为鲜食、加工兼用品种。如图 9—5 所示。

图9—5 新明星

其他比较适宜的品种还有明晶、布兰登堡、红衣、女峰、索非亚、盛冈、丹东大鸡冠、早红光、肯特、塞奎亚、石莓 1 号、长丰、丰香、明磊、阿特拉斯、红丰可供选择。

二、四季草莓

四季草莓可全年多次开花结果，是野生草莓的变种。国内有不少地方栽植，但由于果个较小，产量低，管理费工，经济效益不高，不适于集中成片栽植，而适于在庭院栽培或盆栽。目前，四季草莓的优良品种有：

1. 83～35

是由江苏农科院园艺所选育的优良单系。植株生长势强，在当地4月下旬开始采摘，平均单果重11～13 g，果实长圆锥形，鲜红色，风味甜酸而浓，耐储性好。单株产量约500 g，耐高温，抗病力强。第一批果采收后，在夏季高温长日照下又能形成花芽，此后还能陆续开花结果。

2. 长虹2号

为中早熟品种，生长势中等，植株较开张，叶椭圆形、深绿色。果实呈圆锥形，果面平整、有光泽，果皮薄，种子微凸出果面，汁多，酸甜，香味浓，硬度大，耐储运。果大，一级序果平均重20.5 g，最大果重48 g，产量高，春秋两季合计亩产1 170 kg。该品种抗旱、抗寒、抗病性和抗晚霜能力都较强。如图9—6所示。

图9—6　长虹2号

三、我国引进的具有特色的草莓品种

1. 威斯塔尔

早熟，果小、色鲜红、长锥形，果肉白色，汁多，风味好，糖分含量高，特甜，香味浓，鲜食品质极佳。

2. 爱美

成熟期较晚，休眠较深，不适合保护地栽培。植株生长势中等，匍匐茎发生少，不耐高温，不抗炭疽病和白粉病。果实长圆锥形，深红色，着色好。其特点是果个大，一级序果平均单果重超过50 g，最大果可达150 g。含糖量高，味甜。

3. 美国6号

中晚熟品种，植株矮壮，叶柄短粗，叶色浓绿。匍匐茎抽生晚。果实长圆锥形，大果型，最大果重38 g，种子稍凸出果面，中心稍空，肉质紧密，色鲜红，甜酸适度。其特点是抗病性强，果皮硬，耐储运。成熟果采摘后3～5天仍可加工，运输中不易破损。

4. 卫士

中早熟，抗病性极强，能抗叶斑病、日灼病、红心病和黄萎病。果大，硬度大，系鲜食、加工兼用型品种。

5. 梯旦

早中熟，抗叶斑病和叶灼病。果形大、整齐，一级序果平均单果重 31.9 g，最大果重 46 g。植株健壮、直立，果实不易与地面接触，硬度大，冷冻、鲜食、加工均宜。

第二节　草莓的露地栽培技术

露地栽培又称常规栽培，是指在田间自然条件下，不采用保护地设施（如塑料大、小棚等）的一种栽培方式。即秋季定植草莓苗，在露地生长，当年完成花芽分化，越冬后，第二年夏季收获。目前我国栽培草莓基本上采用露地栽培。

一、草莓栽植概述

1. 栽植制度

一般采用两种栽植制度，即 1 年 1 栽制和多年 1 栽制。

（1）1 年 1 栽制。头年秋季定植，翌年收获一茬果后耕翻掉草莓植株，另择田块重新栽植秧苗。1 年 1 栽制能提高土地利用率，增加经济收入，产量较高，果实较大，品质好，病虫害少。在菜田多或人多地少的城市郊区采用较多。

（2）多年 1 栽制。栽后连续收获几年才更新土地。这种栽植方式，稍能节省人工，但产量低，品质差，病虫害多，经济效益不高。一般在土壤杂草少，地下害虫不多，劳力较缺，大面积集中栽培时采用较多。栽培草莓，特别是从外地引种时，常因秧苗质量差，第一年产量不高，第二年才获得较好产量。也有的品种，如荷兰的汤美拉町连续三年保持高产。不像一般草莓长到第三年已明显衰退，产量低，品质下降，病虫害发生多，经济效益降低。所以露地栽培草莓以 2 年 1 栽较为适宜。

知识链接

草莓栽培的茬口安排

草莓不同品种果实的成熟时期不同，日光温室草莓生产茬口的安排也不相同。栽植一季品种，茬口安排为上茬草莓下茬蔬菜，蔬菜品种以果菜类的西红柿、黄瓜、豆角为好，丹东地区一般 9 月下旬至 10 月初定植草莓，2 月中旬在草莓畦埂上定植西红柿，3 月中旬草莓开始成熟，4 月中旬草莓收获结束，5 月下旬西红柿开始上市，

7月末结束，土地休闲1～2个月，进行人工培肥地力后，再进行翌年的生产循环。栽植多季成熟的草莓品种，一般每年为一个生产周期，跨两个年度，栽植西班牙草莓杜克拉品种，于9月末至10月初栽植，2月上旬成熟，6月末结束，土地休闲2～3个月，人工培肥地力，再进行下一年生产循环。

2. 品种搭配和选择

草莓自花授粉能结果，但异花授粉的增产效果明显，因此除主栽品种外，还应搭配授粉品种。例如，以宝交早生作为主栽品种，授粉品种可搭配春香、明宝和明晶。1个主栽品种可搭配2～3个授粉品种。主栽品种占的种植面积不少于2/3，其余为授粉品种。为了延长供应期可采用早、中、晚熟品种搭配栽植。大面积栽植时，品种不宜少于3～4个。主栽品种与授粉品种相距一般不宜超过20～30 m。同一品种应集中配置在园内，以便于管理和采收。在栽植面积大、地势又起伏不平的情况下，应把早熟和中早熟品种栽在较高地点，因高地春季土温升高较快，有利于根系提早活动，又能减轻花期晚霜的危害。

选择草莓品种应考虑地区适应性因素：适于北方寒冷地区的品种一般休眠期长，但在保护地栽培应选长日照四季结果型，匍匐茎发生少，开花结果期长的草莓。所以越往南越应选择需要低温时间短，生理休眠浅的早熟品种。在北方还需要抗花期晚霜危害的品种；在南方则需要抗夏季高温干旱的品种。同时，所选品种应对当地多发病虫害具有较强的抗性。

鲜食或加工对品种的要求不同，即便是兼用型品种，对不同的加工制品也有不同要求。

3. 栽植时间

草莓的栽植时间，因地而异，要根据作物的茬口、秧苗生育状况、温度和湿度的高低以及栽植后秧苗是否有充分的生长发育时间等因素综合考虑。生产上一般在秋季栽植，因秋栽时间长，有大量当年生匍匐茎苗供应，此时土壤墒情好，空气湿度大，缓苗期短，成活率高。栽植时气温过高会影响成活，以气温在15～20℃为宜。栽植晚虽成活率较高，但缩短了生育期，越冬前不能形成壮苗，影响翌年产量。春季栽植成活率比较高，在北方省去了越冬防寒措施。但春栽利用冬储苗或春季移栽苗，根系容易受损伤，单株产量比秋栽苗要低。栽植时间应在土壤化冻时进行。采用冷藏苗，栽植时间可根据计划采收期向前推60天左右。

二、草莓园的建园

1. 园地选择

草莓具有喜光性，但也耐荫蔽；喜水，也怕涝；喜肥和怕旱等特点。栽植草莓应选择地面平整，阳光充足，土壤肥沃，疏松透气，排灌方便的地点。地下水位较高的水田，可开挖沟渠栽植。山坡地可修成梯田或采用等高栽植。草莓可与其他作物合理间作或轮作。草莓园应选择与草莓无共同病害的前茬。有线虫危害的葡萄园和已刨去老树的果园，未经土壤消毒不宜栽种草莓。风口地带或易受寒流、霜冻危害的地方，也不宜种植草莓。草莓采收期用工集中，建立商品生产基地时，应根据当地劳力情况，合理安排种植面积，选择离城市近，交通方便，并有加工条件的地点，以免造成不必要的经济损失。

2. 土壤准备

栽草莓前要耕翻土壤，深约 30 cm。整地质量要高，无土块，要求沉实平整，以免栽植后浇水引起秧苗下陷，影响成活。如果园地杂草多，可在耕翻前 15 天左右，每亩用草甘膦0.5 kg，加水 50 L，喷洒杂草茎叶，待草枯死后再耕地。结合翻地施入基肥，农家肥是草莓优质丰产的基础，一般每亩施腐熟优质农家肥不少于 5 000 kg，另加 50 kg 过磷酸钙和 50 kg硫酸钾，或者加 50 kg 氮磷钾三元复合肥料。如土壤缺微量元素还应补充相应的微肥。草莓栽植密度大，生长周期短，在基肥充足的情况下，第二年春季补充适量化肥就可满足植株生长结实要求。连作的草莓地施肥更困难，因此基肥一定要充足。施基肥要全园施均匀，然后耕翻土壤，使肥土充分混合。

翻耕时间宜早，最好伏前翻耕，使土壤熟化。按定植要求做畦打垄。北方一般采用平畦栽植，畦长 10～20 m，畦宽 1.2～1.5 m，埂高约 15 cm。平畦栽植的好处是灌水方便，中耕、追肥、防寒等作业比较容易。缺点是畦不易整平，灌水不均，局部地段会湿度过大，通风不良，果实易被水淹而霉烂。南方由于雨水多，地下水位较高，宜采用高垄栽培。垄高50 cm，垄面宽 1～1.3 m，垄畦底宽 1.4～1.7 m，沟宽 40 cm。如覆盖地膜，则应把垄宽减少到 70～75 cm。高垄栽培的好处是排灌方便，能保持土壤疏松，通风透光，果实着色好，质量高，果实不易被泥土污染，缺点是易受风害和冻害，有时会出现水分供应不足。做好垄后可灌 1 次小水或适当镇压，以使土壤沉实。

三、草莓的栽植

1. 秧苗准备

秧苗质量是栽后成活和高产的基础。对匍匐茎苗要求无病虫害，有较多新根，根茎粗度在 1 cm 以上，至少有 4 片展开的叶，中心芽饱满，叶柄短粗，叶色浓绿，植株鲜重 30 g 以上，地下部根重约占全株的 1/3。不能用叶柄长的徒长苗。如果采用老株的新茎苗，必须具有较多的新根，否则栽后很难成活。

起苗前先割除老叶，留 2～3 片新叶，就近栽植最好随起苗随栽苗，要保护起出的秧苗根系不干燥，适当淋水保湿，也不能将根系长时间浸泡在水里。需长途运输的秧苗，从园地起出后，将土去掉，适当疏除基部叶片后，每 50 株捆成一捆，然后用水浸湿根系，随即装入浸过水的蒲包、草袋或塑料袋中扎好，再置于筐、箱等盛器中待运。对靠外地或远距离供应秧苗者，要事先把栽植园地平整好，做到地等苗。秧苗运到后，要检查质量，可适当用水浸根系或蘸以泥浆，置于阴凉处，随即栽植。

2. 栽植方式

根据栽后对匍匐茎处理方法不同而采取不同的栽植方式。

（1）定株密度。按一定株行距栽植，在果实成熟前随时将长出的匍匐茎摘除，以集中养分，提高产量与品质。采收后，保留老株，除去长出的匍匐茎。第二年结果后，保留匍匐茎苗，疏去母株，按固定株行距留健壮的新匍匐茎。这样就地更新，换苗不换地，产量较稳定。

（2）地毯式栽植。定植时按较大株行距栽种，让植株上长出的匍匐茎在株行间扎根生长，直到均匀地布满整个园地，形成地毯状。也可让匍匐茎在规定的范围内扎根生长，延伸到行外的一律去除，形成带状地毯。在秧苗不足、劳力少的情况下采用这种栽植方式，第一年由于苗数不足，产量较低，翌年可获得高产。

垄栽时大多数在垄台上栽植，以适应地膜覆盖。也有栽在垄沟内的，在垄沟栽苗，垄台上行走，生长期垄沟灌溉时，将肥料随水施入，在春季或秋季破垄施入农家肥。

3. 栽植方法

（1）栽植密度。株行距要根据栽植制度、栽植方式、土壤肥力、品种等决定。1年1栽制株行距宜小；多年1栽制应适当加大株行距。株型小的品种如戈雷拉，密度可增加。一般宽1.5～2 m的平畦，每畦栽4～6行，行距20～25 cm，株距15～20 cm。垄栽时，北方采用低垄种植，垄高3～5 cm，垄宽50～55 cm，垄沟宽20～25 cm，株行距与畦栽基本相同，或者株距适当减小。每亩草莓的株数应掌握在1万左右。保护地栽植密度可适当缩减。

（2）栽植方向。栽苗时应注意草莓苗弓形新茎方向，草莓的花序从新茎上伸出有一定的规律性。通常植株新茎略呈弓形，而花序是从弓背方向伸出。为了便于垫果和采收，应使每株抽出的花序均在同一方向，因此栽苗时应将新茎的弓背朝固定的方向。平畦栽植时，边行植株花序方向应朝向畦里，避免花序伸到畦埂上影响作业。

（3）栽植深度。栽植深度是草莓成活的关键。栽植过深，苗心被土埋住，易造或秧苗腐烂；栽植过浅，根茎外露，不易产生新根，引起秧苗干枯死亡。合理的深度应使苗心的茎部与地面平齐。如畦面不平或土壤过暄，浇水后易造成秧苗被冲或淤心现象，降低成活率。因此，栽植前要特别强调整地质量，栽植时做到"深不埋心，浅不露根"。

（4）操作方法。先把土挖开，将根舒展躺于穴内，然后填入细土，压实，并轻轻提一下苗，使根系与土紧密结合，栽后立即浇1次定根水。浇水后如果出现露根或淤心的植株，以及不符合花序预定方向的植株，均应及时调整或重新栽植，漏栽的应及时补苗，以保证全苗和达到高质量栽植的要求。

4. 提高栽植成活率的措施

（1）提高草莓栽植成活率，保证全苗，是获得高产的基础。生产上可采取以下措施：

定植前对根系进行药物处理，能促进生根和生长。常用$5×10^{-6}～10×10^{-6}$的萘乙酸或萘乙酸钠浸根2～6 h，可促进生长，增加产量，效果显著。

（2）剪除枯老叶、叉根。定植前剪除秧苗部分老叶和黑色老根，以减少叶面积，减少植株水分蒸腾，并可促使抽发新根。

（3）阴雨天或早晚栽植。阴雨天栽植能避免阳光暴晒，因空气湿度大，叶片蒸发量小，能加快缓苗，提高成活率。但雨水过多或遭遇暴雨，应及时排水，防止水淹、淤心或受涝死亡。晴天栽植可在早晨或傍晚。

（4）栽后如遇晴天烈日，在补充水分的同时，可采用遮阴措施遮阴覆盖，如用苇帘、塑料纱、带叶的细枝条覆盖；有条件的可以采用塑料遮阳网、绿色或银灰色塑料薄膜扣罩成临时小棚。但是缓苗后，要及时晾苗，注意通风，以免突然撤除遮阴物后灼伤幼苗，3～4天后方可撤除。

（5）及时供水。秧苗定植后立即浇透水。为保持土壤湿润并起降温作用，定植后3天内每天灌1次小水，经4～5天后改为2～3天灌1次小水，但也要防止过湿，造成通气不良，影响根系呼吸，导致沤根、烂苗，影响秧苗成活和生长。定植成活后可适当晾苗。但刚成活的幼苗仍不耐干旱，还要注意适时浇水，促进生长。

（6）带土移栽。近距离栽植，可带土坨移栽，以缩短缓苗期，提高成活率。带七土移栽对秧苗资源不足，灌溉条件较差，土壤较黏或偏酸偏碱的地方是提高成活率的有效措施。

四、草莓的肥水管理

1. 追肥

栽植前已施入大量优质农家肥，栽后当年或第二年可不施或少施追肥。基肥不足时应进行3次追肥。第1次在花芽分化后，不仅能促进植株营养生长，而且能增加顶花序的花数。但在花芽分化前应停止施用氮肥，控制灌水，进行蹲苗，使幼苗充实，提高植株内的碳氮比例，以促进花芽分化。第2次在开花前施入。草莓生殖器官对养分的竞争能力较弱，因此在开花前后追肥，是保证草莓优质高产的重要措施。花期前后叶面喷施尿素或磷酸二氢钾3～4次，可提高坐果率，增加单果重和改善果实品质。第3次在采收后施入，以保持植株健壮生长，促进花芽分化，提高植株的越冬能力。多年1栽制或者结果后要求抽生匍匐茎扩大繁殖秧苗时，第3次追肥绝不可少，这次可开沟施肥。前两次追肥，宜用叶面喷施法。

草莓的需肥量比木本果树要多，氮：磷：钾的配比为1：1.26：0.74。草莓施肥方式为磷肥全部作基肥，氮肥和钾肥的一半作基肥，另一半作追肥。保护地栽培施肥量要加大。

2. 灌水

草莓对水分要求较高，栽植后在叶面喷水可明显提高成活率。追肥应与灌水结合进行。3～6月北方干旱多风，蒸发量大，直到采收需要多次灌水。3月中下旬，草莓开始萌芽和展叶，应进行灌水，灌水量不宜过多，以免降低地温，影响根系生长。草莓开花期到浆果成熟期缺水，会影响浆果大小和产量。这一时期，至少需灌水2～3次。4月中旬叶片大量发生，草莓进入开花期，需水较多，4月下旬到5月上旬，是草莓盛花期和果实膨大期，是草莓全年生长过程中需水最多的时期。5月中下旬草莓成熟采收，开花晚的也处在果实膨大期，如遇天旱，可适量灌水。

但开花到成熟期如水分过多，又会引起果实变软，不利储运，还会导致灰霉病发生蔓延。草莓采收后，多年1栽制园地，在割除老叶后应立即灌水，以促使植株生长和匍匐茎繁殖。这次灌水应结合施肥。雨季则应注意排水。南方如遇雨水过多，要注意清理田沟或垄沟，挖去淤泥，保持沟渠相通，做到雨停田干。

灌水方法，垄栽的可直接在垄沟内灌水。果实成熟期可采用隔行灌水，以防止土壤过湿，踩踏后易板结。平畦栽植的按畦漫灌。有条件地区采用滴灌，可节省用水量，还能避免浆果沾泥，减少浆果腐烂，并提高商品果率。

五、草莓的防寒防霜

1. 越冬防寒

草莓根系能耐－8℃的地温和短时间－10℃的气温，温度再下降会发生严重冻害，导致植株死亡。为了防寒保墒，北方栽培草莓越冬需要覆盖防寒物。在覆盖防寒物前先灌1次防冻水，这次水一定要灌足、灌透。灌防冻水时间，应在土壤将要进入结冻期。灌后1周左右进行地面覆盖，覆盖材料因地制宜，可用各种作物秸秆、腐熟马粪、细碎圈肥、软草、树叶等。覆盖厚度以能盖严植株为度。近年来采用地膜覆盖，膜上面再加覆盖物，收到良好效果。覆盖物应在翌年春季土壤解冻之前除去，以便阳光直接照射地面，促使地温回升植株早发。

2. 春季防霜

草莓植株矮小，对霜冻敏感。刚伸出未展开的幼叶受冻后，叶尖与叶缘变黑。正开放的花受害较重，通常雌蕊完全受冻，花的中心变黑，不能发育成果实。受害轻时只部分雌蕊受冻变色，而后发育成畸形果。幼果受冻呈油渍状。在时植株受害极轻，达－3℃时，受害重。如低温持续几小时，又正值花期则受害重，产量损失较大。因早开花的果实最大，霜冻往往引起早期大型果受损失。草莓花期易受晚霜危害的地区，要做好预防工作。如选在通风良好地点栽种草莓，延迟撤除防寒覆盖物，以推迟花期。还可以采用抗霜冻品种，有条件地区采用熏烟、喷灌等措施。

此外，在南方种植草莓，如遇持续高温和伏旱，草莓会出现萎缩甚至干枯，所以保护草莓安全越夏是当地生产上的重要问题。防止高温危害的措施是：保持土壤湿润，草莓在幼龄果园内间作或草莓行内插种高秆作物，实行1年1倒茬和选用耐高温的品种。

六、草莓的栽植过程管理要点

1. 间苗

间苗限于多年栽制草莓园应用。在初秋按定植时的株行距，每窝留苗1墩，把多余的苗丛全部挖除。留下的最好是健壮的匍匐茎苗。挖苗后随即深锄一遍，每亩再施入氮磷钾复合肥料25~50 kg，并结合培土将垄畦整平，只有在重间苗和补充肥料的情况下，才能保持较高产量。

2. 摘除匍匐茎

不作繁殖材料的匍匐茎消耗母株营养，不及时摘除会影响产量，并降低植株的越冬能力。以收获浆果为目的的植株，应随时摘除匍匐茎。在繁殖圃里，母株后期发生的匍匐茎以及早期形成的匍匐茎苗和延伸的匍匐茎，也都要及时摘除。因为匍匐茎苗布满整个圃地后，后期抽生或延伸的匍匐茎就无处扎根而悬空生长，不仅消耗母株养分，还会使早期已扎根的匍匐茎苗及母株的生长受到严重影响。因此，及时摘除不必要的匍匐茎是生产上的一项重要管理措施。

3. 疏花疏果

每株草莓一般有 2～3 个花序，每个花序可着生 3～30 朵花，高级次的花开得晚，往往不孕成为无效花，即使有的能形成果实，也由于果实太小无采收价值而成为无效果。所以在开花前，花蕾分离期，最迟不能晚于第一朵花开放，把高级次的花蕾适量疏除，可使养分集中，保证留下的花朵着果整齐，果个增大，果实品质提高，成熟期集中，节省采收用工。

疏果是在幼果青色的时期，及时疏去畸形果、病虫果。疏果是疏花蕾的补充，可使果形整齐，提高商品果率。

4. 除老叶与弱芽

草莓一年中叶片不断更新，在生长季节当发现植株下部叶片呈水平着生，并开始变黄，叶柄基部也开始变色时，说明老叶已失去光合作用的机能，应及时从叶柄基部去除。特别是越冬老叶，常有病原体寄生，在长出新叶后应及早除去，并可将植株生长弱的侧芽及时疏去，以利通风透光，加速植株生长。发现病叶也应摘除。

浆果采收后还要割除地上部分的老叶，只保留植株刚刚显露的幼叶，每株只留 2～3 片复叶。这一措施可减少匍匐茎的发生，刺激多发新茎，从而增加花芽数量，达到翌年增产的效果。此外，对病害较严重的园地割叶后可减少病害发生。

为了避免多项田间管理工作频繁在园中作业而造成土壤板结，因此摘除老叶、病叶、疏芽和摘匍匐茎尽可能结合起来进行。

5. 果实垫草

草莓开花后，随着果实增大，花序逐渐下垂触及地面，易被泥土污染，影响着色与品质，又易引起腐烂。故对不采用地膜覆盖栽培的草莓园，应在开花 2～3 周后，在草莓株丛间铺草，垫于果实下面，或把切成长约 15 cm 的草秸围成草圈，将 2～3 个花序上的果实放在草圈上。每亩大约需用碎稻草或麦秸 100～150 kg。垫果有利于提高果实商品等级，对防止灰霉病也有一定效果。

6. 培土

草莓植株新根发生部位有随着新茎生长部位升高而逐年上移的特点。母株根状茎上移，使须根暴露在地面，影响植株生长发育和对养分的吸收，严重的甚至导致植株干枯死亡。故多年 1 栽制的草莓园，应在果实采收后，结合中耕除草进行培土，以利新根发生。在初秋新根大量发生之前，必须完成。培土高度以露出苗心为标准。1年1栽制不进行培土。

7. 生长调节剂的应用

（1）赤霉素。草莓喷施 10×10^{-6} 赤霉素，可抑制休眠，提早成熟。相同浓度的赤霉素，在草莓生长前期喷施 2 次，可增加匍匐茎的发生，花期和坐果期喷施 10×10^{-6} 赤霉素能提高产量，增加糖度和耐受性，促使花序形成，诱发单性果实发育，减轻因授粉不良造成的损失，并使浆果提前上市。

（2）多效唑。是一种植物生长抑制剂，其作用是抑制匍匐茎的发生和植株营养生长，促进生殖生长，施用浓度和时间适当，有明显增产效果，可减少人工摘除匍匐茎的劳力。据浓度以 250×10^{-6} 较适宜，时间为匍匐茎发生的早期。但若施用不当，抑制过度，会造成减产。因施用多效唑使生长受抑制的植株，喷施赤霉素，1 周后可解除抑制作用。

第三节　草莓的主要病虫害防治

一、草莓主要病害防治

1. 病毒病

（1）症状。多表现为斑驳、黄边、皱叶、镶脉等类型。大部分草莓病毒具有潜伏侵染特性，一种类型侵染症状多不明显，发病多是两种或几种类型复合侵染引起。表现为植株矮化或黄化，叶片上出现黄白色、不规则的退绿斑纹，小叶伴有轻度扭曲，叶缘不规则上卷、叶脉下弯或全叶扭曲变形，叶面皱缩，叶脉、叶柄上产生黄白色或紫色斑等。

（2）防治方法。草莓病毒病主要是由蚜虫危害传播，植株本身带毒也是病毒病的主要传播途径。其防治方法：

1）培育无毒母株，栽植无毒秧苗。

2）消灭蚜虫，秧苗定植时用 2 000 倍天达高效氯氟氰菊酯细致喷洒杀灭之，做到净苗入室。以后发生蚜虫危害，可在夜晚封闭设施后点燃蚜虫净发烟弹（每 350 m^2 温室 4 枚）或敌敌畏（每 350 m^2 温室用 80% 敌敌畏 200 mL 掺加 2 000 g 锯末）熏蒸 8～10 h 消灭之；也可以结合防病、根外喷肥喷洒 3 000 倍 2% 天达阿维菌素或 3 000 倍天达高效氯氟氰菊酯。

2. 灰霉病

（1）症状。灰霉病是草莓的主要病害，分布很广，全国各地都有报道。灰霉病是开花后发生的病害，在叶、花、果柄和果实上均发病。叶上发生时，病部产生褐色或暗褐色水浸状病斑，有时病部微具轮纹。在高湿条件下，叶背出现乳白色绒毛状菌丝，被害果柄呈紫色，干燥后细缩。被害果实外观不鲜艳，最初出现油渍状淡褐色小斑点，进而斑点扩大，全果变软，上生灰色霉状物，除危害草莓外，还侵害茄子、黄瓜、莴苣、辣椒、烟草等多种作物。

（2）防治方法

1）控制施肥量和湿度。

2）不要栽植过密，进行地膜覆盖以防止果实与土壤接触。

3）选用抗病品种，及时摘除感病花序，剔除病果。

4）花序显露到开花前，喷等量式 200 倍波尔多液，严重时每隔 10 天喷 1 次，直到大批果实采收结束。也可喷速克灵 800 倍液，或花前喷 500 倍的代森锌。

3. 白粉病

（1）症状。白粉病为草莓常见病害。保护地因温度条件适合发病要求，空气湿度又较高，故比露地栽培发生更严重，甚至导致死苗。主要危害叶片，也可侵害叶柄、花、花梗及果实。被害叶片发生大小不等的暗色污斑，随后叶背斑块上产生白色粉状物，后期呈红褐色病斑，叶缘萎缩、枯焦。果实早期受害时，幼果停止发育、干枯。若后期受害，果面有层白粉，严重影响浆果质量，此病在整个生长季节可不断发生。在盛夏高温季节不发病。白粉病的病菌主要靠空气传播。不同品种对白粉病的抗性有差异。达娜不抗病，丽红也易感病，宝交早生则抗性较强。

（2）防治方法

1）冬春季清扫园地，烧毁腐烂枝叶。

2）适当加大株行距，及时摘除贴在地面的老叶，使园地通风良好，雨后注意排水。

3）控制施用氮肥，选用抗病品种。

4）初期发现发病中心，可将病叶剪除烧毁，并在发病中心及其周围重点喷波美 0.3 度石硫合剂。采收后全园割叶，然后喷药。可喷 1 000 倍甲基托布津或 800 倍退菌特或 5 000 倍特富灵等防治。

4. 小叶斑病

（1）症状。叶斑病主要危害叶片，也侵害叶柄、匍匐茎、花萼、果实和果梗。开花结果前开始轻度发病，果实采收后才危害严重。我国草莓栽植区都有不同程度发生。病叶上开始产生紫红色小斑，随后扩大成 2～5 mm 大小的圆形病斑，边缘紫红色，中心部灰白色，酷似蛇眼。病斑过多会引起叶片褐枯。叶斑病大量发生时会影响叶片光合作用，植株抗寒性和抗病性降低。叶斑病的病原菌分有性世代和无性世代，属半知菌类。病原菌在枯枝落叶上越冬，翌年春季分生孢子借空气传播蔓延。

（2）防治方法。同白粉病。

5. 褐斑病 （叶枯病）

（1）症状。褐斑病是草莓重要的叶病。我国草莓栽培地区时有发生，个别地区发生较严重。此病易与叶斑病混淆。主要危害叶片、果梗，叶柄也感染病。受害叶片最初出现红褐色小点，逐渐扩大呈圆形或近椭圆形斑块，中央呈褐色圆斑，圆斑外为紫褐色，最外缘为紫红色，病健交界明显，病斑直径 1～3 mm。后期病斑上可形成褐色小点，多呈不规则轮状排列。几个病斑融合在一起时，可使叶片组织大片枯死。病斑在叶尖、叶脉发生时，常使叶组织呈"V"字形枯死。

（2）防治方法。选用抗病品种如华东 5 号、牛心等；培育健壮草莓苗，控制氮肥施用量；头年栽草莓时，用甲基托布津 500 倍液浸苗 20 min，可减少翌年发病病源；及时摘除病叶，冬春季烧毁腐烂枝叶；药剂防治同叶斑病。

6. 立枯病（芽枯病）

（1）症状。发生在春季，主要症状是新生芽出现青枯，随后变成黑褐色而枯死。枯死叶下垂。芽枯部位有霉状物产生，且多有蛛网状白色或淡黄色丝络形成，其他症状有新叶呈青枯状、萎蔫。展开叶较小，叶柄带红色，从茎叶基部开始褐变，根部无异常变化。立枯病菌在土壤中腐生性很强，是多种作物根部的病害，除草莓外，还危害棉花、大豆、蔬菜等。病原菌在茎叶上越冬，如无合适寄主可在土中存活 2～3 年。

（2）防治方法

1）尽量避免在发病地块育苗和栽植。如不得不栽植时，应进行土壤消毒。栽植不能过密，灌水不能多，防止水淹。保护地栽培时，要注意及时换气。

2）药剂防治可在现蕾期开始，喷多抗霉素 1 000 倍液，露地喷 3～5 次，保护地喷 5～7 次，每次间隔一周。也可用敌菌丹 800 倍液喷 5 次左右。

7. 轮斑病

（1）症状。草莓栽植地多有发生，是草莓的重要病害。病菌侵害叶和叶柄，叶上产生紫红色圆形或椭圆形病斑，微具轮纹。病斑扩大后中心部分出现紫褐色坏死。较大病斑有清晰的轮纹，周围紫褐色，常破裂、枯死。枯死叶上有黑色孢子堆颗粒。叶柄症状为红紫色长椭圆形病斑，严重发生时，叶片大量枯死。病菌在叶柄上越冬，空气传播，在高温多雨情况下，常会大发生。轮斑病和假轮斑病的田间症状不易区别，但后者属低温病害，气温在 28℃以上时极少发生。

（2）防治方法

1）同白粉病防治前两项。

2）保护地栽培时注意通风透气，控制土壤湿度。

3）培育壮苗，选用戈雷拉、紫晶等抗病品种。

4）药剂防治，可喷敌菌丹可湿性粉剂 800 倍液预防，也可参照叶枯病的防治方法。

8. 革腐病

（1）症状。革腐病是草莓的重要果实病害。绿果受害后，病部呈褐色至深褐色，以后整果变褐，呈皮革状。成熟果受害后，病部变成黄白色，后期果实呈革腐状。在高湿条件下，病果表面有白色霉状物，果肉呈灰褐色、腐烂，病果有一种令人作呕的腥臭气味。干燥时患病果变成僵果。高湿和强光照是发病的重要原因。

（2）防治方法

1）选择排水和通风良好的地块种植草莓。实行地膜覆盖栽培，避免过多施用氮肥。及时采收果实，防止碰伤，淘汰病果。降水过多应及时排水，灌水时间选择在 10～14 时，以使果实和叶片迅速干燥。

（2）在发病前喷代森锰锌、百菌清或克菌丹 500 倍液，并清除田间病僵果。发病初期喷施瑞毒霉 1 000 倍液或多菌灵 300 倍液有显著防治效果。

9. 草莓黄萎病

（1）症状。感病植株地上部生长不良。新长出的幼叶表现畸形，即 3 片小叶中有 1～2 片小叶明显狭小，叶色变黄，表面粗糙无光泽，之后叶缘变褐，向内凋萎甚至枯死；根系变成黑褐色。此病为土壤真菌病害，病原是黄萎病菌。连作或土壤水分过干过湿也易发病。

（2）防治方法。药剂防治可在草莓栽植前后立即用苯菌灵滴灌土壤，当年和第二年都有明显效果。此药防治草莓叶斑病和灰霉病也有效。其他措施同草莓红中柱根腐病的防治法。

10. 草莓红中柱根腐病

（1）症状。病株比较明显地集中在低洼地块。感病植株发病初期，根的中心柱呈红色或淡红褐色，然后开始变黑褐色而腐烂；地上部先由基部叶的边缘开始变为红褐色，再逐渐向上凋萎枯死。

（2）防治方法

1）无论病区或无病区都不宜单一连种草莓，应实行轮作倒茬。

2）进行土壤消毒。有条件地区可采用氯化苦土壤熏蒸、穴注或滴灌。

3）选用抗病品种。我国已引入的欧洲品种戈雷拉、红岗特兰德等对红中柱根腐病具有较强的抗性。

4）不采用感病苗，草莓新发展区不从重病区引种。

5）加强管理，及时摘除贴地面老叶，防止灌水和农具等传病，增施农家肥，培育壮苗。

二、主要虫害防治

1. 红蜘蛛

（1）危害特征。危害草莓的红蜘蛛有多种，其中最重要的有：二点红蜘蛛（又称二点叶螨）和仙客来红蜘蛛两种。二点红蜘蛛的寄主植物很广，有 100 多种，如棉花、大豆、苜蓿、玉米、茄子、西瓜、芝麻和多种杂草。各种寄主植物上的红蜘蛛可以相互转移危害。一年可发生 10 代以上，以雌性成虫在土中越冬，翌春产卵，孵化后开始活动危害。在高温干燥气候条件下繁殖极快，短期内可造成很大损失。仙客来红蜘蛛主要危害温室草莓，也危害田间杂草。

（2）防治方法

1）草莓生长前期，红蜘蛛在植株下部老叶栖息密度大，危害重。这一时期，采用摘除老叶和枯黄叶的方法，将有虫、病残叶带出地外烧掉，以减少虫源。

2）草莓开花前，选用有效期长的三氯杀螨醇、蚜螨灵、氧化乐果或双甲脒等杀卵杀螨剂 1 000 倍药液防治 2 次（间隔 1 周），以控制螨害发生。喷药时喷头朝上，使叶背都能喷上药液。采果前选用残毒低、触杀作用加强的如增效杀灭菊酯 5 000～8 000 倍液，喷 2 次，间隔 5 天。采果前两周禁用。收获后喷 800 倍三氯杀螨砜加波美 0.2 度石硫合剂。药剂防治要注意保护天敌，尽量减少喷药次数，不使用对天敌杀伤强的农药。

2. 蚜虫

（1）危害特征。危害草莓的蚜虫有多种，其中最主要的是棉蚜和烟蚜（桃蚜）。棉蚜体色绿，无光泽，寄生于草莓全株，但以叶、花、心叶上为多，蚜虫的危害不仅是吸取汁液使草莓生育受阻，更大的危害是传播草莓病毒病。

（2）发生规律。冬季在草莓、蔬菜、油菜田的作物根际土壤越冬。棉蚜为转移寄主型，以卵在花椒、夏至草、车前等植物上越冬，翌春天气转暖后繁殖危害，蚜虫可全年发生，1年发生数代，1 头成虫可以繁殖 20～30 头幼虫，繁殖率相当高。危害高峰期在高温季节。

（3）防治方法。及时摘除老叶，清理田间消灭杂草；春季到开花前应喷药防治 1～2 次，吡虫啉或辟蚜雾 2 000 倍液防治；在繁殖或假植床育苗期，也应注意喷药防治。

3. 盲蝽

（1）危害特征。此虫食性杂，寄主多，种类多，有牧草盲蝽、绿盲蝽、苜蓿盲蝽等，在草莓栽培地区都有危害。目前发现危害草莓的主要是牧草盲蝽，成虫仅 5～6 mm 长，是一种古铜色小虫，用刺吸式口器刺吸幼果顶部的种子汁液，破坏其内含物，形成空种子，使果顶不发育，而且空种子密集形成畸形果。严重影响果实鲜食与加工质量。

（2）防治方法。清除园地内外杂草，减少虫源；发生严重的小片园地，春秋季进行人工捕杀；春天发现成虫时，喷 1 次 800～1 000 倍乐果，必要时花前再补喷 1 次。

4. 草莓地下害虫 （蛴螬、 蝼蛄、 地老虎、 金针虫）

（1）危害特征。蛴螬是草莓的重要地下害虫，常食草莓幼根或咬断草莓新茎，造成死苗，也有食害果实的现象；蝼蛄食地下根系，吃食靠近地面的果实，受害果实失去食用价值；地老虎其成虫有趋光性，幼虫食性很杂。常咬断草莓新茎，将靠近地面的果实吃成孔洞；金针虫成虫统称叩头虫。幼虫细长，黄褐色，体坚韧光滑，在土中活动较蛴螬灵活。除咬食草莓新茎外，也蛀入果实内危害。

（2）防治方法

1）栽前进行翻地，栽后春夏季多次浅耕，以消灭土面卵粒。

2）清除园内外杂草，集中烧毁，以消灭草上虫卵和幼虫。

3）发现苗子萎蔫时，可在附近挖出地老虎或蛴螬，或进行人工捕杀。

4）利用成虫的趋光性，于成虫发生期，在其产卵之前用灯光诱杀。

5）发现有地下害虫时，可撒毒饵防治。毒饵配制法：晶体敌百虫 50 g 兑水 1～1.5 L，拌入炒香的麦麸或饼渣 2.5～3 kg，也可拌入切碎的鲜草 10 kg。撒时不能接触草莓果实。

6）历年蛴螬严重发生地块，在草莓栽植前，每亩用辛硫磷颗粒剂 1.5～2 kg，或每亩用辛硫磷乳油 100 g 拌和细土 30 kg，施入土壤。

7）生长期危害，可每亩用晶体敌百虫 200 g，辛硫磷乳油 200～300 g，兑水 500～

750 L，灌垄、灌根。成虫发生期，喷 1 000 倍敌敌畏或 50 辛硫磷或杀螟松乳油防治。

5. 草莓芽线虫

（1）危害特征。寄生在草莓芽上的线虫主要是草莓线虫和草莓芽线虫，一般统称为草莓芽线虫。体长为 0.6～0.9 mm，体宽约 2 mm。是草莓病虫害中重点防治的对象。受害植株的症状是：危害轻的，新叶歪曲畸形，叶色变浓，光泽增加；严重时植株萎蔫，芽和叶柄变成黄色或红色，可见到称为"草莓红芽"症状。受线虫危害的植株，芽的数量明显增多。危害花芽时，使花蕾、萼片以及花瓣变成畸形；严重时，花芽退化、消失，或坐果差，显著减产。我国有的地方已发现线虫危害。

（2）防治方法

1）线虫主要靠被害母株发出的匍匐茎传播，因此绝不能从被害植株上采集匍匐茎苗。

2）从外地引种时，要特别注意，不要引进病株；育苗过程中，发现有受害苗，应及早拔除烧毁。

3）被害植株上的线虫，可借雨水或灌溉水转移，故发病田块不宜连作，要耕翻换茬。

4）药剂防治。在花芽被害前，用敌杀死乳剂 1 500 倍液喷洒，在秋季育苗期喷施 1～3 次，每次间隔 7～10 天。芽的部位一定要喷到。

6. 草莓象鼻虫

（1）危害特征。春季危害叶和花。于花蕾中产卵后，咬伤花梗，使花蕾垂下干枯，造成减产。成虫灰黑色，体长 2～3 mm，在叶下或土内越冬。

（2）防治方法

1）早春清除枯叶杂草，消灭越冬成虫。

2）开花前喷洒敌敌畏或敌百虫 1 000 倍液。

3）及时摘除并烧毁受害花蕾，发现成虫随时捕杀。

7. 青叶蝉

（1）危害特征。又名大绿浮尘子。此虫除危害草莓外，也危害苹果、梨、桃、杏等果树。成虫头黄色，顶部有两个黑点。前胸前缘黄绿色，其余部分为深绿色，前翅尖端透明，后翅及腹背黑色，足黄色，1 年发生 3 代。以卵在树干、枝条表皮下越冬，翌年 4 月若虫孵出后即危害。此虫在沟渠和杂草茂盛的草莓园发生较重。

（2）防治方法

1）对间作在苹果、梨等果树行间发生虫害严重的草莓园，应在成虫产卵前，对木本果树涂白，阻止产卵，并消灭越冬虫卵。

2）于成虫发生期，设置黑光灯诱杀成虫。

3）大量发生时，可喷乐果乳油 1 000 倍液，辛硫磷 1 000 倍液，采收草莓前 3 周停用。

8. 金龟子

（1）危害特征。金龟子是蛴螬的成虫，危害草莓的主要是铜绿金龟子。金龟子多在晚间活动，不仅咬食叶片，也危害嫩芽，取食花蕾和果实。该虫每年发生 1 代，以末龄幼虫在土内越冬。发生盛期多在夏季。该虫有假死习性，对黑光灯有强烈趋性。

（2）防治方法

1）在植株和地面土缝中进行人工捕捉。

2）于19～21时，在果园边点火堆诱杀，也可利用黑光灯诱杀。

3）开花前使用敌敌畏乳剂1 000倍喷药。在发生危害期，用辛硫磷或马拉松乳油1 000倍液防治。

思 考 题

1. 简述的草莓品种及特点。

2. 简述草莓建园的一般要求。

3. 简述草莓栽植方式与密度。

4. 简述草莓的病虫害种类及防治技术。

第十章　小浆果栽培技术

浆果，即多汁肉质单果，由一个或几个心皮形成，含一粒至多粒种子，食用部分大多为浆液状的中内果皮，如葡萄、猕猴桃、草莓、树莓、醋栗等。由于它们具有独特的保健营养价值，独特的鲜食风味，优良的加工性能等，受到了人们的重视，逐渐成为目前市场的热门开发产品。近几年得到较快的发展。其中树莓、醋栗等食用小浆果，它们的发展速度是苹果、梨、柑橘、桃等大水果的 3 倍。

第一节　树莓栽培

树莓属寒温带落叶果树，有直立型、半直立型和匍匐型，树高平均在 1～1.5 m（最长 5 m）。树莓栽培周期短、生长快、分枝多、产量高，一年生苗定植后，第二年开花结果，三、四年进入盛果期，经济寿命可达二十年以上。树莓栽种适应性强，具有耐旱、耐寒、耐土壤瘠薄等特性，适宜在我国广大地区栽培，包括在山区的山坡、沟谷、荒地种植。

一、优良品种

1. 红树莓

树莓中常见的为红树莓，如图 10—1 所示。红树莓根据其结果习性分为两种类型，即夏果型和秋果型。

（1）夏果型红树莓。夏果型树莓，当年的初生茎

图 10—1　红树莓

营养生长，经越冬后第二年夏初才能结果。具体有以下类型。

1) 阿岗昆。高产，易于收获，果色发暗，质量高，抗性中等，要求低温。它具有抗大蚜虫基因，也抗根腐病。该品种果实比所有品种都小，但产量高，平均单果重为 2.5 g，在原产地产量可达 21 t/hm²，加工质量好，适宜种植在冬天气候寒冷的地方。可在我国华北、东北、西北地区种植。

2) 堪贝。果中等或较大，平均单果重 3.8 g，高产。果淡红色，硬度不佳。浆果易脱离，适于机械采收，但易于破碎。在良好的排水条件下稳产，植株强壮高大，茎直立而光滑。抗蚜虫，抗性强。极易感染根腐病。适宜较温暖地区种植，在寒冷地区芽可冻死。可在我国华北、东北南部地区种植。

3) 宝尼。株具刺，强壮，分蘖多，果早熟，果小到中等，平均单果重 3 g，暗红而软，风味佳，小核果紧凑，冻果加工质量高。抗寒，可耐－36℃的低温，对炭疽病敏感，抗黄锈病，是寒冷地区的优良品种。

4) 克拉尼。植株矮到中等高，具刺，根蘖苗多，对疫霉病和炭疽病敏感。果早熟，高产，平均单果重 2.9 g，色泽鲜艳，亮而诱人，中硬，果紧凑，鲜食味浓，冷冻亦佳，适宜自采和加工。但在温暖地区果可能变软，抗性强，极耐寒，是寒冷地区的优良品种。

5) 来未里。果成熟早，杯形，中到大果，平均果重 2.7 g。果硬，亮红色，味佳，但很软。冷冻和运输均不佳，作为自采是较合适的品种，能忍多变温度，可在寒冷地区种植。

(2) 秋果型红树莓。秋果型树莓，又称连续结果型，俗称双季莓。具体有以下类型。

1) 哈瑞太慈。果实质量优良，色味俱佳，果硬，冷冻质量高，夏果小，秋果中等，平均单果重 3 g。成熟迟，不宜种植在夏季凉爽，生长季短，也就是 9 月 30 日以前有霜冻的地方。适应性极广，直立向上（通常不需要很多支架），易于采收，适宜运输，对疫霉病、根腐病相对有抗性。根出条极多，可忍耐较黏重土壤，但在排水不良地区易遭受根腐病，是商业化栽培的优良品种。早春或冬末从地面刈割，果会更大。因秋果晚，9 月底出现霜冻地区限种。

2) 爱述特。茎中等粗壮，且有散生习性，刺少。抗茎腐和根腐病，也抗蚜虫，耐黏重土壤。果中等大小，平均单果重 2.5 g。果硬，暗红色，香味浓，是极好的鲜食品种，果实直到成熟才与果托分离，采摘容易，储运性好，但产量低些。耐寒，适宜在我国华北、东北、西北，以及西南高海拔地区种植。

3) 秋来斯。果早熟，味佳，可集中在 1～2 周内采果，有利于北部地区种植。家系复杂，由多个树莓杂交而成，茎稀，果托大，抗病。高产，果平均重 3.5 g。耐寒，也能耐热。适宜在我国华北、东北、西北地区种植。

4) 波鲁德。高产、耐寒。新品种。该品种来自杂交种，由美国纽约州农业技术推广站及康奈尔大学培育而成。早熟。植株强壮。果平均大小及产量与其他早熟品种相似。果质量高，圆形，坚硬，易于采摘，适宜于运输。茎稀疏，刺少，根出条多而强壮。适宜在我国华北、东北南部地区栽培。

5）诺娃。来自加拿大新斯科舍，由杂交选育而成。果重4.1g，亮红色，微酸，适于鲜食和冷冻。耐热也耐寒，但在寒冷地区应限量发展。植株强壮，向上直立，茎刺少，抗病性好，一些常见的茎部病害均能免疫。

2. 黄树莓（见图10—2）

（1）秋金。茎极壮，根出条多，秋果型黄莓，初生茎果成熟较早。果中等大小，平均单果重2.7g，黄中带有粉蓝，软，味极佳，可供鲜食，不宜冷冻和加工。适宜于很多土壤类型，耐寒。

（2）金丰。习性和成熟时间与海尔特兹相近。黄色果。高产，平均单果重3.1g，味甜。耐寒。

（3）皇蜜。为夏果型黄莓。植株强壮，刺少，果中等大，高产。极耐寒，耐根腐病，但对蜘蛛、螨敏感。

（4）金克维。果大，质优，高产，平均单果重3.1g，耐寒。

3. 黑树莓（见图10—3）

（1）黑好克。植株强壮，果中等大小，平均单果重2g，光亮，味佳，高产。抗炭疽病。是最耐寒的黑树莓之一。

图10—2 黄树莓   图10—3 黑树莓

（2）黑水晶。植株强壮而高产，果实成熟早。平均单果重1.8g，果硬，是做果酱的最佳原料。风味佳，也是鲜食佳品。抗寒，抗白粉病。适宜种植在我国华北、东北南部较温暖地区。

（3）黑马克。结果迟，果大，平均单果重2.5g，味较黑水晶淡。抗性强，采摘季长。

二、种植园选择与栽植

1. 园地选择

树莓在管理好的情况下寿命可达15～20年，因此园地的选择很重要。根据树莓对环境条件的要求，树莓园要在阳光充足、地势平缓、土层深厚、土质疏松、自然肥力高、水源充足、交通便利的地块建园。土壤疏松、肥沃、温度适宜的地带。如果选择山坡地坡度不宜超过8°，坡向以朝阳的南坡为好或修建梯田栽植；如果选择平地要求不积水，地下水位在1～1.5 m以下，有条件的应在园地周围栽植防风林带，既防止水土流失，又保护树莓减轻风害和寒害。并根据地形、地势进行果园区划，设计道路、作业小区和灌水、排水系统。

树莓园不宜选择在3～4年前一直种植番茄、土豆、茄子或草莓的地块上，因为这些地块极易受一种真菌所造成的黄萎病感染。阔叶杂草，特别是藜属杂草和一些茄科杂草，也能增加黄萎病发病率。如果树莓园前茬地块是草皮的话，土壤中就有金龟子或日本甲虫等，这些害虫危害树莓根系。在近期使用过除草剂的地块上建园，一定要过了除草剂有害期限方能选用。

选择的树莓园地及附近地区如有野生树莓种类，应将种植区以内及距园地200 m以内所有野生树莓全部移走，以便保持栽培种类的纯度。

发展树莓需选择交通方便，距离销售市场较近或有加工设备的地方。为了满足加工与对外贸易出口的需要，园地附近要有冷冻设备。在建园规划上，最好选择连片的平地，这样有利于经营管理。另外，一些加工企业，可建立树莓原料生产基地，其建园规划可根据企业加工能力和出口数量而确定。发展树莓产业可选择企业加农户生产模式，即由企业提供品种、技术，农户负责种植、管理、采收，最后企业按质论价、包购包销。

2. 栽植技术

栽植方式主要有带状法和单株法，无论采用哪种方法，行向均以南北为宜。

(1) 带状法。对萌蘖能力较强的品种常采用此种方法。行距2～2.5 m，株距0.5～0.75 m，每穴栽1株。以后每年在行内都发生许多根蘖苗，形成密集的带。如果留下的带宽0.6～1 m，称为宽带，带宽小于0.6 m则称为窄带，在两带的行间多余的根蘖苗要铲除干净，以利通风透光和田间管理。两种宽度的带各有优缺点，宽带的枝条多，产量较高，但由于带内枝条密集，光照条件差，田间管理和采收不方便；窄带的枝条少，植株通风透光良好，管理和采收较方便，但产量较低。

(2) 单株法。对根蘖萌发力较弱的品种常采用此法。行距为1.5～2 m，株距为0.5～0.8 m，有的采用1 m×2 m的株行距。每株丛保留15个左右的枝条（1年生基生枝7～8个，2年生枝7～8个）。

3. 栽植时间与方法

栽植时间：春季可在土壤解冻后的4月中旬，秋季在土壤上冻前10月中旬，夏季可在6月中旬。栽植坑的大小以深宽各40～50 cm为宜，有条件的可施一些农家肥。栽植时要踏实浇足水，待水渗下后培土封垄，同时要注意保护基生芽不受损伤。为缩短栽后缓苗期，提高成活率，树苗栽植后的第一年要加强以下几项田间管理。

(1) 保持土壤湿润。栽后要经常检查土壤水分，当水分不足时，应及时灌水。灌水量不宜多，润透根系分布层即可。在旱季，每隔3～5天灌1次水。雨季防止栽沟内积水，影响土壤通气，发生烂根。在夏季高温的条件下，土壤积水十几小时可致使树莓幼嫩的吸收根窒息而死亡。另外，要防止土壤板结和杂草丛生，要根据土壤和杂草生长情况进行中耕除草。中耕除草宜浅不宜深，以免伤害根系和不定芽。注意预防根腐病和根癌病发生。

（2）绑缚和追肥。初生茎生长 60 cm 左右易弯曲伏地，需立架绑缚。土壤肥力低时，初生茎生长缓慢，不能形成强壮的茎株，影响来年结果，要在 5 月份和 6 月份各施 1 次肥，每株施尿素 20～30 g，距树干 20 cm 以外，开环形沟施入根系分布区，施后浇水及松土保墒。

（3）越冬防寒。入冬前，东北地区在 11 月上旬前后，对树莓的当年生茎埋土防寒。埋土前灌 1 次透水。要把整个植株向地面平放在浅沟内，弯倒植株时要小心不要折断或劈裂，堆土埋严，避免透风。翌年春撤土不宜过早也不宜太迟，待晚霜过后即可撤土上架。

三、栽培管理

1. 土壤管理

树莓根系需氧性高，最忌土壤板结不透气。树莓生长期操作管理内容多，人工活动频繁，土壤肥力消耗多，容易造成土壤板结，肥力不足。若忽视果园的土壤管理和改良，树莓不能正常生长，失去经济意义。采用行间播种绿肥或永久性的种草覆盖，行内松土除草保墒等措施，对增加土壤有机质，改善土壤结构和提高肥力十分有效。

2. 施肥管理

肥力不足将影响树莓的产量、果实品质、果实成熟期和初生茎的生长发育。施肥的目的在于树莓需肥前通过施肥供应作物充足的营养，消除养分不足对产量和果实品质的影响。因此，施肥是树莓的重要栽培措施之一。

施肥是树莓栽培中难以掌握和较为复杂的技术。合理的施肥量是在对土壤和植物组织样品进行采集与分析的基础上确定的。但是，对于树莓这样多年生的小浆果树，根据施肥后 1～2 年的植物组织养分的变化也不能够完全正确地显示是否应该施肥，施多少肥，特别是在土壤浅层追施了难移动的养分（磷、钾和钙等）的情况下，尤为如此。在进行土壤与植物组织分析监测的同时，应对气候、产量、果实品质、病虫害发生状况、灌溉、施肥量和施肥时间进行系统的观测记录与分析，这些指标的考核是提高施肥效果的科学根据。有经验的栽培者应将营养诊断指标与树相表型观察资料综合考虑，有助于确定树莓合理的施肥方案。

树莓种植园最好以施有机肥为主，补充使用化肥。有机肥料不仅是一种优质肥源，也是土壤物理性状的改良剂。有机肥对土壤肥力（水、肥、气、热）的综合作用优于化学肥料，不仅使树莓得到良好的生长发育条件，也能提高产量和果实的品质。但是，种植者必须了解有机肥料的性质所特定的不足一面，才能知道如何使用有机肥。

有机肥料与化学肥料相比，有机肥的养分含量变化大且不稳定，增加了施肥难度。有机肥的养分释放特性也要求树莓种植者具有丰富的经验和更高的用肥技巧。

3. 水分管理

水是生产优质树莓的关键因素。水分管理的同时，还要了解种植地区的降水量、季节内降水模式和频率。水分过多的立地条件,树莓都不能忍耐,特别是红树莓相当敏感。滞水或土壤通气不良会使植株衰弱,引发病害,还能产生有毒物质,破坏根的细胞。树莓栽植后要及时灌水,在炎热、干旱气候条件下适时灌溉,以保证树莓水分的供应。水分过量时就及时人工排水。

喷灌、地表灌溉、滴灌和地下灌溉是四种灌水的基本方法。根据土地坡度,土壤水分吸入率和持水能力,作物的耐水性,以及风的影响,选择适合立地条件的灌溉方法。树莓是一种对积水敏感的果树,不适应地表漫灌。此外,树莓对真菌病害也敏感,喷灌能使叶面湿透,可促使真菌生长。

土壤的物理特性在选择灌溉方式上起重要作用。例如,坡度大于10%可妨碍一些喷灌器的使用。吸收水分慢的土壤,可形成地表板结不通气,或呈侵蚀状,这样的情况不应使用喷灌。

4. 田间管理

在植株生长期每年进行4～5次中耕除草,保持土壤疏松,无杂草。在开花和果实成熟期根据土壤湿度适时进行灌溉,可以提高果实的产量和质量。有条件的最好在防寒前灌一次封冻水,这样能提高株丛的越冬能力。

(1)松土。灌水后应浅松土改良土壤结构。松土能使土壤表层疏松,改善土壤的通气条件,促进土壤微生物的活动和有机物的分解,有利于幼树的生长。也有利于水分的渗透和减少蒸发,使土壤在幼树的整个生长期内均能保持一定的湿润状态。

(2)除草。树莓园内的最大敌害是杂草,这些杂草在蒸腾过程中,从土壤中吸收大量的水分,使土壤干燥,同时繁茂的杂草特别是禾本科植物,由于根系盘结使土壤变得十分坚实,严重地影响树莓的生长发育。杂草与树莓争夺水分、养分和光照的过程中。凭借其对周围环境的特殊适应能力、对恶劣条件的抵抗力和迅速繁殖的特性,占有很大的优势。因此,除草是树莓园一项经常性的工作,是保证树莓良好生长的重要手段。坚持"除早、除小、除了"的原则,不要杂草长大了再除。除草是一项费时费工的管理工作,在整个树莓园管理费的支出中占有很大比重,若忽视这一工序,将会大大降低树莓园的管理水平。

树莓园建立的当年必须全面除草,而且要连根拔掉,及时将杂草清除运出园外,如能粉碎沤肥更好。由于杂草的长势相当旺盛,必须及时铲除,以免消耗养分,除草次数一年至少4次,甚至7～8次。

应用化学药剂除草可以省工和迅速消灭杂草。但是,化学除草剂的使用效果和对树莓有无药害,均受使用时期、方法、用量、温度、种类及土壤等因素的影响,所以要严格掌握使用条件,要经过试验后再在生产上施用。

(3)中耕。树莓植株有随年龄增长根系上移的特性,建园初期植株根系上移不明显,此期对树莓的沟畦应在春秋进行中耕(刨地)。中耕深度以8～12 cm为宜,在不伤根的前提下,可以适当深耕。中耕可以疏松土壤,提高土壤通气性,加速土壤内铵态氮的硝化作用,可以蓄水保墒,同时也有利于以后的松土除草。

树莓种植5～6年以后，须根将露出地面而逐年上移，这样应逐年培土覆盖裸露的根系。在冬季埋土防寒地区，可在春季撤防寒土时，结合中耕刨地进行。

5. 修剪与棚架

（1）枝条引缚。由于树莓枝条较软，特别是着生果实后枝条弯曲，常垂到地面，易弄脏果实，且常使果实出现霉烂现象，影响果实质量，同时也不便于采收和田间管理，因此必须对枝条进行引缚固定。枝条的引缚工作可在撤除防寒后至发芽前进行。目前生产上常用的引缚方法主要有篱架式引缚法和扇形引缚法。

1）篱架式引缚法。这种方法非常普遍，取材容易，简便易行。具体方法是，顺着行向每隔5～10 m埋一根立柱，然后在立柱上拉1～2道铁线或在立柱上横绑一道木杆，构成篱架，随后将枝条均匀引缚在铁线或木杆上，如图10—4所示。采用这种方法后，株丛通风透光良好，植株生长健壮，产量高，果实品质好，采收方便。

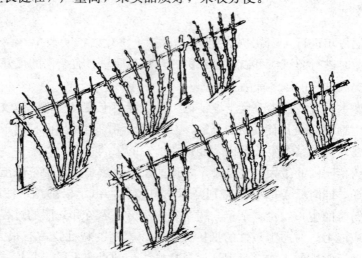

图10—4　树莓枝条篱架式引缚法

2）扇形引缚法。在树莓的株丛之间埋上两根立柱，把临近两株丛的各一半的枝条交错均匀地引缚在两根立柱上，形成一个扇面，如图10—5所示。采用这种方式后枝条受光好，便于管理，产量较高。

棚架的形式多种多样，有"T"字形、"V"字形、圆柱形和篱壁形等。"T"字形和"V"字形棚架常用于商业化树莓生产园。而圆柱形和篱壁形用于家庭式园艺性栽培，具有果用和观赏的双重作用。以下主要介绍商业生产园常用的"T"字形和"V"字形棚架。

①"T"字形棚架。用木柱或水泥钢筋柱架设。木柱径粗9～11 cm，长2～2.3 m，选用坚硬耐腐的树木作支柱，木柱置于土中的一端约0.5 m蘸沥青防腐。水泥柱可以自制，长同木柱，厚9.5 cm，宽11 cm，水泥、石砾和粗砂加钢筋灌注而成。支柱的上端用宽5 cm，厚3～3.5 cm，长90 cm方木条作横杆。横杆安装在支柱的上端，用"U"形钉或铁丝固定，使横杆与支柱构成"T"字形，如图10—6所示。横杆离地面高度根据不同品种茎长度和修

图 10—5 树莓枝条扇形引缚法

剪留枝长度而定，一般每年需要调整高度 1 次，使之与整形修剪高度一致。在横杆两端用 14 号铁丝作架线，也可选用经济耐用的麻绳或选用强度如铁丝一样单根塑料线作棚架线。

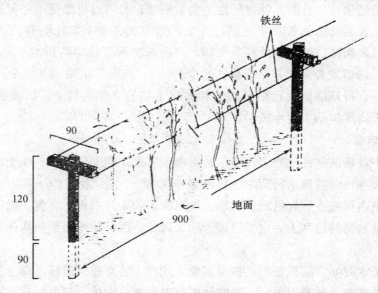

图 10—6 用于初生茎结果型树莓的"T"字形棚架

②"V"字形棚架。用水泥柱、木柱或角钢架设一列两根支柱，下端埋入地下 45～50 cm，两柱间距离下端 45 cm、上端 110 cm，两柱并立向外侧倾斜形成"V"字形结构，如图 10—7 所示。两柱的外侧以等距离安装带环的螺钉，使架线穿过螺钉的环中予以固定。根据品种生长强弱和整形要求，可以在"V"字形垂直斜面上布设多条架线，以便能最大限度地满足各种整形修剪方法的需要。

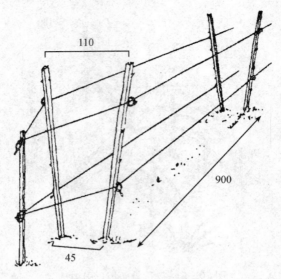

图 10—7　用于树莓的"V"字形棚架

（2）整形修剪。树莓为丛状生长，在一个株丛中主要有两种类型的枝条，即当年生的基生枝和 2 年生的结果枝。有的品种每年发生大量根蘖，若不进行修剪，必定造成株丛郁闭度大，通风透光差。树莓的修剪每年可进行 3 次，第一次在春季解除防寒后，主要是剪除伤枝、断枝、枯枝和病枝。第三次是在生长期，当由株丛基部长出的新梢（基生枝或根蘖苗）高达 30 cm 时，选留发育健壮并靠近株丛的 7～8 个，备来年结果，其余全部剪除。第三次是在果实采收后，自基部剪去已结过果的和即将干枯的 2 年生枝条，以改善株丛的光照条件，这样有利于当年生基生枝生长。

6. 休眠与防寒

目前生产中栽培的品种抗寒力较弱，必须埋土防寒才能安全越冬。在土壤结冻前将株丛按倒，龙式匍匐在地，然后从行间取土将枝条全部埋上，土壤厚度 5～10 cm，以不露枝条为宜，取土的坑内可施一些有机肥。春季土壤解冻后的 4 月中旬，将覆土撤除干净，将枝条扶起上架。株丛基部的防寒土一定要清理干净，以防止因每年埋土而使株丛根部上移，土堆增高。

（1）埋土防寒时间。实践证明，树莓以地上式埋土防寒效果最好。埋土防寒时间以当地冬初土壤尚未结冻前适时晚埋为宜，既能使树莓得到充分锻炼，又可提高抗寒能力。埋土时间过晚，特别是种植面积大时，易造成冻害。总之，要根据当地天气预报和本单位的人力、物力和种植面积，酌情妥善安排埋土防寒工作。

（2）埋土防寒操作程序

1）茎枝修剪。将树莓所有茎、枝修剪成长为 1.5～1.8 m，并修剪去枯枝及嫩枝。

2）埋土。将枝条从架上解下来，捆扎后顺着一个方向将枝条压倒，在其基部弯勾处要堆好枕土，防止压倒及埋土负重使基部折断。埋土时先从西侧开始培土，要边培土边拍实。

取土位置一定在距根 1 m 以外，以防根系受冻。防寒埋土的厚度及宽度，根据当地历年冻土厚度和地表下−5℃的土层深度确定。一般防寒土堆的宽度是当地冻土厚度的 1.8 倍，由地表到−5℃的土层深度为防寒土堆的厚度。如在北京地区的冻土厚度为 0.6 m，地表下 0.6 m 的温度为−5℃，则北京地区树莓防寒土堆的宽度为 0.7 m，防寒土堆厚度为 0.6 m 较为安全。覆土厚度要均匀，无大土块，要填实，以防透风受冻。冬季要有专人经常对防寒土堆进行检查，如发现裂缝要及时用碎土埋好。

在冬季冻土不厚的地区，也可采用开浅沟防寒，在防寒埋土前灌 1 次透水。过几天后在地面挖浅沟，沟深约 20 cm，沟宽根据树莓植株多少而异。将整个植株向地面平放在浅沟内，弯倒植株时要注意不要折断或劈裂，用塑料绳捆扎好，然后堆土埋严，避免透风。

3）撤土上架。凡是采用培土防寒的树莓园，第二年春季在树液开始流动后至芽眼膨大以前，必须撤除防寒土，并要及时上架。一般是在土壤解冻时撤土。撤土过早，根系未开始活动，枝芽因易遭风吹而失水；若撤土过晚，则芽眼在土中萌发，撤土上架时易将芽眼碰掉。

树莓园撤去防寒土时，要先撤去堆在两侧的防寒土，枝条露出后再撤除上面的防寒土，否则易碰伤枝芽。撤土之后立即解开捆绑，将枝轻轻扶起，再用细绳将枝条均匀地引缚在铁丝或支柱上，将每个结果枝分别给予固定。上架后最好灌一次水，而且要平整好防寒栽植沟。

树莓撤土最佳时期，是当地山杏花已含苞待放时，撤土较为安全。

7. 主要病虫害防治

（1）茎腐病。该病危害树莓基生枝，一般发生在新梢上，先从新梢向阳面距地面较近处出现一条暗灰色似烫伤状的病斑，长 1.5～2.5 cm，宽 0.6～1.2 cm，病斑向四周迅速扩展，病部渐褐色，病斑表面出现大小不等的黑点，木质部变褐坏死。随着病部的扩展，叶片、叶柄变黄枯萎，最后整株死亡。据观察，高温多雨的季节为发病盛期。

防治方法：①秋季清园时剪下病枝集中烧毁。②5～7 月发病初期喷甲基托布津 500 倍液，或 40％乙磷铝 500 倍液，或福美双 500 倍液。③选择抗病品种，相对而言，黑树莓较红树莓抗病，更适合各地区栽培。

（2）柳蝙蝠蛾。柳蝙蝠蛾是危害树莓的主要害虫，严重影响第 2 年产量。其幼虫 7 月上旬（部分地区 5 月底至 6 月）开始蛀入新梢危害，蛀入口距地面 40～60 cm，多向下蛀食。柳蝙蝠蛾常出来啃食蛀孔外韧皮部，大多环食一周，咬碎的木屑与粪便用丝粘在一起，环树缀连一圈，经久不落，被害枝易折断而干枯死亡。

防治方法：①成虫羽化前剪除被害枝集中烧毁。②5 月中旬至 8 月上旬初龄幼虫活动期，可喷 2.5％溴氰菊酯 2 000～3 000 倍液，能达到较好的防治效果。

（3）树莓穿孔蛾。多危害红树莓，秋天在基生枝基部作茧越冬，展叶期爬上新梢，蛀入芽内，吃光嫩芽后，再钻入新梢，致使新梢死亡。成虫羽化后，傍晚在花内产卵，幼虫最初咬食浆果，不久转移至基部越冬。

防治方法：①秋末采果后清园。②早春展叶期喷 80％敌敌畏 1 000 倍液或 2.5％溴氰菊酯 3 000 倍液，杀死幼虫。

第二节 黑穗醋栗栽培

黑穗醋栗（见图 10—8）又称黑豆，主要分布在北半球气候比较冷凉的地方。黑豆的经济价值很高，定植后 2 年结果，4 年进入丰产期，丰产期每公顷产量可达 7 500～12 500 kg，最高达 15 000 kg 以上，没有隔年结果现象，产量高而稳定。

图 10—8　黑穗醋栗

一、优良品种

1. 黑丰

树势较强，树姿半开张，树冠较矮小，5 年生树高 120 cm，冠径 160 cm，基生枝年萌发 5～15 个，枝条节间长 3.6 cm，枝条粗壮，结果部位低。2～4 年枝均可结果，以 2～3 年枝结果为主，4 年生以上枝条易下垂。自花可结实，在多品种存在的果园坐果率更佳，果实近圆形，纵径 1.1 cm，果粒整齐，平均单果重 0.8 g，最大单果重 1.5 g，果穗整齐，平均穗长 5 cm，平均穗重 4～5 g，平均穗粒数 5～8 个。果实一般年份 7 月 20 日左右成熟，熟期一致，可一次性采收。进入结果期早，产量高，适宜密植，果实和枝条不受白粉病危害。

2. 寒丰

生长势中庸，树姿半开张，寒丰萌芽率较高，成枝力较强，基生枝中多，2～4 年生枝均可结果，以 2～3 年生枝结果为主，产量占全株的 70％，每个花芽着生花穗 1～2 个，每个主穗结果 7～15 粒，自花结实率 50％果实近圆形，纵径 1.1 cm，横径 1.2 cm，黑色，果穗长 3～5 cm，每穗着生果实 7～15 粒，果柄长 3～4 cm，丰产，4 年生树平均株产 1.4 kg，每公顷产量可达 7 000 kg，抗寒薄皮平均株产 1.1 kg，每公顷产量 5 500 kg，寒丰比抗寒薄皮增产 27％。果皮较薄、皮紧，耐储运。

3. 厚皮亮叶

该品种生产势强，株高 1.5～2 m，株丛较直立呈扇，叶片深绿而有光泽，皱褶较多而深，叶缘有锯齿状尖萌芽率、成枝率中等，基生枝较小。一个花芽可发出 1～3 个果穗，主穗长 6 cm，主穗着果 7～10 粒，副穗着果 3～5 粒，平均单果重 0.9～1.0 g，单株产量在 5 kg 左右，最多达 7～10 kg。该品种产量高，抗病力强，但越冬时需埋土防寒。

4. 薄皮丰产

株丛高 1.5 m，萌芽率强，成枝率中等，基生枝多，顶芽圆钝并且三芽联生。枝条较软，结果多时易下垂，结果期短。果穗长 6～8 cm，每个花芽抽 1～3 个花穗，每个花穗坐果 12～16 粒。平均单果重 0.6～0.8 g，单株产量一般在 4～5 kg，最高可达 10～15 kg。果粒大而整齐，果皮薄、汁多，不耐储运。在黑龙江省，成熟期在 7 月 10 日左右，其特点是抗寒性强，冬季不用埋土防寒。

5. 奥根据宾

生长势强，树冠紧凑，株丛矮小。每个花芽着生 2 个花序，每个花序有 5～7 朵花，自花结实率 52%，为自封顶型。叶厚色浓。平均单果重 1.08 g，最大单果重 1.7 g，果型整齐一致。5 月中旬开花，7 月上旬果实成熟，果熟期一致。3 年生平均株产果 0.55 kg，最高株产量 1 kg。抗病、抗寒力均强，不用埋土就可安全越冬，不会影响产量，是目前较为理想的主栽品种之一。

黑穗醋栗的营养价值

黑穗醋栗的果实营养丰富，果实中含有 A、B、C 等多种维生素。尤其是维生素 C 含量更为突出。据化验，每 100 g 鲜果含维生素 C200 mg 以上，比苹果高 30～60 倍，比橘子高 4～10 倍。黑豆的含糖量为 7%～11%，含有机酸为 1.1%～3.7%，其种子的含油量在 16% 以上。成熟的黑豆果肉多，汁多，清香，酸甜适度，别有风味。

二、种植园选择与栽植技术

1. 园地选择

选择建园的地块，必须考虑园地的地形、土质、水分条件等影响黑穗醋栗生长发育的重要条件。园地最好是平坦地块，因平坦地块土层厚而土质肥沃，并含有丰富的矿物质、腐殖质等营养，人工管理方便，灌水条件好又便于机械化作业。若选择山地、坡地，最好坡度不超过 15°，坡向最好是向南或西南，海拔高度不易过大，以免给以后的运输及管理带来不便，也免去受晚霜和早霜的危害。另外，建园选地时还要注意园地附近要有天然防护林或人工防护林，以减轻风害，防止冻害和霜害，保证坐果率。

确定建园地后，对土壤要进行深耕、施肥等准备工作。在定植前要深翻地，同时增施腐熟的厩肥或绿肥以改良土壤。在山地建园更需深翻改土，并按定植穴位挖坑，坑长、宽不小于 1.5 m，深度不小于 70 cm，要将坑内的杂物清除，将细土填入穴内再植树。

2. 栽植技术

(1) 定植时期。黑穗醋栗的定植可分为春、秋两个时期。春栽时间一般在 4 月上中旬，土壤刚刚化冻，这时的墒情好，苗木容易成活。但春栽苗宜早不宜迟，这是因为黑穗醋栗的物候期早。秋栽时间在 10 月中旬，随起苗随栽植，不经过缓苗也可正常生长。实践证明，秋栽成活率比春栽成活率高，原因是苗木不受人为的拟伤，枝芽活力好，根系恢复快，并且第二年春季根系就可以开始活动，化冻后生长旺盛。

(2) 定植株行距。黑穗醋栗为丛生小灌木，定植时每坑可栽苗 1～2 株。若在一个定植坑内栽苗 2 株，坑内苗木之间应有距离，如 10～15 cm，以便新枝生长。目前生产中多采用小冠密植法，株行距为 1 m×2 m，1.5 m×2 m 或 1.5 m×2.5 m，每公顷为 5 000 丛、3 000 丛或 2 600 丛。为提高早期产量，国内外都趋向于合理密植，行距为 2～2.5 m，株距为 0.4～0.7 m，每穴栽一株，每公顷栽苗 10 000～12 000 株，单行排列，抽枝好，光能利用率高，通风好，便于防寒及田间机械化作业和管理。

(3) 定植方法。按事先测好的株行距做好定点标记，然后挖直径 50 cm 左右的深坑。挖坑时，将挖出的土分表土与心土分开放。表土与肥料混拌后填入穴中，填土至一半时再栽苗。定植穴最好在秋季挖，这样有利于土壤的风化和坑内积雪，有利于提高早春地温。春季挖穴最好在 4 月下旬进行。带状栽植的可用大犁开沟，沟深 40 cm，沟底宽 50 cm，沟面宽 80 cm，将基肥与沟土混合，再按株行距标志栽植。

定植前要对苗木进行短截，就是在根茎上留 10 cm 左右剪下，这样便于营养集中，抽枝力强，苗木成活率高。如不进行短截，定植后地上部芽多，吸收的养分相对要少，所以生长弱，甚至不能成活。短截时应根据苗木的情况而定，苗木生长健壮的一般短截 2/3、细弱苗以短截 3/4 左右为宜，如图 10—9 所示。

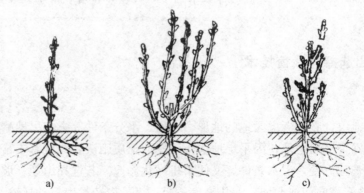

图 10—9 苗木的短截对生长的作用

a) 短截 2/3 b) 短截后生长情况 c) 不短截

栽苗时，每穴栽植一株时将苗植于穴中央，若栽 2 株，株间距 15 cm，顺行向栽植，如图 10—10 所示。

无论栽 1 株还是 2 株，都要将根系在穴内摆放好，舒展开，然后用湿润的表土填穴埋

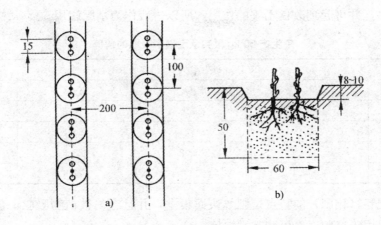

图 10—10　苗木定植（单位：cm）
a) 定植株行距　b) 栽植穴规格

根，将根系埋好后再轻轻把苗木往上提一提，免得窝根，随后踩实灌足水。注意栽植黑穗醋栗应稍深些，栽后根颈应低于地表 3～4 cm。

3. 定植后的管理

秋季定植的苗木灌水后要用土把苗埋严越冬，第二年 4 月中旬撤土，然后灌一次催芽水。春季定植的苗木灌水 1～2 天后要松土保墒。但无论春栽还是秋栽，都应根据土壤水分状况随时灌水，确保成活。定植苗木春季萌芽展叶后，要进行苗木成活情况检查，发现死株及时补栽。以后便可进行正常的田间管理。

4. 果园的田间管理

定植后的田间管理水平决定着株丛的产量。果园中的土、肥、水是黑穗醋栗生长发育的基础，株丛一生中需要从土壤中吸收大量的营养物质，管理的好坏直接影响黑穗醋栗的发育状况。因此，应该重视果园的田间管理。

三、栽培管理

1. 施肥管理

黑穗醋栗属多年生植物，植物的生长发育需要从土壤中吸取大量的营养物，见表 10—1。不足部分必须通过施肥补充，以保证植物正常生长发育。一般对结果树施用农家肥最好。其标准为 1 kg 果 2 kg 肥，667 m²（1 亩）产 500 kg 以上的果园，必须做到每产 1 kg 果施 3～4 kg 农家肥。而氮、磷、钾又是植物需要量最大、最主要的三元素，因此施肥时应注意各元素的比例，保证各元素间的生理平衡。

有机肥料即厩肥、人粪尿、绿肥、草炭等。因这些肥料含有大量有机质而被称为有机肥料。有机肥料的种类很多，其营养元素的含量各不相同。

施用有机肥料是提高土壤肥力的基础。有机肥料是可以完全被作物吸收的肥料，肥效长，营养元素多，并可起到改良土壤的作用，所以一般作为基肥施用。

表 10—1 　　　　　　　　　　　每生产 50 kg 果实从土壤中吸取的营养

树种	每生产 50 kg 果实吸取的营养（kg）			
	氮	P_2O_5	K_2O	总计
苹果	108.7	29.1	116.3	254.1
黑穗醋栗	863.0	347.4	465.7	1 671.1
醋栗	438	222.2	683.3	1 344.3
草莓	1 444.4	320.3	177.4	3 472.1

　　施用无机肥料（化肥）的特点是肥效快而集中，并且容易被植物吸收，但肥效时间短。因此，化肥主要用于追肥，也可与基肥混施。

　　施肥时间可根据黑穗醋栗各生长阶段需肥的规律来确定施肥时间。一般来讲，需肥时间与果树的物候期相一致。一般黑穗醋栗在秋季落叶以后到萌芽前 6～7 个月中，根系对氮的吸收为全年总量的 5%，磷肥仅为全年总量的 5%～8%。不同的物候期对各种元素的需求不同，在新梢生长的高峰期需氮肥较多，开花、花芽分化以及根系生长高峰时需磷肥较多，而果实成熟的高峰则需钾肥较多。根据黑穗醋栗年生长时期的特点，可分为三个时期进行施肥。一是施基肥，在春季或秋季进行。因春、秋两季是根系生长高潮，施肥后产生大量新根为开花、结果、生长打下基础。其他两次施肥是追肥，主要在开花后和 5～7 月间进行，因此时是一年中需要营养最多时期，此时若缺肥，往往会出现叶片变黄，果实生长减弱而直接影响产量。所以应根据果树生长高峰期而进行补充追肥。

　　追肥可地下追施或进行叶面喷施。地下追肥于 5 月下旬至 6 月下旬进行，在根部 30 cm 左右开沟施入。成龄树每丛施 150～200 g，其中尿素 100～150 g，磷酸二铵 50 g。追肥后应及时灌水。叶面喷肥 7 月末以前以氮肥为主，7 月末以后喷施氮、磷、钾三合肥。喷肥浓度尿素为 0.4%，喷 2～3 次，每 20 天 1 次；磷酸二氢钾浓度 3%～4%，于 7 月下旬采果后喷施。结果比较大的果园，树势弱而叶片色淡，可在 8 月中下旬补喷 1 次 0.5% 尿素溶液。喷肥时应选择傍晚进行，喷肥后遇雨应及时补喷。地下追肥可在株丛周围挖深 25～30 cm、宽 20 cm 左右的环状沟，然后将基肥施入沟内，将沟填平。另一种是放射状沟施，此期黑穗醋栗已进入成龄阶段，根系已布满果园内，为减少伤根，在株丛周围挖放射状沟，在近株丛处向外挖沟可逐渐加深，以免少伤根，注意每年错开挖沟，以免重复，浪费肥料。三是表施，就是将肥料捣细撒施在地表后翻入土中即可。

　　化肥施用方法为保证作物在生长发育中对肥料的要求，应加施化肥和进行叶面追肥。这种施肥方式具有用量小、发挥作用快的特点，可以及时满足作物的需要。化肥的施用方法有两种，一种是土壤施肥。黑穗醋栗果实落花后、新梢生长加速、果实开始膨大时，是需要营养的最高时期。一般成龄株丛施尿素 50～75 g，硝铵 75～100 g，幼龄树施尿素或硝铵 50 g。可挖浅沟或在株丛附近挖浅穴至须根处，施肥后再灌水。另一种是叶面追肥也叫根外追肥。

主要在 6～7 月间新梢生长、果实发育的关键时期，此时也是需肥高峰期，用 0.3%尿素补充氮肥，用 30%过磷酸钙浸出液补充磷肥，用 40%的草木灰浸出液补充钾肥。喷布时间应在傍晚或早晨温度较低时进行，约 10 天左右喷一次，主要应喷在叶子的背面，这样有利于作物吸收，注意雾滴要细而均匀、周到，以免发生药害。

2. 水分管理

黑穗醋栗属喜水植物，在一年中的生长期内有 4 个主要需水期。

（1）4 月初的缓冻催芽水，此次灌水有利于根系活动，抽干枝恢复生长，减轻早春回寒危害，促进基生枝和结果枝生长，根系活动和花芽的进一步分化，以满足开花期对水分的需要。

（2）5 月下旬的坐果水，缓解坐果与新梢生长之间争水的矛盾，此期是需水的高峰，因落花后，坐果期新梢生长最快，果实刚刚开始膨大，此时缺水易落果，对产量有极大影响。

（3）6 月中旬的催果水，促进果实生长，此时气温高，蒸腾量强，果实继续膨大，此时灌水可保证浆果迅速膨大。

（4）10 月下旬的封冻水，保护根系，使土壤中的温、湿度保持相对稳定，此时灌水有利于稳定土壤温、湿度，防止土壤冻裂，以保证作物安全越冬。

除上述 4 次灌水外，应根据生长状况、土壤湿度情况灵活安排灌水时间。灌水方法一般采用开沟灌水，有条件的果园可安装滴灌设备。

3. 除草松土

为保持果园土壤疏松，满足作物对土壤环境要求，应及时进行铲蹚耕翻，清除杂草。在生育期最好将行间翻两遍，铲一遍。在秋季结合施基肥进行深翻，深度为 15～20 cm。春季开花前株行间进行耕翻一次，随着作物生长发育的加快，气温逐渐升高，杂草生长也加快，此时可根据劳力的多少灵活掌握，随时铲蹚，促进黑穗醋栗根系生长，保证地上部植株正常生长、结果。除人工清除杂草外，还可用化学药剂进行药物除草。常用的化学除草剂有拿扑净、氟乐灵、百草枯等，使用方法及杀草范围见表 10—2。

表 10—2　　　　　　　　黑穗醋栗果园常用除草剂使用方法和杀草范围

种类	使用方法	杀草范围	备注
拿扑净	20%乳油，每 667 m² 用药量 100～150 mL，兑水 10 kg	1 年生禾本科杂草、杀灭多年生禾本科杂草时加大药量	
西马津	150～200 g 50%可湿性粉剂		对杏有害
百草枯	20%水溶剂每 667 m² 用药 100～130 mL，兑水 20～30 kg 喷地面		对所有绿色植物均有害
除草醚	100～250 g 杂草出土时喷布	禾本科等多种，1 年生杂草	对葡萄有害
利谷隆	300 g 杂草出土时喷布	多种杂草	
氟乐灵	每 667 m² 用药 100～150 mL，杂草出土前喷布行间，喷后立即耙入土中	禾本科杂草	

4. 整形修剪

整形修剪是黑穗醋栗获得高产的重要措施之一。随着树龄的增长，株丛不断扩大，其中弱、病、死枝条混乱在一起，致使株丛内膛郁密，通风透光不良，加上病虫害等因素，严重地影响产量及品质。只有通过整形修剪，确定株丛结构，调整不同年龄结果枝的比例，并使各类枝条合理占有空间，才能确保高产、稳产。

（1）整形修剪的根据及作用。整形就是有计划地人为培养一定数量、分布均匀的强壮的骨干枝，形成良好的株丛骨架结构。因黑穗醋栗具有发生大量基生枝，而基生枝下部又发出强壮的大侧枝，外围枝多呈开张或半卧状态等特点，植株成为多骨干枝的丛状。若在自然状态下生长，黑穗醋栗株丛矮小，枝条密集，产量不高而寿命短。只有通过整形修剪，改变自然生长状态，人为地控制留枝量等因素，才能使其形成健壮、丰产而寿命长的株丛。

黑穗醋栗是多年生小灌木，寿命可达十多年，为保持地上部与地下部生长平衡，调节生殖生长与营养生长的矛盾，只有通过修剪方式来解决，使其达到株丛合理的通风透光，枝繁叶茂，生长平衡。为使株丛有一个比较固定的留枝总量，根据定植密度，一般为 20～25 个，其中 1 年生、2 年生、3 年生和 4 年生枝各占 1/4，即每株丛都有 1、2、3、4 年生枝各 5～6 个，5 年生枝因产量下降要从基部疏除。总之，整形修剪的目的是人为控制生长、发育，延长结果年限，使其达到更高更好的经济效益。

（2）整形修剪的方法。短截在基生枝的 1/3 或 1/4 处剪断，即剪去新梢的一部分。对基生枝进行适度的短截后，可促使基生枝当年发出长短不同的结果枝，为以后丰产培养强壮的结果枝。一般基生枝不重剪，重剪后容易出现强壮的侧枝，这种侧枝易与基生枝交叉，相互遮阴，又影响其他枝生长。不修剪，当年发枝数量多，但枝条短，生长弱，产量低。修剪 1/4 的，生长势中等，花芽饱满，第二年产量高。修剪 1/2 的，生长势强，花芽饱满，但由于其他枝影响，产量降低，如图 10—11 所示。

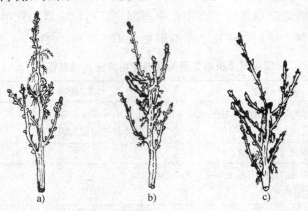

图 10—11　不同修剪程度对新梢生长的影响

a）不剪　b）短截　c）短截 1/2

在多年生的老枝上缩剪。由于连年结果，顶端不抽生新梢，有的因结果下垂，甚至连叶片都没有，这样的枝已失去结果能力，因而在有强壮枝的上方进行缩剪复壮，如图 10—12 所示。

疏枝就是将没有用、多年生老、弱、病、残枝，过密枝，下垂枝等从基部剪去，以 2～3 年生健壮枝来代替，如图 10—13 所示。

图 10—12　多年生结果枝的缩剪
a）衰弱枝缩剪　b）下垂枝抬高角度修剪

图 10—13　老、弱、枯干枝

修剪可分为夏季修剪和春季（休眠期）修剪两个时间进行。夏季修剪时间适宜在落花后的 5～7 月进行。当基生枝长到 30 cm 左右时，树冠郁密，养分消耗过多。这时，可通过修剪，每丛选留 7～8 个健壮的基生枝，使它们均匀地分布在株丛中，多余的基生枝全部疏除。若要进行绿枝扦插或秋季插条，可适当多留一些枝条。夏季修剪的目的主要是除去幼嫩多余的基生枝，使保留的骨干枝生长健壮，为丰产奠定基础。

春季（休眠期）修剪在萌芽前进行。根据品种和栽培方式的不同，修剪时期也不同。冬季不埋土的防寒品种在 3 月末到 4 月初修剪，埋土的防寒品种可在解除防寒后进行修剪。修剪时可先将病虫枝、衰弱枝及机械损伤枝等进行疏剪、缩剪，再对基生枝顶部细弱部分进行短截，以刺激生长。

（3）整形修剪的具体过程。现以每穴栽 2 株为例说明。第一年定植已在根颈 10 cm 处短截，短截后枝段上发出 2～3 个新梢，这样 2 株共有 4～6 个枝条，如图 10—14 所示。

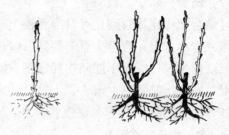

图 10—14　短截修剪

第一年定植后短截，短截后发出新梢。第二年，株丛有 4～6 个 2 年生枝，从中选出 2～3 个强壮的基生枝短截 1/4 左右，为下年培养结果枝，其余枝条不短截，可少量结果，对个别生长矮小的株丛不必剪枝，如图 10—15 所示。

第三年开始大量结果，此时株丛有 4～6 个 3 年生枝，有 10 个左右 2 年生枝，春剪时选留7～8个，并在2年生枝中选3～5个在1/4处短截，其余疏去。此时正常株丛可产果1.0～1.5 kg，如图10—16所示。

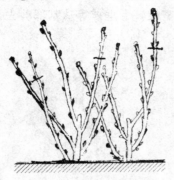

图10—15　定植第二年春的修剪

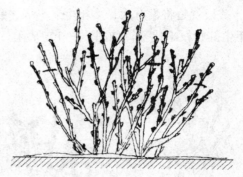

图10—16　定植第三年春的修剪

第四年大量结果，株丛有4～6个4年生枝、7～8个5年生枝，也开始大量结果。春剪时在上年留下的10个左右基生枝中选留6～7个2年生枝，此时已形成一个具有基生枝、2年生枝和3年生枝的株丛结构，每株丛可产果2～2.5 kg。

第五年，株丛已进入盛果期，此期除了春季把5年生枝疏除外，其余剪法与第四年完全相同，以后每年的剪法皆同第五年。如此年复一年，株丛的枝量及不同枝龄的比例和结构就自然被固定下来。

当前生产中盛果期的树木结构有大株丛与小株丛两种形式，如不埋土防寒，株丛枝条甚至大部分枝条因受冻出现抽条干枯现象，严重地影响长势和产量，尤其是黑龙江省、吉林省及内蒙古等地区，更应注意防寒工作，即使是比较抗寒的薄皮、奥根据宾等品种，在平原、少雪、高寒地区也应进行埋土防寒以确保安全越冬。厚皮亮叶等其他不抗寒品种必须埋土防寒方能安全越冬。

5. 合理间作

幼龄果园中，行间有一定的空地，可以合理进行行间间作，不仅可以增加经济收入，而且结合间作作物管理还可以起到松土和除草作用。但应注意三方面：一是间作作物不能距离黑豆株丛太近，应至少要间隔30 cm远以上；二是间作作物不能过高，以避免遮光，影响黑豆幼树生长；三是不能间作耗地较重的作物，如甜菜、瓜类等。适宜的间作作物有黄豆、绿豆、花生、马铃薯、萝卜、大葱、大蒜等，也可间作草苜蓿等绿肥作物。间作时应注意换茬，以免破坏果园土壤养分平衡。

6. 休眠与防寒

（1）防寒时间。东北地区的防寒最好在10月下旬至11月中上旬进行，必须在土壤封冻前进行，可根据防寒面积的大小而有计划地安排好防寒的具体时间和劳动力，需要防寒的品种必须全部埋土彻底防寒，不需防寒品种如有条件可在枝条基部培土10～20 cm，以防病虫害在此寄生越冬及枝条失水抽干。

（2）防寒方法。防寒前应把园内的残枝落叶打扫干净，最后集中烧掉或深埋，以减少病虫根源。防寒时可先在株丛基部垫土，垫土的目的是避免枝条压倒时折断，然后再将全部枝条拢在一起向一侧压倒，再盖上草袋子后盖土，尽量一次性盖严为好。如没有草袋子等条件也可直接按上述方法培土，但这样比较费工，培土量大。防寒时应在行间取土，避免伤害根系，使根系受旱、受冻。

（3）解除防寒时间。一般在4月上旬至中下旬解除防寒。撤防寒土时要由外向里进行。当枝条露出后尽量将全株枝条全部扶起，作业时尽量减少机械及人为损伤，不留残土，保持与原地相平，以免根系株丛基部土层增高，根系上移，减少水平根和深层根，使这部分根系容易受旱和受冻。在撤防寒土时可直接做出树盘，以利灌水。

（4）预防晚霜及抽条。在黑龙江、吉林、内蒙古等地，晚霜的危害较大，特别是山区的山谷地带，冷空气长期排不出去，霜害更为严重。一般寒潮经常出现在春季的花期及坐果时期，在－2.5℃时花器及幼果受冻，严重影响当年产量。因此，在建园时一定要了解该地区晚霜情况，避开霜带，及时收听天气预报，在晚霜来临的前一天，全园灌透水来提高局部温度，或用熏烟法等避免霜害。

在新梢和多年生枝出现干枯死亡现象叫做抽条。不同品种间发生抽条现象的程度不同，如薄皮、奥根据宾等品种越冬能力较强，所以抽条就轻，而厚皮及其他品种则重。经研究发现，冻害是引起抽枝枝条死亡的重要因素。另外，透羽蛾蛀入枝条髓部形成失水也会引起抽干现象。为防止以上问题出现，主要防治措施有：一是选用抗寒性强的品种，在正常生长情况下，秋季落叶早，芽、枝条成熟度好，使其自然进入休眠期，可以提高树体自身的保护能力。二是在建园的同时应栽植防护林及天然屏障，以防风和防积雪，防止冻害。三是防止透羽蛾、大青叶蝉等病虫害对树体的破坏，根据发生时期及时防治。四是加强树体保护。在有条件的地方进行人工埋土是最理想的预防措施。还可使用聚乙烯醇30～40倍液喷布枝条表面来抑制蒸腾，避免抽条，效果较好。

7. 主要病虫害防治

（1）白粉病。白粉病是黑穗醋栗的主要病害，尤其在育苗地发生更普遍。受害枝条不充实，芽不饱满。白粉病在田间主要危害中上部叶片、叶柄和嫩枝，上面出现白色粉状物，受害叶片发脆，后期干枯脱落，影响第2年结果。发病主要原因是株行距小，郁密，通光不好，湿度大，光照不足，雨水过多造成的。可采取以下措施防治：

1）选用抗病品种可选用新选育的利桑佳、寒丰、黑丰等抗白粉病新品种。

2）加强管理。增施有机肥，合理修剪，确保通风透光。

3）药剂防治。注意观察田间发病情况，一发现病斑就立即打药。可用0.2～0.3度石硫合剂，或70%甲基托布津可湿性粉剂1 000倍液，或25%粉锈宁可湿性粉剂600倍液。此外，生防制剂2%农抗120水剂150～200倍，防效也好。近年引进的特普唑，防效比粉锈宁提高20%，增产20%左右，该药低毒，由沙市第二农药厂生产。

（2）黑豆叶斑病。又名叶片褐斑病，在育苗地普遍发生。发病后，叶片上病斑大，暗褐色，形状不规则，传染性很强。病斑由叶缘向叶中扩展，叶片干枯脱落，严重时果园大片早期落叶。发病往往从局部发病，很快向四周蔓延；5月下旬至6月上旬开始发病。发病的主要原因是高温、湿度大及枝条过密而引起。防治方法同白粉病。

（3）黑豆透羽蛾。是目前生产上危害最重的枝干害虫，在成龄树上发生较重。主要以幼虫蛀食枝条髓部，上下串食危害。不同树龄枝条均受其危害，尤其以结果能力强的2、3年生枝受害最多，导致树体衰弱，越冬后枝条易抽干，展叶结果后常折断。成虫黑色，微带蓝色光泽；翅脉黑色，中间透明；幼虫乳白，全身有半透明稀疏白色刚毛。一年发生一代，以3龄幼虫在被害枝条中越冬。6月中下旬至7月上旬为成虫盛期，危害最重。可采取以下措施防治：

1）药剂防治可在6月上旬可喷布20%灭扫利乳油2 000倍液加40%氧化乐果乳油250倍液；或在6月中下旬成虫羽化高峰时，喷2.5%敌杀死，或20%速灭杀丁乳油4 000倍液，或敌敌畏和辛硫磷等量混合1 000倍液，均有很好防制效果；也可用80%敌敌畏原液熏蒸，每公顷用药7.5 kg，效果良好。

2）生物防治主要利用自然天敌小蜂类消灭幼虫，或利用雌蛾性诱剂，诱杀雄虫。

第三节　蓝莓栽培

蓝莓（见图10—17），又称蓝浆果，被联合国粮农组织列为当今世界人类五大健康食品之一，其人工栽培距今还不到100年历史。

蓝莓果实色泽美丽、悦目，果肉细腻，具清淡芳香，甜酸适口。除供鲜食外还有极强的药用价值及营养保健功能。

图10—17　蓝莓

一、优良品种

1. 笃斯蓝梅

原产我国东北大小兴安岭、长白山，喜湿，抗涝能力很强，在水湿沼泽地上野生群落生长季几乎一直处于积水状态，但仍能正常生长结果。树高50～80 cm，抗寒力极强，可抵抗−50℃以下低温。果实呈椭圆至圆形，风味偏酸，宜加工。该种具有集中野生分布的特点，在我国长白山及大小兴安岭都有大面积的集中野生分布群落，极有利于人工抚育和采集。利用这一特点，可以作为抗寒和抗涝的优质育种材料。

2. 南高丛蓝莓

该品种蓝莓类型，树体矮小，抗旱、抗寒能力强，果实由黑至亮蓝色。果实比较大，直径可达 1 cm。要求湿度大，抗寒力强，对土壤条件要求严格。树高 1～3 m，果实大，直径可达 1 cm。果实品质好，风味佳，宜鲜食。此品种原适宜于温带地区发展，后来从此种中已选出优良栽培品种，适宜寒冷地区发展。

3. 兔眼蓝莓

该品种树体高大，最高可达 10 m，寿命长，常绿。耐湿热能力强，抗旱能力强，对土壤条件要求不严格。果实大而硬，但风味欠佳。适宜于热带及亚热带丘陵山区发展。

4. 蔓蓝莓

该品种树纤细，叶狭小，蔓生。果实球形，红色，直径可达 2 cm。果实用于制汁，少有鲜食。

二、种植园选择与栽植

1. 园地选择

（1）土壤。栽培蓝莓选择土壤类型的标准是：坡度不超过 10%；土壤 pH 值为 4.0～5.5，最好为 4.3～4.8；土壤有机质含量 8%～12%，至少不低于 5%；土壤疏松，排水性能好，土壤湿润但不积水。如果当地年降雨量少时，需要有充足的水源。

上述土壤条件在自然条件下选择时可从植物分布群落进行判断，具有野生蓝莓分布或杜鹃花科植物分布的土壤是典型的蓝莓栽培土壤条件。如果没有指示植物判断则需进行土壤测试。

（2）气候条件的选择。气候条件本着适地适栽的原则，栽植适应当地气候的种类和品种。北方寒冷地区栽培蓝莓时主要考虑抗寒性和霜害两个因素。冬季少雪，风大干旱地区不适宜发展蓝莓，即使在长白山区冬季雪大地区也应考虑选择小气候条件好的地区栽培，晚霜频繁地区，如四面环山的山谷栽培蓝莓时，其容易遭受霜害，应尽量避免。

（3）园地准备。园地选择好后，在定植前一年深翻并结合压绿肥，如果杂草较多，可提前一年喷除草剂杀死杂草。土壤深翻深度以 20～25 cm 为宜，深翻熟化后平整土地，清除石块、草根、硬木块等。在水湿地潜育土这类土壤上，应首先清林，包括乔木及小灌木等，然后才能深翻。

在草甸沼泽地和水湿地潜育土壤上，应设置排水沟，整好地后进行台田，台面高 25～30 cm、宽为 1 m；在台面中间定植一行。

如果土壤 pH 值较高，需要施 S 粉调节时，应在定植前一年结合深翻和整地同时进行。蓝莓定植后生长寿命可达 100 年，所以定植前的整地工作应认真准备。

（4）土壤改良技术。园地选择时并非所选土壤都能适应蓝莓的生长，往往存在 pH 值过高、过低，土壤偏黏，有机质含量不足等问题。在定植以前应对土壤结构、理化性状等做出综合评价，对不适宜的土壤条件进行改良，以利于蓝莓生长。

土壤 pH 值过高的调节。土壤 pH 值过高是限制蓝莓栽培范围扩大的主要因素。由于

pH 值过高，常造成蓝莓缺铁失绿，生长不良，产量降低甚至植株死亡。这类土壤需要改良。当土壤 pH 值＞5.5 时，就需要采取措施降低土壤 pH 值。最常用的方法是施硫黄粉或 $(Al)_2(SO_4)_3$，施入硫黄粉时要在定植前一年结合整地进行。将硫黄粉按所计算施用量均匀撒入地中，深翻后混匀。施硫粉要全园施用，不要只施在定植带上。根据对我国长白山区暗棕色森林土壤的研究，将暗棕色森林土壤 pH 值由原来的 5.9 降至 5.0 以下，每公顷需 6 用硫量约 1 300 kg，其效果可维持 3 年以上。而且施硫黄粉之后可以有效地促进植株生长，提高单果重和产量。不同的土壤类型施用硫黄粉的用量不同，关于施硫黄粉量的计算，可参考表 10—3。

表 10—3   蓝莓施硫黄粉量参考表

土壤原始 pH 值	土壤类别（kg/hm²）		
	沙土	壤土	黏土
4.5	0	0	0
5.0	196.9	596.2	900.0
5.5	393.8	1 181.2	1 800.0
6.0	596.2	1 732.5	2 598.7
6.5	742.5	2 272.5	3 408.7
7.0	945.0	2 874.4	4 308.7
7.5	1 125.0	3 420.0	5 130.0

注：如使用硫酸铝，按表中用量乘以 6。

2. 栽植技术

（1）定植时间。春季和秋季定植均可，其中以秋季定植成活率高。若春栽越早越好。

（2）挖定植穴。定植前挖好定植穴。定植穴大小因种类而异，兔眼蓝莓应大些，一般 1.3 m×1.3 m×0.5 m；半高丛蓝莓和矮丛蓝莓可适当缩小。定植穴挖好后，将园土与掺入有机物混匀填回。定植前进行土壤测试，如缺少某些元素如磷、钾，则将肥料一同混入。

（3）株行距。兔眼蓝莓常用株行距为 2 m×4 m、至少不少于 1.5 m×3 m。高丛蓝莓株行距为 0.6 m～（1.5×3）m，半高丛蓝莓常用 1.2 m×2 m，矮丛蓝莓采用 0.5 m～（1×1）m。

（4）授粉树配置。高丛蓝莓、兔眼蓝莓需要配置授粉树，有些品种自花不实，必须配置授粉树。蓝莓配置授粉树后可以提高坐果率，增加单果重，提高产量和品质，见表 10—4。矮丛蓝莓品种一般可以单品种建园。授粉树配置方式可采用 1∶1 式或 2∶1 式。1∶1 式即主栽品种与授粉品种每隔 1 行或 2 行等量栽植。2∶1 式即主栽品种每隔 2 行定植 1 行授粉树。

（5）定植。定植苗龄最好是生根后抚育 2～3 年生大苗，1 年生生根苗也可定植，但成活率低，定植后需要精细管理。定植时将苗木从营养钵中取出，在定植穴上挖 20 cm×20 cm 小坑，填入一些酸性草炭，然后将苗栽入，栽植深度以覆盖原来苗木土团 3 cm 为宜。

定植完后，埋好土，轻轻踏实，有条件时要浇透水。但我国长白山区春秋季土壤水分充足，定植后不浇水成活率也很好。

表 10—4	自花与异花授粉对蓝莓结果的影响			
品种	授粉方式	坐果率（%）	单果重（g）	种子数（个）
北蓝	异花	85	1.3	17
	自花	84	1.3	11
北村	异花	87	1.1	17
	自花	14	0.5	3
北空	异花	92	1.0	19
	自花	71	0.9	17

三、栽培管理

1. 土壤管理

蓝莓根系分布较浅，而且纤细，没有根毛，因此要求土壤疏松、多孔、通气良好。土壤管理的主要目标是创造根系发育良好的土壤条件。

（1）清耕在沙土上栽培高丛蓝莓常采用清耕法进行土壤管理，清耕可有效控制杂草与树体之间的竞争，促进树体发育，尤其是在幼树期，清耕尤为必要。

清耕的深度以 5～10 cm 为宜，对卡伯特品种比较发现，清耕 5～10 cm 比 2.5～5 cm 产量提高 6%～60%，其原因是浅耕使耕层下土壤板结，限制根系发育，而深耕使下层土层疏松，促进根系向深度和广度发育。但是清耕不宜过深，在长白山的暗棕色森林土 30～50 cm 以下土层往往为黏重的黄土层，清耕过深时将黄土层翻到土壤上层将破坏土壤结构，不利于根系发育。因此，用于蓝莓耕作的工具其高度一般不超过 15 cm。另外，蓝莓根系分布较浅，过分深耕不仅没有必要，而且还造成根系伤害。

清耕的时间从早春到 8 月份都可进行，入秋以后不宜清耕，秋天清耕对蓝莓越冬不利。

（2）台田。地势低洼、积水、排水不良的土壤（如草甸、沼泽地、水湿地）栽培蓝莓时需要进行台田。台田后，台面通气状况改善，而台沟则积水，这样既可以保证土壤水分供应又可避免积水造成树体发育不良。但是台田之后，台面耕作、除草不利于机械操作，必须人工完成。

（3）生草法。生草法的土壤管理在蓝莓栽培中也有应用，主要是行间生草，而行内用除草剂控制杂草。生草法管理可获得清耕法一样的产量效果。

与清耕法相比，生草法具有明显保持土壤湿度的功能，适用于干旱土壤和黏重土壤。采用生草法，杂草每年腐烂积累于地表，形成一层覆盖物。生草法的另一个优点是利于果园工作和机械行走。缺点是对控制蓝莓僵果病不利。

（4）土壤覆盖。蓝莓要求酸性土壤和较低地势的条件，当土壤干旱、pH 值高、有机质含量不足时，就必须采取措施调节上层土壤的水分、pH 值等。除了土壤掺入有机物外，生产上广泛应用的是土壤覆盖技术。土壤覆盖的主要功能是增加土壤有机质含量，改善土壤结构，调节土壤温度，保持土壤湿度，降低土壤 pH 值，控制杂草等。矮丛蓝莓土壤覆盖 5～10 cm 锯末，在 3 年内产量可提高 30%，单果重增加 50%。

土壤覆盖物应用最多的是锯末，尤以容易腐解的软木锯末为佳。土壤覆盖锯末后，蓝莓根系在腐解的锯末层中发育良好，使根系向广度扩展，扩大养分与水分吸收面，从而促进蓝莓生长和提高产量，见表 10—5。用腐解好的烂锯末比未腐解的新锯末效果好且发挥效果迅速，腐解的锯末可以很快降低土壤 pH 值。

表 10—5　　　　　　　　　　　　土壤覆盖锯末对蓝莓生长及产量的影响

品种	土壤覆盖	株高（cm）	冠径（cm）	株产（g）
美登	对照	49.8	57.8	456.7
	锯末	59.1	78.9	634.5
斯卫克	对照	51.6	59.5	345.1
	锯末	58.1	78.5	532.4

覆盖锯末在苗木定植后即可进行，将锯末均匀覆盖在床面，宽度 1 m、厚度 10～15 cm，以后每年再覆盖 2.5 cm 厚以保持原有厚度。如果应用未腐解的新锯末，需增施 50% 的氮肥。已腐解好的锯末，氮肥用量应减少。

除了锯末之外，树皮或烂树皮作土壤覆盖物可获得与锯末同样的效果。其他有机物质如稻草、树叶也可作土壤覆盖物，但效果不如锯末。应用稻草和树叶覆盖时需同时增大氮肥的施用量。在清耕时 $(NH_4)_2SO_4$ 用量为 123 kg/hm²，而覆盖稻草和树叶时 $(NH_4)_2SO_4$ 用量为 336 kg/hm²，分 2 次施入，间隔期为 6 周。如果应用粪肥或圈肥进行土壤覆盖，需要在应用前首先堆肥处理，应用粪肥和圈肥效果不如锯末，而且还有增加土壤 pH 值的副作用。

应用黑塑料膜进行土壤覆盖其效果比单纯覆盖锯末好。应用黑塑料膜覆盖可以防止土壤水分蒸发，控制杂草，提高地温。如果覆盖锯末与黑地膜同时进行效果会更好。但覆盖黑塑料膜时如果同时施肥，会引起树体灼伤。所以在生产上，首先施用 925 kg/hm² 10—10—10完全肥料，待肥料经过 2 年分解后，再覆盖黑塑料膜。

应用黑塑料膜覆盖的缺点是不能施肥，灌水不便，而且每隔 2～3 年需重新覆盖并清除田间碎片。所以黑塑料膜覆盖最好是在有滴灌设施的果园应用，尤其适应于幼年果园。

2. 施肥管理

（1）种类。蓝莓施肥中，施用完全肥料比单纯肥料效果要好得多。施用完全肥料比施用单纯肥料产量可提高 40%。在兔眼蓝莓上单纯施用氮肥 6 年使产量下降 40%。在我国长白山区暗棕色森林土壤上施入 NP、NPK 肥料增加了产量和单果重，而单纯施入氮肥降低了产量和单果重。因此，蓝莓施肥中应以施用完全肥料为主。

蓝莓对铵态 N 容易吸收，而硝态 N 不仅不易吸收，且对蓝莓生长产生不良影响。铵态

N 肥在蓝莓上最为推荐的是（NH$_4$）$_2$SO$_4$。土壤施入（NH$_4$）$_2$SO$_4$ 不仅供应蓝莓铵态 N，而且具有降低土壤 pH 值的作用，在 pH 值较高的矿质土壤和钙质土壤上尤其适用。

（2）方式与时间。蓝莓施肥以撒施为主，高丛蓝莓和兔眼蓝莓可采用沟施，但深度要适宜，一般 10～15 cm。土壤施肥的时间一般是在早春萌芽前进行，如果分次施入，则在萌芽后，进行第二次。

蓝莓施肥分两次以上施入比一次施入能明显增加产量和单果重（见表 3—3），值得推荐。分次一般分为两次，萌芽前施入总量的 1/2，萌芽后再施入 1/2，两次间隔 4～6 周。

（3）施肥量。蓝莓对施肥反应敏感，过量施肥容易造成产量降低，生长受抑，植株受害甚至死亡。因此，施肥量的确是必须慎重，不能凭经验确定，而要视土壤肥力及树体营养状况来确定。

（4）肥料比例。蓝莓施肥的肥料比例大多数趋向 1∶1∶1，在有机质含量较高的土壤上，N 肥用量应减少，肥料比例以 1∶2∶3 或 1∶3∶4，而在矿质土壤上，P、K 含量高，肥料比例以 1∶1∶1 为宜，或者采用 2∶1∶1。

蓝莓施肥种类和比例的确定可按以下原则进行：

酸性肥料 N∶P∶K（14∶8∶8），以（NH$_4$）$_2$SO$_4$ 作 N 源，当土壤 pH 值＞5.2 时用此配方。

非酸性肥料 N∶P∶K（18∶10∶10），以尿素作 N 源，当土壤 pH 值＜5.2 时用此配方。

微量元素除了叶面喷施外，也可土壤施肥。

3. 水分管理

（1）水分需要。适当的土壤水分是蓝莓生长所必需的，水分不足将严重影响树体生长发育和产量。从萌芽至落叶，蓝莓所需的水分相当于每周降水量平均为 25 mm，从坐果到果实采收为 40 mm。

沙土的土壤湿度小，持水力低，需配置灌水设施以满足蓝莓对水分的需要。常用的灌水方法有沟灌、喷灌、滴灌和根据土壤水位保持土壤水分的下层土壤灌溉方式。

（2）灌水的时间及判别。灌水必须在植株出现萎蔫以前进行。灌水的确定应视土壤类型而定，沙土持水力低，容易干旱，需经常检查并灌水，有机质含量高的土壤持水力强，灌水可适当减少，但在有机质含量高的土壤上，黑色的腐殖土有时看起来似乎是湿润的，但实际上已经干旱，易引起判断失误，需要特别注意。

判断灌水与否可根据田间经验判断进行，用土铲取一定深度土样，然后放入手中进行挤压，如果土壤出水则证明水分合适，如果挤压不出水，则说明已经干旱。取样的土壤中的土球如果挤压容易破碎，说明已经干旱。根据生长季内每月的降雨量与蓝莓生长所需降水比较也可作出粗略判断。当降雨量低于正常降雨量 2.5～5 mm 时，即可能引起蓝莓干旱，需要灌水。

比较准确的方法是测定土壤含水量或土壤湿度，也可测定土壤导电率或电阻进行判断。

测土壤电阻方法比较简单，而且准确。从田间取15～45 cm深土壤样品，接通电阻计，当土壤失水干旱时电阻值升高。

（3）灌溉方法。包括喷灌、滴灌和微喷灌等。

1）固定或移动的喷灌系统是蓝莓灌水常用的方法。喷灌的优点是可以防止霜害或减轻霜害。在新建果园中，新植苗木尚未发育，吸收能力差，最适采用喷灌方法。在美国蓝莓大面积产区，常采用高压喷枪进行喷灌。

2）滴灌和微喷灌。滴灌和微喷灌方法近年来应用越来越多。这两种灌水方式投资中等，但供水时间长、水分利用率高。供应的水分直接供给每一树体，水分流失少，蒸发少，供水均匀一致，而且一经开通可在生长季长期供应。它所需的机械动力小，很适应于小面积栽培或庭园栽培应用。与其他方法相比，滴灌和微喷灌能更好地保持土壤湿度，不致出现干旱或水分供应过量情况。因此，它比其他灌水方法能明显增加产量及单果重。

利用滴灌和微喷灌时需注意两个问题，一是滴头或喷头应在树体两边都有，确保整个根系都能获得水分，如果只在一边灌水则会使树冠及根系发育两边不一致，从而影响产量。二是水需净化处理，避免堵塞。

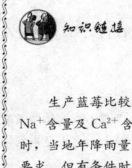 知识链接

生产蓝莓的理想水源和水质

生产蓝莓比较理想的水源是地表池塘水或水库水。深井水往往 pH 值高，而且 Na^+ 含量及 Ca^{2+} 含量高，长期使用会影响蓝莓生长和产量。我国长白山区栽培蓝莓时，当地年降雨量大而且年分布较为均匀，自然降水基本上能够满足蓝莓生长结果的要求。但有条件时应尽可能配置灌水设施。

4. 田间管理

蓝莓园除草是果园管理中的重要一环，除草果园比不除草产量可提高1倍以上。人工除草费用高，土壤耕作又容易伤害根系和树体，因此，化学除草在蓝莓栽培中广泛应用。尤其是矮丛蓝莓，果园形成后由于根状茎串生行走，整个果园连成一片，无法进行人工除草，必须使用除草剂。蓝莓园中应用化学除草剂有许多问题，一是土壤中过高含量的有机质可以钝化除草剂；二是过分湿润的土壤使用除草剂的准确时间不定；三是台用栽培时，台沟及台面应用除草剂很难控制均匀。尽管如此，在蓝莓园应用除草剂已较成功。

除草剂的使用应尽可能均匀一致，可采用人工喷施和机械喷施。喷施，压低喷头，喷于地面，尽量避免喷到树体上。至今为止，尚无一种对蓝莓无害的有效除草剂，因此，除草剂的使用应严格按照药剂厂方说明执行，对新型除草剂，要经过试验后方能大面积应用。

5. 整形修剪

蓝莓修剪的目的是调节生殖生长与营养生长的矛盾，解决通风透光问题。修剪要掌握总的原则是达到最好的产量而不是最高的产量，防止过量结果。蓝莓修剪后往往造成产量降低，但单果重、果实品质增加，成熟期提早，商品价值增加。但修剪时应防止过重修剪，以保证一定的产量。修剪的程度应以果实的用途来确定：如果加工用，果实大小均可，修剪宜轻，提高产量；如果是市场鲜销生食，修剪宜重，提高商品价值。

蓝莓修剪的主要方法有平茬、疏剪、剪花芽、疏花、疏果等，不同的修剪方法其效果不同，见表10—6。究竟采用哪一种方法，应视树龄、枝条多少、花芽量等而定。在修剪过程中各种方法应配合使用，以便达到最佳的修剪目的。

表 10—6　　　　　　　　　　不同修剪方法对蓝莓产量的影响

处理	株产（g）			单果重（g）			2 年累积产量（kg/hm²）		
	北蓝	北空	北村	北蓝	北空	北村	北蓝	北空	北村
去花	235	167	57	1.06	0.32	0.28	1 754	1 161	446
去果	211	116	50	0.94	0.18	0.18	1 589	941	306
平茬	155	67	28	1.10	0.29	0.29	876	377	188
对照	385	125	80	1.08	0.18	0.18	2 468	1 070	666

注：表中数据为修剪后第二年、第三年调查。

6. 休眠与防寒

尽管蓝莓中的矮丛蓝莓和半高丛蓝莓抗寒力较强，但由于各地不适宜的低温，仍有冻害发生，其中最主要的两个冻害是越冬抽条和花芽冻害。在特殊的年份可使地上部全部冻死。因此，在寒冷地区蓝莓栽培、越冬保护也是提高产量的重要措施。

（1）人工堆雪防寒。在北方寒冷地区，冬季雪大而厚，冬季可以利用这一天然优势进行人工堆雪，来确保树体安全越冬。与其他方法如盖树叶、稻草相比，堆雪防寒具有取材方便、省工省时、费用少等特点，而且堆雪后可以保持树体水分充足，使蓝莓的产量比不防寒的大大提高，与盖树叶、稻草相比，产量也明显提高。

防寒的效果与堆雪深度密切相关。国外试验证明，对北蓝半高丛蓝莓人工堆雪，并非堆雪越深产量越高。人工堆雪防寒时厚度应该适当，一般以覆盖树体的 2/3 为佳，对北蓝品种，最佳厚度为 15.2～30.5 cm。

（2）其他防寒方法。在我国东北黑穗醋栗等小浆果栽培中，普遍应用埋土防寒方法，这种方法可以有效地保护树体越冬，在蓝莓栽培中也可以使用。

7. 主要病虫害防治

（1）枝条溃疡病。危害严重，兔眼蓝莓有抗性，但后来发现的 SC－6 族病原可使其严重感染。

另一种在北方高丛蓝莓北部产区比较严重的枝条溃疡病的病原菌，这种真菌很难用杀菌剂防治，而抗病品种尚未发现。在欧洲有些地方比较严重的目前防治方法是烧毁所有病枝，寄希望于得到抗病品种。

（2）茶枯病（枝条凋萎病）。近年来成为一种比较严重的病害。表面上看起来是轻微的感染，却可以在一个生长季节内使植株凋萎死亡。茎上的伤口在 4～8 周内都容易被病菌侵入，幼嫩的枝条比老枝容易感染。受害叶片先变黄，后变红、变褐。

（3）根腐病。目前尚无有效的防治方法。所有北方高丛蓝莓品种都对根腐病敏感。此病一般发生在排水不良的潮湿土壤中。兔眼蓝莓虽非免疫，却有一定的抗性。

（4）枝枯病。病菌在受害枝条中越冬，花期危害（花芽萌动—花冠脱落）。在使用采收机械的蓝莓园中容易蔓延。其症状与冻害、旱害和涝害不易区分。在生长季节可以用杀菌剂防治。

（5）病毒病。蓝莓的病毒病和类病毒病有十多种。主要的有：蜜环病毒病和红色环斑病毒。

此外，高丛蓝莓的主要病毒病害还有矮化病（现在分类上已列入支原体）、坏死环斑病、花叶病等。对病毒病害的防治主要靠的是对病毒携带者如尖鼻叶甲的防治和消灭病株。

（6）蚜螨。受害的芽变红，果实出现小红斑。可造成芽枯死和减产。防治比较困难，用马拉硫磷加天达防治，在采果结束时喷一次，30 天后在虫尚未钻入芽内很深时再喷一次。在佛罗里达还在 3 月份花冠脱落时喷一次，剪去老枝销毁也有效。

（7）蓝莓蝇。受害果在采收包装时不易被发现。在冷藏条件下发育迟缓，但被消费者买回家以后虫就会钻出果外，受害果发软并很快腐烂。应用马拉硫磷和亚胺硫磷防治有效。

思 考 题

1. 简述树梅的类型及特点。
2. 如何根据具体情况选择适宜栽培的蓝莓品种？
3. 简述树莓的栽植时间与方法。
4. 简述黑穗醋栗的营养价值。

第十一章　果树的设施栽培

　　果树设施栽培是具有一定的设施，能在局部范围改善或创造出适宜的气象环境因素，为果树生长发育提供良好的环境条件而进行的有效生产。由于果树设施栽培的季节往往是露地生产难以达到的，通常又将其称为反季节栽培、保护地栽培等。采用设施栽培可以达到避免低温、高温暴雨、强光照射等逆境对果树生产的危害，已经被广泛应用于果树育苗、春提前和秋延迟栽培。果树设施栽培属于高投入，高产出，资金、技术、劳动力密集型的产业。

第一节　大棚葡萄无公害栽培技术

一、品种选择

　　品种应选择丰产、抗病、色泽艳丽、品质优良、适应性强、生育期在 120～150 天、市场占有率高的品种，如无核白鸡心、京秀、红提等。

二、园地的建立

1. 园地选择
（1）要选择地势较高、土层深厚、排灌方便、易干燥的中性土。
（2）地块比较正方形或长方形，盖棚架容易。

（3）地下水位不得高于 1 m。

（4）土质疏松、透气性好、肥力高、交通方便。

2. 大棚建造

棚长 50～55 m，宽 12 m，高 2.8～3.3 m，棚材可选用木杆、钢筋焊接等。

3. 定植技术

（1）挖定植沟。深宽 60 cm×60 cm，每亩施农家肥 4 000～5 000 kg。株距 0.7～1.0 m，行距 1.5～2 m，最好育大苗定植，定植完后上面埋土堆。

（2）定植后管理。定植后主要管理措施是：撤去覆土，选定主蔓，灌水、施肥、摘心、除副梢。

（3）扒土堆。当定植苗芽眼开始萌发时，将土堆扒开。

（4）除萌、抹芽。除选留的新梢作主蔓外，其余的芽眼和新梢全部抹掉。

三、架式与整形修剪

1. 架式

大棚葡萄栽培主要架式有单臂架和双臂架两种。

2. 整形

定植当年单臂立架留 1 个主蔓，双臂立架留 2 个主蔓。主蔓高 1.2 m 左右时摘心。

3. 修剪

修剪分为中、长梢修剪，中、短梢修剪，短梢、超短梢修剪。

结果母枝更新常采取单枝和双枝更新方法，即上位枝采取中、长梢修剪，下位枝留 2～3 个芽短截；主蔓更新分两种情况，当主蔓结果部位上移时，可进行回缩修剪，当主蔓基部和下部光秃时，可进行压蔓，迫使主蔓恢复生机和正常结果。

对结果母枝上的发育枝，根据不同长势进行不同程度摘心。结果母枝强壮的新梢在第一花序以上留 5 片叶摘心，中庸新梢在第一花序以上留 4 片叶摘心。

顶端 1～2 个副梢留 3～4 片叶摘心，果穗以下副梢从基部抹除，其余副梢留 1 片叶反复摘心；对果穗多采用掐穗尖处理，一般掐去花序长度的 1/5～1/4；花序处理主要是将花序穗梗上长出的分枝和部分副穗清除。

四、肥水管理及温、湿度控制

1. 施肥

萌芽前亩追施 20～30 kg 氮肥；幼果膨大期混施氮肥、磷酸二铵各 15 kg。浆果着色期追施钾肥 20 kg。

2. 灌水

解除防寒后浇催芽水；开花前 3～5 天浇花前水；浆果开始膨大时浇催果水；土壤结冻

前浇封冻水。花期和果实膨大期要严格控水。

3. 温度

萌芽前最低温度 5℃ 以上，最高温度 32℃；开花前最低温度 10℃ 以上，最高温度 28℃；花期最低温度控制在 18～25℃；果实着色期最低温度 15℃ 左右，最高温度 25～30℃。

4. 湿度

发芽至花前空气湿度控制在 80％ 左右；第一花序伸出时空气湿度控制在 70％；开花期空气湿度控制在 65％～70％，坐果期湿度控制在 75％～80％。

五、越冬防寒

葡萄枝蔓下架后，向一个方向顺直、捆好，在每株葡萄根桩弯曲处用土或秸秆填枕，用稻草或秸秆覆盖后埋土 20～30 cm。翌年土壤解冻后撤除防寒物。

第二节　大棚草莓优质高产栽培技术

草莓果实艳丽美观、柔软多汁、酸甜适口，具有独特的芳香和风味，是一种营养价值很高的水果，草莓不仅适于鲜食，而且还能加工成多种草莓食品，如草莓酱，草莓酒、草莓果汁、草莓糖果和草莓饮料等，另外，草莓还可以进行速冷处理，既能保持新鲜状态，又便于长距离运输、储藏。

一、品种选择

品种应选择生长势强、坐果率高、耐寒、抗逆性强、休眠期短的优良品种，如奥利红、港丰、C2、90－11－4 等。

港丰：植株长势旺健，繁殖力强，叶肥厚鲜绿，叶片椭圆呈匙形，花果量多，果肉细腻，味香甜，硬度较好。是鲜食极佳品种。

90－11－4：植株长势中等，株型直立，叶片深绿色，根系发达，大果率高，果实中等大，口味甜美，果实稍硬，丰产。

C2：植株长势强，叶片中大，叶片多。叶色较绿，属于大果形，果肉细腻，香味浓，有独特香味，是鲜食极佳品种。

奥利红：植株长势均匀中等，适应性强，果个均匀，果实甜酸，口感好，耐储。

二、园地的建立

1. 园地选择

（1）地势平坦、排灌方便、通风良好、土壤疏松、肥沃、酸碱适宜、交通方便。

（2）地块比较正方形或长形，盖棚架容易。

（3）地下水位 1 m 以上的地块。

2. 苗的繁殖

（1）葡萄茎苗培育。母株栽植后要保持土壤湿润，及时松土、除杂草、浇水，及时摘除花序，并除去老叶、病株。母株抽生葡萄茎后，应引压葡萄茎使葡萄茎于株苗尽可能分布均匀，在 7 月中下旬，从母株上选择健壮无病、已有 3～4 片叶并已扎根的幼苗进行断株，移入分苗床培养苗。

（2）组培苗木。组培苗木的优点是繁殖速度快，节省土地，可进行工厂化生产；不带病毒，生长旺盛；标准化程度高，苗整齐。

3. 定植技术

栽苗前一般每亩施优质腐熟肥 3 000～5 000 kg、磷酸二铵 30～40 kg、硫酸钾 15～20 kg。深翻土壤，使肥、土充分混合。

（1）定植密度。采取高垄双行，株距 10～15 cm 或 15～20 cm，每亩栽苗 8 000～10 000 株。

（2）定植方法。为促进缓苗，可选在阴天栽植。定植前将细苗老叶剪除，留 2～3 片新叶，同时可用 5～10 mg/kg 的萘乙酸（生根粉）浸根，增加新根量。注意保持秧苗根系的湿度，不要将秧苗的根暴露于空气中。定植的深度是草莓栽后成活的关键，标准是使苗心基部与土表平齐，达到灌水后上不埋心，下不露根。同时要注意苗的方向，花序伸出方向向外，即弓背朝向垄外侧，定植后要及时罐透定根水，灌后要及时检查，对露根或埋心苗要及时进行调整。

4. 定植后管理

（1）植株管理。疏花蕾、除弱花序：草莓花序上高级序花开花晚，往往不能形成果而成无效花，即使能形成果实，也因成熟得晚，果实小而无采收价值。所以在开花前应将二级花序疏除，并除去枝丛下部的弱花序。

（2）垫果。果实触及地面，影响着色与质量，又易引起腐烂，所以应在花后用草铺垫在植株周围，如采用地膜覆盖，可以不要垫草。

（3）除葡萄茎。当葡萄茎刚出现时，应及早摘除，使植株积累大量的有机养分，促进当年的花芽分化。保证来年丰收，并提高越冬能力。

（4）除枯叶、弱芽。草莓成活后，叶片不断老化，光合作用减弱，并有病叶产生，因此生长季节要不断除掉老黄叶、病叶和植株上生长的侧芽，以节省养分，集中营养提供结果。

（5）授粉。由于冬、春温度低，棚室通风少，其他昆虫活动少，影响草莓授粉受精，上午 9～10 时可采用人工醮花授粉，也可采用风车授粉办法。

三、肥水管理及温、湿度控制

1. 施肥

以花蕾生长 15 天左右，每 667 m² 施三元复合肥 10～15 kg，除了根部施肥外，还需用叶面喷肥，结果期喷 0.1%～0.2% 硫酸钾溶液 1～2 次。

2. 灌水

草莓是喜湿作物。生长期要灌好以下几次水：一是土壤解冻后，结合施基肥灌透返青水。二是开花期、浆果成熟期需要大量水，根据降雨情况灌 3～4 次水，对提高草莓产量效果显著。三是土壤封冻前灌好冻水。

3. 温度

9 月末至 10 月初，要进行扣膜保温，等到棚室内结冻时，让草莓进行休眠，白天棚内温度保持在 20～25℃，夜间保持在 8～12℃；开花结果期室内温度最好保持在 24～28℃，夜间保持 15℃；采果期 18～22℃，夜间保持 8～12℃。

4. 湿度

休眠期、采果期湿度控制在 60%～70%，在开花期相对湿度以 40%～50% 为好。

四、越冬防寒

覆盖时间不宜过早、过晚。过早气温高，易造成烂苗。过晚会发生冻害，土壤封冻前灌一次冻水，水渗后覆盖防寒物，利于防寒保墒。覆盖材料尽量不要选择带有种子的杂草，以免带来草荒。覆盖物全撤完待地面稍干后，进行一次清扫，将枯茎、烂叶及残留物集中清除，以减少病虫害的发生。采用地膜覆盖时，由于覆盖后将花期提前，在有晚霜危害的地区，易受霜害影响，需要注意加强保护。

第三节　温室大棚桃树栽培技术

一、品种选择

桃树作为大棚栽培的主要树种，应选择早熟、极早熟品种促使桃果提前上市从而创造更高的经济效益。具体要求为：①需冷量低的品种，这样的品种通过自然休眠的时间短，扣棚升温的时间便可相应提前，果实成熟早，经济效益较高。②果个大、果肉硬溶质、色泽艳丽、果形整齐、含糖量高、耐储运的优良品种。③树体矮小，树冠紧凑，当年能形成花芽，次年开花结果的品种。④大棚内温、湿度相对较高，所以应选择对环境的温、湿条件要求不严格、土壤适应性和抗病能力强的品种；⑤选择花期一致的品种在同一大棚中，应选择2～3个花期相对一致的品种，可以相互授粉，提高坐果率，增加产量。如：12～6油桃、春雪桃、丽春油桃、特早513油桃、早油蟠桃、早露蟠桃等均为较好品种，各果园可根据各自情况而定。

二、园地的建立

1. 温室设计

温室为短后坡、高后墙、半圆拱形温室，无立柱钢梁结构，长62 m，南北跨度8 m，脊高3.2 m，后墙高2.5 m，后坡长1.5 m（用预制水泥板铺设，上面用炉渣封顶），后墙和两面山墙为双层砖空心构造（墙体厚60 cm，中空），棚面为聚乙烯无滴膜，冬季膜上盖一层5 cm厚的手拉式蒲草苫。

2. 定植前整地

在行间挖40 cm宽、70 cm深的沟，填20 cm有机肥，同时撒施500 kg过磷酸钙，填满土然后用旋耕犁全园旋耕2遍，使土肥充分混合。按株行距1.0 m×1.5 m起垄定穴，垄高30 cm，宽40 cm，栽植穴深30 cm。每行5株，北面第1株距后墙2 m，南面第1株距前坡脚1.5 m，共栽60行，300株。

3. 栽植苗木

在4月底栽植。选用营养钵育苗，苗高20 cm以上，生长健壮，无病虫害。栽植时先把苗木连同土坨从营养钵里倒出，注意土坨不要散开，小心放入定植穴中，四周用土盖好，深度要求土坨表面与垄面水平即可，每行苗木由大到小依次向南排开，便于以后整形。一个温室内栽种两个以上品种，有利相互授粉，提高坐果率。栽后马上顺垄沟灌水，使土壤和土坨接触紧密。从5月中旬开始，每半月追施尿素和磷酸二氢钾1次，在苗木两侧土坨边缘开浅沟施入，每次每株施尿素20 g，磷酸二氢钾20 g，施肥后及时灌水，生长季共追肥3次，每次灌水后土壤墒情适宜时及时松土、锄草。定植当年不宜使用除草剂。

三、肥水管理及温、湿度控制

施肥以充分腐熟的人粪尿、圈肥等为主，于每年9月中旬到10月中旬施入，每亩施入4 000 kg，并配合一定量的复合肥。施肥方法以沟施为主，结合施基肥深翻地，提高土壤通透性。结合追肥在生长期灌水3～5次并锄草松土。萌芽前株施尿素0.2 kg，坐果后株施复合肥0.2 kg，桃树谢花后到6月份每月叶面追肥2～3次，用0.3%磷酸二氢钾和0.3%光合微肥交叉喷施。果核硬化期株施果树专用肥 0.3～0.5 kg。果实采摘后每亩施有机肥 1 000 kg，过磷酸钙 40 kg，恢复树势，促进花芽分化。7 月中旬后适当控制肥水。桃树生长期视棚内墒情适当浇水，果实采收后灌水 3～4 次，深秋灌水 1 次。

扣棚时间在 12 月上中旬，这时外部环境气温低，平均温度低于 10℃时开始扣棚保温。棚内升温前树体行间覆盖地膜增加地温，使根系早活动，向上供应水分。棚内温度及湿度控制，萌芽期白天 12～18℃，夜间不低于 5℃，相对湿度 70％～75％；花期白天 13～21℃，夜间高于 6℃，相对湿度 50％～60％；果实膨大期白天 15～26℃，夜间 10～15℃，相对湿度 50％～65％；果实成熟期白天 25～30℃，夜间 12～17℃，相对湿度 50％～60％。

四、整形修剪

树形采用"Y"字形。干高 30～40 cm，2 个主枝夹角约为 120°。新植苗木发芽后，选留生长健壮、东西方向的 2 个新梢培养为主枝，生长季不进行摘心，其他枝条长到 30～40 cm 时摘心，控制其生长。8 月上旬拉枝，开张主枝角度。秋季落叶后进行修剪，修剪以疏枝缓放为主，主枝上每 20 cm 留 1 个结果枝。主枝、延长枝不短截，疏除强旺枝、竞争枝、过密遮光枝、交叉重叠枝，保留花芽多的结果枝。修剪后树体高度控制在 1.3～1.5 m。随着树龄增长，在生长季采用摘心、拉枝、捋枝等控制树体生长，7 月中旬、8 月上旬喷 2 次 15％的多效唑可湿性粉剂 300 倍液，7 月下旬用 20 倍液多效唑涂抹桃树主干。扣棚后树体发芽前，土壤施入 15％的多效唑可湿性粉剂，株施 1 g。更新修剪时回缩 2 年生结果枝，防止结果部位外移。

第四节　甜樱桃大棚栽培技术

甜樱桃的保护地栽培可使成熟期提早 30～40 天，经济效益显著，可避免晚霜危害以及成熟期裂果、鸟害等，防止遇雨裂果，并向南扩大栽培范围。

一、品种选择

大棚栽培应选用成熟较早的红色和需冷量低的品种。表现较好、成熟较早的品种有红灯、莫勒乌、布莱脱等，其果实鲜红或紫红，肉质较硬，风味好，树体较紧凑，结果较早，丰产稳产。春季回暖早，还可选用丰产性及品质更优的中熟品种，如宾库、先锋、雷尼、佐藤锦等。

二、樱桃园的建立

1. 园地选择

选土层深厚、土质肥沃、灌水方便、排水畅通，有利于保温的背风向阳处为园址。

保护地樱桃栽植保持密度应比露地果园大。矮樱桃作砧木，株行距可（2.0～2.5）m×（3.0～3.5）m。每隔三行行距加宽 1 m，用以设置架材，每 667 m² 67～95 株。用其他砧木，株行距 2 m×3.5 m，平均每 667 m² 91 株。为了保证授粉，栽植品种不应少于 3 个，主栽品种 1 个，授粉品种 2 个。促成栽培授粉树的比例应高于露地栽培，主栽树与授粉树的比例以 1～2 为宜。

以南北行向为宜。从建园到扣棚一般需要 4～5 年。为了争取时间，也可选用现有品种对路的地片扣棚。

2. 建棚和覆膜

棚的大小，一般一个大棚以占地 667 m² 左右为宜。棚的跨度取决于栽植行距，棚高取决于树高并考虑管理方便。要求树顶与棚间有 40～50 cm 的空间，一般拱棚的顶高 2.5～3.5 m，肩高 2.0～2.5 m。

樱桃完成自然休眠之后才能覆膜。覆膜过早，发芽、开花不整齐，影响果实的产量和质量。通过自然休眠要满足一定的需冷量，甜樱桃花芽为 910～1 240 C.U，叶芽 900～1 200 C.U。具体适宜的覆膜时间，要根据大棚的设施条件和鲜果上市需求时期来确定。

3. 除膜

除膜时间根据气候条件和果实生育期而定。过了霜期，可将大棚两侧覆膜揭开卷至棚肩部，放风锻炼 2～3 天，以后选阴天除掉膜上压杆，将覆膜卷到大棚一侧，增强光照，促进果实着色，提高果实品质。

气温降低或下雨天，将膜重新盖好，提高温度并防雨，果实采收后，完全除掉覆膜。

三、肥水管理及通风、温度管理

除建园时在栽植沟施肥外，每年施基肥一次。基肥以有机肥为主，施肥时期比露地栽培提前，一般在早秋或晚夏施用。开条状沟，株施土杂肥 25～35 kg、过磷酸钙 0.5～0.75 kg、硼砂 50～75 g。追肥两次，于谢花后和果实采收后，开放射状沟，每次株施氮肥、磷、钾三元素复合肥 0.3～0.6 kg。叶面喷肥三次，花期混喷 0.3％硼砂和 0.3％尿素，幼果期混喷 0.3％尿素液和 0.2％ 光合微肥，硬核期混喷 0.3％尿素和 0.3％磷酸二氢钾。除施基肥、追肥时灌水外，果实膨大期和落叶后各灌水一次。

覆膜以后，棚内的气温升高快，地温则升高较慢。为了保持地下和地上温度协调平衡，可在覆膜的同时或提前用全透明地膜进行地面覆盖增温。覆膜 7 天内棚白天气温 18～20℃，夜间气温不低于 0℃；覆膜 7～10 天后夜温升至 5～6℃，白天 20～22℃。要防止 25℃以上的高温。

发芽至开花期，地温要求 14～15℃。棚内覆盖地膜可使地温提前 10 天达到 14℃，气温夜间 6～7℃，白天 18～20℃。盛花期夜间气温 5～7℃，白天 20～22℃为宜，过高或过低均不利于授粉受精。此期要严格避免－2℃以下的低温和 25℃以上的高温。谢花期白天 20～22℃，夜间 7～8℃。

果实膨大期，白天气温 22～25℃，夜间 10～12℃时，有利于幼果膨大，可提前成熟。果实成熟着色期，白天不超过 25℃，夜间 12～15℃，白天昼夜温差约 10℃。严格控制白天气温不能超过 30℃，否则果实着色不良，且影响花芽分化。

大棚内的温度主要靠开关通风窗、作业门和揭盖草帘调控。大棚覆膜后，1～3 天通风窗、作业门全开，4～7 天昼开夜关，8～10 天晚上逐步盖齐草帘。后期棚内温度过高时，10：00～15：00 要加强通风换气，控制不超过 25℃。

土壤相对含水量要保持在 60%～80%。通常情况下，覆膜后、发芽期、果实膨大期各浇水一次。应注意最后一次浇水不能过多，否则容易发生裂果。浇水后及时中耕松土。

覆膜初期至发芽期，棚内空气相对湿度维持在 80%左右。空气湿度低，发芽和开花不整齐，也易受高温危害。此期可向树体喷水，增加空气湿度。开花期空气湿度以 50%～60%为宜，过大、过小均不利于授粉受精。果实成熟期空气湿度以 50%为宜，太大不利于着色。增加空气湿度可向地面洒水和树体喷水，降低空气湿度通过启闭通风窗、门等来完成。

四、整形修剪

棚栽樱桃因受大棚和密度的制约，应采用矮小、紧凑、光能利用率高的树形。甜樱桃可用自然开心形、丛状形或改良主干形。树高控制在 2.1～3.0 m，边行树高 1.8～2.3 m，修剪主要在生长期完成。多采用夏剪如摘心、扭梢、拿枝、拉枝等，以促发分枝和控制旺长，采果后适当疏除过密枝和直立枝，增强树势。秋季至覆膜前拉枝，调整树高和大枝角度。

五、花果管理

大棚甜樱桃栽培，及时建园时已经配好授粉树，开花期要仔细做好人工授粉。若授粉树不足，可高接授粉或在行间移栽授粉树。授粉的方法与露地栽培基本相同。保护地栽培面积小时，可人工点授，再结合放养蜜蜂或壁蜂效果更好。面积较大、主栽品种与授粉品种开花一致，可用鸡毛掸子交互扫花授粉。无论哪种方法，授粉次数多，认真细致，则授粉效果好。为提高开花质量，促进坐果，盛花初期可混喷 0.3%硼砂加 0.3%尿素一次，或在盛花期喷 1～2 次 20～40 mg/L 赤霉素，对促进坐果也有显著作用。棚内温度对开花坐果影响极大，白天要严格控制在 25℃以下，夜间 5～7℃。因温度控制不当和授粉不及时造成减产甚至绝产的实例很多，应引起高度重视。坐果过多时要适量疏果。

　　棚内光照较露地差。果实开始着色时，可摘叶及铺挂反光膜改善光照条件，促进着色。摘叶时主要摘除直接遮盖果实的叶片，先找发黄、残缺叶和小叶，摘叶不宜过重。反光膜可铺设在行间，或剪成条状挂在行间，增加反光量。

思 考 题

　　1. 简述大棚葡萄的温湿度控制方法。

　　2. 简述大棚草莓的选地要求。

　　3. 简述温室大棚桃树定植前整地的方法。

人体说明书——一切健康，始于了解！

全 新·3D
人体解剖图

著　［日］**坂井建雄** 顺天堂大学医学部教授
　　［日］**桥本尚词** 东京慈惠会医科大学教授

审　**郑瑞茂** 北京大学基础医学院博士
译　孙越　唐晓艳

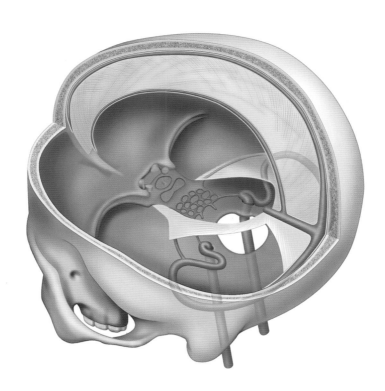

河北科学技术出版社

前 言

学习或想学习解剖和解剖学的人，经常会抱怨："需要记的东西太多了""有很多陌生的术语"。如果问医科大学的学生："最不擅长的学科是哪一门？"很多人也会立刻回答："解剖学。"在许多人眼里，解剖学的教科书非常厚，而且里面充斥着各种专业术语，读起来跟读天书一样。

难道解剖学真的这么难吗？其实，解剖学并非像人们想象得那样晦涩难懂。与解剖学相关的书籍，常常会标注"这儿是什么部位""这个东西叫什么"或者"这个是怎样工作的"，文章内容非常简单，大多不会让人难以理解。大众或初学者觉得解剖学难学，大概是因为解剖学所用的词语都是离我们生活太远、过于陌生的词汇。

说到陌生，可以试想一下：我们刚刚搬到一个陌生的地方居住，完全不清楚周围的情况，我们应该怎么办呢？我们首先要记住满足生活需求的商店、车站的位置以及各主干道。然后，等到周末或空闲时，到四周转一转，这样是不是就能渐渐熟悉这块原本陌生的地方了呢？

解剖学也一样，大家并不是不熟悉解剖学。不管怎么说，解剖学的研究对象都是人体的各个部位，应该没有人不知道自己身体哪个部位是头、胸、腹部、手腕、手、脚吧？既然清楚了身体的每个部位，那么，再到"家"四周散个步、转一转吧！例如："知道头部的位置，再进一步分析头部是怎样工作的""头部有各种凹凸，这些凹凸下面是什么"等，这样先点燃学习解剖学的兴趣，接着学习的热情就会不断涌出。

读到这里，想必您已经明确我们写这本书的初衷了吧！

熟不熟悉解剖学，关键要看你是否能迈出下一步。本书的序章简单介绍了解剖学的历史。古人们迈出了下一步，但是并没有掌握解剖的方法。但是，对于现在学习解剖学的各位来说，如今参考书琳琅满目，具备了迈出下一步的基础。

本书第1章介绍了人体的基本构造，也就是满足日常生活的商店和车站。第2章开始介绍附近的道路。希望各位读者通过学习本书能够初步了解解剖学。

桥本尚词

人体具有消化与吸收、呼吸、信息收集与处理、运动、生殖等多项功能，能够执行这些功能的器官必定有着非常精密的结构。把人体各项功能分成消化系统、呼吸系统、循环系统以及神经系统等并进行研究的学问就叫"系统解剖学"。

另外，人体主要分头部、胸部、腹部、上肢、下肢等部分。以腹部为例，腹部有消化系统的重要器官——胃、泌尿系统的肾脏，以及其他神经、血管、骨骼、肌肉等，本书将详细地为您介绍人体各系统和器官的结构以及功能，这种专门研究身体某一部位的学问叫作"局部解剖学"。

本书利用精美的3D图画全面介绍了有关人体解剖的知识，第1章详细介绍了人体各个系统，第2章到第5章介绍了身体各部位，而且每一个对页介绍同一个主题。

全新3D人体解剖图
目录

简明图解

专栏

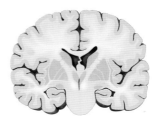

第2章 头部和颈部

简明图解

专栏

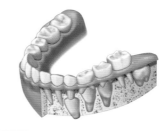

第3章 胸部

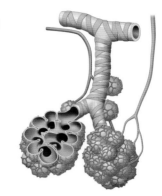

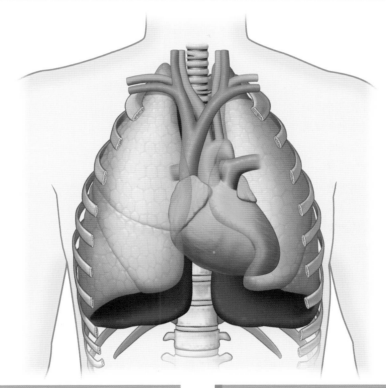

简明图解

专栏

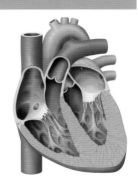

第4章 腹部和背部

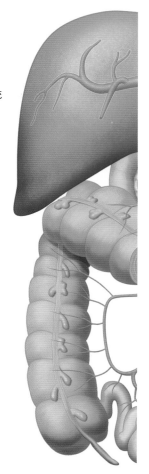

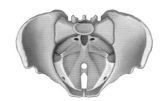

简明图解

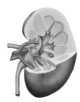

专栏

第5章 上肢和下肢

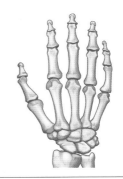

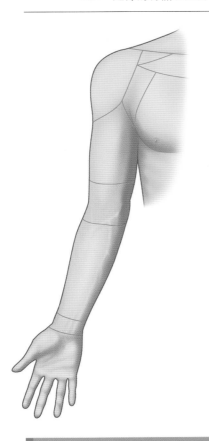
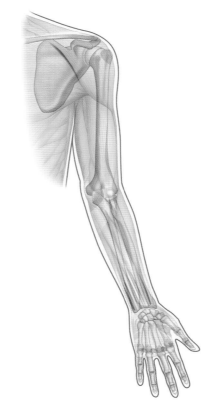
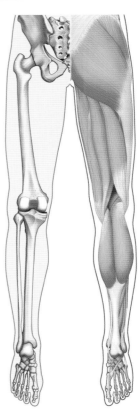

简明图解

资料篇

本书的使用方法

解剖学是研究人体形态和结构的学科。

本书内容以解剖学为主，其中穿插了研究人体机能的生理学。

本书讲解力求简明易懂，适合初学者学习掌握。

章节基调色

用不同的颜色将各章节
区分开来。

摘要

通过阅读摘要，可以了解
本节要讲述的主要内容。

参考提示

提示与本节内容相关知识的
页码，阅读相关知识，可以
加深对本节内容的理解。

参考页码

与该词内容相关的页码说明。

详细的解说

关键词语用黑体字强调突出。

简明图解

用简单的模型图说明大致构造
或结构，易于读者理解。

全新3D人体解剖图

胃和十二指肠

食物通过食管进入胃，在胃内被彻底搅拌，
充分分解后被送至十二指肠。
胃的入口叫贲门，出口叫幽门。
胃的肌层由3层平滑肌组成。

消化与吸收的奥秘 ⇨ P64
消化管的运动 ⇨ P66
消化管的位置关系与功能 ⇨ P182
胃黏膜 ⇨ P186

❶ 肝脏　❷ 肾脏　❸ 椎骨
❹ 脾脏　❺ 胰脏　❻ 胃

胃的形状和功能

胃位于上腹部左侧，在膈的下部、肝脏左叶的后面。胃表面覆盖的腹膜，与连接胃及周围的器官的大网膜（P178）、小网膜等相连接。

胃的入口连接食管，叫作**贲门**。出口的右下方与十二指肠相连接，叫作**幽门**。胃的左侧边缘叫作**胃大弯**，右侧边缘叫作**胃小弯**。在胃大弯处有**大网膜**（呈"围裙"状的腹膜），悬挂于横结肠和小肠之前。在胃小弯、肝脏的肝门之间有**小网膜**，其右端是通向肝脏的血管和胆总管的通道。小网膜和胃后方被腹膜覆盖的扁窄间腔叫作**网膜囊**（P181）。

胃壁由**黏膜、肌肉层、浆膜层**3层组成。黏膜的表面有大量**胃腺**。胃腺根据所在位置不同，结构也不相同。肌肉层全是平滑肌，分为**斜行肌层、环行肌层和纵行肌层**3部分。当胃收缩时，平滑肌跟着收缩，引起黏膜层皱襞的纵向改变。

胃里有大量血管分布，大都围绕着胃大弯和胃小弯行走，其中的动脉主要是腹腔干的

分支，静脉主要通过门静脉流向肝脏。胃里还分布着交感神经和副交感神经（P88），通过平滑肌的运动进行调节。副交感神经分布在胃腺中，可以促进胃酸的分泌。

食物可以在胃中暂存，与胃黏膜分泌的胃液混合，并被彻底搅拌，然后一点一点被送到十二指肠。胃腺分泌**胃液**，能防止胃中食物腐坏，还有助于蛋白质的消化。

十二指肠的构造和功能

十二指肠是小肠最初的部分，紧贴腹后壁，在胃与横结肠背后，连接胃的幽门。十二指肠长约25cm，呈C形。分为上部、降部、水平部、升部4部分。

在降部左侧壁的黏膜上有十二指肠大乳头（乏特壶腹），是胆总管和胰管的共同开口处（P197）。十二指肠上半部的黏膜下层有**十二指肠腺**，能分泌碱性的黏液，这些黏液可以中和胃中输送来的食物的酸性，以保护黏膜。加上胰液和胆汁的注入，以完成营养物的吸收与消化。

简明图解　胃各部位的名称

左侧膨胀的边缘部分是胃大弯；右侧凹陷的边缘是胃小弯；主体是胃体；贲门左侧半圆形的是胃底。幽门分为幽门前庭和幽门管。

贲门

小弯　短的弯曲部分。

胃底　胃上部膨胀的部分。
胃体　胃的主体部分。
大弯　胃的大弯曲的部分。
幽门前庭
幽门管
幽门部　胃下部变细的部分。

184

脏器图

用特殊颜色标识出讲解的脏器位于
身体的位置。
冠状面：从人体正面观察的位置。
水平面：从头顶向下观察的位置。

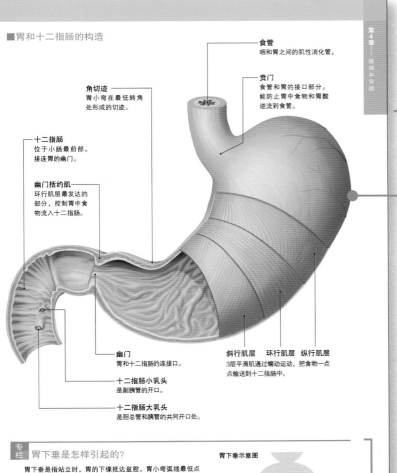

■胃和十二指肠的构造

食管
咽和胃之间的肌性消化管。

贲门
食管和胃的接口部分。
能防止胃中食物和胃酸
逆流到食管。

角切迹
胃小弯在最低转角
处形成的切迹。

十二指肠
位于小肠最前部。
接连胃的幽门。

幽门括约肌
环行肌层最发达的
部分，控制胃中食
物流入十二指肠。

幽门
胃和十二指肠的连接口。

十二指肠小乳头
是副胰管的开口。

十二指肠大乳头
是胆总管和胰管的共同开口处。

斜行肌层　环行肌层　纵行肌层
3层平滑肌通过蠕动运动，把食物一点
点输送到十二指肠中。

用不同颜色标识章节

用不同颜色标识不同章节，
便于查找检索。

精美的3D图画

为了让读者更好地理解
本书内容，本书配上了
大量清晰的3D图画。

专栏

介绍与当前小节内容
相关的各类小知识。

卷末复习笔记

本书最后还附上了空白的人
体骨骼、血管、脏器等人体
示意图。可以根据个人需求
灵活运用，以便更好地学习
本书内容。

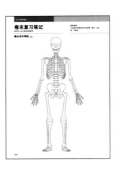

专栏　**胃下垂是怎样引起的？**

　　胃下垂是指站立时，胃的下缘抵达盆腔，胃小弯弧线最低点
降至髂嵴连线以下的状态。通过照X光线，如果发现角切迹进入到
骨盆内，则可诊断为胃下垂。
　　胃下垂是胃壁平滑肌的吊力低下引起的，多发生于消瘦的女
性身上。由于胃蠕动速度慢，会有胃腹胀以及食欲不振的感觉。但
如果没有痛感则不用治疗。可以通过腹肌运动或全身运动来调节。

胃下垂示意图

角切迹

骨盆

185

序

人体解剖的历史

人体解剖的历史

——写给学习解剖学的各位朋友

人类的身体结构到底是什么样的？为了弄清楚这个问题，人们从公元前就开始尝试客观地观察人体结构，于是渐渐形成了解剖学这门学科。每个历史时期，解剖学都会有新的发现，时至今日，解剖学仍在不断地发展之中。

下面我们一起回顾一下解剖学的发展历程，这有助于更好地认识解剖学。

1 认识人体——古代解剖学

■解剖学的开山鼻祖——"医学之父"希波克拉底

解剖学的起源可以追溯至古希腊。古希腊医师**希波克拉底**（Hippocrates，前460–前370）被称作"医学之父"，他与相关人士共同创作了《希波克拉底文集》。这本著作详细记录了人体的骨骼结构，并且粗略记载了内脏和大血管的相关信息。这些信息可能是通过解剖动物得出的。

一般认为，最早进行人体解剖的是埃及亚历山大里亚古城的**希罗菲卢斯**（Herophilus，前335–前280），他认为"大脑是神经系统的中枢"，他记录了大脑和小脑的相关信息。此外，他还区分了运动神经和感觉神经、动脉和静脉，并命名了前列腺和十二指肠。希罗菲卢斯的学生**埃拉西斯特拉图斯**（Erasistratus，前310–前250）进一步研究了血管生理学，并发现心脏中有瓣膜。

■对后世产生深远影响的盖伦

现存最古老的解剖学文献是古罗马医生**盖伦**（Galenus，129–216）创作的。盖伦致力于动物解剖，留下了多部解剖学著作。主要有论述身体构造及其作用的《身体各部位的作用》（共17卷）、演示人体解剖方法的《解剖技巧》（共15卷），此外还用希腊语写了很多与骨骼、肌肉、血管、神经相关的论文。盖伦的解剖学非常详细，论述翔实明确，非常受欢迎。

古罗马**禁止解剖人体**，因此盖伦解剖了各种动物，并申请解剖与人体结构相似的猴子，他以丰富的知识和清晰明了的理论阐述了医学文献，在罗马社会声名显赫，他的著作对后世也产生了深远的影响。

随着罗马帝国灭亡，盖伦在欧洲也渐渐被人们遗忘，但是他的著作被翻译成阿拉伯语传播至东方世界，促进波斯的**阿维森纳**（Avicenna，980–1037）创作了医学知识的百科全书《医典》。

进入12世纪后，欧洲开始复兴古代文化和学术。盖伦的各种医学文献相继被翻译成拉丁文，盖伦也被尊称为"医生之王"。

人体解剖始于14世纪以后的欧洲。意大利博洛尼亚大学的蒙迪诺（Mondino，1275–1326）基于自己实际解剖人体的经验，于1316年创作了《解剖学》。得益于16世纪活字印刷的盛行，盖伦的著作、全集相继出版，并被广泛传播。

图1 拉丁文的《盖伦全集》（1625）全5卷。

2 近代医学的起源——16世纪的解剖学

■亲自拿解剖刀解剖，留下集大成之作的维萨里

进入16世纪后，一部引发解剖学革命的著作诞生了，那就是**维萨里**（Vesalius.A，1514–1564）的《人体的构造》（1543）。维萨里出生于现在的比利时布鲁塞尔，是意大利帕多瓦大学的解剖学教授，他通过人体解剖向人们展示了之前的**权威书籍中没有但人体中真实存在的事物**。

在维萨里之前，解剖学者们并不亲自拿刀进行人体解剖，他们只是诠释读过的相关论著。但是维萨里不仅仅通晓盖伦的论著，而且还向人们展示自己**解剖人体**的过程。《人体的构造》的扉页上的图片——维萨里站在解剖台一侧，拿着解剖刀进行人体解剖——正说明了这一点。

《人体的构造》共700多页，是一部鸿篇巨著。整部书分为7卷，涉及骨骼、肌肉、血管、神经、腹部内脏、胸部内脏、头部器官等方面。精准且具有艺术性的解剖图极具吸引力，产生了很大影响。尤其是第1卷的3张"骨骼人"图、第2卷的14张"肌肉人"图，都给读者很大震撼。维萨里自出版了《人体的构造》后，便辞去了大学教授的职务，成为神圣罗马教皇查理五世的宫廷御医，从此再也没有重新回归学术研究的世界。

《人体的构造》中的解剖图是在当时高度发达

图2 维萨里《人体的构造》的扉页。站在中央解剖台一侧的维萨里正在亲自拿着解剖刀进行解剖。

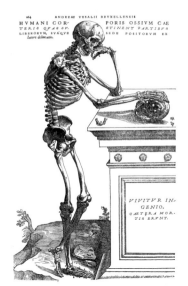

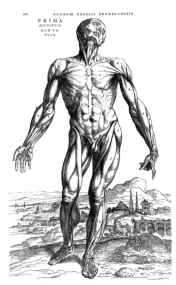

图3 维萨里的著作《人体的构造》中的骨骼人。这个骨骼人一只手放在桌子上的头骨上，摆着沉思的姿势，给人留下深刻的印象。

图4 维萨里的著作《人体的构造》中的肌肉人。在田园牧歌般的背景下站着一个肌肉人，可以很清晰地看到他身上最表层的肌肉。

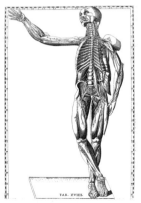

图5 欧斯泰几画的脊椎神经解剖图。这幅铜版解剖图虽然很详细，但制作很粗劣。四周的框架是为了表示位置而设的坐标。

的木版画技术的驱使下诞生的杰作。这些木版画一直保存至20世纪初期，并运用到了1934年印刷出版的解剖图集《〈旧约·圣经〉插画》中，但由于第二次世界大战中的慕尼黑空袭，这些木版画都遗憾地被烧毁了。

16世纪时，铜版画已经出现，但技术还尚未成熟。不久之后，意大利的**欧斯泰几**（Eustach, 1500〔10〕–1574）将维萨里的解剖图制作成了大量铜版画。但是直到欧斯泰几身亡，这些铜版画都没有出版，而是被掩埋了，直到18世纪才被发掘出土，在1714年正式出版。欧斯泰几的解剖图充分利用了铜版画的特征，详细正确地展现了人体的各个部分，但是表现并不清晰，与《人体的构造》中的图相比，这些铜版画解剖图非常粗劣。

3 人体的探究——17-18世纪的解剖学

■哈维的血液循环学说击败了盖伦的体液学说

继维萨里之后，人体解剖及动物解剖变得十分盛行，并取得了各种各样的新发现。意大利帕多瓦大学的**法布里邱**（Fabrizio, 1533–1619）详细研究了动物，发现了静脉瓣，并接收了从欧洲各国前来求学的学生。其中一名英国学生**威廉·哈维**（William Harvey, 1578–1657）发展了法布里邱的研究，推导出了**血液循环原理**。

在哈维以前，虽说学者们观察了心脏、动脉、静脉，但是并没有研究血液循环。维萨里进行了详细的人体解剖，但是也同样遵循了盖伦的体液学说，认为静脉、动脉、神经是分布在全身的体液的运输管道。哈维将这一学说巧妙地与解剖学联系起来，他认为："静脉血液在肠道吸收营养的基础上，在肝脏中产生，然后通过静脉输送至全身；动脉血液在静脉血和肺部吸入氧气的基础上，在心脏右侧产生，然后通过动脉输送至全身；神经液在动脉血和鼻子吸入氧气的基础上，在脑内血管网产生，然后通过脑室相关神经输送至全身。"

哈维在观察动物解剖和静脉瓣的基础上，通过细致观察，论证了全身血液循环的原理，否定了盖伦学说中的核心部分，盖伦学说的权威性瞬间崩塌。

■发现淋巴管及各种分泌腺

在17世纪，解剖学的研究异常活跃，人体构造和机能的研究都有了各种新的发现。意大利的**阿塞利**（Aselli, 1581–1625）在肠系膜中发现了淋巴管，并于1627年公布于世。英国的**格利森**（Glisson, 1597–1677）详细解剖了肝脏，并发表了《肝脏解剖学》（1654），肝小叶周边的结缔组织就以他的名字命名（**格利森氏囊**）。英国的**威利斯**（Willis, 1621–1675）研究了脑部构造，创作了《脑部解剖学》（1664），脑底部的大脑动脉环就以他的名字命名（**威利斯环**）。意大利的**马尔比基**（Malpighi, 1628–1694）使用显微镜观察各类脏器，发现了**毛细血管**（1661）和肾脏中的**肾小球**（1666）。

内脏领域的肉质构造称作"腺"，它的作用之前尚不明确。但是17世纪到18世纪，解剖学家在胰脏和唾液腺中发现了腺管，于是确认了**腺是分泌液体的脏器**。1642年，**维尔松**（Wilson）发现了胰腺；1656年，**沃顿**（Wharton）发现了下颌腺；1662年，**斯滕森**（Steno）发现了腮腺。接着，各种新的腺体依次被发现。前庭大腺是**卡斯帕·巴多林二世**（Caspar Bartholin Ⅱ）于1677年发现的；十二指肠腺是**布鲁纳**（Brunner）于1687年发现的；肠腺是**马尔比基**（Malpighi）于1688年发现的；尿道球腺是**考珀**（Cowper）于1697年发现的。

■哈夫的人体生理机能论

进入18世纪，论述人体构造的解剖学和论述人体机能的生理学开始分离，成为两门学科。荷兰莱顿大学的医学教授**布尔哈夫**（Boerhaave, 1668–1738）驰名海内外，欧洲各国的学生慕名前来学习医学。布尔哈夫的《医学教程》（1708）是一本非常有影响力的高级医学教科书，其主要部分的"生理学"废弃了思辨原理，涉及消化吸收、循环呼吸、脑、内脏、肌肉、感觉、生殖等具体生理机能，个体器官生理学从此正式宣告成立。**哈勒**（Haller, 1708–1777）是布尔哈夫的学生，任德国哥廷根大学教授，著有《生理学入门》（1747）和《人体生理学原理》（全8卷，1757–1766），建立了人体生理学基础。**温斯洛**（Winslow, 1669–1760）是巴黎皇家植物园的解剖学教授，其著作《人体构造解剖学的演示》（1732）对人体机能进行了科学的说明，排除了推论，建立了通过解剖以观察人体构造的科学解剖学。

■《解体新书》的登场

18世纪，出现了面向初学者编著的简明解剖学书。其中广受好评的是英国**切斯德伦**（Chesselden）和德国**约翰·亚当·库鲁姆斯**

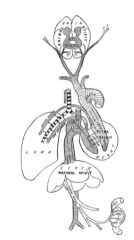

图6 盖伦学说的概念图。图中标示了始于肝脏的静脉，和始于心脏的动脉。

图7 格利森在《肝脏解剖学》的肝脏解剖图中，详细描绘了肝脏内部的胆管以及肝静脉。

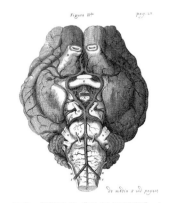

图8 威利斯的《脑部解剖学》中大脑底部的解剖图。描绘了脑底部颈内动脉和椎动脉连接形成的动脉环。

图9 切斯德伦的《人体解剖学》中的肌肉解剖图，大小为21cm×13cm。出版版次不同，内容有一定修改，第八版内容要比第一版多20%。

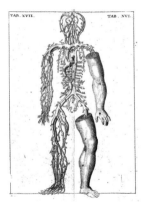

图10 约翰·亚当·库鲁姆斯的《解剖学表》中的心脏解剖图，大小为18cm×11cm。本书分条撰写摘要和解说部分，概述精炼，易于理解。

（Johann Adam Kulmus）编著的解剖学书，他们的书被多次出版，并被翻译成多国语言。

切斯德伦（1688–1752）是一位医术高明的外科医师，他在伦敦开设教授解剖学的讲座，并出版了英文版的《人体解剖学》（1713）。《人体解剖学》分为4卷，各卷末都附有简单的解剖图，对运动器官的研究较为深入，是一部有助于外科发展的解剖学著作，后来还出版了德语版。

库鲁姆斯（1689–1745）曾任德国但泽高级中学老师，出版了德语版的《解剖学表》（1722），后来被多次出版发行，并被翻译成拉丁文、荷兰语、法语。尤其是荷兰语版本于江户时代传入锁国体制下的日本，前野良泽和杉田玄白将其翻译成非常有名的日文版《解体新书》（1774）。

4 实验室医学的发展——19世纪的解剖学

■改变医学和生物学的"细胞"构想

进入19世纪以后，医学界发生了天翻地覆的变化，随之解剖学也发生了很大变化。显微镜运用到解剖学研究，是引起变化的重要推动力。

直到18世纪，医学技术与以前并没有多大变化，仍然认为生病是由于体液平衡失调造成的，需要通过提高身体自然治愈能力的食疗和运动等方式进行治疗。这个时候的医疗都是将医生叫到患者家里看病，这叫作**病床医学**（bedside medicine）。

从18世纪末开始，欧洲各国开始建造大型医院，患者要去医院看病，病理解剖因此盛行。这时医生开始关注脏器的变化，认为**生病是由于脏器异常引起的**。这个时期的医疗叫作**医院医学**（hospital medicine）。

从19世纪中叶起，以德国为中心开始盛行实验室研究，根据研究结果诊断病情、实施治疗。认为**生病是由于细胞、化学物质异常引起的**，这一时期的医疗叫作**实验医学**（laboratory medicine）。

■细胞学的创始者科立克

17世纪，**罗伯特·胡克**（Robert Hooke, 1635–1703）用早期的显微镜观察到了"细胞"。但是，直到19世纪初期，人们都认为植物和动物身体里的细胞，就是用肉眼能看到的液泡状的东西。**施莱登**（Schleiden, 1804–1881）于1838年提出细胞是植物的基本构成单位，**施万**（Schwann, 1810–1882）于1839年提出细胞是动物的基本构成单位，二人认为**细胞是生命的构成单位**，这就是所谓的"细胞说"。二人还提出"细胞是不断增加的、受精卵也是细胞，因此植物和动物的身体是由细胞构成的"主张。但是，他们对于细胞繁殖的机理尚不明确，通过之后的研究才最终渐渐明朗。

构成人体器官的结构叫作组织，研究细胞构成组织的学科就是组织学，它是解剖学的研究领域之一。**科立克**（Kolliker，1817–1905）的《人体组织学提要》（1852）被认为是最早一部系统论述组织学的著作。**菲尔绍**（Virchow，1821–1902）主张生病就是因为细胞异常造成的，并且出版了专著《细胞病理学》（1858）。

■达尔文的进化论改变了胚胎学

对19世纪的医学、生物学产生深远影响的另一个理论，就是进化论。从18世纪末期开始，就有"生物是进化而来的"构想。真正用科学方法证明这一构想、并让世人认可的是英国的**达尔文**（Darwin，1809–1882）写的《物种起源》。当时社会就是否接受进化论这一问题，产生了巨大的争议，这也给医学界产生了重大影响。

19世纪初期，研究人体个体发育的胚胎学异常活跃。德国的**贝尔**（Bell，1792–1876）论述了胚叶形成等个体发育的主要过程，他是比较胚胎学的创始人。胚胎学也受到进化论很大影响，人们越来越关注个体的发育与进化的关系。德国的**海克尔**（E.Haeckel，1834–1919）提出了影响深远的"生物发生律"理论，那就是**"个体发育是系统发育简短而迅速的重演"**。

Fig. 363.

图11 科立克的《人体组织学提要》中的肾小球和肾小管的解剖图，大小为24cm×16cm，木版画插图。

最终，在细胞学说和进化论的背景下，医学家们编著了许多成体系的解剖学书：德国的**汉勒**（Henle，1809–1885）在《人体系统解剖学提要》（全3卷，1855–1872）中提出将人体器官分开的系统解剖学；德国的**格根包尔**（Gegenbau，1826–1903）编著了重视胚胎学的《人体解剖学教科书》（1883）；英国的**格雷**（Gray，1825–1861）编著的重视外科应用的《格雷氏解剖学：描述与外科》（1858），获得极高评价，直到现在仍被修订出版；法国的**迪斯修**（Testu，1849–1925）编写了《人体解剖学概论》全3卷（1889–1892），因视野广阔、内容全面，获得了极高的评价。

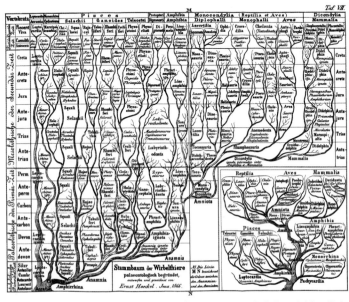

图12 海克尔的《生物体的一般形态学》中脊椎动物的进化系统树。基本的表示原理就是一个种子进化成多个种子。

5 解剖图的发展

■解剖图由粗到细的发展过程

维萨里的《人体的构造》（1543）中的解剖图是木版画。当时的解剖书，例如法国的**艾蒂安**（Estienne，1505-1564）的《人体各部分解剖》（1545）等都是**木版画**解剖图。之后开始使用**铜版画**制作解剖图，从17世纪到18世纪，解剖学中使用的解剖图主要是铜版画。

维萨里的《人体的构造》里的解剖图产生了深远影响，17世纪之前，解剖学书大多都临摹《人体的构造》的解剖图。**巴尔韦德**（Valverde，1520-1588）的《人体构造志》（1556）、**鲍欣**（Bauhin，1560-1624）的《解剖剧场》（1605）等颇受欢迎的解剖学书，都使用了《人体的构造》中的解剖图。到了17世纪，医学家们才渐渐脱离《人体的构造》的影响，开始独自制作解剖图。

卡塞（Casserius，1552-1616）师从法布里邱，在意大利帕多瓦大学教授解剖学。他创作了大量铜版解剖图，收录于其逝世后出版的《解剖学图谱》（1627）中。他将裸体人物伫立于风景中，并摆出各种姿势，像极了寓言故事中的插图，充满创意。

彼得罗（Bidloo，1649-1713）取得医学学位后，在荷兰阿姆斯特丹独自创业，后因出版了《105张人体解剖学图》（1685）而名声大震，随后成为荷兰莱顿大学教授。彼得罗的解剖图详细记录了人体解剖的场面，用多种粗线条展现皮肤、肌肉、内脏等不同的质感，极具震撼力。彼得罗的解剖图能让解剖图与观看者置于同一个空间和时间中，每一幅解剖图都是在特定时间、特定地点描绘的特定人物的解剖。

阿尔比努斯（Albinus，1697-1770）是布尔哈夫和彼得罗的弟子，是荷兰莱顿大学的解剖学教授，1747年出版了《人体骨骼肌肉图》。这本书从各个侧面展现了"骨骼人"和不同解剖阶段的"肌肉人"。阿尔比努斯的"骨骼人"和"肌肉人"比彼得罗的更加精美细腻，但是缺乏震撼力和现实感。因为阿尔比努斯展现的并不是解剖现场的现实感，而是超时空的普遍的、理想的人体。

■实现图文并茂的新技术——木口木刻

进入19世纪后，一种叫作**石版画**的版画技术取代了铜版画。铜版画擅长细腻线条的表现，而石版画擅长细腻的多层次表现，适合彩色印刷。其中石版画的代表作品有**科罗凯**（Croquer，1790-1883）的《人体解剖学》（全5卷，1821-1831）、**布尔**（Bull，1797-1869）的《人体解剖学

图13 卡塞的《解剖学图谱》中腹壁肌肉的解剖图。该书中收录的解剖图中，男女老少摆出不同的姿势。

图14 彼得罗的《105张人体解剖学图》中腹部内脏的解剖图，大小为51cm×35cm。随着铜版画技术的提高，人体解剖图日渐逼真。

全提要》（全16卷，1832–1854）、**库尔**（Kuein，1796–1865）和**威尔逊**（Wilson，1809–1884）共同创作的《解剖学图谱集》（1842）。

　　18世纪中叶到19世纪前半期，解剖图从以叙述为主的解剖学教科书中消失了，到了1840年左右又重新出现在教科书中。这与一种叫作**木口木刻**的印刷技术的出现有着重大联系。在之前的解剖学中被广泛运用的铜版画和石版画，无法将文字和解剖图印刷在同一页纸上。木口木刻虽说表现力不够细腻，但是可以将文字、解剖图印刷在同一页面上，实现了图文混排。之后的解剖学书籍大多都采用了图文混排的形式。

图15 阿尔比努斯的《人体骨骼肌肉图》中"肌肉人"的解剖图，大小为70cm×50cm。背景石头上雕刻着文字为：阿尔比努斯、人体肌肉图。

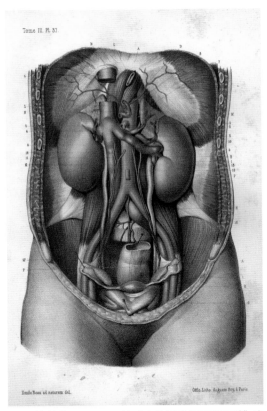

图16 波纳米（Bonami）的《人体记述解剖学图谱》中，胸腹部内脏的解剖图，就是用石版画展现柔和且鲜艳的色调。

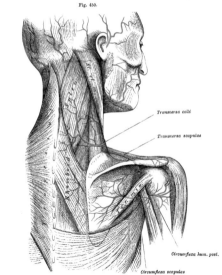

图17 格根包尔的《人体解剖学教科书》中颈部动脉的解剖图和文字解释。

6 日本的解剖学

■让西洋医学界刮目相看的杉田玄白和前野良泽

直至江户时代（1603-1867），日本国内一直盛行源于中国的中医学说，因此对人体内部构造的认识停留在**五脏六腑**（五脏指的是心、肝、脾、肺、肾；六腑指的是胃、大肠、小肠、胆、膀胱、三焦。三焦是中医独有的概念，指的是脏器之间的空隙部分，分为上焦、中焦、下焦3个部分）。

日本最早的、较为正式的人体解剖于1754年在京都举行。**山胁东洋**（1705-1762）在《藏志》（1759）中描述了观察的结果。《藏志》收录了4张解剖图，因为解剖使用的尸体是斩首后的犯人，因此没有描画头部。从此之后，日本涌现出很多解剖死刑犯尸体的人，也为后人留下了许多解剖图。

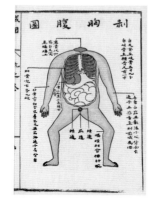

图18 山胁东洋的《藏志》中胸腹部内脏的解剖图。他在著作中阐述了气管是在食管之前的，这一新发现是古代学说中未曾提及过的，但是他并没有区分开大肠和小肠。

对日本医学产生较大影响的是《解体新书》（1774）。《解体新书》是**前野良泽**（1723-1803）和**杉田玄白**（1733-1817）共同创作的，内容主要是翻译了约翰·亚当·库鲁姆斯（Johann Adam Kulmus）编写的荷兰语的《解剖学表》。二人于1771年学习解剖时，发现《解剖学表》与实际的解剖是一致的，非常认同这本书，于是决定翻译成日文。杉田玄白曾在《兰学起源》中回忆："在没有词典的情况下，艰难地翻译了这部巨著。"之后，有关描写西洋医学概要的译著和著作相继问世，从此西洋医学开始在锁国体制下的日本传播。

日本最初系统教授西洋医学的是荷兰人**庞贝**（1829-1908），他受江户幕府的邀请，于1857年来到长崎，进行了为期5年的医学指导。为了更好地贯彻医学教育，庞贝**结合人体解剖讲解医学理论**。但日本传统观念认为解剖尸体是大不敬的行为，因此庞贝的医学教育也受到一些阻碍。据史料记载，跟随庞贝学习的弟子只有135人，其中很多人在明治时期从事医学教育和医疗行政工作。

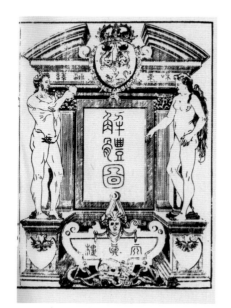

图19 杉田玄白翻译的《解体新书》的扉页。这本书除了逐一翻译了约翰·亚当·库鲁姆斯的《解剖学表》中的解剖图，还添加了其他医学书中的解剖图。

■政府主导的人体解剖活动开始兴起

明治政府为了全面引进西洋医学，设立了医学教育机构（现在的东京大学医学部）。这所医学院于1869年解剖了一名因疾病逝世的女人美几，这次解剖是得到美几生前同意的。

以这次解剖为契机，政府开始批准医学教育部门进行人体解剖。从此之后，日本开始了以医学教育为目的的人体解剖活动。

明治政府还雇用德国教师在东京大学医学部从事高

等医学教育。随着以德国医学书籍为基础编著的解剖学教科书的完成，以及留德归来的日本人担任大学教授，**日本逐渐确立了德国派医学**。1887年毕业于东京大学的医生开始担任全国医学院的教师，从此德国派医学在日本全国得到推广。

图20曾经的东京医学校主楼与正门。拍摄于1879年。如今，此处在理科部附属植物园（小石川植物园）内，属于东京大学综合研究博物馆小石川分馆。

■支持医学教育的遗体捐献制度的发展

从明治时期到第二次世界大战前夕，日本医学教育部门解剖的尸体，大都是没有亲戚的病死者。战后的1949年（昭和24年），日本制定了《尸体解剖保管法》，从此以后，**日本的人体解剖有了法律可依**。大学是收集遗体的主力，自1955年（昭和30年）起，出现了自愿死后捐献遗体用作医学教育的慈善家，这样大学就逐渐建立了遗体捐献机构。日本各地方的遗体捐献机构与大学合作，于1971年（昭和46年）建立了全日本慈善解剖联合会，随后推广了遗体捐献运动。其中的重要成果就是1982年（昭和57年）文部大臣（现文部科学大臣）向遗体捐献者颁赠感谢信。1983年（昭和58年），日本颁布了《遗体捐献法》，使遗体捐献行为受到法律保护。

以此为契机，日本捐献遗体的注册人员逐渐增加，现在**解剖所用人体全部是捐献的遗体**。世界其他国家也有遗体捐献制度，但日本从古代起就有"死者为大"的观念，因此想要捐献遗体的人必须拥有坚强的意志才行。

解剖学需要通过实际观察人体才能进行充分的研究，因此每一位学习解剖学的学者，都应该怀揣着对无私捐献遗体的志愿者们表示感谢的心情学习解剖。

图21 日本文部科学大臣颁发给捐献遗体者的感谢信。

第1章

总论

人体的分区

人体表面因不同的骨骼和肌肉而呈现凹凸起伏。
我们根据这些凹凸起伏将人体划分为几个区域，并分别进行命名。
人体内容纳各内脏器官的空间叫体腔。

头颈部各部位的名称⇨P98
胸部各部位的名称⇨P150
腹部、背部各部位的名称⇨P172、173
上肢各部位的名称⇨P220
下肢各部位的名称⇨P228

■人体表面的分区

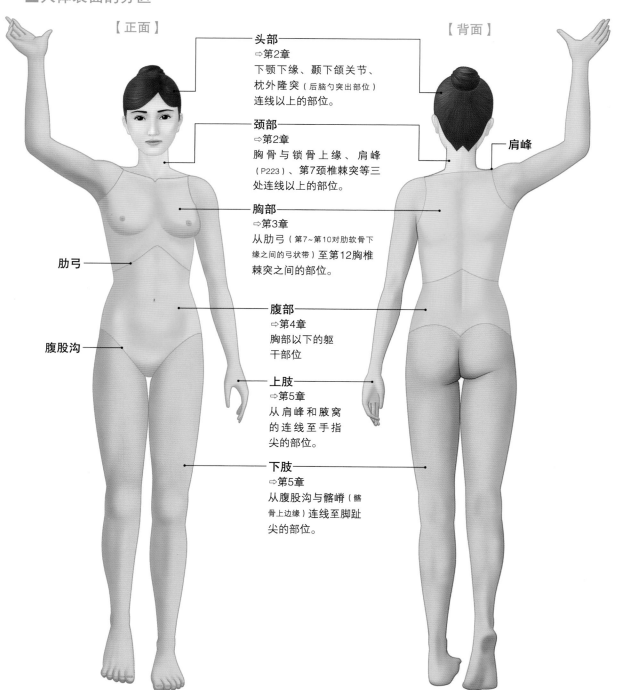

【正面】　【背面】

头部
⇨第2章
下颚下缘、颞下颌关节、枕外隆突（后脑勺突出部位）连线以上的部位。

颈部
⇨第2章
胸骨与锁骨上缘、肩峰（P223）、第7颈椎棘突等三处连线以上的部位。

肩峰

胸部
⇨第3章
从肋弓（第7~第10对肋软骨下缘之间的弓状带）至第12胸椎棘突之间的部位。

肋弓

腹部
⇨第4章
胸部以下的躯干部位

腹股沟

上肢
⇨第5章
从肩峰和腋窝的连线至手指尖的部位。

下肢
⇨第5章
从腹股沟与髂嵴（髂骨上边缘）连线至脚趾尖的部位。

人体表面的划分

如同我们的国土被分成不同地区一样，人体也有不同的分区，而且每个分区都有对应的名称。观察人体你会发现，因不同的骨骼和肌肉的影响，人体表面既有隆起也有凹陷。我们就根据这些隆起和凹陷来对人体进行分区。

人体大致可分为**头颈部**、**躯干**和**四肢**。头颈部又分为**头部**和**颈部**；躯干又分为**胸部**和**腹部**；四肢则分为**上肢**和**下肢**。

这几个部位还可以进一步细分。

人体内部的体腔

人体内有着各种各样的脏器，将这些脏器摘除后，就剩下体腔了。容纳脑部的叫**颅腔**、容纳脊髓的叫作**椎管**、容纳肺和心脏的叫**胸腔**、容纳肝脏、胃、小肠、大肠的叫作**腹腔**。

颅腔和椎管通过**枕骨大孔**（后脑勺下方的开孔）相连，胸腔和腹腔以**膈**为界。腹腔向下止于骨盆内，被小骨盆（P176）包围的腔体叫作**盆腔**。

■人体体腔

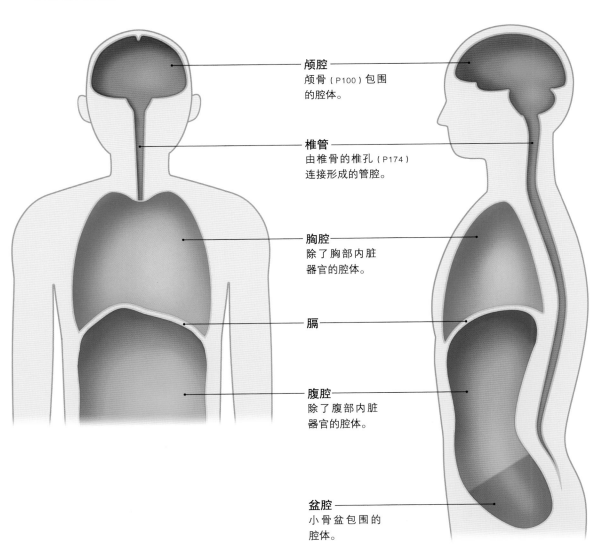

颅腔 颅骨（P100）包围的腔体。

椎管 由椎骨的椎孔（P174）连接形成的管腔。

胸腔 除了胸部内脏器官的腔体。

膈

腹腔 除了腹部内脏器官的腔体。

盆腔 小骨盆包围的腔体。

表示剖面和方位的术语

展示人体内部构造的剖面图有3个基准面。另外，还有相应的术语描述
两个部位的位置关系。这些术语是根据解剖学的标准制定的。

■表示人体剖面的术语

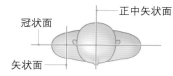

冠状面
正中矢状面
矢状面

垂直于地面，将人体分为左右两部
分的，称为矢状面；将人体分为前
后两部分的，称为冠状面。

【 正中矢状面 】

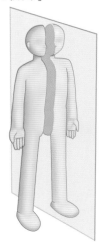

贯穿人体中心，将人体
分为对等的左右两部分
的剖面。

【 矢状面 】

平行于正中矢状面的剖面。

【 冠状面 】

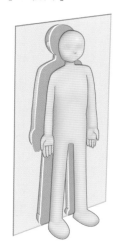
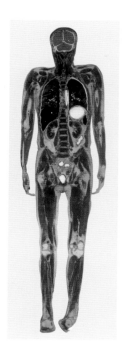

贯穿人体左右，将人体分
为前后两部分的剖面。

【 水平面 】

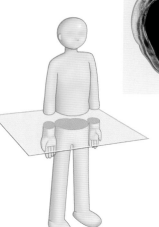
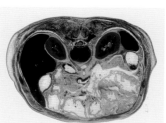

腹部的剖面图。

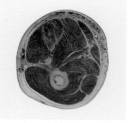

与地面平行的剖面。

大腿的剖面图。

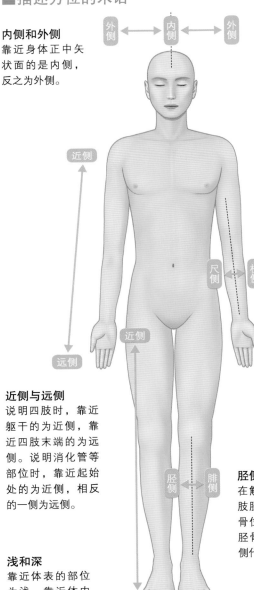

三维剖面

为了更好地展示人体构造，解剖学需要不同方向的剖面图。根据剖切方向的不同，剖面图可以分为三种：

水平面（平行于地面）、**矢状面**（将人体分为左右两部分）、**冠状面**（将人体分为前后两部分）。三者对应的剖切方向是**水平剖切**、**矢状剖切**和**冠状剖切**。

人体的方位

解剖学中，为了说明人体两个部位的位置关系，会用到成对的专业术语。这些专业术语是以人体中心线（中心面）为基准制定的。在描述方向术语时，人体必须采用标准姿势，即**解剖学姿势**：身体直立，上肢下垂于躯干两侧，手掌朝向前方，足跟略微分离，双腿稍稍分开，足尖朝向前方。

■描述方位的术语

外侧　内侧　外侧

腹侧　背侧

头侧

尾侧

近侧

远侧

近侧

尺侧　桡侧

胫侧　腓侧

远侧

掌侧　背侧

背侧

底侧

内侧和外侧
靠近身体正中矢状面的是内侧，反之为外侧。

头侧与尾侧
专指头颈部与躯干部，靠近头的一方为头侧，反之为尾侧。

腹侧与背侧
用来描述身体前后方向，前面为腹侧，后面为背侧。

桡侧与尺侧
在解剖学姿势时，上肢桡骨位于外侧，尺骨位于内侧，故可用尺侧代替内侧，用桡侧代替外侧。

近侧与远侧
说明四肢时，靠近躯干的为近侧，靠近四肢末端的为远侧。说明消化管等部位时，靠近起始处的为近侧，相反的一侧为远侧。

胫侧与腓侧
在解剖学姿势时，下肢胫骨位于内侧，腓骨位于外侧，故可用胫骨代替内侧，用腓侧代替外侧。

掌侧与背侧
描述手掌部位时，手掌一方为掌侧，手背一方为背侧。

浅和深
靠近体表的部位为浅，靠近体内的部位为深。

底侧与背侧
描述足部时，足底一方叫作底侧，足背一方叫作背侧。

人体的骨骼——①

人体之所以能够保持一定的体格外形，是因为骨骼贯穿全身。人体内，共有大大小小的骨骼200多块。

人体的骨骼系统

人体内的骨头多种多样，比如长管骨、块状骨、扁状骨，甚至还有内含空气的含气骨等。这些骨头形状各异，功能不同。有的骨头紧密相连且不能活动，有的虽能活动但不能分离，这一系列骨头共同组成了人体的骨骼系统。

躯干与四肢的骨

人体大致可分为**躯干**和**四肢**两部分。躯干中有一根骨骼叫**脊柱**，它是身体的支柱。但脊柱并不在身体的正中心，而是在背侧。人体躯干内有很多内脏器官，构成躯干的骨头形成了容纳这些内脏器官的框架，框架之间填充着肌肉，这样便形成了一个完整的容器。

另一方面，四肢分为**上肢**和**下肢**。上肢和下肢内有像中轴一样的骨骼，周围附着了肌肉。骨骼与骨骼之间相互连接，肌肉一收缩，相应的骨骼就能活动，这样上肢和下肢就可以运动了。

■骨骼的形状和区别

长骨（管状骨）
主要存在于四肢，为细长的管状，形似木棒。包括肱骨、股骨等。

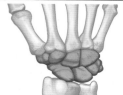

短骨
形似石子的块状骨头。包括腕骨等。跗骨、椎骨等形状复杂的骨骼也属于短骨。

扁骨
形状扁平的板状骨，大多带有弯曲。包括肩胛骨、构成头盖的顶骨等。

含气骨
顾名思义，具有能进空气的腔形骨。例如带有上颌窦的上颌骨等。

简明图解 躯干和四肢

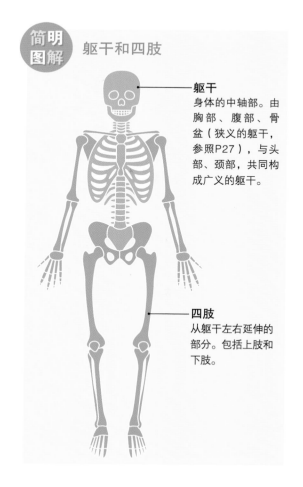

躯干
身体的中轴部。由胸部、腹部、骨盆（狭义的躯干，参照P27），与头部、颈部，共同构成广义的躯干。

四肢
从躯干左右延伸的部分。包括上肢和下肢。

■ 人体的骨骼（正面）

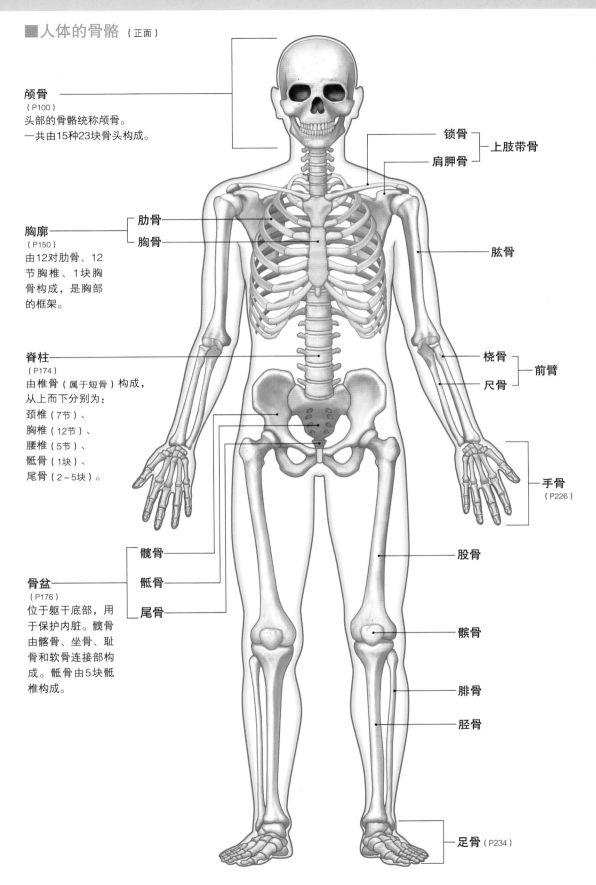

颅骨
（P100）
头部的骨骼统称颅骨。
一共由15种23块骨头构成。

胸廓
（P150）
由12对肋骨、12
节胸椎、1块胸
骨构成，是胸部
的框架。

脊柱
（P174）
由椎骨（属于短骨）构成，
从上而下分别为：
颈椎（7节）、
胸椎（12节）、
腰椎（5节）、
骶骨（1块）、
尾骨（2~5块）。

骨盆
（P176）
位于躯干底部，用
于保护内脏。髋骨
由髂骨、坐骨、耻
骨和软骨连接部构
成。骶骨由5块骶
椎构成。

锁骨
肩胛骨
上肢带骨

肋骨
胸骨

肱骨

桡骨
尺骨
前臂

手骨
（P226）

髋骨
骶骨
尾骨

股骨

髌骨

腓骨

胫骨

足骨（P234）

人体的骨骼——②

不同的部位，其骨骼作用也不相同。
头颈部和躯干的骨骼构成了容纳内脏的容器，
四肢骨构成了运动的轴。

骨骼的分类

人体的骨骼可以分成**颅骨**、**脊柱**、**上肢骨**、**下肢骨**等几种。脊柱与肋骨共同构成了胸廓，脊柱下侧的骶骨与髋骨共同构成了骨盆。

头部的骨统称为**颅骨**，颅骨既是脑的容器，又是眼、鼻、口等面部结构的基底。

脊柱是由多条名叫**椎骨**的短骨（P30）连接而成的，其中颈部的是**颈椎**，胸部的是**胸椎**，腰部的是**腰椎**、**骶骨**和**尾骨**。12块胸椎、左右的12对**肋骨**，以及前方的一块**胸骨**构成了胸廓。

人体躯干底部有一个像水桶一样的**骨盆**。骨盆由**骶骨**、**尾骨**、**髋骨**构成。**髋骨**由**髂骨**、**坐骨**、**耻骨**以及它们之间的软骨构成。

上肢带骨连接了躯干与上肢，包括**锁骨**和**肩胛骨**两部分。从**肱骨**到**手骨**之间的骨叫作**自由上肢骨**。

与上肢类似，**下肢带骨**连接了躯干和下肢。髋骨即为下肢带骨，是骨盆的构成之一。**股骨**与髋骨相连，从股骨到足骨之间的骨叫作**自由下肢骨**。

■人体骨骼的功能

支撑功能

骨骼构成了人体的骨架和支柱，人体通过肌肉收缩实现运动。

保护功能

骨骼能保护柔软的脑和内脏，抵御来自外部的冲击。

贮存功能

成人体内，钙含量约占到体重的1.5%（体重60kg的成年人，钙含量约0.9kg），99%的钙贮存在骨骼中。

造血功能（P35）

骨骼内的红骨髓可以制造红细胞、白细胞和血小板等血液细胞。

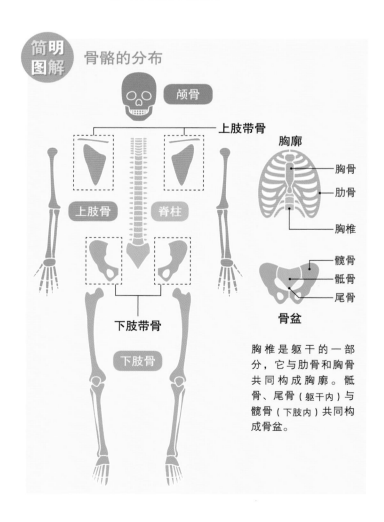

简明图解 骨骼的分布

颅骨

上肢带骨

上肢骨　脊柱

下肢带骨

下肢骨

胸廓

胸骨

肋骨

胸椎

髋骨

骶骨

尾骨

骨盆

胸椎是躯干的一部分，它与肋骨和胸骨共同构成胸廓。骶骨、尾骨（躯干内）与髋骨（下肢内）共同构成骨盆。

■人体的骨骼（背面）

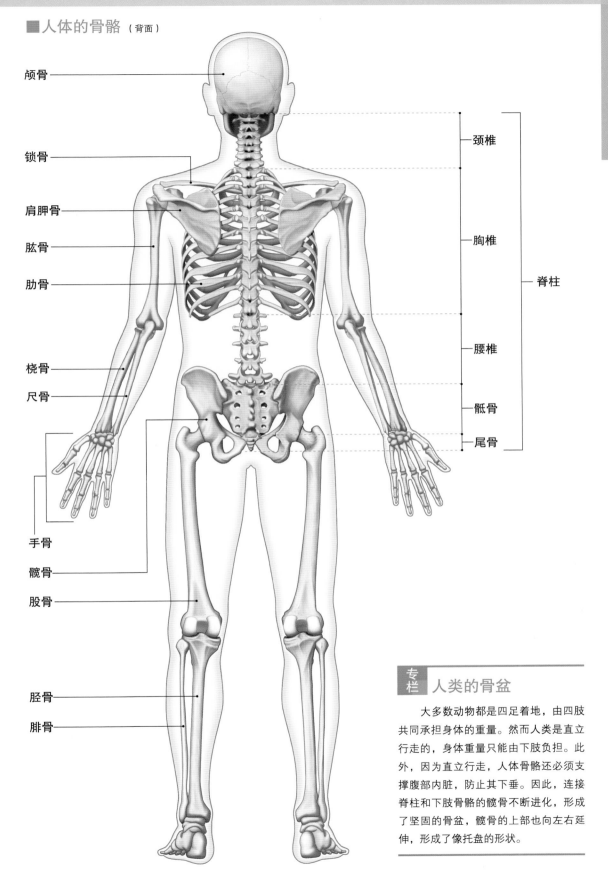

颓骨

锁骨

肩胛骨

肱骨

肋骨

桡骨

尺骨

手骨

髋骨

股骨

胫骨

腓骨

颈椎

胸椎

腰椎

骶骨

尾骨

脊柱

专栏 人类的骨盆

　　大多数动物都是四足着地，由四肢共同承担身体的重量。然而人类是直立行走的，身体重量只能由下肢负担。此外，因为直立行走，人体骨骼还必须支撑腹部内脏，防止其下垂。因此，连接脊柱和下肢骨骼的髋骨不断进化，形成了坚固的骨盆，髋骨的上部也向左右延伸，形成了像托盘的形状。

骨骼的构造

骨的外侧有骨膜包裹，骨的内部骨质分为骨密质和骨松质。
骨中心有一个名为髓腔的空洞，里边填充着骨髓。

人体的骨骼①⇨P30
人体的骨骼②⇨P32
骨组织、软骨组织⇨P241

骨密质和骨松质

　　骨质可分为**骨密质**和**骨松质**。骨密质是由层状**骨板**构成的坚硬的组织；骨松质则是由海绵状的**骨小梁**构成的。

　　长骨的中央部位称为**骨干**，两端称为**骨骺**。骨干外侧由骨密质构成（骨皮质），内侧有**骨髓腔**。骨密质的内腔壁上有少量骨松质。骨骺的外侧也有薄薄的一层骨密质，内部几乎都是骨松质。骨髓腔和骨松质内含有**骨髓**。

骨骺线

　　骨干和骨骺中间，有称为**骨骺线**的骨组织。人在青年之前，这部分为软骨组织，因此叫作**骨骺软骨**。骨骼随着骨骺软骨不断骨化而生长。骨骺软骨完全骨化后就变成了骨骺线，骨也会停止生长。

骨板

　　骨密质基本由层状构造的**骨板**构成。以**哈弗氏管**（Haversian canal）为中心，周围包裹着年轮状的骨板（**哈弗氏骨板**），它们合称 🡲

专栏 软骨的结构

　　软骨跟骨骼很像，也是偏白色的硬块，但是与白色骨骼相比较，它是半透明的。骨骼较硬而且不易变形；软骨虽然硬，但是有弹性，稍加用力就会变形。这是因为所含的成分不同。骨骼是以胶原纤维为基础，磷酸和钙等无机物结晶沉淀而成的。软骨的基础成分同样也是胶原纤维，但它是由特殊碳水化合物——多糖—蛋白质复合物结合形成的蛋白质沉淀而成。软骨内有软骨细胞。与骨骼不同，软骨内没有血管。软骨多分布在耳道、鼻尖、气管内壁、关节骨与骨连接面等处。

■长骨的内部构造

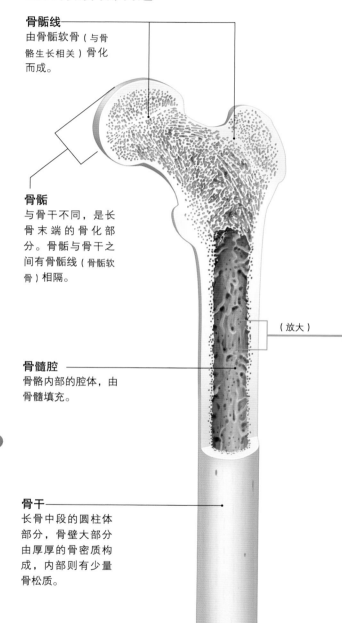

骨骺线
由骨骺软骨（与骨骼生长相关）骨化而成。

骨骺
与骨干不同，是长骨末端的骨化部分。骨骺与骨干之间有骨骺线（骨骺软骨）相隔。

（放大）

骨髓腔
骨骼内部的腔体，由骨髓填充。

骨干
长骨中段的圆柱体部分，骨壁大部分由厚厚的骨密质构成，内部则有少量骨松质。

为**骨单位（哈弗氏系统）**——构成骨骼的基本单位。哈弗氏管中间穿行着许多微小的血管，为骨板内的骨细胞提供养分。贯穿哈弗氏骨板，并与周边的哈弗氏管相连接的管叫**穿通管（福尔克曼氏管）**。哈弗氏骨板为圆柱形结构，在哈弗氏骨板之间有**骨间板**，这是由衰老残留的哈弗氏骨板构成的。

环状骨板

环状骨板是指环绕在骨密质内外两侧的骨板，它们独立于哈弗氏骨板之外，分别叫作**内环骨板**和**外环骨板**，都有**穿通管**通过。通过穿通管，骨骼内外的血管和神经进入骨密质，再分支进入哈弗氏管。

骨髓

骨骼内部的髓腔中充满了骨髓。骨髓是能制造血液细胞的造血组织，能够造血的骨髓颜色呈红色，叫作**红骨髓**。

但是，随着年龄的增长，骨髓造血功能会逐渐变弱，同时被脂肪组织所取代。这些变成脂肪组织的骨髓叫作**黄骨髓**。一大半长骨骨髓在青春期之后会变成黄骨髓，而胸骨、椎骨、髋骨等短骨与扁骨内的骨髓在成年之后仍为红骨髓。

■骨质结构

骨单位（哈弗氏系统）
构成骨密质的基本骨骼结构。中心为哈弗氏管，周围是年轮状的哈弗氏骨板。

骨板

血管

哈弗氏管
哈弗氏系统中心的哈弗氏管。内有血管通过。

骨间板

内环骨板

外环骨板

穿通管
（福尔克曼氏管）

骨松质
由骨小梁构成的海绵状骨组织。有的骨板中也含有比较大的骨小梁。

骨密质
由哈弗氏板等骨板构成的骨骼致密部分。

骨膜
包裹骨的致密结缔组织包膜。在有肌腱和韧带附着部位，有纤维状的蛋白质——胶原纤维渗入骨密质中。

■成人体内的红骨髓

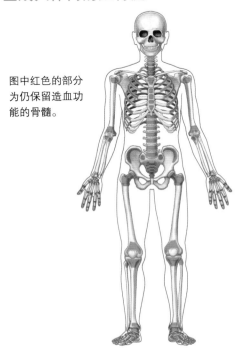

图中红色的部分为仍保留造血功能的骨髓。

关节的形态和奥秘

关节是骨与骨之间的连接点。
关节决定了骨骼的形状，同时也决定了它们的运动方向。

人体的骨骼①⇨P30
人体的骨骼②⇨P32
骨骼的构造⇨P34

骨骼的连接形式

人体骨与骨之间的连接，分为直接连接和间接连接。

不能活动或活动范围很小的骨连接，叫**直接连接**。根据连接组织的不同，直接连接可分为**纤维连接**（两骨之间由纤维结缔组织相连）、**软骨连接**（两骨之间由软骨组织相连）、**骨性结合**（两骨之间由骨组织相连，P241）。

能大范围活动的骨连接，叫**间接连接**。两骨之间有腔隙，并充满**滑液**，也称**滑膜关节**，或简称**关节**。

关节的结构

通常，组成关节的两骨一端是凸起的、另一端是凹陷的。凸起的一方叫**关节头**，凹陷的一方叫**关节窝**。关节面上有**关节软骨**（**透明软骨**）覆盖。关节被关节囊包围，关节囊内侧有**滑膜**保护，滑膜可以分泌滑液，将关节囊充满。由两块骨组成的关节称为**单关节**，由三块或更多的骨组成的关节称为**复合关节**。

关节的形状和运动

关节头的形状决定关节的运动，把关节分为不同的种类：关节头为球形的叫**球窝关节**，最为灵活。关节头为椭圆形的叫**椭圆关节**，鞍状的叫**鞍状关节**，灵活性次之。关节头为横向圆柱形的叫**屈戌关节**（**滑车关节**），车轮状的叫**车轴关节**，只能向一个方向运动。关节为平面的叫**平面关节**，只能做微小的滑动，几乎不能活动。

■关节构造图

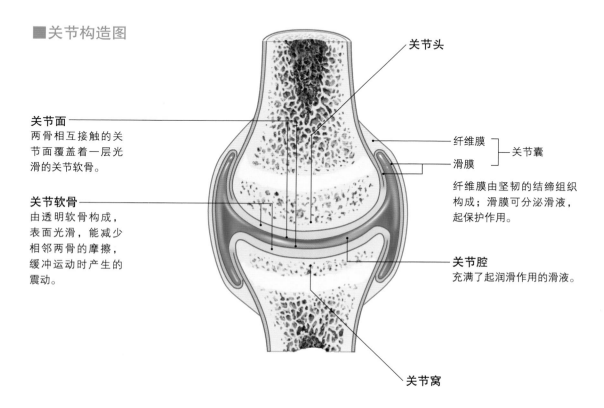

关节头

关节面
两骨相互接触的关节面覆盖着一层光滑的关节软骨。

关节软骨
由透明软骨构成，表面光滑，能减少相邻两骨的摩擦，缓冲运动时产生的震动。

纤维膜
滑膜
——**关节囊**

纤维膜由坚韧的结缔组织构成；滑膜可分泌滑液，起保护作用。

关节腔
充满了起润滑作用的滑液。

关节窝

■关节的主要类型和运动方向

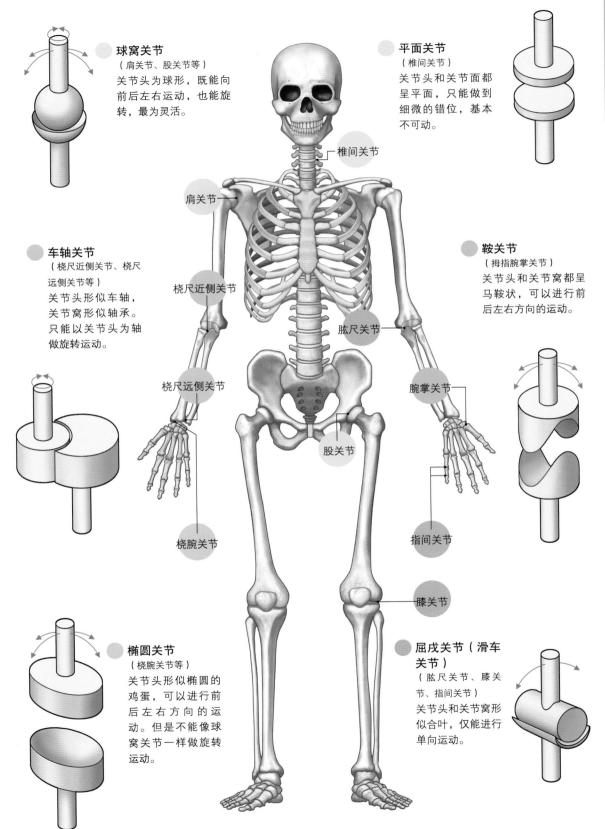

球窝关节
（肩关节、股关节等）
关节头为球形，既能向前后左右运动，也能旋转，最为灵活。

平面关节
（椎间关节）
关节头和关节面都呈平面，只能做到细微的错位，基本不可动。

车轴关节
（桡尺近侧关节、桡尺远侧关节等）
关节头形似车轴，关节窝形似轴承。只能以关节头为轴做旋转运动。

鞍关节
（拇指腕掌关节）
关节头和关节窝都呈马鞍状，可以进行前后左右方向的运动。

椭圆关节
（桡腕关节等）
关节头形似椭圆的鸡蛋，可以进行前后左右方向的运动。但是不能像球窝关节一样做旋转运动。

屈戌关节（滑车关节）
（肱尺关节、膝关节、指间关节）
关节头和关节窝形似合叶，仅能进行单向运动。

椎间关节

肩关节

桡尺近侧关节

肱尺关节

桡尺远侧关节

腕掌关节

股关节

桡腕关节

指间关节

膝关节

人体的肌肉——①

人体内的肌肉，按照其在身体内的部位而命名。肌肉有多种形状，可按照形状的不同进行分类。

肌肉各部位的名称

人体的**肌肉**分为多个种类。肌肉收缩时，长度会变短。在肌肉收缩的作用下，相邻部位的距离就会缩短。与骨相连、使其运动的肌肉叫作**骨骼肌**。除了皮肌（如面部表情肌）外，被骨骼肌连接的骨之间，至少有一个可动的连接，那就是关节（P36）。

在肌肉的各个部位中，靠近身体中心的一侧称为**起点（定点）**，远离的一侧称为**止点（动点）**。一般来说，运动时移动的是止点（动点）一侧。此外，肌肉起始的一侧称为**肌头**，末侧称为**肌尾**，这两者之间的肌肉主体称为**肌腹**。

根据形状区分肌肉

肌肉的形状千姿百态。上肢和下肢的肌肉多为纺锤形，部分还有多个肌肉，其中两个肌头的叫**二头肌**，三个肌头的叫**三头肌**。肌纤维走向如同鸟类羽毛叫**羽状肌**。

使手指和脚趾运动的肌肉，一般**抵止腱**（从肌尾到止点处的肌腱）较长，占肌肉全长的一半以上。躯干的肌肉，如侧腹壁的肌肉，起点和止点的范围都比较宽。有的肌肉中部有**腱划**，把肌腹分为两块以上。有两个肌腹的肌肉叫**二腹肌**，有多块肌腹的肌肉叫**多腹肌**，前腹壁处的腹直肌就是典型的多腹肌。

肌肉一般按照形状、位置、作用等命名，如**肱三头肌**（位于上臂，有三个肌头）、**拇长伸肌**（使拇指伸展的长肌）等。

简明图解 肌肉各部位的名称

起点
离身体中心较近的一侧。

肌头
离起点较近的肌肉。

肌腹
肌肉中央部。

肌尾
离止点较近的肌肉。

止点
离身体中心较远的一侧。

骨

肌腱

■肌肉的形状

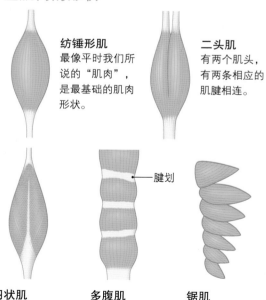

纺锤形肌
最像平时我们所说的"肌肉"，是最基础的肌肉形状。

二头肌
有两个肌头，有两条相应的肌腱相连。

腱划

羽状肌
由很多较短的肌纤维构成，肌纤维走向类似羽毛。

多腹肌
由腱划分隔，肌腹被分为3个以上的肌肉。

锯肌
外形像锯齿一样展开的肌肉。

■人体主要的骨骼肌（正面）

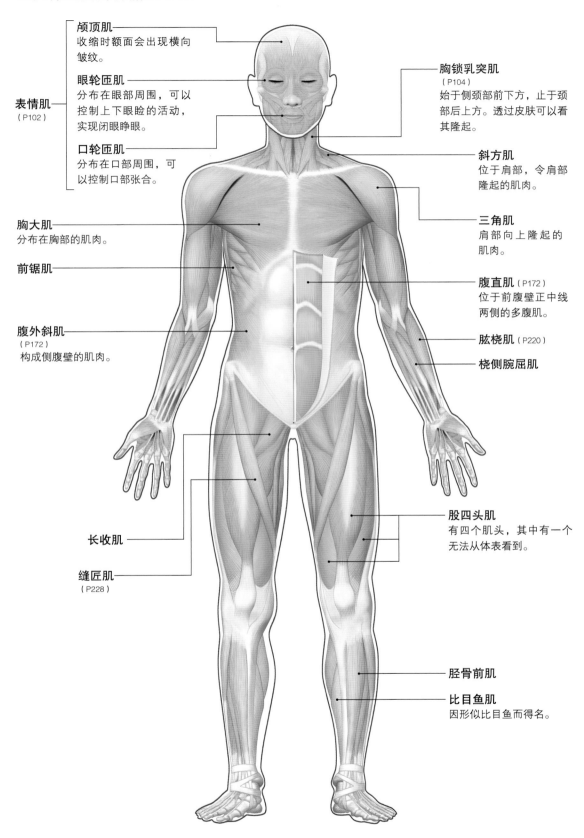

表情肌（P102）

颅顶肌
收缩时额面会出现横向皱纹。

眼轮匝肌
分布在眼部周围，可以控制上下眼睑的活动，实现闭眼睁眼。

口轮匝肌
分布在口部周围，可以控制口部张合。

胸大肌
分布在胸部的肌肉。

前锯肌

腹外斜肌
（P172）
构成侧腹壁的肌肉。

长收肌

缝匠肌
（P228）

胸锁乳突肌
（P104）
始于侧颈部前下方，止于颈部后上方。透过皮肤可以看其隆起。

斜方肌
位于肩部，令肩部隆起的肌肉。

三角肌
肩部向上隆起的肌肉。

腹直肌（P172）
位于前腹壁正中线两侧的多腹肌。

肱桡肌（P220）

桡侧腕屈肌

股四头肌
有四个肌头，其中有一个无法从体表看到。

胫骨前肌

比目鱼肌
因形似比目鱼而得名。

人体的肌肉——②

人体大部分肌肉是骨骼肌，依附在关节两侧的骨骼上。各部位的运动根据运动方向命名。

关节的形态和奥秘 ⇨P36
人体的肌肉① ⇨P38
肌肉的构造 ⇨P42
肌肉的辅助结构与肌肉分类 ⇨P44

头部的肌肉 ⇨P102
腹部的肌肉 ⇨P172
上肢的肌肉 ⇨P222
下肢的肌肉 ⇨P230

肌肉和关节的运动

肌肉收缩时，止点（P38）一侧的骨骼通过关节运动。在运动时，肌肉只负责收缩，骨骼和以骨骼为轴的部位的运动方向，是由关节的形状决定的（关节的形状和运动，请参照P36）。

身体通过关节的运动，有专门的术语描述。例如，两根骨呈180°（关节伸直时）的状态

下，以关节为中心，其中一骨转动，两骨之间的角度缩小的动作叫作**弯曲**。与此相对，弯曲状态的骨骼向反方向运动，两骨之间恢复180°的动作叫作**伸展**。

此外，面向关节，以骨骼为中心转动的运动叫作**旋转**，其中向内的叫作**旋内**，向外的叫**旋外**。旋转运动中，包含特殊的旋转运动，即肘关节运动，肘关节能够进行**旋前**和**旋后**。

■骨骼肌作用下的身体运动

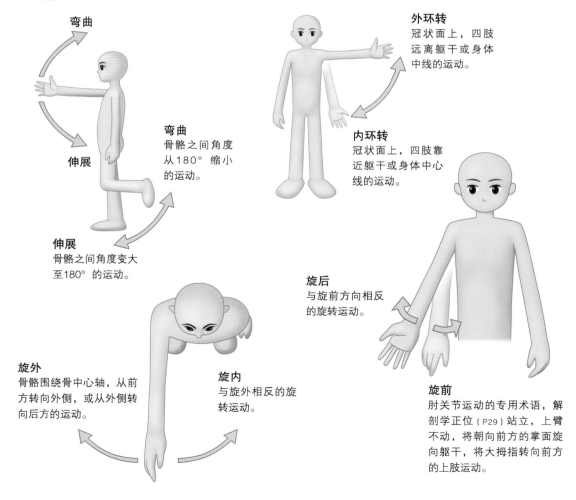

弯曲

弯曲
骨骼之间角度从180°缩小的运动。

伸展

伸展
骨骼之间角度变大至180°的运动。

外环转
冠状面上，四肢远离躯干或身体中线的运动。

内环转
冠状面上，四肢靠近躯干或身体中心线的运动。

旋外
骨骼围绕骨中心轴，从前方转向外侧，或从外侧转向后方的运动。

旋内
与旋外相反的旋转运动。

旋后
与旋前方向相反的旋转运动。

旋前
肘关节运动的专用术语，解剖学正位（P29）站立，上臂不动，将朝向前方的掌面旋向躯干，将大拇指转向前方的上肢运动。

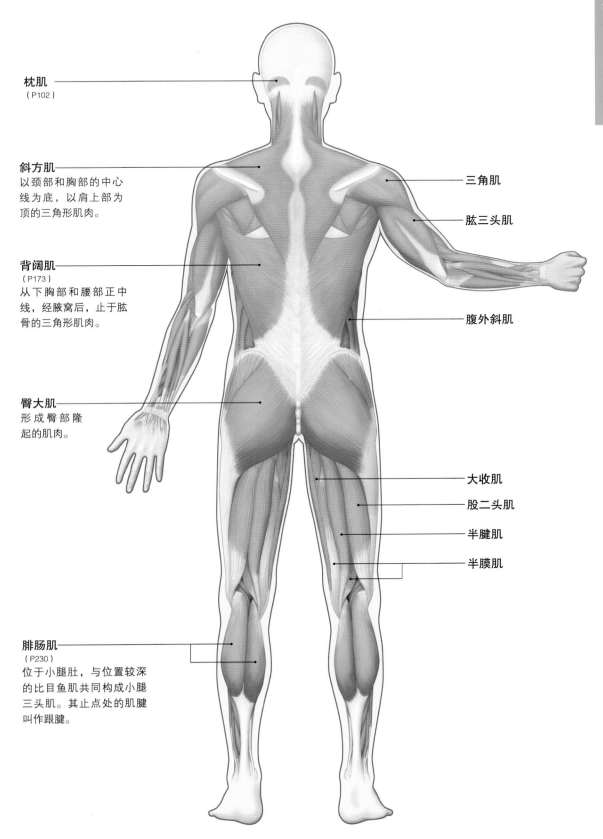

■人体主要的骨骼肌（背面）

枕肌
（P102）

斜方肌
以颈部和胸部的中心
线为底，以肩上部为
顶的三角形肌肉。

背阔肌
（P173）
从下胸部和腰部正中
线，经腋窝后，止于肱
骨的三角形肌肉。

臀大肌
形成臀部隆
起的肌肉。

腓肠肌
（P230）
位于小腿肚，与位置较深
的比目鱼肌共同构成小腿
三头肌。其止点处的肌腱
叫作跟腱。

三角肌

肱三头肌

腹外斜肌

大收肌

股二头肌

半腱肌

半膜肌

肌肉的构造

骨骼肌由大量的细条状肌纤维（肌细胞）构成。
肌肉内部的肌细胞呈梳齿状排列，当其长度一起变化时，肌肉就
会收缩。

人体的肌肉 ⇨P38、40
肌肉的辅助结构与肌肉分类 ⇨P44

骨骼肌的构造

将骨骼肌进一步分解，我们就能发现它
是由**肌纤维**（骨骼肌细胞）构成的。每条肌纤维
外都包裹着一层结缔组织，叫**肌内膜**。多

条肌纤维聚集在一起形成**肌束**，肌束被**肌
束膜**包裹。多条肌束聚集在一起，就构成了
一块肌肉。在整块肌肉的外围，有**肌膜**（**肌
外膜**）包裹。肌外膜是一种比较致密的结缔
组织，可以防止肌束分离。在每条肌纤维之 ❼

■骨骼肌的构造

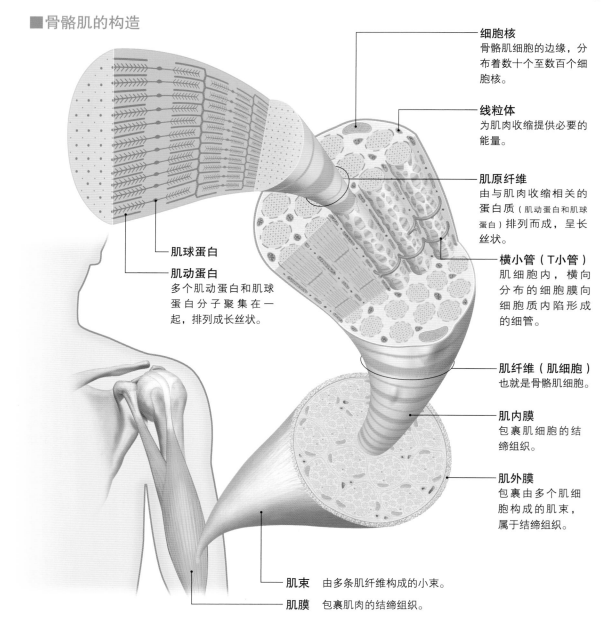

细胞核
骨骼肌细胞的边缘，分布着数十个至数百个细胞核。

线粒体
为肌肉收缩提供必要的能量。

肌原纤维
由与肌肉收缩相关的蛋白质（肌动蛋白和肌球蛋白）排列而成，呈长丝状。

横小管（T小管）
肌细胞内，横向分布的细胞膜向细胞质内陷形成的细管。

肌纤维（肌细胞）
也就是骨骼肌细胞。

肌内膜
包裹肌细胞的结缔组织。

肌外膜
包裹由多个肌细胞构成的肌束，属于结缔组织。

肌球蛋白

肌动蛋白
多个肌动蛋白和肌球蛋白分子聚集在一起，排列成长丝状。

肌束 由多条肌纤维构成的小束。

肌膜 包裹肌肉的结缔组织。

中，都按规律地排列着许多与肌肉收缩相关的蛋白质。这些排列有序的蛋白质形成了一道道**横纹**。这些横纹垂直于肌纤维长轴，且明暗相间。其中较亮的为I带，较暗的为A带。肌纤维内，肌动蛋白和肌球蛋白像梳齿一样排列，肌肉收缩时，两者相互咬合在一起。肌动蛋白和肌球蛋白都是朝两个方向延伸的。肌球蛋白延伸的两侧末端之间为A带，不与肌球蛋白重合的肌动蛋白部分为I带。

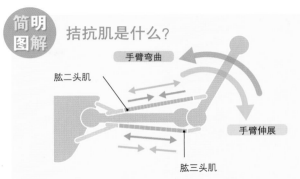

简明图解 拮抗肌是什么？

手臂弯曲

肱二头肌

手臂伸展

肱三头肌

拮抗肌指的是肌肉使相应关节运动时，向相反方向运动，并与直接完成动作对抗的肌肉。比如，当肱二头肌收缩使肘关节弯曲时，肱三头肌就会松弛和伸长——这种呈对抗关系的肌肉就叫拮抗肌。

■肌肉收缩与松弛的原理

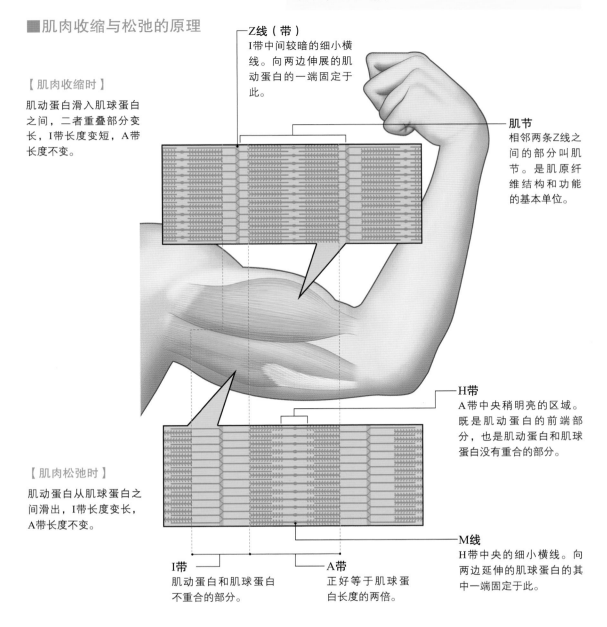

【肌肉收缩时】

肌动蛋白滑入肌球蛋白之间，二者重叠部分变长，I带长度变短，A带长度不变。

Z线（带）
I带中间较暗的细小横线。向两边伸展的肌动蛋白的一端固定于此。

肌节
相邻两条Z线之间的部分叫肌节。是肌原纤维结构和功能的基本单位。

H带
A带中央稍明亮的区域。既是肌动蛋白的前端部分，也是肌动蛋白和肌球蛋白没有重合的部分。

【肌肉松弛时】

肌动蛋白从肌球蛋白之间滑出，I带长度变长，A带长度不变。

M线
H带中央的细小横线。向两边延伸的肌球蛋白的其中一端固定于此。

I带
肌动蛋白和肌球蛋白不重合的部分。

A带
正好等于肌球蛋白长度的两倍。

肌肉的辅助结构与肌肉分类

肌肉辅助结构，可以在肌肉收缩时，改变力的方向，减少运动的摩擦。
肌肉可以分为骨骼肌、心肌、平滑肌三种。

人体的肌肉 ⇨ P38、40
肌肉的构造 ⇨ P42

肌肉辅助结构的作用与分类

　　肌肉的功能，就是通过收缩肌纤维，让其变短，实现肌肉、与其相连的肌腱以及骨骼的运动。但是，在某些部位，肌肉收缩还需要改变用力方向才能实现特定的运动。

　　人体肌肉周围有很多辅助装置：有用来减小肌腱运动时摩擦，起到润滑作用的**腱鞘**；有牵引肌腱，改变其方向，最终改变用力方向的**肌滑车**；肌腱和骨骼强力接触的位置会形成**籽骨**。

　　除此之外，还有长在肌腱和骨骼紧密连接的关节周围，充满滑液以减少摩擦的**滑液囊**。

■各种辅助结构

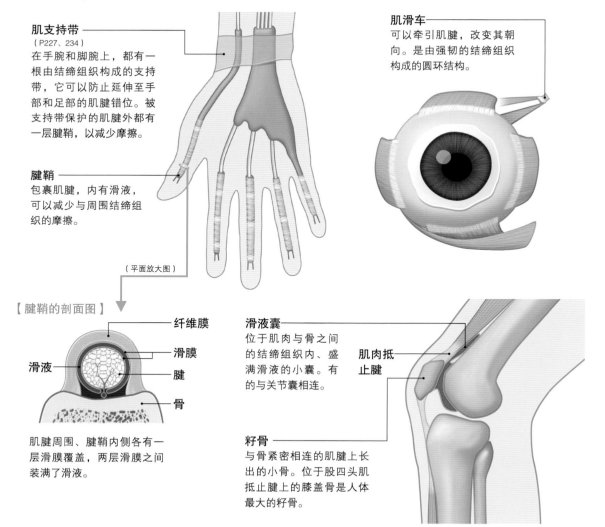

肌支持带
（P227、234）
在手腕和脚腕上，都有一根由结缔组织构成的支持带，它可以防止延伸至手部和足部的肌腱错位。被支持带保护的肌腱外都有一层腱鞘，以减少摩擦。

腱鞘
包裹肌腱，内有滑液，可以减少与周围结缔组织的摩擦。

肌滑车
可以牵引肌腱，改变其朝向。是由强韧的结缔组织构成的圆环结构。

（平面放大图）

【 腱鞘的剖面图 】

纤维膜
滑膜
滑液
腱
骨

肌腱周围、腱鞘内侧各有一层滑膜覆盖，两层滑膜之间装满了滑液。

滑液囊
位于肌肉与骨之间的结缔组织内、盛满滑液的小囊。有的与关节囊相连。

肌肉抵止腱

籽骨
与骨紧密相连的肌腱上长出的小骨。位于股四头肌抵止腱上的膝盖骨是人体最大的籽骨。

肌肉的分类

人体中，除了骨骼肌，还有具有收缩功能的细胞，这种细胞统称为**肌细胞**。

除了**骨骼肌细胞**，肌细胞还有**心肌细胞**（构成心脏肌肉）和**平滑肌细胞**（构成血管等其他内脏的肌肉）。与骨骼肌细胞相同，心肌细胞的肌原纤维的构成蛋白，沿肌纤维走向分布，而且带有垂直于肌纤维走向的横纹。心肌细胞和骨骼肌细胞，都是**横纹肌**。而平滑肌内的肌原纤维构成蛋白是斜纹的网状，没有横纹。骨骼肌的活动可以有意识地活动，叫**随意肌**；心肌和平滑肌则受自主神经（P88）支配，无法有意识地调节，叫**不随意肌**。

骨骼肌细胞由多个细胞融合而成，其边缘排列着许多**细胞核**。每个骨骼肌细胞都呈细长的纤维状，也叫**骨骼肌纤维**。

心肌细胞体积较小，有的还会在中间分成两股，并延长轴方向紧紧结合，结合部位叫作**闰盘**。闰盘不仅可以连接心肌细胞，还可以传递刺激。连接起来的心肌细胞整体呈网状，叫作**心肌纤维**。每个心肌细胞中，靠近重要位置，都有1~2个细胞核。

平滑肌细胞呈细长的纺锤形，中央部分有1个细胞核。单个平滑肌细胞也叫**平滑肌纤维**，细胞之间紧密连接，可以互相传递刺激，连成整体后共同发挥功能。

■肌肉的种类和构造

横切面	纵切面

【平滑肌】

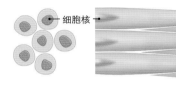

细胞核

内脏肌（不随意肌）
构成内脏的肌肉，呈细长的纺锤形。细胞核位于细胞中央位置，细胞质无横纹。整体可进行缓慢收缩。

【横纹肌】

细胞核　肌原纤维

骨骼肌（随意肌）
细长、笔直的多核细胞。肌原纤维的构成蛋白排列规则，有横纹。

闰盘

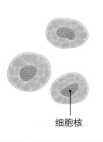

细胞核

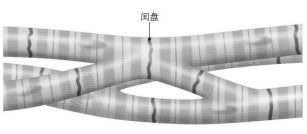

心肌（不随意肌）
构成心脏肌肉。有横纹，有1~2个细胞核，相互之间以闰盘结合。心肌细胞整体呈网状。

循环系统概述

从心脏发出的血管称为动脉，流向心脏的血管称为静脉。
氧气含量大的血液是动脉血，氧气含量小的血液是静脉血。

人体的血管 ⇨P48、50
血管的构造 ⇨P52
血液的成分与功能 ⇨P54
肺 ⇨P154、156、158
心脏 ⇨P160、162、164、166

心脏与血管系统

　　为了供养人体的细胞，就必须供给细胞生长必需的氧气和营养，还需要回收二氧化碳和代谢物。血液的主要任务，就是运载物质、维持身体细胞环境。通过血管，血液流遍人体全身。

　　血管和促进血液循环的心脏，合称为**循环系统**。一般来说，血管是闭合的管状结构，在正常的生理状态下，它的作用是防止血液溢出，同时输送特定的物质穿过血管壁。

动脉系统

　　心脏是输送血液的"动力泵"。血液从心脏流出的血管叫作**动脉**。从心脏发出的动脉有两条：一条通向肺部，叫**肺动脉**；另一条流向全身，叫**主动脉**。

　　主动脉分支后流向头颈部、上肢、躯干和下肢，各个分支继续分流，越分越细，最终形成遍布全身的**毛细血管**。

静脉系统

　　血液流向心脏的血管叫**静脉**。静脉是由各个部位的毛细血管合流而成的，各条静脉可以进一步合流，形成更大的静脉。最终形成输送上半身血液至心脏的**上腔静脉**，以及输送下半身血 🔄

人体的血液循环

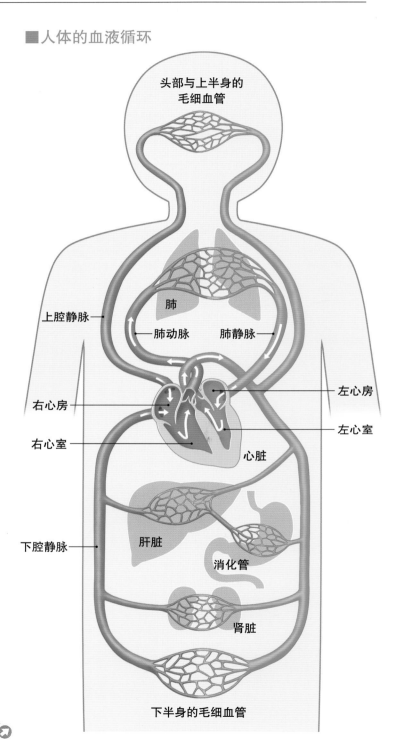

头部与上半身的毛细血管

肺

上腔静脉

肺动脉　　肺静脉

右心房

左心房

右心室

左心室

心脏

下腔静脉

肝脏

消化管

肾脏

下半身的毛细血管

简明图解 肺循环和体循环

● 肺循环

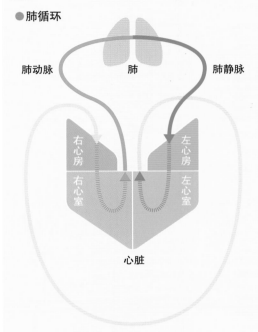

静脉血通过肺动脉流入肺部，变成动脉血后从肺静脉流回心脏，这一循环是肺循环。

● 体循环

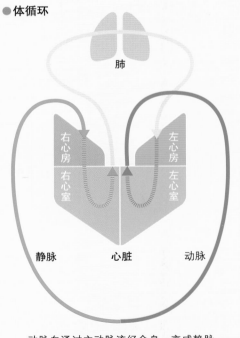

动脉血通过主动脉流经全身，变成静脉血后从上腔静脉或下腔静脉流回心脏，这一流经全身的循环是体循环。

🗨 液至心脏的**下腔静脉**。另外，流向肺脏的肺动脉，经过反复分化形成毛细血管，这些毛细血管重新合成流向心脏的**肺静脉**。

门静脉

流淌在胃、消化系统、脾脏的毛细血管的血液最终聚集到一根静脉中，这根静脉进入肝脏后，再次分支成毛细血管，从肝脏流出后，再次聚集至静脉中，最终汇入下腔静脉。在这个循环系统中，始于心脏终于心脏的一次循环路线，有两次分化成毛细血管。这个进入肝脏的静脉，叫作**肝门静脉**（P63），像肝门静脉一样，由毛细血管汇合、又重新分支为毛细血管的血管，叫**门静脉**。

动脉血和静脉血

通过主动脉，输送至全身的血液，氧气含量高，二氧化碳含量少，这种血液叫**动脉血**。

反之，通过毛细血管，为全身细胞供给氧气，同时收集二氧化碳，在静脉中流淌的血液，氧气含量低，二氧化碳含量高，叫**静脉血**。

从心脏发出的，除了主动脉之外，还有一只血管——肺动脉。肺动脉中流淌的是静脉血。这些血液进入肺部后，在肺泡的毛细血管处释放二氧化碳，获得氧气，变成动脉血，通过肺静脉流回心脏。

血压

血液对血管施加的侧压力，叫**血压**。血压其实是心脏流出的血液的力量。

与心脏直接连接的主动脉血压最高，中动脉、小动脉离心脏较远，随着血管变细，血压变低。

心脏收缩时输出血液，因此心脏收缩时血压较高；进入舒张期，血液流向末梢，随之血压降低。

人体的血管［动脉］

从心脏发出的主动脉上行，形成主动脉弓，然后分支出流向头部和
上肢的动脉，再向下形成降主动脉，经过多次分支后，将血液输送
至全身。

腹部的血管⇨P63
头部的动脉⇨P106
心脏⇨P160
上肢的血管⇨P224
下肢的血管⇨P232

动脉走行（上肢和头部）

体循环的动脉，始于由心脏发出的**升主动脉**。升主动脉从心脏的左心室出发，马上分支出一条进入心脏的**冠状动脉**（P166），接着上行形成**主动脉弓**，然后画了一个大弧，方向也改变了180°，形成**降主动脉**。

降主动脉首先分支出长度较短的**头臂干（无名动脉）**，然后分支成**右颈总动脉**（流向右侧头颈部）和**右锁骨下动脉**（流向右侧上肢）。锁骨下动脉流至腋窝处形成**腋动脉**，流至上肢后形成**肱动脉**。肱动脉在肘窝处分支为**桡动脉**和**尺动脉**。

主动脉弓依次分支出**左颈总动脉**和**左锁骨下动脉**。左右锁骨下动脉分支出**椎动脉**，颈总动脉分支出**颈内动脉**，这两条动脉共同为脑部供给血液。

动脉走行（躯干和下肢）

降主动脉的最初部分是**胸主动脉**，胸主动脉分支后流向胸壁。胸主动脉穿过膈，进入腹腔，变为**腹主动脉**。

在下行的过程中，腹主动脉向消化器官分支出**腹腔干**、**肠系膜上动脉**和**肠系膜下动脉**，向肾脏分出**肾动脉**，向生殖器官分出**睾丸动脉**或**卵巢动脉**，向腹壁分出**腰动脉**。

腹主动脉继续下行，分出左右**髂总动脉**，并形成**骶正中动脉**。髂总动脉分支出**髂内动脉**（通向骨盆内内脏）和**髂外动脉**（通向下肢）。

髂外动脉行至下肢后形成**股动脉**。股动脉行至腘关节处形成**腘动脉**，通过腘关节后分支为**胫前动脉**和**胫后动脉**。

简明图解

人体的主要动脉

为了便于理解，用线条表示血管。线条中间的 ● 表示血管名称发生变化，无标记的分支表示血管分支。

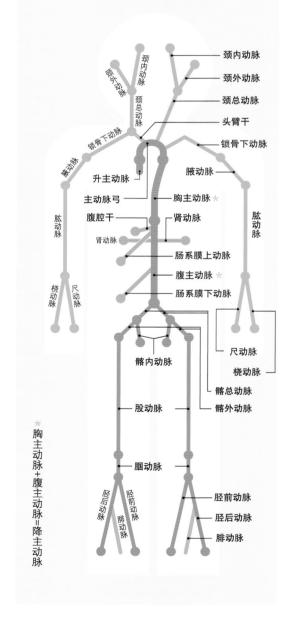

颈内动脉
颈外动脉
颈总动脉
头臂干
锁骨下动脉
腋动脉
胸主动脉 ＊
肾动脉
肱动脉
肠系膜上动脉
腹主动脉 ＊
肠系膜下动脉
尺动脉
桡动脉
髂总动脉
髂外动脉
髂内动脉
股动脉
腘动脉
胫前动脉
胫后动脉
腓动脉

颈外动脉
颈内动脉
颈总动脉
锁骨下动脉
腋动脉
升主动脉
主动脉弓
腹腔干
肾动脉
肱动脉
桡动脉
尺动脉

＊胸主动脉＋腹主动脉＝降主动脉

胫后动脉
胫前动脉
腓动脉

■人体的主要动脉

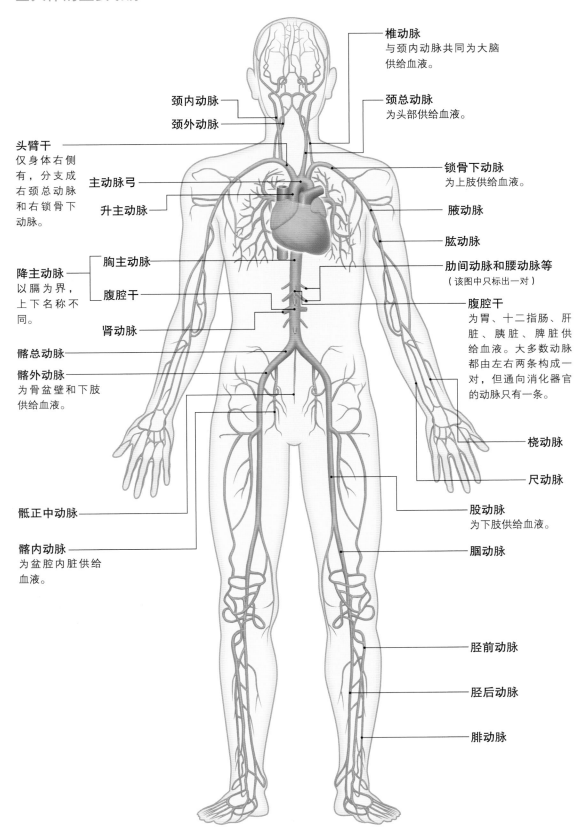

椎动脉
与颈内动脉共同为大脑
供给血液。

颈内动脉

颈外动脉

颈总动脉
为头部供给血液。

头臂干
仅身体右侧
有，分支成
右颈总动脉
和右锁骨下
动脉。

主动脉弓

升主动脉

锁骨下动脉
为上肢供给血液。

腋动脉

肱动脉

胸主动脉

腹腔干

肋间动脉和腰动脉等
（该图中只标出一对）

降主动脉
以膈为界，
上下名称不
同。

腹腔干
为胃、十二指肠、肝
脏、胰脏、脾脏供
给血液。大多数动脉
都由左右两条构成一
对，但通向消化器官
的动脉只有一条。

肾动脉

髂总动脉

髂外动脉
为骨盆壁和下肢
供给血液。

桡动脉

尺动脉

骶正中动脉

股动脉
为下肢供给血液。

髂内动脉
为盆腔内脏供给
血液。

腘动脉

胫前动脉

胫后动脉

腓动脉

人体的血管 ［静脉］

上半身流淌的血液合流至上腔静脉，下半身流淌的血液合流至下腔静脉，最终流入心脏。静脉主要分为两种：一种是与动脉伴行的深静脉和位于皮下的浅静脉（皮下静脉）。

腹部的血管⇨P63
头部的静脉⇨P108
心脏⇨P160
上肢的血管⇨P224
下肢的血管⇨P232

静脉的分类和特征

静脉分为**深静脉**（与动脉伴行）和**皮下静脉**（独立分布在皮下）。多数情况下，深静脉同时有两根以上，围绕动脉分布；皮下静脉则反复分支合并，形成**静脉网**。上肢和下肢的静脉中都有**静脉瓣**，它可以防止血液逆流。如果没有静脉瓣，血液就会从高血压处流向低血压处。

静脉走行（上半身）

头颈部的静脉，最后汇入**颈内静脉**或**颈外静脉**。上肢有与动脉伴行的深静脉。手背和上臂等处还可以看到皮下静脉，比如**头静脉**（流入**腋静脉**）和**贵要静脉**（流入**肱静脉**）等。

运输上肢动脉血的**锁骨下静脉**和体壁的静脉汇合，再与颈内静脉合流形成**头臂静脉**，合流部位叫**静脉角**。左右两条头臂静脉汇合为**上腔静脉**。

静脉走行（下半身）

人体下半身的静脉大致分为腹部脏器的静脉、盆腔内脏的静脉、体壁与下肢的静脉。下肢的静脉有深静脉和皮下静脉两种。下肢最粗的皮下静脉是**小隐静脉**（汇入**腘静脉**）和**大隐静脉**（汇入**股静脉**）。体壁处的皮下静脉流入**髂外静脉**，与汇集盆腔内脏血液的**髂内静脉**合流，形成**髂总静脉**。左右两条髂总静脉汇合成**下腔静脉**。

肾脏的血液直接进入下腔静脉，而消化器官的血液汇入**门静脉**，然后进入肝脏，在肝脏中分为毛细血管，通过肝脏后再汇合为**肝静脉**，最后汇入下腔静脉。

人体上下半身的静脉通过躯干后壁的**奇静脉系**、体壁的皮下静脉与脊柱周围等处的静脉血管相互连通。

简明图解 人体的主要静脉

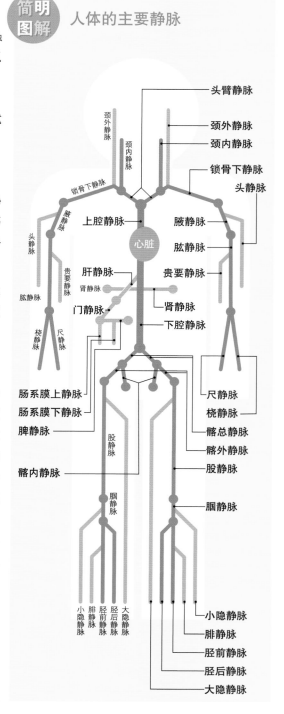

头臂静脉
颈外静脉
颈内静脉
锁骨下静脉
头静脉
腋静脉
肱静脉
贵要静脉
肾静脉
下腔静脉
尺静脉
桡静脉
髂总静脉
髂外静脉
股静脉
腘静脉
小隐静脉
腓静脉
胫前静脉
胫后静脉
大隐静脉

颈外静脉
颈内静脉
锁骨下静脉
腋静脉
头静脉
贵要静脉
肱静脉
桡静脉
尺静脉
上腔静脉
心脏
肝静脉
肾静脉
门静脉
肠系膜上静脉
肠系膜下静脉
脾静脉
髂内静脉
股静脉
腘静脉
小隐静脉
腓静脉
胫前静脉
胫后静脉
大隐静脉

■人体的主要静脉

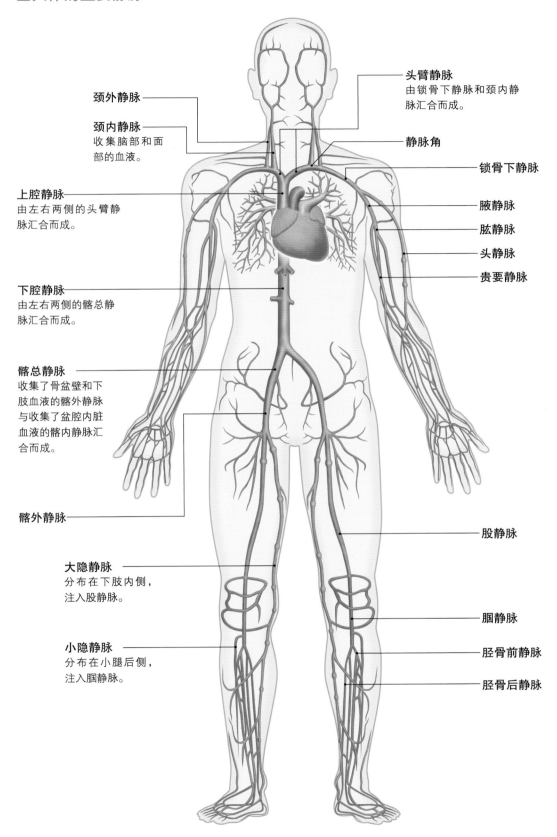

头臂静脉
由锁骨下静脉和颈内静脉汇合而成。

颈外静脉

颈内静脉
收集脑部和面部的血液。

静脉角

锁骨下静脉

腋静脉

肱静脉

头静脉

贵要静脉

上腔静脉
由左右两侧的头臂静脉汇合而成。

下腔静脉
由左右两侧的髂总静脉汇合而成。

髂总静脉
收集了骨盆壁和下肢血液的髂外静脉与收集了盆腔内脏血液的髂内静脉汇合而成。

髂外静脉

股静脉

大隐静脉
分布在下肢内侧，注入股静脉。

腘静脉

胫骨前静脉

胫骨后静脉

小隐静脉
分布在小腿后侧，注入腘静脉。

血管的构造

血管壁由内膜、中膜、外膜三层构成。由于动脉和静脉中流动的血液对血管的压力不同，所以血管壁的构成也有所不同。

人体的血管⇨P48、50
皮肤的功能⇨P94

血管壁

无论是动脉还是静脉，血管壁都有3层构造，从内向外是**内膜**、**中膜**和**外膜**。随着临近末梢，血管变得更细，血管壁也变得更薄。在比较细的血管中，中膜会首先消失；进而在最细的毛细血管中，外膜也会消失。

内膜直接接触血液的表面上，有一层由单薄的内皮细胞构成的**单层扁平上皮**（P241）。另外，外膜逐渐与周围的结缔组织连为一体。动脉和静脉的不同，主要是构成细胞壁的组织不同。

动脉

动脉中的血压较强，所以动脉壁也较厚。在主动脉的中膜里，有富有弹性的**弹性纤维层**，这种动脉叫作**弹性动脉**。

与此相对，上肢、下肢以及内脏分布了主动脉分支——中动脉，中动脉几乎不存在弹性纤维。但是中动脉血管壁内的平滑肌较多，因此叫作**肌性动脉**。在肌性动脉中，弹性纤维在内膜和中膜之间形成**内弹性膜**，在中膜和外膜之间形成**外弹性膜**，以此作为三层血管壁膜的分界线。

■动脉的构造

内膜
与血液直接接触的血管内，腔面有内皮细胞覆盖。

内弹性膜
是内膜和中膜的分界线，由弹性纤维构成。

中膜
主动脉中膜主要由弹性纤维构成。在中动脉等更细的动脉的中膜里，有多层平滑肌分布。

外弹性膜
一般分布在中动脉，是中膜和外膜的分界线，由弹性纤维构成。

外膜
主要由结缔组织构成，与血管周围的结缔组织相连。

■静脉的构造

同样由内膜、中膜和外膜三层构造构成，但弹性纤维和平滑肌较少，血管壁比较薄。

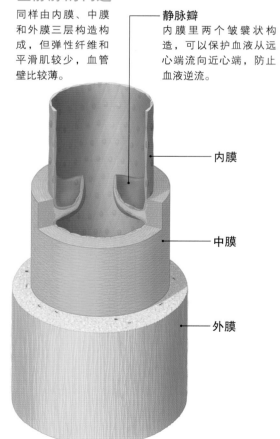

静脉瓣
内膜里两个皱襞状构造，可以保护血液从远心端流向近心端，防止血液逆流。

内膜

中膜

外膜

静脉

静脉内血压较低，而且也不需要调节血流，所以其血管壁内的弹性纤维和平滑肌含量较少。但是静脉内有另外一种特殊的构造——**静脉瓣**。

毛细血管

越接近末梢，动脉会变得越细，逐渐分化成**中动脉**、**小动脉**和**微动脉**，并与毛细血管相连。毛细血管通过多次分支和合流，最终形成**毛细血管网**，为周边的组织提供营养和氧气，并同时回收二氧化碳和代谢物。

毛细血管进一步合流后连入静脉。与毛细血管直接相连的静脉是微静脉，之后逐渐形成**小静脉**、**中静脉**和**大静脉**，最后连入心脏。毛细血管的入口，即微动脉的血管壁中，含有**毛细血管前括约肌**。当这种肌肉收缩时，血管就会变细，流入毛细血管的血流就会变少。

除了运输物质之外，皮肤处的毛细血管还具有散热功能。相反，在气温较低时，为了防止身体丧失热量，流入毛细血管的血液就会变少，微动脉中的血液会直接流入微静脉中。

■ 毛细血管网

从微动脉流向毛细血管的血液量多少会受到毛细血管前括约肌的调节。

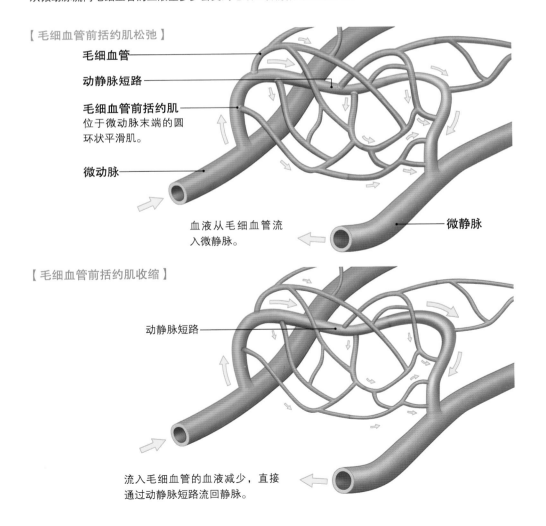

【毛细血管前括约肌松弛】

毛细血管————
动静脉短路————
毛细血管前括约肌————
位于微动脉末端的圆环状平滑肌。
微动脉————

血液从毛细血管流入微静脉。

————微静脉

【毛细血管前括约肌收缩】

动静脉短路————

流入毛细血管的血液减少，直接通过动静脉短路流回静脉。

血液的成分与功能

血液大致可分为液体成分和细胞成分两部分。
细胞成分有红细胞、白细胞和血小板。
其中白细胞还可以分成更多种类。

液体成分和细胞成分

采集血液样本后，为了防止血液凝固，可以将其放入试管内，开启离心分离机，血液就会分成上下两层。

上层叫作**血浆**，偏黄白色，透明，由纤维蛋白原、白蛋白、球蛋白等多种蛋白质和胆固醇等脂质融合而成。

下层是红色的块状物，是细胞成分，表面微白，聚集了**白细胞**和**血小板**，下方的红色固体部分为**红细胞**。表示血液中细胞成分百分比的术语叫**血细胞压积（HCT）**，由于绝大多数是红细胞，所以这一指数基本代表血液中红细胞的含量。将白细胞染色后进行观察，可以发现有的白细胞中的物质会被特殊色素染色，有的却不能。白细胞根据外形不同可分为**中性粒细胞**、**嗜酸性粒细胞**、**嗜碱性粒细胞**、**淋巴细胞**和**单核细胞**。

■血液的成分

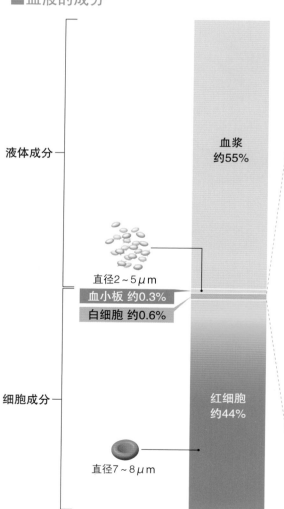

液体成分

血浆
约55%

直径2～5μm

血小板 约0.3%
白细胞 约0.6%

细胞成分

红细胞
约44%

直径7～8μm

■白细胞的种类和比例

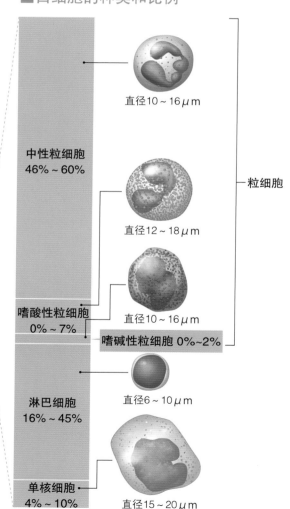

直径10～16μm

中性粒细胞
46%～60%

粒细胞

直径12～18μm

直径10～16μm

嗜酸性粒细胞
0%～7%

嗜碱性粒细胞 0%～2%

直径6～10μm

淋巴细胞
16%～45%

单核细胞
4%～10%

直径15～20μm

血液的凝固

正常情况下，血液在血管中流淌，细胞成分和蛋白质都不会流失。但是如果受伤并伤到血管，血液就会流出。但是正常情况下，血液外流不会持续很长时间，几分钟内血液就形成了血块并止血，这一过程就叫血液凝固，其过程快慢与血管的粗细有关。

正常情况下，血管内的血液是不会凝固的。但当血管受损，位于内皮细胞外层的基底膜与结缔组织接触到血液，血液就会凝固。血液的凝固与血浆中的纤维蛋白原和血小板密切相关。纤维蛋白原分解后，会形成纤维蛋白（纤维素）并逐渐沉淀，与血小板共同组成网状结构，吸附红细胞变成血块并覆盖在出血的部位，阻止血液继续流出。

血液难以凝固的病症

血液凝固需要血浆中的纤维蛋白原分解成纤维蛋白并沉淀。因此，这叫作凝固系统，血液凝固需要血液和血管内皮细胞内多种凝血因子发生化学反应。如果凝血因子缺少其中一种成分，这一化学反应就不会发生，即使出血，血液也不会凝固。有的人出生时就患有缺少凝血因子的疾病。其中最具代表性的疾病就是血友病。

血友病患者缺少的凝血因子的遗传基因位于X染色体上。女性有两条X染色体，男性有X染色体和Y染色体。如果男性X染色体上凝血因子的遗传基因发生异常，就会患上缺少凝血因子的血友病。而女性其中一条染色体上遗传基因发生异常，可以由另外一条进行补充，因此，难以患上血友病。

■血液凝固的奥秘

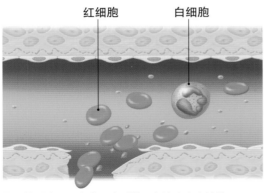

红细胞　白细胞

❶血管受伤后，内皮细胞剥落，血液流出血管外。

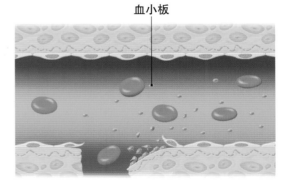

血小板

❷血小板附着在血管外的胶原纤维上，活性增强，开始吸引其他血小板。

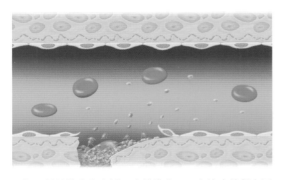

❸如果单纯依靠血小板无法填满伤口，血液中的凝血因子就会被激活。血浆中的纤维蛋白原分解，生成纤维蛋白（纤维素）。

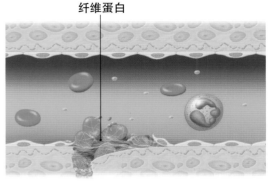

纤维蛋白

❹纤维蛋白将血小板和红细胞卷在一起，形成凝固的血块，血块堵住伤口，就能防止血液外流了。

免疫的奥秘

将侵入人体的异物排除出体外的免疫分为不针对特定对象的和针对特定对象的两种情况。针对特定对象的免疫叫作特异性免疫。淋巴细胞在免疫过程中发挥着重要的作用。

血液的成分与功能 ⇨P54
人体的淋巴系统 ⇨P58
淋巴组织的奥秘 ⇨P60

与免疫相关的细胞

免疫指的是得过某种疾病后，就不会再次患上同类疾病，即使再次患上此病，症状也较轻，很快就会痊愈。身体中负责这一任务的细胞有以下几种：**巨噬细胞**（吞噬——将物质包围在细胞内并分解——外来物质）和**淋巴细胞**。淋巴细胞分为T细胞和B细胞。T细胞根据其作用不同，还可以分为**辅助性T细胞**和**细胞毒性T细胞**。

非特异性免疫

从未进入过身体中的细菌或病毒侵袭身体时，巨噬细胞会第一时间发现这些"不速之客"，然后将其包围并消灭。由于这种免疫不分对象，所以叫作**非特异性免疫**。

特异性免疫

仅针对某种特定对象起作用的免疫，叫作**特异性免疫**。其工作原理为：

吞噬"入侵者"的巨噬细胞，会将入侵者的特征告诉T细胞。T细胞将B细胞激活，产生针对这些入侵者的**抗体**。

抗体具有可以与特定物质（抗原）紧密结合的性质，是一种蛋白质。**抗原**是指人体中原本不存在的外来物质，如构成细菌细胞壁的物质与病毒壳体等。

一旦发生过上述过程，T细胞就会产生长期记忆，同样的异物再次来袭时，B细胞就会迅速产生抗体。抗体与入侵身体的异物相结合，这样就彻底分清不速之客的身份，接着巨噬细胞就开始负责吞噬异物。因此，异物并不会像最初入侵身体时数量增加那么多，这样身体的病症就会逐渐减少，直至最终消失。这种免疫过程叫作**体液免疫**。

这也正是为什么说感染过某种细菌后，即使再次感染，症状也会相对较轻的原因。注射疫苗，就是通过向人体注射失活的细菌或病毒，让身体的免疫系统产生针对该细菌 ◑

■生物体免疫的分类

非特异性免疫	对于第一次进入体内的异物或病原菌，毫不犹豫地将其杀灭。	皮肤与黏膜（消化器官、呼吸器官、泌尿器官等）的防御。
		利用巨噬细胞等白细胞的吞噬作用进行防御，也包括攻击人体自身产生的异物，例如癌细胞等。
特异性免疫	记忆某种特定病原体，然后攻击。	体液免疫（以B细胞为主）通过B细胞产生抗体，破坏抗原的细胞膜或提高巨噬细胞吞噬抗原的效率。
		细胞性免疫（以T细胞为主）辅助性T细胞激活巨噬细胞与细胞毒性T细胞，驱使其攻击病原体。

🔄 和病毒的记忆，减轻真正的细菌和病毒入侵时的伤害。

细胞性免疫

当进行过器官移植，或是在病毒的影响下，人体原有细胞发生变异时，巨噬细胞就会吞噬掉这些异常的部分（即抗原），并将它们的特征告诉**辅助性T细胞**。接收到指示的辅助性T细胞活性会增强并进行增殖，释放出一种叫作**细胞因子**的物质。细胞因子可以激活巨噬细胞和细胞毒性T细胞，使其攻击和破坏带有与抗原相同特征的细胞。

这种以T细胞为主体将入侵物质排出人体的过程，叫作**细胞性免疫**。

■免疫球蛋白的种类

抗体也被叫作免疫球蛋白（Ig），是由蛋白质构成的。根据其大小和形状可以分为5种。

免疫球蛋白G（IgG）
多存在于血液中。分子量较小，可以经由胎盘从母体进入胎儿体内。

免疫球蛋白A（IgA）
多存在于唾液、眼泪、气管和消化管分泌的黏液与母乳中。

免疫球蛋白M（IgM）
分子量最大。多存在于血液中，在抗原入侵初期产生。

免疫球蛋白E（IgE）
是嗜碱性粒细胞（P54）和肥大细胞的结合体，可以调节过敏反应。

免疫球蛋白D（IgD）
是人体内含量最少的免疫球蛋白，多存在于淋巴细胞表面。具体功能尚不明确。

■特异性免疫的奥秘
【体液免疫】

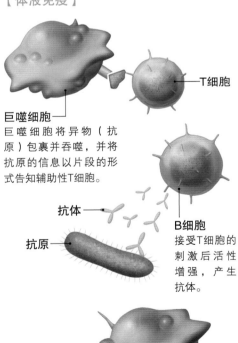

巨噬细胞将异物（抗原）包裹并吞噬，并将抗原的信息以片段的形式告知辅助性T细胞。

T细胞 / 巨噬细胞 / 抗体 / 抗原 / B细胞 接受T细胞的刺激后活性增强，产生抗体。

巨噬细胞将表面附有抗体的抗原吞噬掉。

【细胞性免疫】

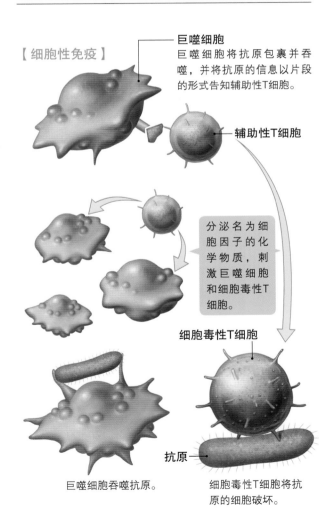

巨噬细胞将抗原包裹并吞噬，并将抗原的信息以片段的形式告知辅助性T细胞。

辅助性T细胞

分泌名为细胞因子的化学物质，刺激巨噬细胞和细胞毒性T细胞。

细胞毒性T细胞 / 抗原

巨噬细胞吞噬抗原。

细胞毒性T细胞将抗原的细胞破坏。

57

人体的淋巴系统

从毛细血管中渗出的液体成分填满细胞间的空隙，形成细胞间液。
细胞间液汇入淋巴管内，再回到血管，最后注入左右两侧的静脉角处。

淋巴组织的奥秘 ⇨P60

淋巴管的作用与走行

人体体重的60%来自于水分。人体水分中60%在细胞内，8%在血液中；剩下的32%大部分存在于细胞之间，这些液体叫**细胞间液（组织液）**。细胞间液是从动脉毛细血管流出的水和电解质，这些液体再被静脉毛细血管吸收重新进入血液循环。但静脉毛细血管并不能完全吸收这些物质，剩下的由另一条循环系统——淋巴系统的**淋巴管**吸收。

淋巴管的起点处是**毛细淋巴管**。毛细淋巴管的管壁是由**单层扁平上皮**（P241）形成的内皮构成的，内部排列着薄而扁平的细胞。这些细胞之间的排列并不紧密，方便细胞间液通过。进入淋巴管中的细胞间液叫作**淋巴（淋巴液）**，主要包括血浆成分和淋巴细胞等。

多条毛细淋巴管汇合，形成较粗的淋巴管，淋巴管中也有瓣膜。淋巴管在走行的途中会穿过**淋巴结**。淋巴结是由**淋巴小结**（淋巴细胞的集合）集合而成，形似蚕豆。淋巴结与多条淋巴管相连，中间流淌着淋巴液。淋巴结有过滤功能，可以过滤淋巴中的异物、细菌、肿瘤细胞。过滤出的物质由巨噬细胞消灭。经过过滤的淋巴会从位于"蚕豆"凹陷处的淋巴管流出，再次进入身体循环系统。

淋巴管穿过若干个淋巴结后逐渐变粗，形成**淋巴干**。聚集了腹部内脏与下半身淋巴液的肠干与左右腰干在第二腰椎前汇合，形成**胸导管**。汇合处膨大的部位叫作**乳糜池**。

胸导管上行，经过膈的主动脉裂孔进入胸腔，然后与汇聚了上半身左侧淋巴液的左颈干、左锁骨下干汇合，左侧锁骨下静脉和颈内静脉汇合的**静脉角**开着口，淋巴液从这里汇入静脉。与此相对，上半身右侧的淋巴汇集于右淋巴导管，在右侧静脉角处汇入静脉。

专栏 淋巴的重要性

淋巴系统是循环系统中不可忽视的部分。淋巴系统的作用是回收血管渗出的细胞间液，并将其送回血管内。例如，某类寄生虫或手术破坏了淋巴管，淋巴液循环变差，结缔组织内的细胞间液就会不断聚积，最后形成水肿。如果这一现象长期发展，受其影响的结缔组织就会不断增加变硬，这个部位就会出现象皮病。另外，与毛细血管相比，毛细淋巴管的内皮细胞连接较弱，细胞间液较易流进。因此，局部细菌感染容易造成细菌增加，如果是恶性肿瘤，细菌或肿瘤细胞很容易就能进入到淋巴管内。这些细菌或肿瘤细胞经由淋巴管输送，导致淋巴结变肿，淋巴结内的肿瘤细胞就会不断增殖，形成转移病灶。

简明图解 右淋巴导管和胸导管的分布图

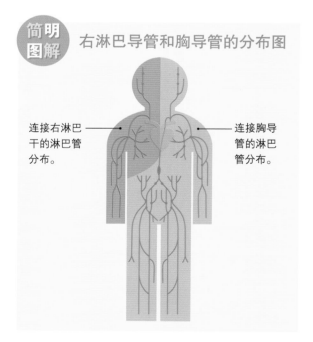

连接右淋巴干的淋巴管分布。

连接胸导管的淋巴管分布。

■人体淋巴管及分布

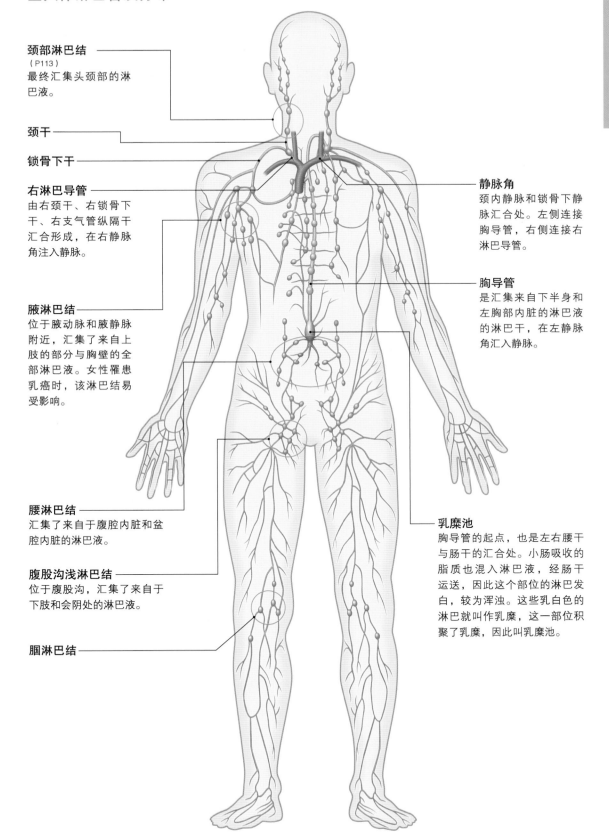

颈部淋巴结
（P113）
最终汇集头颈部的淋巴液。

颈干

锁骨下干

右淋巴导管
由右颈干、右锁骨下干、右支气管纵隔干汇合形成，在右静脉角注入静脉。

腋淋巴结
位于腋动脉和腋静脉附近，汇集了来自上肢的部分与胸壁的全部淋巴液。女性罹患乳癌时，该淋巴结易受影响。

腰淋巴结
汇集了来自于腹腔内脏和盆腔内脏的淋巴液。

腹股沟浅淋巴结
位于腹股沟，汇集了来自于下肢和会阴处的淋巴液。

腘淋巴结

静脉角
颈内静脉和锁骨下静脉汇合处。左侧连接胸导管，右侧连接右淋巴导管。

胸导管
是汇集来自下半身和左胸部内脏的淋巴液的淋巴干，在左静脉角汇入静脉。

乳糜池
胸导管的起点，也是左右腰干与肠干的汇合处。小肠吸收的脂质也混入淋巴液，经肠干运送，因此这个部位的淋巴发白，较为浑浊。这些乳白色的淋巴就叫作乳糜，这一部位积聚了乳糜，因此叫乳糜池。

淋巴组织的奥秘

聚集了淋巴细胞的组织叫作淋巴组织，它可以清除外界袭入身体的异物，并将这些异物过滤出去，防止其进入血液中。

血液的成分与功能⇨P54
人体的淋巴系统⇨P58
咽喉的构造⇨P144
小肠的构造⇨P188

由淋巴小结构成的扁桃体

淋巴组织就是聚集了淋巴细胞的组织，分为淋巴小结（由很多淋巴细胞密集而成）和弥散淋巴组织（淋巴细胞并不紧密聚集而成）。淋巴小结除了聚集微小的淋巴细胞之外，中心部位还会有一个比周围部位明亮的生发中心（也叫亮中心）。中型和大型的淋巴细胞在生发中心处进行分裂和增殖。

弥散淋巴组织和淋巴小结多分布在呼吸器官、消化器官的器官壁中。多个淋巴小结组成的结构叫集合淋巴小结，多分布在回肠中。

淋巴小结在固有层或黏膜下层集合形成了扁桃体。扁桃体有咽扁桃体（咽门侧壁处）、舌扁桃体（舌根部）、咽鼓管扁桃体（咽鼓管咽口附近）、腭扁桃体（咽喉后壁顶部）共4对。4对扁桃体围绕着咽喉呈环状排列，这一结构叫作咽淋巴环（Waldeyer淋巴环）。

咽淋巴环位于呼吸器官和消化器官之间，作用是抵挡"外敌"入侵。扁桃体只有可以分泌淋巴的淋巴管，没有能够吸收淋巴的淋巴管。黏膜上皮在淋巴小结之间下陷，形成扁桃体隐窝。

发挥过滤功能的淋巴结

淋巴结是淋巴小结构成的独立器官，是淋巴管的过滤器。它周围覆盖着纤维状的被膜，形似蚕豆。"蚕豆"凸起的一侧有很多相连的淋巴管，这些淋巴管都往淋巴结内输送淋巴液，所以也叫作输入淋巴管。

流入淋巴结的淋巴，在被膜下侧或淋巴小结内流动，途经"蚕豆"凹陷一侧的输出淋巴管，流出淋巴结。

在淋巴结内，巨噬细胞会包围吞噬淋巴中的异物、细菌和病毒。有时在巨噬细胞的刺激下，淋巴小结内的淋巴细胞会大量增殖。正常情况下，淋巴结长数毫米，但有大量细菌入侵时，淋巴细胞的增殖会非常活跃，淋巴结也会随之肿大至2~3cm，从皮肤外侧就能摸到。

淋巴进入毛细淋巴管后，首先会流经内脏附近和局部的淋巴结，接着穿过局部的淋巴管汇合部的淋巴结。这样反复，需要穿过多个淋巴结直至注入静脉。

脾脏——淋巴组织之一

脾脏也是淋巴小结聚集形成的独立器官。脾脏中不仅有淋巴小结，还有较粗的毛细血管。脾脏的主要功能是破坏老化的红细胞。被破坏的红细胞成分经过脾静脉、门静脉到达肝脏，然后被再次利用。

■脾脏

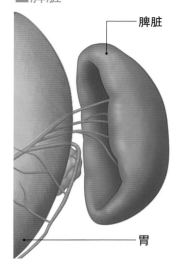

脾脏

脾脏位于左上腹部的胃的外侧，大小如同小孩的拳头。脾脏中的大部分组织是红脾髓，里边布满红细胞。此外，脾脏还分布着由淋巴小结构成的白脾髓。出生之前的胎儿的脾脏可以产生红细胞和白细胞。出生后，脾脏就丧失了这一功能。

胃

■淋巴管和淋巴结

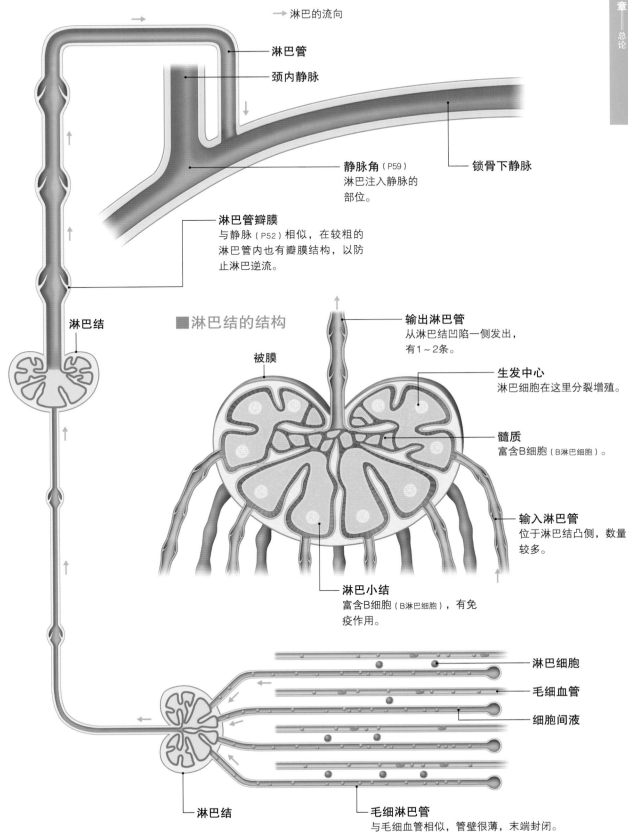

→ 淋巴的流向

淋巴管

颈内静脉

锁骨下静脉

静脉角（P59）
淋巴注入静脉的
部位。

淋巴管瓣膜
与静脉（P52）相似，在较粗的
淋巴管内也有瓣膜结构，以防
止淋巴逆流。

淋巴结

■淋巴结的结构

被膜

输出淋巴管
从淋巴结凹陷一侧发出，
有1~2条。

生发中心
淋巴细胞在这里分裂增殖。

髓质
富含B细胞（B淋巴细胞）。

输入淋巴管
位于淋巴结凸侧，数量
较多。

淋巴小结
富含B细胞（B淋巴细胞），有免
疫作用。

淋巴细胞

毛细血管

细胞间液

淋巴结

毛细淋巴管
与毛细血管相似，管壁很薄，末端封闭。

61

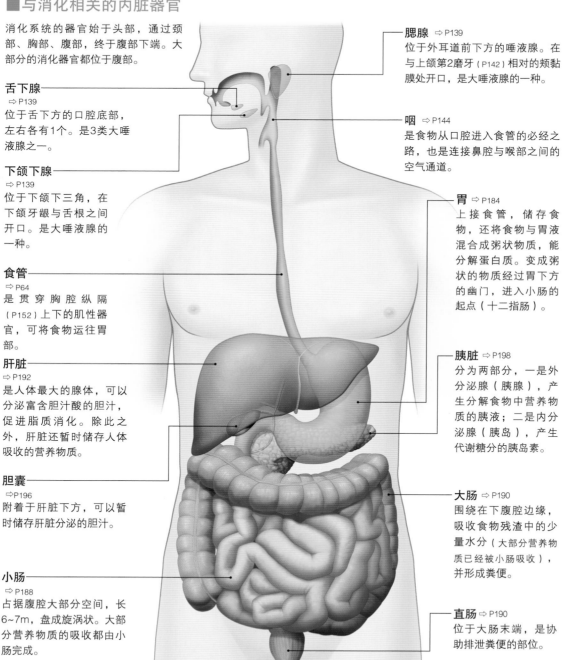

消化系统概述

人体内可以分解和消化食物的器官统称为消化系统。消化系统始于口，终于肛门。

■与消化相关的内脏器官

消化系统的器官始于头部，通过颈部、胸部、腹部，终于腹部下端。大部分的消化器官都位于腹部。

舌下腺 ⇨P139
位于舌下方的口腔底部，左右各有1个。是3类大唾液腺之一。

下颌下腺 ⇨P139
位于下颌下三角，在下颌牙龈与舌根之间开口。是大唾液腺的一种。

食管 ⇨P64
是贯穿胸腔纵隔（P152）上下的肌性器官，可将食物运往胃部。

肝脏 ⇨P192
是人体最大的腺体，可以分泌富含胆汁酸的胆汁，促进脂质消化。除此之外，肝脏还暂时储存人体吸收的营养物质。

胆囊 ⇨P196
附着于肝脏下方，可以暂时储存肝脏分泌的胆汁。

小肠 ⇨P188
占据腹腔大部分空间，长6~7m，盘成旋涡状。大部分营养物质的吸收都由小肠完成。

腮腺 ⇨P139
位于外耳道前下方的唾液腺。在与上颌第2磨牙（P142）相对的颊黏膜处开口，是大唾液腺的一种。

咽 ⇨P144
是食物从口腔进入食管的必经之路，也是连接鼻腔与喉部之间的空气通道。

胃 ⇨P184
上接食管，储存食物，还将食物与胃液混合成粥状物质，能分解蛋白质。变成粥状的物质经过胃下方的幽门，进入小肠的起点（十二指肠）。

胰脏 ⇨P198
分为两部分，一是外分泌腺（胰腺），产生分解食物中营养物质的胰液；二是内分泌腺（胰岛），产生代谢糖分的胰岛素。

大肠 ⇨P190
围绕在下腹腔边缘，吸收食物残渣中的少量水分（大部分营养物质已经被小肠吸收），并形成粪便。

直肠 ⇨P190
位于大肠末端，是协助排泄粪便的部位。

肛门 ⇨P190
消化管终点的出口。

消化管的结构

消化器官是从食物中摄取满足身体需求的营养物质的器官。将食物分解成消化管能吸收的形态，这一过程叫作**消化**；经消化分解后的营养物质被人体吸收，这一过程叫作**吸收**。

消化系统始于头部（口），止于腹部下端（肛门），贯穿躯干上下。从口到咽部一带，消化系统与呼吸系统、发声系统并存。

消化系统是由一条贯通食管到肛门的消化管，以及附属在消化管周围的各种消化腺构成的。消化腺除了分泌消化必需的酶，还分泌有助于消化的黏液和浆液，以及类似胆汁酸的**表面活性物质**。

大多数消化器官都与主动脉向腹侧发出的分支相连。从这些消化器官内流出的血液汇入到门静脉后，注入肝脏，经过毛细血管网（P53）汇入肝静脉，最后流入下腔静脉。

■注入腹部消化器官的动脉

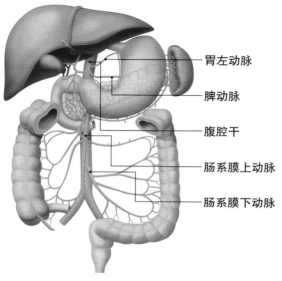

胃左动脉
脾动脉
腹腔干
肠系膜上动脉
肠系膜下动脉

腹主动脉向一侧发出3条分支（腹腔干、肠系膜上动脉、肠系膜下动脉）通向腹部消化器官。

■腹部消化器官的门静脉与其他静脉

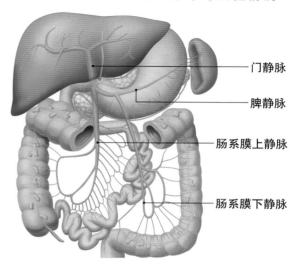

门静脉
脾静脉
肠系膜上静脉
肠系膜下静脉

来自腹部消化器官、胰脏和胃部的血液汇集在肠系膜上静脉、肠系膜下静脉和脾静脉中，然后汇入门静脉，再进入肝脏，并形成毛细血管网。

简明图解 **腹部消化器官的血管**　线条之中的●●代表名称发生变化，无标记的分叉处代表血管分支。

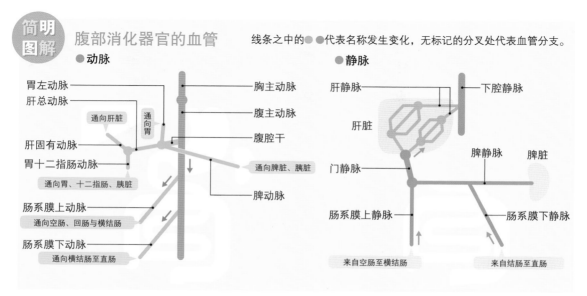

●动脉

胃左动脉
肝总动脉
通向肝脏
通向胃
肝固有动脉
胃十二指肠动脉
通向胃、十二指肠、胰脏
肠系膜上动脉
通向空肠、回肠与横结肠
肠系膜下动脉
通向横结肠至直肠

胸主动脉
腹主动脉
腹腔干
通向脾脏、胰脏
脾动脉

●静脉

肝静脉
肝脏
门静脉
肠系膜上静脉
来自空肠至横结肠

下腔静脉
脾静脉
脾脏
肠系膜下静脉
来自结肠至直肠

消化与吸收的奥秘

消化是将食物磨碎，再经由消化酶分解成为细小分子的过程。吸收是将消化后的食物分子吸收至体内的过程。

从口到肛门

人类食用肉类、大米、蔬菜等食物，包含着蛋白质、碳水化合物、脂肪等各种营养物质。但是，人体无法直接将这些食物原原本本地吸收。人体能吸收的是**氨基酸**（构成蛋白质）、**单糖类**（构成碳水化合物）以及脂肪酸和**甘油**等小分子。将食物中的营养物质分解成身体能吸收的小分子的过程叫**消化**。消化过的小分子进入身体的过程叫作**吸收**。

消化分为两个阶段：第一个阶段是将食物磨碎、搅拌成液态或粥状物质，这一阶段叫作**机械消化（物理消化）**；第二个阶段是在酶的作用下将食物分解，这一阶段叫作**化学消化**。通常来讲，在咀嚼环节，食物就会与唾液（P139）混合，在口腔中形成粥状物质。这一过程是机械消化。但是由于唾液中含有可以分解碳水化合物的酶（唾液淀粉酶等），所以也有一部分食物会在这一阶段进行化学消化。

粥状的食物被**吞咽**（P146）后，经过**咽部**和**食管**进入**胃**。咽部和食管只为食物提供一个通道，在这一环节并不进行任何消化。而当食物进入胃，随着胃部的蠕动作用，食物与胃液充分混合。食物既接受胃部蠕动的机械消化，也接受胃液中盐酸反应的化学消化。一部分蛋白质开始在消化酶的作用下被初步分解。食物在胃中变成悬浊液，逐渐进入小肠的起点——十二指肠。十二指肠里既有来自胰脏的各种消化酶，也有来自肝脏的胆汁。这些消化酶将蛋白质、脂质、碳水化合物进一步分解，其中脂质在被分解的同时，还被胆汁中的**胆汁酸**乳化。

小肠绒毛外侧的柱状细胞的表面上，长有许多突起的微绒毛（P189）。这些微绒毛的细胞膜，既可以分泌消化酶（将蛋白质与碳水化合物分解成氨基酸与单糖），又能够将氨基酸和单糖吸收进体内。被微绒毛吸收的氨基酸和糖类进入绒毛的毛细血管后，再被血液送往身体各处。脂质在乳化状态下，会直接扩散进入柱状细胞。在细胞内，被吸收的脂类与蛋白质结合，形成乳糜微粒，经胞吐排至细胞外，再经绒毛内的细淋巴管（中央乳糜管）进入淋巴系统。

食物纤维等无法消化的物质也无法被吸收，这些物质被运送至大肠内。大肠吸收了大部分剩余的水分，然后剩余的物质变成粪便，被排出体外。

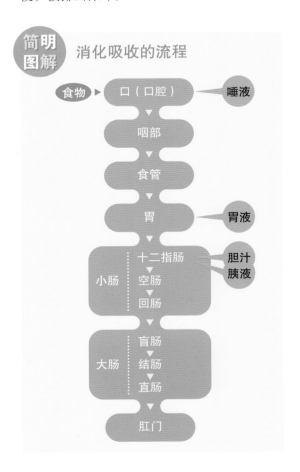

简明图解 消化吸收的流程

食物 ▶ 口（口腔）→ 唾液
↓
咽部
↓
食管
↓
胃 → 胃液
↓
十二指肠 → 胆汁 胰液
空肠
回肠
（小肠）
↓
盲肠
结肠
直肠
（大肠）
↓
肛门

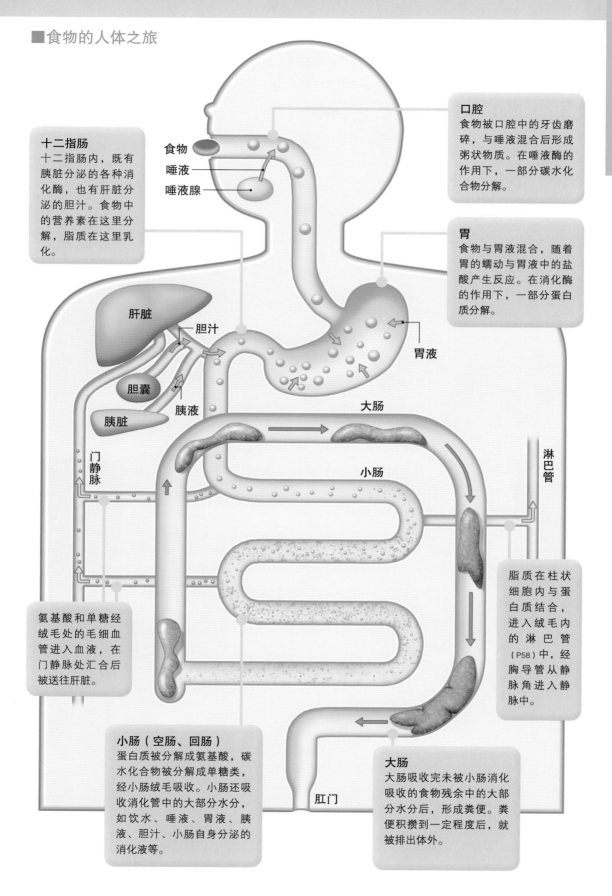

十二指肠
十二指肠内，既有胰脏分泌的各种消化酶，也有肝脏分泌的胆汁。食物中的营养素在这里分解，脂质在这里乳化。

食物
唾液
唾液腺

口腔
食物被口腔中的牙齿磨碎，与唾液混合后形成粥状物质。在唾液酶的作用下，一部分碳水化合物分解。

胃
食物与胃液混合，随着胃的蠕动与胃液中的盐酸产生反应。在消化酶的作用下，一部分蛋白质分解。

肝脏
胆汁
胆囊
胰脏
胰液
胃液

门静脉

大肠
小肠
淋巴管

脂质在柱状细胞内与蛋白质结合，进入绒毛内的淋巴管（P58）中，经胸导管从静脉角进入静脉中。

氨基酸和单糖经绒毛处的毛细血管进入血液，在门静脉处汇合后被送往肝脏。

小肠（空肠、回肠）
蛋白质被分解成氨基酸，碳水化合物被分解成单糖类，经小肠绒毛吸收。小肠还吸收消化管中的大部分水分，如饮水、唾液、胃液、胰液、胆汁、小肠自身分泌的消化液等。

肛门

大肠
大肠吸收完未被小肠消化吸收的食物残余中的大部分水分后，形成粪便。粪便积攒到一定程度后，就被排出体外。

消化管的运动

消化管壁有两层平滑肌，通过不断收缩与张弛运输食物，
并将食物充分混合。

消化管的位置关系与功能 ⇨P182
胃和十二指肠 ⇨P184
小肠的构造 ⇨P188

消化管蠕动的原理

消化管的管壁从内到外是**黏膜层**、**肌肉层**和**浆膜层**（**外膜**）。食管开始部分的肌肉层，是与咽喉部相连的骨骼肌，在下行的过程中，逐渐混入平滑肌。到食管下部1/3处，肌肉层全是平滑肌构成，直到直肠末端。肌肉层分为2种，内侧是**环形肌层**（包围消化管黏膜、与消化管走向垂直），外侧是**纵行肌层**（与消化管走向相同）。除了这两层，胃部还有呈倾斜走向的第3层肌肉层。

环形肌收缩时，相应部位的消化管就会变细；纵行肌收缩时，相应部分就会变粗。消化管的收缩是由**自主神经**（P88）支配，同时受两层肌肉层中间的神经丛的神经细胞调节。纵行肌近侧（距离口更近的一侧，P29）至远侧的环形肌依次收缩，就会将消化管中的食物推向远侧。这一过程看上去像是蚯蚓蠕动前进，因而得名**蠕动运动**。蠕动运动是消化管将食物运送至下一部位的运动，而且食管只能进行这样的运动。

■食管的剖面图

结构与消化管相同。其外膜与纵隔处的结缔组织相连。

外膜

纵行肌 ┐
环形肌 ┘ 肌肉层

黏膜下层
黏膜肌层
固有层
黏膜上皮 ┘ 黏膜层

■食管的蠕动运动

纵行肌收缩时，食管的相应位置变粗。当近侧的环形肌收缩时，位于该位置的食物就会被挤向远侧。这样反复进行的蠕动运动，食管里的食物就被送往胃部。即使人倒立，食物也会在蠕动运动的作用下正常前进而不会逆行。

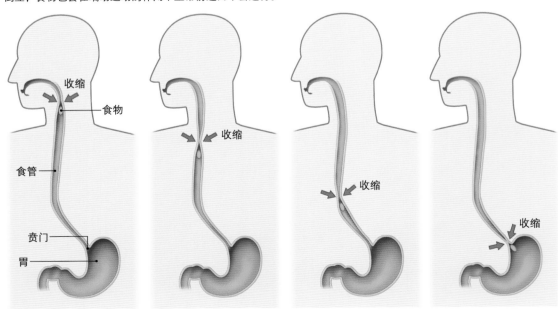

收缩
食物
食管
贲门
胃

收缩

收缩

收缩

分节运动和摆动

胃和小肠被食物填满后，环形肌和纵行肌会按照一定的节奏进行收缩。环形肌收缩的部分会变细，而纵行肌收缩的部分会变粗，食物就会在胃里左右摇摆，充分混合，或者被分解得更小。这一过程就叫作**分节运动**。

消化管中，纵行肌收缩和张弛的位置会前后变动，消化管的各个部位就会随着活动而伸缩，食物也会随着移动并充分搅拌。这种令食物像振子一样左右移动的消化道运动叫作**紧张性收缩**。

消化管通过这些运动，促进食物的消化并提高营养吸收的效率。

■胃的蠕动运动

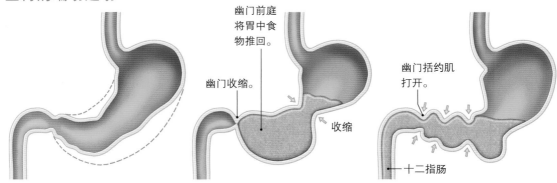

空腹时的胃。虽然胃中没有食物，但胃壁也会蠕动。蠕动产生的收缩波可以清洁胃部。

食物进入胃部，通过搅拌不断消化，从胃大弯上部到幽门之间进行蠕动运动。幽门括约肌（P185）处于关闭状态，使内容物不能通过。

幽门括约肌打开，胃中消化物被送往十二指肠。由于消化物有强酸性，所以幽门括约肌会进行调节，不能一次输送过多。

■小肠的分节运动

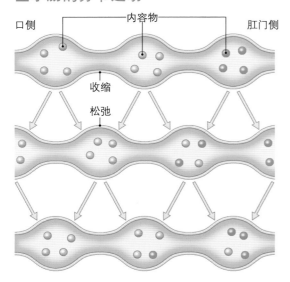

纵行肌和环形肌交替收缩，变细的部位前后移动，就像手握紧放松管子般。在此过程中，小肠里的消化物充分混合搅拌。

■小肠的摆动运动

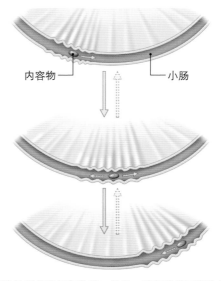

有些部位的纵行肌反复收缩、松弛，该部位就不断变长、变短，消化物就一会儿向左、一会儿向右运动，就向振子运动一样，将消化物充分搅拌。

呼吸系统概述

呼吸系统由空气的通道气管和进行气体交换的肺泡组成。
肺部有无数条支气管，并与肺泡相连。

鼻子的构造 ⇨ P134
咽喉的构造 ⇨ P144
肺的构造 ⇨ P154
呼吸的奥秘 ⇨ P156
气体交换的奥秘 ⇨ P158

从鼻孔到肺泡

　　呼吸道和**肺**是构成呼吸系统的两大要素。气管是空气进出的通道，肺泡是血液排出二氧化碳、获得新氧气的场所。气管的入口是**鼻前孔**，鼻前孔后方为**鼻腔**，鼻腔与上

咽部（鼻咽）相通。咽部既是空气的通道，也是食物的通道（P139）。但是在喉部的调节下，可以使空气和食物各行其道，不会乱走。喉部的入口（**喉口**）处有一个小盖子，名叫**会厌**。会厌平时是打开状态，可以让空

■呼吸器官图示

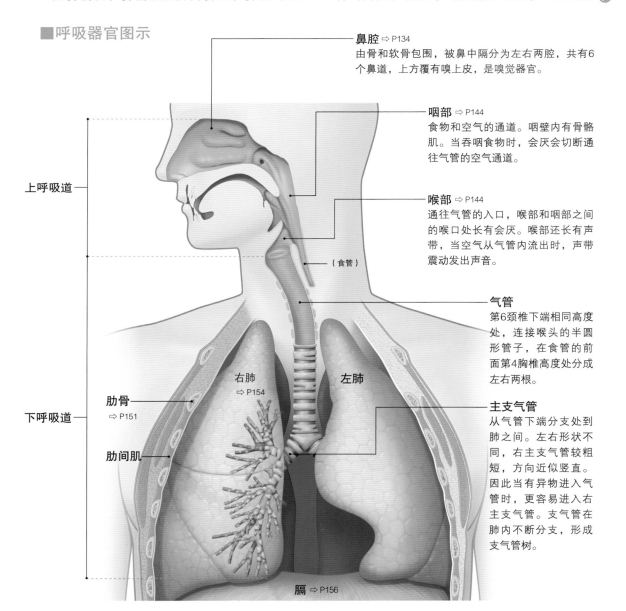

鼻腔 ⇨ P134
由骨和软骨包围，被鼻中隔分为左右两腔，共有6个鼻道，上方覆有嗅上皮，是嗅觉器官。

咽部 ⇨ P144
食物和空气的通道。咽壁内有骨骼肌。当吞咽食物时，会厌会切断通往气管的空气通道。

喉部 ⇨ P144
通往气管的入口，喉部和咽部之间的喉口处长有会厌。喉部还长有声带，当空气从气管内流出时，声带震动发出声音。

气管
第6颈椎下端相同高度处，连接喉头的半圆形管子，在食管的前面第4胸椎高度处分成左右两根。

主支气管
从气管下端分支处到肺之间。左右形状不同，右主支气管较粗短，方向近似竖直。因此当有异物进入气管时，更容易进入右主支气管。支气管在肺内不断分支，形成支气管树。

上呼吸道

下呼吸道

（食管）

右肺 ⇨ P154

左肺

肋骨 ⇨ P151

肋间肌

膈 ⇨ P156

气通过。但是，吞咽食物或唾液时，会厌就会盖住喉上口，防止食物等进入气管（P146）。

与喉相连的气管，在末端分成左右两根**主支气管**。主支气管经**肺门**（P154）进入肺部，然后分支出**叶支气管**（通向各肺叶），再分支出**段支气管**（通向各个区域），随后又继续分支变细，形成**细支气管**与**终末细支气管**。这种像树枝一样的分支系统叫**支气管树**。终末细支气管末端连接着**呼吸性细支气管**和**肺泡管**（由于太小，在下图中并未标出），最后通向**肺泡囊**。呼吸细支气管以下的支气管的管壁上有许多叫作**肺泡**的小囊泡。

鼻腔壁是由骨骼构成的。从喉部至细支气

管部分是软骨，可以防止管腔关闭。气管内壁黏膜上分布着**杯状细胞**，可以分泌黏液，上皮细胞上有**纤毛**。覆盖黏膜的黏液可以吸附空气中的灰尘和尘埃，在纤毛运动的带动下，将黏液往鼻腔的咽部方向、气管和支气管的喉部方向运送，最后排出体外。

喉头的侧壁有黏膜皱襞，空气经过喉头时，皱襞就会震动发出声音，因此得名**声襞**（**声带**）。左右声襞之间是**声门**。通过声襞，声门一开一合，就可以发出各种各样的声音（P145）。声襞震动发出的声音与咽部、口腔、鼻腔产生共鸣，就变成了人声。同时，声襞也是上气道和下气道的分界线。

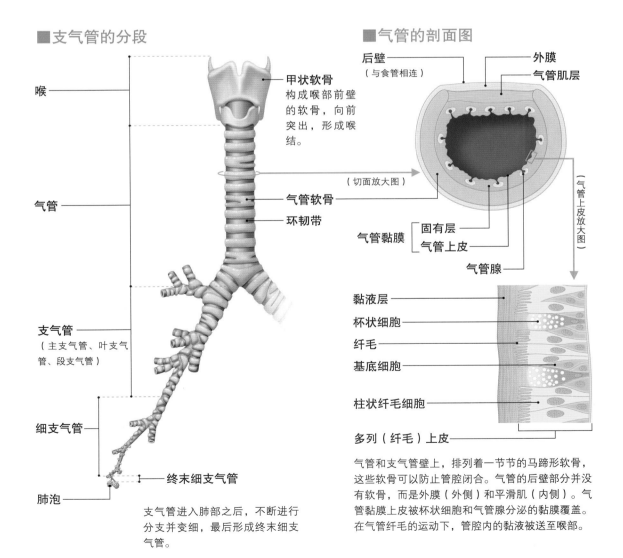

■支气管的分段

喉

气管

支气管
（主支气管、叶支气管、段支气管）

细支气管

终末细支气管

肺泡

甲状软骨
构成喉部前壁的软骨，向前突出，形成喉结。

气管软骨

环韧带

支气管进入肺部之后，不断进行分支并变细，最后形成终末细支气管。

■气管的剖面图

后壁
（与食管相连）

外膜

气管肌层

（切面放大图）

气管黏膜
固有层
气管上皮

气管腺

（气管上皮放大图）

黏液层

杯状细胞

纤毛

基底细胞

柱状纤毛细胞

多列（纤毛）上皮

气管和支气管壁上，排列着一节节的马蹄形软骨，这些软骨可以防止管腔闭合。气管的后壁部分并没有软骨，而是外膜（外侧）和平滑肌（内侧）。气管黏膜上皮被杯状细胞和气管腺分泌的黏膜覆盖。在气管纤毛的运动下，管腔内的黏液被送至喉部。

泌尿生殖系统概述

泌尿器官是将血液中不需要的物质排出体外的器官。
生殖器官是产生生殖细胞以繁衍后代的器官。
两者关系颇深，因此大多数情况下，可以将两者看成一体。

肾脏的构造 ⇨P200
膀胱与排尿反射 ⇨P204
男性生殖器 ⇨P206、208
女性生殖器 ⇨P210、212

■男性泌尿系统全貌

从身体左右两侧的肾脏发出的输尿管，先到达膀胱，再从尿道内口出发，越过前
列腺后，通过阴茎到达尿道外口。

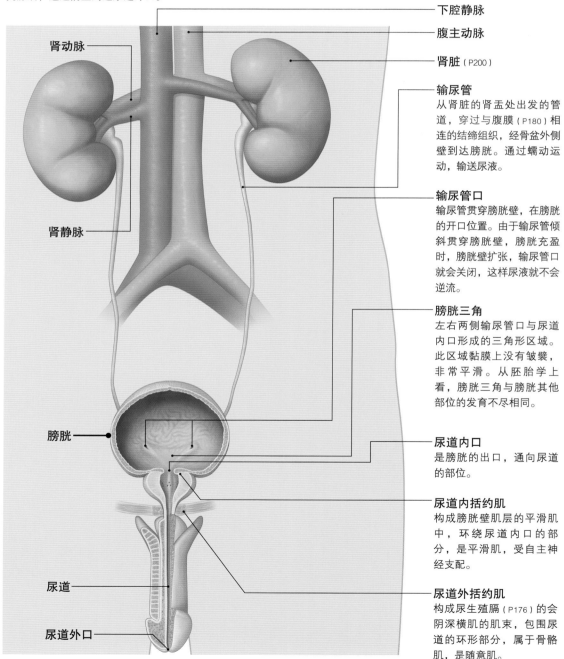

下腔静脉

腹主动脉

肾脏（P200）

输尿管
从肾脏的肾盂处出发的管道，穿过与腹膜（P180）相连的结缔组织，经骨盆外侧壁到达膀胱。通过蠕动运动，输送尿液。

输尿管口
输尿管贯穿膀胱壁，在膀胱的开口位置。由于输尿管倾斜贯穿膀胱壁，膀胱充盈时，膀胱壁扩张，输尿管口就会关闭，这样尿液就不会逆流。

膀胱三角
左右两侧输尿管口与尿道内口形成的三角形区域。此区域黏膜上没有皱襞，非常平滑。从胚胎学上看，膀胱三角与膀胱其他部位的发育不尽相同。

尿道内口
是膀胱的出口，通向尿道的部位。

尿道内括约肌
构成膀胱壁肌层的平滑肌中，环绕尿道内口的部分，是平滑肌，受自主神经支配。

尿道外括约肌
构成尿生殖膈（P176）的会阴深横肌的肌束，包围尿道的环形部分，属于骨骼肌，是随意肌。

肾动脉

肾静脉

膀胱

尿道

尿道外口

泌尿器官和生殖器官

医学中常把泌尿器官和生殖器官合为一体。这是因为在胚胎形成过程中，原始的一部分泌尿器官分化成了生殖器官，像男性的尿道属于泌尿器官，但同时也是生殖器官。

泌尿器官是将人体不需要的物质排出体外的器官，包括**肾脏**（生产尿液）、**输尿管**（输送尿液）、**膀胱**（暂存尿液）、**尿道**（将尿液排出体外）。其中输尿管、膀胱、尿道合称为**尿路**。

生殖器官是制造生殖细胞，以繁衍新生命的器官。人类有男女之分，所以人类的生殖属于有性生殖。男女之间不仅生产**生殖细胞**（包括精子和卵子）的**性腺**不同，整体的生殖系统也各不相同。

另外，根据胚胎学的发育观点和功能，生殖器官分为**外生殖器**与**内生殖器**。外生殖器是从体表可以看得到的生殖器官，是性交时使用的器官。内生殖器是生产、输送生殖细胞的器官，也是受精卵着床发育的器官。

男性的外生殖器包括**阴茎**和**阴囊**，内生殖器包括**睾丸**、**附睾**、**输精管**、**前列腺**和**尿道球腺**。

女性的外生殖器包括**大阴唇**、**小阴唇**和**阴蒂**，内生殖器包括**卵巢**、**输卵管**、**子宫**和**阴道**。

■男性的尿路

男性的尿道较长，呈翻转的"S"形。尿道穿过前列腺后，通过阴茎，最后通向尿道外口。射精管在前列腺处与尿道汇合。

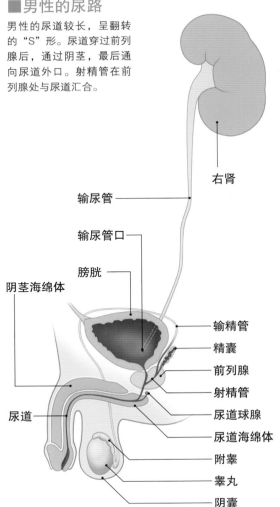

- 右肾
- 输尿管
- 输尿管口
- 膀胱
- 阴茎海绵体
- 输精管
- 精囊
- 前列腺
- 射精管
- 尿道球腺
- 尿道
- 尿道海绵体
- 附睾
- 睾丸
- 阴囊

■女性的尿路

女性的尿道较短，几乎没有弯曲，开口于阴道前庭。因此细菌容易入侵，引发膀胱炎。

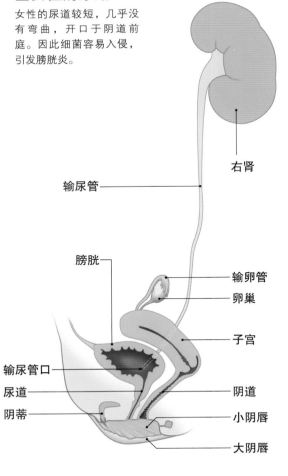

- 右肾
- 输尿管
- 膀胱
- 输卵管
- 卵巢
- 子宫
- 输尿管口
- 尿道
- 阴蒂
- 阴道
- 小阴唇
- 大阴唇

内分泌系统概述——①

人体内作用于特定脏器的物质叫作激素，可以分泌激素的器官叫作
内分泌腺。激素可以调节各种器官的功能。

内分泌系统概述②⇨P74
主要的消化管激素⇨P187
胰脏的构造与功能⇨P198
睾丸⇨P208
卵巢⇨P210

内分泌系统是什么？

外分泌腺产生的物质是排出体外的，与此相对，一部分腺体产生的物质会排放在细胞周围，不会被排出体外。这些物质通过毛细血管进入到血液中，随着血液流动循环到全身。这些物质只对特定器官产生作用，这些物质就叫作**激素**。分泌激素的细胞叫作**内分泌细胞**，内分泌细胞所属的腺体叫作**内分泌腺**。接受特定激素作用的器官叫作该激素的**靶器官**。

人体中有多个内分泌腺，大体可以分为两类：一类独立于其他器官，只具有内分泌功能，如**脑垂体**、**松果体**、**甲状腺**、**甲状旁腺**、**肾上腺**等；另一类内分泌腺则存在于其他器官中，如**胰岛**（存在于胰脏中）、**性激素分泌细胞**（存在于卵巢和睾丸中）、**消化管激素分泌细胞**（存在于消化管中）、**激素分泌细胞**（存在于心脏和肾脏中）等。

按照化学成分分类，激素包括**肽类激素**（含有蛋白质或者少数氨基酸与肽结合而成）、**氨基酸激素**（由氨基酸变化而成）、**类固醇激素**（由像胆固醇一样的类固醇构成）等。每一种激素都有自己的靶器官，与靶器官中的受体结合，激素就能发挥作用。

简明图解 内分泌腺和外分泌腺

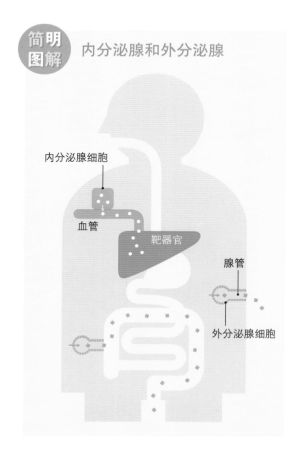

内分泌腺细胞

血管

靶器官

腺管

外分泌腺细胞

■肾上腺的剖面图

肾上腺也叫副肾，是位于肾脏上部的内分泌器官。肾上腺的皮质分泌类固醇激素，髓质分泌氨基酸激素，两者都是内分泌腺。

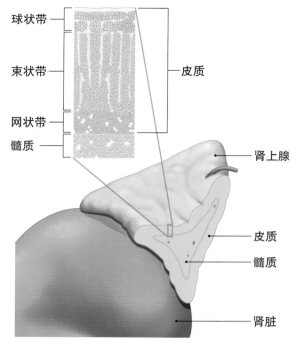

球状带

束状带

网状带

髓质

皮质

肾上腺

皮质

髓质

肾脏

■人体主要的内分泌器官和激素的作用

（脑垂体分泌的激素请参照下一页。）

脑垂体

甲状腺
[滤泡上皮细胞]
● 甲状腺素、三碘甲状腺原氨酸
促进全身细胞代谢。

[滤泡旁细胞]
● 降钙素
促进骨骼的形成，促进Ca²⁺的排泄，降低血液中Ca²⁺浓度。

甲状旁腺
● 甲状旁腺素（PTH）
活化破骨细胞，提高血液中Ca²⁺的浓度。

肾上腺皮质
[球状带]
● 盐皮质激素（醛固酮）
促进Na⁺的再吸收、K⁺的排泄，调节体液量。

[束状带]
● 糖皮质激素（皮质醇）
促进糖的合成、提高血糖值，有消炎等作用。

[网状带]
● 雄性激素

肾上腺髓质
● 肾上腺素
分解肝糖原，提升血糖值，促进代谢。

● 去甲肾上腺素
促进末梢血管收缩，提高血压。

卵巢
● 雌性激素（卵泡激素）
激发第二性征，促进卵泡成熟。

● 孕激素（黄体酮）
促进子宫腺的分泌，促进受精卵的着床和发育。

松果体
● 褪黑激素
抑制促性腺激素的分泌。

胸腺
● 胸腺激素
促进T细胞的发育成熟。

心脏
● 心房钠尿肽
促进尿液形成，促进排泄。

胃 [幽门腺]
● 促胃液素
促进胃酸分泌。

胰脏
[胰岛α（A）细胞]
● 胰高血糖素
促进肝糖原分解，提高血糖值。

[胰岛β（B）细胞]
● 胰岛素
促进糖的吸收，促进肝糖原合成，降低血糖值。

[胰岛δ（D）细胞]
● 生长抑素
抑制胰岛素和高血糖素的分泌。

肾脏
● 红细胞生成素
促进红细胞生成。

● 肾素
促进分解血液中血管紧张素，促进血管收缩和盐皮质激素的分泌，升高血压（严格来讲肾素并不是激素，而是一种酶）。

十二指肠
● 促胰液素
促进碱性胰液的分泌。

● 胆囊收缩素（肠促胰酶素）
促进富含消化酶的胰液的分泌。

睾丸
● 睾酮
促进第二性征发育，促进精子、蛋白质生成，促进骨骼肌生长。

内分泌系统概述——②

激素的分泌既不能过多，也不能过少，需要根据靶器官的具体情况来调节。这一调节过程就叫作反馈调节。

内分泌系统概述①⇨P72
脑的内部构造⇨P118
睾丸⇨P208
卵巢⇨P210

■脑垂体分泌的激素及作用

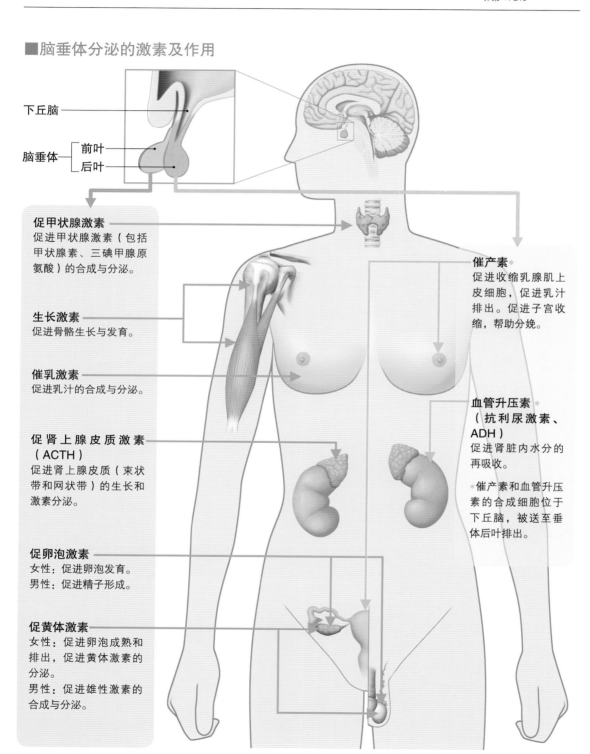

下丘脑

脑垂体 { 前叶 后叶 }

促甲状腺激素
促进甲状腺激素（包括甲状腺素、三碘甲腺原氨酸）的合成与分泌。

生长激素
促进骨骼生长与发育。

催乳激素
促进乳汁的合成与分泌。

促肾上腺皮质激素（ACTH）
促进肾上腺皮质（束状带和网状带）的生长和激素分泌。

促卵泡激素
女性：促进卵泡发育。
男性：促进精子形成。

促黄体激素
女性：促进卵泡成熟和排出，促进黄体激素的分泌。
男性：促进雄性激素的合成与分泌。

催产素＊
促进收缩乳腺肌上皮细胞，促进乳汁排出。促进子宫收缩，帮助分娩。

血管升压素＊
（抗利尿激素、ADH）
促进肾脏内水分的再吸收。

＊催产素和血管升压素的合成细胞位于下丘脑，被送至垂体后叶排出。

简明图解 负反馈调节

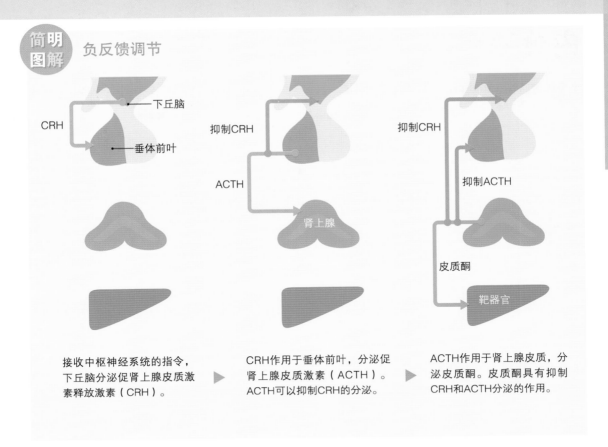

接收中枢神经系统的指令，下丘脑分泌促肾上腺皮质激素释放激素（CRH）。

▶ CRH作用于垂体前叶，分泌促肾上腺皮质激素（ACTH）。ACTH可以抑制CRH的分泌。

▶ ACTH作用于肾上腺皮质，分泌皮质酮。皮质酮具有抑制CRH和ACTH分泌的作用。

激素维持身体环境平衡

　　激素可以调整靶器官的机能，还可以保持人体环境的平衡。靶器官机能减弱时，相应激素的分泌量就会增加；反之，靶器官机能过于亢奋时，激素的分泌量就会减少。人体通过调节激素分泌量，保持靶器官的机能平衡。像这种根据结果调节激素分泌的机制叫作**反馈调节**。其中，器官工作亢奋时进行抑制的调节，叫作**负反馈调节**。

　　例如，脑垂体前叶分泌的ACTH（促肾上腺激素）的量，受下丘脑分泌的CRH（促肾上腺皮质激素释放激素）的影响。ACTH不仅作用于肾上腺皮质，还作用于下丘脑，抑制CRH的分泌。ACTH促进肾上腺皮质酮的分泌，皮质酮不仅促进靶器官机能亢奋，还抑制CRH和ACTH的分泌。如果皮质酮的分泌量增加，受其影响，ACTH的分泌量降低。理论上来说，

ACTH的分泌量降低，会减弱对CRH分泌的抑制，CRH的分泌量会上升。但实际上，比起ACTH下降对CRH上升的影响，皮质酮对CRH的抑制更有效，因此CRH、ACTH以及皮质酮的分泌量都会减少。

　　胰脏中的胰岛，可以调节血液中的血糖值（葡萄糖的含量）。其分泌的胰岛素可以降低血糖值，胰高血糖素可以提高血糖值。人体血糖值较高时，胰岛素分泌增加，促使血糖值下降；人体血糖值较低时，胰高血糖素分泌增加，促进血糖值回升。

　　如果只看这两个过程，胰岛素和胰高血糖素就会无限增加。但事实上，人体还分泌一种生长抑素（生长素抑制因子），可以抑制这两种激素的分泌，通过负反馈调节，调节胰岛素和胰高血糖素的分泌量。

中枢神经系统与周围神经系统

神经系统分为中枢神经系统与周围神经系统。
周围神经系统根据功能不同，还可以进一步分类。

神经系统的分类

神经系统是感知人体内外的状况，并做出适当反应的器官。神经系统遍布全身，包括**周围神经系统**（感知人体内外状况、使肌肉收缩）和**中枢神经系统**（收集并处理周围神经系统送来的信息、决定身体反应）。

中枢神经系统受到颅骨和脊柱的保护，其中颅腔（P27）内的是**脑**，椎管内的是**脊髓**。脑分为**大脑半球**（端脑）、**间脑**、**中脑**、**小脑**、**脑桥**、**延髓**；脊髓分为**颈髓**、**胸髓**、**腰髓**、**骶髓**。

周围神经系统的名称，与它们和中枢神经系统相连的部位有关，如**脑神经**（与大脑相连）、**脊神经**（与脊髓相连）。

周围神经分为**躯体神经**（与意识和行动相关）和**自主神经**（不受意志控制、可以调节内脏工作）。躯体神经中又分为**感觉神经**（将身体各感觉器官的信息传递给中枢神经系统）和**运动神经**（传递来自中枢神经的刺激并控制肌肉收缩）。

自主神经主要分布在内脏中，维持内脏的工作，分为**交感神经**与**副交感神经**。交感神经主要让身体处于紧张或兴奋状态，对周围状况迅速作出反应；副交感神经则主要激活内脏机能，使身体得到休养。

周围神经系统中，负责各种功能的神经交错混杂，我们有必要弄清它们的主要功能。另外，属于周围神经系统的脊神经中，**颈神经**、**第1胸神经**、**脊神经和骶神经**的前支不断分支合并，形成了分布在身体末梢的**神经丛**。

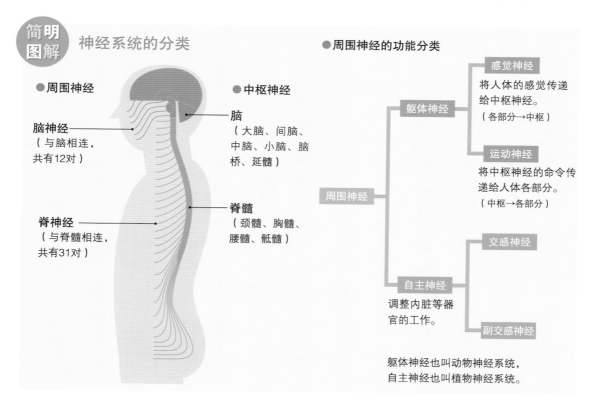

简明图解　神经系统的分类

●周围神经　　　　　　●中枢神经

脑神经
（与脑相连，
共有12对）

脊神经
（与脊髓相连，
共有31对）

脑
（大脑、间脑、
中脑、小脑、脑
桥、延髓）

脊髓
（颈髓、胸髓、
腰髓、骶髓）

●周围神经的功能分类

感觉神经
将人体的感觉传递给中枢神经。
（各部分→中枢）

躯体神经

运动神经
将中枢神经的命令传递给人体各部分。
（中枢→各部分）

周围神经

交感神经

自主神经
调整内脏等器官的工作。

副交感神经

躯体神经也叫动物神经系统，
自主神经也叫植物神经系统。

■ 人体主要的神经

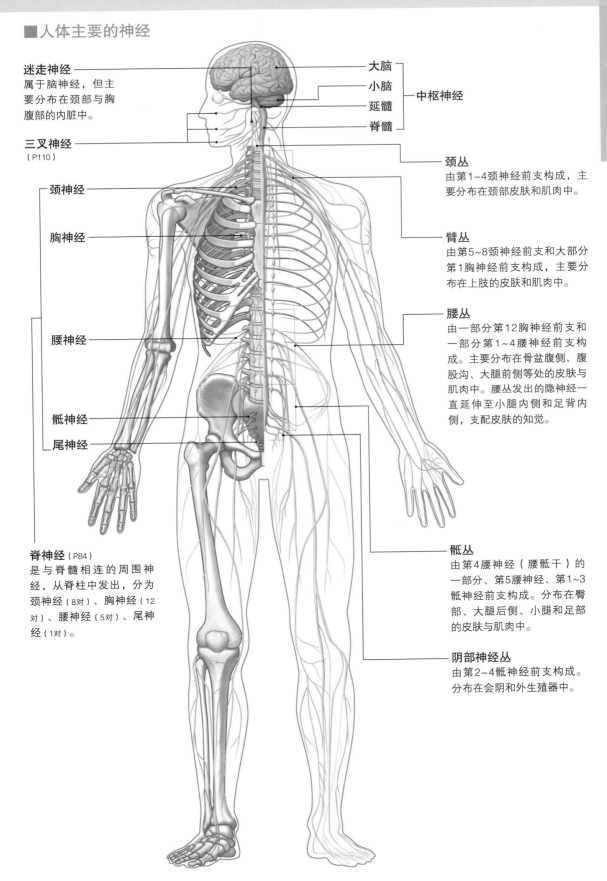

迷走神经
属于脑神经，但主要分布在颈部与胸腹部的内脏中。

三叉神经
（P110）

颈神经

胸神经

腰神经

骶神经

尾神经

大脑
小脑 ┐
延髓 ├ **中枢神经**
脊髓 ┘

颈丛
由第1~4颈神经前支构成，主要分布在颈部皮肤和肌肉中。

臂丛
由第5~8颈神经前支和大部分第1胸神经前支构成，主要分布在上肢的皮肤和肌肉中。

腰丛
由一部分第12胸神经前支和一部分第1~4腰神经前支构成。主要分布在骨盆腹侧、腹股沟、大腿前侧等处的皮肤与肌肉中。腰丛发出的隐神经一直延伸至小腿内侧和足背内侧，支配皮肤的知觉。

脊神经（P84）
是与脊髓相连的周围神经，从脊柱中发出，分为颈神经（8对）、胸神经（12对）、腰神经（5对）、尾神经（1对）。

骶丛
由第4腰神经（腰骶干）的一部分、第5腰神经、第1~3骶神经前支构成。分布在臀部、大腿后侧、小腿和足部的皮肤与肌肉中。

阴部神经丛
由第2~4骶神经前支构成。分布在会阴和外生殖器中。

神经的奥秘

神经细胞由胞体和细胞突起构成。较长的细胞突起叫神经纤维。在中枢神经系统中，胞体聚集的部分叫作灰质，神经纤维聚集的部分叫作白质。

中枢神经系统与周围神经系统 ⇨P76
脊神经的奥秘 ⇨P84
运动神经和感觉神经 ⇨P86
自主神经系统 ⇨P88
脑的内部构造 ⇨P118

■神经细胞（神经元）的构造

根据胞体形状、突起的条数和分布不同，神经元可以分为双极神经元、假单极神经元和多极神经元（下图）3种。

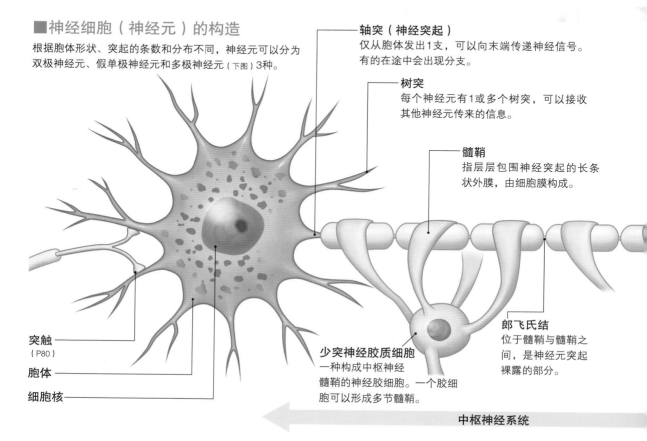

轴突（神经突起）
仅从胞体发出1支，可以向末端传递神经信号。有的在途中会出现分支。

树突
每个神经元有1或多个树突，可以接收其他神经元传来的信息。

髓鞘
指层层包围神经突起的长条状外膜，由细胞膜构成。

郎飞氏结
位于髓鞘与髓鞘之间，是神经元突起裸露的部分。

少突神经胶质细胞
一种构成中枢神经髓鞘的神经胶细胞。一个胶细胞可以形成多节髓鞘。

突触
（P80）

胞体

细胞核

中枢神经系统

神经细胞的结构

神经细胞也叫**神经元**。神经细胞的**细胞核**及其周围的**细胞质**合称为**胞体**。

神经细胞的突起分为**树突**和**轴突**（**神经突起**）。树突较短，有分支，数量较多；轴突只有1根，长度较长，分支较少。树突与其他神经细胞的轴突末端相连，接触部位叫作**突触**。轴突和树突中，较长的叫作**神经纤维**。

神经纤维的外侧包裹着鞘。鞘分两种，一种叫作**髓鞘**（由多层少突神经胶质细胞和施万细胞的细胞膜重叠形成），另一种叫作**施万鞘**（由施万细胞的细胞质形成）。

髓鞘包裹的神经纤维是**有髓纤维**，施万鞘包裹的是**有鞘纤维**。由于施万鞘只存在于周围神经系统中，所以中枢神经系统中都是**有髓无鞘纤维**，周围神经系统才存在有鞘纤维。

在中枢神经系统中，神经纤维的髓鞘由少突胶质细胞构成。1个少突胶质细胞对应多个突起，形成髓鞘。在周围神经系统中，根据是否有施万细胞，神经纤维分为**有髓有鞘神经纤维**、**无髓有鞘神经纤维**。有髓有鞘神经纤维的1个施万细胞仅对应1条神经突起，而无髓有鞘神经纤维的1个施万细胞会对应多条神经突起。

■周围神经中的有髓有鞘神经纤维

轴突周围有施万细胞包裹。

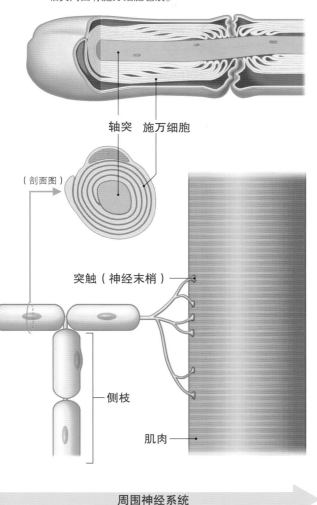

轴突　施万细胞

（剖面图）

突触（神经末梢）

侧枝

肌肉

周围神经系统

神经纤维的末端会有多个分支，叫作**神经末梢**。神经末梢一般与另一个神经元的胞体或与肌肉等处的感受器官相连。

灰质和白质

神经细胞大多聚集在一起。中枢神经系统中，胞体聚集的区域叫作**灰质**，神经纤维聚集的区域叫作**白质**。白质中的岛状的灰质叫作**神经核**，比如大脑髓质（属于白质）中的基底核。白质和灰质混合的部分叫作**网状结构**，如脑干等。

周围神经系统中，胞体聚集的区域叫作**神经节**，神经纤维聚集的区域也就是我们平时所说的**神经**。神经节中有**感觉神经**（P86）和**自主神经**（P88）的起点。

感觉神经上有一条长长的树突和轴突，但神经节上没有突触。从末梢传来的感觉，通过一个神经元传达到中枢神经系统中。自主神经的神经细胞是**多极神经细胞**。构成神经节的胞体周围有许多短小的树突，并长有突触。

从中枢神经系统发出的神经纤维，通过神经节上的突触，向下一个神经细胞的神经纤维传递刺激。由于前者位于神经节之前，所以叫作**节前纤维**，而后者叫作**节后纤维**。

专栏 灰质与白质

中枢神经系统中，胞体聚集的区域叫作灰质，而神经纤维聚集的区域叫作白质。大脑与小脑表层皮质就属于灰质，内侧的髓质则是白质。与此相反，脊髓的皮质是白质，而髓质是灰质。

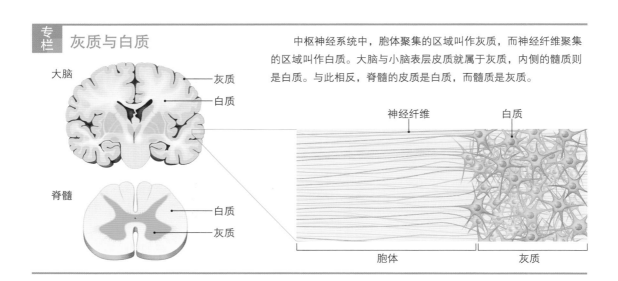

大脑　灰质　白质

脊髓　白质　灰质

神经纤维　白质

胞体　灰质

神经传导的奥秘

神经细胞中的电刺激通过轴突传递。轴突末端与另一神经细胞的结合部位叫作突触，在化学物质的作用下，电刺激可以经突触传递至下一神经细胞。

神经的奥秘⇨P78

离子与细胞内外的电位差

人体内的钠、钾等元素，是以带电离子的形式存在的。

人体内细胞的**细胞膜**上，长有可以让特定离子通过的孔（通道）。在一般情况下，钾离子的通道是开放的，所以钾离子（K^+）容易通过；而钠离子（Na^+）和钙离子（Ca^{2+}）的通道是关闭的，所以钠离子和钙离子难以通过。

人体细胞内外的 Na^+、K^+、Ca^{2+}、氯离子（Cl^-）、磷酸氢根离子（HPO_4^{2-}）的分布不均匀，一般细胞外 Na^+ 和 Cl^- 较多，细胞内 K^+ 和 HPO_4^{2-} 较多。具有正极电荷的 K^+ 由浓度较高的方向（细胞内）向较低的方向（细胞外）流动，所以细胞内与细胞外相比，带负电较多。

轴突内的刺激传导

神经细胞的轴突也不例外。由于轴突内部带有负电，通常关闭的离子通道打开，细 🗷

■神经细胞中的刺激传导

【无髓纤维】

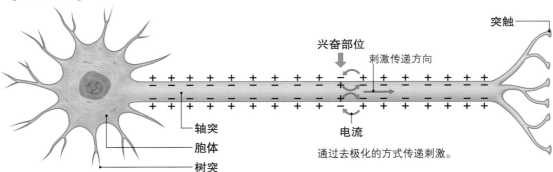

兴奋部位
刺激传递方向
突触

轴突
胞体
树突

电流

通过去极化的方式传递刺激。

【有髓纤维】

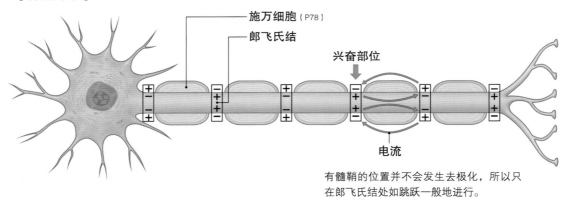

施万细胞（P78）
郎飞氏结
兴奋部位

电流

有髓鞘的位置并不会发生去极化，所以只在郎飞氏结处如跳跃一般地进行。

■突触处的刺激传导

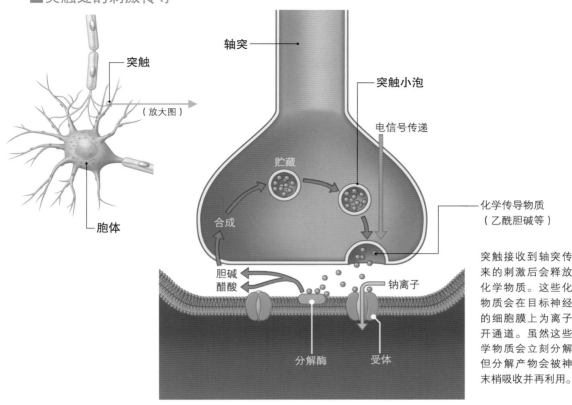

轴突

突触小泡

电信号传递

突触

（放大图）

贮藏

合成

化学传导物质
（乙酰胆碱等）

胞体

胆碱
醋酸

钠离子

分解酶

受体

突触接收到轴突传递
来的刺激后会释放出
化学物质。这些化学
物质会在目标神经元
的细胞膜上为离子打
开通道。虽然这些化
学物质会立刻分解，
但分解产物会被神经
末梢吸收并再利用。

胞内的负电减弱。当达到一定值（阈值）时，Na⁺的通道就会打开，大量Na⁺从轴突外涌入，这一过程叫作**去极化**。这种情况下，轴突内的正电离子增加，带有正电。

接着，K⁺的通道打开，K⁺从轴突内涌出，轴突内变成负电。但是这样一来，轴突内外的Na⁺与K⁺的集会与原先不同，为了维持平衡，轴突内部的Na⁺会再次排出，而轴突外的K⁺会再次吸纳，恢复到原来的状态。

轴突的某些部位由于Na⁺流入，带正电，因为周围部位都带负电，正电和负电之间产生电流，负电程度随之变低。如果负电程度达到临界值，这个部位就会发生去极化，带动相邻的部位也产生去极化。

但是，轴突内外发生去极化的部位，Na⁺和K⁺的平衡会被破坏，在Na⁺和K⁺浓度恢复正常前，该部位不会再次去极化。因此，去极

化的发生位置不会逆转，只会沿着轴突的方向依次传导。去极化依次传导的过程就叫作**刺激传导**。

由于**有髓纤维**（P78）的轴突之外紧密包裹着髓鞘，其内部是无法与外部的离子接触。因此去极化的过程会跨越髓鞘，在郎飞氏结的部位发生。

这种刺激会一直向轴突末端传递，但是轴突末端无法传导电荷，所以置换成化学物质来传递信号。轴突末端为了应对刺激，会释放出乙酰胆碱等化学物质。下一个神经元的细胞膜内有与乙酰胆碱结合的部位，该部位与乙酰胆碱结合时，该部位的负电就变低，离子通道就会打开。

这一过程不断传递，一直传到轴突起点，再次发生去极化，刺激就会继续传递。

脑神经的奥秘

与脑相连的周围神经叫作脑神经。
脑神经的神经纤维中，有感觉神经、运动神经
与副交感神经等多种。

中枢神经系统与周围神经系统 ⇨P76　　头部的神经 ⇨P110
运动神经和感觉神经 ⇨P86　　　　　　脑的结构 ⇨P116
自主神经系统 ⇨P88　　　　　　　　　小脑与脑干的构造 ⇨P120

与脑相连的周围神经

　　脑神经是与脑相连的周围神经，一共有12对。根据位置的不同，按从前到后的顺序从 I 至 XII 编号。容纳大脑的头部上还有眼、耳、鼻、舌等许多特殊的感觉器官。这些特殊感觉器官的感觉和普通的皮肤感觉，都受**感觉神经**的支配。除了感觉神经，脑神经还有**运动神经**（支配头颈部肌肉运动）以及**副交感神经**（支配颅腔、胸腔与腹腔的内脏）。

■脑干与脑神经的位置关系
（左侧面图）

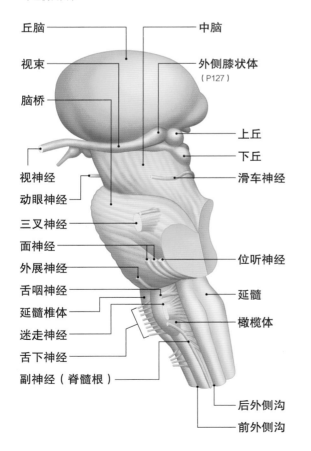

丘脑
视束
脑桥

视神经
动眼神经
三叉神经
面神经
外展神经
舌咽神经
延髓椎体
迷走神经
舌下神经
副神经（脊髓根）

中脑
外侧膝状体（P127）

上丘
下丘
滑车神经

位听神经

延髓
橄榄体

后外侧沟
前外侧沟

滑车神经（第IV脑神经）
可以支配眼球上斜肌（P124）的运动神经，从中脑背侧下丘脑方发出。

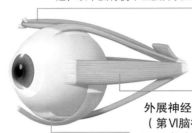

动眼神经（第III脑神经）
包括控制附着在眼球上的4块肌肉与上眼睑肌肉的运动神经和控制眼球睫状肌（P123）与瞳孔括约肌的副交感神经。从中脑下方的腹侧发出。

外展神经（第VI脑神经）
可以控制眼球的外直肌，从脑桥与延髓的交界处发出。

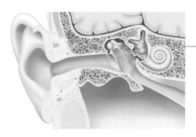

位听神经（第VII脑神经）
与外展神经和面神经相同，从脑桥和延髓的交界处发出。分为传递听觉的蜗神经和感受身体平衡（P132）的前庭神经。

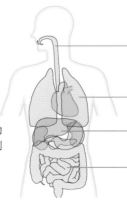

迷走神经（第X脑神经）
包括控制咽部与喉部的运动神经与感觉神经，以及控制胸腹部内脏的副交感神经。从延髓后侧发出。

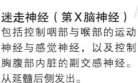

■脑神经的种类、走向与功能（从底侧观察）

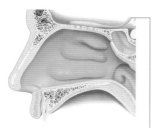

嗅神经（第Ⅰ脑神经）
可以传递嗅觉，数量较多。从大脑半球下方连入嗅球（P137）。

视神经（第Ⅱ脑神经）
传递眼球接收的视觉信息，在间脑下方形成视交叉（P127）和两条视束。

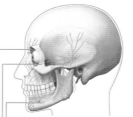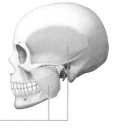

三叉神经（第Ⅴ脑神经）
分为眼神经、上颌神经、下颌神经3根，既能传递面部皮肤的感觉，也能控制下颌的咀嚼肌（P103）。从脑桥外侧发出。

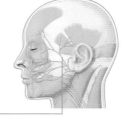

面神经（第Ⅶ脑神经）
分为控制面部表情肌的运动神经和中间神经。中间神经由传导味觉的感觉神经，控制泪腺、下颌下腺与舌下腺的副交感神经构成。

舌咽神经（第Ⅸ脑神经）
可以感知中耳、舌根部和咽部的感觉与味觉，控制咽部肌肉运动和耳下腺分泌，属于副交感神经。从延髓后外侧沟上方发出。

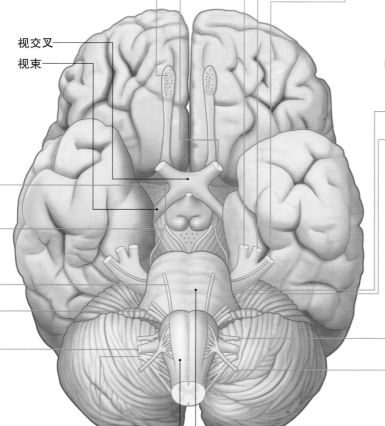

视交叉
视束

脑桥
延髓

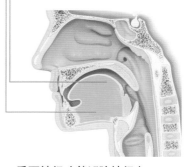

副神经（第Ⅺ脑神经）
是控制胸锁乳突肌（P102）和斜方肌的运动神经。由延髓后外侧沟发出的一部分延髓神经与颈髓侧面发出的多条脊神经合并。未与脊神经合并的延髓神经与迷走神经合流，支配喉部的肌肉运动。

舌下神经（第Ⅻ脑神经）
控制舌内外肌肉运动的运动神经。从延髓前外侧沟发出，数量较多。

脊神经的奥秘

连接脊髓的周围神经叫作脊神经，共31对。根据位置不同，分为颈神经、胸神经、腰神经、骶神经、尾神经等。

中枢神经系统与周围神经系统 ⇨P76
运动神经和感觉神经 ⇨P86
脊柱 ⇨P174

脊神经的构成

脊神经是与脊髓相连的神经。脊髓与脊神经连接的部位叫作**根**，从脊髓前外侧沟发出的叫**前根**，从后外侧沟发出的叫**后根**。前根和后根合称脊神经，从上下相邻的椎骨之间的椎间孔发出。

最上方的脊神经，是从枕骨和第1颈椎之间发出的，叫**第1颈神经**。其下依次为**第2颈神经**、**第3颈神经**，直至**第8颈神经**（第7颈椎与第1胸椎之间发出）。第8颈神经下方为**第1胸神经**（从第1胸椎与第2胸椎之间发出），12对胸神经下方还有5对**腰神经**、5对**骶神经**和1对**尾神经**。后根与前根汇合处隆起的部位，叫作**脊神经节**（**后根神经节**）。脊神经从椎间孔发出后，分支为**前支**和**后支**。其中胸神经和腰经还会发出与交感神经节相连的**交通支**。

■脊神经的剖面图

（胸神经）

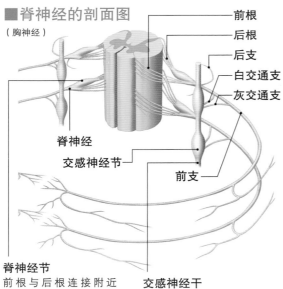

- 前根
- 后根
- 后支
- 白交通支
- 灰交通支
- 脊神经
- 交感神经节
- 前支

脊神经节
前根与后根连接附近隆起的部位（位于后根上），也叫后根神经节，属于感觉神经节。

交感神经干
由上下相邻的交感神经节发出的神经纤维连接而成。腰神经和胸神经与交感神经节通过交通支相连。

■脊神经整体图（从正面观察）

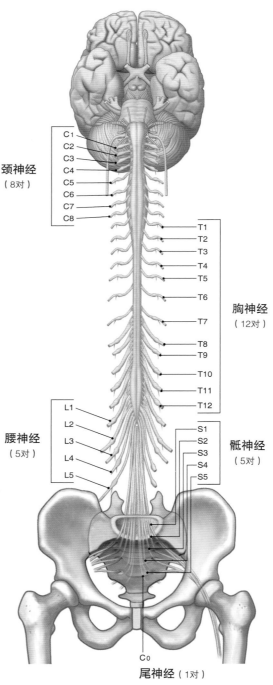

颈神经（8对）
- C1
- C2
- C3
- C4
- C5
- C6
- C7
- C8

胸神经（12对）
- T1
- T2
- T3
- T4
- T5
- T6
- T7
- T8
- T9
- T10
- T11
- T12

腰神经（5对）
- L1
- L2
- L3
- L4
- L5

骶神经（5对）
- S1
- S2
- S3
- S4
- S5

- C0

尾神经（1对）

■脊神经和脊柱的位置关系

与容纳脊髓的椎管相比，脊髓较短，下方只到第1或第2腰椎。脊髓末端下方的椎管内，只有脊神经的根穿行，这一部分叫作马尾神经。此外，从椎管内蛛网膜下腔内提取脑脊液时，从第2、第3或第4腰椎之间扎针，不会伤及脊髓。

■脊神经和感觉区域

因为在胚胎发育过程中分节，脊神经具有不同的感觉区域。不仅是神经，皮肤和肌肉也一样进行分节。同一节的皮肤与肌肉受该节神经控制。随着生长，形状发生变化，皮肤、肌肉与最初支配的神经相互伴随成长，所以成人皮肤的感觉神经也随之分节。

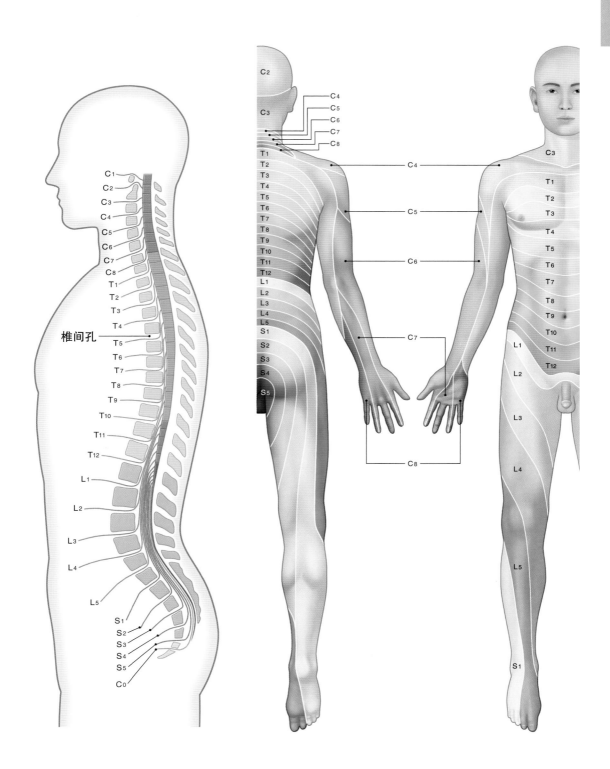

运动神经和感觉神经

脊神经的神经纤维中，包括运动神经和感觉神经。
运动神经纤维与脊神经前根相通，感觉神经纤维与后根相通。

中枢神经系统与周围神经系统 ⇨P76
神经的奥秘 ⇨P78
脊神经的奥秘 ⇨P84
脑的内部构造 ⇨P118

前根和后根

脊神经内，神经纤维根据功能的不同，分为**运动神经**（支配肌肉活动）、**感觉神经**（将神经末梢处的感觉传达至中枢）和**交感神经**（胸神经和腰神经内）。

运动神经的神经元**胞体**（细胞和周围的细胞体）位于脊髓前角处（参照下图），其轴突形成**前根**。同时，感觉神经的胞体形成**脊神经节**（**后根神经节**），轴突形成**后根**，连入脊髓后角与其附近的神经细胞形成**突触**。

从中枢到末梢的传导路线

大脑皮层有专门控制运动的**运动区**（P117）。这个区域有大量具有长轴突的大型**锥体细胞**。锥体细胞的轴突集合，形成叫**内囊**的神经的传导通道，穿过大脑脚，形成**皮质脊髓束**。这条传导路线中，有许多神经纤维穿过**延髓**（P121）中线，到达另一侧，这个过程叫**锥体交叉**。交叉的纤维形成**皮质脊髓**侧束，在前角的运动神经细胞处形成突触。未交叉的纤维，就直接下行，形成**皮质脊髓前束**，到达特定位置后穿越中线，在相反侧的前角的神经细胞处形成突触。

穿过延髓椎体的神经传导束，叫作**锥体束**，是随意运动的代表性传导束。

从末梢到中枢的传导路线

感觉不同，其神经传导路线也不相同。传导粗触觉、温觉、痛觉的神经纤维穿过后根，与后角处的神经细胞相连。与之相连的神经细胞的轴突，穿过延髓中线后上行，形成**脊髓丘脑束**，止于**丘脑**的神经细胞。下一个神经细胞的轴突，会连入大脑皮层的**感觉区**。

与此相对，传递细腻触觉的神经纤维，通过后根，沿后索直接上行，横穿延髓中线后形成**内侧丘系**，最后连接到丘脑。这一通道叫作**后索–内侧丘系通道**，丘脑传送的赶，最后也会传导到大脑皮层的感觉区。

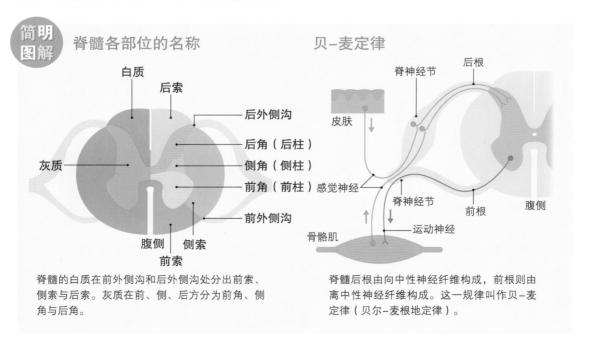

简明图解

脊髓各部位的名称

白质　后索　后外侧沟　后角（后柱）　侧角（侧柱）　前角（前柱）　前外侧沟　灰质　腹侧　侧索　前索

脊髓的白质在前外侧沟和后外侧沟处分出前索、侧索与后索。灰质在前、侧、后方分为前角、侧角与后角。

贝–麦定律

后根　脊神经节　皮肤　感觉神经　脊神经节　前根　腹侧　骨骼肌　运动神经

脊髓后根由向中性神经纤维构成，前根则由离中性神经纤维构成。这一规律叫作贝–麦定律（贝尔–麦根地定律）。

■下行传导束（运动神经）

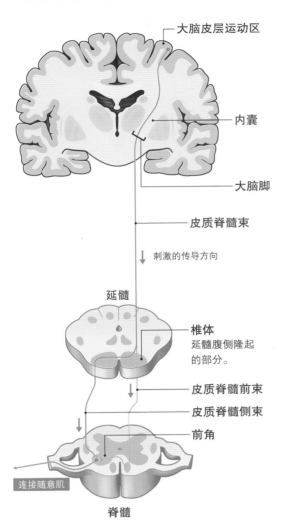

大脑皮层运动区

内囊

大脑脚

皮质脊髓束

↓ 刺激的传导方向

延髓

椎体
延髓腹侧隆起的部分。

皮质脊髓前束

皮质脊髓侧束

前角

连接随意肌

脊髓

连接大脑皮层运动区。支配随意运动的神经纤维，穿过延髓椎体，到达前角细胞。

■上行传导束（感觉神经）

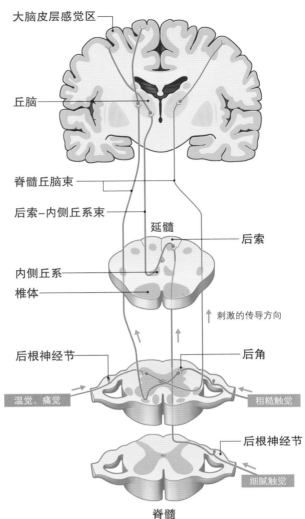

大脑皮层感觉区

丘脑

脊髓丘脑束

后索–内侧丘系束

延髓

后索

内侧丘系

椎体

↑ 刺激的传导方向

后根神经节

后角

温觉、痛觉

粗糙触觉

后根神经节

细腻触觉

脊髓

感觉都是通过后根进入脊髓的。感觉种类不同，通道也有所不同。

专栏 反射的奥秘

当人坐在椅子上，膝盖自然弯曲，小腿自然下垂时，轻叩其髌腱，股四头肌就会收缩，带动膝盖快速伸直。

这是因为髌腱受到敲击时，在感觉神经元中引发了动作电位，动作电位上行到脊髓（脊髓灰质），刺激又通过脊髓前角发出的运动神经传达到肌肉，使肌肉收缩。这一现象叫作反射（非条件反射）。

感觉肌肉伸展情况的神经，直接与控制该肌肉的运动神经通过突触相连。

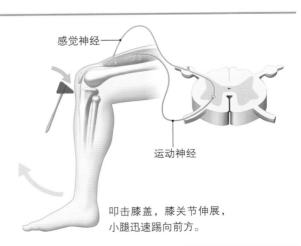

感觉神经

运动神经

叩击膝盖，膝关节伸展，小腿迅速踢向前方。

自主神经系统

自主神经系统包括交感神经系统以及副交感神经系统。
两者相互制约，相互平衡。

▎交感神经系统和副交感神经系统的分布

【交感神经】

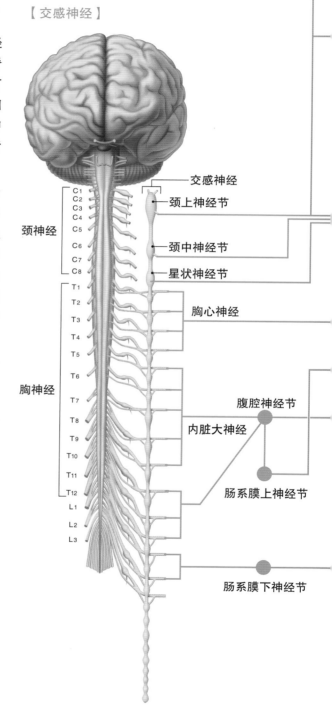

　　自主神经系统由**交感神经系统**、**副交感神经系统**构成，发挥作用的神经纤维分属脑神经和脊神经。自主神经系统的特征是：在到达目标器官的途中，会有两个神经细胞经突触相连，神经细胞胞体聚集的部位形成神经节。从中枢神经到神经节之前的部分是**节前纤维**，之后的部分是**节后纤维**（P79）。

　　交感神经的神经节分布在脊柱两侧，上下神经节通过神经纤维连接，整体构成**交感神经干**（P84）。交感神经节在颈部有3对，胸部有10～12对，腰部有4～5对，骶骨附近有4～5对，最下端在尾骨前方有不成对的1个。第1胸神经至第3腰神经，分别向对应的交感神经节分出2根交通支，其中白交通支与节前纤维相连，灰交通支与节后纤维相连。

　　但是，并不是所有的节前纤维都在交感神经节交换神经细胞。连至腹部和盆腔内脏的交感神经，直接穿过交感神经节，称为大小内脏神经与腰内脏神经，在腹主动脉周围形成**腹腔神经节**和上下**肠系膜神经节**，并在此完成神经细胞的交替。

　　节后纤维在腹主动脉分支周围形成神经丛，分布到各个脏器中。从颈部和胸部的神经节发出的节后纤维，通向头颈部的腺体、平滑肌、呼吸器官以及心脏。其中，通向头部的节后纤维，在颈内动脉与颈外动脉周围形成神经丛，与血管伴行至器官。

　　副交感神经种类较少，属于脑神经的有**动眼神经**、**面神经**、**舌咽神经**、**迷走神经**。属于脊神经的是**盆腔内脏神经**（由第2～4骶神经构成）。迷走神经分布在颈部到腹部的内脏中，**盆腔内脏神经**负责其余的器官，如生殖器、肛门等。除了头部，副交感神经的神经节几乎都在脏器周边或脏器内部。

图中标注：
颈神经　C1 C2 C3 C4 C5 C6 C7 C8
胸神经　T1 T2 T3 T4 T5 T6 T7 T8 T9 T10 T11 T12
L1 L2 L3

交感神经
颈上神经节
颈中神经节
星状神经节
胸心神经
腹腔神经节
内脏大神经
肠系膜上神经节
肠系膜下神经节

■自主神经系统的作用

几乎所有的内脏都受自主神经系统中的交感神经和副交感神经支配，发挥调节内脏机能的作用。总体而言，副交感神经系统的作用是促进脏器的机能；交感神经系统的作用是抑制脏器机能，并支持运动器官的正常运转。

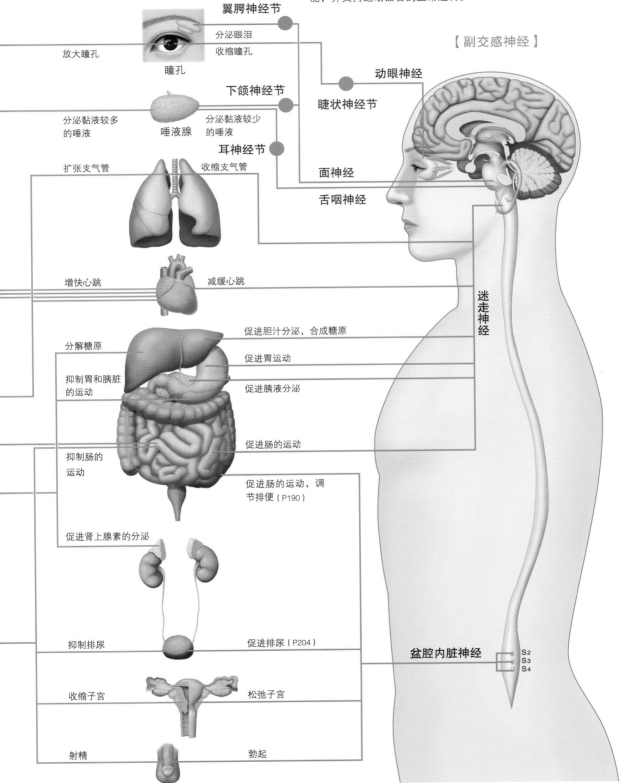

翼腭神经节
分泌眼泪
放大瞳孔 收缩瞳孔
瞳孔

【副交感神经】

动眼神经
下颌神经节 睫状神经节
分泌黏液较多 分泌黏液较少
的唾液 的唾液
唾液腺
耳神经节
面神经
扩张支气管 收缩支气管
舌咽神经

增快心跳 减缓心跳

迷走神经

促进胆汁分泌，合成糖原
分解糖原
促进胃运动
抑制胃和胰脏 促进胰液分泌
的运动

促进肠的运动
抑制肠的
运动
促进肠的运动，调
节排便（P190）

促进肾上腺素的分泌

抑制排尿 促进排尿（P204）
盆腔内脏神经
S2
S3
S4

收缩子宫 松弛子宫

射精 勃起

皮肤的构造

皮肤分为表皮、真皮、皮下组织3层。
不同部位，表皮和真皮厚度也不同。
皮肤的附属器官有毛发、爪甲、汗腺、皮脂腺等。

皮肤的附属器官⇨P92
皮肤的功能⇨P94

表皮的构造

皮肤覆盖在全身表面，起保护身体的作用。皮肤的表层是**表皮**，表皮下层是**真皮**，真皮下面就是**皮下组织**。

表皮是角化的**复层扁平上皮**（P241），从内到外依次是**基底层**、**棘层**、**颗粒层**、**透明层**和**角化层**。基底层的细胞不断分裂、增殖，向表皮层移动，大约一个月的时间，就会变成角化层并脱落；棘层是多边形细胞紧密结合的层；颗粒层的细胞多是扁平的；透明层的细胞发生退化，界线不清、无核且紧密相连，大多分布在皮肤较厚的部位（如足底等）；角化层是由死亡的**扁平无核细胞**组成的保护层，因为是最表层，细胞会像污垢一样脱落下来。

表皮除了**角质细胞**（构成角化层），还有**黑色素细胞**（存在于基底层，能够生产黑色素）、**朗格汉斯细胞**（位于棘层内，与免疫相关）等非角质细胞。

身体不同部位，表皮的厚度也不相同。像足底等长时间受较大压力的部位，表皮会比较厚，而嘴唇等部位的表皮就非常薄。

真皮的构造

真皮由致密的**纤维性结缔组织**构成，与表皮紧密结合。某些部位的真皮突入到表皮中，叫作**乳头层**。乳头层内**毛细血管网**（P53）发达的部位，叫作**血管乳头**。足底和手心分布着**麦斯纳氏小体**（一种感觉神经末梢，P94）的部位，叫作**神经乳头**。

不同的部位，真皮的厚度也不相同，如背部皮肤较厚，面部皮肤较薄。

皮下组织

皮下组织是由**疏松结缔组织**构成的。其中一些部位的脂肪细胞较多，形成脂肪组织，也就是我们平时所说的**皮下脂肪**。

皮肤上有一些特殊的构造，如毛发、爪

■ 表皮的结构

角化层
充满角蛋白，由退化变性的扁平细胞堆叠而成。

透明层
存在于皮肤较厚的部位，厚度均等，颜色较亮。

颗粒层
由扁平细胞重叠而成。浅层的细胞中，含有透明角质颗粒，这是一种蛋白质，这种物质过多时，细胞核消失，细胞退化。

棘层
细胞呈多边形，结合紧密。

基底层
是表皮的最深层，细胞不断分裂增殖的层。

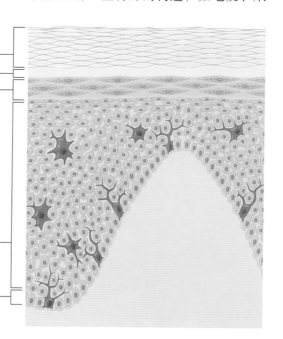

甲、**汗腺**、**皮脂腺**等。皮肤内还广泛地分布着与触觉、温觉、痛觉相关的神经末梢，所以还发挥着感觉器官的作用。除此之外，皮肤中的血管也十分发达，皮下组织中有动脉血管和静脉血管，真皮中有血管丛，乳头层中有与血管丛相连的毛细血管网。毛细血管网中的血量不同，我们就能看到皮肤呈现潮红或者苍白。

专栏 文身

不同人种，人体各部位的皮肤颜色不同，是由黑色素含量不同所造成的。如果能够抑制黑色素的合成，就可以实现脱色。

文身就是人工将黑色素植入真皮层内。由于基底层增殖只能替换表皮的细胞，并不会影响真皮层，颜料也就不会脱落。所以要想去掉文身，必须要移植包含真皮的皮肤才行。

■ **皮肤的结构与附属器官**

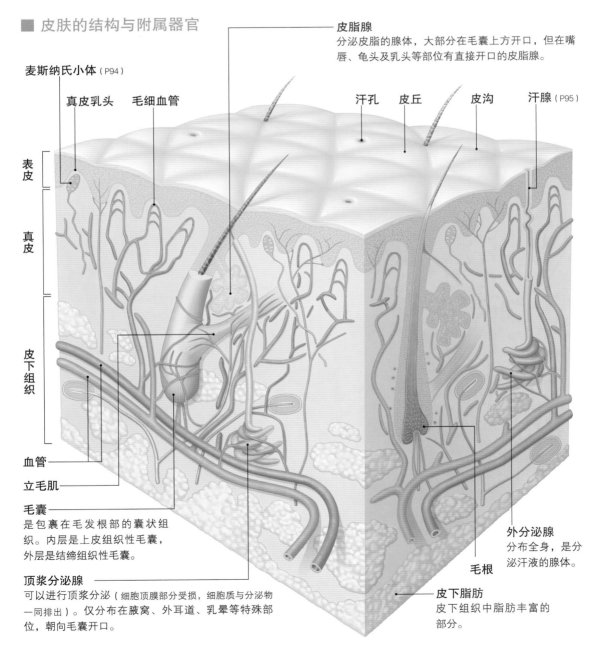

皮脂腺
分泌皮脂的腺体，大部分在毛囊上方开口，但在嘴唇、龟头及乳头等部位有直接开口的皮脂腺。

麦斯纳氏小体（P94）

真皮乳头　毛细血管　　汗孔　皮丘　　皮沟　　汗腺（P95）

表皮

真皮

皮下组织

血管

立毛肌

毛囊
是包裹在毛发根部的囊状组织。内层是上皮组织性毛囊，外层是结缔组织性毛囊。

顶浆分泌腺
可以进行顶浆分泌（细胞顶膜部分受损，细胞质与分泌物一同排出）。仅分布在腋窝、外耳道、乳晕等特殊部位，朝向毛囊开口。

外分泌腺
分布全身，是分泌汗液的腺体。

毛根

皮下脂肪
皮下组织中脂肪丰富的部分。

皮肤的附属器官

毛发和爪甲都是由表皮细胞变化而来的。
其生长与毛基质和爪甲基质的细胞分裂直接相关。

皮肤的构造 ⇨P90
皮肤的功能 ⇨P94

毛发的结构与生长

毛发是由一部分表皮变化而成的。形成毛发的表皮位于真皮深层到皮下组织浅层附近，毛发以管状插入表皮。

毛发的主体叫作**毛干**，埋在皮肤内的叫作**毛根**，毛根顶端呈球状的叫作**毛球**。毛球底部有叫作**毛乳头**的结缔组织。毛发最中心是**毛髓质**，其外侧是**毛皮质**，最表层包裹着一层**毛小皮**。

毛根周围被**上皮毛囊**及**结缔组织毛囊**包围，它们与表皮相连。上皮毛囊的深部移至毛球，这个部位叫作**毛基质**，在此进行细胞分裂，毛发就会生长。毛囊浅部附着着平滑肌的一端，沿斜上方生长，另一端连着真皮浅层。这条平滑肌收缩，毛发就垂直于皮肤，因此叫**立毛肌**。另外，皮脂腺在毛囊上段开口。

毛发是有寿命的，长到一定长度，毛基质的**毛母细胞**不再分裂，毛发就不生长了。此时，毛根离开毛乳头，往浅层移动，直至脱落。剩下的毛囊下端细胞继续增殖生长，形成新的毛乳头，长出新的毛发。

根据种类不同，毛发的寿命也不相同，头发的寿命一般是2~5年。

■毛发的构造

毛小皮
毛皮质外侧的单层扁平上皮细胞，在毛干处呈鳞状分布。

皮脂腺

毛皮质
毛发浅层的角化细胞层，在毛干处完全角化，呈细长的纤维状。细胞质中的黑色素越多，毛发就越黑。

立毛肌
上皮性毛囊
结缔组织性毛囊
毛基质
毛乳头
毛球

毛髓质
由毛发中心部的多角形细胞组成，但不是每一根毛发中都有毛髓质，极细的毛发中没有此组织。

■毛发的生长

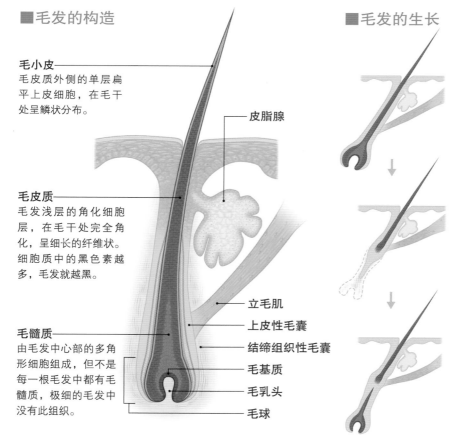

❶毛母细胞分裂，促使毛发生长。

❷毛发停止生长，毛基质与毛乳头退化，上皮毛囊变化成为上皮细胞索。毛发下段变成棍棒状，叫作杵状毛。杵状毛沿着结缔组织毛囊，逐渐外伸出上皮毛囊。

❸上皮性毛囊的下端形成新的毛基质和毛乳头，新的毛发在毛囊中长成，将原有的杵状毛向上推挤，直至脱落。

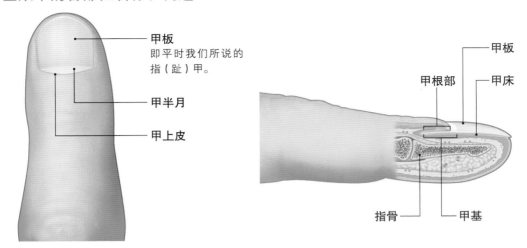

■爪甲的各部位名称和构造

甲板
即平时我们所说的
指（趾）甲。

甲半月

甲上皮

甲板

甲根部

甲床

指骨

甲基

指（趾）甲的构造

　　指（趾）甲是表皮的角质形成的板状组织，位于指（趾）头背侧。指（趾）甲的主体部分叫作**甲板**，由板状的角质形成。指（趾）甲的基部埋藏在皮下，叫作**甲根**。覆盖指（趾）甲两侧的褶皱皮肤叫作**侧甲廓**，连接着甲根的叫**后甲廓**。后甲廓的前段有表皮角质层覆盖，这一部分叫作**甲上皮**，也就是我们平时所说的嫩皮。

　　位于指（趾）甲深侧的部位叫作**甲床**，它是由**爪甲生发层**（相当于皮肤的棘层和基底层）和**甲真皮**（相当于皮肤真皮）构成的。甲根处的爪甲生发层的细胞不断分裂生长，就能促使甲板形成，这个使指甲生长的部位叫作**甲基**。甲基的一部分超出后甲廓，呈现半月形，所以叫作**甲半月**。甲基内的细胞不断生长，导致指（趾）甲形成。如果某些原因导致甲基被破坏，新的指（趾）甲就无法长出了。

　　指（趾）甲的角质比表皮的角质层硬，表皮的角质层堆积到一定程度会脱落，指（趾）甲不会。此外，指（趾）甲呈偏白半透明，透过指（趾）甲可以看到甲真皮毛细血管的血液，也就是指（趾）甲平时呈现的粉红色。

专栏 皮脂腺的分泌

　　皮脂腺可以分泌皮脂，其分泌方式较为特殊，叫作全分泌。

　　皮脂腺的腺细胞中，贮存着脂滴。当脂滴的量不断增加时，细胞质就会被逐渐压缩，细胞本身也就会退化变性，成为腺体的分泌物被分泌出来。从腺体全局来看，腺体周围的细胞会不断分裂增殖，为腺体提供新的细胞，并不断移向中央。在移动的过程中，细胞质内的脂滴量会逐渐增多，到达中央后，通过全分泌的方式被排出，为新的腺体细胞腾出空间。

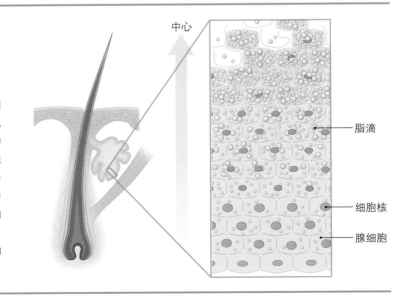

中心

脂滴

细胞核

腺细胞

皮肤的功能

皮肤上分布着神经纤维，可以感受触觉、温度等各种各样的感觉。
人体通过分布在皮肤上的血管将热量排出，以保持体温的恒定。

神经的奥秘 ⇨P78
运动神经和感觉神经 ⇨P86
皮肤的构造 ⇨P90
皮肤的附属器官 ⇨P92

皮肤的感受器

皮肤不仅有防御功能，还能够捕捉到触觉、温觉、痛觉等感觉。感觉是感觉神经的末梢或者特殊的**感觉细胞**信息，还有各种接收感觉的感受器来接收这些感觉。

神经纤维的末梢没有髓鞘包裹，露出的部分形成**自由神经末梢**（感受痛觉、触觉、温觉等感觉）和**梅克尔小体**（感受触觉）。感觉神经末梢由特殊的细胞围绕形成一个个感受器，如**麦斯纳氏小体**（感受触觉）、**环层小体**（感受深侧压感和震动），以及**罗菲尼小体**（根据皮肤拉伸感受紧张）等。

皮肤对体温的调节

皮肤还可以调节体温。由于新陈代谢，人体会不断产生热量，要保持体温恒定，需要将多余的热量排出体外。因为皮肤的覆盖 🔄

■ 皮肤上的感受器

【有毛发的部位】

梅克尔小体
感觉神经的末梢扩散成圆盘状，与表皮内的触觉细胞（梅克尔细胞）相接。分布在皮肤、毛发以及复层扁平上皮的黏膜中。

【无毛发的部位】

自由神经末梢
神经末梢裸露。可以感受到触觉、温觉、痛觉，广泛分布在全身的上皮、结缔组织、肌肉中。

冷觉感受器
湿觉感受器

梅克尔小体

麦斯纳氏小体
分布在手掌与足底、阴蒂、阴茎龟头等处的神经乳头内，长约0.1mm，呈椭圆状。能够感受触觉。

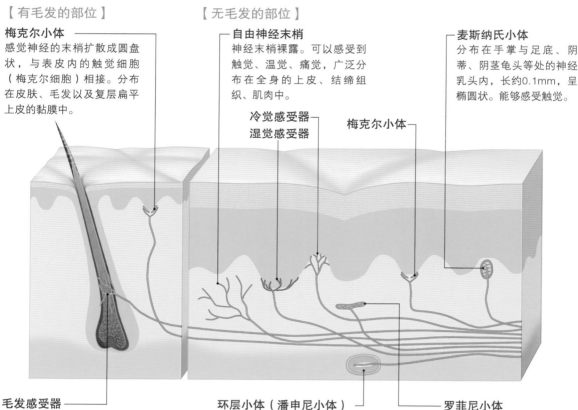

毛发感受器
拥有缠绕于毛囊深部的神经丛，其中上皮毛囊（P92）中分布有梅克尔小体。

环层小体（潘申尼小体）
分布在皮肤的皮下组织与关节周围、肠系膜（P178）等部位中，以手掌和足底处居多。长0.5~4mm，外形呈椭圆状，切面与洋葱相似。能够感受深层压感和震动。

罗菲尼小体
分布在手指与足底的皮下组织及关节周围，呈纺锤形，最大可达3mm长。能够感受皮肤拉伸等机械性刺激。

面积较大，所以对散热起着非常大的作用。

热量主要是通过血液传导的，从皮肤乳头层的毛细血管流动的血液，通过表皮将热量散发出体外。体温上升时，毛细血管内血液也增加，通过体表散发的热量也随之增加。此外，皮肤还能够分泌汗液，随着汗液蒸发，体表温度开始下降，这样也能更有效地将体内热量散发出去。

反过来，当外界温度较低时，为了维持身体机能，皮肤就必须减少热量散发，以阻止体温下降。此时，皮下组织或真皮内的动脉与静脉就会**短路**（P53），减少流经血管乳头内毛细血管网的血液量，从而减少人体热量散发。

通过上述两个过程，人体通过调节流经血管乳头内的血量来调节体温。当体温上升需要散热时，血流就会增加，皮肤会呈现出红色。当需要防止体温下降时，血流就会减少，皮肤也就会发青发白了。

 **较热时的皮肤**

发汗

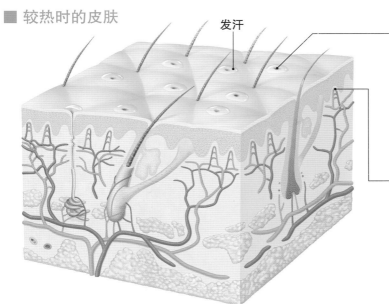

外分泌腺的汗液分泌旺盛，汗液从汗孔中排出体外。汗液中有99%是水，还含有微量的电解质。汗液中的水分蒸发时，能够带走体表热量，降低体温。

血管乳头的毛细血管内流淌的血液增多，血液的热量通过表皮散发出体外。

■ 较冷时的皮肤

鸡皮疙瘩

毛发竖立

毛细血管内流动的血液减少，可以防止体表热量流失。

立毛肌收缩，使得毛发直立，并拉动另一侧附着的皮肤下陷，这就是"鸡皮疙瘩"。

第 **2** 章

头部和颈部

头部和颈部

头部分为面部及其他部分，面部以眼、鼻、口为基准细分成若干
区；颈部以隆起的肌肉为基准分区。

颅骨的构造 ⇨P100
头部的肌肉 ⇨P102
颈部的肌肉 ⇨P104

■头颈部各部位的名称

【正面】

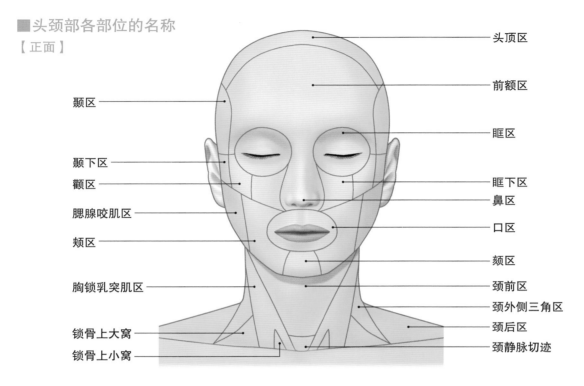

颞区
颞下区
颧区
腮腺咬肌区
颊区
胸锁乳突肌区
锁骨上大窝
锁骨上小窝

头顶区
前额区
眶区
眶下区
鼻区
口区
颏区
颈前区
颈外侧三角区
颈后区
颈静脉切迹

【侧面】

头颈部的结构比较复杂，面部的骨骼尤其复杂。触摸体表就能感觉到骨骼的凹凸不平，所以头颈部的分区就以此或以肌肉的隆起为基准。结合骨骼（P100）和肌肉（P102）的相关知识，便能更清楚地弄清这些分区。

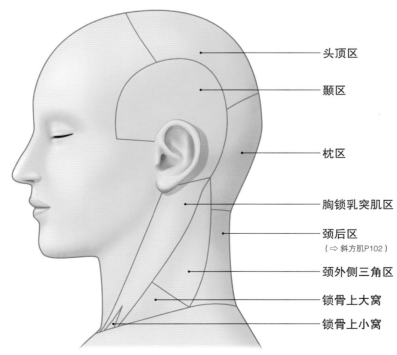

头顶区
颞区
枕区
胸锁乳突肌区
颈后区
（⇨ 斜方肌P102）
颈外侧三角区
锁骨上大窝
锁骨上小窝

头部的分区

头部可以分为面部及其他部分。面部有眼、鼻、口等多种器官，骨骼凹凸不平、肌肉繁多，所以各部位可以以此为基准进行详细划分。

骨骼将头部分成**眶区**、**颞区**、**颞下区**和**颧区**。眶区是眼窝（眼球下陷的部分）边缘围成的区域。颧弓（P100）是颞区和颞下区的分界线，颧区是颧骨隆起的区域。

咬肌（P103）从耳下延伸至面颊，形成一块隆起的区域，由于该区域分布着腮腺，因此叫作**腮腺咬肌区**。口轮匝肌围住嘴部的部分是**口区**，口区与腮腺咬肌区中间的是**颊区**。

面部以外的部位具有特征的器官较少，因此简单分为**前额区**、**头顶区**、**颞区**和**枕区**。

颈部的分区

胸锁乳突肌（P102）形成一块从颈内下方向外上方突起的明显区域，因此这一部分叫作**胸锁乳突肌区**，其划分标准就是胸锁乳突肌。在后背，明显的斜方肌前缘也是一个划分标准。

处于左右胸锁乳突肌中间的是**颈前区**，其下方是胸骨，胸骨左右上侧的胸锁关节（P104）之间的下凹处叫作**颈静脉切迹**。肩胛舌骨肌和正中线将颈前区分为**肌三角**（下前方的左右两侧）和**颈动脉三角**（上后方的左右两侧）。肩胛舌骨肌还将胸锁乳突肌后端和斜方肌前端的部位分区，上方为**颈外侧三角区**，下方为**锁骨上大窝**。另外，胸锁乳突肌在胸骨上的起点和在锁骨上的起点之间的缝隙叫作**锁骨上小窝**。

下颌下方主要以二腹肌（P104）为分界线。二腹肌前腹和舌骨包围的部位是**颏下三角**（以正中线为界，可分为左右两部分）。下颌骨下端同二腹肌前腹、后腹包围的部位叫作**颌下三角**。

■颈前区各部分名称

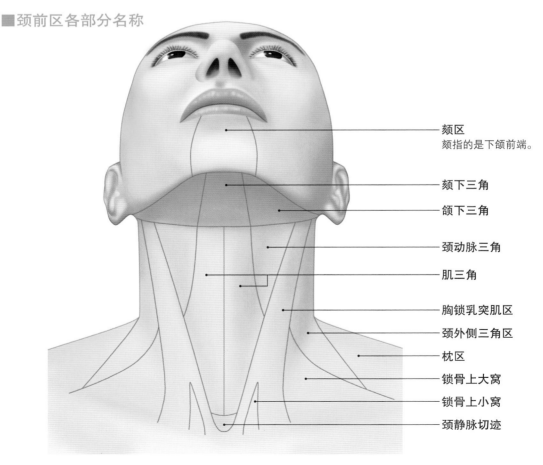

颏区
颏指的是下颌前端。

颏下三角

颌下三角

颈动脉三角

肌三角

胸锁乳突肌区

颈外侧三角区

枕区

锁骨上大窝

锁骨上小窝

颈静脉切迹

颅骨的构造

颅骨由15种骨头构成，包括脑部所在的脑颅和构成面部的面颅。
成年人的骨架中，除了小部分骨头外，各部分骨头结合得十分紧密。

人体的骨骼⇨P30、32
保护脑的结构⇨P114
鼻子的构造⇨P134

■构成颅骨的骨骼及各区域名称 （正面）

【面颅（脏颅）】
橙色部分的骨骼，与面部的形
成息息相关。图中省略了一对
腭骨和一块舌骨（P104）。

【脑颅（神经颅）】
下图中绿色部分的骨骼，
与脑所在的颅腔的形成息
息相关。

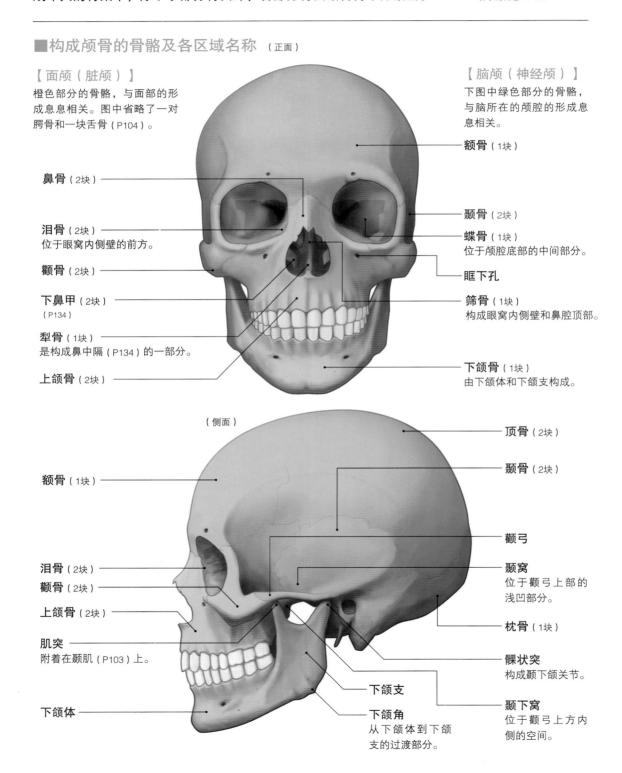

鼻骨（2块）

泪骨（2块）
位于眼窝内侧壁的前方。

颧骨（2块）

下鼻甲（2块）
（P134）

犁骨（1块）
是构成鼻中隔（P134）的一部分。

上颌骨（2块）

额骨（1块）

颞骨（2块）

蝶骨（1块）
位于颅腔底部的中间部分。

眶下孔

筛骨（1块）
构成眼窝内侧壁和鼻腔顶部。

下颌骨（1块）
由下颌体和下颌支构成。

（侧面）

额骨（1块）

泪骨（2块）
颧骨（2块）
上颌骨（2块）

肌突
附着在颞肌（P103）上。

下颌体

下颌支

下颌角
从下颌体到下颌
支的过渡部分。

顶骨（2块）

颞骨（2块）

颧弓

颞窝
位于颧弓上部的
浅凹部分。

枕骨（1块）

髁状突
构成颞下颌关节。

颞下窝
位于颧弓上方内
侧的空间。

颅骨

头部共有15种23块骨头，这些骨头统称为**颅骨**。颅骨骨头的数量比种类多，是因为其中大约8种骨头是成对的。

颅骨分为两大部分：构成脑部所在的**颅腔**（P27），以及呼吸系统和消化系统的起点、眼睛所在的面部。前者叫作脑颅（**神经颅**），后者叫作面颅（**脏颅**）。

脑颅由形成颅腔壁的**额骨**、**枕骨**、**蝶骨**、**筛骨**（各一块）与**顶骨**、**颞骨**（各两块）构成。面颅由**鼻骨**、**泪骨**、**上颌骨**、**下鼻甲**、**颧骨**、**腭骨**（各两块）与**犁骨**、**下颌骨**、**舌骨**（各一块）构成。但这样的划分并不严谨，因为蝶骨、筛骨等骨骼同时构成脑颅和面颅。

颅骨的连接

除了下颌骨和舌骨，颅骨均通过**骨缝**（骨骼之间相互嵌在一起的紧密结合方式）相互连接，不可移位，包括**矢状缝**（左右两侧的顶骨之间）、**冠状缝**（额骨和顶骨之间）、**人字缝**（以及顶骨和枕骨之间）。

颅骨中唯一的关节是**颞下颌关节**，由下颌骨的两端（呈U字形）和左右颞骨连接而成。下颌骨只能进行铰链运动（以左右两侧颞下颌关节的连线为轴）和前后滑动（关节头在关节窝内进行）。

舌骨是独立结构，不与任何骨骼直接连接，而通过韧带和肌肉与其他骨骼相连接。

婴儿的颅骨

上文介绍的骨缝接合，通常在婴幼儿时期结束。在此之前，各部分骨骼是相互分离的，其间的缝隙被结缔组织性的膜覆盖。婴儿的颅骨中，冠状缝和矢状缝相交的部分叫作**前囟**，矢状缝和人字缝相交的部分叫作**后囟**，均由较大的膜覆盖。在婴儿出生时，这些结构有利于颅骨变形，让婴儿顺利通过产道。前囟在出生2年后闭合，后囟在出生6～12个月之后闭合。

■**颅骨的骨缝接合**

颅骨凹凸的边缘相互咬合，紧密结合在一起。最具代表性的有冠状缝、矢状缝和人字缝。

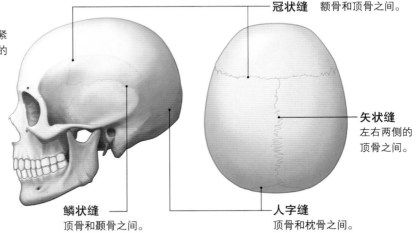

冠状缝　额骨和顶骨之间。

矢状缝
左右两侧的顶骨之间。

鳞状缝
顶骨和颞骨之间。

人字缝
顶骨和枕骨之间。

■**婴儿的颅骨和囟门**

婴儿的骨缝接合尚未完成，骨骼之间通过结缔组织性质的膜连接。其中，矢状缝前后两端之间的膜区较大，前端的叫前囟，后端的叫后囟。

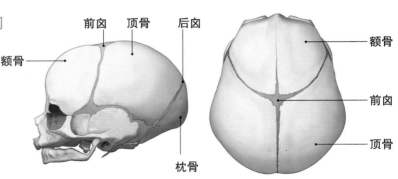

前囟　顶骨　后囟

额骨

枕骨

额骨

前囟

顶骨

头部的肌肉

面部表情肌可以上下拉动眉毛或嘴角，通过皮肤创造表情。
咀嚼肌通过拉动下颌来咀嚼嘴里的食物。

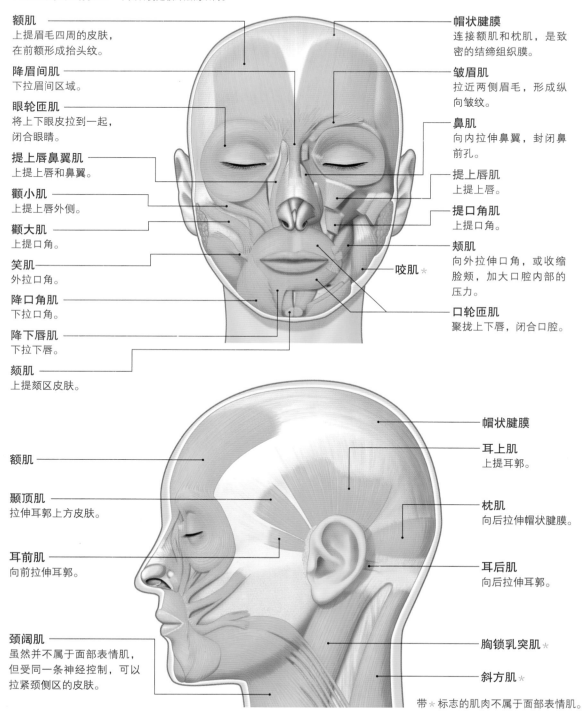

人体的肌肉⇨P38、40
颈部的肌肉⇨P104
头部的神经⇨P110

■面部表情肌　下图右侧是较深层的肌肉。

额肌
上提眉毛四周的皮肤，
在前额形成抬头纹。

降眉间肌
下拉眉间区域。

眼轮匝肌
将上下眼皮拉到一起，
闭合眼睛。

提上唇鼻翼肌
上提上唇和鼻翼。

颧小肌
上提上唇外侧。

颧大肌
上提口角。

笑肌
外拉口角。

降口角肌
下拉口角。

降下唇肌
下拉下唇。

颏肌
上提颏区皮肤。

帽状腱膜
连接额肌和枕肌，是致
密的结缔组织膜。

皱眉肌
拉近两侧眉毛，形成纵
向皱纹。

鼻肌
向内拉伸鼻翼，封闭鼻
前孔。

提上唇肌
上提上唇。

提口角肌
上提口角。

颊肌
向外拉伸口角，或收缩
脸颊，加大口腔内部的
压力。

口轮匝肌
聚拢上下唇，闭合口腔。

咬肌 *

帽状腱膜

额肌

颞顶肌
拉伸耳郭上方皮肤。

耳前肌
向前拉伸耳郭。

颈阔肌
虽然并不属于面部表情肌，
但受同一条神经控制，可以
拉紧颈侧区的皮肤。

耳上肌
上提耳郭。

枕肌
向后拉伸帽状腱膜。

耳后肌
向后拉伸耳郭。

胸锁乳突肌 *

斜方肌 *

带 * 标志的肌肉不属于面部表情肌。

面部表情肌

头部的肌肉主要有**面部表情肌**和**咀嚼肌**两种。

面部表情肌与普通肌肉不同，它位于皮下的结缔组织内，延伸至皮肤下，属于**皮肌**。面部表情肌的收缩可以拉伸皮肤，做出眉毛上挑、额头生出细纹、口角上扬下沉等表情而得名。

此外，在面部表情肌中，还有眼轮匝肌、口轮匝肌。它们围绕着眼睛和嘴巴等开口部位，通过肌肉收缩来闭合开口部，这些面部表情肌均受面部神经的控制。

咀嚼肌

头部的另外一种肌肉就是咀嚼肌。顾名思义，咀嚼肌是与颞下颌关节的运动，与咀嚼相关的肌肉，包括**颞肌**、**咬肌**、**翼内肌**和**翼外肌**4种，它们止于**下颌骨**。

其中，颞肌、咬肌和翼内肌也叫**升颌肌**，肌肉收缩时下颌上行，从而闭合口腔；翼外肌可以将下颌骨的关节头向前拉伸，一侧收缩时使下颌朝反方向运动，两侧同时收缩使下颌前伸。所有咀嚼肌均受**三叉神经**（P110）第三支——**下颌神经**的控制，然而张开口腔则需要依靠舌骨肌群的作用。

■咀嚼肌

（浅层）

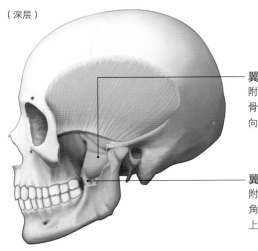

颞肌
位于颞窝中的扇形肌肉，止于下颌骨的肌突（P100），作用是上提下颌骨。

咬肌
连接颧弓（P100）和下颌骨的下颌角的外侧面，作用是上提下颌骨。

（深层）

翼外肌
附着在蝶骨翼突和下颌骨的髁状突上，作用是向前拉伸下颌骨。

翼内肌
附着在蝶骨翼突和下颌角的内侧面上，作用是上提下颌骨。

简明图解 咀嚼肌的位置

●浅层

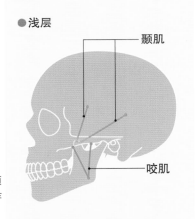

颞肌

咬肌

●深层

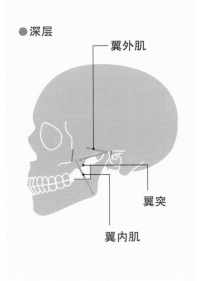

翼外肌

翼突

翼内肌

颈部的肌肉

颈部有很多肌肉，由表及里共分4层。
这些肌肉不仅可以控制颈部运动，也有一些控制张口和舌部运动。

人体的骨骼肌⇨P39
人体的肌肉⇨P38、40
颅骨的构造⇨P100
头部的肌肉⇨P102

颈部肌肉的结构

由表及里，颈部肌肉可以分为**颈阔肌**（P102）、**胸锁乳突肌**、**舌骨上肌群**和**舌骨下肌群**以及**斜角肌群**和**椎前肌群**。

颈阔肌和胸锁乳突肌

颈阔肌与面部表情肌一样是皮肌，受面部神经控制。其下方的胸锁乳突肌始于胸骨和锁骨，止于颞骨。胸锁乳突肌在颈部形成一处自内下方向外上方的隆起，从体表就可以直接观察到。

舌骨上肌群和舌骨下肌群

舌骨上肌群包括**下颌舌骨肌**和**颏舌骨肌**（连接舌骨和下颌）、**茎突舌骨肌**（连接颞骨）、**二腹肌**（始于颞骨、止于下颌骨，其中间腱穿过附着在舌骨上的纤维性滑车中央）。

舌骨下肌群是将舌骨下拉的肌群，可以与舌骨上肌一起下拉下颌，从而打开口腔。舌骨下肌群包括**胸骨舌骨肌**（连接胸骨和舌骨），**肩胛** ➡

■舌骨上肌和舌骨下肌 画面右侧是较深层的肌肉。

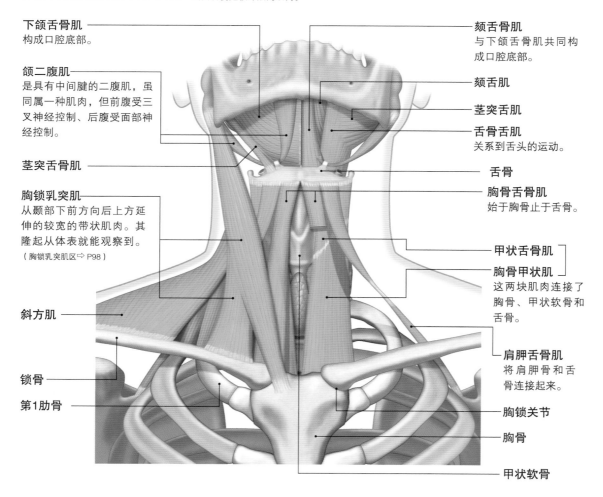

下颌舌骨肌
构成口腔底部。

颌二腹肌
是具有中间腱的二腹肌，虽同属一种肌肉，但前腹受三叉神经控制、后腹受面部神经控制。

茎突舌骨肌

胸锁乳突肌
从颞部下前方向后上方延伸的较宽的带状肌肉。其隆起从体表就能观察到。
（胸锁乳突肌区⇨ P98）

斜方肌

锁骨

第1肋骨

颏舌骨肌
与下颌舌骨肌共同构成口腔底部。

颏舌肌

茎突舌肌

舌骨舌肌
关系到舌头的运动。

舌骨

胸骨舌骨肌
始于胸骨止于舌骨。

甲状舌骨肌
胸骨甲状肌
这两块肌肉连接了胸骨、甲状软骨和舌骨。

肩胛舌骨肌
将肩胛骨和舌骨连接起来。

胸锁关节

胸骨

甲状软骨

☁ **舌骨肌**（连接肩胛骨和舌骨）以及下方的**胸骨甲状肌**和**甲状舌骨肌**（中途止于甲状软骨而一分为二）。

斜角肌群和椎前肌群

　　斜角肌始于颈椎横突、止于肋骨。根据位置不同，斜角肌分为**前斜角肌**、**中斜角肌**和**后斜角肌**。前斜角肌和中斜角肌之间的缝隙叫作**斜角肌间隙**，内有臂丛神经根部和锁骨下动脉（P49）通过。

　　顾名思义，椎前肌群是位于颈椎前方的肌肉，包括**颈长肌**（附着在胸椎和颈椎椎体上）、**头长肌**（止于枕骨）以及**头前直肌**和**头外直肌**（连接着第一颈椎和枕骨）。

简明图解 **颈前区的肌肉位置**

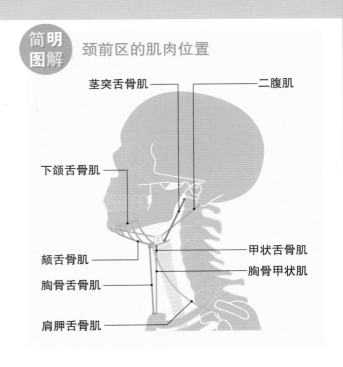

- 茎突舌骨肌
- 二腹肌
- 下颌舌骨肌
- 颏舌骨肌
- 甲状舌骨肌
- 胸骨甲状肌
- 胸骨舌骨肌
- 肩胛舌骨肌

■斜角肌群和椎前肌群

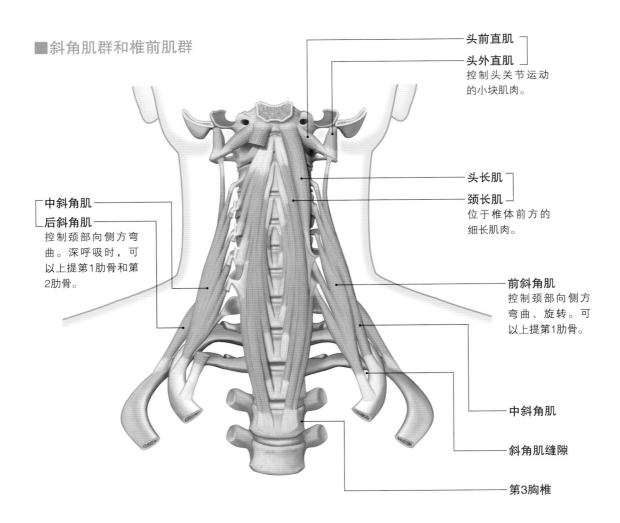

- **头前直肌**
- **头外直肌** 控制头关节运动的小块肌肉。
- **头长肌**
- **颈长肌** 位于椎体前方的细长肌肉。
- **中斜角肌**
- **后斜角肌** 控制颈部向侧方弯曲。深呼吸时，可以上提第1肋骨和第2肋骨。
- **前斜角肌** 控制颈部向侧方弯曲、旋转。可以上提第1肋骨。
- **中斜角肌**
- **斜角肌缝隙**
- 第3胸椎

头部的血管 ［动脉］

颈外动脉分布在面部和硬膜中；颈内动脉分布在脑部。
椎动脉从脑底为脑提供血液。脑底面有3条相连的动脉，呈圆环状。

人体的血管 ⇨P48、50
头部的血管［静脉］⇨P108

颈总动脉及其分支

　　头部的血液是由**颈总动脉**和**椎动脉**（锁骨下动脉的分支）提供的。颈总动脉分支成**颈外动脉**和**颈内动脉**，颈外动脉分布在面部各区域、头部皮下区域和颅腔内的硬膜中；颈内动脉则在经由**颈动脉管**进入颅腔内后，分支出一条通向眼眶的血管，主干连入脑部。颈内动脉到达脑底时，分支出一条名为**大脑前动脉**的血管，主干更名为**大脑中动脉**。

椎动脉及其分支

　　椎动脉从第6颈椎穿过横突（P174）的**横突孔**上行，经**枕骨大孔**（P27）进入颅腔。左右两

■头部的动脉

颞浅动脉
颈外动脉末端的一个分支，由于该动脉沿外耳孔前侧向上流动，通常可以在此处感受到脉搏。

内眦动脉
面动脉末端的一个分支，该动脉的一个分支与流自颈内动脉的眼动脉分支相连。

上唇动脉

下唇动脉

舌动脉
其分支分布在舌头上。

面动脉
由于该动脉在咬肌（P102）前端附近绕过下颌下端流经面部，通常按住这个部位可以感受到脉搏。

颈外动脉
颈总动脉的分支，其分支分布在上颈部到面部、头部等区域。

甲状腺上动脉
颈外动脉的第一个分支。

耳后动脉
分布在耳郭及其后方的枕区位置上。

上颌动脉
颈外动脉末端的1个分支，从颞下窝（P100）流经眶底，再通过眶下孔（P100）流至面部。

枕动脉
分布在枕区。

颈内动脉
从颈总动脉产生分支，颈内动脉不经任何分支，直接通过颈动脉管流入颅腔，分支分布在眼窝及脑部。

椎动脉
是锁骨下动脉的一个分支，穿过横突孔上行，再经枕骨大孔进入颅腔。

颈总动脉
右颈总动脉始于头臂动脉，左颈总动脉始于主动脉弓。它们负责为上颈区到头部的区域提供血液。

锁骨下动脉
右锁骨下动脉始于头臂动脉，左锁骨下动脉始于主动脉弓。在向下颈区分支以后形成腋动脉。

头部的主要动脉

● **侧面** 虚线表示未流经颅骨表面。

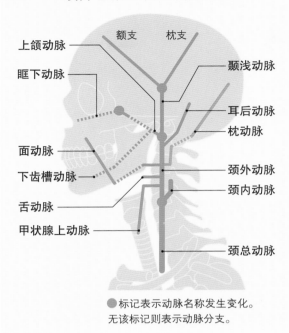

上颌动脉
额支　枕支
眶下动脉
颞浅动脉
耳后动脉
枕动脉
面动脉
下齿槽动脉
颈外动脉
颈内动脉
舌动脉
甲状腺上动脉
颈总动脉

● 标记表示动脉名称发生变化。
无该标记则表示动脉分支。

● **脑底**
（从底部往上看）

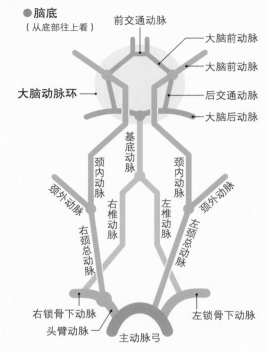

前交通动脉
大脑前动脉
大脑前动脉
大脑动脉环
后交通动脉
大脑后动脉
基底动脉
颈内动脉
颈内动脉
颈外动脉
右椎动脉
左椎动脉
颈外动脉
右颈总动脉
左颈总动脉
右锁骨下动脉
左锁骨下动脉
头臂动脉
主动脉弓

条椎动脉合流为**脑底动脉**，产生连入脑部的分支。这些分支通过延髓及脑桥（P114）下方后延伸，再次形成左右对称的**大脑后动脉**。

脑底动脉环

　　在脑部的下方，**后交通动脉**连接左右两侧的大脑后动脉与左右两侧的颈内动脉。**前交通动脉**连接左右两侧的大脑前动脉。这样，左右各大脑后动脉、后交通动脉、颈内动脉、大脑前动脉与一条前交通动脉组成了一个围住脑底的动脉环，叫作**大脑动脉环**（韦利斯氏环）。

■脑底动脉 （从底部往上看）

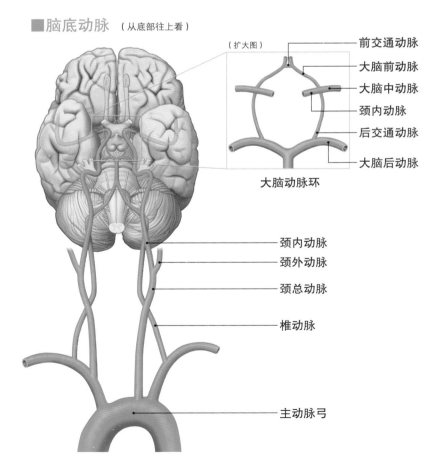

（扩大图）
前交通动脉
大脑前动脉
大脑中动脉
颈内动脉
后交通动脉
大脑后动脉

大脑动脉环

颈内动脉
颈外动脉
颈总动脉
椎动脉
主动脉弓

头部的血管 ［静脉］

头部的静脉不与动脉并行，血管里没有瓣膜。
一些硬脑膜内有静脉流过，叫作硬脑膜窦。脑部流出的大部分血液
均注入此处。

人体的血管 ⇨P48，50
血管的构造 ⇨P52
头部的血管［动脉］⇨P106
保护脑的结构 ⇨P114

头部静脉的特征

头部的静脉与四肢的静脉不同，几乎都
是独立流动，不与动脉并行的。头部的静脉
中没有瓣膜（P52），这也是其特点之一。从
脑部流出的大部分血液均注入**硬脑膜窦**，并
最终汇入颈内静脉中，另一部分血液则经由

颈外静脉注入锁骨下静脉中。

硬脑膜窦

脑硬膜（P115）是致密的结缔组织，由内
外两层构成，外层相当于构成颅腔（P27）的
颅骨骨膜，与颅骨紧密相连，内层和外层大

■头部的静脉

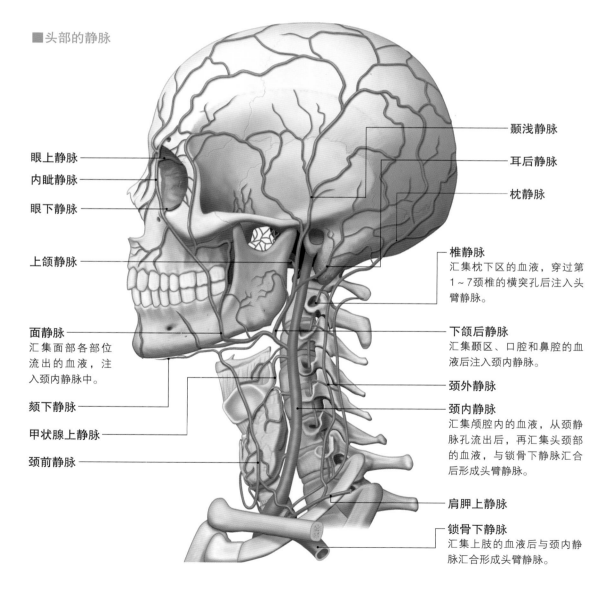

眼上静脉

内眦静脉

眼下静脉

上颌静脉

面静脉
汇集面部各部位
流出的血液，注
入颈内静脉中。

颏下静脉

甲状腺上静脉

颈前静脉

颞浅静脉

耳后静脉

枕静脉

椎静脉
汇集枕下区的血液，穿过第
1～7颈椎的横突孔后注入头
臂静脉。

下颌后静脉
汇集颞区、口腔和鼻腔的血
液后注入颈内静脉。

颈外静脉

颈内静脉
汇集颅腔内的血液，从颈静
脉孔流出后，再汇集头颈部
的血液，与锁骨下静脉汇合
后形成头臂静脉。

肩胛上静脉

锁骨下静脉
汇集上肢的血液后与颈内静
脉汇合形成头臂静脉。

🗨 多紧贴在一起，但部分位置留有间隙，以供静脉血流动，这就是硬脑膜窦。它包括**上矢状窦**、**下矢状窦**、**直窦**、**窦汇**、**横窦**、**乙状窦**、**海绵窦**等。

　　颅腔内的脑硬膜窦通过贯穿颅盖的静脉（导静脉，P115），与颅腔外的静脉相连。这时由于血压差，血液会向颅腔内外的任一方向流动。

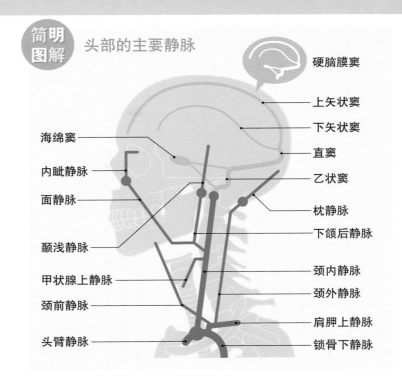

简明图解 **头部的主要静脉**

- 硬脑膜窦
- 上矢状窦
- 下矢状窦
- 直窦
- 海绵窦
- 内眦静脉
- 面静脉
- 乙状窦
- 枕静脉
- 下颌后静脉
- 颞浅静脉
- 甲状腺上静脉
- 颈内静脉
- 颈外静脉
- 颈前静脉
- 肩胛上静脉
- 头臂静脉
- 锁骨下静脉

■**硬脑膜窦** （从左侧头部往斜上方看）

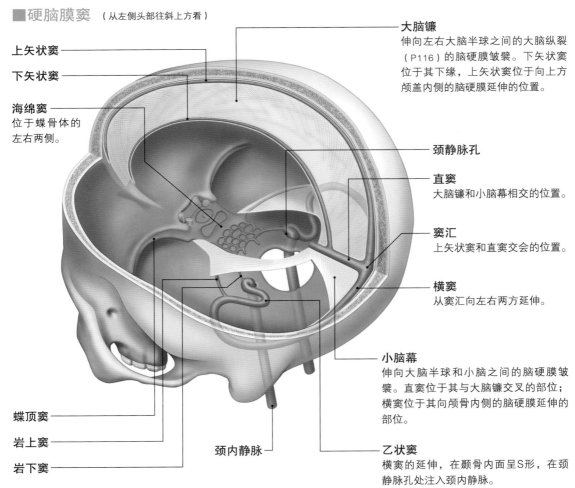

- 上矢状窦
- 下矢状窦
- 海绵窦
  位于蝶骨体的左右两侧。
- 蝶顶窦
- 岩上窦
- 岩下窦
- 颈内静脉

大脑镰
伸向左右大脑半球之间的大脑纵裂（P116）的脑硬膜皱襞。下矢状窦位于其下缘，上矢状窦位于向上方颅盖内侧的脑硬膜延伸的位置。

颈静脉孔

直窦
大脑镰和小脑幕相交的位置。

窦汇
上矢状窦和直窦交会的位置。

横窦
从窦汇向左右两方延伸。

小脑幕
伸向大脑半球和小脑之间的脑硬膜皱襞。直窦位于其与大脑镰交叉的部位；横窦位于其向颅骨内侧的脑硬膜延伸的部位。

乙状窦
横窦的延伸，在颞骨内面呈S形，在颈静脉孔处注入颈内静脉。

头部的神经

三叉神经始于颅骨孔，支配面部皮肤、黏膜的感觉，以及拉动下颌的咀嚼肌。面神经从颅骨延伸出来后，分布在面部表情肌中，支配人的表情。

中枢神经系统与周围神经系统 ⇨P76
脑神经的奥秘 ⇨P82
脊神经的奥秘 ⇨P84
自主神经系统 ⇨P88

三叉神经和面神经

头部分布着多条脑神经，其中支配头部一般感觉及运动的是第Ⅴ脑神经（三叉神经）和第Ⅶ脑神经（面神经）。

三叉神经以三叉神经节为分界点，分成眼神经、上颌神经及下颌神经。这3条神经穿过细小的颅骨孔，支配着面部皮肤和黏膜的感觉。此外，下颌神经中含有运动纤维，

可以支配咬肌（P103）、颞肌等与下颌骨运动相关的咀嚼肌。

面神经原本包括控制味觉的特殊感觉纤维和副交感神经，但这些神经在颅骨内部就已经分成若干分支，只有运动神经纤维穿过颅骨形成了面神经。运动神经纤维在分出耳后神经以后，在腮腺中形成神经丛，进而再分成5个分支，分别分布在不同的面部表情肌上。

■三叉神经的分布

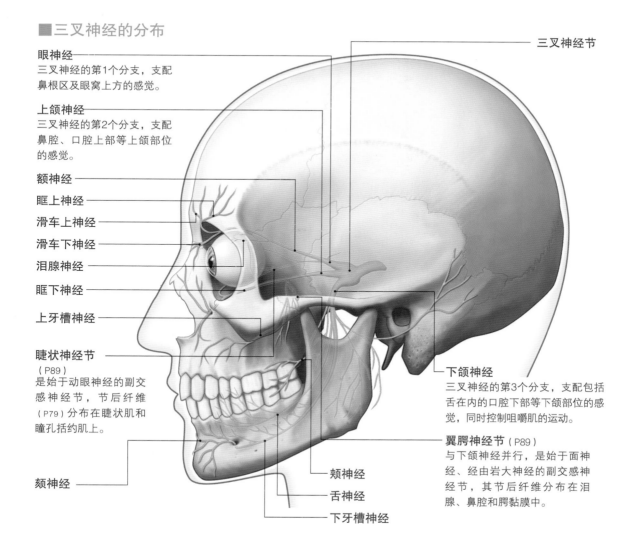

三叉神经节

眼神经
三叉神经的第1个分支，支配鼻根区及眼窝上方的感觉。

上颌神经
三叉神经的第2个分支，支配鼻腔、口腔上部等上颌部位的感觉。

额神经

眶上神经

滑车上神经

滑车下神经

泪腺神经

眶下神经

上牙槽神经

睫状神经节
（P89）
是始于动眼神经的副交感神经节，节后纤维（P79）分布在睫状肌和瞳孔括约肌上。

颏神经

下颌神经
三叉神经的第3个分支，支配包括舌在内的口腔下部等下颌部位的感觉，同时控制咀嚼肌的运动。

翼腭神经节（P89）
与下颌神经并行，是始于面神经、经由岩大神经的副交感神经节，其节后纤维分布在泪腺、鼻腔和腭黏膜中。

颊神经

舌神经

下牙槽神经

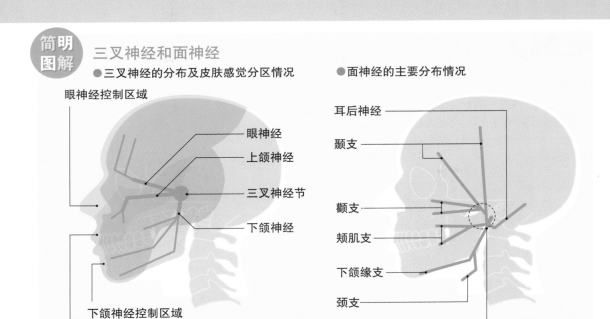

简明图解

三叉神经和面神经

● 三叉神经的分布及皮肤感觉分区情况

- 眼神经控制区域
- 眼神经
- 上颌神经
- 三叉神经节
- 下颌神经
- 下颌神经控制区域
- 上颌神经控制区域

● 面神经的主要分布情况

- 耳后神经
- 颞支
- 颧支
- 颊肌支
- 下颌缘支
- 颈支
- 腮腺神经丛

■面神经的分布

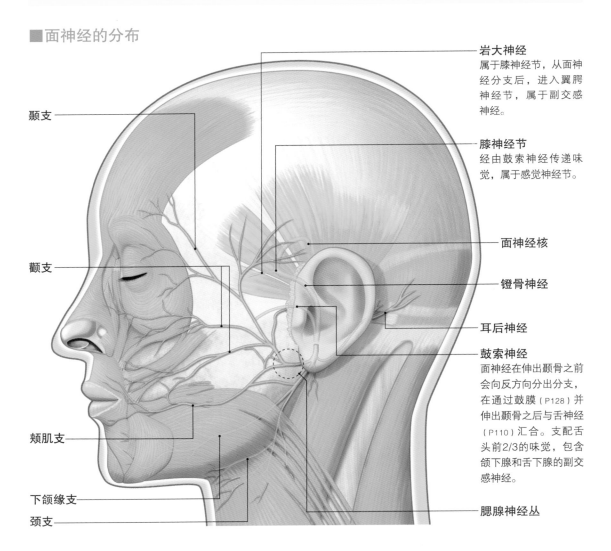

- 颞支
- 颧支
- 颊肌支
- 下颌缘支
- 颈支

岩大神经
属于膝神经节，从面神经分支后，进入翼腭神经节，属于副交感神经。

膝神经节
经由鼓索神经传递味觉，属于感觉神经节。

面神经核

镫骨神经

耳后神经

鼓索神经
面神经在伸出颞骨之前会向反方向分出分支，在通过鼓膜（P128）并伸出颞骨之后与舌神经（P110）汇合。支配舌头前2/3的味觉，包含颌下腺和舌下腺的副交感神经。

腮腺神经丛

颈部的神经和淋巴系统

位于颈部的神经，除了颈神经外，还有延伸至喉部和心脏的迷走神经，以及分布在头颈部的交感神经。
头部与颈部的淋巴管相互汇合，构成颈干。

人体的淋巴系统⇨P58
中枢神经系统与周围神经系统⇨P76
自主神经系统⇨P88
头部的血管⇨P106、108
头部的神经⇨P110

颈部神经

位于颈部的神经，包括**颈神经**、**迷走神经**和**交感神经干**。颈神经的其中一部分构成**颈神经丛**，分布在皮肤和肌肉中。

迷走神经

迷走神经分支出**喉上神经**（延伸至喉部）和**颈心支**（延伸至心脏）后，与**颈内静脉**、**颈内动脉**、**颈总动脉**一同在结缔组织外膜——**颈动**

脉鞘的包围中下行，在胸部分支出一条**喉返神经**。右喉返神经从前方穿过右锁骨下动脉的下方绕到后方，左喉返神经以同样的方式绕到主动脉弓后方，二者沿着气管和食管之间的空间延伸至颈部，分布在喉头。

交感神经干

颈部的交感神经干由**颈上神经节**、**颈中神经节**和**颈下神经节**构成，在多数情况下，颈下神经节会与第1胸神经节（P84）合并后形 ↻

■颈部的交感神经干和迷走神经

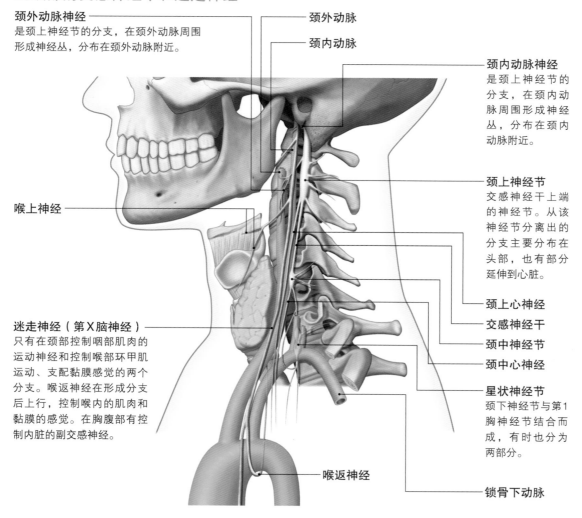

颈外动脉神经
是颈上神经节的分支，在颈外动脉周围形成神经丛，分布在颈外动脉附近。

喉上神经

迷走神经（第Ⅹ脑神经）
只有在颈部控制咽部肌肉的运动神经和控制喉部环甲肌运动、支配黏膜感觉的两个分支。喉返神经在形成分支后上行，控制喉内的肌肉和黏膜的感觉。在胸腹部有控制内脏的副交感神经。

颈外动脉
颈内动脉

颈内动脉神经
是颈上神经节的分支，在颈内动脉周围形成神经丛，分布在颈内动脉附近。

颈上神经节
交感神经干上端的神经节。从该神经节分离出的分支主要分布在头部，也有部分延伸到心脏。

颈上心神经
交感神经干
颈中神经节
颈中心神经

星状神经节
颈下神经节与第1胸神经节结合而成，有时也分为两部分。

喉返神经

锁骨下动脉

成**星状神经节**。交感神经干从第2胸神经节向上延伸并分为两支，一支与第1胸神经节或星状神经节相连，另一支绕向锁骨下动脉，再呈U字形折回，向颈中神经节延伸后再汇入交感神经干。颈上神经节分支出**颈内动脉神经**和**颈外动脉神经**，并在对应的动脉周围形成神经丛，和其分支一起分布在末梢。此外，颈上神经节、颈中神经节和颈下神经节分别产生出流向心脏的**颈上心神经**、**颈中心神经**和**颈下心神经**。

颈部的淋巴系统

头颈区的淋巴汇集在几处淋巴结内，最终形成**颈干**，从**静脉角**（颈内静脉和锁骨下静脉合流处）注入静脉。

额区的淋巴集中在腮腺周围的**腮腺淋巴结**中；面部中央及下方的淋巴集中在颊部内侧的**颏下淋巴结**和**颌下淋巴结**中；顶区和枕区的淋巴集中在**乳突淋巴结**和**枕淋巴结**中；外耳道附近表层到颈区的淋巴集中在**颈外侧浅淋巴结**中。

流经这些淋巴结后，淋巴继续向深层流动，上部的淋巴注入**颈外侧深淋巴结**上方后下行，与下方淋巴结里流出的淋巴汇合，再流入颈外侧深淋巴结下方构成颈干，与锁骨下淋巴干汇合后流入静脉角。

颌下淋巴结、腮腺淋巴结、颈外侧浅淋巴结位置较浅，周围无肌肉覆盖，因此当淋巴回流的区域发生炎症时，很容易通过皮肤判断其是否有肿块。

■颈部主要的淋巴结

（箭头代表淋巴的流向）

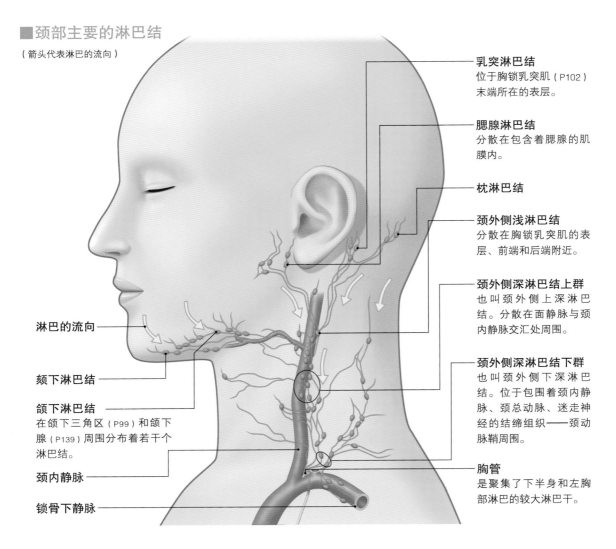

乳突淋巴结
位于胸锁乳突肌（P102）末端所在的表层。

腮腺淋巴结
分散在包含着腮腺的肌膜内。

枕淋巴结

颈外侧浅淋巴结
分散在胸锁乳突肌的表层、前端和后端附近。

颈外侧深淋巴结上群
也叫颈外侧上深淋巴结。分散在面静脉与颈内静脉交汇处周围。

颈外侧深淋巴结下群
也叫颈外侧下深淋巴结。位于包围着颈内静脉、颈总动脉、迷走神经的结缔组织——颈动脉鞘周围。

胸管
是聚集了下半身和左胸部淋巴的较大淋巴干。

淋巴的流向

颏下淋巴结

颌下淋巴结
在颌下三角区（P99）和颌下腺（P139）周围分布着若干个淋巴结。

颈内静脉

锁骨下静脉

113

保护脑的结构

大脑位于颅腔内部，受颅骨保护，被3层膜包裹。
3层脑膜从外到内是硬脑膜、蛛网膜和软脑膜。
蛛网膜的腔隙中有脑脊液。

头部的血管［静脉］⇨P108
脑的结构⇨P116

颅腔的内部结构

颅腔（P27）是颅盖中容纳脑的腔体。在颅腔中，脑被脑膜这一结缔组织包围并保护起来。脑膜分3层，最外层的硬脑膜是结实的结缔组织膜，紧密连接在颅骨上，分为两层，其间有硬脑膜窦（P109），从脑部流出的血液均汇集在硬脑膜窦里。在左右大脑半球之间的大脑镰以及大小脑之间的小脑幕处，硬脑膜向外突出，以保持脑部的位置。

中间层的脑膜叫作蛛网膜，由纤细的结缔组织纤维构成，其腔隙中有脑脊液。蛛网膜的腔隙叫作蛛网膜下腔，在某些位置会扩大。

最内层的脑膜叫作软脑膜，紧密地附着在脑的表面。

脑内部的脑室里，有血管密集分布的脉络丛，在这里形成脑脊液。脑脊液通过延髓附近的小孔，从脑室向外扩散进入蛛网膜下腔，并通过突显在硬脑膜窦的蛛网膜颗粒回到血液中。也就是说，脑部一直漂浮在脑脊液中。

■脑的结构

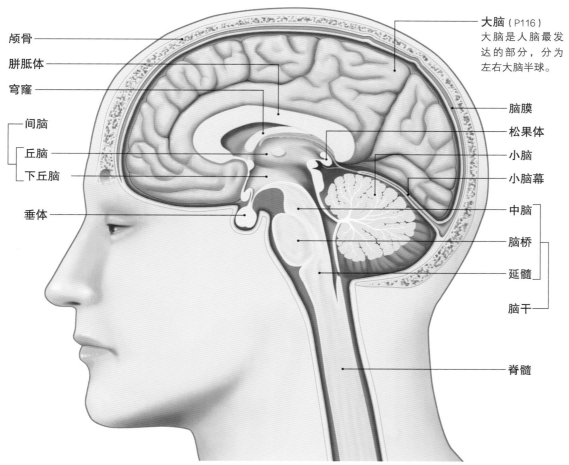

颅骨
胼胝体
穹窿
间脑
丘脑
下丘脑
垂体

大脑（P116）
大脑是人脑最发达的部分，分为左右大脑半球。

脑膜
松果体
小脑
小脑幕
中脑
脑桥
延髓
脑干
脊髓

■硬脑膜和蛛网膜

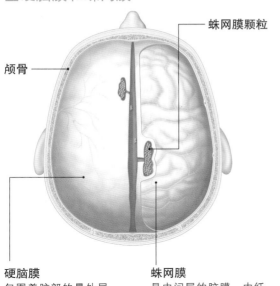

硬脑膜
包围着脑部的最外层脑膜，由结实的结缔组织组成。

蛛网膜
是中间层的脑膜，由纤细的纤维组成，空隙中含有脑脊液。

■脑膜的结构 （脑部表面周围的冠状切面）

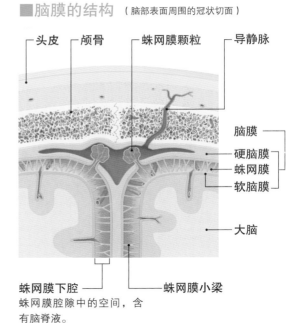

头皮　颅骨　蛛网膜颗粒　导静脉

脑膜
硬脑膜
蛛网膜
软脑膜

大脑

蛛网膜下腔
蛛网膜腔隙中的空间，含有脑脊液。

蛛网膜小梁

■脑脊液的流动
（箭头表示脑脊液的流动方向）

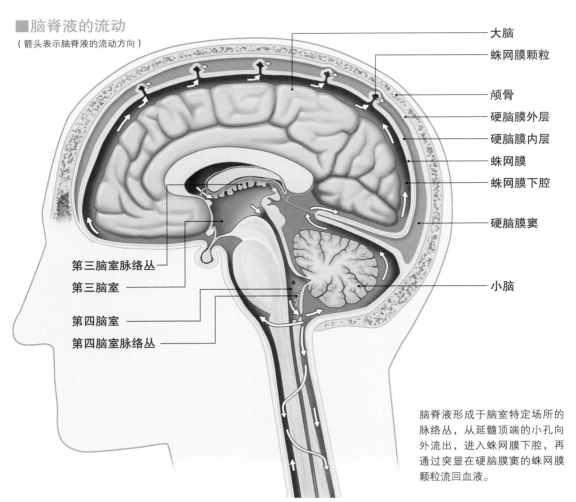

大脑
蛛网膜颗粒
颅骨
硬脑膜外层
硬脑膜内层
蛛网膜
蛛网膜下腔

硬脑膜窦

第三脑室脉络丛
第三脑室
第四脑室
第四脑室脉络丛

小脑

脑脊液形成于脑室特定场所的脉络丛，从延髓顶端的小孔向外流出，进入蛛网膜下腔，再通过突显在硬脑膜窦的蛛网膜颗粒流回血液。

脑的结构

大脑的表面叫作皮质，以大脑沟为界分为4部分。
大脑皮质的不同位置发挥着运动、感觉等不同作用。

脑的内部构造 ⇨P118
小脑与脑干的构造 ⇨P120

分为4叶的大脑皮质

从外部观察可知，在脑的各部分中，位于最上方、体积较大、最为明显的是**大脑**，其后下方是**小脑**，被大脑和小脑包围的脑的中心部分是**脑干**。

大脑表面上有神经细胞汇集的**皮质**、不规则的**脑沟**和由脑沟隔开的、宽1cm左右的**脑回**（P118）。皮质、脑沟和脑回扩展了脑的表面积。大脑被**大脑纵裂**分成左右两个半球。连接左右大脑的神经纤维通道叫作**胼胝体**。

大脑皮质（P118）分为**额叶、顶叶、枕叶、颞叶**4叶，额叶与顶叶之间有**中央沟**，颞叶正上方有**外侧沟**。顶叶和枕叶的分界线很难从外侧观察到，但从大脑纵裂的正前方来看，就能清晰地看到一条脑沟。

在大脑皮质的**主要运动区**和**主要感觉区**（躯体感觉区、视觉区、听觉区）中，脑干等下侧脑通过神经纤维连接。主要运动区位于额叶后端、中央沟正前方。躯体感觉区位于顶叶前端、中央沟正后方，视觉区位于枕叶后端并扩散到中央，听觉区位于颞叶上端。

此外，大脑皮层的其他部位在大脑内部被神经纤维连接在一起，这被称为**大脑皮层联合区**。大脑皮层联合区内部又可以分为几个部分。既有与运动和感觉紧密相关的接收信息的地方，又有对接收到的信息进行归整并确立行动和计划的地方。布洛卡氏区、威氏区等语言中枢也属于联合区的一部分。

大脑中心区域有**基底核**（P119）这一神经细胞的集合体。大脑接收、记忆并判断感觉等，进行高级别的分析操作。

■脑的上表面

额叶

【左半球】　　　　　　　　　【右半球】

大脑纵裂
将大脑分为左右半球的较深裂缝。

中央沟　　　顶叶　　　枕叶　　　颞叶

■脑的底面

【右半球】　　　　　　　　　【左半球】

视神经
（P126）

嗅球
（P136）

嗅束

脑桥

延髓
（P121）

小脑
（P120）

■脑的各部分名称和作用（左半球侧面）

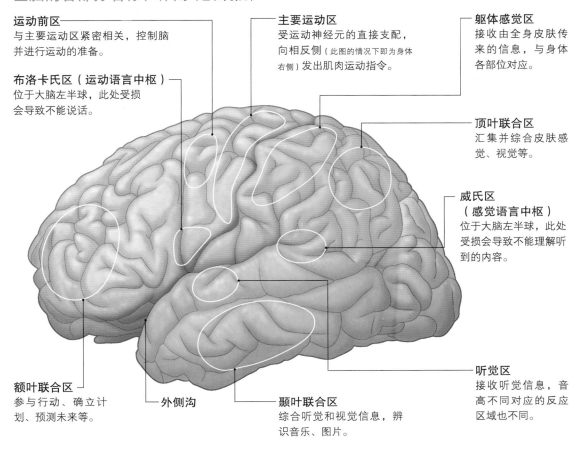

运动前区
与主要运动区紧密相关，控制脑并进行运动的准备。

布洛卡氏区（运动语言中枢）
位于大脑左半球，此处受损会导致不能说话。

主要运动区
受运动神经元的直接支配，向相反侧（此图的情况下即为身体右侧）发出肌肉运动指令。

躯体感觉区
接收由全身皮肤传来的信息，与身体各部位对应。

顶叶联合区
汇集并综合皮肤感觉、视觉等。

威氏区（感觉语言中枢）
位于大脑左半球，此处受损会导致不能理解听到的内容。

听觉区
接收听觉信息，音高不同对应的反应区域也不同。

额叶联合区
参与行动、确立计划、预测未来等。

外侧沟

颞叶联合区
综合听觉和视觉信息，辨识音乐、图片。

■脑的纵切面（从左侧观察右半球）

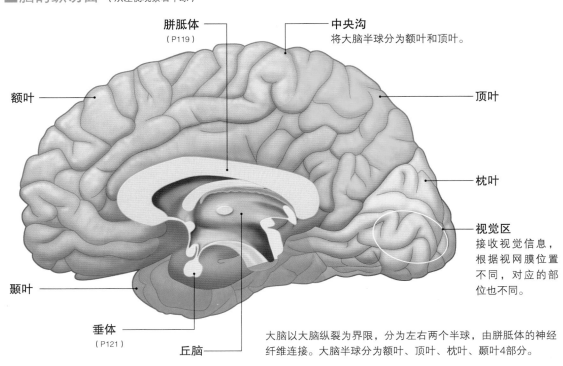

胼胝体
（P119）

中央沟
将大脑半球分为额叶和顶叶。

额叶

顶叶

枕叶

视觉区
接收视觉信息，根据视网膜位置不同，对应的部位也不同。

颞叶

垂体
（P121）

丘脑

大脑以大脑纵裂为界限，分为左右两个半球，由胼胝体的神经纤维连接。大脑半球分为额叶、顶叶、枕叶、颞叶4部分。

脑的内部构造

根据颜色不同，大脑内部分为表层的皮质和深层的髓质。
皮质为灰质，髓质为白质。
中心部有调节运动功能的大脑基底核和控制感情的大脑边缘系统。

神经的奥秘⇨P78
运动神经和感觉神经⇨P86
小脑与脑干的构造⇨P120

大脑内部的分层结构

脑内部可以分为颜色不同的两部分。**灰质**为神经细胞集中的区域，**白质**为神经纤维集中的区域。在大脑和小脑中，覆盖脑的表面的灰质叫作**皮质**；位于皮质下方的白质叫作**髓质**。

在脑部中央，神经细胞集合的灰质，又叫作**神经核**。在脑干（P120）中，神经细胞和神经纤维混合存在的区域叫作**网状结构**。

大脑皮质是厚度为1.5 ~ 4.5mm的灰质层，是神经细胞聚集的区域。形成白质的神经纤维包括**投射纤维**（连接大脑皮质和下侧脑［脑干或脊髓等］）、**连合纤维**（连接左右大脑半球）、**联络纤维**（连接同侧大脑半球）。投射纤维位于**内囊**（参考下图），连合纤维位于**胼胝体**。神经纤维从大脑皮质的主要运动区下行，与运动神经元相连，可以控制特定区域的肌肉。感觉神经元则与固定的皮肤相连，经过丘脑的中转，与躯体感觉区相连。这些皮质区与身体各个部位存在对应关系，因此可以在皮质描绘出身体的地图。

大脑基底核接收源自大脑皮质的神经纤维，起到调节运动的作用。胼胝体周围的大脑皮质属于**大脑边缘系统**，产生感情和欲望等，能影响自主神经的中枢（下丘脑）。大脑边缘系统由**扁桃体、海马体、扣带回**等器官组成。

■大脑的冠状切面

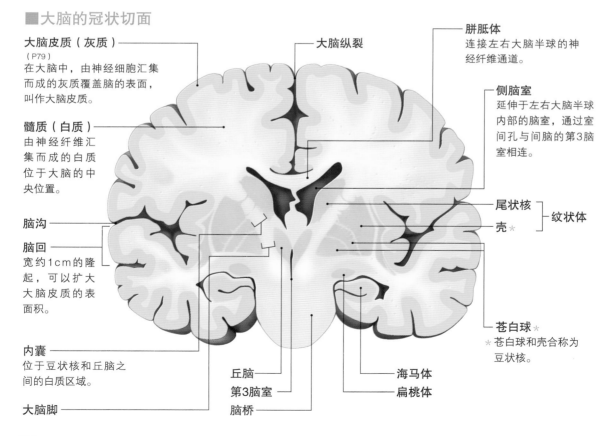

大脑皮质（灰质）
（P79）
在大脑中，由神经细胞汇集而成的灰质覆盖脑的表面，叫作大脑皮质。

髓质（白质）
由神经纤维汇集而成的白质位于大脑的中央位置。

脑沟

脑回
宽约1cm的隆起，可以扩大大脑皮质的表面积。

内囊
位于豆状核和丘脑之间的白质区域。

大脑脚

大脑纵裂

胼胝体
连接左右大脑半球的神经纤维通道。

侧脑室
延伸于左右大脑半球内部的脑室，通过室间孔与间脑的第3脑室相连。

尾状核 ┐
壳 ＊ ┤ **纹状体**

苍白球 ＊
＊苍白球和壳合称为豆状核。

丘脑
第3脑室
脑桥

海马体
扁桃体

■大脑皮质的运动区和感觉区

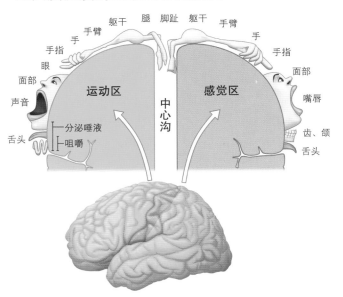

大脑皮质的运动区和感觉区与身体各部位紧密相关。在两个区域中，控制腿部的区域都位于上方，然后依次是控制上肢、头部的区域。

脑的结构
（纵切面、从左向右观察）

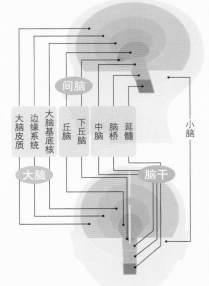

（冠状切面）

在脑的各部分结构中，脑干和间脑起源较早，大脑是在哺乳动物出现后才演化形成的、较"新"的脑。人类的大脑皮质尤其发达。

■大脑基底核

右脑

扣带回
大脑皮质的一部分，其位置面向大脑纵裂，在胼胝体正上方。属于大脑边缘系统。

尾状核
属于大脑基底核的一部分，位置比内囊靠里侧。

胼胝体
连接左右大脑半球的神经纤维通道。

壳
属于大脑基底核的一部分，位于比内囊靠外侧。

间脑
与大脑关系密切的脑的中央部分，分为丘脑和下丘脑。

苍白球
属于大脑基底核的一部分，位于壳的内侧。

中脑
脑桥
脑干（P120）的一部分

小脑（P120）

大脑基底核接收从大脑皮质传来的信息，起到调节运动的作用。大脑边缘系统以胼胝体正上方的扣带回等部分为中心，起到控制感情、欲望的作用。

小脑与脑干的构造

间脑在大脑边缘系统下方，包括丘脑和下丘脑。
脑干位于间脑下方，包括中脑、脑桥和延髓。
调节运动功能的小脑位于脑干后方。

内分泌系统概述 ⇨P72、74
脑神经的奥秘 ⇨P82
保护脑的结构 ⇨P114
脑的结构 ⇨P116
脑的内部构造 ⇨P118

调整运动功能、维持生命活动

小脑突出在脑干后方，在大脑半球后下方隐约可见。小脑表面有一层聚集了神经细胞的皮质，皮质上具有平行的脑沟，以及由沟隔开的、宽1.5mm的脑回。小脑的中央有汇集了大量神经细胞的**小脑核**。小脑通过**小脑脚**的神经纤维联系其他部位。小脑在参考大脑发出的运动指令的同时，比较感觉信息，调整运动功能，使运动更加顺利地进行。

间脑位于脑部中央区域的最上方，虽然有时被划分到脑干，但它与大脑的关系更加紧密。间脑由**丘脑**和**下丘脑**组成，被**第3脑室**分为左右两部分。丘脑是神经核（P79）的聚集区，集中了来自脑各部位和全身的感觉信息，并在这里投射到大脑皮层。下丘脑是管理饮水、摄食以及性行为等本能行为的中枢，与自主神经和内分泌系统相关。**垂体**在下丘脑下方悬垂，分泌调节人体细胞及其他内分泌腺的激素，并受到下丘脑分泌的激素调节。

从狭义来看，**脑干**分为**中脑**、**脑桥**、**延髓**3部分。中脑位于间脑和脑桥之间，前方的**大脑脚**，是从大脑皮质向下的神经纤维的通道。中脑的中央区域有连接第3脑室和第4脑室的纤细的**中脑水管**。脑桥向前方突出，有连接左右小脑半球的神经纤维经过。脑桥和延髓的背侧有**第4脑室**，并通过顶端小孔与蛛网膜下腔相连。脑干是呼吸、体温和血压调节等维持生命功能的中枢。同时，几乎所有脑神经都源自脑干。

■小脑的外部结构

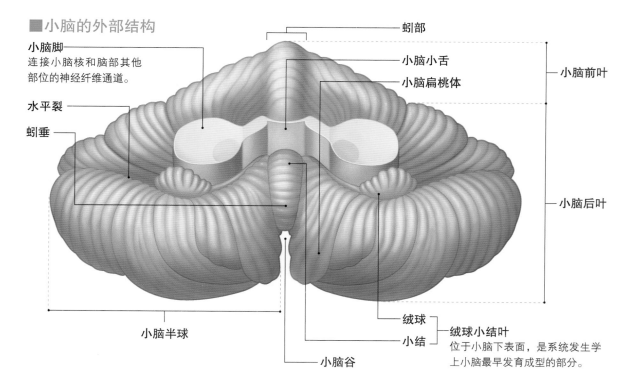

小脑脚
连接小脑核和脑部其他部位的神经纤维通道。

水平裂

蚓垂

蚓部

小脑小舌

小脑扁桃体

小脑前叶

小脑后叶

小脑半球

绒球

小结

绒球小结叶
位于小脑下表面，是系统发生学上小脑最早发育成型的部分。

小脑谷

■间脑、小脑、脑干的侧切面

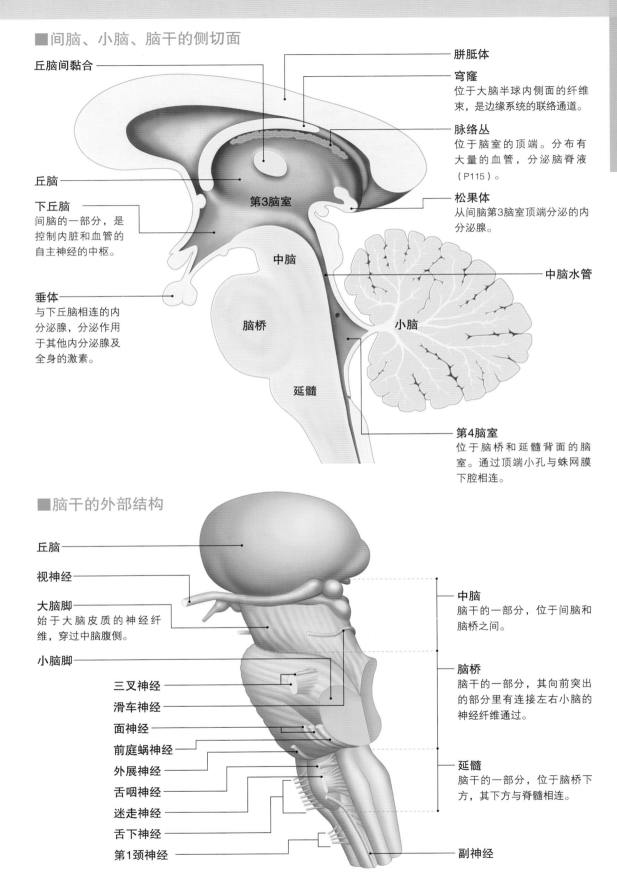

丘脑间黏合

丘脑

下丘脑
间脑的一部分，是
控制内脏和血管的
自主神经的中枢。

垂体
与下丘脑相连的内
分泌腺，分泌作用
于其他内分泌腺及
全身的激素。

胼胝体

穹窿
位于大脑半球内侧面的纤维
束，是边缘系统的联络通道。

脉络丛
位于脑室的顶端。分布有
大量的血管，分泌脑脊液
（P115）。

松果体
从间脑第3脑室顶端分泌的内
分泌腺。

中脑水管

第3脑室

中脑

脑桥

小脑

延髓

第4脑室
位于脑桥和延髓背面的脑
室。通过顶端小孔与蛛网膜
下腔相连。

■脑干的外部结构

丘脑

视神经

大脑脚
始于大脑皮质的神经纤
维，穿过中脑腹侧。

小脑脚

三叉神经

滑车神经

面神经

前庭蜗神经

外展神经

舌咽神经

迷走神经

舌下神经

第1颈神经

中脑
脑干的一部分，位于间脑和
脑桥之间。

脑桥
脑干的一部分，其向前突出
的部分里有连接左右小脑的
神经纤维通过。

延髓
脑干的一部分，位于脑桥下
方，其下方与脊髓相连。

副神经

121

眼的构造

眼球被巩膜、葡萄膜和视网膜包围。
眼球最前方是透明的角膜，时常被泪液浸润。
眼球内部由眼房、瞳孔、晶状体和玻璃体构成。

视觉的奥秘⇨P124、126
鼻子的构造 ⇨P134

▌眼球壁的三层结构及眼球

眼球是直径大约2.5cm的球状体，大小近似乒乓球，其外壁由3层构成。

最外层最前方的是透明的、直径超过1cm的角膜。角膜的上皮，延伸至结膜的上皮。结膜上皮下方的固有层，延伸至结实的结缔组织巩膜里。从前方观察眼球，白色的部分是巩膜，黑色的部分是透明的角膜，眼球内部清澈可见。

血管密集的葡萄膜（虹膜、睫状体、脉络膜）位于中间层。在最前方，虹膜和睫状体由四周向中央聚拢，脉络膜附着在巩膜的内侧。黑色的眼球中，周围略呈茶色的部分是虹膜，中央的黑色部分是瞳孔。光线从瞳孔进入眼球中，被视网膜感知。虹膜可以改变瞳孔的大小，从而调节到达视网膜的光线数量。睫状体隐藏在虹膜深处，无法从外侧直接观察到，它由较细的纤维构成，与晶状体相连，通过伸缩改变晶状体的厚度，在观看不同距离的物体时起到调节作用。脉络膜向最内层的视网膜提供营养。

视网膜是眼球壁的最里层，可以感知光线。视网膜里分布着动脉和静脉，这些血管可以通过检眼镜观察到。始于视网膜的神经纤维从眼球后端离开，通过视神经到达脑部。

在眼球内部，紧临虹膜正后方的是晶状体。位于晶状体前方的眼房里有眼房水，后方有胶状的玻璃体。晶状体的厚度随着睫状体的作用而变化，从而调节距离，使得观察的对象刚好在网膜上成像。

眼球里有6根眼肌，它们根据头的运动，控制眼球运动，防止视线的朝向发生偏离。其功能就像摄像机的防抖功能一样。

泪腺位于眼外侧上部，泪腺分泌泪液（眼泪）防止角膜干燥。通过眨眼，眼睑可以将泪液覆盖到角膜表面。眼睑中有睑板腺，可以分泌脂质，防止泪液蒸发。

简明图解 眼泪（泪液）

● 泪液的通道（蓝色箭头）
泪液产生于上眼睑后侧靠外的泪腺中。一部分泪液会蒸发掉，另一部分会从眼的内侧流入鼻泪管，注入鼻腔，和鼻涕融为一体。

● 泪液的成分
泪液的成分与血液中的液体成分类似，但其中蛋白质含量很少。睑板腺位于眼睑中，可以分泌脂质并将其覆盖在泪液表面，防止泪液蒸发。

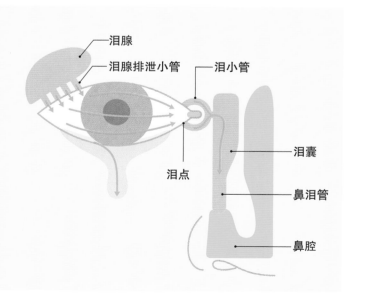

泪腺
泪腺排泄小管
泪小管
泪点
泪囊
鼻泪管
鼻腔

■眼球及其周边结构

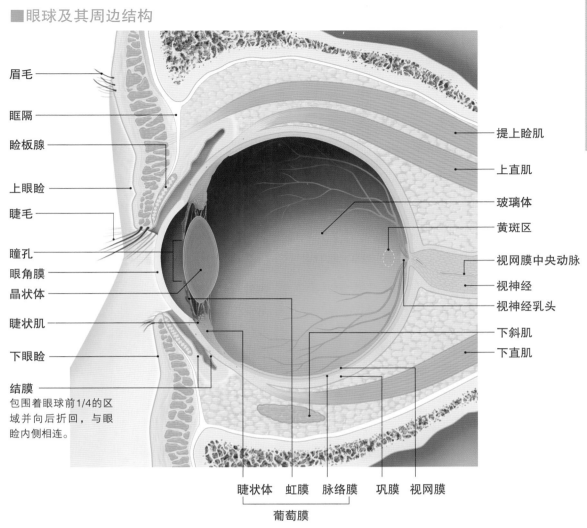

眉毛

眶隔

睑板腺

上眼睑

睫毛

瞳孔

眼角膜

晶状体

睫状肌

下眼睑

结膜
包围着眼球前1/4的区域并向后折回，与眼睑内侧相连。

提上睑肌

上直肌

玻璃体

黄斑区

视网膜中央动脉

视神经

视神经乳头

下斜肌

下直肌

睫状体　虹膜　脉络膜　巩膜　视网膜

葡萄膜

■眼房水的流向（红色箭头）

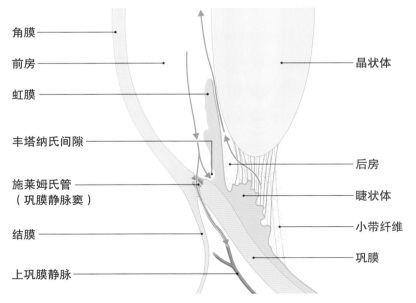

角膜

前房

虹膜

丰塔纳氏间隙

施莱姆氏管
（巩膜静脉窦）

结膜

上巩膜静脉

晶状体

后房

睫状体

小带纤维

巩膜

晶状体和角膜之间的眼房中充满了眼房水，眼房被虹膜分为前房和后房。眼房水主要由睫状体分泌产生，在角膜和虹膜之间的位置被吸收，流回静脉。当眼房水无法良好吸收时，眼球内的压力会持续增高，压迫视网膜形成绿内障（青光眼），严重时甚至会引发视网膜变性导致失明。

视觉的奥秘——❶

虹膜可以控制改变眼球朝向的6根眼肌，并调节进入眼中的光线数量。
睫状体的伸缩改变晶状体的厚度，视网膜因此可以成像。

自主神经系统⇨P88
眼的构造⇨P122
视觉的奥秘②⇨P126

改变晶状体的厚度来调整焦距

眼球上连接着6根眼肌，可以自由改变视线方向。当头部位置或方向发生改变时，视线也随之改变，映射在视网膜上的图像自然也偏离了原来的位置。这时，感觉内耳传来的平衡感觉（P132）信息，眼肌会自然地随着方向改变伸缩，以使映射在视网膜上的图像不发生偏离（**前庭眼反射**）。此外，在观察较近的对象时，眼肌会使视线向内侧倾斜，使左右双眼看着同一对象（**调节反射**）。

虹膜上含有黑色素，因此颜色发黑。白人黑色素较少，虹膜颜色也较浅，眼睛呈蓝色。同时，虹膜上还具有**瞳孔开大肌**和**瞳孔括约肌**等平滑肌，可以改变瞳孔的大小。当交感神经（P88）兴奋时，会使瞳孔张大，让更多的光线进入视网膜；当副交感神经兴奋时，瞳孔缩小，进入视网膜的光线也随之减少。瞳孔会随亮度变化而变化，这一现象叫作**对光反射**，常用来判别是否死亡。

睫状体上也有名叫**睫状肌**的平滑肌，可以改变晶状体的厚度，以调节视线的远近。受副交感神经控制，睫状肌收缩时，睫状体会向中心突出，晶状体由于自身弹性会增加厚度，使眼睛的焦点落在近处的物体上；睫状肌舒张时，水晶体被拉伸而变薄，焦点便落在远处的物体上。眼球前后距离较长的人容易将焦点集中在近处（近视），眼球前后距离较短的人容易将焦点集中在远处（远视）。近视和远视都可以通过眼镜或隐形眼镜进行矫正。人进入中老年后，晶状体会变硬，导致难以调节远近距离（老花眼）。老年人的晶状体较为浑浊，导致视网膜上无法清晰成像（白内障）。

■眼球运动的相关肌肉 （左眼）

滑车

上斜肌
在滑车处改变方向而附着在眼球上表面，使视线转向下外侧。

下斜肌
附着在眼窝的内侧面，使视线转向上外侧。

上直肌
附着在眼球上表面，使视线转向上内侧。

内直肌
附着在眼球的内侧面，使视线转向内侧。

外直肌
附着在眼球的外侧面，使视线转向外侧。

下直肌
附着在眼球下表面，使视线转向下内侧。

■瞳孔的大小

虹膜上含有黑色素，因此看上去呈黑色，附着2种平滑肌。瞳孔开大肌受交感神经支配，可以使瞳孔变大；瞳孔括约肌受副交感神经支配，可以使瞳孔变小。

正常状态

瞳孔缩小的状态

瞳孔张大的状态

■产生视觉的原理

只有同眼球保持适当距离的对象才能在视网膜上清晰成像。这个距离是通过睫状体伸缩，改变晶状体的厚度来进行调节的。

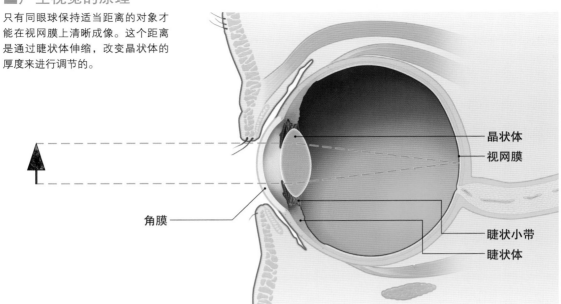

晶状体
视网膜
角膜
睫状小带
睫状体

【观察近处时的晶状体】

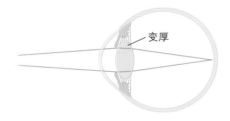

变厚

睫状体的平滑肌收缩，从两端挤压晶状体，晶状体变厚，焦点会落在近处物体上。

【观察远处时的晶状体】

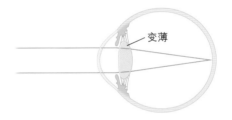

变薄

睫状体的平滑肌舒张，向外拉伸水晶体，水晶体变薄，焦点会落在远处物体上。

简明图解 近视和远视的区别

●近视

角膜到视网膜的距离变长，容易将焦点集中在近处，看不清远处的物体。

近处

视网膜上可以成像，能准确对焦。

远处

成像于视网膜前方，无法准确对焦。

●远视

角膜到视网膜的距离较短，容易成像于视网膜后方，导致远处、近处的物体都无法看清。

近处

视网膜上无法成像，即使调节晶状体也无法准确对焦。

远处

通过增加晶状体的厚度，实现视网膜成像，可以准确对焦。

视觉的奥秘——②

视细胞包括视杆细胞和视锥细胞。
视细胞处的信息通过视神经传递，途中形成视交叉，最终在
大脑的视觉区进行处理。

脑的结构⇨P116
眼的构造⇨P122
视觉的奥秘①⇨P124

视细胞和神经纤维

进入眼球的光线，只有到达视网膜后，才能被感知。视网膜上，**视细胞**（感知光线）和**视神经细胞**（传递兴奋）形成分层结构。视细胞位于视网膜最深处，分为**视杆细胞**和**视锥细胞**。视细胞靠从细胞体伸出的突起（外节）感知光线，其中视杆细胞呈圆柱形，视锥细胞呈锥形。视杆细胞对光线较为敏感，能感知黑暗中的弱光，但是无法分辨颜色；视锥细胞中的3种物质可以感受不同的波长，因此可以区分颜色，但只在光线较亮时发挥作用。**两极神经细胞**位于视细胞和视神经细胞之间，将兴奋从视细胞传递至视神经细胞。

神经节细胞延伸出的神经纤维，通过视神经连接到脑部。左右眼球延伸出的视神经，在途中形成**视交叉**，使一半的神经纤维延伸至同侧脑部，一半延伸至另一侧脑部。视网膜延伸出的神经纤维，到达丘脑（P120）的**外侧膝状体**后，再次通过神经纤维，连接至大脑的**初级视皮层（纹状皮层）**。左脑的初级视皮层，接收眼球左半部分信息（主要观察右侧视野）；右脑的初级视皮层，接收眼球右半部的信息（主要观察左侧视野，见P127图）。这两个初级视皮层各自比较两个眼球收集的信息，判断与观察对象之间的距离远近。

到达初级视皮层的图像信息，为了进行更高级的信息处理，会被进一步送至枕叶的**纹外皮层**。传递的路线有两条，一条是**腹侧流**，负责对象的认知、形状的把握；另一条是背侧流，负责确认对象的位置和运动情况。

■视网膜的结构

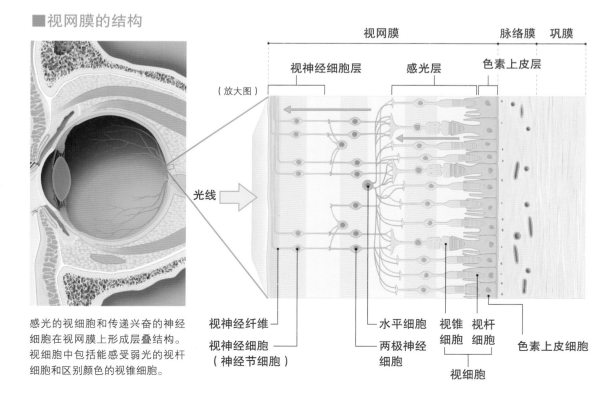

感光的视细胞和传递兴奋的神经细胞在视网膜上形成层叠结构。视细胞中包括能感受弱光的视杆细胞和区别颜色的视锥细胞。

■光线刺激传递到脑部的路线 （脑部俯视图）

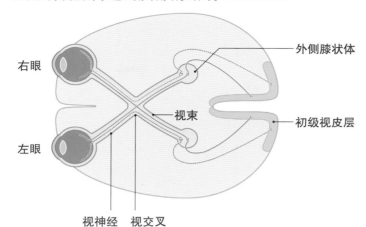

右眼

左眼

外侧膝状体

视束

初级视皮层

视神经　视交叉

左侧的视野（蓝线）映射左右视网膜的右半部分信息；右侧的视野（红色线）映射左右视网膜的左半部分信息。左右眼球延伸出的视神经各有一半在途中交叉，这样就能使左侧的视野信息传递到右侧大脑半球的视觉区，右侧的视野信息传递到左侧大脑半球的视觉区。

■大脑的视觉传递路线

视网膜延伸出的神经纤维，通过视神经，到达中脑的外侧膝状体，并进一步经过神经纤维，传递至大脑的主要视觉前区进行图像处理。随后，图像信息会从初级视皮层传递至视觉前区。传递的路线共分为腹侧流和背侧流两条，并分别进行不同的信息处理。

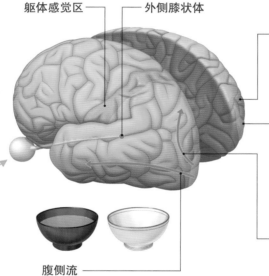

躯体感觉区　　　　外侧膝状体

纹外皮层
与视觉功能相关的枕叶联合区，位于初级视皮层前方。

初级视皮层

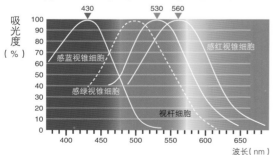

对象物体（碗）在视网膜上成像，并传递至视神经。

腹侧流
是信息从初级视皮层向大脑腹侧传递的通道，可以识别对象并把握其形状（识别碗的颜色、形状和盛装的物体）。

背侧流
是信息从初级视皮层向大脑背侧传递的通道，可以识别对象的位置和运动情况（识别手拿着碗的动作）。

■视杆细胞和视锥细胞的吸光度

吸光度（%）

感蓝视锥细胞

感绿视锥细胞

视杆细胞

感红视锥细胞

波长（nm）

视锥细胞分为3类，分别感受短波（蓝紫）、中波（绿）、长波（红），因此人眼可以识别颜色。
视杆细胞则无法区分颜色。

专栏　什么是色觉障碍？

没有感红视锥细胞、或感红视锥细胞感受到的光波接近绿色的人群，看到上面两幅图片的颜色是一样的。日本有很多由于遗传基因导致的红绿色盲的人，男性有5%，女性有0.2%。

（图片来源：Color Universal Design Organization。www.cudo.jp）

耳朵的构造

外耳与中耳以鼓膜为界。
中耳有3块听小骨，负责把鼓膜的震动传至内耳。
内耳长有耳蜗与半规管。

声音传播的奥秘⇨P130
平衡感⇨P132
咽鼓管咽口⇨P147

▌外耳、中耳与内耳的构造

耳朵分为**外耳**、**中耳**与**内耳**3个部分。

外耳由**耳郭**和**外耳道**组成，负责将空气中的声波传送到鼓膜。耳郭以软骨为支架，表面覆盖着皮肤。有些动物的耳郭十分发达，能最大效率地收集声波，但人的耳郭收集声波的能力并没有那么强。人类的外耳道长2~3cm，内侧为鼓膜。外耳道中有耵聍腺，其分泌物——耵聍体，就是我们俗称的**耳垢**。鼓膜是直径约1cm的薄膜，斜置于耳道内，内部附有听小骨。通过耳镜就能观察到鼓膜的样子。

中耳内有一个形似山洞的**鼓室**，里边充满了空气，同时长着3块**听小骨**（**锤骨**、**砧骨**、**镫骨**）。它们可以更有效地将鼓膜的振动向内耳传递。锤骨和砧骨附有肌肉，可以调节声音的传导。外部气压变化时，鼓室中的气压也会随之变化，进而压迫鼓膜，严重时甚至会使鼓膜破裂。为了防止类似的事件发生，鼓室通向**咽鼓管**与咽喉相连。咽鼓管平时是关闭的，但在进行吞咽等动作时，它就会暂时打开，调节鼓室与外界的气压平衡（P147）。

内耳深埋于颞骨岩部骨质内，结构复杂，因此也叫作**骨迷路**。骨迷路内还有一个**膜迷路**，它是一个封闭的膜囊，内部充满了内淋巴液，而外部则被外淋巴液包围。两种淋巴液的成分也各不相同。骨迷路分为3部分，一端是蜷曲的**管状耳蜗**，可以感受声音；另一端是由三根立体垂直的环状管道组成的**半规管**，能够感知人体在旋转运动中的平衡；中间部分是**前庭**，由两个相互连接的袋状结构组成，能够感知人体在直线运动中的平衡。

■ 耳郭各部分的名称

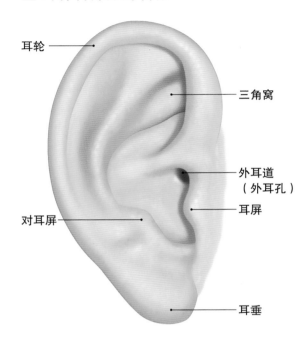

耳轮 —
三角窝
外耳道
（外耳孔）
对耳屏 —
耳屏
耳垂

■ 体力随年龄增长的变化

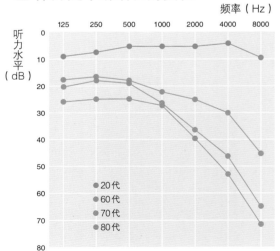

频率（Hz）

听力水平（dB）

● 20代
● 60代
● 70代
● 80代

随着年龄增长，人耳对所有频率的声音感知都会衰退，对高频率声音的感知衰退得尤为明显。

■ 外耳、中耳、内耳的构造

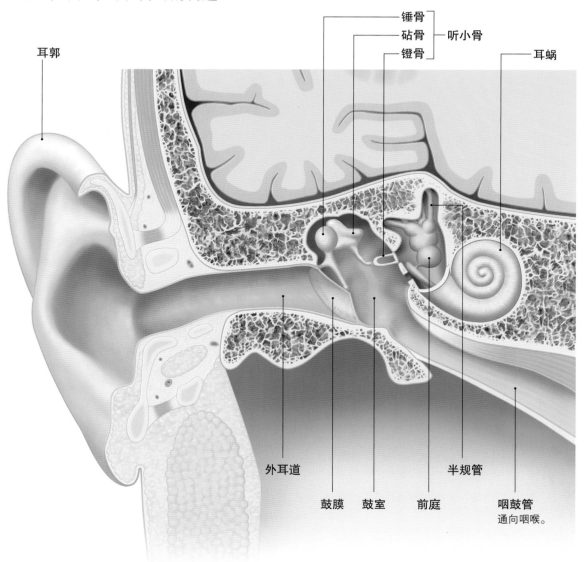

耳郭

锤骨
砧骨 — 听小骨
镫骨

耳蜗

外耳道

鼓膜　鼓室　前庭

半规管

咽鼓管
通向咽喉。

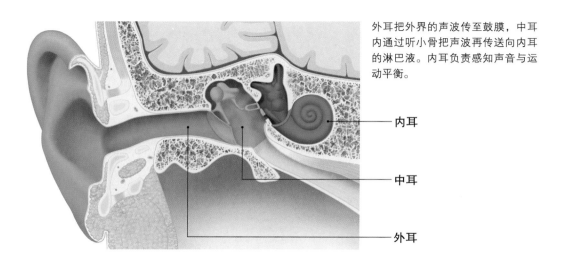

外耳把外界的声波传至鼓膜，中耳内通过听小骨把声波再传送向内耳的淋巴液。内耳负责感知声音与运动平衡。

内耳

中耳

外耳

声音传播的奥秘

从听小骨传达到内耳的声音振动，可以使充满淋巴液的螺旋状耳蜗
上下活动。耳蜗里的毛细胞可以将声音的振动传递给神经细胞。

耳朵的构造 ⇨P128
平衡感 ⇨P132

▋鼓室的结构

　　鼓膜的振动，通过3块听小骨传至内耳。通过缩小振幅的方式，听小骨将大范围的鼓膜震动传递给面积较小的镫骨，集中和增强声波的能量，使声音更有效地传至内耳。若非如此，空气中密度较小的声波，就无法清晰地传播到内耳的淋巴液中。锤骨和砧骨上附有肌肉，巨大的声响传来时，会反射性收缩，以抑制声波的传导，防止声波能量破坏内耳。

▋传递到内耳的声音

　　声音从镫骨底部传向**耳蜗**的**前庭阶**，再从前庭阶到耳蜗的顶端，再重新下降到**鼓阶**。声波往返两者之间时，声音频率的高低，会使蜗管中的特定部位产生强烈振动。这样，耳蜗就能识别声音频率的高低了。

　　耳蜗底部有一层坚硬的**基底膜**，与鼓阶相连。感知声音的**柯蒂氏器**位于此处。柯蒂氏器上长有**毛细胞**，毛细胞上的**听毛**可以将机械振动转化为电刺激，以让神经细胞识别，并将这些电刺激传递到相应的神经元上。听毛的顶端被盖膜覆盖，当柯蒂氏器受到强烈的振动时，会随之发出信号。蜗管位于膜迷路（P128）中，毛细胞浸泡在内淋巴液中。内淋巴液中富含钾元素，能帮助毛细胞实现其功能。

■ 声音的传递方式

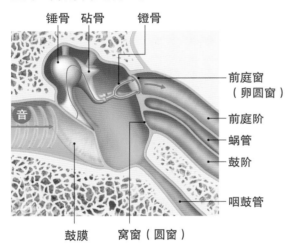

锤骨　砧骨　　镫骨
音
前庭窗（卵圆窗）
前庭阶
蜗管
鼓阶
咽鼓管
鼓膜　　窝窗（圆窗）

■ 耳蜗的构造

耳蜗由2圈半螺旋状的管状结构围绕而成，内部分为2层。上层的前庭阶和下层的鼓阶在螺旋管顶点处汇合，在它们之间还有一层蜗管。

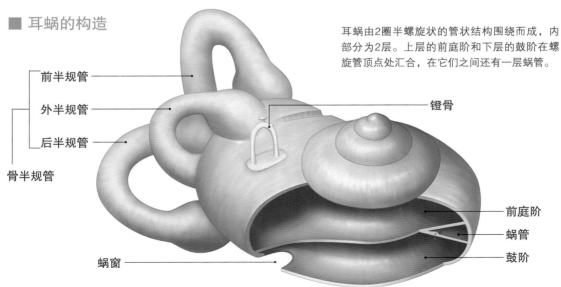

前半规管
外半规管
后半规管
骨半规管
镫骨
前庭阶
蜗管
鼓阶
蜗窗

■ 耳蜗的剖面图

镫骨传播的声波到达前庭阶后，穿过螺旋管到达蜗顶，再下降到鼓阶，最后从蜗窗传出。蜗管的特定位置会在相应音高的刺激下振动，以此感知声音。

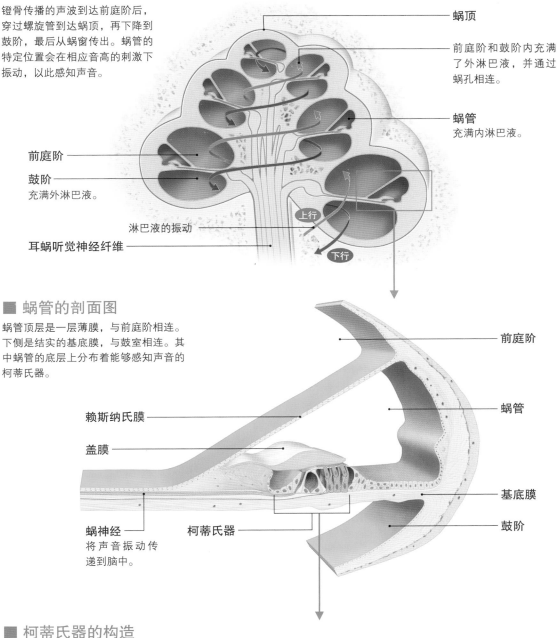

蜗顶

前庭阶和鼓阶内充满了外淋巴液，并通过蜗孔相连。

蜗管
充满内淋巴液。

前庭阶

鼓阶
充满外淋巴液。

上行

淋巴液的振动

下行

耳蜗听觉神经纤维

■ 蜗管的剖面图

蜗管顶层是一层薄膜，与前庭阶相连。下侧是结实的基底膜，与鼓室相连。其中蜗管的底层上分布着能够感知声音的柯蒂氏器。

赖斯纳氏膜

盖膜

蜗神经
将声音振动传递到脑中。

柯蒂氏器

前庭阶

蜗管

基底膜

鼓阶

■ 柯蒂氏器的构造

柯蒂氏器内长有感知声音的毛细胞和支撑毛细胞的支持细胞。毛细胞的听毛固定在盖膜上，当听毛发生振动时，声音信号就被传输进细胞内，再通过耳蜗听觉神经纤维传入大脑。

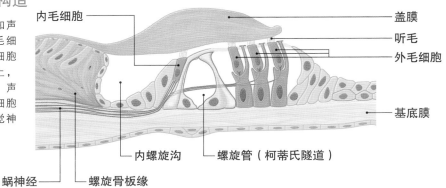

内毛细胞

盖膜

听毛

外毛细胞

基底膜

蜗神经

螺旋骨板缘

内螺旋沟

螺旋管（柯蒂氏隧道）

平衡感

骨半规管分为3根，内部的壶腹帽可以向大脑传递身体旋转的信息。
前庭内有两个听斑，前庭部的耳石膜能够感知身体的倾斜。

耳朵的构造 ⇨P128
声音传播的奥秘 ⇨P130

平衡感的种类

内耳也是平衡感觉的感受器。内耳能够感受到的平衡感有两种，而且相应的感受部位也不相同。

感受旋转的结构

内耳后方长有半规管，能够感受旋转运动。半规管分为3根，分别是水平的外半规管以及垂直面的前半规管与后半规管，它们能够分别感受不同平面上的旋转运动。在人体旋转时，半规管内的内淋巴液在惯性的作用下开始逆向流动。半规管根部的膨大的壶腹内部有长有感觉细胞的壶腹嵴，其中的毛细胞被明胶状物质包裹，形成壶腹帽。当内淋巴液流动时，就会推动壶腹嵴，使毛细胞受到刺激，从而感受到各个方向的旋转。

感受倾斜的结构

内耳中间前庭中，有膜迷路的两个重要构造——球囊和椭圆囊。它们能够感受到头部的倾斜及直线运动的变化。其中，前庭壁上有聚集了毛细胞的听斑。毛细胞的感觉毛内，聚集了富含钙元素的耳石，耳石聚集形成耳石膜。当听斑倾斜时，耳石膜就会横向移动，刺激毛细胞。球囊和椭圆囊的听斑相互垂直分布，所以可以感受到不同方向的头部倾斜和直线运动的变化。

■ 前庭内部构造

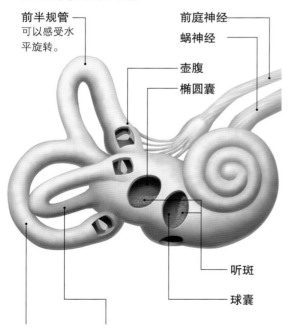

前半规管
可以感受水平旋转。

前庭神经
蜗神经
壶腹
椭圆囊

听斑
球囊

后半规管
可以感受前后方向的旋转。

外半规管
可以感受身体各轴线的旋转。

■ 壶腹构造

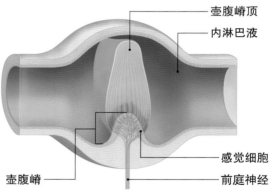

壶腹嵴顶
内淋巴液

壶腹嵴

感觉细胞
前庭神经

■ 听斑的构造

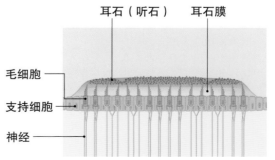

耳石（听石）
耳石膜

毛细胞
支持细胞
神经

■ 感知旋转运动的壶腹嵴

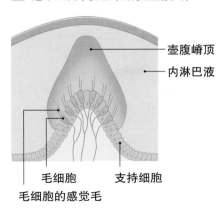

壶腹嵴顶
内淋巴液

毛细胞
支持细胞
毛细胞的感觉毛

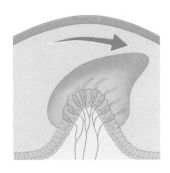

头部旋转时，受惯性影响，半规管中的内淋巴液逆向流动。内淋巴液的流动，推动半规管根部的壶腹嵴运动，使毛细胞受到刺激。

■ 感知倾斜变化的听斑

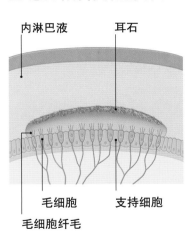

内淋巴液
耳石

毛细胞
支持细胞
毛细胞纤毛

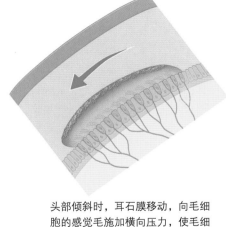

头部倾斜时，耳石膜移动，向毛细胞的感觉毛施加横向压力，使毛细胞受到刺激。

简明图解 **引发头晕的原理**

● 良性发作性位置性眩晕病
由耳石脱落掉入骨半规管的内淋巴液而引起。

● 美尼尔氏病
由于内淋巴液过剩而引起的反复发作性晕眩、耳鸣、耳背等病症。

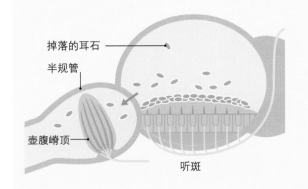

掉落的耳石
半规管
壶腹嵴顶
听斑

蜗管

正常的蜗管

● 内淋巴液
● 外淋巴液

鼻子的构造

鼻腔被鼻中隔分为左右两个腔体。
鼻甲将鼻腔分为上、中、下3个鼻道。
鼻腔周围的骨中长有鼻窦。

颅骨的构造 ⇨P100
嗅觉的奥秘 ⇨P136
咽喉的构造 ⇨P144

▌鼻腔的构造

面部中央突起的部分叫作**外鼻**。外鼻的框架是由软骨构成的，软骨外侧覆盖有皮肤，下端有一对**鼻前孔**。

鼻腔是头部骨骼中较大的腔体，前部通过鼻前孔与外界相通。鼻腔被**鼻中隔**分成左右两部分，内侧被黏膜覆盖。鼻腔后部通过**鼻后孔**与咽喉相连。上颚是鼻腔的"地板"，同时也是口腔的"天花板"。鼻腔的顶有一块叫作**筛板**的骨头，以此与颅腔（P27）相隔。

鼻腔的外侧壁有3块房檐状突起，即**上鼻甲**、**中鼻甲**和**下鼻甲**，对应的气体通道叫作**上鼻道**、**中鼻道**和**下鼻道**。

大部分鼻腔黏膜的作用是为进入肺部的空气升温，以保护柔弱的肺泡壁免受伤害。这些黏膜叫作**呼吸上皮**。鼻腔最顶部的部分黏膜内有可以感受气味的细胞，叫作**嗅上皮**，在性质上与其他黏膜相异。

▌鼻窦

鼻腔周围有多个含气的骨腔体，与鼻腔相连，这个部位叫**鼻窦**，包括**额窦**、**蝶窦**、**筛窦**和**上颌窦**等。

鼻窦的形状与大小因人而异，也没有特定的作用。头部有脑、眼、鼻、口等作用和结构特定的器官，鼻窦就占据这些器官之间的空隙。当然，鼻窦对人的脸部造型、支撑颅骨、减轻颅骨重量等方面，有一定作用。

如果鼻腔内发生炎症，经常会波及到鼻窦。尤其是上颌窦开口位置较高，液体难以排出，炎症持续发展堆积脓液，易引发鼻窦炎。

鼻泪管（P122，连接眼与鼻腔的管道）在鼻腔中开口。部分眼泪会通过鼻泪管进入鼻腔，所以有些鼻水实际上是泪水。鼻腔后端的上部，咽部上方还有咽鼓管（P147）的开口。鼻腔与头部的很多部位都是连接的。

■ 外鼻的各部分名称

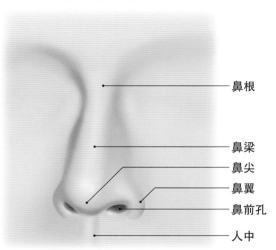

鼻根

鼻梁

鼻尖

鼻翼

鼻前孔

人中

简明图解　鼻腔内部构造

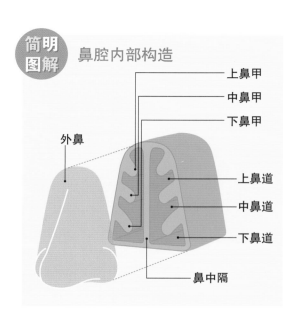

上鼻甲

中鼻甲

下鼻甲

外鼻

上鼻道

中鼻道

下鼻道

鼻中隔

■ 鼻子的构造

鼻腔的外侧壁上长有3处屋檐状的突起,即鼻甲。每个鼻甲下方都有一个鼻道,它们是空气的通道。鼻腔通过前方的鼻前孔与外界相连,通过后方的鼻后孔与咽喉相连。

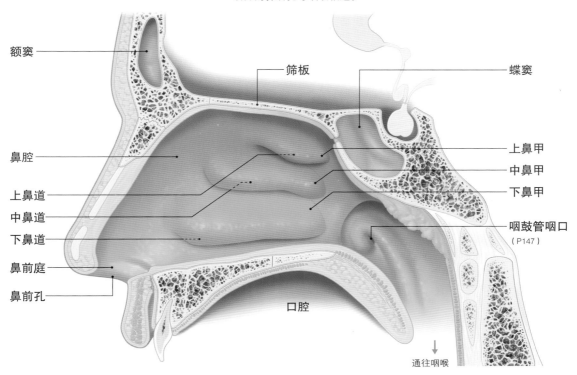

额窦
筛板
蝶窦
鼻腔
上鼻甲
中鼻甲
下鼻甲
上鼻道
中鼻道
下鼻道
鼻前庭
鼻前孔
咽鼓管咽口
（P147）
口腔
通往咽喉

■ 鼻窦的位置

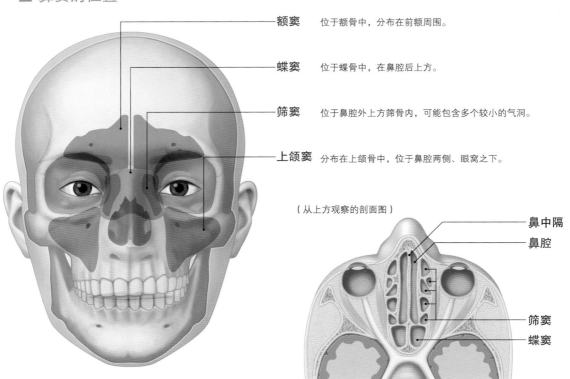

额窦 位于额骨中,分布在前额周围。

蝶窦 位于蝶骨中,在鼻腔后上方。

筛窦 位于鼻腔外上方筛骨内,可能包含多个较小的气洞。

上颌窦 分布在上颌骨中,位于鼻腔两侧、眼窝之下。

（从上方观察的剖面图）

鼻中隔
鼻腔
筛窦
蝶窦

嗅觉的奥秘

嗅上皮中的鲍曼氏腺（嗅腺）能够分泌一种可以溶解气味物质的黏液。
这样，嗅细胞的嗅感受器就能感知气味了。

脑的结构 ⇨ P116
脑的内部构造 ⇨ P118
鼻子的构造 ⇨ P134

嗅上皮的构造

鼻腔最上部的黏膜叫作**鼻上皮**，其中分布着可以感知气味的**嗅细胞**、**支持细胞**和**鲍曼氏腺（嗅腺）**。鲍曼氏腺分泌的黏液覆盖在嗅上皮的表面，嗅细胞的纤毛埋在黏液中。空气中的气味物质溶在黏液中，与嗅细胞纤毛细胞膜上的嗅觉感受器结合，人体因此感受到嗅觉。嗅上皮中的肌细胞不断地生长出新的嗅细胞，嗅细胞的寿命一般是一个月。鼻塞或鼻黏膜炎症都会导致嗅觉障碍。

气味物质

自然界中的气味物质有两万种以上。气味物质的分子呈立体结构，当它们与嗅觉感受器结合时，就能让人"闻"到气味。对气味的感觉因人而异。即使是同一个人，在不同的年龄或身体状况下，气味的感知能力也不相同。人类对气味的适应速度比较快，所以长时间处于同一种气味的刺激下，对该气味的感觉就会钝化。而且即使气味物质相同，当浓度发生变化时，人类也会误将其识别成不同的气味。与狗等动物相比，人的嗅觉要弱得多。

嗅觉的传递

嗅细胞通过一根神经纤维与中枢神经相连。从嗅细胞分支出的神经纤维聚集成束，穿过鼻腔顶部筛孔中的多个小孔，进入颅腔，与位于大脑底部的**嗅球**连接。经过嗅球中的神经处理的信息，通过**嗅索**传入大脑，最后到达**大脑边缘系统**（P119）和**前额叶**（P117）。嗅觉不仅能影响意识，对感情与本能也能产生一定影响。信息素就是一种功能极强的气味物质。

■ 鼻窦的开口

鼻腔中有与头部许多部位连接的开口。鼻窦是鼻腔周围的骨质腔。鼻泪管（P122）可以将眼部分泌的眼泪送往鼻腔，咽鼓管则是鼻腔和中耳的通道。

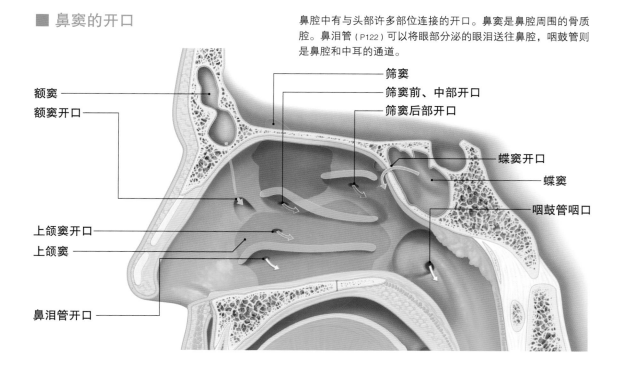

额窦
额窦开口
上颌窦开口
上颌窦
鼻泪管开口

筛窦
筛窦前、中部开口
筛窦后部开口
蝶窦开口
蝶窦
咽鼓管咽口

■ 嗅觉刺激的传导方式

嗅上皮表面覆盖着鲍曼氏腺分泌的黏液。气味物质溶解在黏液中时，就能刺激嗅细胞的纤毛，与细胞膜受体结合。刺激从嗅细胞处的神经纤维穿过筛板孔，到达大脑底部的嗅球，经过处理后再被送往大脑。

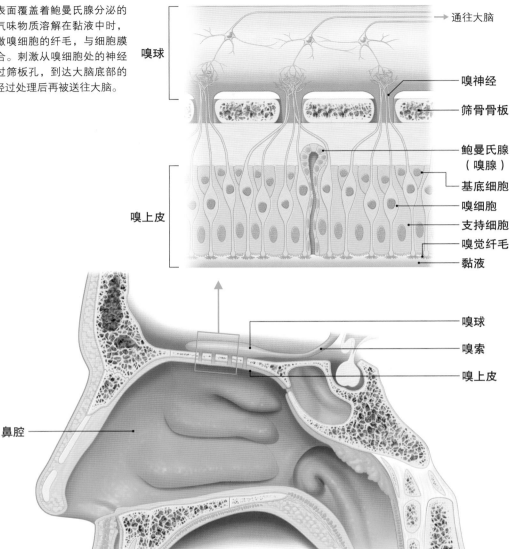

通往大脑

嗅球

嗅神经

筛骨骨板

鲍曼氏腺（嗅腺）

基底细胞

嗅细胞

支持细胞

嗅觉纤毛

黏液

嗅上皮

嗅球

嗅索

嗅上皮

鼻腔

简明图解 鼻出血

鼻出血有时是因为局部原因引起的，有时与一些重大疾病有关。局部原因引起的鼻出血多是鼻中隔前方的鼻中隔薄区（克氏区）出血。这个位置血管丰富，黏膜比较薄，很容易受伤出血。另外，动脉硬化或血液疾病等重大全身性疾病也可能引发鼻出血。因此，当反复发生鼻出血时，一定要多加重视。

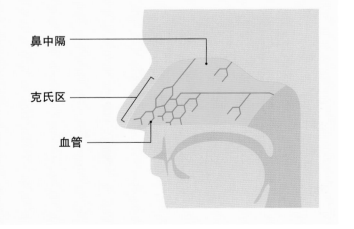

鼻中隔

克氏区

血管

嘴巴的构造

咀嚼时，口腔前方的口裂与后方的咽门都会关闭，吞咽时，咽门打开。
三大唾液腺分泌的唾液既能润湿食物，又含有促进淀粉分解的酶。

消化系统概述 ⇨P62
头部的肌肉 ⇨P102
牙齿的奥秘 ⇨P142
咽喉的构造 ⇨P144

▎口腔的结构与功能

口中的空间叫作**口腔**，前缘是**唇**，与外界分隔。后端通过**咽门**与**咽喉**相连，顶部是**上颚**，侧壁是脸颊，底部是舌等由肌肉构成的结构。口腔以齿列为界，前侧为**口腔前庭**，后侧为**固有口腔**。

下排牙齿生长在可以活动的下颌骨上，相对于上排牙齿，下排牙齿可以做上下运动。食物在上下牙齿间被磨碎的过程叫作**咀嚼**，它是消化的第一阶段，同时也是我们能够品尝食物味道的阶段。

咀嚼时，为了防止食物漏出，口腔需要保持闭锁状态。口腔顶部的上颚，与侧壁的脸颊在前方关闭裂口，后方上颚与舌根接触封闭咽门，使口腔成为一个封闭的空间。咀嚼完毕，吞咽食物时，咽门打开，通过舌头将食物送到食管。

咀嚼时，舌头将食物拨到合适的位置。唾液腺分泌的大量唾液使食物湿润，促进咀嚼，并引出食物的美味，刺激味觉。

嘴唇和脸颊之间分布着让面部肌肉运动的表情肌（P102），还能使下颌独立地运动。

■ 口的分部与名称

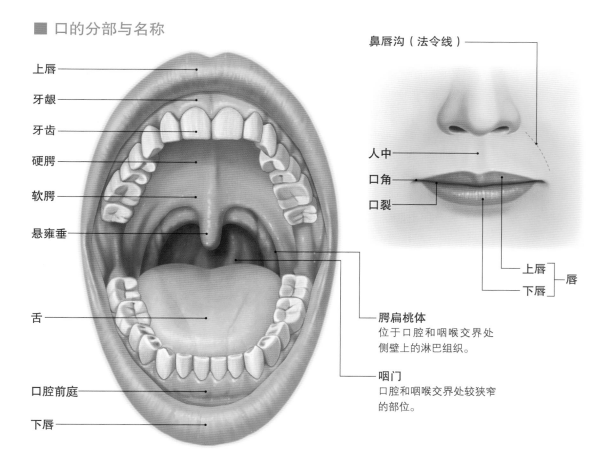

上唇
牙龈
牙齿
硬腭
软腭
悬雍垂
舌
口腔前庭
下唇

鼻唇沟（法令线）
人中
口角
口裂
上唇 ┐
下唇 ┘ 唇

腭扁桃体
位于口腔和咽喉交界处
侧壁上的淋巴组织。

咽门
口腔和咽喉交界处较狭窄
的部位。

唾液是什么

食物在上下牙齿间被磨碎的过程叫作咀嚼，是食物消化的第一阶段（P64）。咀嚼时，下颚上下运动，食物在上下牙齿间被磨碎。这一过程需要充足的唾液湿润食物，因此口腔周围长有3大唾液腺，除此之外，舌头表面以及口腔黏膜等位置还分布着一些较小的唾液腺。3大唾液腺中，**腮腺**分泌的唾液较干燥，呈浆性；**舌下腺**分泌的唾液较为黏稠，是黏液性唾液；**下颌下腺**分泌的唾液性质介于这两者之间。唾液中含有分解淀粉的唾液淀粉酶。当食物和唾液充分混合后，人的味觉就会受到刺激，从而感受到食物的味道。人每天唾液的分泌量大约为1L。

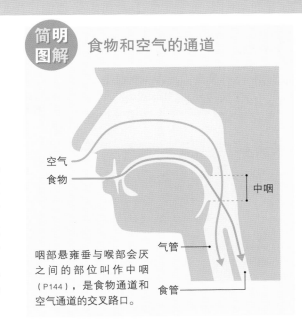

简明图解 食物和空气的通道

空气
食物
中咽
气管
食管

咽部悬雍垂与喉部会厌之间的部位叫作中咽（P144），是食物通道和空气通道的交叉路口。

■ 唾液腺

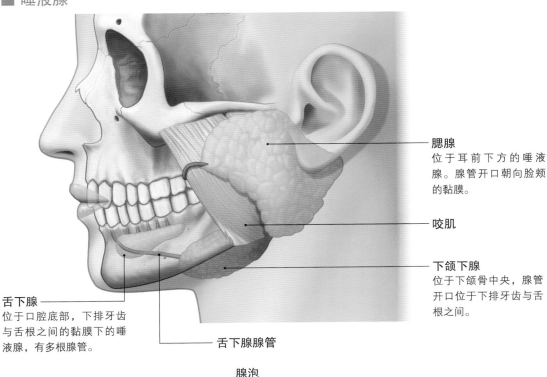

腮腺
位于耳前下方的唾液腺。腺管开口朝向脸颊的黏膜。

咬肌

下颌下腺
位于下颌骨中央，腺管开口位于下排牙齿与舌根之间。

舌下腺
位于口腔底部，下排牙齿与舌根之间的黏膜下的唾液腺，有多根腺管。

舌下腺腺管

■ 唾液腺的构造

唾液腺内部的腺细胞（浆液细胞和黏液细胞）处聚集着许多末端分支的细腺管，构成腺泡。腺细胞分为可以分泌蛋白质的浆液细胞和可以分泌黏液的黏液细胞。

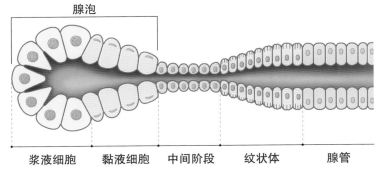

腺泡

浆液细胞 　黏液细胞 　中间阶段 　纹状体 　腺管

味觉的奥秘

舌黏膜有4类乳头，其中一部分分布着味蕾。
微绒毛从味蕾的味细胞中伸出，在细胞膜的受体处感知味觉。

脑神经的奥秘⇨P82
头部的神经⇨P110

乳头上的味蕾感知味觉

在舌头背侧面（表面）的黏膜上，分布着一些名为**乳头**的小突起，使舌头看上去粗糙不光滑。乳头共分为4类：

轮廓乳头是一种大型乳头，位于舌体后端、呈倒V字形，被乳头沟相互隔开。轮廓乳头的侧壁分布着**味蕾**，能感知味觉；乳头沟深处有**冯·埃布纳腺**，能分泌浆液状的唾液。

叶状乳头是位于舌体外侧区的褶状乳头，呈前后排列。乳头侧面分布着味蕾。

菌状乳头是针头大的乳头，散落分散在舌体上，上端微微膨胀，形成蘑菇一样的形状。儿童的菌状乳头表面分布着味蕾，长大成年后，味蕾数量变少。

味蕾分布在黏膜上皮内，呈纺锤形，宽$20\sim40\ \mu m$、长约$70\ \mu m$，前端的味孔打开后，和口腔相连。一个味蕾有$30\sim80$个**味细**胞，每个味细胞只能存活10天左右。味细胞前端生长着微绒毛，是细胞膜中感知味觉的受体和通道（离子通道）。味觉刺激从味细胞传导至味觉的神经纤维，4种基本味觉为酸、甜、苦、咸，另外，鲜味也受到了世界范围的认可。同时，除了舌乳头，一些味蕾还分布在其他黏膜上。

味觉具有极强的适应性（同样的位置受到同样的刺激，该处便感受不到刺激了），如果食物一直处在同一位置，舌头就逐渐感觉不到味道了。因此，要靠舌头搅动食物，不断变换食物在口中的位置，这样才能保持味觉的持久。

传递味觉的神经一部分始于舌体，通过面神经（P110）进入脑部，另一部分始于舌根，通过舌咽神经传至脑部。味觉的神经纤维在经过延髓和丘脑的中转后，投射到大脑皮质（P116）的额叶和枕叶下缘附近。

简明图解 舌的神经分布　　　　　能强烈感知味觉的位置

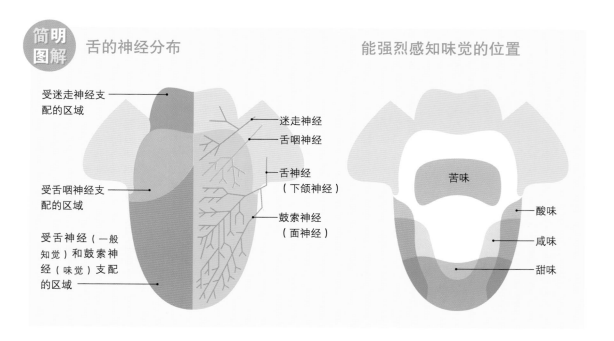

受迷走神经支配的区域
迷走神经
舌咽神经
舌神经（下颌神经）
受舌咽神经支配的区域
鼓索神经（面神经）
受舌神经（一般知觉）和鼓索神经（味觉）支配的区域

苦味
酸味
咸味
甜味

■ 舌的各部分名称及味蕾的分布情况

【轮廓乳头】

乳头沟
味蕾
浆液腺
（冯·埃布纳腺）

【叶状乳头】

味蕾
浆液腺

【菌状乳头】

【丝状乳头】

遍布于舌黏膜上，上端角质化，有发涩的感觉。该类乳头与味觉无关。

会厌
舌盲孔

舌扁桃体
聚集大量分布在舌根黏膜的淋巴组织。

腭扁桃体

舌根

舌体

轮廓乳头
叶状乳头

菌状乳头
舌体黏膜上的红点。

丝状乳头

舌正中沟
舌尖

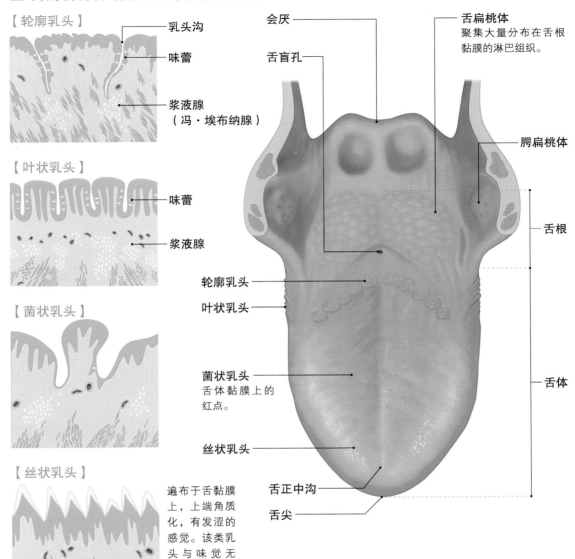

■ 味蕾的结构

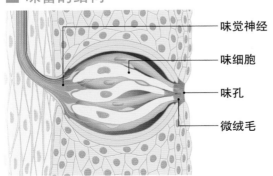

味觉神经
味细胞
味孔
微绒毛

简明图解 味蕾的分布位置

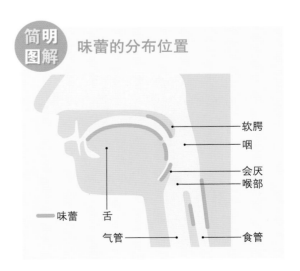

软腭
咽
会厌
喉部

━ 味蕾　　舌

气管　　　　食管

牙齿的奥秘

人有32颗恒牙，分为4类，形状各不相同。
牙齿顶层是最为坚硬的牙釉质，而主体是牙本质。
齿根的表面被牙骨质覆盖，并与周围的骨相连。

嘴巴的构造 ⇨ P138

■ 恒牙的结构

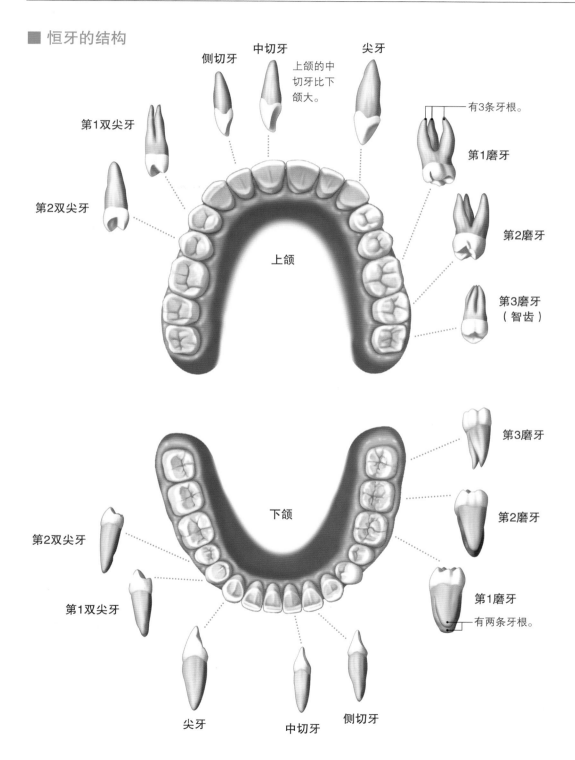

侧切牙

中切牙
上颌的中切牙比下颌大。

尖牙

第1双尖牙

有3条牙根。

第1磨牙

第2双尖牙

第2磨牙

上颌

第3磨牙
（智齿）

第3磨牙

下颌

第2磨牙

第2双尖牙

第1双尖牙

第1磨牙
有两条牙根。

尖牙

中切牙

侧切牙

4个种类32颗恒牙

成年人的恒牙有4种：2颗**切牙**、1颗**尖牙**、2颗**前磨牙**、3颗**磨牙**，共8颗，上下左右各四组，共计32颗。切牙较薄，形似凿子；尖牙的特点是末端尖锐；前磨牙和磨牙形似拳头，牙冠上有许多凸起。

幼儿的乳牙包括2颗切牙、1颗尖牙和2颗前磨牙共5颗四组，共计20颗。与恒牙相比，乳牙更加柔弱，容易发生龋齿。人在大约6岁时会长出第一颗恒牙——第1磨牙（六龄齿）。到了大约12岁，基本全部的乳牙都被恒牙代替。第3磨牙在青春期结束后才会长出，俗称"智齿"。

牙齿由3种硬组织构成，其中主体是**牙本质**。牙本质中70%是钙，硬度介于硬币和小刀之间。牙齿的中心是**牙髓腔**，内有**牙髓**。牙髓腔壁上的**成牙质细胞**可以生成牙本质。

牙冠的表面被坚硬的**牙釉质**覆盖，其中95%都是钙，硬度与水晶相当。牙齿在生长出来之前，会先在**牙龈**中形成，成型的牙釉质内没有细胞结构。

牙根表面覆有**牙骨质**，其结构和性质与骨相似。牙根与**牙槽骨**通过强韧的结缔组织**牙根膜**相连。

牙齿的4类形态，是哺乳动物共同的特征，但不同动物的牙齿，形状也不相同。老鼠和兔子的切牙会一直持续生长；狗和狮子的磨牙顶部较尖锐，叫作裂齿；牛、马等有蹄类动物的臼齿表面较为平坦，适合咀嚼植物；大象上颌切齿十分巨大，向外突出。

■ 牙组织

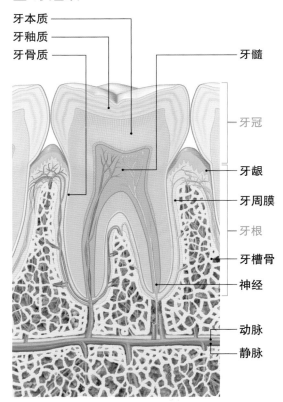

牙本质
牙釉质
牙骨质
牙髓
牙冠
牙龈
牙周膜
牙根
牙槽骨
神经
动脉
静脉

牙齿由3种硬组织构成：牙本质是牙齿的主体；牙釉质最坚硬，覆盖在牙冠表面；牙骨质与骨类似，分布在牙根处。牙根外侧包裹着一种结缔组织牙周膜，跟周围的骨骼相连。

专栏 从乳牙到恒牙

5~9岁时的牙齿
5~9岁的儿童口腔中共有4种共20颗牙齿，左图中已经萌生出右侧的第1磨牙。替代乳牙的恒牙以及另两对磨牙已经存在于牙槽骨中。

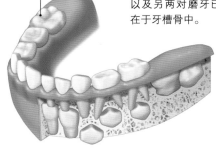

第1磨牙

9至12岁时的牙齿
右侧萌生出第2磨牙。两颗切齿已经被恒牙所代替，但还有三颗乳牙尚未被替换。

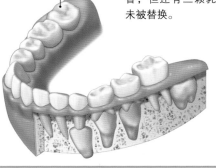

第2磨牙

咽喉的构造

口腔到食管的通道叫咽部，鼻腔通往气管的通道叫喉部。
吞咽时，会厌关闭，食物被送往食管。
喉部有发声器官声带。

鼻子的构造 ⇨P134
嘴巴的构造 ⇨P138

■ 咽与喉

咽部是食管和气管的交叉点，咽壁由肌肉构成。
喉部是喉头到气管的部位，是空气的入口，周围包围着软骨。

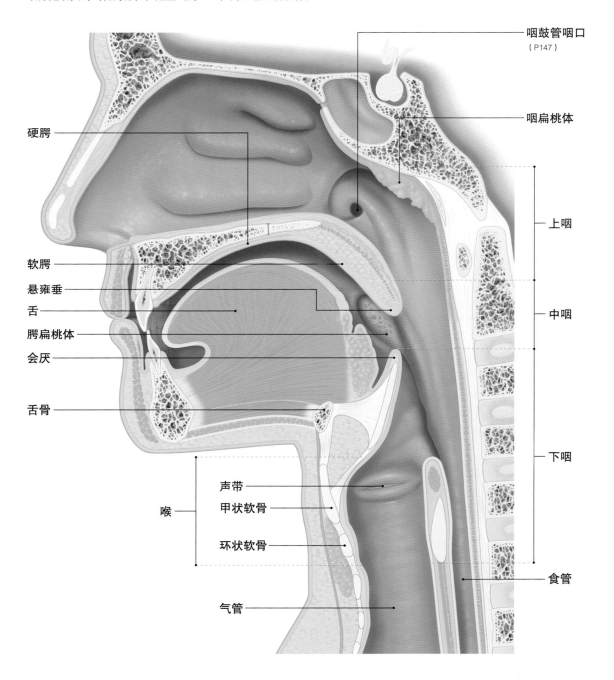

咽鼓管咽口
（P147）

咽扁桃体

硬腭

软腭

悬雍垂

舌

腭扁桃体

会厌

舌骨

上咽

中咽

下咽

喉

声带

甲状软骨

环状软骨

食管

气管

食物与空气通道的交叉点

咽喉处可分为两部分：**咽部**是由肌肉构成的管道，是食物从口腔进入食管的通道，也是气体从鼻腔进入气管的通道；**喉部**是一个被软骨包围的空间，只是气体从鼻腔进入气管的通道。嘴巴张大时，可以看到口腔深处的咽部。男性的喉部前凸，形成我们常说的"喉结"，可以从体表触摸到。

人类的咽喉既能让食物通过，也能让气体通过，作用就像十字路口，通过信号灯的切换，让不同的道路畅通。狗、老鼠等动物的喉部伸至咽部上方，与鼻腔后端相接，食物与气体的通道不交叉，像立交桥一样。

咽部可以分为3部分：稍高于上颚后段的部位叫作**上咽（鼻咽部）**，**咽鼓管咽口**（P147）在此处打开。咽部上方的黏膜处有淋巴组织积聚，形成**咽扁桃体**。咽扁桃体与咽

门侧壁的**上颚扁桃体**（P138）及舌根处的**舌扁桃体**（P141）共同组成防御外敌进入消化管的防线；上颚与会厌之间的部位叫作**中咽（口咽部）**；中咽下方为**下咽（喉咽部）**。再下方便是食管。

喉内部左右两侧长有突出的一对**声襞**，其作用是发声。声襞中包括**声带韧带**和**声带肌**，后端还附有一对可以活动的软骨。这块软骨可以通过喉部肌肉的运动，改变声襞间隙中的**声门裂**的宽度。发声时，声门裂变窄，空气有气势地穿过声门裂，声襞振动，产生声波。呼吸时，声门裂打开，空气可以轻松通过。

声带发出的声波，并不能直接变成我们听到的人声，需要让空气进入口腔，在口腔中产生共鸣，通过改变唇、齿、舌的相互配合运动来发声。

■ **喉部的剖面图**（从背中侧观看）

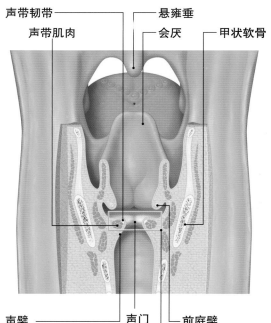

声带韧带
声带肌肉
悬雍垂
会厌
甲状软骨

声襞
声门
声带
前庭襞

声襞
喉部左右壁突出的皱襞。2块声襞之间的空间叫作声门裂，空气穿过声门裂时，便能发出声音。

前庭襞
位于声襞上方，左右各有1个。有保护声襞的作用。

■ **声带**（从上往下观察）

【吸气时】

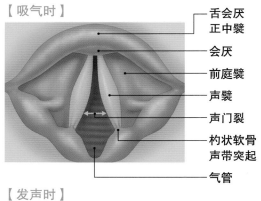

舌会厌
正中襞
会厌
前庭襞
声襞
声门裂
杓状软骨
声带突起
气管

【发声时】

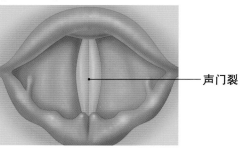

声门裂

发声时，声门裂变窄，气体强有力地通过，使声襞振动，发出声波。

咽喉的功能

吞咽食物时，软腭和会厌关闭，食物被送往食管。
如果会厌没有完全关闭，食物就可能进入气管，发生误咽。

耳朵的构造 ⇒P128
嘴巴的构造 ⇒P138
咽喉的构造 ⇒P144

▌食物被送往食管的原理

我们进食时，先将食物在口腔中**咀嚼**碎，然后**吞咽**，将食物送往胃中。

通过视觉、嗅觉、味觉、触觉等方式可以辨认食物的形状，判断食用方法并分泌唾液，准备咀嚼食物。食物会在口腔中与唾液混合，并被牙齿咀嚼成为合适的大小。充分咀嚼食物，可以更好地品尝到食物的美味，并刺激味觉。

充分咀嚼，使食物变成适合吞咽的大小后，我们就能够通过**随意运动**将食物咽下。

吞咽的第1阶段是**口腔期**。在这一阶段中，咽门（P138）变宽，食物在舌的作用下被送往咽喉。

吞咽的第2阶段是**咽喉期**，食物从咽部向食管移动，这一过程不是随意运动而是**反射运动**。在这一过程中，软腭抬高，堵住鼻腔与咽部之间的空隙，舌骨与喉部抬高，食物被压下去。会厌则转向下方，堵住喉部入口；声门闭锁，呼吸暂时停止；咽壁肌肉收缩，食管入口开放。

吞咽的第3阶段是**食管期**，食管壁通过**蠕动运动**（P66）将食物送到胃部。同时，食管口关闭，防止食物逆流。舌骨和喉部在这一阶段恢复正常状态。

吞咽过程中的反射运动，是由延髓中的**吞咽中枢**控制的。如果吞咽过程不顺利，食物误入气管，造成**误咽**。少量的误咽，可以通过条件反射咳嗽，将食物咳出。如果无法咳出，这些异物会进入支气管和肺部，引发误咽性肺炎。

■ 吞咽的过程

❶口腔期

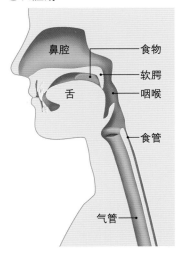

鼻腔
食物
软腭
舌
咽喉
食管
气管

咀嚼完毕的食物，被舌头送向后方的咽喉处。这一过程通过随意运动进行。

❷咽喉期

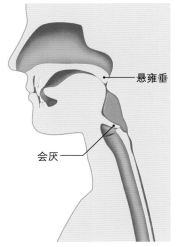

悬雍垂
会厌

食物进入咽部后，软腭抬高，与鼻腔之间的通道关闭。同时，喉部抬高，会厌下降，通往喉部的通道关闭。这一过程通过反射运动进行。

❸食管期

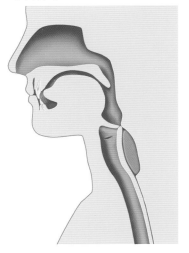

食物进入食管后，通过食管壁的蠕动运动，食物被迅速运往下部。

■ 咽鼓管咽口及咽鼓管结构

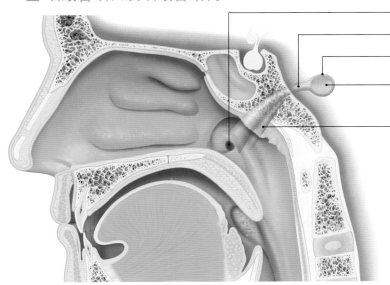

咽鼓管咽口
咽鼓管
中耳
鼓膜
腭帆张肌

咽鼓管一端通向鼓室，一端在咽部开口。当外界气压变化时，为了防止鼓膜因为鼓室内的相对气压变化而受伤，就需要咽鼓管对气压进行调节。咽鼓管平时是关闭的，但在做吞咽动作时会暂时开放。

吞咽与咽鼓管

口腔（咽部）与耳道通过咽鼓管相连。咽鼓管周围附着有腭帆张肌等肌肉，这些肌肉一端附着在咽鼓管周围，一端与软腭相连。吞咽或打哈欠时，腭帆张肌收缩，软腭抬高，咽鼓管就会打开。这样可以平衡鼓室外侧（外耳道）与内侧（咽喉）的气压。

简明图解 咽鼓管的构造与功能

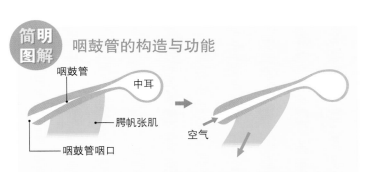

咽鼓管
中耳
腭帆张肌
咽鼓管咽口
空气

咽鼓管咽口附近附着有腭帆张肌等肌肉。在吞咽或打哈欠时，在肌肉的作用下，咽鼓管暂时打开，调节鼓室的气压。

■ 误咽

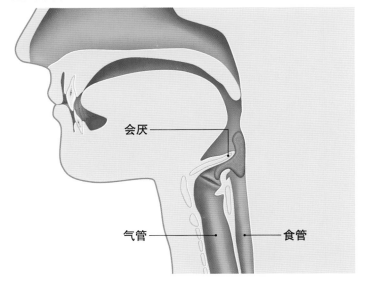

会厌
气管
食管

人的咽部（P144）就像是有信号灯的十字路口，所以有时候也会出"事故"导致误咽，甚至因此引发误咽性肺炎。
一般动物的咽部和喉部分开，所以不会出现误咽。人类用误咽的风险，换来了可以发声的声带。喉部发出的声波进入口腔后产生共鸣，再变成各种各样的声音——如果声波无法进入口腔，就无法产生各种变化了。

147

第3章

胸部

胸壁

肋骨、胸椎和胸骨组成的骨架，构成了容纳胸部器官的胸腔。胸部的肌肉可以控制肩胛骨与上肢的运动，还与呼吸运动有关。

人体的骨骼⇨P30、32　　腹壁⇨P172
人体的肌肉⇨P38、40　　脊柱⇨P174
人体的血管⇨P48、50　　上肢的骨骼和肌肉⇨P220
呼吸的奥秘⇨P156

胸部概略

胸部的上端是**锁骨**，下端是**肋骨下缘**。左右两侧胸的中央位置各有一个**乳头**，成年女性的乳头周围堆积大量脂肪，形成**乳房**（P168）。

胸部的内侧是容纳胸部内脏器官的**胸腔**，腔壁叫作**胸壁**。胸廓是胸壁的支架，由12节胸椎、12对**肋骨**和1块**胸骨**构成。

胸部的肌肉

胸廓的正面有一对**胸大肌**，能够控制上肢和肩关节的运动。胸大肌发达的人，胸前部会有明显隆起。胸大肌的下层长有**胸小肌**，胸小肌始于肋骨，止于肩胛骨喙突，作用是将肩胛骨拉向下方。胸侧部有**前锯肌**，始于肋骨，止于肩胛骨，作用是将肩胛骨拉向侧方。

■ 胸部各部位的名称

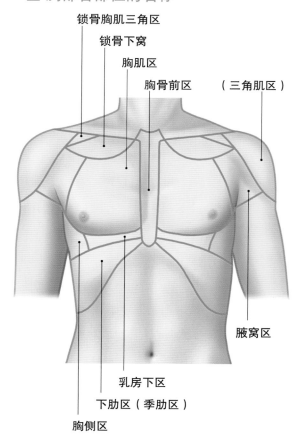

锁骨胸肌三角区
锁骨下窝
胸肌区
胸骨前区
（三角肌区）
腋窝区
乳房下区
下肋区（季肋区）
胸侧区

胸部包含很多从体表可以观察到、触摸到的构造，比如锁骨、乳头、胸骨、肋骨、胸大肌等。根据这些结构，可以将胸部细分为多个区域。

■ 胸部的主要肌肉

胸大肌
覆盖在左右胸部前方的大块肌肉。始于锁骨、胸骨、肋软骨、腹直肌鞘（P175），止于肱骨，构成腋窝前壁。

腹外斜肌
（P172）

前锯肌
始于肋骨，覆盖胸廓外侧面，止于肩胛骨内缘，是面积较大的锯肌。

胸小肌
是连接肋骨与肩胛骨喙突（P221）的三角形肌肉，被胸大肌覆盖。

肋骨之间分布有**肋间肌**，根据方向和分层不同，分为**肋间外肌**和**肋间内肌**。肋间外肌可以上提肋骨，促进吸气运动；肋间内肌可以下拉肋骨，促进呼气运动。

肋骨和胸骨

人有12对肋骨，骨骼的部分叫作**肋骨硬骨**，前侧软骨的部分叫作**肋软骨**。肋骨后端与胸椎相连，前侧通过肋软骨与胸骨相连。其中第1至第7对肋骨直接与胸骨相接，第8至第10对肋骨通过肋软骨和胸骨相接，第11、第12对肋软骨前端处于游离状态，不与胸骨相接。

■ 肋骨和胸骨各部位的名称

胸骨角
胸骨柄和胸骨体连接部位的凸起，有时可以从体表摸到。胸骨角与第2肋骨相连，是研究肋骨的基准。

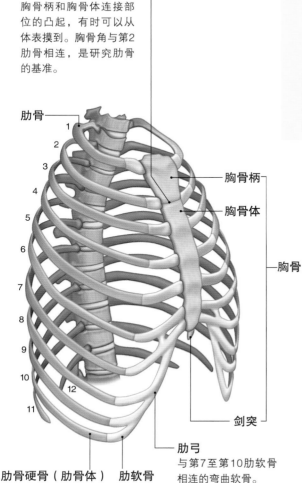

肋骨

1
2
3
4
5
6
7
8
9
10
12
11

胸骨柄
胸骨体

胸骨

剑突

肋弓
与第7至第10肋软骨相连的弯曲软骨。

肋骨硬骨（肋骨体）　　**肋软骨**

■ 与呼吸有关的肌肉

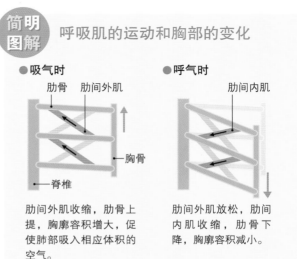

肋角

肋间外肌
始于肋结节（肋体与胸椎横突连接的部分），经肋骨间肋骨和肋软骨连接的部分向斜前下方延伸。

肋间内肌
始于肋角，止于胸骨。肌纤维走向是斜后下方。

简明图解　呼吸肌的运动和胸部的变化

● 吸气时
肋骨　肋间外肌

胸骨

脊椎

肋间外肌收缩，肋骨上提，胸廓容积增大，促使肺部吸入相应体积的空气。

● 呼气时
肋间内肌

肋间外肌放松，肋间内肌收缩，肋骨下降，胸廓容积减小。

■ 肋间动脉与肋间静脉

相邻2条肋骨的空间叫作肋间隙，从第1至第12肋骨，共有11对肋间隙。肋间隙由肋间内肌、肋间外肌、结缔组织膜等包裹，肋间动脉、肋间静脉、肋间神经沿上方的肋骨分布在肋间隙中。

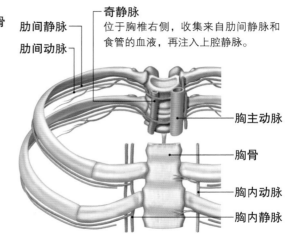

奇静脉
位于胸椎右侧，收集来自肋间静脉和食管的血液，再注入上腔静脉。

肋间静脉
肋间动脉

胸主动脉

胸骨

胸内动脉

胸内静脉

胸部的内脏

胸部有呼吸系统的气管、支气管、肺和循环系统的心脏、大血管等器官。
肺和心脏被浆膜包裹，不直接与胸壁相连，可以进行一定程度的收缩和扩张。

胸壁⇨P150
肺⇨P154、156
心脏的构造⇨P160

胸腔的定义

去除胸部内脏后，剩下的腔体就是**胸腔**。胸腔壁由**胸廓**（胸椎、肋骨、胸骨构成）以及**肋间肌**（P151）等构成。肋骨整体呈前低后高走向，正是由于这种走向，一旦肋间外肌收缩，肋骨扩张，胸廓的周长就会增加，容积就会变大，再加上支撑胸腔的是向胸腔内凸出的**膈**（P156），膈收缩时，其凸出的幅度就会减小，胸腔容积也会增大。也就是说，胸腔的容积会随着相应肌肉的收缩而增大。

胸腔内分布着呼吸系统的**气管**、**支气管**和**肺**，以及循环系统的**胸腺**、**心脏**和**大血管**。肺占据胸腔左右的大部分空间，两肺之间的空间叫作**纵隔**。心脏就位于纵隔中。纵隔上部或**胸骨角**（P151）水平面以上的空间叫作**上纵隔**。心脏所在的位置为**下纵隔**。下纵隔又分为**前纵隔**、**中纵隔**、**后纵隔**，如下图所示。

胸膜和心膜的结构

肺与心脏都被一种叫作**浆膜**的薄而润滑的薄膜包裹。包裹肺的浆膜叫作**胸膜**，包裹心脏的浆膜叫作**心膜**。浆膜会分泌浆液，以减小与周围器官的摩擦。

左右胸壁内侧的胸膜是**壁胸膜**，壁胸膜延伸到肺部，变为包裹**肺门部**（P154）表面的**脏胸膜**。两者之间是**胸膜腔**，内有叫作**胸水**的浆液。

心脏"悬挂"在**心包**（**围心膜**）中。心脏表面为**脏层**，脏层外围的为**壁层**，两者在大血管出入心包的位置相互移行。两层之间的间隙叫作**心包腔**，含有少量浆液。

正因为在胸膜腔、心包腔内，肺和心脏处于悬浮状态，才能使呼吸时肺可以膨胀和收缩，同时心脏也可以舒张和收缩，不断输送血液。

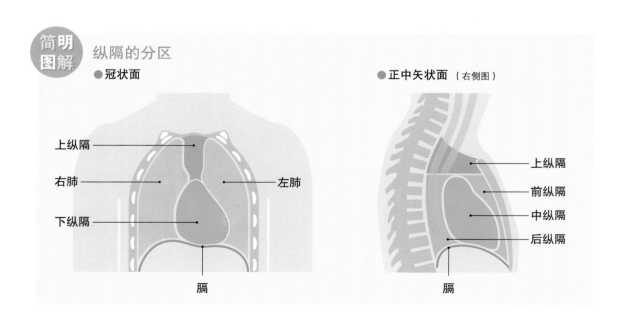

简明图解 纵隔的分区

●冠状面

上纵隔
右肺
下纵隔
左肺
膈

●正中矢状面（右侧图）

上纵隔
前纵隔
中纵隔
后纵隔
膈

■ 胸部的内脏

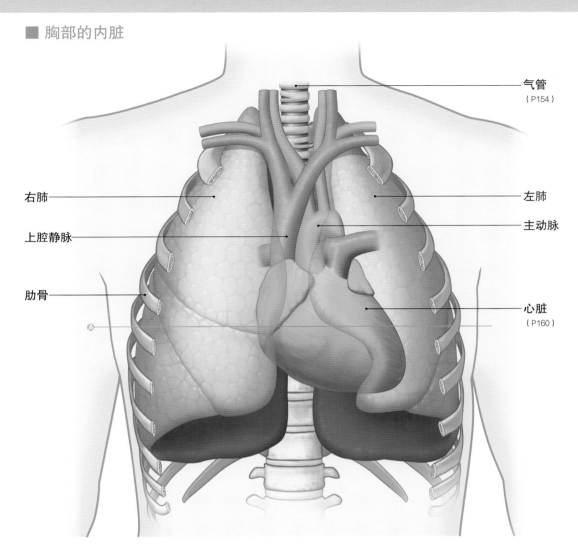

气管（P154）

右肺

上腔静脉

肋骨

Ⓐ

左肺

主动脉

心脏（P160）

■ 胸部的剖面图

（上图Ⓐ处的剖面图）

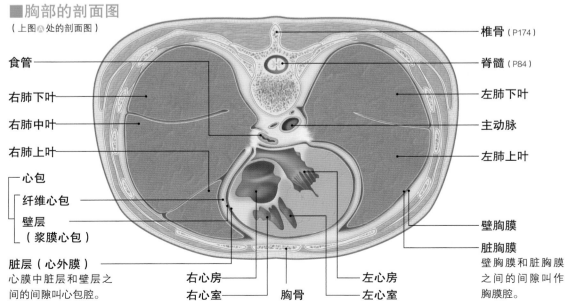

食管

右肺下叶

右肺中叶

右肺上叶

心包

纤维心包

壁层（浆膜心包）

脏层（心外膜）
心膜中脏层和壁层之间的间隙叫心包腔。

右心房

右心室

胸骨

椎骨（P174）

脊髓（P84）

主动脉

左肺下叶

左肺上叶

壁胸膜

脏胸膜
壁胸膜和脏胸膜之间的间隙叫作胸膜腔。

左心房

左心室

肺的构造

左右两肺可以分为5个大区域，并能进一步细分。
支气管通过不断地分支，连入肺的各个角落。

呼吸系统概述 ⇨P68
胸部的内脏 ⇨P152
呼吸的奥秘 ⇨P156
气体交换的奥秘 ⇨P158

■ 肺的各部位及其名称

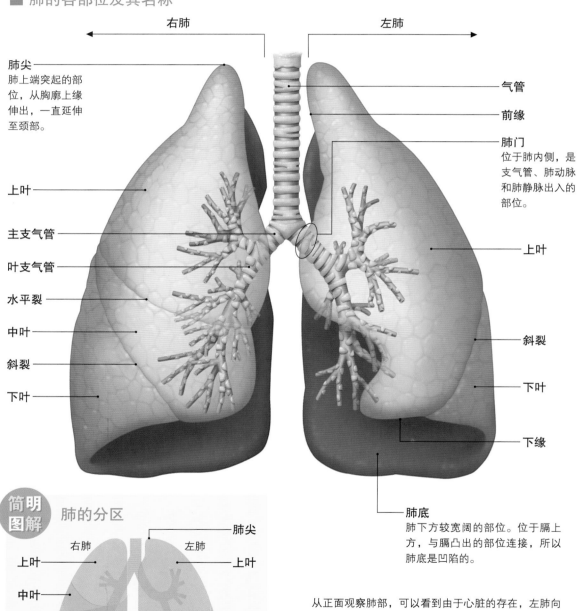

右肺　　　　　　　　　　　左肺

肺尖
肺上端突起的部位，从胸廓上缘伸出，一直延伸至颈部。

上叶

主支气管

叶支气管

水平裂

中叶

斜裂

下叶

气管

前缘

肺门
位于肺内侧，是支气管、肺动脉和肺静脉出入的部位。

上叶

斜裂

下叶

下缘

肺底
肺下方较宽阔的部位。位于膈上方，与膈凸出的部位连接，所以肺底是凹陷的。

简明图解　肺的分区

右肺　　　左肺

肺尖

上叶　　　　上叶

中叶

下叶　　　　下叶

肺底

从正面观察肺部，可以看到由于心脏的存在，左肺向内凹陷，看上去较为狭窄。左右两肺之间有间隙，名为纵隔（P152），这里分布着心脏、气管、支气管、食管等器官。

五大肺叶与肺段

肺是位于左右胸腔内的一对脏器，如同从正中切开的圆锥。因为心脏位于两肺之间偏左的位置，所以**左肺比右肺**略小。肺的上端较尖的部位叫作**肺尖**，下端较宽的位置叫作**肺底**。肺内侧有**肺门**（供支气管、肺动脉、肺静脉出入）。肺尖略高于胸廓；肺底在膈上侧，中部向内侧凹陷。

从前方观察，可以看到肺的外侧中部至下部有一斜向的裂缝，叫作**斜裂**。右肺在斜裂上方还有一条近乎水平的裂缝，叫作**水平裂**。这些裂缝都没有完全把肺分开，但裂缝把右肺分为**上叶**、**中叶**和**下叶**三部分，把左肺分为**上叶**、**下叶**两部分。

肺表面包裹着**脏胸膜**（P152），看上去较为平滑。脏胸膜与壁胸膜在肺门处折返移行，并嵌入肺的裂缝内。

与肺的5大叶对应，左右主支气管分支成**叶支气管**进入各个肺叶，并分支成**肺段支气管**，肺段支气管继续分支，并延伸至肺的各个角落。但是支气管末端并不会缠绕在一起，反而会留出一定空间，即**肺段**。各肺段与肺段支气管相对应，名称详见下图。

肺动脉的分支与支气管的分支伴行。肺段支气管分支和支气管共同结扎动脉，可以防止支气管与动脉中的空气和血液外漏，因此在做切除手术时，肺段是切除的一个单位。肺静脉则与支气管分支没有关系，穿行在各肺段边缘的结缔组织中（P159）。

■肺段和肺段支气管

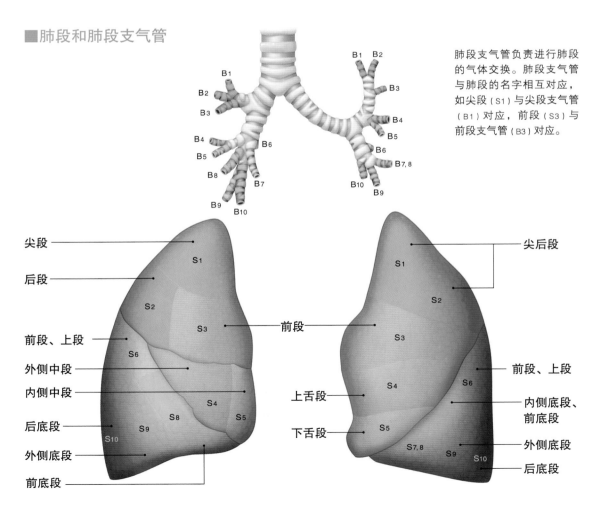

肺段支气管负责进行肺段的气体交换。肺段支气管与肺段的名字相互对应，如尖段（S1）与尖段支气管（B1）对应，前段（S3）与前段支气管（B3）对应。

呼吸的奥秘

膈下陷，肋骨整体上提，肺部扩张，吸入空气。
膈上凸，肋骨整体下降，肺部收缩，吐出空气。

呼吸系统概述 ⇨P68
胸壁 ⇨P150
肺的构造 ⇨P154

肺部吸入空气的过程

肺位于胸腔中，胸腔的侧壁是**胸廓**，下方是膈。构成胸廓的肋骨从后上方到前下方分布。肋骨之间从后上方至前下方的是**肋间外肌**（P151），与肋间外肌交叉，从前上方至后下方的是**肋间内肌**。肋间外肌收缩时，两肋之间的距离缩小，全部肋骨被拉向前上方；相反，肋间内肌收缩时，全部肋骨被拉向后下方。另一方面，膈向胸腔凸起，呈圆形。如果膈收缩，凸起的部位会下降，膈整体的高度也会下降。

把胸腔看作一个整体，肋间外肌收缩时，肋骨被拉向上方，胸腔前后会变长，胸腔的容积会变大（P151）。同样，在膈收缩时，凸起降低，胸腔的容积也会变大。相反，肋间内肌收缩时，肋骨被向下拉，胸腔前后变短，胸腔的容积就会缩小。

肺中的**肺泡**外壁含有丰富的弹性纤维，肺泡吸入空气膨胀时，肺也会跟着膨胀。肺泡中的空气排出后，肺也会跟着收缩。

肺与支气管相连。支气管经过气管、喉部、咽部、鼻腔、鼻前孔与外界相连。肺被胸膜包裹，胸腔壁和肺之间长有**胸膜腔**（P152）。

膈或肋间内肌收缩时，胸腔扩张，肺内气压低于大气压。但是，肺部通过支气管等器官和外界相连，可以让空气自由流动，所以直至内外气压平衡前，外界的空气会不断流入气压较低的肺部（肺泡内），这就是**吸气**的过程。

肋间外肌或膈停止收缩，完全松弛时，肺（肺泡）在自身弹性的作用下，将内部的空气挤压出去，导致胸膜腔内的压力小于大气压，胸腔的容积变小，肋骨下降，膈上提，这就是**呼气**的过程。如果此时肋间内肌收缩，将肋骨强制拉向下方，就能进行更强有力的呼气。

一般情况下，呼吸主要依靠的是膈的作用。膈收缩，腹内压力上升，腹壁随之被抬起，这就是常说的**腹式呼吸**。另一方面，深呼吸或想大量吸入、呼出空气时，肋间内肌和肋间外肌也会加入进来并发挥作用。此时，胸廓会随之扩大和缩小，也就是常说的**胸式呼吸**。

■膈

（从下方观察）

膈虽然在整体上是向上凸起的，但由于胸腔左侧有心脏，所以膈左下方较低。
膈中央部分有食管、主动脉、下腔静脉通过的开孔。

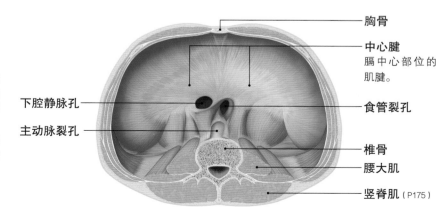

胸骨

中心腱
膈中心部位的肌腱。

食管裂孔

椎骨

腰大肌

竖脊肌（P175）

下腔静脉孔

主动脉裂孔

■膈的运动与呼吸

【吸气】

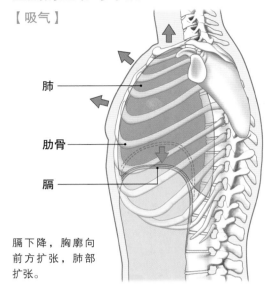

肺

肋骨

膈

膈下降，胸廓向前方扩张，肺部扩张。

【呼气】
（将气体吐出）

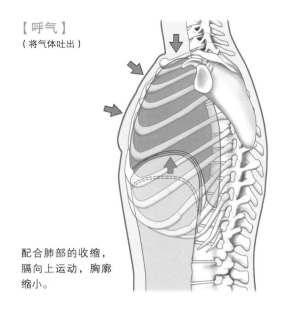

配合肺部的收缩，膈向上运动，胸廓缩小。

简明图解 呼吸的原理

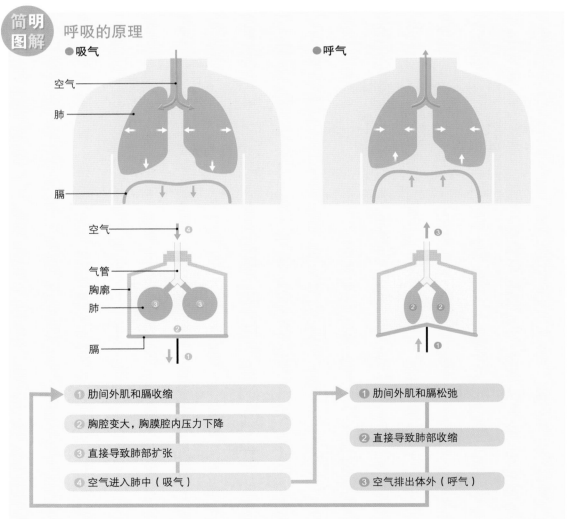

●吸气

●呼气

空气

肺

膈

空气

气管

胸廓

肺

膈

① 肋间外肌和膈收缩

② 胸腔变大，胸膜腔内压力下降

③ 直接导致肺部扩张

④ 空气进入肺中（吸气）

① 肋间外肌和膈松弛

② 直接导致肺部收缩

③ 空气排出体外（呼气）

气体交换的奥秘

肺部通过交换血液中的氧气和二氧化碳进行外呼吸。
体内各器官通过交换血液中的氧气和二氧化碳叫作内呼吸。

循环系统概述 ⇨P46
血液的成分与功能 ⇨P54
呼吸系统概述 ⇨P68

在肺和细胞中进行的气体交换

　　血液里的红细胞中含有**血红蛋白**。血红蛋白可以在氧浓度高的地方与氧气结合，并在氧浓度低的地方释放氧气。

　　吸气时，空气进入肺泡内。覆盖在肺泡壁上的**肺泡上皮细胞**是一层非常薄的扁平细胞（P241），氧气可以轻松通过。氧气穿过稀薄的结缔组织、肺泡壁中的毛细血管内皮细胞，就可以进入毛细血管中。

　　氧气进入血液后，血液中的氧浓度上升，血红蛋白就开始与氧气结合。流经肺泡壁的血液的血红蛋白，与氧气几乎能100%结合，这种富含氧气的血液叫作**动脉血**，呈鲜艳的红色。动脉血聚集到肺静脉，然后输送回心脏的左心房，再从左心室流出，进入主动脉，流向全身。

　　人体各组织需要消耗氧气才能释放能量，所以氧浓度很低。当血液流经各组织时，氧气会脱离血红蛋白，透过毛细血管壁向周围扩散，向全身各细胞供给氧气。人体各组织在吸收氧气产生能量时，会释放二氧化碳，所以二氧化碳的浓度较高。动脉血几乎没有二氧化碳，但在流至人体组织时，相应部位中的二氧化碳就会进入血液中。

　　动脉血流经人体组织的毛细血管，血红蛋白释放氧气，吸收二氧化碳后，这种血液叫作**静脉血**，呈暗红色。人体全身各处的静脉血，聚集到上腔静脉和下腔静脉，流回心脏的右心房，又从右心室通过肺动脉流至肺部，进入肺泡壁中的毛细血管。肺泡内的空气只含有少量的二氧化碳，因此毛细血管中的二氧化碳会融入肺泡中，肺泡中的氧气则会进入毛细血管，与血红蛋白结合。血液又以动脉血的形式流回

心脏。就这样，血液在肺部和全身的各个组织之间，不断输送氧气、回收二氧化碳，进行着气体的交换循环。

　　在肺泡壁中，血液中的二氧化碳排向肺泡，肺泡中的氧气融入到血液中，这个气体交换的过程叫作**外呼吸**；在全身的组织中，细胞吸收血液中的氧气，向血液中排放多余的二氧化碳，这个过程叫作**内呼吸**。

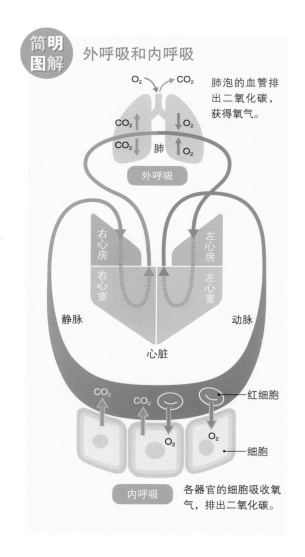

简明图解　**外呼吸和内呼吸**

肺泡的血管排出二氧化碳，获得氧气。

O_2　CO_2

CO_2↑　↓O_2

CO_2↓　肺　O_2

外呼吸

右心房　左心房

右心室　左心室

静脉　　动脉

心脏

CO_2　CO_2　　红细胞

　　　　　O_2　O_2　细胞

内呼吸

各器官的细胞吸收氧气，排出二氧化碳。

■肺泡的结构

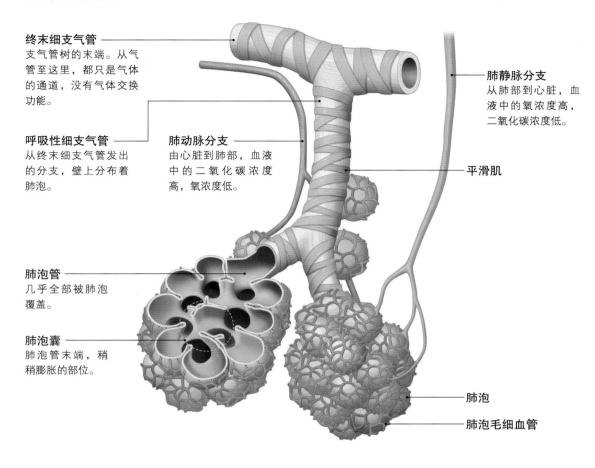

终末细支气管
支气管树的末端。从气管至这里，都只是气体的通道，没有气体交换功能。

呼吸性细支气管
从终末细支气管发出的分支，壁上分布着肺泡。

肺动脉分支
由心脏到肺部，血液中的二氧化碳浓度高，氧浓度低。

肺静脉分支
从肺部到心脏，血液中的氧浓度高，二氧化碳浓度低。

平滑肌

肺泡管
几乎全部被肺泡覆盖。

肺泡囊
肺泡管末端，稍稍膨胀的部位。

肺泡

肺泡毛细血管

■肺泡毛细血管处的气体交换

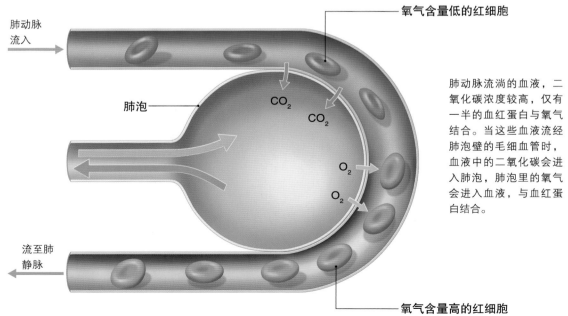

肺动脉流入

肺泡

CO_2

CO_2

O_2

O_2

流至肺静脉

氧气含量低的红细胞

氧气含量高的红细胞

肺动脉流淌的血液，二氧化碳浓度较高，仅有一半的血红蛋白与氧气结合。当这些血液流经肺泡壁的毛细血管时，血液中的二氧化碳会进入肺泡，肺泡里的氧气会进入血液，与血红蛋白结合。

心脏的构造

血液从上腔静脉和下腔静脉流回心脏的右心房，再从右心室送达肺部。肺部流出的血液会进入左心房，再从左心室流入主动脉，最后流向全身。

循环系统概述 ⇨P46
人体的血管 ⇨P48、50
瓣膜的构造与心传导系 ⇨P162
为心脏输送养分的血管 ⇨P166

■ 心脏各部位名称（从正面观察）

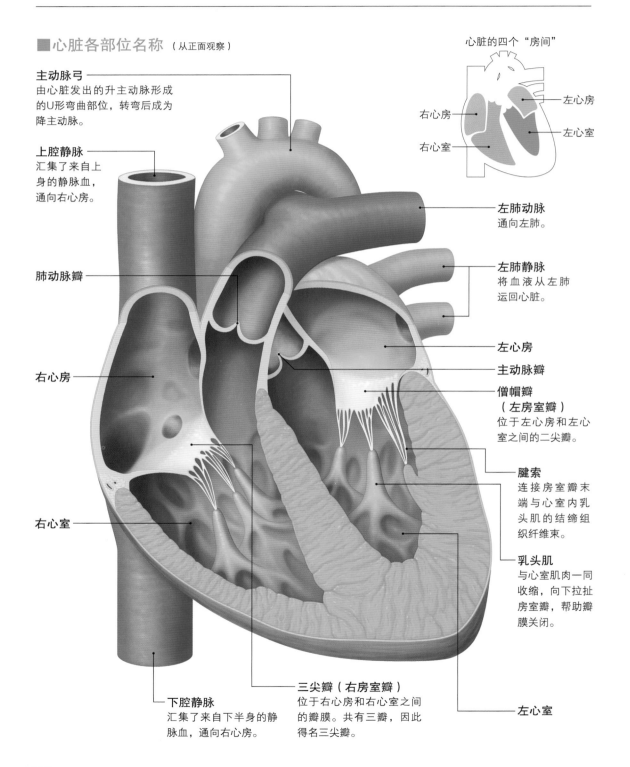

心脏的四个"房间"

右心房
右心室
左心房
左心室

主动脉弓
由心脏发出的升主动脉形成的U形弯曲部位，转弯后成为降主动脉。

上腔静脉
汇集了来自上身的静脉血，通向右心房。

肺动脉瓣

右心房

右心室

左肺动脉
通向左肺。

左肺静脉
将血液从左肺运回心脏。

左心房

主动脉瓣

僧帽瓣
（左房室瓣）
位于左心房和左心室之间的二尖瓣。

腱索
连接房室瓣末端与心室内乳头肌的结缔组织纤维束。

乳头肌
与心室肌肉一同收缩，向下拉扯房室瓣，帮助瓣膜关闭。

下腔静脉
汇集了来自下半身的静脉血，通向右心房。

三尖瓣（右房室瓣）
位于右心房和右心室之间的瓣膜。共有三瓣，因此得名三尖瓣。

左心室

血液循环的动力泵

心脏被心包包覆，位于胸腔左右两肺之间。心脏是提供血液流动的泵。由于人体主要有两条循环路线，所以心脏内也有两个"泵"。每个泵又由两部分构成：**心室**（负责通过壁的收缩，将血液压出心脏）和**心房**（负责回收并暂存血液）。心房回收的血液量与心室压出的血液量相同。这两个泵是成对的，所以心脏共分为**左心房**、**左心室**、**右心房**、**右心室**共4个部分。粗略来讲，心房在上，心室在下。

心室壁中有很厚的**心肌层**，心肌收缩就能推动血液运输。相比而言，左心室的心肌比右心室的厚。心房壁中的心肌层较薄，收缩时把血液从心房送到心室。为了防止血液倒流，心室的出入口处附有**瓣膜**，心房与心室之间的瓣膜叫**房室瓣**，左房室瓣又叫**僧帽瓣**（**二尖瓣**），右房室瓣又叫**三尖瓣**。左右心室出口处的瓣膜，分别与主动脉和肺动脉连接，分别叫作**主动脉瓣**和**肺动脉瓣**。

僧帽瓣和三尖瓣的前端有结缔组织，名为**腱索**。腱索与心室内腔中的**乳头肌**（形状如指状突起）连接。乳头肌与心室壁的肌肉一同收缩，可以强制性地关闭僧帽瓣和三尖瓣，防止血液从心室逆流回心房。

右心房与上腔静脉、下腔静脉相连，负责收集全身各处循环回流的静脉血。右心室与肺动脉相连，负责把心脏处的血液输送至肺部。另一方面，左心房与左右两肺各通过2条肺静脉（共4条肺静脉）相接，这些肺静脉可以将血液从肺部运回心脏。回归的血液，从左心房进入左心室，经主动脉被运往人体的各个部位。

从前侧来看，心脏左下方较尖，整体像一颗橡树果子。尖端处叫作**心尖**，上端较平处叫作**心底**。心底与心尖的连线稍稍偏向左下方，轴心稍稍偏转，从正面看到的大部分为右心室，只能看到一小部分左心室。因此，从右心室发出的肺动脉从正面可以看到，主动脉只能从后方看到。

■心脏背面观

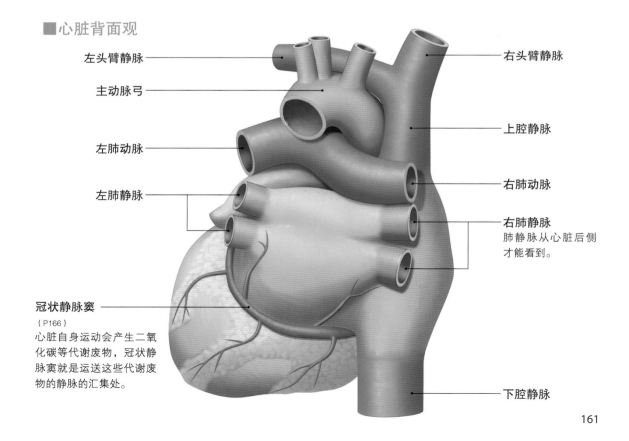

左头臂静脉

主动脉弓

左肺动脉

左肺静脉

冠状静脉窦
（P166）
心脏自身运动会产生二氧化碳等代谢废物，冠状静脉窦就是运送这些代谢废物的静脉的汇集处。

右头臂静脉

上腔静脉

右肺动脉

右肺静脉
肺静脉从心脏后侧才能看到。

下腔静脉

瓣膜的构造与心传导系

为了防止血液逆流，心房与心室之间有房室瓣，心室与动脉之间有动脉瓣。
心传导系通过窦房结、房室结和浦肯野纤维传递刺激，使心肌收缩。

脑神经的奥秘⇨P82
自主神经系统⇨P88
心脏的构造⇨P160
心脏搏动的奥秘⇨P164

▍瓣膜的结构与功能

心脏心室的出口与入口处有防止血液逆流的瓣膜。这些心内膜呈皱襞状，表面附有内皮细胞。

心房与心室之间的瓣膜叫**房室瓣（尖瓣）**。房室瓣末端扁平，通过腱索（一种结缔组织带）与心室内的乳头肌相连。右侧房室瓣呈三瓣状，叫**三尖瓣**；左侧房室瓣呈两瓣状，叫**二尖瓣（僧帽瓣）**。房室瓣可以防止血液在心室收缩时逆流。这是因为当心室的肌肉收缩时，乳头肌也会收缩，拉动房室瓣张开，将心房与心室的通道关闭起来。

心室出口处的瓣膜可以防止血管中的血液流回心脏。右心室出口处的瓣膜叫作**肺动脉瓣**，左心室的叫**主动脉瓣**。它们都由三瓣半月形的皱襞膜构成，向心室方向凸起。心室舒张时，动脉血管的血压会高于心室的血压，此时瓣膜就会关闭，防止血液逆流到心脏中。心室收缩时，心室的血压高于动脉血管的血压，此时瓣膜就会开放，让血液流入血管中。

■四种瓣膜的工作

【心室舒张期】

动脉瓣
动脉
心室
肺动脉瓣
主动脉瓣
正面

三尖瓣
（右房室瓣）

背面

二尖瓣/僧帽瓣
（左房室瓣）

血液从心房流向心室时，房室瓣打开，动脉瓣关闭，防止血液从动脉逆流回到心脏。

房室瓣
血液
心室

【心室收缩期】

右冠状动脉
后半月瓣
右半月瓣
前半月瓣
左半月瓣
左冠状动脉

二尖瓣后尖
二尖瓣前尖

三尖瓣前尖
三尖瓣后尖
三尖瓣侧尖

心室收缩时，房室瓣关闭，血液不会从心室流回心房。此时动脉瓣打开，允许血液从心室进入血管。

心室

电刺激的传导方式

构成心脏心肌层的**心肌细胞**可以自由收缩，并将刺激传导至相邻的心肌细胞内，然后依次产生收缩。但是，如果心脏各部位任意收缩，就无法高效地输送血液。所以，为了让心脏规律有序地收缩，心肌细胞内有一种名叫**心传导系**的特殊的心肌纤维。

心传导系始于**窦房结**（右心房上腔静脉口内侧），途经**房室结**（位于右心房的冠状静脉窦开口、心脏内壁），沿房室结后下缘前行，到心室中隔后端，分支成左右**房室束（希氏束）**和左右**束支**，最后左右束支与**浦肯野纤维**相连，广泛分布在心室壁内。心传导系的各个部位都能自发地产生刺激，但窦房结产生刺激的周期最短，所以是心脏的正常起搏点。

窦房结产生的刺激，从右心房壁的心肌，传至左心房壁的心肌，但因为心房和心室的心肌并不相连，所以心房肌肉产生的刺激并不能传到心室。传至右心房壁的刺激环绕传导，最后到房室结。刺激从房室结开始，经房室束传至浦肯野纤维，再通过浦肯野纤维传到左右心室。收缩的心肌可以自发地松弛，在心肌松弛的过程中，窦房结又会产生新的刺激，循环上述过程，使刺激传到心脏的各个部分。

■心传导系

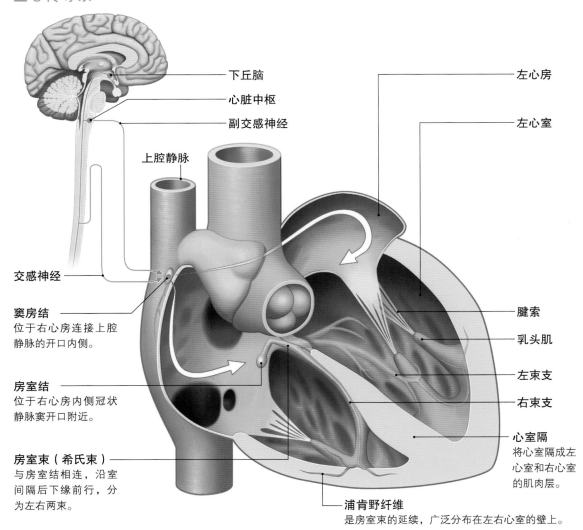

下丘脑

心脏中枢

副交感神经

上腔静脉

交感神经

窦房结
位于右心房连接上腔静脉的开口内侧。

房室结
位于右心房内侧冠状静脉窦开口附近。

房室束（希氏束）
与房室结相连，沿室间隔后下缘前行，分为左右两束。

左心房

左心室

腱索

乳头肌

左束支

右束支

心室隔
将心室隔成左心室和右心室的肌肉层。

浦肯野纤维
是房室束的延续，广泛分布在左右心室的壁上。

心脏搏动的奥秘

心房和心室的心肌受到电刺激，就会反复收缩与舒张，使血液按照一定的方向循环。在心脏中还有四处瓣膜防止血液逆流。

心脏的构造 ⇨P160
瓣膜的构造与心传导系 ⇨P162

调节心脏搏动的刺激及传导方式

心脏的搏动受到心传导系的调节。根据刺激的不同，心脏会进行以下5种运动，这几种动作会按周期反复出现。各个周期的各个阶段也有相应的名称。

❶ 心房收缩期（缓慢充盈期）

窦房结产生刺激，首先传到右心房壁的心肌处，接着传到左心房壁，使心肌收缩。其结果是促使左右心房的血液输送到左右心室。传至右心房壁心肌的刺激接着传到房室结，心室的舒张结束。

❷ 等容收缩期

刺激从房室结出发，经房室束传至浦肯野纤维。浦肯野纤维向左右心室的心肌传递刺激，心室的肌肉会从心尖（心脏下端）开始收缩。左右心室刚收缩时，右心室内的压力比肺动脉的压力小，左心室内的压力也小于主动脉的压力，血液无法冲开肺动脉瓣和主动脉瓣，也无法离开心脏进入血管。由于心室内的压力大于心房内的压力，所以房室瓣会关闭，血液无法回流到心房，导致心室内的压力逐渐上升。

❸ 心室射血期

心室壁的肌肉进一步收缩时，右心室和左心室内的压力，分别超过肺动脉和主动脉，此时肺动脉瓣和主动脉瓣打开，血液从心室流入血管。

❹ 等容舒张期

收缩后的心肌会自然松弛（舒张），左右心室内的压力渐渐下降。当心室内的压力小于血管时，肺动脉瓣和主动脉瓣重新闭合。房室瓣也会处于关闭状态，血液不会从心室流入心房。

❺ 舒张末期（快速充盈期）

左右心室继续舒张，内部压力逐渐小于心房的压力，房室瓣打开，血液从心房流入心室。

接下来，窦房结又会重新产生刺激，心脏重复上述运动，开始了新的搏动周期。

专栏 心电图

心脏的肌肉收缩时，心肌细胞会产生局部电流。心电图可以记录这些电流的产生情况。如图所示，进行心电图检查时，需要在人体的左脚踝、左手腕分别放置负电极和正电极。心电图收集的波依次被命名为PQRST波。P波是心房肌肉收缩时产生的，P和Q之间是刺激在房室结与房室束、浦肯野纤维之间传递时产生的，QRS波是心肌兴奋传播至心室内产生的，T波是心室舒张并准备下一次收缩时产生的。

如果心传导系和心肌异常，心电图上的波就会混乱或峰值异常增高。所以心电图是检查心脏是否异常的有效手段。

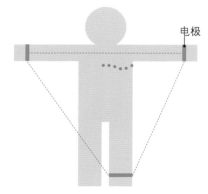

电极

进行心电图检查时需要在右手腕、左手腕、左脚踝和胸部安放电极。通过观察右手和左手、右手和左足、左手和右足的电位差，以及各部位单独的电位来判断心脏是否产生异常。

■刺激的传导方式与心脏的运动

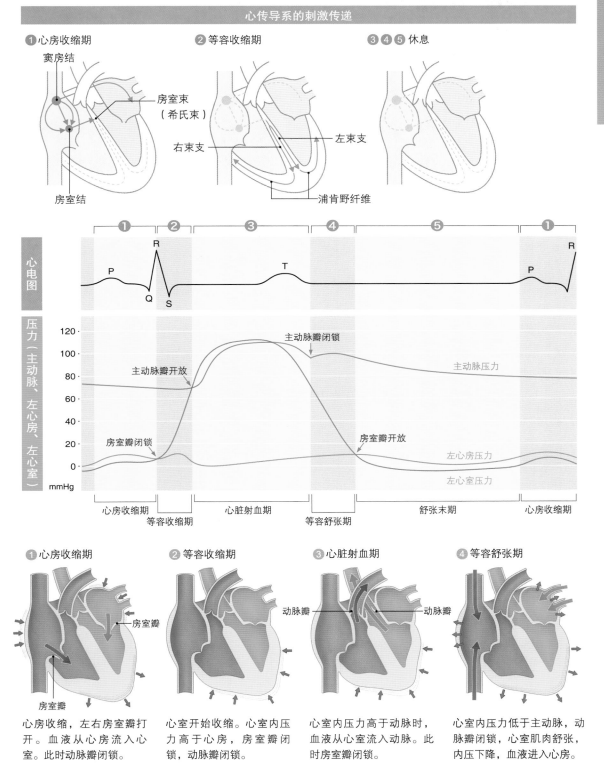

心传导系的刺激传递

❶心房收缩期
- 窦房结
- 房室束（希氏束）
- 右束支
- 左束支
- 浦肯野纤维
- 房室结

❷等容收缩期

❸❹❺休息

心电图
- P
- R
- Q
- S
- T
- P
- R

压力（主动脉、左心房、左心室）
- 120
- 100
- 80
- 60
- 40
- 20
- 0
- mmHg

- 主动脉瓣闭锁
- 主动脉瓣开放
- 主动脉压力
- 房室瓣闭锁
- 房室瓣开放
- 左心房压力
- 左心室压力

心房收缩期 / 等容收缩期 / 心脏射血期 / 等容舒张期 / 舒张末期 / 心房收缩期

❶心房收缩期
心房收缩，左右房室瓣打开。血液从心房流入心室。此时动脉瓣闭锁。
- 房室瓣
- 房室瓣

❷等容收缩期
心室开始收缩。心室内压力高于心房，房室瓣闭锁，动脉瓣闭锁。

❸心脏射血期
心室内压力高于动脉时，血液从心室流入动脉。此时房室瓣闭锁。
- 动脉瓣
- 动脉瓣

❹等容舒张期
心室内压力低于主动脉，动脉瓣闭锁，心室肌肉舒张，内压下降，血液进入心房。

心脏的运动和血液流向

为心脏输送养分的血管

心脏通过冠状动脉获得氧气丰富的动脉血。
静脉血则从心脏背面的冠状静脉窦流回右心房。

心脏的构造 ⇨P160
瓣膜的构造与心传导系 ⇨P162

■心脏的动脉与静脉

（从正面观察）

为心脏提供血液的动脉和静脉一般在心房和心室之间的冠状沟内穿行，这些血管的分支在前后的室间沟内穿行。下图中颜色较浅的表示后侧的血管。

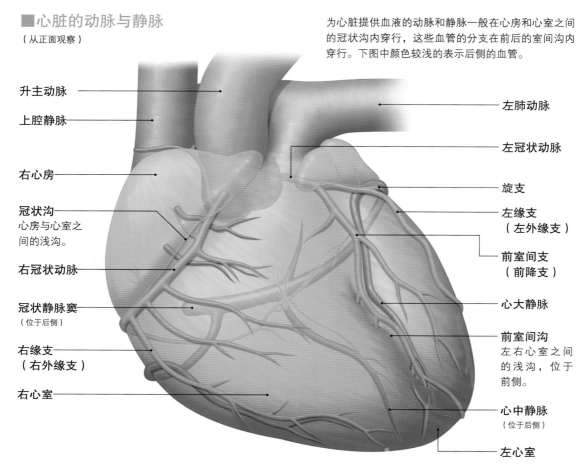

升主动脉

上腔静脉

右心房

冠状沟
心房与心室之间的浅沟。

右冠状动脉

冠状静脉窦
（位于后侧）

右缘支
（右外缘支）

右心室

左肺动脉

左冠状动脉

旋支

左缘支
（左外缘支）

前室间支
（前降支）

心大静脉

前室间沟
左右心室之间的浅沟，位于前侧。

心中静脉
（位于后侧）

左心室

简明图解 左右冠状动脉的血液供给模式

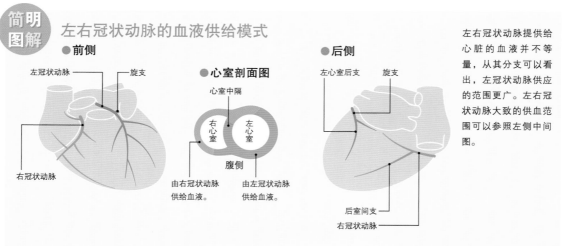

●前侧

左冠状动脉　　旋支

右冠状动脉

●心室剖面图

心室中隔

右心室　　左心室

腹侧

由右冠状动脉供给血液。　由左冠状动脉供给血液。

●后侧

左心室后支　　旋支

后室间支

右冠状动脉

左右冠状动脉提供给心脏的血液并不等量，从其分支可以看出，左冠状动脉供应的范围更广。左右冠状动脉大致的供血范围可以参照左侧中间图。

■心脏的动脉和静脉

（从后面观察）

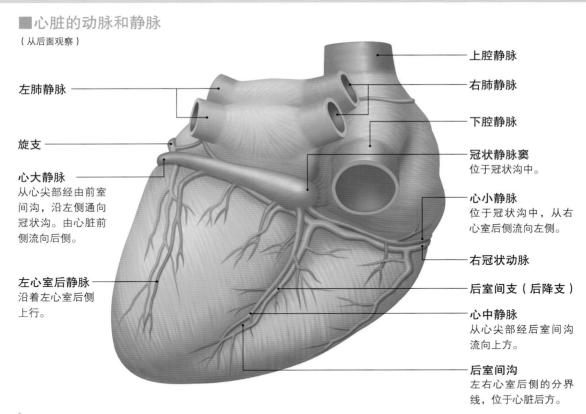

左肺静脉

旋支

心大静脉
从心尖部经由前室
间沟，沿左侧通向
冠状沟。由心脏前
侧流向后侧。

左心室后静脉
沿着左心室后侧
上行。

上腔静脉

右肺静脉

下腔静脉

冠状静脉窦
位于冠状沟中。

心小静脉
位于冠状沟中，从右
心室后侧流向左侧。

右冠状动脉

后室间支（后降支）

心中静脉
从心尖部经后室间沟
流向上方。

后室间沟
左右心室后侧的分界
线，位于心脏后方。

▌心脏表面的动脉和静脉

　　心壁上的心肌周期性收缩，需要源源不断的养分。**冠状动脉**的任务就是为心脏壁提供血液。左右冠状动脉是主动脉的分支，位于主动脉瓣上侧，其中左半月瓣一侧的是**左冠状动脉**，右半月瓣一侧的是**右冠状动脉**（P162）。

　　左冠状动脉分支为**旋支**（环绕冠状沟前后）以及**前室间支（前降支）**（途径前室间沟流向下方），为大部分左心室壁和右心室壁的前内侧部提供血液。右冠状动脉沿冠状沟从前方环绕至后方右侧，在后室间沟流向下方形成**后室间支（后降支）**，为大部分右心室壁以及左心室的后方内侧部提供血液。

　　冠状动脉供给的血液，大多汇集至心脏后侧的**冠状静脉窦**，然后注入右心房。冠状静脉窦连接的静脉血管有**心大静脉**、**左心室后静脉**、**心中静脉**、**心小静脉**等。另外，一部分静脉不经过冠状窦，直接注入右心房。

　　心脏上密布着众多血管。由于心脏一直搏动，所以对氧气的需求量很大。如果动脉阻塞，周围的血液供给就不能满足需求，从而引发心肌坏死，这种现象就叫**心肌梗死**。

■心脏肌肉构造

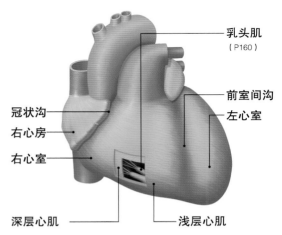

乳头肌
（P160）

前室间沟

左心室

冠状沟

右心房

右心室

深层心肌

浅层心肌

心脏壁由心内膜、心肌层、心外膜3层构成。心房的心肌层分为浅层与深层；除了这两层，心室的肌层还有一层中间层（右心室壁的肌肉较少，几乎没有中间层）。分布在心肌层的心肌细胞呈网状，从心尖部以螺旋状缠绕心脏。

乳房的构造

乳房是脂肪组织发达的部位，内有乳腺。哺乳期时，在催乳素的作用下，女性的乳腺会变得异常活跃，并通过输乳管分泌乳汁。

人体的淋巴系统⇨P58

■乳房各部位的名称

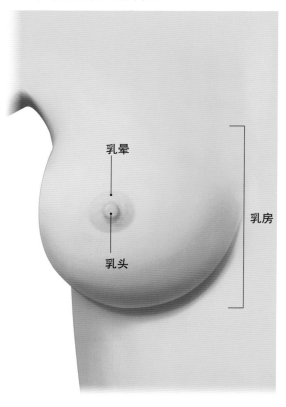

乳晕

乳头

乳房

各部位乳腺癌的发病几率

简明图解

约60%
约15%
约10%
约10%
约5%

乳腺癌多发生于乳房外侧上方的乳腺处，少见于内侧下方的乳腺。

┃乳腺和淋巴结

女性的**乳房**是沉积覆盖在胸大肌肌膜表面的脂肪组织，大致高度在第3肋骨至第7肋骨间，位于胸骨至胸侧部位，呈碗状隆起，左右大致对称。乳房中部有色素沉集形成的**乳晕**，乳晕的中部是隆起的**乳头**。

乳房的脂肪组织内分布着**乳腺**。乳腺是皮肤顶浆分泌腺的变体，末端形成小叶（**乳腺小叶**），小叶内的乳管相通，最终汇集成12~20根乳管，在乳头处开口。乳腺易受激素影响，在月经期、妊娠期、哺乳期、断乳后，乳腺会有极大的不同。在妊娠前的月经期、排卵期，以及断乳后，乳腺都处于静止期。静止期的乳腺腺体不发达，只有少量腺管，有的部位仅有无内腔的上皮细胞，呈束状分布。

进入妊娠期，乳管末端开始分化，顶端膨胀，形成乳腺小叶。临近分娩时，**乳腺小叶**的细胞会变成**乳腺细胞**，开始分泌**乳汁**。进入哺乳期，在婴儿吮吸乳头的刺激下，脑垂体分泌的催乳激素增多，以刺激乳汁分泌。断乳后，乳腺细胞开始退化直至消失，最后乳腺又只剩输乳管。

输乳管一旦受到激素刺激，细胞就会分裂增殖，形成乳腺结节。如果受到错误刺激，细胞进行增殖，可能会引发乳腺癌。乳腺癌细胞会通过淋巴管转移到其他部位，形成新的病灶。乳腺癌一般多发生在乳房上外侧部位的乳腺上，这个部位淋巴密集，所以病灶容易转移至腋下淋巴结。

丰满的乳房是女性独有的器官，男性的乳房在正常情况下不会发育，但如果摄入适量的激素，男性的乳房和乳腺也会发育。

■乳房的结构

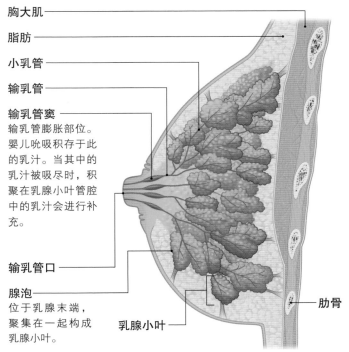

胸大肌

脂肪

小乳管

输乳管

输乳管窦
输乳管膨胀部位。
婴儿吮吸积存于此
的乳汁。当其中的
乳汁被吸尽时，积
聚在乳腺小叶管腔
中的乳汁会进行补
充。

输乳管口

腺泡
位于乳腺末端，
聚集在一起构成
乳腺小叶。

乳腺小叶

肋骨

【哺乳期的乳腺】

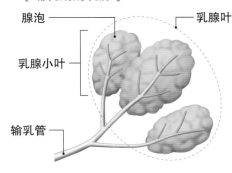

腺泡

乳腺叶

乳腺小叶

输乳管

腺泡聚集着分泌乳汁的乳腺细胞。女性进
入哺乳期后，腺泡活性变得发达起来，形
成乳腺小叶。乳汁通过乳管向外传输。

【非哺乳期的乳腺】

乳腺小叶不发达，仅剩腺管。

■乳腺周围的淋巴结

乳房内侧的淋巴有一
部分会连入内侧的淋
巴结，但大多数还是
会伸向外侧，经由其
他的淋巴结，最终聚
集在腋下淋巴结中。
发生乳腺癌时，癌细
胞会在淋巴系统的传
输下，聚集到腋下淋
巴结处。

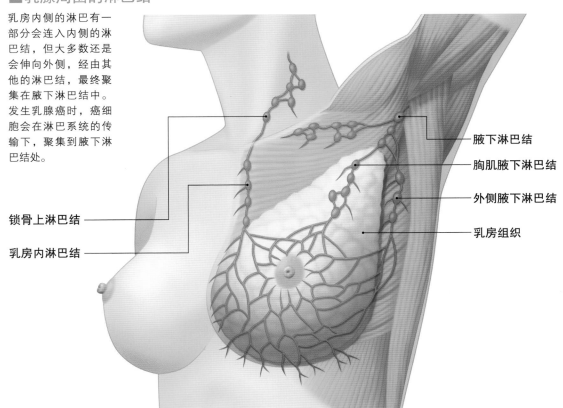

锁骨上淋巴结

乳房内淋巴结

腋下淋巴结

胸肌腋下淋巴结

外侧腋下淋巴结

乳房组织

第 4 章

腹部和背部

腹壁

腹部是指胸部到骨盆间的身体部分。腹壁由前腹部、侧腹部和腰部的肌肉构成，包围着腹腔。根据肌肉的不同，腹壁分为不同区域。

胸壁 ⇨ P150
脊柱 ⇨ P174
骨盆 ⇨ P176
上肢的骨骼和肌肉 ⇨ P220、222
下肢的骨骼和肌肉 ⇨ P228、230

腹部概观和前腹部、侧腹部的肌肉

腹部，是指胸部以下的躯干（胸廓和骨盆之间）。腹部的**腹腔**，被**腹壁**包围着。腹壁内主要是肌肉，除了背部的腰椎外，没有其他骨骼。腹壁一般依据肌肉的隆起程度进行划分。

腹壁依肌肉分为**前腹区**（前壁）和**侧腹区**（外侧壁）。在前腹部处，有与胸骨、肋骨和耻骨相连且可以上下移动的**腹直肌**。腹直肌的肌腹之间有**肌腱**，是多腹肌（P38）。腹肌发达

的人可以看见腹部的"条状凹陷"，也就是所谓的"腹肌裂开"的状态。

在侧腹部处，有与肋间外肌、肋间内肌走向相同的**腹外斜肌**和**腹内斜肌**，其深层处有**腹横肌**。这3种肌肉的抵止腱相互结合，形成包裹腹直肌的**腹直肌鞘**（P175）。另外，腹斜肌的抵止腱下端形成**腹股沟韧带**。如果腹壁肌肉收缩，腹腔的内压（腹压）就会升高，促进排便和排尿，同时也能向上推动膈，促进呼气。

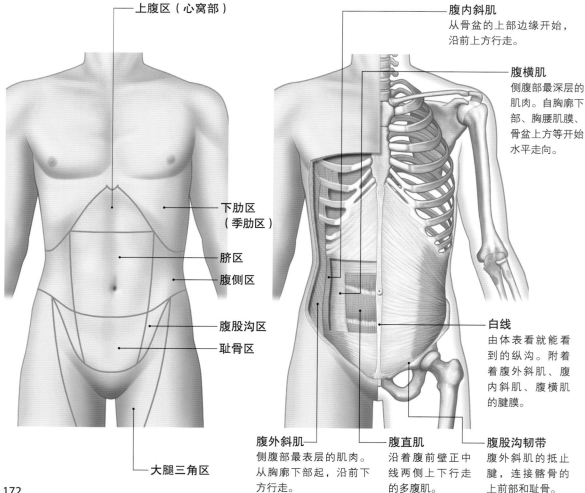

■腹部各部位的名称

- 上腹区（心窝部）
- 下肋区（季肋区）
- 脐区
- 腹侧区
- 腹股沟区
- 耻骨区
- 大腿三角区

■腹部的主要肌肉

腹内斜肌
从骨盆的上部边缘开始，沿前上方行走。

腹横肌
侧腹部最深层的肌肉。自胸廓下部、胸腰肌膜、骨盆上方等开始水平走向。

白线
由体表看就能看到的纵沟。附着着腹外斜肌、腹内斜肌、腹横肌的腱膜。

腹外斜肌
侧腹部最表层的肌肉。从胸廓下部起，沿前下方行走。

腹直肌
沿着腹前壁正中线两侧上下行走的多腹肌。

腹股沟韧带
腹外斜肌的抵止腱，连接髂骨的上前部和耻骨。

背部的肌肉

　　腹壁的背侧（后壁）是腰部。其中心分布着**腰椎**，两侧是从腰椎处开始延伸到骨盆上端的背部固有肌，其中的**竖脊肌**（P175）的开始部位，包裹着一层起保护作用的、叫作**胸腰筋膜**的强韧腱膜。在后壁腹侧，**腰大肌**始于第12肋骨、第12胸椎和腰椎，终于股骨小转子。

　　从P175的腹部、背部的肌肉（剖面图），可以看到前腹部、侧腹部、腰部的腹壁构造。在背部，有支撑脊柱的肌群，从这一肌群开始，向左右两侧延伸的肌肉形成肌肉层，前腹部则有与脊柱运动相关的腹直肌。

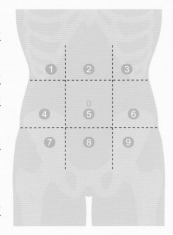

简明图解　腹部的区分（9大分区）

① 右季肋区
② 上腹区
③ 左季肋区
④ 右腹侧区
⑤ 脐区
⑥ 左腹侧区
⑦ 回盲区
⑧ 腹下区
⑨ 左髂骨区

临床医学上，一般以腹部器官所在位置，把腹腔分为9大区域。

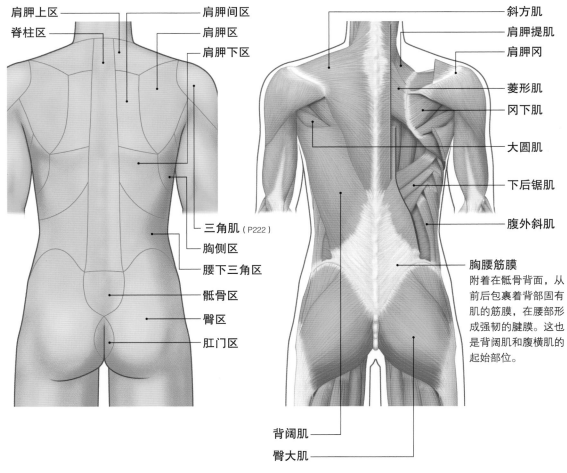

■背部各部位的名称

肩胛上区
脊柱区
肩胛间区
肩胛区
肩胛下区
三角肌（P222）
胸侧区
腰下三角区
骶骨区
臀区
肛门区

■背部的主要肌肉

斜方肌
肩胛提肌
肩胛冈
菱形肌
冈下肌
大圆肌
下后锯肌
腹外斜肌

胸腰筋膜
附着在骶骨背面，从前后包裹着背部固有肌的筋膜，在腰部形成强韧的腱膜。这也是背阔肌和腹横肌的起始部位。

背阔肌
臀大肌

脊柱

脊柱由7块颈椎、12块胸椎、5块腰椎、
1块骶骨、2~5块尾椎连接而成。

人体的骨骼 ⇨ P30、32
脊神经的奥秘 ⇨ P84
骨骼的构造 ⇨ P34
背部的主要肌肉 ⇨ P173

▍脊柱的构造

脊柱不是一块完整的骨头，而是由7块颈椎、12块胸椎、5块腰椎、5块骶椎（合为1块骶骨）、2~5块尾椎（合为1块尾骨）连接而成的。脊柱是身体的支柱，但它并不是直的，而是有4个弯曲，分别为颈椎前凸、胸椎后凸、腰椎前凸和骶椎后凸。

▍椎骨的形状

椎骨是由椎体（呈半圆柱状）、椎弓（附着在椎体上，呈半圆形）以及椎弓上的突起组成。椎弓突起包括1个棘突、1对横突、上下各1对关节突。椎体和椎弓之间的是椎孔，各椎孔连成贯穿脊柱的椎管。

椎骨主要靠椎间盘连接。上下的关节突主要靠椎间关节连接。椎间关节属于平面关节（P36）。

■椎间盘的构造

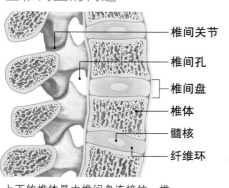

椎间关节
椎间孔
椎间盘
椎体
髓核
纤维环

上下的椎体是由椎间盘连接的。椎间盘以弹性胶状的髓核为中心，四周包围着纤维环。

■脊柱的构造及形态

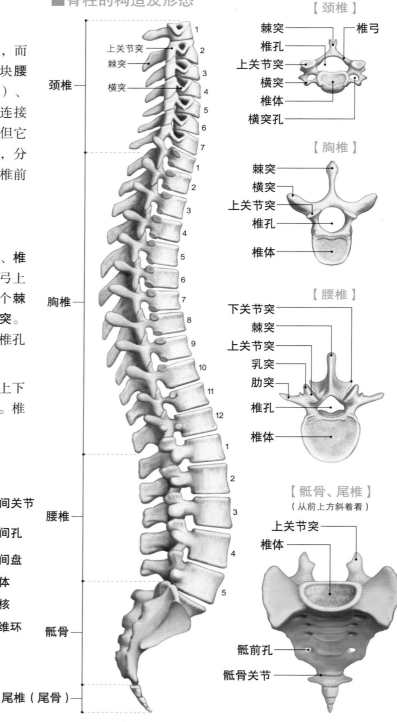

颈椎
上关节突
棘突
横突

胸椎

腰椎

骶骨

尾椎（尾骨）

【颈椎】
棘突 — 椎弓
椎孔
上关节突
横突
椎体
横突孔

【胸椎】
棘突
横突
上关节突
椎孔
椎体

【腰椎】
下关节突
棘突
上关节突
乳突
肋突
椎孔
椎体

【骶骨、尾椎】
（从前上方斜着看）
上关节突
椎体
骶前孔
骶骨关节

背部固有肌

椎骨的棘突和横突之间的沟里，有肌肉群叫作**背部固有肌**，作用是支撑脊柱以及更上的颅骨。

背部固有肌包括深层的**横突间肌**、**棘间肌**、**横突棘肌**（**回旋肌**、**多裂肌**、**半棘肌**），浅层的**竖脊肌**（**棘肌**、**最长肌**、**腰髂肋肌**）以及表层的**板状肌**。如下图所示，分为外侧肌肉群和内侧肌肉群。竖脊肌是否发达，从背部中线两侧的肌肉可以看出。

■腹部、背部的肌肉（剖面图）

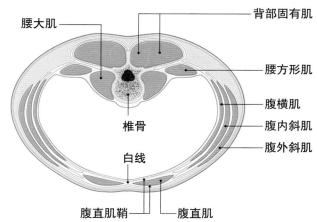

腰大肌
背部固有肌
腰方形肌
腹横肌
腹内斜肌
腹外斜肌
椎骨
白线
腹直肌鞘
腹直肌

■背部固有肌（外侧肌群）

横突外侧的肌群。

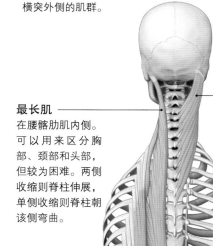

最长肌
在腰髂肋肌内侧。可以用来区分胸部、颈部和头部，但较为困难。两侧收缩则脊柱伸展，单侧收缩则脊柱朝该侧弯曲。

腰髂肋肌
可用来区分腰部、胸部、颈部，但较为困难。通过肌束愈合，从而连接骶骨和髂骨，肋骨和颈椎的横突间。与最长肌作用相同。

板状肌
有头板状肌和颈板状肌，头板状肌一直延伸到颅骨。左右收缩则头部后仰，单侧收缩则头部朝该侧弯曲。

横突间肌
连接颈椎的横突和腰椎的肋突。

■背部固有肌（内侧肌群）

棘突和横突之间，以及各突起部位间的肌群。

半棘肌

回旋肌

多裂肌

棘间肌
连接相邻的颈椎、胸椎、腰椎的棘突的肌肉。但在胸部是有痕迹的。

横突棘肌
连接横突和棘突的肌肉。根据止于棘突的部位不同，有不同的名称。两侧收缩则脊柱伸展，单侧收缩则向该侧弯曲，同时旋转。

棘肌
连接腰椎上部、胸椎、颈椎的棘突。两侧收缩则颈椎和胸椎伸展，单侧收缩则向该侧弯曲。

骨盆

大骨盆是腹腔的底，支撑着内脏。
小骨盆容纳了膀胱、直肠等器官。
男女骨盆的形状不同，女性妊娠时，为了支撑子宫，骨盆左右扩大。

人体的骨骼 ⇨ P30、32
脊柱 ⇨ P174
下肢的骨骼和肌肉 ⇨ P228、230

▎骨盆的构成

　　骨盆是由脊柱的一部分**骶骨**、左右**髋骨**、**尾骨**以及其间的骨构成的。骶骨和髋骨通过**骶髂关节**（属于平面关节，P37）连接，几乎无法移动。左右髋骨的前下部则通过叫**耻骨联合**的软骨连接。

　　髋骨属于下肢带骨，其外侧的**髋臼**（P229）与股骨通过**股关节**相连。骨盆上有很多强韧的韧带，用来支撑骨盆，承受躯干以上的重量。

■构成骨盆的骨骼名称

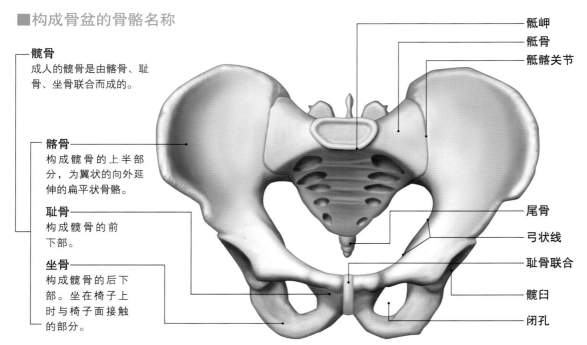

髋骨
成人的髋骨是由髂骨、耻骨、坐骨联合而成的。

髂骨
构成髋骨的上半部分，为翼状的向外延伸的扁平状骨骼。

耻骨
构成髋骨的前下部。

坐骨
构成髋骨的后下部。坐在椅子上时与椅子面接触的部分。

骶岬

骶骨

骶髂关节

尾骨

弓状线

耻骨联合

髋臼

闭孔

简明图解　盆腔各部位的名称

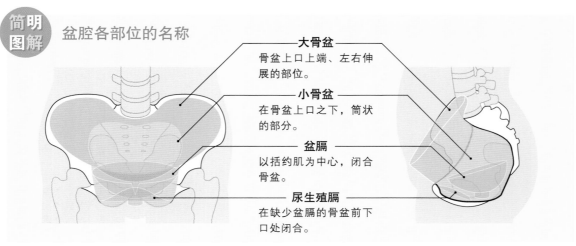

大骨盆
骨盆上口上端、左右伸展的部位。

小骨盆
在骨盆上口之下，筒状的部分。

盆膈
以括约肌为中心，闭合骨盆。

尿生殖膈
在缺少盆膈的骨盆前下口处闭合。

大骨盆和小骨盆

骨盆整体呈漏斗状，分为**大骨盆**（上方扩展的部分）和**小骨盆**（下方筒状的部分）两部分。其边界为**骶岬**（位于骶骨前上方）、**弓状线**（位于髋骨向外侧扩展处）以及耻骨联合的连接线（分界线）。大骨盆作为腹腔的底面的一部分，保护了腹部的脏器。腹腔向小骨盆扩展的部分叫**盆腔**，容纳着**膀胱**、**直肠**、**子宫**等脏器。

小骨盆的入口叫作**骨盆上口**，髋骨、尾骨的联合下缘叫作**骨盆下口**。骨盆下口是打开状态，但只是一小部分，其他大部分由**盆膈**（由肛提肌等肌肉与筋膜构成）封闭着。盆膈的中心，由直肠（男性）或直肠和阴道（女性）贯穿。

前方的开口部由以**会阴深横肌**（P213）为中心的**尿生殖膈**紧闭，被尿道贯穿。

男性与女性的骨盆有着明显的差别，是因为女性妊娠时，大骨盆起着支撑胎儿的作用，小骨盆是婴儿分娩的产道。一般来说，女性的骨盆，大骨盆左右倾斜、较浅，骨盆上口呈圆形或椭圆形，小骨盆同样左右倾斜，较浅。此外，左右耻骨下部的耻骨下角较大；与之相对，男性的大骨盆较深，骶岬前突明显，骨盆上口呈圆形或心形，小骨盆狭小且较深，耻骨下角较小。观察骨骼标本时，通过这些特征可以判断性别。

■盆膈

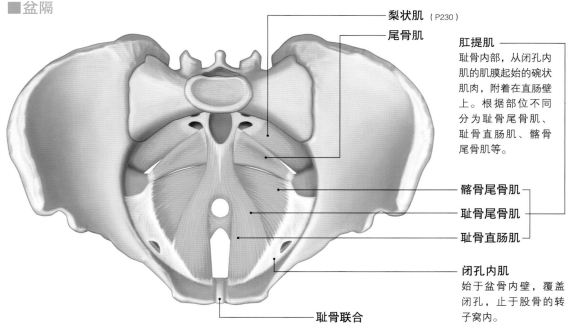

- 梨状肌（P230）
- 尾骨肌

肛提肌
耻骨内部，从闭孔内肌的肌膜起始的碗状肌肉，附着在直肠壁上。根据部位不同分为耻骨尾骨肌、耻骨直肠肌、髂骨尾骨肌等。

- 髂骨尾骨肌
- 耻骨尾骨肌
- 耻骨直肠肌

闭孔内肌
始于盆骨内壁，覆盖闭孔，止于股骨的转子窝内。

- 耻骨联合

简明图解 男女骨盆的差异

●**女性**
大骨盆左右倾斜，较浅，骨盆上口是圆形或椭圆形，小骨盆左右倾斜，较浅。耻骨下角较大。

●**男性**
大骨盆较深，骶岬前突明显，骨盆上口是圆形或心形，小骨盆狭小且较深，耻骨下角较小。

骨盆上口

耻骨下角

90°~110°　　70°

腹部的内脏——❶

以膈为顶端的腹腔，几乎容纳了全部消化系统和泌尿系统的
器官。多数器官的表面和腹壁上都覆有腹膜。

消化系统概述 ⇨ P62　　小肠 ⇨ P188
腹部的内脏② ⇨ P180　大肠 ⇨ P190
胃 ⇨ P184　　　　肝脏 ⇨ P192

腹部的内脏

　　腹腔内容纳了大部分消化系统和泌尿系统
的器官。腹腔的"天花板"是**膈**，因此腹腔上
部的器官由肋骨覆盖，盆骨下方朝**盆腔**扩展延
伸，直到小骨盆（P176）。

　　腹腔中的大多数内脏器官被**腹膜**包覆，分
为**壁腹膜**（覆盖在腹壁内侧）和**脏腹膜**（覆盖在器官表
面）。脏腹膜与壁腹膜互相延续、移行，脏腹
膜和壁腹膜之间的膜叫**系膜**，有**胃系膜、肠系
膜**等。

被腹膜包裹的器官

　　大部分消化管道（**胃、空肠、回肠、盲
肠、横结肠、乙状结肠**）都被腹膜包裹，通
过系膜与腹后壁相连。这些器官的位置并不固
定，容易移动。此外，**肝脏**有一部分附着在膈
上，其他部分被腹膜包裹。**脾脏**虽然不属于消
化系统，但也几乎整个是被腹膜包裹着。

　　与之相对，升结肠、降结肠都是一侧附
着在腹后壁上，只有前侧被腹膜覆盖。十二
指肠和脾脏则在后腹膜以下的位置。

■前腹壁打开后的腹部

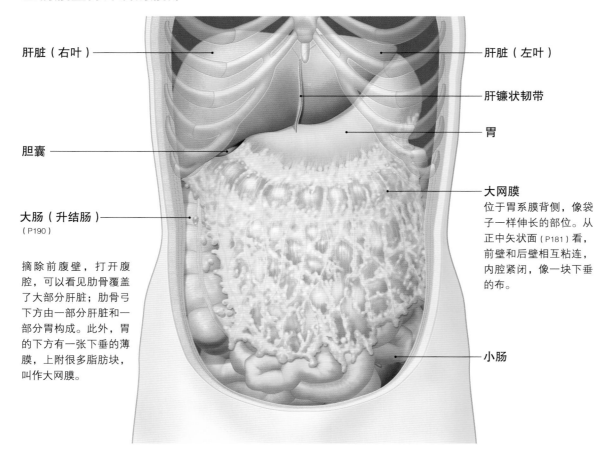

肝脏（右叶）

胆囊

大肠（升结肠）
（P190）

摘除前腹壁，打开腹
腔，可以看见肋骨覆盖
了大部分肝脏；肋骨弓
下方由一部分肝脏和一
部分胃构成。此外，胃
的下方有一张下垂的薄
膜，上附很多脂肪块，
叫作大网膜。

肝脏（左叶）

肝镰状韧带

胃

大网膜
位于胃系膜背侧，像袋
子一样伸长的部位。从
正中矢状面（P181）看，
前壁和后壁相互粘连，
内腔紧闭，像一块下垂
的布。

小肠

■腹膜及腹膜腔 （腹部剖面图）

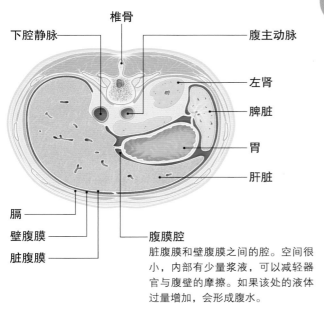

椎骨

下腔静脉

腹主动脉

左肾

脾脏

胃

肝脏

膈

壁腹膜

脏腹膜

腹膜腔
脏腹膜和壁腹膜之间的腔。空间很小，内部有少量浆液，可以减轻器官与腹壁的摩擦。如果该处的液体过量增加，会形成腹水。

简明图解 腹膜内位器官与腹膜外位器官 （模型图）

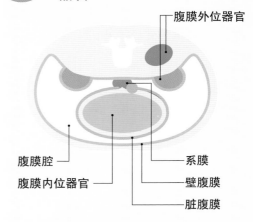

腹膜外位器官

腹膜腔

腹膜内位器官

系膜

壁腹膜

脏腹膜

像胃和肝脏这样几乎完全被腹膜覆盖的器官叫腹膜内位器官。相对的，表面不被腹膜覆盖，或者仅有一面被腹膜覆盖的器官叫腹膜外位器官。

■去除大网膜后的腹部

去除大网膜，就能看到腹部内脏。上方是肝脏和胃，胃的正下方是横结肠，横结肠下方是盘绕着的小肠。

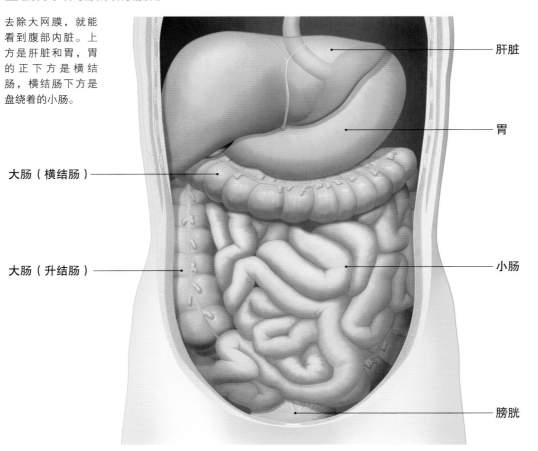

肝脏

胃

大肠（横结肠）

大肠（升结肠）

小肠

膀胱

179

腹部的内脏——②

腹部的脏器中，只有一面包裹腹膜的叫作腹膜外位器官。包括肾脏、肾上腺、腹主动脉、下腔静脉、十二指肠、胰腺等。

腹部的血管 ⇨ P63　　腹部的内脏① ⇨ P178
泌尿系统 ⇨ P70　　肾脏 ⇨ P200
肾上腺 ⇨ P72

腹膜及腹膜外位器官

　　腹后壁一侧的腹膜和肌肉之间叫**腹膜后隙**，该处的脏器只有一面被腹膜包裹，叫作**腹膜外位器官**，分别生长于腹膜后隙的**一次腹膜外位器官**（肾脏、肾上腺、输尿管、腹主动脉、下腔静脉、交感神经干等）和原来被腹膜包裹，但在产生的过程中附着在腹后壁，

生长在腹膜后隙的**二次腹膜外位器官**，如消化系统的器官（十二指肠、胰腺）。

　　膀胱只有其后上部被腹膜覆盖。虽然位于腹膜下方，但由于不是在腹膜后隙，所以不属于腹膜外位器官，属于**腹膜间位器官**。子宫的大半部分都被腹膜包裹，输卵管和卵巢几乎全部被腹膜包裹着，属于**腹膜内位器官**。

■腹膜外位器官及肠系膜

将腹壁上的附着物、腹后壁和脏器之间的系膜、系膜中的脏器切除，只留下附着在腹后壁上的消化管道部分。

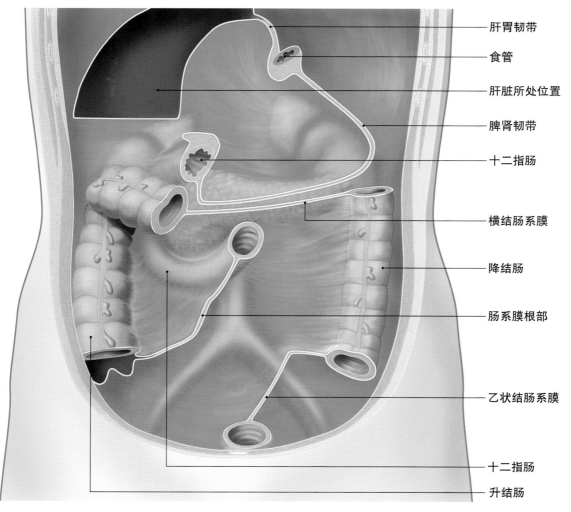

肝胃韧带
食管
肝脏所处位置
脾肾韧带
十二指肠
横结肠系膜
降结肠
肠系膜根部
乙状结肠系膜
十二指肠
升结肠

位于腹膜后隙的腹膜外位器官

位于腹膜后隙的肾脏、肾上腺、输尿管、腹主动脉、下腔静脉等腹膜外位器官，是不需要切开腹膜就能找到的。

腹膜对直接切开等伤害和刺激较为敏感，会造成腹膜之间粘连，因此最好通过侧腹部的腹膜下组织，通过腹膜后隙，到达腹膜外位器官。

■腹膜和肠系膜（正中矢状图）

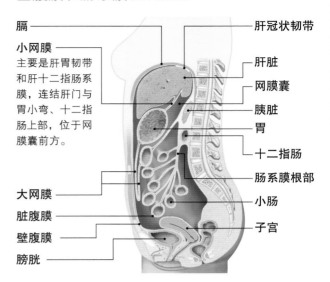

膈
小网膜
主要是肝胃韧带和肝十二指肠系膜，连结肝门与胃小弯、十二指肠上部，位于网膜囊前方。

大网膜
脏腹膜
壁腹膜
膀胱

肝冠状韧带
肝脏
网膜囊
胰脏
胃
十二指肠
肠系膜根部
小肠
子宫

■腹膜下产生的器官

腹膜下方有大血管、泌尿系统器官、肾上腺等。这些本来是腹膜下产生的器官。

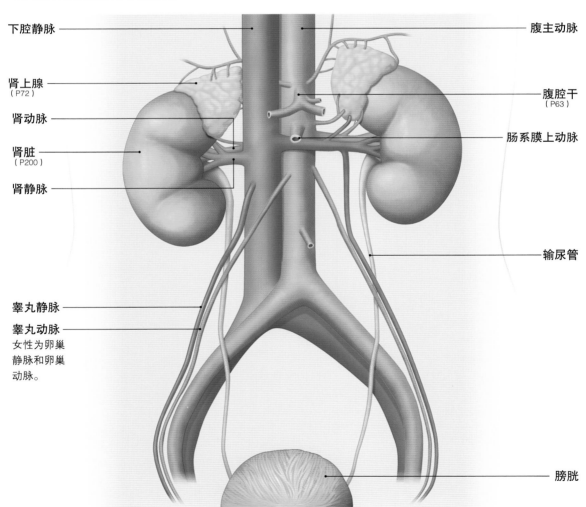

下腔静脉
肾上腺（P72）
肾动脉
肾脏（P200）
肾静脉
睾丸静脉
睾丸动脉
女性为卵巢静脉和卵巢动脉。

腹主动脉
腹腔干（P63）
肠系膜上动脉
输尿管
膀胱

消化管的位置关系与功能

从口腔到小肠的通道，将碳水化合物分解成单糖，将蛋白质
分解成氨基酸，将脂肪分解成单甘酯并吸收。

消化系统概述 ⇨ P62
消化与吸收的奥秘 ⇨ P64
胃和十二指肠 ⇨ P184

■胃、小肠、大肠的位置关系

消化管是一条始于口腔，经过咽、食管、胃、小肠、大肠，终于
肛门的连续性管道。人体进食后，食物在胃中暂存，再一点点输
送到小肠中，主要的营养物质被消化和吸收，残留的水分再被大
肠吸收，剩余的物质形成粪便。

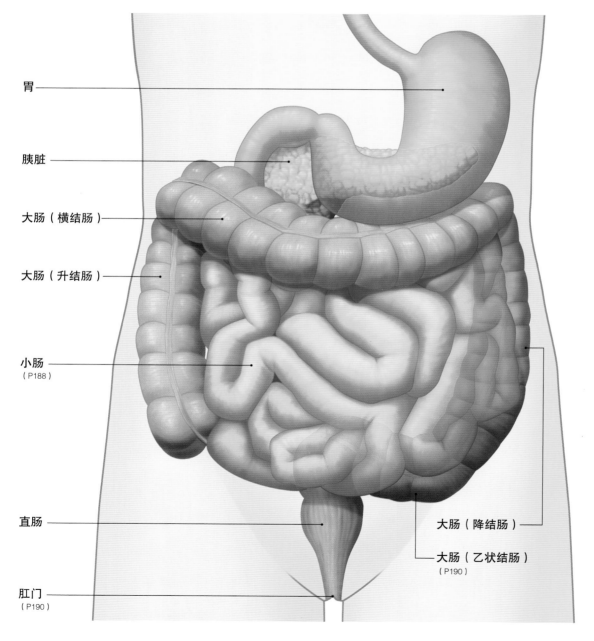

胃

胰脏

大肠（横结肠）

大肠（升结肠）

小肠
（P188）

直肠

大肠（降结肠）

大肠（乙状结肠）
（P190）

肛门
（P190）

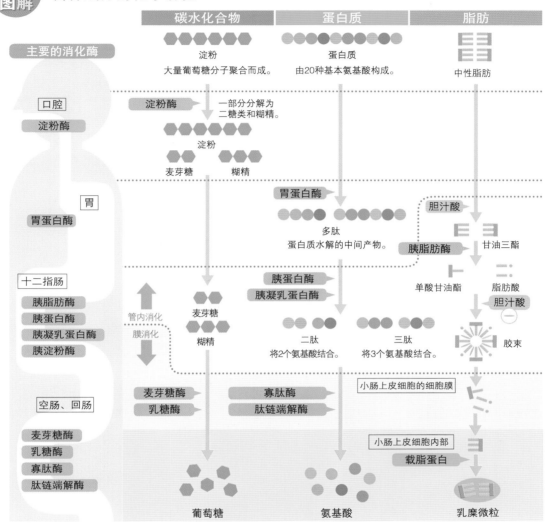

简明图解 营养成分的化学消化

碳水化合物 **蛋白质** **脂肪**

主要的消化酶

淀粉
大量葡萄糖分子聚合而成。

蛋白质
由20种基本氨基酸构成。

中性脂肪

口腔
淀粉酶

淀粉酶 — 一部分分解为二糖类和糊精。

淀粉

麦芽糖 糊精

胃
胃蛋白酶

胃蛋白酶

胆汁酸

多肽
蛋白质水解的中间产物。

胰脂肪酶 甘油三酯

十二指肠
胰脂肪酶
胰蛋白酶
胰凝乳蛋白酶
胰淀粉酶

管内消化
膜消化

麦芽糖

糊精

胰蛋白酶
胰凝乳蛋白酶

单酸甘油酯 脂肪酸
胆汁酸

二肽
将2个氨基酸结合。

三肽
将3个氨基酸结合。

胶束

空肠、回肠

麦芽糖酶
乳糖酶

寡肽酶
肽链端解酶

小肠上皮细胞的细胞膜

麦芽糖酶
乳糖酶
寡肽酶
肽链端解酶

小肠上皮细胞内部

载脂蛋白

葡萄糖 氨基酸 乳糜微粒

3种营养成分的消化过程

在唾液、胰液中的**淀粉酶**的作用下，**碳水化合物**分解成**二糖类**（麦芽糖等）。二糖类在**小肠上皮细胞**表面的**麦芽糖酶**和**乳糖酶**的作用下，分解为**单糖**（葡萄糖等），被上皮细胞吸收。因上皮细胞的浓度差而外流，进入毛细血管，经门静脉（P193）输送至肝脏。

蛋白质被胃液中的**胃蛋白酶**和**多肽**（由胃酸变化而成）分解。在小肠中被**胰蛋白酶**再次分解，在小肠上皮细胞表面被**寡肽酶**再度分解，形成**氨基酸**、**二肽**、**三肽**等，并被上皮细胞吸收。二肽和三肽在细胞内分解为**氨基酸**，进入毛细血管，经门静脉输送到肝脏。

脂质（中性脂肪）是由**甘油三酯**（甘油+脂肪酸×3）转化而成的。脂质被**胆汁酸**分解成细小的颗粒，再被胰液中的**脂肪酶**分解成**单酸甘油酯**和**脂肪酸**，再与**胆汁酸**混合形成**胶束**。在上皮细胞表面，单酸甘油酯和脂肪酸从胶束中分离，通过细胞膜进入上皮细胞，再合成甘油三酯。在**载脂蛋白**的帮助下，甘油三酯汇集形成**乳糜微粒**，从上皮细胞分泌至体内，然后进入淋巴管。

胃和十二指肠

食物通过食管进入胃，在胃内被彻底搅拌，
充分分解后被送至十二指肠。
胃的入口叫贲门，出口叫幽门。
胃的肌层由3层平滑肌组成。

消化与吸收的奥秘 ⇒ P64
消化管的运动 ⇒ P66
消化管的位置关系与功能 ⇒ P182
胃黏膜 ⇒ P186

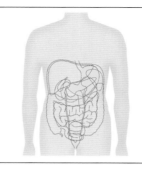

1 肝脏　**2** 肾脏　**3** 椎骨
4 脾脏　**5** 胰脏　**6** 胃

胃的形状和功能

胃位于上腹部左侧，在膈的下部、肝脏左叶的后面。胃表面覆盖的腹膜，与连接胃及周围的器官的大网膜（P178）、小网膜等相连接。

胃的入口连接食管，叫作**贲门**。出口的右下方与十二指肠相连接，叫作**幽门**。胃的左侧边缘叫作**胃大弯**，右侧边缘叫作**胃小弯**。在胃大弯处有**大网膜**（呈"围裙"状的腹膜），悬挂于横结肠和小肠之前。在胃小弯、肝脏的肝门之间有**小网膜**，其右端是通向肝脏的血管和胆总管的通道。小网膜和胃后方被腹膜覆盖的扁窄间隙叫作**网膜囊**（P181）。

胃壁由**黏膜**、**肌肉层**、**浆膜层**3层组成。黏膜的表面有大量**胃腺**。胃腺根据所在位置不同，结构也不相同。肌肉层全是平滑肌，分为**斜行肌层**、**环行肌层**和**纵行肌层**3部分。当胃收缩时，平滑肌跟着收缩，引起黏膜层皱襞的纵向改变。

胃里有大量血管分布，大都围绕着胃大弯和胃小弯行走，其中的动脉主要是腹腔干的分支，静脉主要通过门静脉流向肝脏。胃里还分布着交感神经和副交感神经（P88），通过平滑肌的运动进行调节。副交感神经分布在胃腺中，可以促进胃酸的分泌。

食物可以在胃中暂存，与胃黏膜分泌的胃液混合，并被彻底搅拌，然后一点一点被送到十二指肠。胃腺分泌**胃液**，能防止胃中食物腐坏，还有助于蛋白质的消化。

十二指肠的构造和功能

十二指肠是小肠最初的部分，紧贴腹后壁，在胃与横结肠背后，连接胃的幽门。十二指肠长约为25cm，呈C形。分为上部、降部、水平部、升部4部分。

在降部左侧壁的黏膜上有**十二指肠大乳头（乏特壶腹）**，是胆总管和胰管的共同开口处（P197）。十二指肠上半部的黏膜下层有**十二指肠腺**，能分泌碱性的黏液，这些黏液可以中和胃中输送来的食物的酸性，以保护黏膜。加上胰液和胆汁的注入，以完成营养物的吸收与消化。

 简明图解 **胃各部位的名称**

左侧膨胀的边缘部分是胃大弯；右侧凹陷的边缘是胃小弯；主体是胃体；贲门左半圆形的是胃底。幽门分为幽门前庭和幽门管。

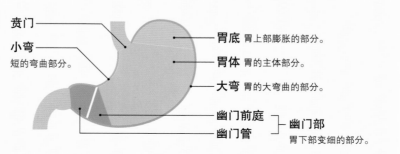

贲门
小弯　短的弯曲部分。
胃底 胃上部膨胀的部分。
胃体 胃的主体部分。
大弯 胃的大弯曲的部分。
幽门前庭
幽门管 ｝**幽门部** 胃下部变细的部分。

■胃和十二指肠的构造

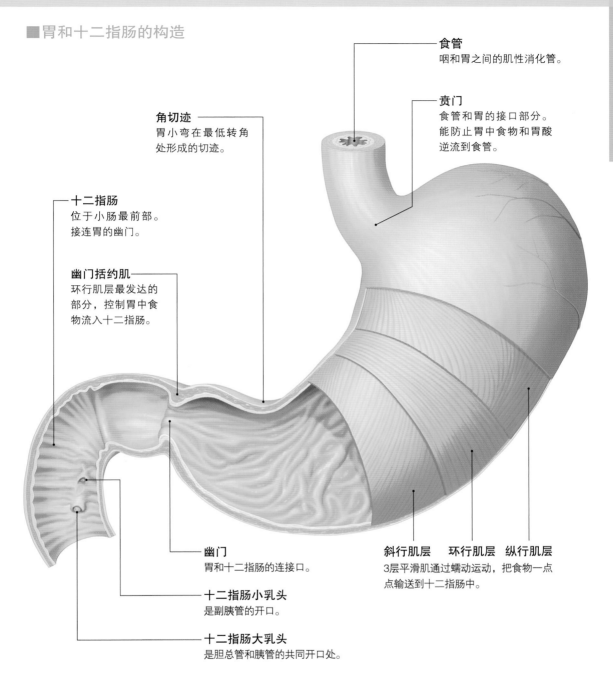

食管
咽和胃之间的肌性消化管。

贲门
食管和胃的接口部分。
能防止胃中食物和胃酸
逆流到食管。

角切迹
胃小弯在最低转角
处形成的切迹。

十二指肠
位于小肠最前部。
接连胃的幽门。

幽门括约肌
环行肌层最发达的
部分，控制胃中食
物流入十二指肠。

幽门
胃和十二指肠的连接口。

十二指肠小乳头
是副胰管的开口。

十二指肠大乳头
是胆总管和胰管的共同开口处。

斜行肌层　环行肌层　纵行肌层
3层平滑肌通过蠕动运动，把食物一点
点输送到十二指肠中。

专栏　胃下垂是怎样引起的?

　　胃下垂是指站立时，胃的下缘抵达盆腔，胃小弯弧线最低点
降至髂嵴连线以下的状态。通过照X光线，如果发现角切迹进入到
骨盆内，则可诊断为胃下垂。

　　胃下垂是胃壁平滑肌的吊力低下引起的，多发生于消瘦的女
性身上。由于胃蠕动速度慢，会有胃腹胀以及食欲不振的感觉。但
如果没有痛感则不用治疗。可以通过腹肌运动或全身运动来调节。

胃下垂示意图

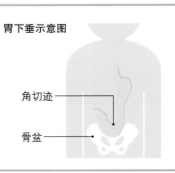

角切迹

骨盆

胃黏膜

胃腺的壁细胞会分泌强酸性的胃液，附属细胞会分泌出黏液保护胃黏膜。主细胞会分泌胃蛋白酶原帮助分解蛋白质。

消化与吸收的奥秘 ⇨ P64
消化管的位置关系与功能 ⇨ P182
胃和十二指肠 ⇨ P184

■胃壁的构造（截面放大图）

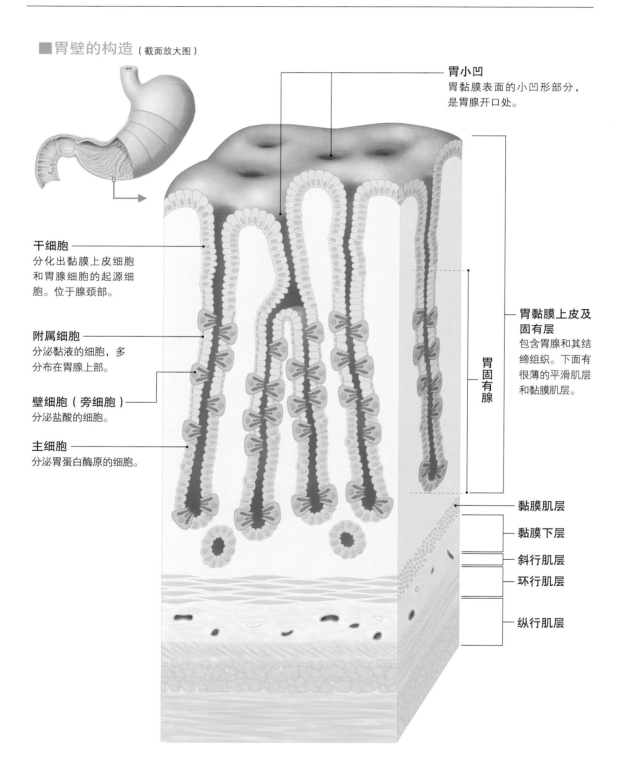

胃小凹
胃黏膜表面的小凹形部分，是胃腺开口处。

干细胞
分化出黏膜上皮细胞和胃腺细胞的起源细胞。位于腺颈部。

附属细胞
分泌黏液的细胞，多分布在胃腺上部。

壁细胞（旁细胞）
分泌盐酸的细胞。

主细胞
分泌胃蛋白酶原的细胞。

胃黏膜上皮及固有层
包含胃腺和其结缔组织。下面有很薄的平滑肌层和黏膜肌层。

胃固有腺

黏膜肌层
黏膜下层
斜行肌层
环行肌层
纵行肌层

胃腺的构造和功能

胃黏膜处可以看到大小约1mm的凹陷，叫作**胃小凹**，胃小凹的凹陷处衔接有3~7个**胃固有腺**，一天能分泌2~3L的胃液，胃的表层黏膜被**黏膜上皮细胞**（黏液细胞）覆盖。胃固有腺几乎呈笔直管状，腺壁处有分泌胃液的3种**外分泌细胞**和血液中分泌激素的**内分泌细胞**。胃表层的黏液细胞只能存活4~7天，因此腺颈部的干细胞会分裂加以补充。

胃固有腺的外分泌细胞包括**副细胞**、**壁细胞**、**主细胞**3种。

副细胞一般分布在腺颈部，能分泌**黏液素**。黏液素是一种在肽中心处的多糖可溶性黏液，分布在胃黏膜表层，起到保护胃腺的作用。

壁细胞多分布在胃腺上半部，能分泌盐酸，陷进细胞的表层，在细胞的分泌小管合成盐酸，因此胃液为强酸性（pH为1~2）。壁细胞还分泌**内因子**，帮助人体吸收维生素B$_{12}$。如果人体内缺乏内因子，导致维生素B$_{12}$吸收困难，会引发恶性贫血。

主细胞主要分布在胃腺的下半部分，能分泌一种蛋白质性质的消化酶——**胃蛋白酶原**。胃蛋白酶原在酸性的胃液中，转化成**胃蛋白酶**，蛋白酶可以分解蛋白质，防止食物腐烂，帮助人体消化和吸收蛋白质。

内分泌细胞主要分布在胃腺底部和颈部，能感知胃液的成分，在血液中分泌激素，比如**促胃液素**（由幽门腺的内分泌细胞分泌），它能够作用于胃腺细胞，刺激胃酸分泌，并且刺激细胞增殖。

■幽门附近壁的构造（断面放大图）

幽门处有幽门腺，能分泌促胃液素。过了幽门就是十二指肠，十二指肠上没有胃黏膜有肠绒毛。十二指肠的黏膜下有十二指肠腺，能分泌碱性黏液。

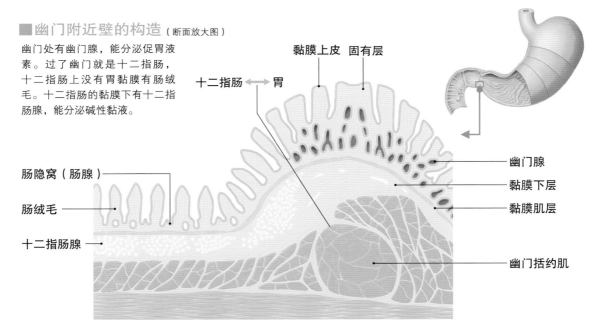

黏膜上皮　固有层

十二指肠 ⟷ 胃

肠隐窝（肠腺）

肠绒毛

十二指肠腺

幽门腺

黏膜下层

黏膜肌层

幽门括约肌

■主要的消化管激素

激素的名称	分泌部位	功能
促胃液素	胃	促进盐酸和胃蛋白酶的分泌，促进胃的运动。
抑胃肽	空肠	抑制胃液分泌和胃的运动，提高胰岛素的分泌。
促胰液素	十二指肠	促进胰液分泌，中和胃输送至肠部的胃酸。
促胰酶素（胆囊收缩素）	十二指肠	抑制胃内物质排出，促进胆囊收缩和胰液分泌。

小肠的构造

小肠长达6m以上，分为十二指肠、空肠和回肠。小肠壁上覆盖着黏膜，黏膜上密布着绒毛，这些绒毛可以扩大小肠的表面积，让肠道更好地吸收营养成分。

淋巴组织的奥秘 ⇨ P60
消化管的运动 ⇨ P66
腹部的内脏① ⇨ P178
胃和十二指肠 ⇨ P184

❶ 升结肠　❷ 横结肠
❸ 小肠　　❹ 降结肠

小肠的长度

　　小肠分为十二指肠、空肠和回肠3部分，主要是回肠。空肠和回肠的表面有**肠系膜**覆盖，使其悬吊在腹后壁上。肠系膜能在腹腔内部自由运动，其根部从十二指肠的末端，延伸到盲肠，约长25cm；其末端如同皱襞的窗帘一样，围绕空肠和回肠行走，大约长6m。

小肠的内壁

　　小肠的内壁主要分为**黏膜层**、**肌肉层**和**浆膜层**。

　　黏膜层在肠的内腔处隆起，长有许多肉眼可见的环形皱襞。黏膜还生长着许多如天鹅绒般轻轻飘浮的**肠绒毛**。肠绒毛之间有叫作**肠隐窝（小肠腺）**的凹坑。肠绒毛和肠隐窝的表面

■小肠的剖面图

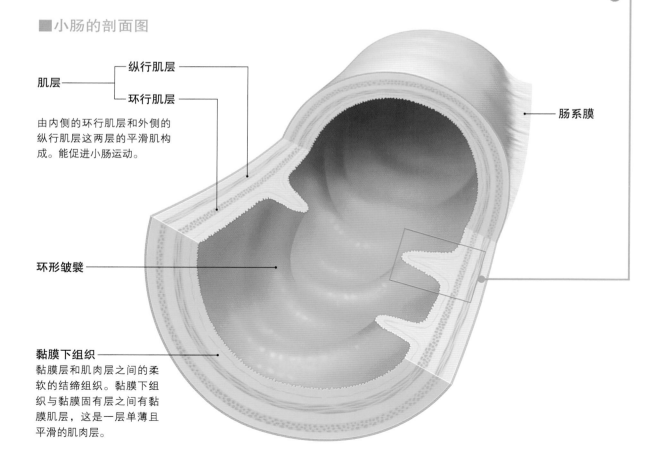

肌层

纵行肌层

环行肌层

由内侧的环行肌层和外侧的纵行肌层这两层的平滑肌构成。能促进小肠运动。

肠系膜

环形皱襞

黏膜下组织
黏膜层和肌肉层之间的柔软的结缔组织。黏膜下组织与黏膜固有层之间有黏膜肌层，这是一层单薄且平滑的肌肉层。

⊙ 被一层**小肠上皮细胞**覆盖，能分泌着黏液的**杯状细胞**也在其中。

小肠上皮细胞的表面，生长着许多细小的绒毛细胞，叫作**微绒毛**，微绒毛可以进一步扩大细胞膜的表面积。小肠上皮细胞的寿命大约为1周，之后旧的细胞从肠绒毛顶端脱落，新的细胞在肠隐窝上部进行分裂来补充。

黏膜上皮下部的结缔组织中，聚集着叫作**淋巴小结**（P60）的淋巴组织。淋巴小结既能在小肠内发挥免疫功能，又能吸收蛋白质和脂肪。许多淋巴小结在回肠聚集在一起，形成肉眼可见的**集合淋巴小结**。

肌肉层由内侧的**环行肌层**和外侧的**纵行肌层**两层平滑肌构成。肌层之间聚集着众多神经细胞，形成**肠肌神经丛**（**奥厄巴赫氏神经丛**），向平滑肌传导指令，带动肠的运动。

浆膜层是由上皮组织形成的腹膜。能分泌少许浆液，起润滑作用，这样内脏器官运动时，就不会相互摩擦了。

空肠和回肠能进行营养的消化和吸收。为了更有效率地进行消化和吸收，它们有必要扩大表面积。空肠、回肠的长度是6m，但通过环状皱襞、肠绒毛、肠隐窝以及小肠上皮细胞的微绒毛等结构，肠的内腔接触细胞膜的表面积变得非常大，能达到200m^2。

■**十二指肠的黏膜**（放大图）

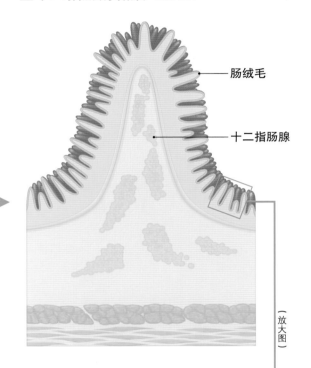

肠绒毛

十二指肠腺

（放大图）

■**肠绒毛的剖面图**

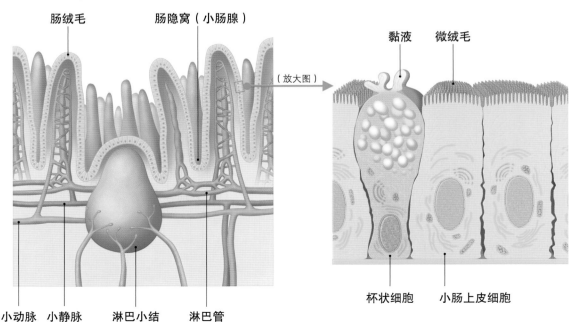

肠绒毛　　肠隐窝（小肠腺）

（放大图）

黏液　　微绒毛

小动脉　小静脉　　淋巴小结　　淋巴管

杯状细胞　　小肠上皮细胞

大肠、肛门的构造与功能

大肠分为盲肠、结肠、直肠3个部分。
大肠吸收残余食物中的水分，并形成粪便，经由肛门排出体外。
肛门处的括约肌极其发达。

淋巴组织的奥秘⇨P60
消化与吸收的奥秘⇨P64
消化管的运动⇨P66

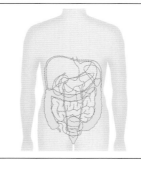

① 升结肠　**②** 横结肠
③ 小肠　**④** 降结肠

吸收水分、消化管的最后部分

　　大肠连接小肠，是肠的最后部分，主要分为**盲肠**、**结肠**、**直肠**。

　　盲肠位于右下腹部，侧面连接回肠，接口处形同花瓣，有防止食物逆流的作用。盲肠边上有长6~8cm的**阑尾**。阑尾是淋巴组织（P60）聚集的部位，参与机体的免疫功能。阑尾受到过度刺激会引发阑尾炎，情况严重时，会导致阑尾破裂引起腹膜炎。发生腹膜炎后，可以通过服用抗生素治愈，也可通过手术治疗。

　　结肠由升结肠、横结肠、降结肠、乙状结肠组成，大致环绕腹部一周。结肠壁上有3条纵向的**结肠带**，是结肠壁3个纵向分布的平滑肌汇集之地。外科手术时，可以通过这一特殊构造来区分结肠。

　　直肠位于大肠的末端，长约20cm，环绕在骨盆内，下段是开口的**肛门**。

　　大肠吸收食物残余物中的大部分水分，并在此形成粪便，由肛门排出体外。人体进食后，通过小肠的蠕动，食物被送入大肠，在大肠开始反射性地蠕动运动，结肠远侧的食物残留物被挤压到空的直肠里，人体就会产生排便的感觉，接收到大脑的命令之后进行排便。肛门处有非常发达的**肛门内括约肌**（由环状平滑肌构成，是不随意肌）与**肛门外括约肌**（由骨骼肌构成，是随意肌）。肛门黏膜处大量分布着静脉，容易因痔疮引起出血。

简明图解　排便与神经的关系

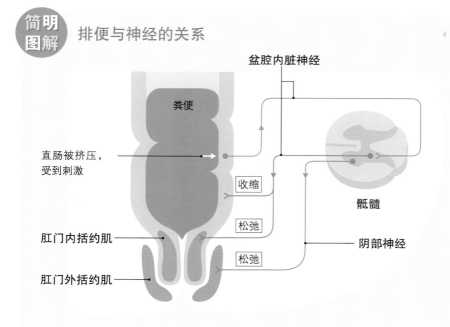

结肠内的消化物输送至直肠内，直肠受到压迫、伸展，刺激直肠壁。这种刺激传至大脑，就形成了排便感。此外，通过骶髓的反射，直肠壁的平滑肌收缩，肛门内括约肌松弛，这样大便就欲排出体外。但是肛门外括约肌会反射性地收缩，所以不会产生排便。通过大脑下达命令，配合有意识的排便动作，肛门外括约肌才会松弛，实现真正的排便。

■盲肠到直肠的构造

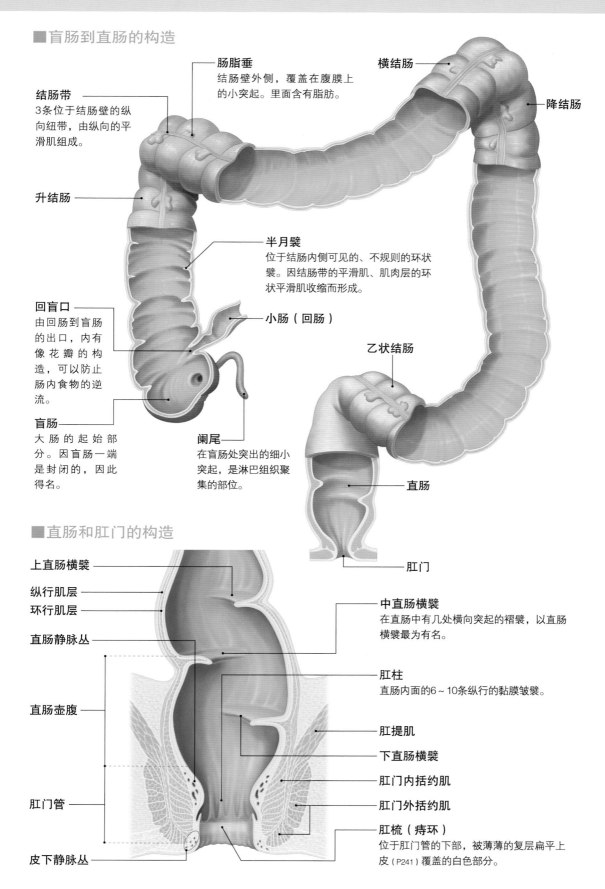

肠脂垂
结肠壁外侧，覆盖在腹膜上的小突起。里面含有脂肪。

横结肠

降结肠

结肠带
3条位于结肠壁的纵向纽带，由纵向的平滑肌组成。

升结肠

半月襞
位于结肠内侧可见的、不规则的环状襞。因结肠带的平滑肌、肌肉层的环状平滑肌收缩而形成。

回盲口
由回肠到盲肠的出口，内有像花瓣的构造，可以防止肠内食物的逆流。

小肠（回肠）

乙状结肠

盲肠
大肠的起始部分。因盲肠一端是封闭的，因此得名。

阑尾
在盲肠处突出的细小突起，是淋巴组织聚集的部位。

直肠

■直肠和肛门的构造

上直肠横襞

纵行肌层

环行肌层

直肠静脉丛

直肠壶腹

肛门管

皮下静脉丛

肛门

中直肠横襞
在直肠中有几处横向突起的褶襞，以直肠横襞最为有名。

肛柱
直肠内面的6～10条纵行的黏膜皱襞。

肛提肌

下直肠横襞

肛门内括约肌

肛门外括约肌

肛梳（痔环）
位于肛门管的下部，被薄薄的复层扁平上皮（P241）覆盖的白色部分。

191

肝脏的构造

肝是人体最大、最重要的器官，重约1kg。肝大致分为左叶和右叶。
消化器官输送的静脉血在门静脉处汇集，输送到肝脏中。

腹部的内脏⇨P178、180
肝脏的功能⇨P194

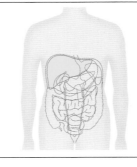

❶ 肝脏 ❷ 肾脏 ❸ 椎骨
❹ 脾脏 ❺ 胰脏 ❻ 胃

肝脏的概况

肝脏位于右上腹部，重约1kg，是除皮肤以外人体最大的器官。肝脏被肋骨遮挡，只有胸骨下方的一部分能接触到身体的表面。

肝脏的上方与膈的下凹处相连接，呈现圆形膨胀突起。肝脏下方呈凹凸状，与胃、结肠、肾脏等器官相连。肝脏后端中央处有正中裂，下腔静脉（P51）在此通过。这里有3条**肝静脉**，直接注入下腔静脉之中。肝脏下方的前端有**胆囊**（P196）。下方的中间部分是稍凹陷的**肝门**，**肝固有动脉**、**门静脉**、**肝总管**都在此处出入肝脏。肝门和胃小弯（P184）由叫作小网膜的系膜相连接。肝脏大多被腹膜包裹，只有上面和后面一部分没有腹膜，但有连接膈的**无浆膜区**。

■肝脏的底面

肝脏底面连接腹部的内脏器官，有凹凸不平的小坑。在肝脏右叶和左叶之间，有尾状叶和方形叶。中央部位有供血管和肝管进出的肝门。

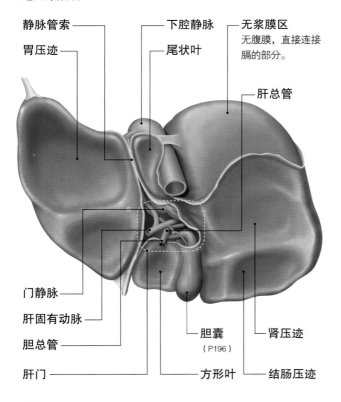

静脉管索
胃压迹
下腔静脉
尾状叶
无浆膜区
无腹膜，直接连接膈的部分。
肝总管
门静脉
肝固有动脉
胆总管
肝门
胆囊
（P196）
方形叶
肾压迹
结肠压迹

简明图解　肝的分区

从正面看，肝脏分为2部分：右叶和左叶；从下面看，肝脏分为4部分：右叶、左叶、尾状叶、方形叶。以肝脏内部的血管和胆管的走向为基准，可将肝脏分为8个区域。

● 前面

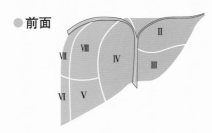

● 底面

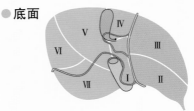

区域 I 后区域
区域 II 左外侧后区域
区域 III 左外侧前区域
区域 IV 左内侧区域
区域 V 右内侧前区域
区域 VI 右外侧前区域
区域 VII 右外侧后区域
区域 VIII 右内侧后区域

肝脏的分区

从正面看，肝脏以**肝镰状韧带**为界，分为右叶和左叶。从底面看，可以看到右叶和左叶之间还有**尾状叶**和**方形叶**，肝门就位于这4个器官交错处。从正面看，尾状叶和方形叶似乎嵌在右叶内。但实际上，从肝脏内部血管和胆管的分支来看，它们和左叶的关系更为密切。从血管和胆管的分支，可以将肝分为8个区域。进行肝脏外科手术时，如果有必要，可以将某一区域作为一个单位切除掉。

除肝固有动脉之外，门静脉处的血液也会流入肝脏。门静脉收集腹部消化器官（胃、小肠、大肠、胰脏）和脾脏中的静脉血液，然后输送到肝脏。肠胃吸收的营养成分也集中在肝脏内，肝脏在代谢营养成分方面，发挥着重大作用。

肝脏和门静脉

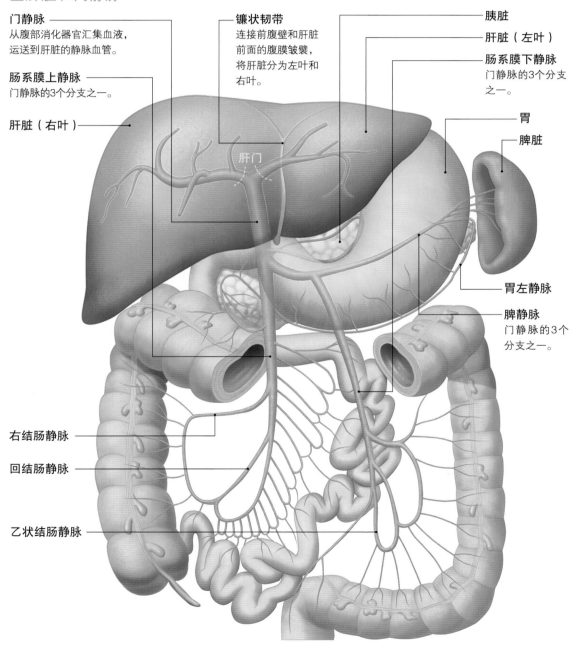

门静脉
从腹部消化器官汇集血液，运送到肝脏的静脉血管。

肠系膜上静脉
门静脉的3个分支之一。

肝脏（右叶）

镰状韧带
连接前腹壁和肝脏前面的腹膜皱襞，将肝脏分为左叶和右叶。

肝门

胰脏

肝脏（左叶）

肠系膜下静脉
门静脉的3个分支之一。

胃

脾脏

胃左静脉

脾静脉
门静脉的3个分支之一。

右结肠静脉

回结肠静脉

乙状结肠静脉

肝脏的功能

肝脏由呈六角形的肝小叶构成。
肝脏有很多功能，如利用代谢功能吸收营养物质、
排除毒素、分泌胆汁等。

肝脏的构造 ⇒ P192

肝小叶的内部构造

肝脏的组织是由大小约1cm、六角形的**肝小叶**构成的。肝小叶周围有**肝囊（小叶间结缔组织）**，分布着肝固有动脉（P192）、门静脉、胆管的分支。

肝小叶中心是**中央静脉**（肝静脉的分支）。以中央静脉为轴，切片上呈索状叫作**肝细胞索**。在肝细胞索内，肝细胞有序排列，每列肝细胞中间分布着**肝血窦**。

肝血窦是不规则扩张的血管，构成血管壁的**内皮细胞**上有很大的孔，肝细胞可以直接接触血液中的液体成分。血液从肝囊流入肝小叶，经由肝血窦流入中央静脉。肝血窦中的**肝巨噬细胞（库普弗细胞、枯否细胞）**能吞噬血液中的异物。

相邻两条肝细胞之间的间隙由毛细胆管打开着。这些毛细胆管与肝囊的**小叶间胆管**相连，负责肝脏内胆汁的排泄。

■肝小叶的构造

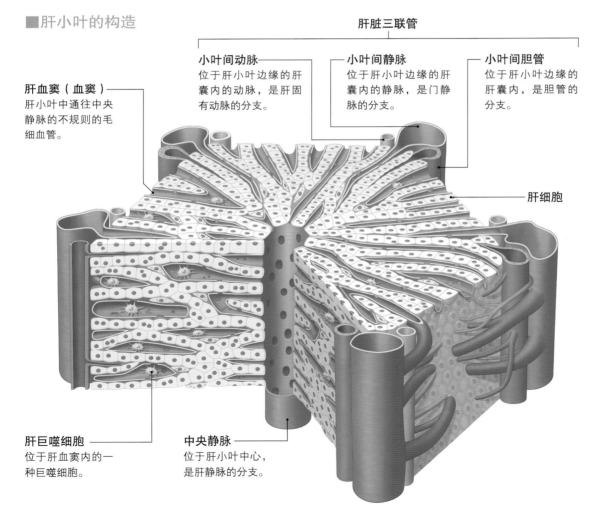

肝脏三联管

小叶间动脉
位于肝小叶边缘的肝囊内的动脉，是肝固有动脉的分支。

小叶间静脉
位于肝小叶边缘的肝囊内的静脉，是门静脉的分支。

小叶间胆管
位于肝小叶边缘的肝囊内，是胆管的分支。

肝血窦（血窦）
肝小叶中通往中央静脉的不规则的毛细血管。

肝细胞

肝巨噬细胞
位于肝血窦内的一种巨噬细胞。

中央静脉
位于肝小叶中心，是肝静脉的分支。

简明图解 肝组织的区别与血液循环

肝小叶是肝脏构造的单位，但功能单位之一却是三角形的门管小叶。门管小叶是"肝脏三联管"的中心，连接旁边的3条中央静脉。另一个功能单位是肝腺泡，肝腺泡是"肝脏三联管"中的两条血管和两条中央静脉形成的一个菱形区域。

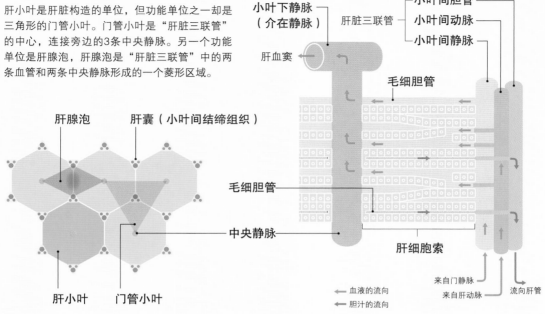

肝腺泡　肝囊（小叶间结缔组织）

小叶下静脉（介在静脉）　肝脏三联管　小叶间胆管　小叶间动脉　小叶间静脉

肝血窦

毛细胆管

毛细胆管

中央静脉

肝细胞索

肝小叶　门管小叶

来自门静脉　来自肝动脉　流向肝管

← 血液的流向
← 胆汁的流向

门静脉和胆管的功能

　　肝脏功能繁多且十分复杂，但大致可以分为与**门静脉**相关的功能，以及与**胆管**相关的功能。

　　门静脉从肠胃获取血液，运送到肝脏，同时将肠胃吸收的营养也集中到肝脏中。这些营养成分以固有形式存在，无法被人体吸收。肝脏的功能就是转化这些营养成分，使之能够被人体吸收。

　　例如，肝脏可以将葡萄糖暂时储存为肝糖，使血糖值处于稳定状态；可以合成和分解氨基酸，并将产生的氨转化为尿素；可以合成脂肪酸和胆固醇；可以合成氨基酸以及血浆中的大部分的蛋白质等等。总而言之，肝脏是人体重要营养成分的代谢中枢。

　　肝脏还能集中人体不需要的物质，生成胆汁，通过胆管排泄到大肠内。其中，脂溶性的物质需要转化成水溶性物质才能排泄，但这一化学反应过程中，会产生对人体有害的成分，肝脏此时便会发挥解毒作用，将这些有毒物质转化为无毒物质。肝脏和肾脏一样，还是人体最重要的排泄器官。

肝脏的功能

糖的代谢

收集葡萄糖，以肝糖的形式暂时储存，稳定血液中的葡萄糖浓度（血糖值）。

蛋白质的代谢

合成氨基酸，使其流入血液当中。将分解氨基酸时产生的氨转化为对人体无害的尿素。

脂质的代谢

合成脂肪酸、胆固醇等。向血液中输送蛋白质。

合成血浆中的蛋白质

合成白蛋白、球蛋白等血浆中大部分的蛋白质，并输送到血液中。

维生素、激素的代谢

储存维生素A、活性化维生素D。
分解类固醇激素。

解毒

为更好地排泄脂溶性物质，通过酸化、还原等处理，将其变成水溶性物质。

生成胆汁

将人体不需要的物质分泌到胆汁内，排泄到大肠。胆汁含有促进脂肪消化的成分。

胆囊的构造

肝脏内的胆汁通过肝总管、胆囊管储存、浓缩在胆囊中。

人体摄食时，胆汁经由胆囊管、胆总管输送至十二指肠内。胆汁经过的路线叫作胆道。

肝脏的构造 ⇨ P192
肝脏的功能 ⇨ P194
胰脏的构造与功能 ⇨ P198

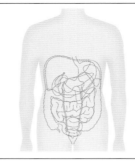

❶ 肝脏 ❷ 肾脏 ❸ 椎骨
❹ 脾脏 ❺ 胰脏 ❻ 胃

▌胆管的路线

　　肝脏生成、输送胆汁的整条路线叫作**胆路**，输送胆汁的管道叫**胆管**。

　　肝脏内的**小叶间胆管**，在肝门处合并，形成**肝管**，左右肝管汇合成**肝总管**，然后流出肝脏。肝总管在途中跟**胆囊管**（与胆囊相连）汇合，形成**胆总管**。胆总管流入胰脏，和**主胰管**汇合后，在十二指肠的**十二指肠大乳头**处开口。开口处周围环绕着**胆道口括约肌**。

▌胆汁的浓缩

　　肝脏输送出来的胆汁，暂时储存在**胆囊**内，只在人体摄入食物时被运往大肠。

　　胆囊的作用是吸收胆汁中的水分，浓缩胆汁。当人体内的胆汁酸、胆固醇等成分过剩，就会在人体内沉淀，形成胆结石。在处理这种情况时，就要溶解结石，或通过手术摘除胆囊。

简明图解 胆汁的流动路线

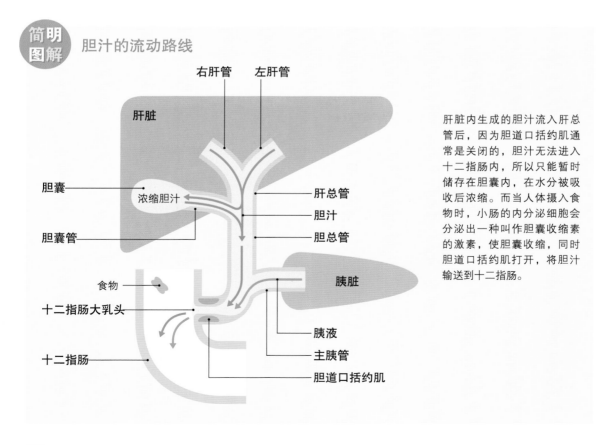

肝脏内生成的胆汁流入肝总管后，因为胆道口括约肌通常是关闭的，胆汁无法进入十二指肠内，所以只能暂时储存在胆囊内，在水分被吸收后浓缩。而当人体摄入食物时，小肠的内分泌细胞会分泌出一种叫作胆囊收缩素的激素，使胆囊收缩，同时胆道口括约肌打开，将胆汁输送到十二指肠。

■胆囊和胆路

从肝脏延伸出的肝总管，以及从胆囊延伸出的胆囊管合流为胆总管。胆总管进入胰脏后，与主胰管合并，在十二指肠大乳头处开口。开口处周围分布着胆道口括约肌。胆汁的整个运送路线称为胆路。

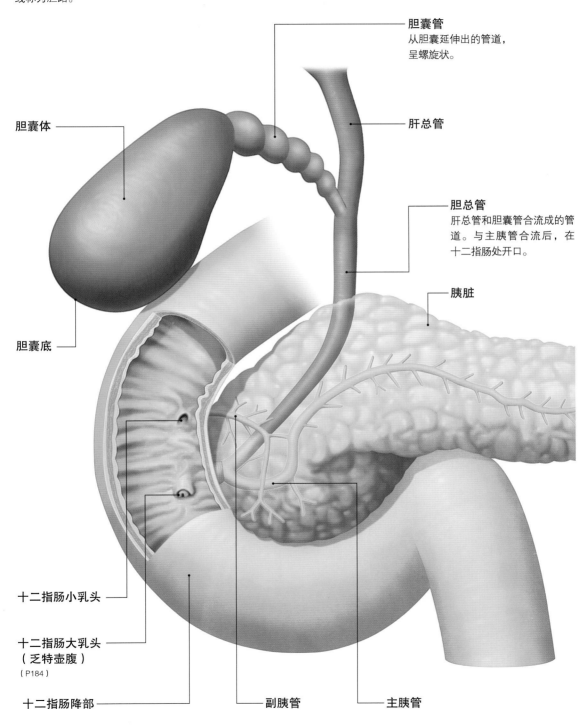

胆囊管
从胆囊延伸出的管道，呈螺旋状。

肝总管

胆囊体

胆总管
肝总管和胆囊管合流成的管道。与主胰管合流后，在十二指肠处开口。

胰脏

胆囊底

十二指肠小乳头

十二指肠大乳头
（乏特壶腹）
（P184）

十二指肠降部

副胰管

主胰管

胰脏的构造与功能

胰脏分两部分，一是胰腺，产生含多种消化酶的胰液，通过胰管输入十二指肠内。二是胰岛，通过β（B）细胞等分泌胰岛素等激素，并输送到血液中。

内分泌系统概述①⇨P72
胆囊的构造⇨P196

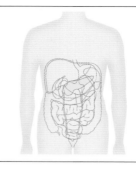

❶ 肝脏 ❷ 肾脏 ❸ 椎骨
❹ 脾脏 ❺ 胰脏 ❻ 胃

■胰脏各部位的名称

▌胰脏的形态和各部位的名称

　　胰脏位于腹部深处，无法从体表直接触摸到。胰脏可分为**胰头**、**胰体**和**胰尾**3个部分。右端（胰头）嵌在呈C字状的十二指肠内，左端（胰尾）横靠着脾脏。整体呈三角柱形状。

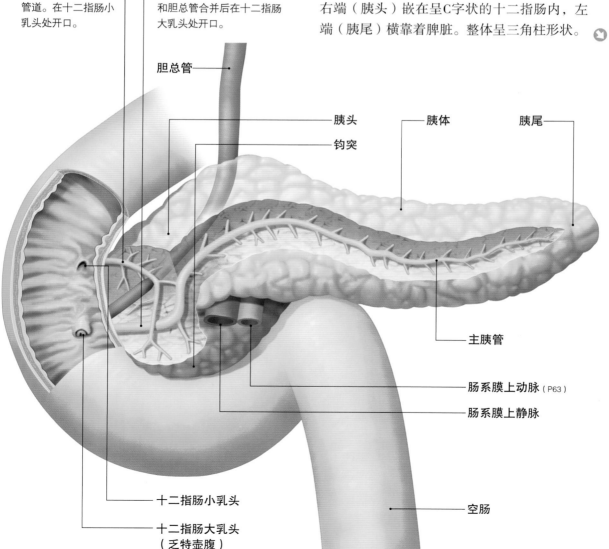

副胰管
胰脏少量输送胰液的管道。在十二指肠小乳头处开口。

主胰管
胰脏主要输送胰液的管道。和胆总管合并后在十二指肠大乳头处开口。

胆总管

胰头
钩突
胰体
胰尾

主胰管

肠系膜上动脉（P63）
肠系膜上静脉

十二指肠小乳头

十二指肠大乳头
（乏特壶腹）

空肠

■胰岛的构造

胰岛散布在胰脏组织中，是内分泌细胞的岛状细胞团，也叫郎格汉斯岛。胰岛向血液中输送胰岛素、胰高血糖素等重要激素。

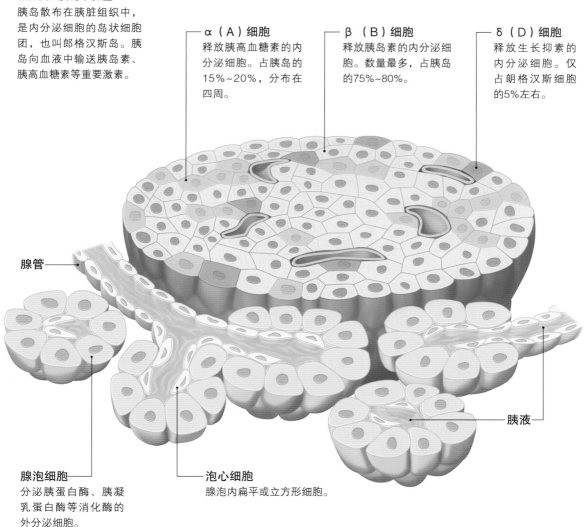

α（A）细胞
释放胰高血糖素的内分泌细胞。占胰岛的15%~20%，分布在四周。

β（B）细胞
释放胰岛素的内分泌细胞。数量最多，占胰岛的75%~80%。

δ（D）细胞
释放生长抑素的内分泌细胞。仅占朗格汉斯细胞的5%左右。

腺管

胰液

腺泡细胞
分泌胰蛋白酶、胰凝乳蛋白酶等消化酶的外分泌细胞。

泡心细胞
腺泡内扁平或立方形细胞。

胰脏分为**外分泌腺（胰腺）**和**内分泌腺（胰岛）**两部分。外分泌腺由**腺泡**和**腺管**组成，能将含有各种消化酶的胰液输送到十二指肠，输送胰液的管道分为**主胰管**和**副胰管**，主胰管和胆总管合流后，在十二指肠大乳头处开口。胰液的分泌，会刺激小肠黏膜上**促胰液素**（P187）、**促胰酶素**以及激素的分泌。促胰酶素能舒张十二指肠大乳头开口部的胆道口括约肌（P196），使胰液顺利流入十二指肠内。

胰脏的功能

胰液能促进小肠消化营养成分，同时还能中和胃液中的酸性以保护胃黏膜。

内分泌组织内大小、形状不一的细胞组成细胞团，散布在胰脏各处，呈岛状，因此叫作**胰岛（郎格汉斯岛）**。人体胰脏内胰岛的数量多达100万个以上。

胰岛内有3种代表性的内分泌细胞：**α（A）细胞**，分泌**胰高血糖素**，能够将储存在细胞内的肝糖以葡萄糖的形式释放，增加血糖值；**β（B）细胞**，分泌**胰岛素**，能促进细胞吸收葡萄糖，降低血糖值。一旦胰岛素的功能下降，就会造成血糖值上升，导致糖尿病。**δ（D）细胞**，分泌生长抑素，能够抑制胰岛的激素分泌。

肾脏的构造

肾脏为左右成对分布的扁豆状器官，基本功能是生成尿液。
肾脏外层为肾皮质，内层为肾髓质。肾髓质由肾椎体构成。
肾脏由肾小体、肾小管和血管等构成。

泌尿生殖系统概述 ⇨ P70
尿液形成的奥秘 ⇨ P202

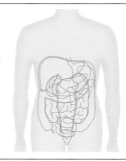

❶ 肝脏 ❷ 肾脏 ❸ 椎骨
❹ 脾脏 ❺ 胰脏 ❻ 胃

■ 肾脏的内部构造

肾实质分为位于被膜一侧的肾皮质和位于内部肾窦一侧的肾髓质。肾髓质由十多个肾椎体组成，肾椎体前端向肾盏开口，以收集尿液。

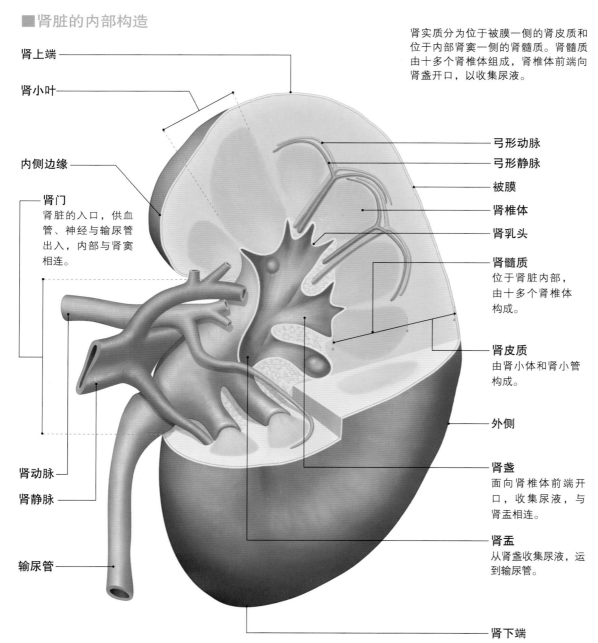

肾上端

肾小叶

内侧边缘

肾门
肾脏的入口，供血管、神经与输尿管出入，内部与肾窦相连。

肾动脉

肾静脉

输尿管

弓形动脉

弓形静脉

被膜

肾椎体

肾乳头

肾髓质
位于肾脏内部，由十多个肾椎体构成。

肾皮质
由肾小体和肾小管构成。

外侧

肾盏
面向肾椎体前端开口，收集尿液，与肾盂相连。

肾盂
从肾盏收集尿液，运到输尿管。

肾下端

生成尿液的扁豆状器官

肾脏位于脊柱左右两侧肋骨的浅窝中，每个大约重130g，呈扁豆状，外侧覆盖着一层结实的被膜，偏脊柱侧稍有凹陷的部位叫作**肾门**，肾门内侧有一个较大的腔叫作**肾窦**。血管、输尿管通过肾门出入肾窦。血管在肾窦中产生大量分支，分布在肾脏内。

肾脏的主体叫作**肾实质**。肾实质分为**肾皮质**和**肾髓质**。肾皮质占据面向被膜的外侧；肾髓质则在内侧，由十几个圆锥状的**肾椎体**构成。肾椎体的尖端部位叫作**肾乳头**，突向肾窦。一个肾椎体和它周围的肾皮质，构成了肾脏的肉眼可见的一个单位，叫作**肾小叶**。人类的肾脏是拥有许多个肾小叶的**多叶肾**。

在肾皮质和肾髓质中，**肾小体**、**肾小管**以及**血管**分布整齐，它们的功能就是生成尿液。肾皮质内有肾小体（包括肾小球和肾小囊）和曲折环绕的肾小管（包括近曲端小管和远曲端小管），肾髓质内有直行的肾小管（包括髓袢和集合管）。**弓形动脉和弓形静脉**流经肾皮质和肾髓质的交界处，其中的分支（**小叶间动脉**）朝肾皮质一侧伸展。肾小管环绕肾小体，往返于肾皮质和肾髓质，到达肾乳头。肾小体和肾小管合称**肾单位**，汇合后会形成**集合管**。肾脏内产生的尿液，全部从肾乳头输送出去。

尿液的输送线路还包括**肾盏**、**肾盂**、**输尿管**。肾盏分支的前端，与肾乳头相通，接收肾乳头输送的尿液。多个肾盏汇合在一起，形成较大的肾盂。肾盂经肾门出肾脏后，逐渐缩窄变细，形成输尿管。输尿管一直把尿液输送到膀胱。

■肾皮质与肾髓质的构造图

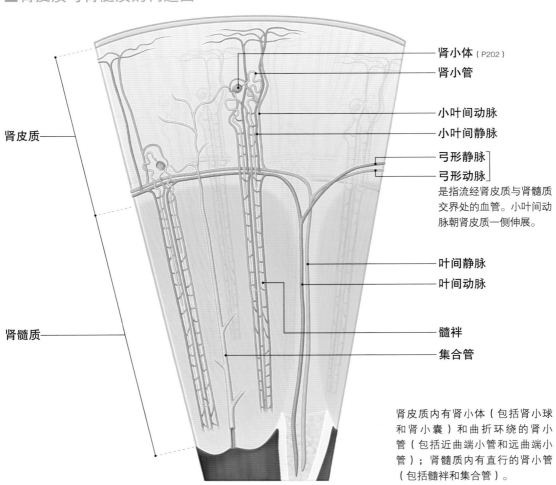

肾皮质

肾髓质

肾小体（P202）

肾小管

小叶间动脉

小叶间静脉

弓形静脉

弓形动脉

是指流经肾皮质与肾髓质交界处的血管。小叶间动脉朝肾皮质一侧伸展。

叶间静脉

叶间动脉

髓袢

集合管

肾皮质内有肾小体（包括肾小球和肾小囊）和曲折环绕的肾小管（包括近曲端小管和远曲端小管）；肾髓质内有直行的肾小管（包括髓袢和集合管）。

尿液形成的奥秘

肾小球可以过滤出血液中的大量水分，通过肾小管输送。在输送过程中，水分和营养物质会被周围的血液再次吸收，最终形成尿液，被排出集合管。

肾脏的构造 ⇨ P200
膀胱与排尿反射 ⇨ P204

■肾的造构

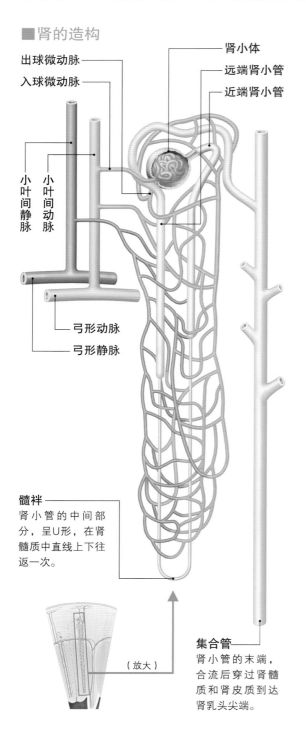

出球微动脉
入球微动脉

肾小体
远端肾小管
近端肾小管

小叶间静脉
小叶间动脉

弓形动脉
弓形静脉

髓袢
肾小管的中间部分，呈U形，在肾髓质中直线上下往返一次。

（放大）

集合管
肾小管的末端，合流后穿过肾髓质和肾皮质到达肾乳头尖端。

■肾小体的结构

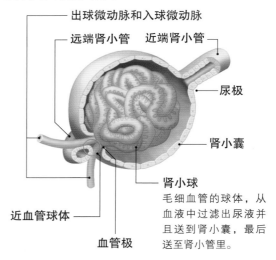

出球微动脉和入球微动脉

远端肾小管　　近端肾小管

尿极

肾小囊

肾小球
毛细血管的球体，从血液中过滤出尿液并且送到肾小囊，最后送至肾小管里。

近血管球体

血管极

生成尿液的机制

通过**肾小球**的过滤，**肾小管**的再吸收两个阶段，**肾脏**才生成尿液。肾小球一天可以从血液中过滤出200L尿液（原尿）。原尿经过肾小管时，99%的水分被吸收后重返血液，最终过滤出的尿液（终尿）的量为1.5L左右。在这个过程中，如果其他因素影响了肾小管的功能，就会大幅度改变人体排出的尿液的量和成分。结合人的身体状态、水分和盐分的吸收与流失，肾脏通过调节尿液的量与成分，保持人体内环境的稳定。

裹住肾小球的袋状器官叫作**肾小囊**，它与肾小球一起形成**肾小体**。从肾小体的**血管极**开始出现**出球微动脉**和**入球微动脉**，肾小球呈下垂状态。在血管极中，同一个肾小球附带的远端肾小管配有**近血管球体**，可以调节肾小球的血压和过滤量。近端肾小管则与尿极相连。

肾小管根据流向和位置，分为不同部分：**近曲端小管**（盘曲在肾小体周围，位于肾皮质中）、**髓袢**

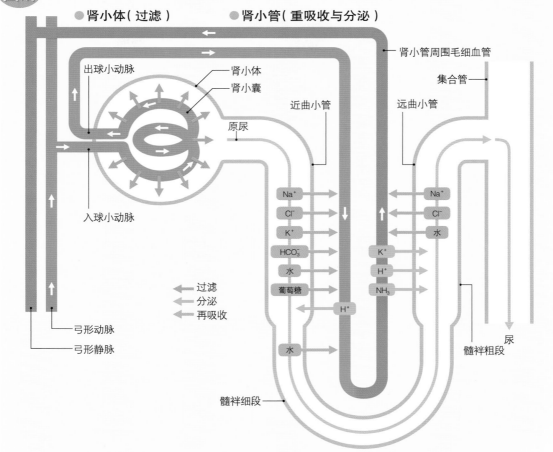

简明图解 肾单位的作用

● 肾小体（过滤）　　● 肾小管（重吸收与分泌）

肾小管周围毛细血管

出球小动脉
肾小体
肾小囊
近曲小管
集合管
远曲小管
原尿
入球小动脉

Na⁺
Cl⁻
K⁺
HCO₃⁻
水
葡萄糖
H⁺

Na⁺
Cl⁻
水
K⁺
H⁺
NH₃

← 过滤
← 分泌
← 再吸收

弓形动脉
弓形静脉

水

尿
髓袢粗段

髓袢细段

（在肾髓质直线往返一次）、**远曲端小管**（盘绕在肾小体附近，与近曲端小管相邻）、**集合管**（远曲端小管合流变粗，贯穿肾皮质和肾髓质）。根据肾小管壁的性质，肾小管又可分为**近端肾小管**、**中间肾小管**、**远端肾小管**和**集合管**。两种区分方式略有差异。

肾小管位置不同，其作用也不同

近端肾小管会再吸收原尿一半以上的水分，以及几乎所有的营养成分。中间肾小管的血管壁很薄，形成髓袢下部。远端肾小管位于髓袢上部和远曲端小管，具有再吸收盐分以及稀释尿液的功能。集合管则受激素影响，调节终尿的最终成分。

中间肾小管、远端肾小管和集合管相互配合，在髓质中储存钠和尿素，产生极强的尿渗透压，能有效浓缩尿液。集合管穿过髓质流向肾乳头时，周围较高的尿渗透压可以去除水分，最终形成浓度较高的尿液。

尿液的分量与成分的调节，主要是在集合管里进行。一种叫作**血管升压素**（P74）的激素作用于集合管的细胞，可以提高尿液透水性，产生较高浓度的尿。从**肾上腺皮质**（P73）产生的**醛固酮**，作用于集合管的细胞，可以增强钠的再吸收，并把盐分储存在体内，提升血压。在集合管内还分布着一些**闰细胞**，可以改变尿液中的酸和碱的分泌量，调节体内的酸碱度。

近血管球体中会产生**肾素**。肾素作用于血浆中的蛋白质，有助于产生**血管紧张素Ⅱ**（**AⅡ**）。AⅡ作用于血管平滑肌，可使全身微动脉收缩，动脉血压升高。这一构造可以保障肾小球过滤血液过程中所需的血压，也是造成高血压的原因。

膀胱与排尿反射

尿储存在膀胱后，膀胱壁渐渐扩张，相应的刺激就会传送给大脑。
大脑发出调整括约肌的命令后就会停止排尿。
做好准备后，大脑的指令消失就会发生排尿反射。

泌尿生殖系统概述 ⇨ P70
自主神经系统 ⇨ P88
肾脏的构造 ⇨ P200
尿液形成的奥秘 ⇨ P202

排尿的时机

肾窦内部的**肾盂**呈漏斗状，通过**肾门**连接**输尿管**。输尿管被腹膜（P178）覆盖，沿腹后壁下行，穿过髂总动静脉（P49、51）进入骨盆内。左右两侧的输尿管到达膀胱的后外侧部，斜行穿膀胱壁，在膀胱开口。

输尿管有3个狭窄的部位容易形成尿结石梗阻：①从肾盂移到输尿管之间的部位；②经过髂总动静脉的部位；③穿过膀胱壁的部位。

膀胱是袋状形的平滑肌，位于腹壁的最低端，处于耻骨联合（P176）后方。膀胱中一旦储存尿液，腹膜折返处也随之上移，按下腹壁下方就会压迫膀胱。

膀胱的黏膜是由**变移上皮**（P241）组成的，它具有很强的伸缩性，膀胱中一旦有尿液聚积，变移上皮会变薄、伸长，面积扩张。膀胱黏膜的后外方有输尿管的两个开口（**输尿管口**），下部中间有尿道的出口（**尿道内口**）。这3个口所夹住的三角形区域叫作**膀胱三角**，这一位置与其他部位不同，黏膜弹性小，不易伸展。

膀胱肌层主要由平滑肌构成。尿道内口周围因流向和性质不同，形成**内尿道括约肌**。尿道穿过骨盆底的尿生殖膈（P176）的地方，围绕尿道分布的骨骼肌叫作**外尿道括约肌**。

膀胱中一旦储存尿，膀胱壁就会伸展，信息通过**盆腔内脏神经**传到腰、脊髓的**排尿中枢**。在没有做好排尿准备的情况下，大脑皮质会发出指令，使交感神经兴奋、膀胱壁平滑肌松缓、内尿道括约肌收缩，以此储存尿液。

做好排尿准备后，大脑皮质的指令消失，就会引起**排尿反射**，接着排尿中枢的副交感指令传达到膀胱壁，使平滑肌收缩、内尿道括约肌松弛。阴部神经控制的外尿道括约肌同时也松弛，从而进行排尿。

简明图解 蠕动运动引起的尿液移动

肾盏、肾盂、输尿管壁中的平滑肌比较发达。平滑肌中的细胞连接在一起交换信息，把上部产生的兴奋逐渐传给下部。与此同时，收缩波形成蠕动运动，把尿液从上部输送到下部。

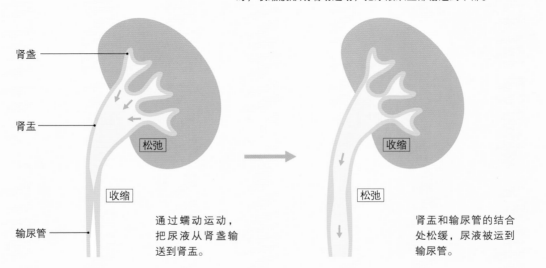

肾盏
肾盂
输尿管

松弛
收缩

收缩
松弛

通过蠕动运动，把尿液从肾盏输送到肾盂。

肾盂和输尿管的结合处松缓，尿液被运到输尿管。

■排尿反射的结构

尿液压迫膀胱壁,产生的刺激传给大脑,人体从而感觉到尿意。另一方面,大脑发出控制排尿的指令。排尿时,来自大脑的控制就会消失,由于排尿反射,膀胱壁的平滑肌会收缩,内尿道括约肌松弛,就开始进行排尿。

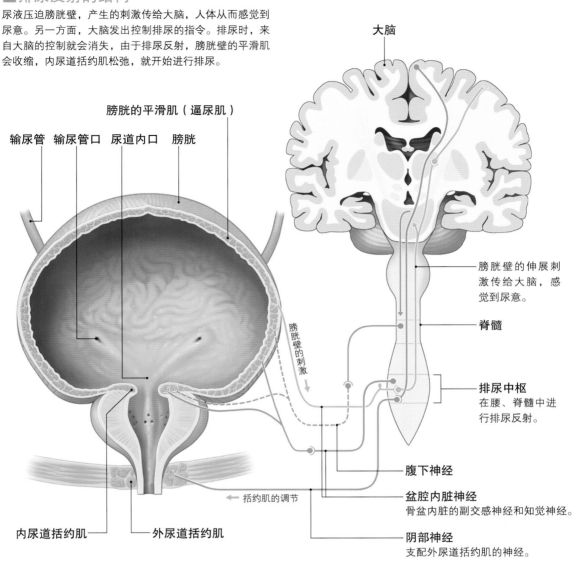

大脑

膀胱的平滑肌(逼尿肌)

输尿管　输尿管口　尿道内口　膀胱

膀胱壁的刺激

膀胱壁的伸展刺激传给大脑,感觉到尿意。

脊髓

排尿中枢
在腰、脊髓中进行排尿反射。

括约肌的调节

内尿道括约肌　　外尿道括约肌

腹下神经

盆腔内脏神经
骨盆内脏的副交感神经和知觉神经。

阴部神经
支配外尿道括约肌的神经。

专栏　男女尿道的差异

　　男性和女性的尿道在长度上有很大差别。男性的尿道贯穿于阴茎,长度为16~20cm,分为前列腺部、隔膜部、海绵体部3个部分。女性尿道长约4cm,开口于阴道前庭。

　　随着年龄的增长,男性的尿道会出现前列腺肥大、尿路不通畅。尿道受到强烈压迫时,会产生排尿困难、尿不净、尿频等不适感。情况较严重时,可通过切除部分前列腺或激光治疗。

　　女性的尿道容易引起细菌感染,发生尿道炎、膀胱炎的几率很高。得了膀胱炎之后,会引起肾盂肾炎。

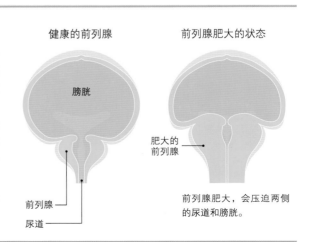

健康的前列腺　　前列腺肥大的状态

膀胱

肥大的前列腺

前列腺

尿道

前列腺肥大,会压迫两侧的尿道和膀胱。

男性生殖器——❶

精子由阴囊内部的睾丸产生，通过输精管运输。
输精管是一对细长的管道，开口于尿道。
阴茎是性交器官，由海绵体构成。

泌尿生殖系统概述 ⇨ P70
自主神经系统 ⇨ P88
男性生殖器② ⇨ P208

▎男性生殖器的构造

男性的生殖器是由**睾丸**（产生精子）、**输精管**（运输精子）、**精囊腺**（分泌精液）、**阴茎**（进行交配）组成。

睾丸位于**阴囊**中，呈卵状，长度为4~5cm，表面被结实的腹膜覆盖。**附睾**附于睾丸上面，是精子的通道。附睾中有弯弯曲曲的附睾管，附睾管向下移动变细，与输精管连接。

输精管是一对弯弯曲曲的细长管道，从阴囊开始朝上方移行，斜穿**腹股沟管**，横穿膀胱侧面后，移到后方。穿过尿道之后，开始下行，在膀胱的下方直接进入前列腺，到达尿道开口

处。从此处开始一直到末端，尿道既运输尿液，也运输精子。

产生精液成分的外分泌腺有3种：**精囊（精囊腺）**是一对袋状的腺体，其排泄管和输精管合流形成射精管，在尿道开口。其功能是分泌**精囊液**（占精液的70%）；**前列腺**位于膀胱的正下方，围绕在尿道周围，分泌**前列腺液**（占精液20%~30%）；**尿道球腺**位于尿生殖膈内，在海绵的基部周围，开口于尿道。

阴茎由两种海绵体构成：**阴茎海绵体**在阴茎上部的左右两侧，构成阴茎的本体。它的后方分为左右两部分叫作**阴茎脚**，被骨盆 ↗

■男性生殖器的各部位名称（正面）

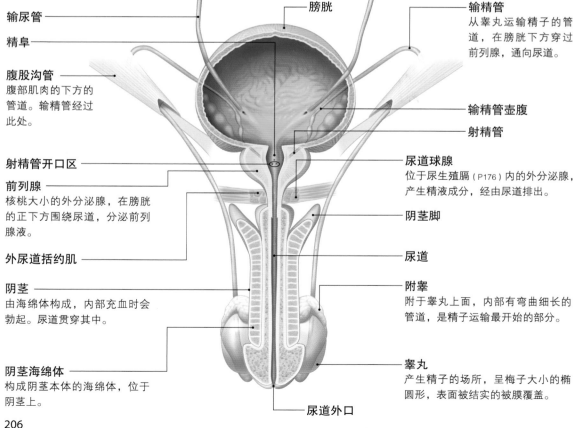

输尿管

精阜

腹股沟管
腹部肌肉的下方的管道。输精管经过此处。

射精管开口区

前列腺
核桃大小的外分泌腺，在膀胱的正下方围绕尿道，分泌前列腺液。

外尿道括约肌

阴茎
由海绵体构成，内部充血时会勃起。尿道贯穿其中。

阴茎海绵体
构成阴茎本体的海绵体，位于阴茎上。

膀胱

输精管
从睾丸运输精子的管道，在膀胱下方穿过前列腺，通向尿道。

输精管壶腹

射精管

尿道球腺
位于尿生殖膈（P176）内的外分泌腺，产生精液成分，经由尿道排出。

阴茎脚

尿道

附睾
附于睾丸上面，内部有弯曲细长的管道，是精子运输最开始的部分。

睾丸
产生精子的场所，呈梅子大小的椭圆形，表面被结实的被膜覆盖。

尿道外口

◯ 固定；**尿道海绵体**位于阴茎下方，尿道贯穿于其全长。尿道海绵体的前端呈蘑菇头状展开，叫作**龟头**，是非常敏感的部位。后方膨胀的部分叫作**尿道球**。海绵体的内部呈海绵状，表面被一层结实的被膜覆盖。身体产生性兴奋时，由于自主神经的作用，会引起海绵体的动脉的扩张，海绵体内部充血从而压迫被膜，使阴茎勃起。

专栏 腹股沟疝气

腹股沟是连接腹部与大腿的重要部位。腹股沟管贯穿于其周围的腹壁。腹股沟疝是指原本处于腹腔内的大肠，穿过腹股沟管出现在皮下的情况。男性一般会有这种疾病，尤其是在小孩和中老人之间。用手按，大肠会回到腹腔内，只要大肠不打弯，就没有疼痛感。只要动个小手术，把疝气口关闭即可。

■ **男性生殖器各部位的名称**（矢状面）

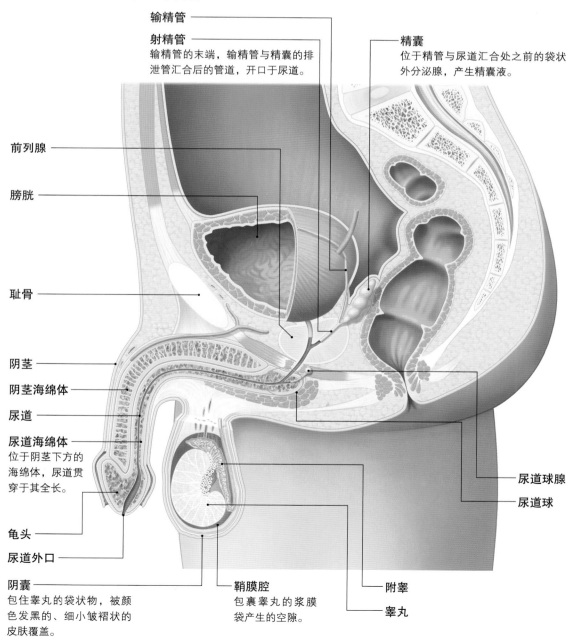

输精管

射精管
输精管的末端，输精管与精囊的排泄管汇合后的管道，开口于尿道。

精囊
位于精管与尿道汇合处之前的袋状外分泌腺，产生精囊液。

前列腺

膀胱

耻骨

阴茎

阴茎海绵体

尿道

尿道海绵体
位于阴茎下方的海绵体，尿道贯穿其全长。

龟头

尿道外口

阴囊
包住睾丸的袋状物，被颜色发黑的、细小皱褶状的皮肤覆盖。

鞘膜腔
包裹睾丸的浆膜袋产生的空隙。

附睾

睾丸

尿道球腺

尿道球

207

男性生殖器——②

睾丸被坚韧的被膜覆盖，内部有许多弯折的曲细精管，精原细胞不断分裂产生精子。精子主要由包含基因的核构成的头部和具有运动能力的尾部组成。

男性生殖器①⇨P206

精子的产生过程

睾丸呈微扁的椭圆形，表面有一层坚厚的纤维膜，其上方是**附睾**。**睾丸网**位于睾丸的出口，从睾丸网发出多条**睾丸输出小管**，把精子运输到附睾的上部。精子通过附睾下部的**附睾管**，被输送到输精管中。

在睾丸内部，从睾丸被膜（**白膜**）凸入形成的**睾丸纵隔**将睾丸分成200~300个**睾丸小叶**，每个睾丸小叶里的曲细精管合并为2~3条直的**曲细精管**，组成睾丸网。曲细精管可延展至70~80cm。

曲细精管壁被基底膜包裹，其外侧有分泌雄性激素（睾酮）的**睾丸间细胞**，内部有产生精子的**精细胞**和**支持细胞**。支持细胞呈圆柱状，作用主要是机械的支持细胞或给精细胞提供营养。

未分化的精细胞叫作精原细胞，位于曲细精管壁的最底部。精原细胞不断分裂，一部分变 ⟳

■睾丸的构造

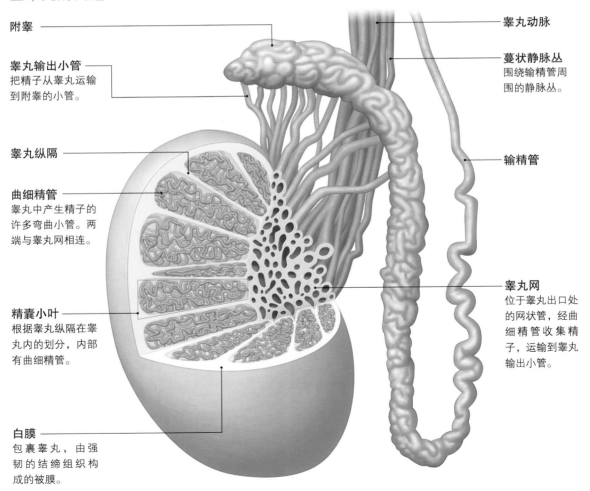

附睾

睾丸输出小管
把精子从睾丸运输到附睾的小管。

睾丸纵隔

曲细精管
睾丸中产生精子的许多弯曲小管。两端与睾丸网相连。

精囊小叶
根据睾丸纵隔在睾丸内的划分，内部有曲细精管。

白膜
包裹睾丸，由强韧的结缔组织构成的被膜。

睾丸动脉

蔓状静脉丛
围绕输精管周围的静脉丛。

输精管

睾丸网
位于睾丸出口处的网状管，经曲细精管收集精子，运输到睾丸输出小管。

为初级精母细胞，开始进行减数分裂。经减数第一次分裂后形成**次级精母细胞**，经减数第二次分裂后形成**精细胞**。随着各种细胞进行不断地分裂，精细胞逐渐向曲细精管的内腔移动。精细胞经过分化、变形，最终成**为精子**。

精子是由小小的头部和长长的鞭毛组成的特殊细胞。精子的头部有含有遗传因子的**核**和可以进入卵子的**尖体**。精子的头部和中部由细细的颈相隔，中部有**线粒体**，用以提供运动所需的能量。尾部是长长的**鞭毛**，鞭毛摇动，使精子向卵子游进。

包含人类在内的哺乳动物的精巢，是由强韧的结缔组织被膜覆盖而成，称为**睾丸**。

专栏 精子的产生

青春期以前，睾丸的曲细精管的内腔是关闭的，并不能生成精子。伴随着青春期的开始，曲细精管内腔慢慢张开，也开始产生精子，并且一生都不会绝精。精原细胞变成精母细胞，经过减数分裂变为精子，大概需要64天（还有一种说法是72天）。

一次射精射出的精液量约为3.5mL，约含精子数4亿个（每毫升约1.2亿个），实际能到达卵子周围的有50~200个，只有一个能受精。不过，当精液中的精子浓度在每毫升2000万个以下时，会导致不孕不育。

■曲细精管的构造

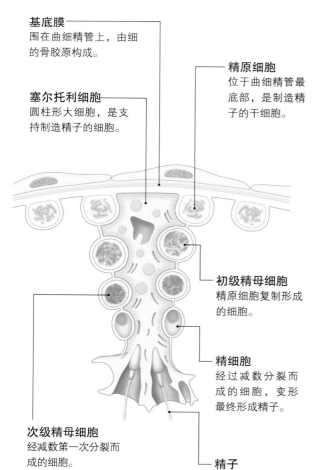

■精子的构造

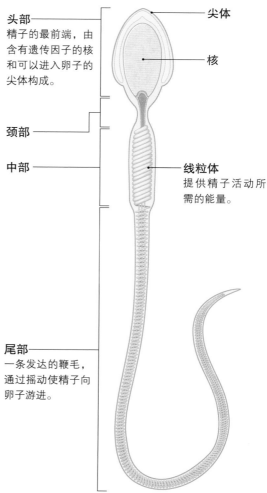

女性生殖器——①

女性生殖器官大多位于骨盆内。子宫左右两侧的子宫角与输卵管相连。输卵管下方是卵巢，能够生产卵子。子宫的下部与阴道相连接。

内分泌系统概述①⇨P72
骨盆⇨P176
女性生殖器②⇨P212
受精的奥秘⇨P214

女性生殖器的构造

女性的生殖器官由**卵巢**（生产卵子）、**输卵管**（输送卵子和培育胚胎）、**外分泌腺**以及**外阴部**（性交器官）组成。

女性生殖器大部分都在骨盆中，前方是膀胱，后方是直肠，女性生殖器就夹在其中。子宫位于**子宫阔韧带**（宽阔的腹膜皱襞）中央部分，子宫阔韧带的上缘有**输卵管**，与子宫左右两侧的子宫角相连。

在骨盆的侧壁，子宫阔韧带后方有**卵巢**。卵巢是长3~4cm的长圆形体，被腹膜覆盖。卵巢中有叫作**卵泡**的袋状器官，里面储存着**卵子**。卵子受到垂体分泌的激素的刺激开始成熟，每个月排出一个卵子。

子宫的下部通过阴道与外阴部相连。

■女性内生殖器的各部分名称 （从后面观察）

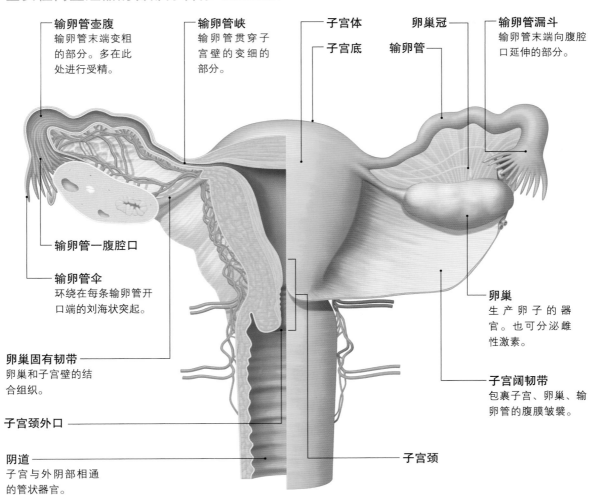

输卵管壶腹 输卵管末端变粗的部分。多在此处进行受精。

输卵管峡 输卵管贯穿子宫壁的变细的部分。

子宫体

子宫底

卵巢冠

输卵管

输卵管漏斗 输卵管末端向腹腔口延伸的部分。

输卵管—腹腔口

输卵管伞 环绕在每条输卵管开口端的刘海状突起。

卵巢固有韧带 卵巢和子宫壁的结合组织。

子宫颈外口

阴道 子宫与外阴部相通的管状器官。

卵巢 生产卵子的器官。也可分泌雌性激素。

子宫阔韧带 包裹子宫、卵巢、输卵管的腹膜皱襞。

子宫颈

子宫的构造

输卵管是由平滑肌构成的管道，在卵巢的附近开口，沿子宫阔韧带的上边缘到达子宫。由**输卵管漏斗**、**输卵管壶腹**、**输卵管峡**3部分组成。输卵管漏斗的边缘广阔，附有叫作**输卵管伞**的刘海状突起。输卵管漏斗与卵巢连接，可以把卵巢排出的卵子吸入输卵管。卵子在输卵管纤毛的作用下，缓慢向子宫移动，在输卵管漏斗处与精子汇合，在输卵管壶腹受精。

子宫长7~8cm，宽4cm，厚3cm，子宫壁由厚实的平滑肌构成。内部由黏膜包围，是中空的腔体。子宫在子宫阔韧带的中央部分，上部与左右的输卵管相连，下端与阴道相连。

子宫壁由**黏膜层**、**肌肉层**、**浆膜层**3层组成。子宫的黏膜又叫**内膜**，每逢月经周期都会增殖，为受精卵植入子宫做准备。肌肉层由平滑肌构成，在怀孕期会随着胎儿的生长而增大，在分娩时又会因生出胎儿而收缩。子宫的表面是浆膜，被腹膜覆盖。

子宫下端变细的部分叫**子宫颈**，突始于**阴道**上部。阴道内被由**复层扁平上皮**（P241）构成的结实的黏膜覆盖。阴道壁由平滑肌构成，外侧是骨盆底部的结缔组织。阴道的开口周围是**阴道前庭**，有叫作**前庭大腺**的外分泌腺，可以分泌液体使黏膜变得润滑，有利于性行为的顺利完成。

■女性生殖器官的各部分名称（正中矢状面）

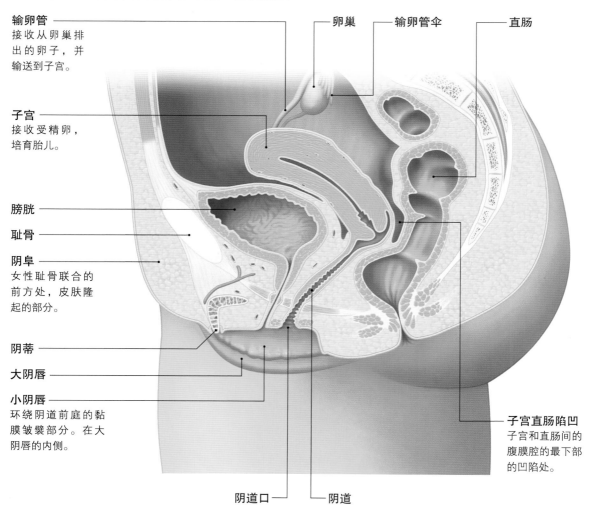

输卵管
接收从卵巢排出的卵子，并输送到子宫。

子宫
接收受精卵，培育胎儿。

膀胱

耻骨

阴阜
女性耻骨联合的前方处，皮肤隆起的部分。

阴蒂

大阴唇

小阴唇
环绕阴道前庭的黏膜皱襞部分。在大阴唇的内侧。

卵巢　输卵管伞　直肠

子宫直肠陷凹
子宫和直肠间的腹膜腔的最下部的凹陷处。

阴道口　阴道

女性生殖器——②

在阴阜和会阴之间是女性的外生殖器，尿道口和阴道口向外张开。
在骨盆的出口处有各种各样的肌肉支撑内脏。

骨盆 ⇨ P176
大肠、肛门的构造与功能 ⇨ P190
女性生殖器① ⇨ P210

女性外生殖器的构造

外阴部（外生殖器）是生物体的构成器官之一，以生殖后代为目的。男性生殖器包含阴茎和阴囊；女性生殖器包含从耻骨到会阴的器官。

耻骨联合的前部隆起的部分叫**阴阜**，在外阴部最前方。阴阜往后一直延伸到**会阴**，左右的皮肤向外张开的叫**大阴唇**，在大阴唇中间的狭窄空间叫**阴裂（阴门）**。

在阴裂中，有纵行皮肤皱襞叫作**小阴唇**，其间的裂隙叫**阴道前庭**。小阴唇的前端被阴蒂包皮和**阴蒂头（阴核）**覆盖，小阴唇的后端左右连接，是阴道前庭的后界。在阴道前庭处，**尿道外口**在前，**阴道口**在后，向外张开。

骨盆的上半部叫作**大骨盆**（P176），横向张开支撑腹部的内脏。下半部分叫作**小骨盆**，呈圆筒状，骨盆的内脏都在这里，是消化器官、泌尿器官、生殖器官的通道。小骨盆的下口由**膈膜**（以骨骼肌为主的构造）封闭，从下方托住骨盆里的内脏。

骨盆出口的隔膜有两条：前半部分叫**尿生殖膈**，由**会阴深横肌**和其上下的肌膜构成。尿生殖膈始于左右的耻骨支和坐骨下支，在正中部有供尿道和阴道通过的孔；后半部分叫**盆膈**，以肛提肌为主。盆膈始于小骨盆的内部，在肛门周围聚集，有使肛门不向下脱落的作用。

■外阴部各部分的名称

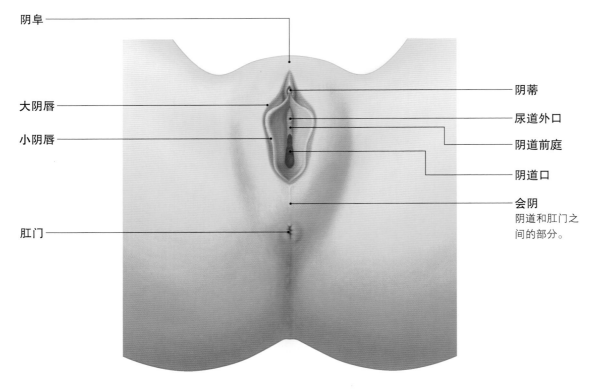

阴阜

大阴唇

小阴唇

肛门

阴蒂

尿道外口

阴道前庭

阴道口

会阴
阴道和肛门之间的部分。

专栏 男女生殖器的对照表

　　男女生殖器官的发生学起源如右图所示。睾丸、卵巢以及外阴部的男女构造中，输精管和输卵管、子宫等管状构造（生殖管）并不对应。

　　人体在胚胎期，生殖器中会形成中肾管（午非氏管）和中肾旁管（苗勒氏管）。男性的生殖管由中肾管演变，中肾旁管会退化消失，只留下雄性生殖管道；女性的生殖管由中肾旁管演变，中肾管会退化消失，只留下雌性生殖管道。

男性	女性
睾丸	卵巢
附睾管	卵巢冠管*
输精管	卵巢冠纵管*
附睾附件*	输卵管、子宫
前列腺囊*	阴道
前列腺	尿道腺、尿道旁腺
尿道球腺	前庭大腺
阴茎	阴蒂
龟头	阴蒂头
阴茎海绵体	阴蒂海绵体
尿道海绵体	阴蒂球
阴茎的腹侧	小阴唇
阴囊	大阴唇

　　　　　　　　　　　　　　　　★标记的是演化后的器官

■外阴部周围的肌肉

骨盆的出口（下口）由肌肉形成的隔膜包围，以支撑骨盆的内脏器官。前面的阴道和尿道开口部，是以会阴深横肌为主的泌尿生殖膈；后面肛门周围的，是以肛提肌为主的盆膈。

（Ⓐ的剖面图）

坐骨结节
骨盆出口的两侧骨头突起的部分。坐在椅子上的时候会与椅面接触。

阴蒂球
阴道前庭两侧的海绵体。在性兴奋的时候会勃起，压迫前庭大腺从而流出液体。

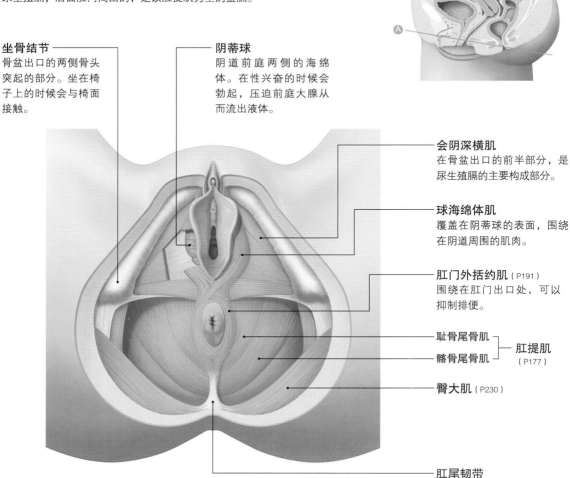

会阴深横肌
在骨盆出口的前半部分，是尿生殖膈的主要构成部分。

球海绵体肌
覆盖在阴蒂球的表面，围绕在阴道周围的肌肉。

肛门外括约肌（P191）
围绕在肛门出口处，可以抑制排便。

耻骨尾骨肌
髂骨尾骨肌
　　肛提肌（P177）

臀大肌（P230）

肛尾韧带

受精的奥秘

与生殖有关的激素浓度的波动周期约为一个月，它的波动使卵巢和子宫发生变化。受精后，受精卵植入子宫内膜，开始妊娠。

内分泌系统概述 ⇨ P72、74
男性生殖器② ⇨ P208
女性生殖器 ⇨ P210、212

■受精卵的成长

卵巢中的卵子被名为卵泡的袋状器官包裹。受垂体分泌出的激素刺激后，卵泡成熟，每月只排一个卵子。被排出的卵子在输卵管壶腹受精，开始卵裂。卵裂的过程中，在胚胎内部的腔体形成囊胚，在子宫壁着床，胎儿开始生长。

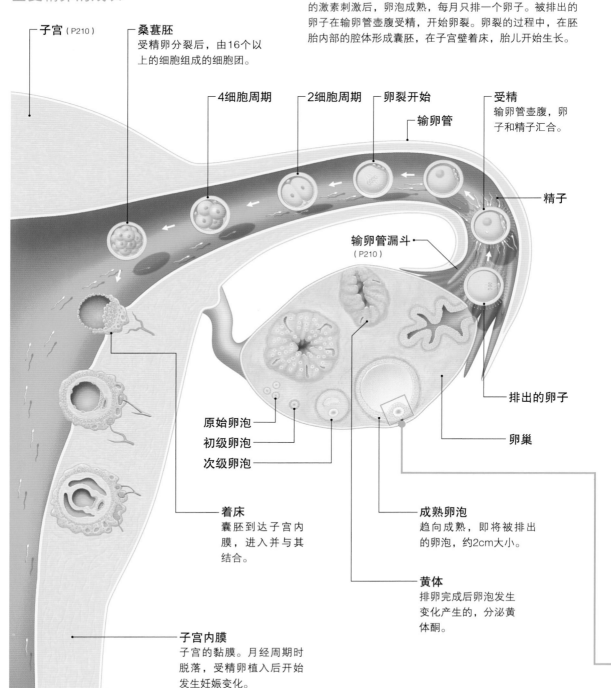

子宫（P210）

桑葚胚
受精卵分裂后，由16个以上的细胞组成的细胞团。

4细胞周期

2细胞周期

卵裂开始

受精
输卵管壶腹，卵子和精子汇合。

输卵管

精子

输卵管漏斗
（P210）

原始卵泡

初级卵泡

次级卵泡

排出的卵子

卵巢

着床
囊胚到达子宫内膜，进入并与其结合。

成熟卵泡
趋向成熟，即将被排出的卵泡，约2cm大小。

黄体
排卵完成后卵泡发生变化产生的，分泌黄体酮。

子宫内膜
子宫的黏膜。月经周期时脱落，受精卵植入后开始发生妊娠变化。

简明图解 性周期

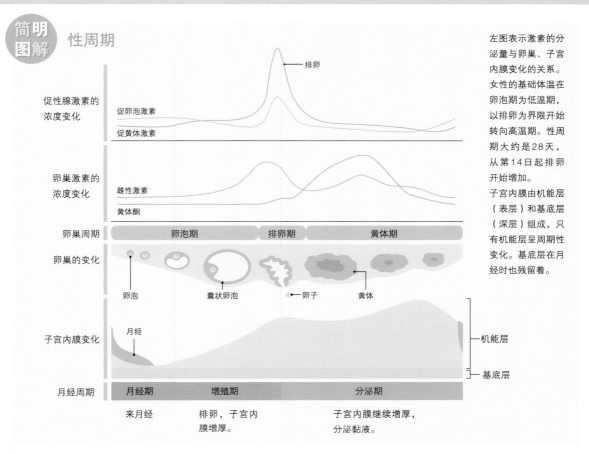

促性腺激素的浓度变化
排卵
促卵泡激素
促黄体激素

卵巢激素的浓度变化
雌性激素
黄体酮

卵巢周期：卵泡期 | 排卵期 | 黄体期

卵巢的变化
卵泡　　囊状卵泡　　卵子　　黄体

子宫内膜变化
月经　　机能层　　基底层

月经周期：月经期 | 增殖期 | 分泌期
来月经　　排卵，子宫内膜增厚。　　子宫内膜继续增厚，分泌黏液。

左图表示激素的分泌量与卵巢、子宫内膜变化的关系。女性的基础体温在卵泡期为低温期，以排卵为界限开始转向高温期。性周期大约是28天，从第14日起排卵开始增加。子宫内膜由机能层（表层）和基底层（深层）组成，只有机能层呈周期性变化。基底层在月经时也残留着。

性周期和受精

卵巢和子宫的变化周期为一个月，称为**性周期**。在此期间内，下丘脑、垂体和卵巢分泌激素并呈规律性变化。

成熟女性会出现**月经**，即在约1个月的周期内，子宫内膜崩溃脱落并伴随出血。月经时，卵巢中有15~20个**卵泡**开始成熟，开始分泌雌性激素（P73）。这期间只有一个卵泡完全成熟，月经周期的第14日左右，垂体释放出大

【卵丘】（放大图）

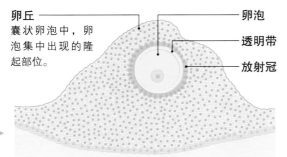

卵丘
囊状卵泡中，卵泡集中出现的隆起部位。

卵泡
透明带
放射冠

量的**促黄体激素**和**促卵泡激素**。受此影响，大量雌性激素分泌，卵子被排出。剩余的卵泡停止成熟并消失。

在此期间，**子宫内膜**增生变厚。排卵结束后卵泡变为**黄体**，释放出**黄体酮**。该激素抑制了子宫内膜的增厚，并向子宫内释放分泌物，从而使**受精卵**做好**着床**的准备。如果受精卵未能着床，黄体便开始退化，性激素分泌量减少，子宫内膜坏死，开始下一个月经周期。

从卵巢排出的卵子，从输卵管漏斗（P210）进入输卵管，输卵管的纤毛运动使其慢慢移向子宫。精子到达子宫后，在输卵管壶腹进行受精。

受精卵持续进行卵裂，变为**囊胚**时，在子宫内膜着床。受精卵生成的营养膜的细胞分泌出**促性腺激素**，卵泡的黄体要持续分泌11~12周的性激素。之后胎盘开始大量分泌黄体酮。

胎儿的血液循环

胎儿为了取得来自胎盘的氧气，从心脏通向肺部几乎没有血液，而是通过迂回路使右心室和左心房相连接。迂回路在孩子出生的同时关闭，开始进行肺呼吸。

循环系统概述 ⇨ P46
人体的血管 ⇨ P48、50
女性生殖器 ⇨ P210、212

■胎儿和胎盘

在母亲的子宫里，胎儿的各种器官开始成形、身体成长，慢慢长大。下图是胎龄10个月的胎儿，浮在羊水中，头向下，通过脐带和附着子宫壁的胎盘连在一起。

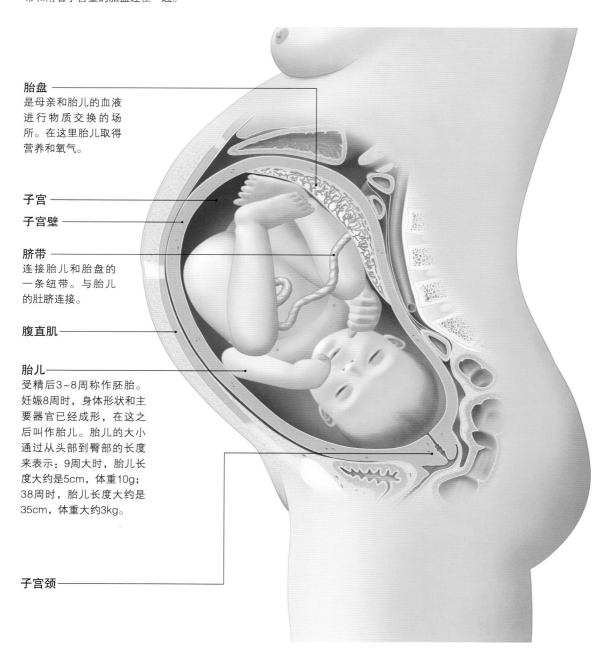

胎盘
是母亲和胎儿的血液进行物质交换的场所。在这里胎儿取得营养和氧气。

子宫

子宫壁

脐带
连接胎儿和胎盘的一条纽带。与胎儿的肚脐连接。

腹直肌

胎儿
受精后3~8周称作胚胎。妊娠8周时，身体形状和主要器官已经成形，在这之后叫作胎儿。胎儿的大小通过从头部到臀部的长度来表示：9周大时，胎儿长度大约是5cm，体重10g；38周时，胎儿长度大约是35cm，体重大约3kg。

子宫颈

■胎儿的心脏和血液循环

（*代表胎儿特有的器官）

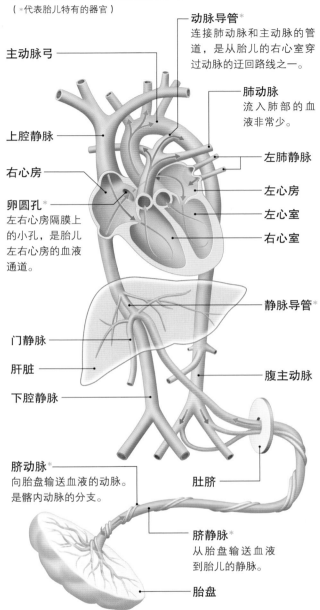

动脉导管*
连接肺动脉和主动脉的管道，是从胎儿的右心室穿过动脉的迂回路线之一。

主动脉弓

肺动脉
流入肺部的血液非常少。

上腔静脉

左肺静脉

右心房

左心房

左心室

卵圆孔*
左右心房隔膜上的小孔，是胎儿左右心房的血液通道。

右心室

静脉导管*

门静脉

肝脏

腹主动脉

下腔静脉

脐动脉*
向胎盘输送血液的动脉。是髂内动脉的分支。

肚脐

脐静脉*
从胎盘输送血液到胎儿的静脉。

胎盘

脐动脉和脐静脉

胎儿不用肺呼吸，而是通过胎盘从母体取得氧气和营养。因此，胎儿的循环系统与成年人的不一样，但是分娩后能够直接转变成肺呼吸。

胎儿向母体胎盘输送的血液，通过**髂内动脉**分支的**脐动脉**输送。母体胎盘流回血液，通过**脐静脉**流向胎儿肝脏的下方，血液通过**静脉导管**进入**下腔静脉**，流入胎儿的右心房。

成年人从右心室流出的血液，是通过肺部输送出去的。但胎儿通过肺部流淌的血液极其少，几乎所有的血液都不通过肺部。

胎儿的血液从右心室穿过动脉的迂回路线有两条：第一条是通过心房隔膜上的**卵圆孔**，血液由右心房直接流回左心房；第二条是依靠**动脉导管**，血液从肺动脉，流经主动脉弓到达全身。通过这两条路线，胎儿的循环系统能够不通过肺，而将胎盘中富含氧气和营养的血液输送到身体各部位。

分娩完成后，胎儿接触到户外空气，空气进入肺部，胎儿就立即开始呼吸空气。通过这一刺激，动脉导管开始关闭，血液开始流经肺部。肺循环建立后，卵圆孔关闭，脐动脉和脐静脉不久也关闭了。就这样，胎儿的循环系统，迅速地转变为成年人的循环系统。

简明图解 胎盘的构造

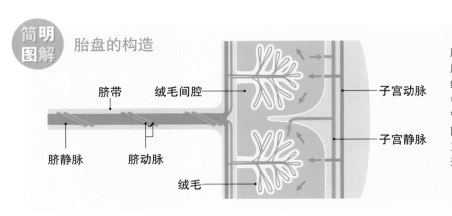

脐带

绒毛间腔

子宫动脉

脐静脉

脐动脉

子宫静脉

绒毛

胎盘内胎儿的一侧长着绒毛膜，表面形成大量的绒毛。绒毛顶端浸在母胎的血液中，根部连接着胎儿的血管。虽然由于绒毛壁的阻隔，母胎和胎儿的血液没有直接连通，却可以通过绒毛进行物质交换。

第5章

上肢和下肢

上肢的骨骼和肌肉［正面］

上肢正面的肌肉群名叫屈肌群，可以让前臂与
手指弯曲，手臂旋前。

人体的骨骼⇨P30、32　　胸部各部位的名称和肌肉⇨P150
人体的肌肉⇨P38、40　　手部的骨骼和肌肉⇨P226

上肢正面

　　上肢前侧的肌肉，可以让上肢各关节弯
曲（P40）。**上臂**的**肱二头肌**和**肱肌**可以让**肘
关节**弯曲，肱二头肌在施力时会呈现出我们
常见的"肌肉疙瘩"。**肘前区**（肘关节的前侧）
向下凹陷，形成**肘窝**。

　　前臂的肌肉可以让手关节（手腕）和指关
节（手指）弯曲。肌肉分为浅层和深层两种，

深层肌肉让**末节指（趾）骨**前的末端关节
（P226）弯曲；浅层肌肉分别让**中节指骨**前的
关节、**掌骨**或**腕骨**前的手腕弯曲。

　　此外，位于肱骨末端尺骨一侧的**旋前圆
肌**连接**肱骨内上髁**和**桡骨**，让前臂旋前。由
于肱二头肌的终点位于桡骨内侧面，在肱二
头肌收缩时，桡骨会自然旋转，使前臂也随
之旋后。

■上肢各部位的名称

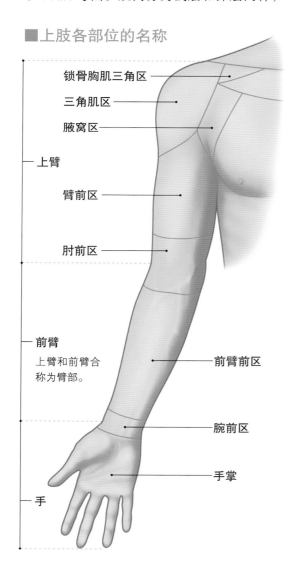

锁骨胸肌三角区
三角肌区
腋窝区
上臂
臂前区
肘前区
前臂
　上臂和前臂合
　称为臂部。
前臂前区
腕前区
手掌
手

■上肢的肌肉（浅层）

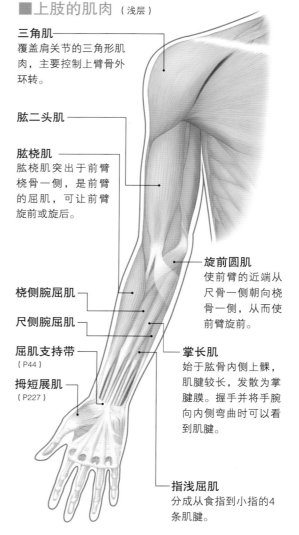

三角肌
覆盖肩关节的三角形肌
肉，主要控制上臂骨外
环转。

肱二头肌

肱桡肌
肱桡肌突出于前臂
桡骨一侧，是前臂
的屈肌，可让前臂
旋前或旋后。

旋前圆肌
使前臂的近端从
尺骨一侧朝向桡
骨一侧，从而使
前臂旋前。

桡侧腕屈肌

尺侧腕屈肌

屈肌支持带
（P44）

拇短展肌
（P227）

掌长肌
始于肱骨内侧上髁，
肌腱较长，发散为掌
腱膜。握手并将手腕
向内侧弯曲时可以看
到肌腱。

指浅屈肌
分成从食指到小指的4
条肌腱。

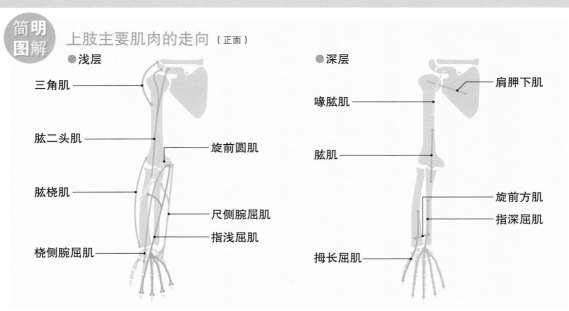

简明图解　上肢主要肌肉的走向（正面）

●浅层

- 三角肌
- 肱二头肌
- 肱桡肌
- 桡侧腕屈肌
- 旋前圆肌
- 尺侧腕屈肌
- 指浅屈肌

●深层

- 喙肱肌
- 肱肌
- 拇长屈肌
- 肩胛下肌
- 旋前方肌
- 指深屈肌

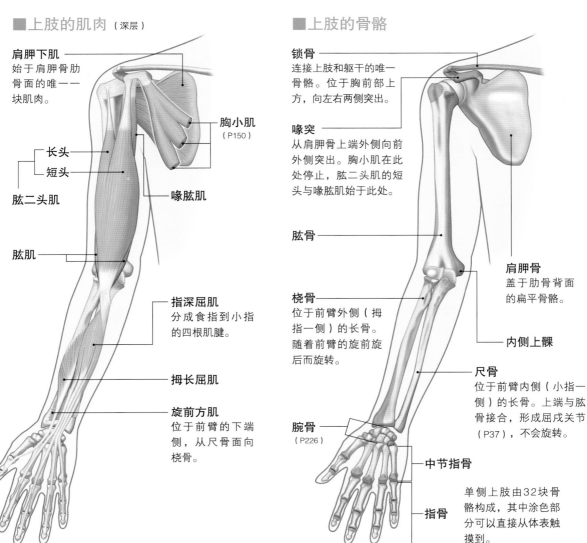

■上肢的肌肉（深层）

肩胛下肌
始于肩胛骨肋骨面的唯一一块肌肉。

- 长头
- 短头
- 肱二头肌
- 肱肌

胸小肌（P150）

喙肱肌

指深屈肌
分成食指到小指的四根肌腱。

拇长屈肌

旋前方肌
位于前臂的下端侧，从尺骨面向桡骨。

■上肢的骨骼

锁骨
连接上肢和躯干的唯一骨骼。位于胸前部上方，向左右两侧突出。

喙突
从肩胛骨上端外侧向前外侧突出。胸小肌在此处停止，肱二头肌的短头与喙肱肌始于此处。

肱骨

桡骨
位于前臂外侧（拇指一侧）的长骨。随着前臂的旋前旋后而旋转。

肩胛骨
盖于肋骨背面的扁平骨骼。

内侧上髁

尺骨
位于前臂内侧（小指一侧）的长骨。上端与肱骨接合，形成屈戍关节（P37），不会旋转。

腕骨（P226）

中节指骨

指骨
单侧上肢由32块骨骼构成，其中涂色部分可以直接从体表触摸到。

上肢的骨骼和肌肉 ［背面］

上肢背面的肌肉群名叫伸肌群，可以让前臂与手指伸展，前臂旋后。

人体的骨骼 ⇨P30、32　　背部各部位的名称和肌肉 ⇨P173
人体的肌肉 ⇨P38、40　　手部的骨骼和肌肉 ⇨P226

上肢背面

上肢背面（背侧）的肌肉可以让上肢各关节伸展。

上臂只有一块**肱三头肌**，正如其名一样，肱三头肌有三个肌头，始于**肩胛骨**和**肱骨**，止于**尺骨**的鹰嘴，可以让前臂伸展。

手关节和指关节的伸肌位于前臂上。背面的伸肌群分为浅层和深层两类，除了大拇指，每个手指都对应一条伸肌，止于中节指骨（P226）和末节指骨处。浅层的**腕伸肌**止于**中节指骨**，可以让手腕伸展。

冈上肌、冈下肌和**小圆肌**的肌腱始于肩胛骨背面，止于肱骨，与**肩胛下肌**（始于肋骨面，P221）的肌腱一同包裹着肱骨，可以保持肩关节的稳定。这些肌腱合称为**旋转肌群**。

■上肢部位的名称

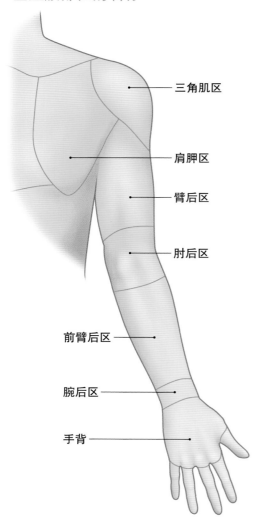

三角肌区

肩胛区

臂后区

肘后区

前臂后区

腕后区

手背

■上肢的肌肉（浅层）

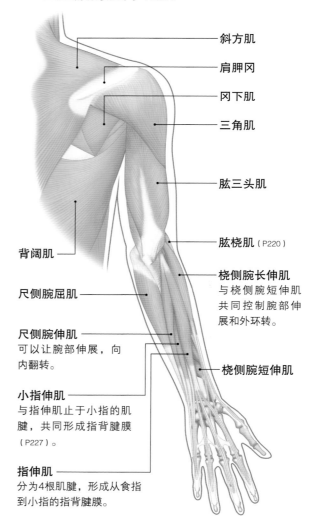

斜方肌

肩胛冈

冈下肌

三角肌

肱三头肌

肱桡肌（P220）

桡侧腕长伸肌
与桡侧腕短伸肌共同控制腕部伸展和外环转。

桡侧腕短伸肌

背阔肌

尺侧腕屈肌

尺侧腕伸肌
可以让腕部伸展，向内翻转。

小指伸肌
与指伸肌止于小指的肌腱，共同形成指背腱膜（P227）。

指伸肌
分为4根肌腱，形成从食指到小指的指背腱膜。

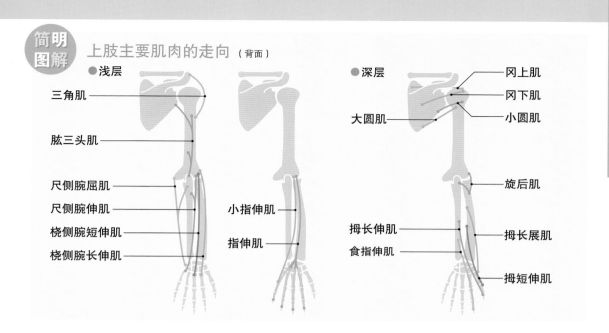

简明图解 上肢主要肌肉的走向（背面）

●浅层
- 三角肌
- 肱三头肌
- 尺侧腕屈肌
- 尺侧腕伸肌
- 桡侧腕短伸肌
- 桡侧腕长伸肌
- 小指伸肌
- 指伸肌

●深层
- 冈上肌
- 冈下肌
- 小圆肌
- 大圆肌
- 旋后肌
- 拇长伸肌
- 食指伸肌
- 拇长展肌
- 拇短伸肌

■上肢的肌肉（深层）

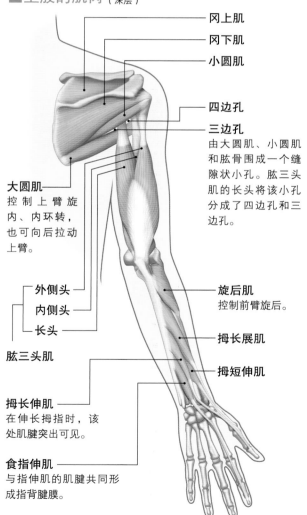

- 冈上肌
- 冈下肌
- 小圆肌
- 四边孔
- 三边孔

由大圆肌、小圆肌和肱骨围成一个缝隙状小孔。肱三头肌的长头将该小孔分成了四边孔和三边孔。

大圆肌
控制上臂旋内、内环转，也可向后拉动上臂。

- 外侧头
- 内侧头
- 长头

肱三头肌

拇长伸肌
在伸长拇指时，该处肌腱突出可见。

食指伸肌
与指伸肌的肌腱共同形成指背腱膜。

- 旋后肌
控制前臂旋后。
- 拇长展肌
- 拇短伸肌

■上肢的骨骼

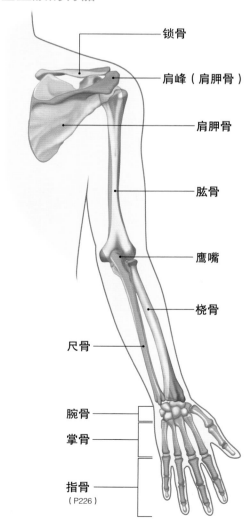

- 锁骨
- 肩峰（肩胛骨）
- 肩胛骨
- 肱骨
- 鹰嘴
- 桡骨
- 尺骨
- 腕骨
- 掌骨
- 指骨
（P226）

上肢的血管和神经

上肢的动脉位置的不同，名称也不同，不断分支，最终流向末端。
静脉分为伴随动脉的伴行静脉和位于皮下的皮下静脉。

人体的血管⇨P48、50
人体主要的神经⇨P77
上肢的骨骼和肌肉⇨P220、222

上肢的动脉

锁骨下动脉流向上肢，到达上臂后改称腋动脉、肱动脉，在肘窝处又改名为桡动脉（前臂的桡骨侧）、尺动脉（前臂的尺骨侧），流向手掌并形成掌浅动脉弓和掌深动脉弓。

上述动脉在流动过程中分成多支，在肩关节及肘关节附近形成侧支。

上肢的静脉

上肢静脉分为伴行静脉（深静脉，与动脉并行）和皮下静脉（位于皮下、与动脉流动无关）。

伴行静脉通常有2根以上，名字和相对应的动脉相同。但腋静脉从近端开始只有1根。

皮下静脉始于手指背侧，形成手背的静脉丛，然后分别汇入头静脉（前臂桡骨侧）和贵 🔄

■上肢的主要动脉

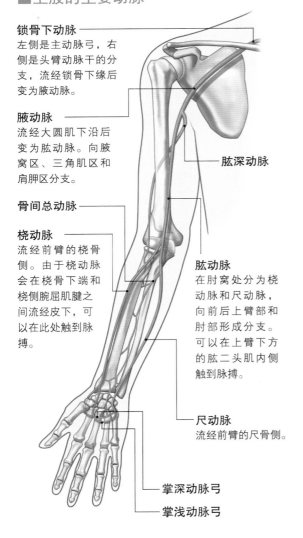

锁骨下动脉
左侧是主动脉弓，右侧是头臂动脉干的分支，流经锁骨下缘后变为腋动脉。

腋动脉
流经大圆肌下沿后变为肱动脉。向腋窝区、三角肌区和肩胛区分支。

骨间总动脉

桡动脉
流经前臂的桡骨侧。由于桡动脉会在桡骨下端和桡侧腕屈肌腱之间流经皮下，可以在此处触到脉搏。

肱深动脉

肱动脉
在肘窝处分为桡动脉和尺动脉，向前后上臂部和肘部形成分支。可以在上臂下方的肱二头肌内侧触到脉搏。

尺动脉
流经前臂的尺骨侧。

掌深动脉弓

掌浅动脉弓

■上肢的主要静脉

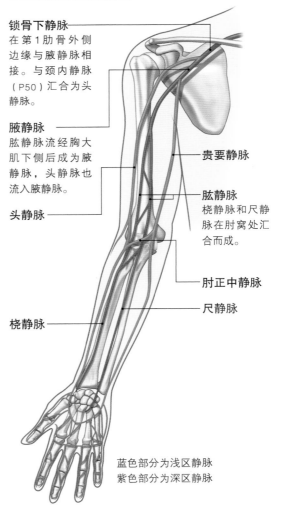

锁骨下静脉
在第1肋骨外侧边缘与腋静脉相接。与颈内静脉（P50）汇合为头静脉。

腋静脉
肱静脉流经胸大肌下侧后成为腋静脉，头静脉也流入腋静脉。

头静脉

桡静脉

贵要静脉

肱静脉
桡静脉和尺静脉在肘窝处汇合而成。

肘正中静脉

尺静脉

蓝色部分为浅区静脉
紫色部分为深区静脉

贵要静脉（前臂尺骨侧），两者在肘窝处的**肘正中静脉**互相流通。头静脉流入**腋静脉**，贵要静脉流入**肱静脉**。皮下静脉的个体差异较为明显。

上肢的神经

上肢分布着**臂丛**的分支，主要有**肌皮神经**、**正中神经**、**桡神经**和**尺神经**。

肌皮神经控制着上臂屈肌的运动和上臂桡骨侧的皮肤感觉。

正中神经控制前臂大部分屈肌和**拇指球肌**（P227）的运动，以及手掌桡骨侧的皮肤感觉。

尺神经控制尺骨侧的屈肌、**小指球肌**（P227）和一部分拇指球肌的运动，以及手部尺骨一侧的皮肤感觉。

桡神经控制上臂、前臂的所有伸肌，以及上臂、前臂、手部桡骨侧的皮肤感觉。

■右上肢的剖面图

下图分别为上臂（A）和前臂（B）的剖面图。血管在肌肉和肌肉之间的结缔组织里穿行。虽说"上肢和下肢内有像中轴一样的骨骼（P30）"，但通过下图得知，尺骨等骨骼的位置接近前臂表皮，也可以与P220–223处的肌肉进行对比。

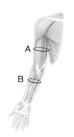

■上肢的主要神经

肌皮神经

桡神经
绕肱骨背面
旋向外下。

正中神经

尺神经

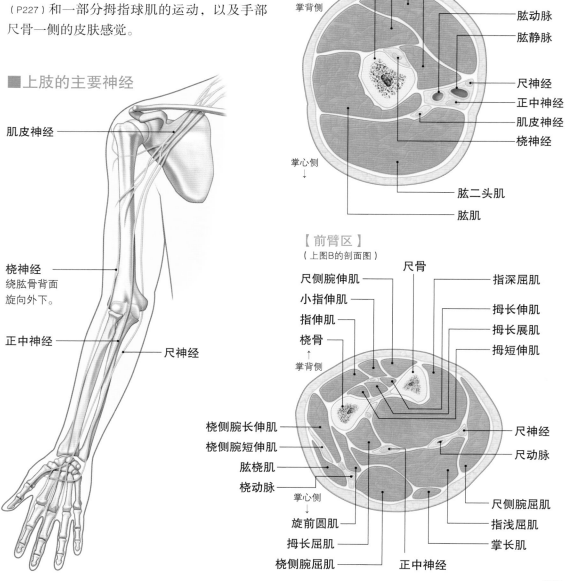

【上臂区】
（上图A的剖面图）

肱骨

掌背侧

掌心侧

肱三头肌（外侧头）
肱三头肌（长头）
肱三头肌（内侧头）
肱动脉
肱静脉
尺神经
正中神经
肌皮神经
桡神经
肱二头肌
肱肌

【前臂区】
（上图B的剖面图）

尺侧腕伸肌
小指伸肌
指伸肌
桡骨

掌背侧

桡侧腕长伸肌
桡侧腕短伸肌
肱桡肌
桡动脉

掌心侧

旋前圆肌
拇长屈肌
桡侧腕屈肌

尺骨
指深屈肌
拇长伸肌
拇长展肌
拇短伸肌
尺神经
尺动脉
尺侧腕屈肌
指浅屈肌
掌长肌
正中神经

手部的骨骼和肌肉

手上的许多细小骨骼构成了手指。每根手指上都附着可以自由弯曲、伸展的肌肉，因此手指可以进行细小的运动。

肌肉的辅助结构⇒P44
上肢的骨骼和肌肉⇒P220、222

手部骨骼

手部有许多细小的骨骼。**腕部**的近侧列和远侧列分别有4块**腕骨**，近侧列的腕骨构成**前腕骨**和**腕关节**，远侧列的构成**掌骨**和**腕掌关节**。**掌骨**共有5根，与5根手指相对应，其远端与指骨相连。掌骨和其间的肌肉共同构成手掌。

大拇指只有2节**指骨**（缺少中节指骨），其他手指均有3节指骨（**近节指骨、中节指骨、末节指骨**）。其中，掌骨与**近节指骨**共同构成**掌指关节**（**MP关节**）。指骨之间的关节为**指间关节**（**IP关节**），中远端的关节为**远侧指间关节**（**DIP关节**），近端的为**近侧指间关节**（**PIP关节**）。

屈肌支持带和伸肌支持带

手指上屈肌和伸肌的肌腱均延伸到手部，为了避免错位，肌腱被**腱鞘**包裹，并被**屈肌支持带**和**伸肌支持带**固定在腕部。屈肌支持带和骨骼之间的缝隙叫作**腕管**，9根屈肌肌腱与**正中神经**均位于此处。

手部肌肉

手部的肌肉，可以控制手指细微的运动，拇指或小指根部膨胀的肌肉分别叫作**拇指球**和**小拇指球**。这些肌肉可以控制手指翻转、弯曲，大拇指可以和其他4指接触。

■右手的骨骼

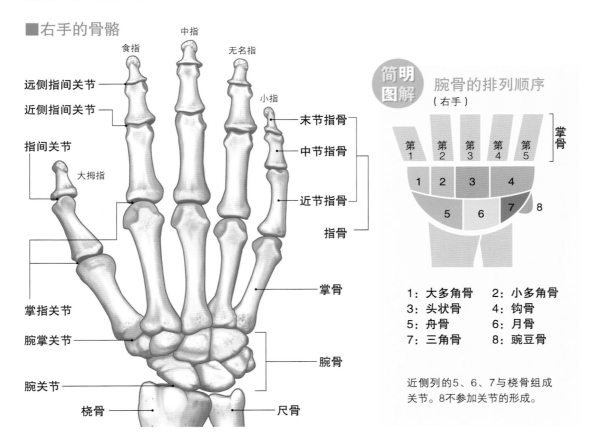

简明图解 腕骨的排列顺序（右手）

1：**大多角骨**　2：**小多角骨**
3：**头状骨**　4：**钩骨**
5：**舟骨**　6：**月骨**
7：**三角骨**　8：**豌豆骨**

近侧列的5、6、7与桡骨组成关节。8不参加关节的形成。

■右手掌的肌腱与肌肉

【从桡骨侧观察右手手指】

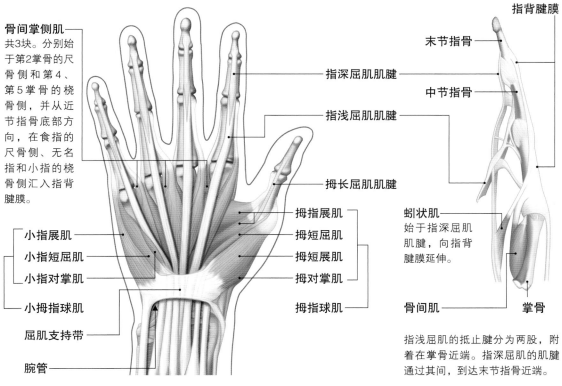

骨间掌侧肌
共3块。分别始于第2掌骨的尺骨侧和第4、第5掌骨的桡骨侧，并从近节指骨底部方向，在食指的尺骨侧、无名指和小指的桡骨侧汇入指背腱膜。

指背腱膜

末节指骨

指深屈肌肌腱

中节指骨

指浅屈肌肌腱

拇长屈肌肌腱

拇指展肌

拇短屈肌

拇短展肌

拇对掌肌

拇指球肌

小指展肌

小指短屈肌

小指对掌肌

小拇指球肌

屈肌支持带

腕管

蚓状肌
始于指深屈肌肌腱，向指背腱膜延伸。

骨间肌

掌骨

指浅屈肌的抵止腱分为两股，附着在掌骨近端。指深屈肌的肌腱通过其间，到达末节指骨近端。

■右手背的肌腱

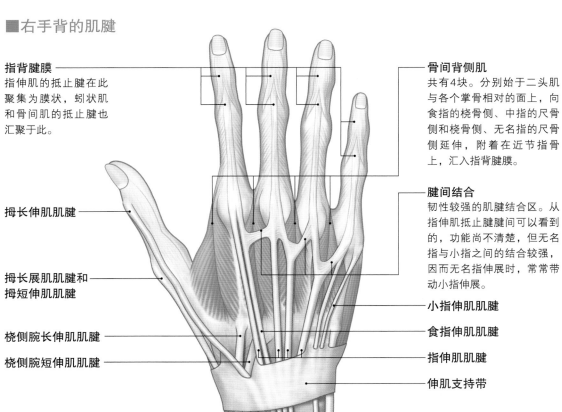

指背腱膜
指伸肌的抵止腱在此聚集为膜状，蚓状肌和骨间肌的抵止腱也汇聚于此。

骨间背侧肌
共有4块。分别始于二头肌与各个掌骨相对的面上，向食指的桡骨侧、中指的尺骨侧和桡骨侧、无名指的尺骨侧延伸，附着在近节指骨上，汇入指背腱膜。

腱间结合
韧性较强的肌腱结合区。从指伸肌抵止腱腱间可以看到的，功能尚不清楚，但无名指与小指之间的结合较强，因而无名指伸展时，常常带动小指伸展。

拇长伸肌肌腱

拇长展肌肌腱和拇短伸肌肌腱

桡侧腕长伸肌肌腱

桡侧腕短伸肌肌腱

小指伸肌肌腱

食指伸肌肌腱

指伸肌肌腱

伸肌支持带

下肢的骨骼和肌肉 ［正面］

下肢大腿正面有以股四头肌为主的伸肌群。小腿前方的伸肌群可以让足背弯曲、脚趾伸展。胫骨位于小腿内侧，对支持身体起重要作用。

人体的骨骼⇒P30、32
人体的肌肉⇒P38、40
腹壁⇒P172
骨盆⇒P176
足部的骨骼和肌肉⇒P234

大腿正面

大腿正面的肌肉控制大腿弯曲、内外环转，并让小腿伸展。其中最大的肌肉是**股四头肌**，股四头肌共有4个肌头，分别是**股直肌**、**股内肌**、**股中肌**和**股外肌**。股四头肌止于胫骨，抵止腱构成**膝韧带**。小腿弯曲时，膝韧带通过膝关节与骨骼相接，接触部位形成的**籽骨**（P44）名叫**髌骨**。

小腿正面

小腿正面的肌肉可以让足背弯曲，脚趾伸展。由于肌肉附着在胫骨外侧，我们可以从小腿正面直接触到胫骨。

用力击打小腿正面时，由于施力处没有肌肉的缓冲，力量会直接作用于胫骨，所以人们会有强烈的痛感。

■下肢各部位的名称

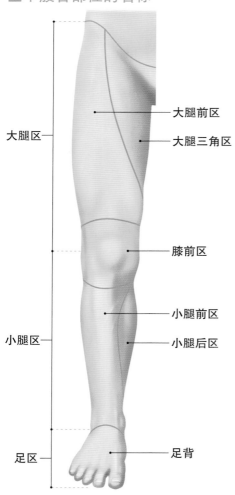

- 大腿区
- 大腿前区
- 大腿三角区
- 膝前区
- 小腿区
- 小腿前区
- 小腿后区
- 足区
- 足背

■下肢的肌肉

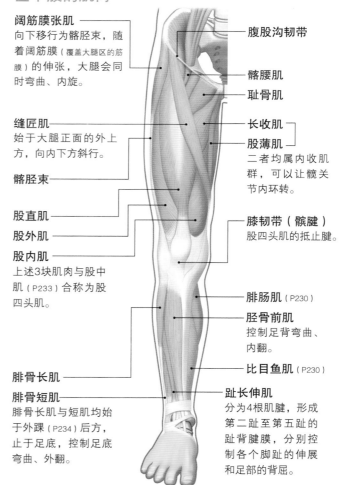

阔筋膜张肌
向下移行为髂胫束，随着阔筋膜（覆盖大腿区的筋膜）的伸张，大腿会同时弯曲、内旋。

缝匠肌
始于大腿正面的外上方，向内下方斜行。

髂胫束

股直肌

股外肌

股内肌
上述3块肌肉与股中肌（P233）合称为股四头肌。

腓骨长肌

腓骨短肌
腓骨长肌与短肌均始于外踝（P234）后方，止于足底，控制足底弯曲、外翻。

腹股沟韧带

髂腰肌

耻骨肌

长收肌

股薄肌
二者均属内收肌群，可以让髋关节内环转。

膝韧带（髌腱）
股四头肌的抵止腱。

腓肠肌（P230）

胫骨前肌
控制足背弯曲、内翻。

比目鱼肌（P230）

趾长伸肌
分为4根肌腱，形成第二趾至第五趾的趾背腱膜，分别控制各个脚趾的伸展和足部的背屈。

■骨盆内肌群

腰大肌始于第12胸椎至第5腰椎之间，下端与髂肌共同构成髂腰肌，从腹股沟韧带下端的深面的肌腔隙，止于股骨小转子。可以让股骨向前方上伸（髋关节弯曲）。

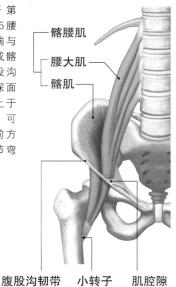

髂腰肌
腰大肌
髂肌

腹股沟韧带 小转子 肌腔隙

■髋关节的结构

股骨头韧带
连接股骨头与髋臼，有为股骨头提供养分的血管经过。

大转子
向股骨上外侧隆起的部位，可以直接从体表触摸到。臀中肌、臀小肌和梨状肌（P230）止于此处。

髋臼

滑膜（P36）

小转子
向股骨上方内侧隆起的部位。

股骨

■下肢的骨骼　单侧下肢由31块骨骼构成。

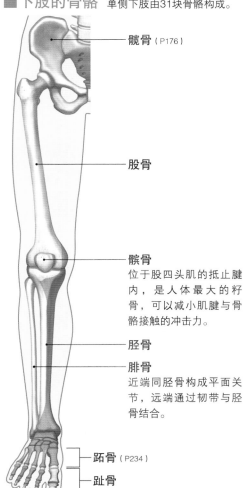

髋骨（P176）

股骨

髌骨
位于股四头肌的抵止腱内，是人体最大的籽骨，可以减小肌腱与骨骼接触的冲击力。

胫骨

腓骨
近端同胫骨构成平面关节，远端通过韧带与胫骨结合。

跖骨（P234）

趾骨

简明图解　下肢主要肌肉的分布（正面）

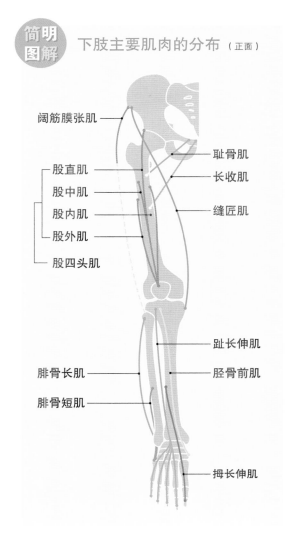

阔筋膜张肌

股直肌
股中肌
股内肌
股外肌
股四头肌

耻骨肌
长收肌
缝匠肌

趾长伸肌
胫骨前肌

腓骨长肌
腓骨短肌

拇长伸肌

下肢的骨骼和肌肉［背面］

下肢大腿背面的肌肉可以让小腿弯曲，大腿伸展。内侧面的内收肌群可以让大腿内环转。小腿背面的肌肉可以让足和脚趾弯曲。

人体的骨骼 ⇨P30、32
人体的肌肉 ⇨P38、40
背部各部位的名称和肌肉 ⇨P173
足部的骨骼和肌肉 ⇨P234

大腿背面

大腿背面的肌肉，多与**髋骨**的**坐骨结节**、**胫骨**或**腓骨**相连，可以让小腿弯曲，大腿伸展。大腿内侧的**股薄肌**、**半腱肌**与正面的**缝匠肌**（P228）同时止于胫骨的**内侧髁**，由于形状与鹅掌相似，此处被命名为**鹅足**。**股二头肌**则位于大腿外侧，其短头是大腿背面唯一始于股骨的肌头。

大腿背面的屈肌群中，**半膜肌**与**半腱肌**统称为**股二头肌**，也可称之为**腿后腱**（有时也分为内侧腿后腱和外侧腿后腱）。

大腿内侧面的内收肌群

内收肌群位于大腿正面肌肉和背面肌肉中间的内侧面，主要由**耻骨肌**、**长收肌**（P228）、**短收肌**（P233）和**大收肌**等组成，控制大腿的内收动作。

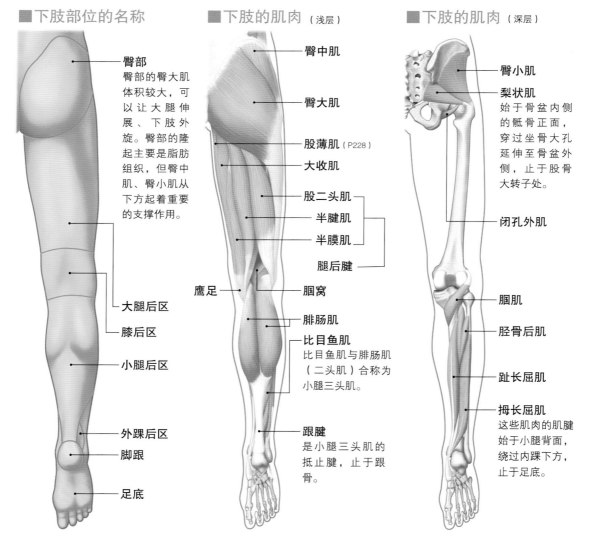

■下肢部位的名称

臀部
臀部的臀大肌体积较大，可以让大腿伸展、下肢外旋。臀部的隆起主要是脂肪组织，但臀中肌、臀小肌从下方起着重要的支撑作用。

- 大腿后区
- 膝后区
- 小腿后区
- 外踝后区
- 脚跟
- 足底

■下肢的肌肉（浅层）

- 臀中肌
- 臀大肌
- 股薄肌（P228）
- 大收肌
- 股二头肌
- 半腱肌
- 半膜肌
- 腿后腱
- 鹰足
- 腘窝
- 腓肠肌
- 比目鱼肌
  比目鱼肌与腓肠肌（二头肌）合称为小腿三头肌。
- 跟腱
  是小腿三头肌的抵止腱，止于跟骨。

■下肢的肌肉（深层）

- 臀小肌
- 梨状肌
  始于骨盆内侧的骶骨正面，穿过坐骨大孔延伸至骨盆外侧，止于股骨大转子处。
- 闭孔外肌
- 腘肌
- 胫骨后肌
- 趾长屈肌
- 拇长屈肌
  这些肌肉的肌腱始于小腿背面，绕过内踝下方，止于足底。

小腿背面

小腿背面的浅层中，有**小腿三头肌**，也就是所谓的"腿肚子"。它由**比目鱼肌**与**腓肠肌**（属于二头肌，P38）构成，其抵止腱为**跟腱**，止于跟骨处。**趾长屈肌**和**胫骨后肌**位于小腿背面深层，可以让足部、脚趾弯曲。

腘窝

膝盖后面的凹陷部位叫作**腘窝**，其周围分布着**半膜肌**（上方内侧壁）、**股二头肌**（上方外侧壁）、**腓肠肌**的内侧头和外侧头（下壁）。

■膝关节韧带（右膝关节背面）

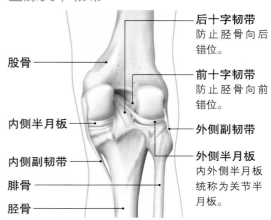

- 股骨
- 后十字韧带 防止胫骨向后错位。
- 前十字韧带 防止胫骨向前错位。
- 内侧半月板
- 外侧副韧带
- 内侧副韧带
- 外侧半月板 内外侧半月板统称为关节半月板。
- 腓骨
- 胫骨

膝关节是股骨和胫骨之间的关节，跟腓骨无关。形成关节窝的胫骨的上关节面凹陷较浅，但内外侧半月板使凹陷加深。关节内的前后十字韧带，可以有效防止骨骼错位。

■下肢的骨骼

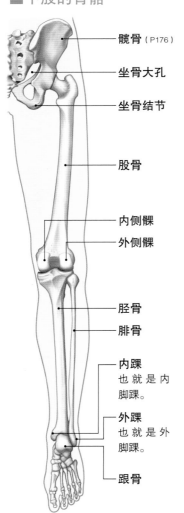

- 髋骨（P176）
- 坐骨大孔
- 坐骨结节
- 股骨
- 内侧髁
- 外侧髁
- 胫骨
- 腓骨
- 内踝 也就是内脚踝。
- 外踝 也就是外脚踝。
- 跟骨

简明图解 下肢主要肌肉的位置（背面）

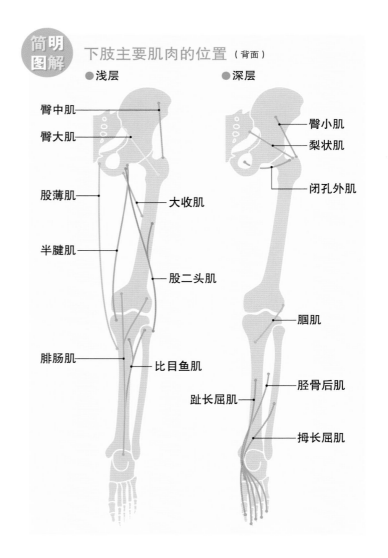

●浅层

- 臀中肌
- 臀大肌
- 股薄肌
- 半腱肌
- 腓肠肌
- 大收肌
- 股二头肌
- 比目鱼肌

●深层

- 臀小肌
- 梨状肌
- 闭孔外肌
- 腘肌
- 胫骨后肌
- 趾长屈肌
- 拇长屈肌

下肢的血管和神经

下肢的动脉大多是股动脉的分支。静脉分为伴行静脉和皮下静脉两种。延伸到脚趾的坐骨神经是人体最长的神经。

人体的血管 ⇨P48、50
人体主要的神经 ⇨P77
下肢的骨骼和肌肉 ⇨P228、230

下肢的动脉

下肢的动脉大部分是**股动脉**的分支。

股动脉是**髂外动脉**的延续。股动脉在分支出**股深动脉**后，穿过大收肌抵止腱的小孔，绕到大腿背面进入胭窝，形成**胭动脉**。胭动脉之后分支为**胫前动脉**和**胫后动脉**，胫前动脉止于足背，胫后动脉与其分支**腓动脉**止于足底。

下肢的静脉

下肢静脉分为**伴行静脉**（**深静脉**，与动脉并行）和**皮下静脉**（位于皮下）。**小隐静脉**始于足背外侧的静脉网，从小腿背上流至胭窝，最终注入**胭静脉**。

大隐静脉始于足背内侧的静脉网，从大腿内侧上流至腹股沟韧带（P172）下方，穿过阔筋膜上的隐静脉裂孔，最终注入**股静脉**。

■下肢的主要动脉（背面）

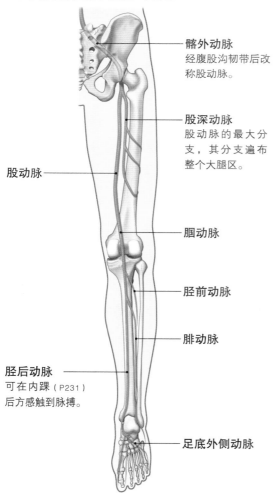

髂外动脉
经腹股沟韧带后改称股动脉。

股深动脉
股动脉的最大分支，其分支遍布整个大腿区。

股动脉

胭动脉

胫前动脉

腓动脉

胫后动脉
可在内踝（P231）后方感触到脉搏。

足底外侧动脉

■下肢的主要静脉（背面）

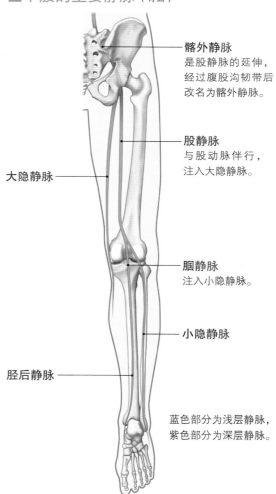

髂外静脉
是股静脉的延伸，经过腹股沟韧带后改名为髂外静脉。

股静脉
与股动脉伴行，注入大隐静脉。

大隐静脉

胭静脉
注入小隐静脉。

小隐静脉

胫后静脉

蓝色部分为浅层静脉，紫色部分为深层静脉。

下肢的神经

下肢的神经包括**腰丛**和**骶丛**的分支。

下肢最具代表性的是始于腰丛的**股神经**，它与股动脉、股静脉一同通过腹股沟韧带达到大腿正面，控制着大腿伸肌以及大腿正面、小腿内侧的皮肤。

坐骨神经始于骶丛，是人体最长的神经。它穿过梨状肌（P230）下孔，从坐骨大孔下行至下肢带背面，在大腿背面延伸的同时，分支也遍布在大腿的屈肌群中。到达腘窝前分为**胫神经**和**腓总神经**。

腓总神经控制小腿伸肌群和小腿外侧、足背的皮肤；胫神经控制小腿屈肌群、足底肌群以及小腿背面、足底的皮肤。

■下肢的主要神经（背面和右侧面）

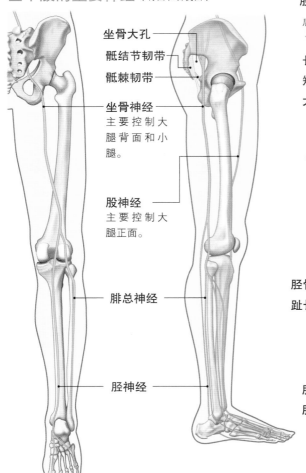

坐骨大孔

骶结节韧带

骶棘韧带

坐骨神经
主要控制大腿背面和小腿。

股神经
主要控制大腿正面。

腓总神经

胫神经

■右下肢的水平面

下图分别为大腿（A）和小腿（B）的剖面图。小腿的胫骨就在皮下，并没有缓冲的肌肉，由于骨骼外围的骨膜分布着感觉神经，当此处受到冲击时，人们往往会感到剧烈的疼痛。

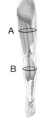

A
B

【大腿区】
（上图A的剖面图）

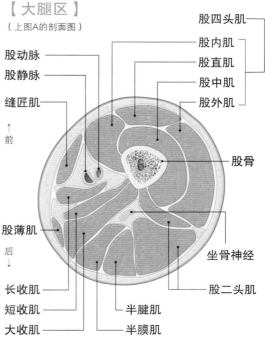

股动脉
股静脉
缝匠肌

↑
前

股四头肌
股内肌
股直肌
股中肌
股外肌

股骨

后
↓

股薄肌

坐骨神经

长收肌
短收肌
大收肌

半腱肌
半膜肌

股二头肌

【小腿区】
（上图B的剖面图）

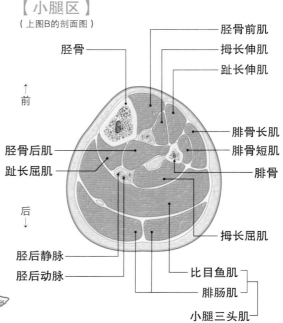

胫骨

↑
前

胫骨前肌
拇长伸肌
趾长伸肌

胫骨后肌
趾长屈肌

腓骨长肌
腓骨短肌

腓骨

后
↓

拇长屈肌

胫后静脉
胫后动脉

比目鱼肌
腓肠肌

小腿三头肌

足部的骨骼和肌肉

脚趾由许多细小的骨骼构成。每根脚趾都与肌腱连接，可以
弯曲和伸展。足部骨骼呈弓形，起支撑身体的作用。

肌肉的辅助结构⇨P44
下肢的骨骼和肌肉⇨P228、230

足部的骨骼

足骨由7块跗骨、5块跖骨和14块趾骨构
成。跗骨中的距骨与小腿的**胫骨**、**腓骨**构成
了**距骨小腿关节**（**踝关节**）。

趾骨与手骨相同，除了大拇趾以外（只有
近节趾骨、末节趾骨），其他脚趾均由**近节趾骨**、
中节趾骨和**末节趾骨**3部分构成。

足部的肌肉和肌腱

足部有小腿肌肉的肌腱，可以控制脚趾
的活动。这些肌腱由足背上下方向的**伸肌支
持带**和内后侧的**屈肌支持带**固定。穿过支持
带附近时，从小腿延伸至脚趾的伸肌、屈肌
外层形成一层**腱鞘**（P44），可以减少摩擦。

另外，与手部相同，足部也有始于跗骨
和跖骨，止于趾骨的肌群，控制脚趾运动。

■右足的骨骼（足背面）

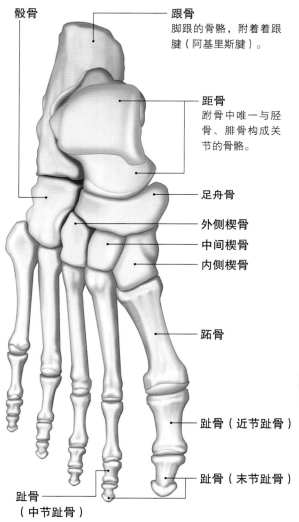

骰骨

跟骨
脚跟的骨骼，附着着跟
腱（阿基里斯腱）。

距骨
跗骨中唯一与胫
骨、腓骨构成关
节的骨骼。

足舟骨

外侧楔骨

中间楔骨

内侧楔骨

跖骨

趾骨（近节趾骨）

趾骨（末节趾骨）

趾骨（中节趾骨）

■左足的肌肉和肌腱

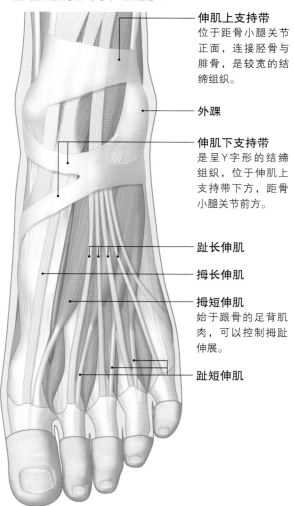

伸肌上支持带
位于距骨小腿关节
正面，连接胫骨与
腓骨，是较宽的结
缔组织。

外踝

伸肌下支持带
是呈Y字形的结缔
组织，位于伸肌上
支持带下方，距骨
小腿关节前方。

趾长伸肌

拇长伸肌

拇短伸肌
始于跟骨的足背肌
肉，可以控制拇趾
伸展。

趾短伸肌

■右足肌肉和肌腱

屈肌支持带位于内踝与跟骨之间，脚趾的屈肌肌腱穿过屈肌支持带，到达足底。足底的趾短屈肌等肌肉始于跟骨，到达第2、3、4、5趾。

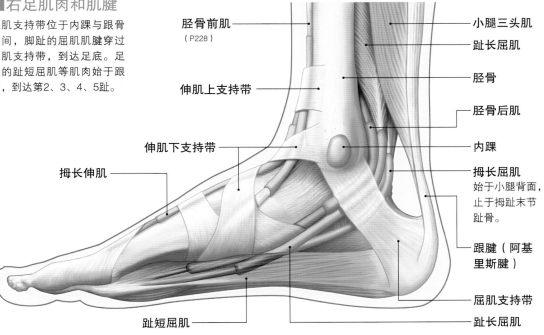

胫骨前肌（P228）

小腿三头肌

趾长屈肌

胫骨

伸肌上支持带

胫骨后肌

伸肌下支持带

内踝

拇长伸肌

拇长屈肌
始于小腿背面，
止于拇趾末节
趾骨。

跟腱（阿基里斯腱）

屈肌支持带

趾短屈肌

趾长屈肌

■右足的骨骼

从内侧来看，足部骨骼呈弓形，足舟骨和内侧楔骨下方空间悬空。

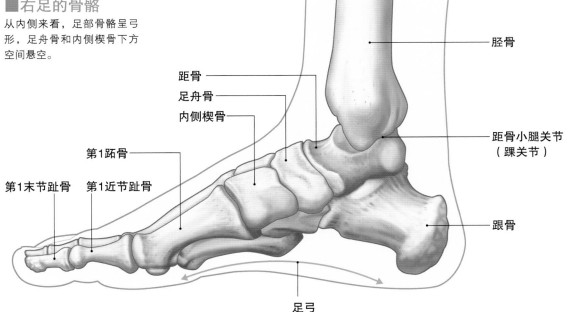

距骨

足舟骨

内侧楔骨

第1跖骨

胫骨

距骨小腿关节（踝关节）

第1末节趾骨

第1近节趾骨

跟骨

足弓

| 足弓

从侧面观察足骨，可以发现**跟骨**、距骨的远端的趾骨接触地面，其他跗骨都不接触地面。

也就是说，足部骨骼在纵向和横向均呈弧形，总体呈弓形，我们称之为**足弓**，起着重要的支撑体重的作用，足部弓形结构使其中央悬空。扁平足的人足弓较低。

资料篇 人体相关数据

全体	骨量	骨骼所占体重的比例	20%
	肌肉量	肌肉所占体重的比例	40%
	皮肤	皮肤所占体重的比例	14%
	水分总量	身体的总水分（平均体重）	60%（男性）、50%（女性）、75%（幼儿）
		细胞内水分总量（平均体重）	40%（男性）、35%（女性）、45%（幼儿）
		细胞外水分总量（平均体重）	20%（男性）、15%（女性）、30%（幼儿）
		组织间的体液量（平均体重）	15%（男性）、11%（女性）、26%（幼儿）
		血浆量	5%（男性）、4%（女性）、4%（幼儿）
		每日水分摄入量	2200mL、其他代谢水300mL
		每日水分排泄量	2500mL
运动系统	骨骼	全身骨骼的数量	约200块（除去听小骨和籽骨）
		躯干（颅骨、脊柱、胸廓），四肢（上肢、下肢）骨骼的种类和数量	颅骨15种23块，脊柱5种27~30块，胸廓3种37块，上肢3种64块、下肢8种62块
	肌肉	全身骨骼肌的数量	约400块
循环系统	血管	动脉的宽度（直径）	上行主动脉2.0~3.2cm，下行主动脉1.6~2.0cm
		静脉的宽度（直径）	主静脉2.0cm，粗静脉0.5~1.0cm
		毛细血管的宽度（直径）	5~10μm
		全身的血液量	占体重的1/12~1/13
		血液的成分	血球45%、血浆55%（水91%）
		红细胞的成分	水64%、血红蛋白34%、其他2%
		正常血压	高压小于130mmHg、低压小于85mmHg
	心脏	一次心输出量（安静时）	40~100mL（约70mL）
		每分钟心输出量（安静时）	5~7mL/分
		心跳数（安静时）	60~90次/分
呼吸系统	喉头	长度（男性）	4.1cm
		长度（女性）	3.3cm
	气管	长度	9.0~12.0cm
		宽度（直径）	2.0~2.5cm
	支气管	宽度（内径）	2mm以下
	肺	右肺的高度	24~25cm
		右肺的重量（男性）	650~720g
		右肺的重量（女性）	480~510g
		左肺的高度	25~26cm
		左肺的重量（男性）	540~630g
		左肺的重量（女性）	390~450g
		肺活量（男性）	3~4L
		肺活量（女性）	2~3L
		肺气总量（男性）	4~5L
		肺气总量（女性）	3~4L

呼吸系统	**肺**	残余气量	1L
		呼吸次数	12~15/分
		肺泡的数量	2~7亿个
		肺泡的大小	直径200μm
		肺泡的表面积	90~100m²
消化系统	**口**	唾液分泌量（平均每日）	1L
		牙齿的数量	恒牙32颗、乳牙20颗
	咽头	长度	12cm
	食管	长度	25cm（切牙到食管上端13cm）
		宽度（外径）	1.5~2.0 cm
		食物通过时间（到达胃）	8~12秒
	胃	大小、容量（男性）	1407.5mL（最大2417.5mL）
		大小、容量（女性）	1275.0 mL（最大2081.25mL）
		大弯（男性）	48.99cm
		大弯（女性）	42.4cm
		胃液分泌量（平均每日）	2~3L
		食物通过时间（到达十二指肠）	液体10分钟、固体3小时
	小肠	全长	6.5~7.5cm
		十二指肠的长度	25~30cm
		十二指肠的宽度（直径）	4~6cm
		空肠+回肠的长度	6~7m
		空肠的长度	2.4~2.8m
		空肠的宽度（直径）	4.0cm
		回肠的长度	3.6~4.2m
		回肠的宽度（直径）	3.0m
		肠液的分泌量（平均每日）	2.5L
		黏膜的表面积	200~500m²
		肠绒毛的长度	0.4~1.0mm
		肠绒毛的宽度	0.6mm
		肠绒毛的厚度	0.1mm
		肠绒毛的表面积（吸收面）	200m²
	大肠	长度	1.6~1.7m
		宽度（直径）	初始部位7.5cm（最后部位较细）
		阑尾的长度	6~8cm
		升结肠的长度	20cm
		横结肠的长度	50cm
		降结肠的长度	25cm
		乙状结肠的长度	45cm
		直肠的长度	20cm

消化系统	肝脏	大小	宽25cm、高15cm、厚7cm
		重量	1200g
		血液供给量	肝动脉25%、门静脉75%
	胆囊	大小	长8cm、宽3cm
		容积	30~50mL
		胆汁分泌量（平均每日）	0.5L
	胰脏	长度（男性）	16.02cm
		宽度（男性）	3.08cm
		胰头的宽度（男性）	5.33cm
		厚度（男性）	1.81cm
		长度（女性）	13.72cm
		宽度（女性）	2.88cm
		胰头的宽度（女性）	4.81cm
		厚度（女性）	1.64cm
		重量	74g
		胰液分泌量（平均每日）	1L
泌尿系统	肾脏	长度（男性）	10cm
		宽度（男性）	5cm
		厚度（男性）	3cm
		重量（男性）	130g
		血流量	1.2~1.3L/分，约为心输出量的1/4
		原尿（平均每日）	约200L
		尿量（平均每日）	1~1.5L
		尿的成分	水95%、固体成分（尿素、尿酸等）5%
	膀胱	平均（最小~最大）的容量（男性）	470（256.0~810.0）mL
		平均（最小~最大）的容量（女性）	391.2（213.3~675.0）mL
		尸体（男性）的容量	200~300mL
	输尿管	长度	25~30cm
		宽度（直径）	4~7mm
	尿道	长度（男性）	16~20cm
		长度（女性）	4cm
生殖系统	睾丸	平均重量	8.42g
		平均容量	7.87mL
		右睾丸的重量	8.39g
		右睾丸的容量	7.84mL
		左睾丸的重量	8.45g
		左睾丸的容量	7.91mL
	精囊	右精囊的长度	33mm
		右精囊的宽度	14mm

生殖系统	精囊	右精囊的重量	2.3g
		左精囊的长度	30mm
		左精囊的宽度	13mm
		左精囊的重量	2.2g
	阴茎	长度	8.62cm
		周长	8.27cm
	精子	全长	50~70μm
		颈部的长度	3~5μm
		头部的宽度	2~3μm
		数量	1.2亿（平均每毫升），一次射精量3.5mL
		活性维持时间	阴道内2小时、子宫颈内48小时、子宫内24小时
	卵巢	右卵巢的长度	2.7~3.7cm
		右卵巢的宽度	1.0~1.9cm
		右卵巢的厚度	0.7~1.1cm
		左卵巢的长度	2.5~3.9cm
		左卵巢的宽度	1.2~1.7cm
		左卵巢的厚度	0.6~1.1cm
	输卵管	全长	7~15cm
		输卵管峡的长度	3~5cm
		输卵管峡的宽度	0.2~0.3cm
		输卵管壶腹的长度	6~10cm
	子宫	全长	7.0cm
		子宫体长度	4.5cm
		子宫颈长度	2.5cm
		最大宽度	4.3cm
		厚度	2.5cm
	阴道	长度	前阴道壁6.1cm、后阴道壁7.6cm
	卵子	直径	0.17~0.22cm
		数量	每次排卵一颗
		总数	20万个（其中约400个成熟）
		活性时间	6~24小时
神经系统	大脑	大小、重量	长轴16~18cm、占体重2%
		大脑皮层的厚度	1.5~4.5 cm
		血液供给量	心输出量的15%
		氧气消耗量	约占全身（一分钟250mL）的20%
	小脑	大小	左右长10cm、前后长5cm、高3cm
		重量	约120g
	脑脊髓液	总量	150mL
		脑室内的含量	35mL

神经系统	脊髓	长度（男性）	43 cm
		长度（女性）	40~41cm
		宽度	1.0~1.3cm
		重量	25~27g
感觉系统	皮肤	厚度（表皮、真皮）	1~4mm
		面积	$1.6cm^2$
		重量	3kg（加上皮下组织共9kg）
		寿命	15~30天，各部位不同
		感受器数量（平均每平方厘米）	触点在手指和脸上有100多个，大腿上约有10个。温点1个，冷点10个以下，痛点100~200个。
	头发	总数（男性）	约10万根
		密度（平均每平方厘米）	头顶119根、前头182根、后头172根、侧头130根
		生长速度（平均每个月）	15~20mm
	毛发	头发以外的总数	2万根
	指甲	生长速度	全部再生1次需要100天
	汗腺	数量	500万~1000万
	眼睛	横向直径	2.5cm
		重量	7~8g
		视细胞的数量	杆状体1亿个以上，锥状体400~700万个
	耳朵	外耳道的长度	上壁24mm，下壁27mm
		鼓膜的长轴	9.36mm
		鼓膜的短轴	8.4mm
		鼓膜的厚度	0.1mm
		内耳大小（耳蜗全长）	30mm
		内耳大小（耳蜗内径）	0.2~0.3mm
		听力（可听范围）	20~20000Hz
		听力（会话领域）	200~4000Hz
	鼻子	嗅细胞的寿命	1个月
	口	味蕾的尺寸	长70μm、宽20~40μm
		味蕾的数量	2000~3000个
		味细胞的寿命	平均10.5天

组织的种类和功能

脑、心脏、骨、肌肉等，都是具有一定的形态和功能的"器官"，是构成身体的要素。构成器官的材料叫作"组织"。组织是由形状相似的细胞及细胞间存在的细胞间质构成的。根据细胞和细胞间质的特征，我们可以将组织分为4类。

组织的种类	
■ 上皮组织	■ 肌肉组织 ⇨P45
■ 支持组织	■ 神经组织 ⇨P78

上皮组织

覆盖在体表及腔体表面。细胞排列紧密，可以防止身体内部的物质流出。基本没有细胞间质。

●上皮组织的主要种类

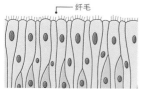

［单层扁平上皮］
仅有一层薄而扁平的细胞，分布于肺泡、腹膜等处。其血管内腔处的上皮也叫作内皮。

［单层柱状上皮］
有的长有微绒毛
由单层圆柱形细胞排列而成，大多分布于胃部和肠的黏膜中。

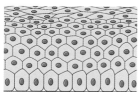

［假复层纤毛柱状上皮］
纤毛
由单层长短不等的细胞排列而成，分布于呼吸系统的气管、支气管等处。

［复层扁平上皮］
由多层细胞排列而成，表层的细胞呈扁平状。分布于表皮、口、食管、阴道等处。

［变移上皮］
由多层正方体或长方体状的细胞构成，拉伸时层数会发生变化。分布于膀胱与输尿管等处。

拉伸时

支持组织

分布在各种组织和器官之间，起到支撑作用的组织。根据细胞间质特性不同，可以分为结缔组织、骨组织、软骨组织等。

●结缔组织

细胞间质中含有丰富的纤维状蛋白质，如胶原纤维等等，并存在一定的成纤维细胞、巨噬细胞、脂肪细胞等。

疏松结缔组织模型图

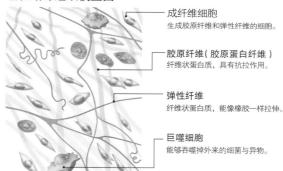

成纤维细胞
生成胶原纤维和弹性纤维的细胞。

胶原纤维（胶原蛋白纤维）
纤维状蛋白质，具有抗拉作用。

弹性纤维
纤维状蛋白质，能像橡胶一样拉伸。

巨噬细胞
能够吞噬掉外来的细菌与异物。

［疏松结缔组织］
纤维组织疏松，柔软易变形。多分布在皮下和黏膜下。

［纤维性结缔组织］
以胶原纤维为主体构成，分布于肌腱、韧带、真皮等部位。

［弹性结缔组织］
以弹性纤维为主体构成，弹性较强。分布于主动脉壁等部位。

●骨组织（P34）

细胞间质由胶原纤维、磷酸钙、碳酸钙等沉积而成，构成骨层板等层状结构。

●软骨组织

细胞间质由胶原纤维及黏多糖等沉积而成，比骨组织软。根据成分不同，分为透明软骨（肋骨软骨、气管软骨、鼻部软骨等）、弹性软骨（耳郭等）、纤维软骨（椎间盘、耻骨联合等）3种。

透明软骨模型图

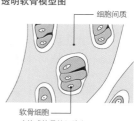

细胞间质

软骨细胞（构成软骨的细胞）

卷末复习笔记

复印后，自己设定问题填写。

设问示例

● 试用不同颜色标识出颅骨、脊柱、上肢骨、下肢骨。

■人体的骨骼（正面）

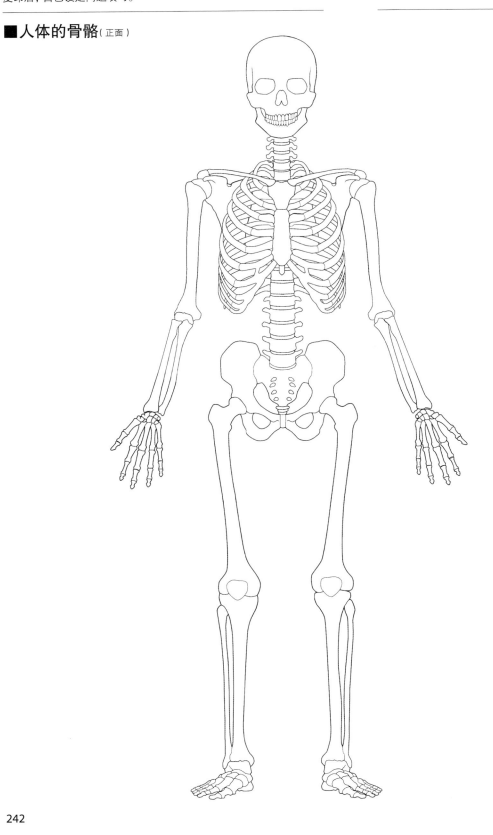

●分别写出构成上肢、下肢、胸廓、骨盆的骨骼。
●复习关节的种类，以及代表性关节。
●标识出上肢和下肢的主要肌肉的起始点和终止点。

■人体的骨骼（背面）

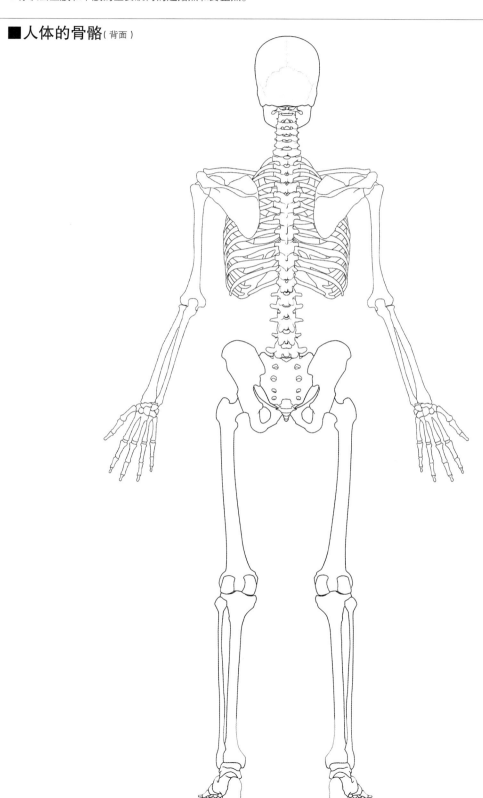

设问示例　●试着分别填写各动脉的名称。
　　　　　●试总结大脑动脉环的构成。

■人体的动脉

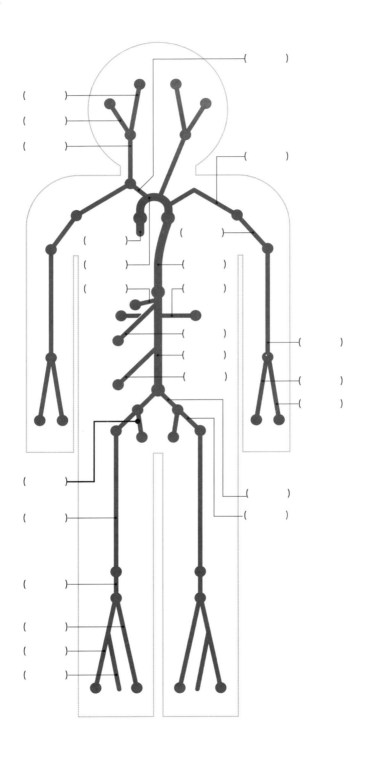

■头部的主要动脉

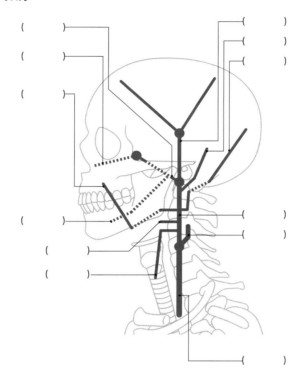

（　　）
（　　）
（　　）
（　　）
（　　）
（　　）

■腹部的主要动脉

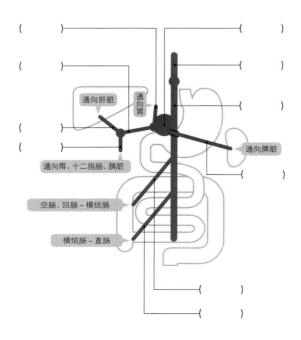

（　　）
（　　）
（　　）
（　　）

通向肝脏
通向胃
通向胃、十二指肠、胰脏
空肠、回肠 – 横结肠
横结肠 – 直肠
通向脾脏

设问示例　●试填写各静脉的名称。

●试总结硬脑膜窦的构成。

■人体的静脉

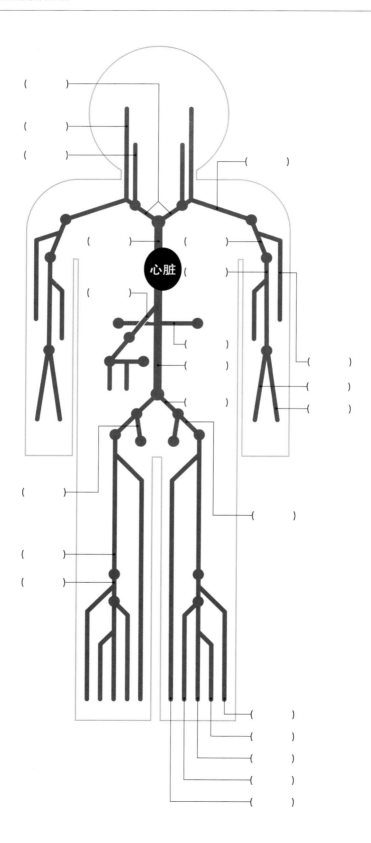

■头部的主要静脉

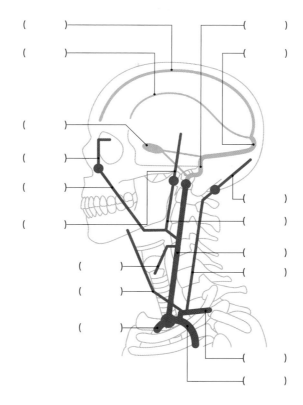

■腹部的主要静脉

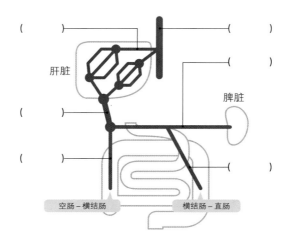

肝脏

脾脏

空肠－横结肠

横结肠－直肠

■脑的底部水平面

设问示例　●填写脑神经的名称和走向，并写出其功能。
　　　　　●用不同颜色分别涂出大脑、小脑和脑干。

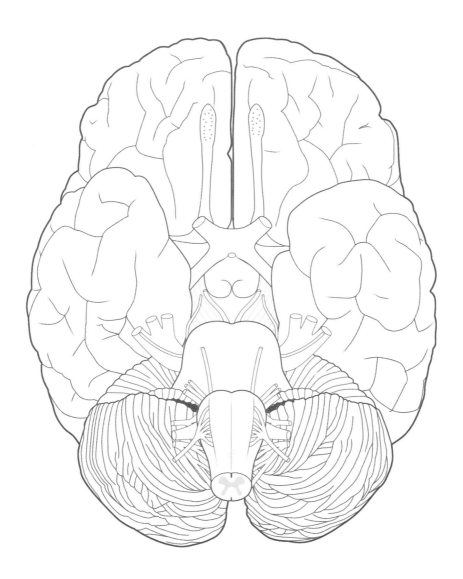

■脑的正中矢状面

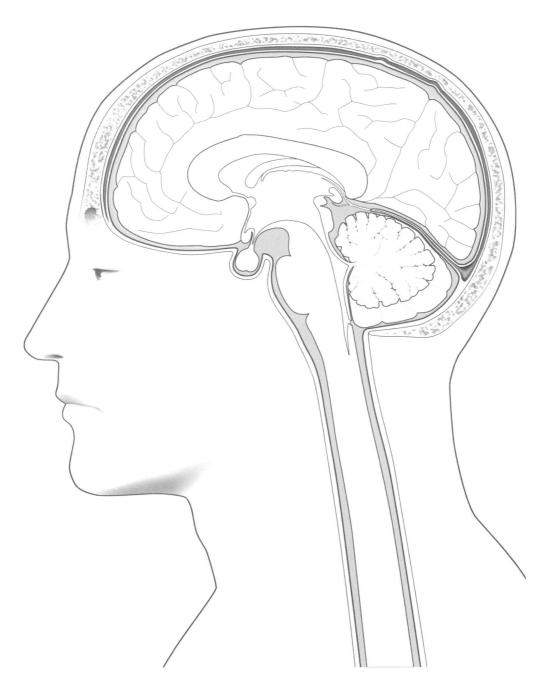

设问示例
- 标识出脑各部位的名称。
- 用不同颜色涂出大脑、小脑和脑干。

■呼吸系统

设问示例　●填写属于呼吸系统的器官的名称。

●用不同颜色涂出上咽、中咽、下咽。

●用不同颜色涂出上呼吸道和下呼吸道。

●在鼻腔附近标识出鼻窦的开口部位。

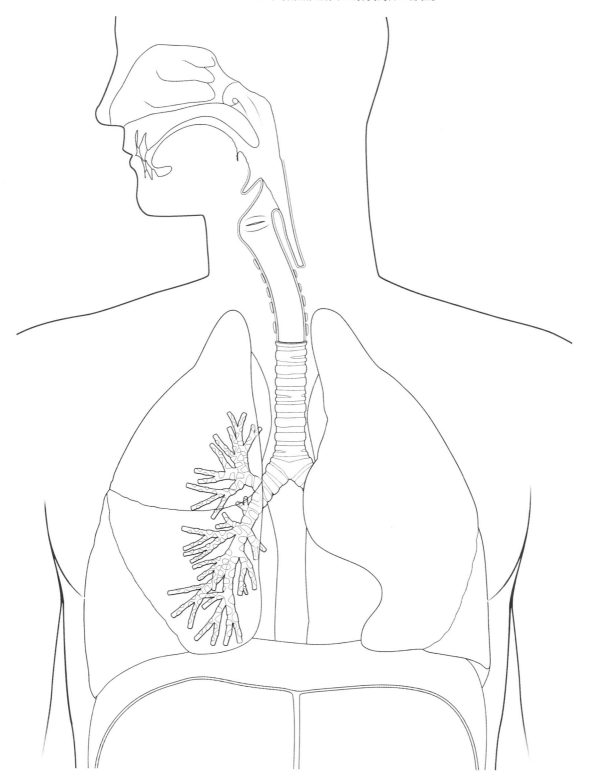

■消化系统

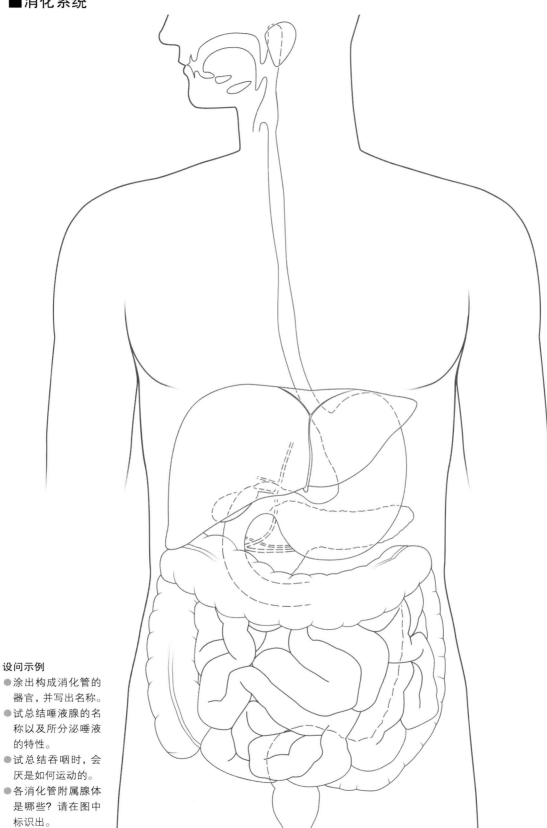

设问示例
● 涂出构成消化管的
   器官，并写出名称。
● 试总结唾液腺的名
   称以及所分泌唾液
   的特性。
● 试总结吞咽时，会
   厌是如何运动的。
● 各消化管附属腺体
   是哪些？请在图中
   标识出。

■泌尿生殖系统

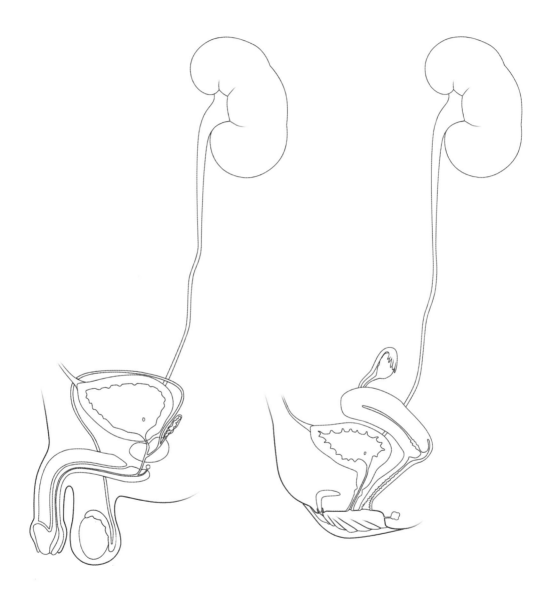

设问示例　●分别涂出泌尿系统的器官、生殖系统的器官以及同属两者的器官。

●分别涂出男性外生殖器和内生殖器，并分别写出各部位名称。

●分别涂出女性外生殖器和内生殖器，并分别写出各部位名称。

●试总结分泌精液的3种外分泌腺以及分泌腺的性质。

【著者】　　　　　**坂井建雄**（Sakai Tatsuo）

日本顺天堂大学医学部教授。1953年出生于大阪府，毕业于东京大学医学部。曾任东京大学医学部解剖学教授助手、副教授，自1990年任现职。主要研究人体解剖学、肾脏、血管和间质细胞学、解剖学史、医学史等内容。

著有《人体观的历史》（日本岩波书店）、《人体自然志》（东京大学出版会）、《普罗米修斯解剖学图集》（监译、日本医学书院）、《彩色图解人体的正常构造与功能》（监译、日本医事新报社）、《容凯拉组织学》（监译、日本丸善出版社）等。

桥本尚词（Hashimoto Hisashi）

日本东京慈惠会医科大学解剖学讲座教授。1956年出生于奈良县。毕业于东京医科牙科大学牙科部、京都大学大学院。曾担任京都大学讲师、东京慈惠会医科大学讲师、副教授，自2008年开始任现职。主要研究方向是组织构筑、产生过程的三维解析。

译著有《人体胚胎学图集》（日本尤利西斯株式会社）、《人类生物学》《普罗米修斯解剖学图集：颈部/胸部/腹部、骨盆部》《医学大辞典》（日本医学书院）、《护理学入门1卷：人体的结构及其功能》（日本医学之友出版社）等。另外，《解剖生理学入门篇》曾在《护理学生》《临床学习》（日本医学之友出版社）等杂志上连载。

【解剖图绘制】　　　**浅野仁志**（Asano Hitoshi）

1958年生于宫城县。毕业于东京造形大学。从1981年到2001年从事科学杂志《Newton》的插图工作，主要负责科学、医学方面的插图。从1986年开始真正制作医学领域的插图。主要作品有《弄清结构与疾病的人体事典》（成美堂出版）、《详细图解：人体构造》（新星出版社）等。

【专家审校】　　　**郑瑞茂**

北京大学百人计划特聘研究员。2004年获北京大学博士学位，之后在中国科学院、美国华盛顿大学医学院、美国哈佛大学深造。曾担任华盛顿大学研究员、哈佛大学医学研究员。2013被聘为北京大学优秀青年人才计划（北京大学百人计划）研究员，任职北京大学医学部人体解剖学与组织胚胎学系，承担科研与解剖学教学任务。主要研究方向：代谢调控相关脑结构及其神经与分子机制研究、干细胞研究、以及心血管再生医学研究。

译著有《脑觉醒与信息理论：神经和遗传机制》。

本书由日本成美堂出版株式会社授权北京书中缘图书有限公司出品并由河北科学技术出版社在中国范围内独家出版本书中文简体字版本。

著作权合同登记号：冀图登字 03-2017-024

版权所有・翻印必究

图书在版编目（CIP）数据

全新 3D 人体解剖图 /（日）坂井建雄,（日）桥本尚词著；孙越, 唐晓艳译 . -- 石家庄：河北科学技术出版社, 2017.6（2023.9 重印）

ISBN 978-7-5375-8936-9

Ⅰ . ①全… Ⅱ . ①坂… ②桥… ③孙… ④唐… Ⅲ . ①人体解剖学—图谱 Ⅳ . ① R322-64

中国版本图书馆 CIP 数据核字 (2017) 第 166216 号

全新 3D 人体解剖图

［日］坂井建雄 桥本尚词◎著　孙越 唐晓艳◎译

策划制作：北京书锦缘咨询有限公司

总 策 划：陈　庆

策　　划：滕　明

责任编辑：刘建鑫

设计制作：柯秀翠

出版发行	河北科学技术出版社
地　　址	石家庄市友谊北大街 330 号（邮编：050061）
印　　刷	天津市蓟县宏图印务有限公司
经　　销	全国新华书店
成品尺寸	185mm×260mm
印　　张	16
字　　数	430 千字
版　　次	2017 年 9 月第 1 版 2023 年 9 月第 11 次印刷
定　　价	69.80 元